U0299511

CAD/CAM 职场技能特训视频教程

PowerMILL 数控编程技术 实战特训

（第2版）

寇文化　编著

電子工業出版社
Publishing House of Electronics Industry
北京 • BEIJING

内 容 简 介

本书适合 PowerMILL2012 或者以上版本软件，以高效解决模具工厂中数控编程问题为目标，重点介绍其数控铣削编程功能的特点及实际选用加工参数时应注意的事项，并对难点和重点进行讲解。期望读者在模具数控编程的学习过程中，有在工厂实战特训般的实习体验。

本书案例及实现方法来源于工厂实践，案例练习丰富，经验总结实用可靠。案例操作全过程重点演示，反映了 CNC 编程工程师真实的工作过程。本书案例素材虽然取自模具工厂，但对其他行业的数控加工也有借鉴作用。

编写本书的目的，是让更多的读者学习使用 PowerMILL 软件在实际工作中如何高效解决数控编程问题，帮助有志从事 PowerMILL 数控编程的技术人员少走弯路、少犯错误，从而尽快胜任数控编程工作，实现人生目标。

本书适合具有 3D 绘图基础，希望进一步学习数控编程技术，并有志成为数控编程工程师的读者阅读，也可作为高等院校数控专业教学用书，以及全国数控技能大赛指导用书。

图书在版编目（CIP）数据

PowerMILL 数控编程技术实战特训 / 寇文化编著. —2 版. —北京：电子工业出版社，2016.6

CAD/CAM 职场技能特训视频教程

ISBN 978-7-121-28826-5

Ⅰ. ①P… Ⅱ. ①寇… Ⅲ. ①数控机床－加工－计算机辅助设计－应用软件－教材 Ⅳ. ①TG659-39

中国版本图书馆 CIP 数据核字（2016）第 103930 号

策划编辑：许存权
责任编辑：许存权　　特约编辑：谢忠玉 等
印　　刷：北京京科印刷有限公司
装　　订：三河市良远印务有限公司
出版发行：电子工业出版社
　　　　　北京市海淀区万寿路 173 信箱　邮编 100036
开　　本：787×1 092　1/16　印张：34.5　字数：883 千字
版　　次：2012 年 4 月第 1 版
　　　　　2016 年 6 月第 2 版
印　　次：2016 年 6 月第 1 次印刷
定　　价：88.00 元

凡所购买电子工业出版社图书有缺损问题，请向购买书店调换。若书店售缺，请与本社发行部联系，联系及邮购电话：（010）88254888，88258888。

质量投诉请发邮件至 zlts@phei.com.cn，盗版侵权举报请发邮件至 dbqq@phei.com.cn。

本书咨询联系方式：（010）88254484，xucq@phei.com.cn。

再版前言

编写目的

PowerMILL 是一款专业的计算机辅助制造（CAM）软件，它和 PowerSHAPE 计算机辅助设计（CAD）软件一起在航空航天飞行器、汽车、日用品等外形复杂产品的设计及其制造方面应用广泛。其五轴加工编程功能更是独树一帜、世界领先。它由英国 Delcam plc 公司开发研制，现在的 PowerMILL 软件深受广大数控编程用户喜爱，在我国销售量越来越多，普及程度也越来越广泛。

随着我国 CAD/CAM 的发展，应用 PowerMILL 等软件进行产品设计与制造的公司越来越多。特别是在模具设计及制造行业中应用更为普遍。社会上急需培训一大批精通这款软件进行数控编程的工程技术人员。

本书的特点是案例及其做法均来源于工厂实践，案例操作全过程重点演示，反映了编程工程师真实工作过程。目的是让读者学习如何用 PowerMILL 软件进行模具数控编程。帮助有志从事 PowerMILL 数控编程的人员能够少走弯路、少犯错误，从而尽快走上专业的工作岗位，实现人生目标。虽然本书的实例主要取自模具工厂，但其中所述的数控编程技术对其他行业的数控编程加工也有很好的借鉴作用。

主要内容

全书共 14 章。

第 1 章　预备知识。着重讲解数控编程的基础知识，包括加工工艺、编程基础、编程流程、制模流程及对初学者的忠告。

第 2 章　编程员须知的 PowerMILL 数控编程知识要点。着重讲解 PowerMILL2012 铣加工编程过程、各种刀具策略等重要功能的参数含义和实际应用中应特别注意的问题。

第 3～5 章　铜公电极的数控编程。以实例铜公电极为例，着重讲解 PowerMILL2012 铣加工的编程步骤及应特别注意的问题。

第 6～8 章　前模数控编程。以鼠标、遥控器及游戏机等产品的前模（定模）为例，着重讲解 PowerMILL2012 解决前模加工的编程步骤及应特别注意的问题。

第 9～11 章　后模数控编程。以上述产品的后模（动模）为例，着重讲解后模加工编程步骤及应特别注意的问题。

第 12 章　模胚开框编程。以上述产品的模胚为例，着重讲解模胚模加工编程步骤及应特别注意的问题。

第 13 章　行位滑块编程。介绍行位基本知识及数控编程要点。

第 14 章　数控机床后处理器的制作。以常见机床为例，介绍后处理器的制作过程。

为了帮助读者学习本书，各章节安排了“本章知识要点及学习方法”，“思考练习及答案”，以及“小疑问”、“知识拓展”、“小提示”、“要注意”等特色段落。“小疑问”：解答读者在学习中常遇见的问题。“知识拓展”：对当前的操作介绍另外一些方法，以开拓思路。“小提示”：对当前操作中的难点进行补充讲解。“要注意”： 对当前操作中可能出现的错误进行提醒。

通过对“思考问题”的解答，使读者有如在工厂般“实战特训”的体验，可以帮助读者在实际工作中避免犯同样的错误，从而提高工作水平和能力。

文中长度单位除特别指明外，默认为毫米。

如何学习

为学好本书内容，并能在工作中运用自如，建议读者同时学习以下知识：

（1）能用 PowerSHAP 或其他软件（如 Pro/E、SolidWorks 等）进行基本的曲面绘图。

（2）机械加工及制图的基本知识。

（3）能使用 Windows 操作系统。

（4）有初中以上的几何知识。

认真学习理论知识，灵活联系实际。对于初学者，建议针对本书案例，结合本书配套光盘的视频，反复练习，至少 3 遍以上，并且能够举一反三，触类旁通。有条件的话，最好以“实战”的方式在工厂实践中提高水平。本书没有讲到的内容可以参考其他同类书籍进一步学习。

关于配套视频

本书配套素材和视频文件，请在华信教育资源网（www.hxedu.com.cn）的本书网页下载，或者在作者博客中下载。

实例视频文件是 exe 可执行文件，自带播放器，可以直接双击打开。如果在繁体字操作系统中，需要把视频文件名的汉字改为字母或数字，才可以正常播放。建议设置较高的分辨率，如 1024×768 以上。播放中可以随时暂停、快进、缩小窗口等。如果播放时右下的播放菜单挡住了操作内容，可以将其移开或关闭。关闭后，可以通过单击左键使播放暂停，右击鼠标再次显示播放窗口，达到控制播放的目的。

读者对象

（1）对 PowerMILL 数控编程有兴趣的初学者。

（2）从事数控编程的工程技术人员。

（3）大中专或职业学校数控专业师生。

（3）其他 PowerMILL 爱好者。

改版亮点

本书第 1 版出版以来, 因为内容紧扣工厂应用实际，深受广大读者欢迎，并多次重印。很多大中专院校甚至把本书作为教材使用，很多热心读者踊跃给作者来信，肯定本书的内容，也指出了不少不足之处。为此，对原书进行改版，改版以后有以下特点：

（1）采用 PowerMILL2012 软件编写及录制讲课视频，本书的内容可以适合使用 PowerMILL2012 或以上版本的读者学习。

（2）结合读者意见，对原书的内容进行了补充和完善。

（3）加强了对工厂中工作流程的介绍，使这种流程能贯穿于解决工厂实际问题之中。

（4）更新部分章节内容，使其更贴近工作实际。

本书主要由陕西华拓科技有限责任公司高级工程师寇文化编写和录制视频。其他参编人员还有：安徽工程大学王静平和李俊萍两位老师和索军利、赵晓军等。本书在策划和编写过程中得到电子工业出版社许存权老师的大力支持和帮助。在此，对他们的帮助表示衷心的感谢。

由于编者水平有限，本书虽已尽力核对，欠妥之处仍在所难免，恳请读者批评指正。如果读者在阅读中遇到问题，除了通过电子邮件 k8029_1@163.com 联系外，还可以浏览答疑博客 http://blog.sina.com.cn/cadcambook。

寇文化

2016 年 1 月于西安

目　　录

第1章

预备知识

1.1 本章知识要点及学习方法

本章以初学者学习 PowerMILL 数控编程时普遍关心的问题为线索，介绍了以下内容。

（1）CNC 的基本概念。

（2）数控程序代码的含义。

（3）数控技术的发展趋势。

（4）模房（即模具制造车间）编程师的编程过程及塑胶模具制造流程。

（5）对初学者的忠告。

本章是基础，内容多且繁杂，初学者开始学习不必花费过多的时间来仔细研究这些技术细节，部分内容没有完全弄懂，暂时也不要紧。了解主要内容后，紧接着学习其他后续内容。日后有空，再读本章，可以加深理解。

1.2 数控加工基本知识

1.2.1 CNC 的基本含义

什么是 CNC？什么是电脑锣？学 CNC 主要学什么？

CNC 是英文 Computer Numberical Control 的缩写，意思是计算机数据控制，简单说就是数控加工。在珠江三角地区，人们称为“电脑锣”。

数控加工是当今机械制造中的先进加工技术，是一种高效率、高精度与高柔性特点的自动化加工方法。它是将要加工的工件的数控程序输入给机床，机床在这些数据的控制下自动加工出符合人们意愿的工件，以至制造出美妙的产品。这样就可以把艺术家的想象变为现实的商品。

数控加工技术可有效解决模具这样复杂、精密、小批多变的加工问题，充分适应了现

代化生产的需要。大力发展数控加工技术已成为我国加速发展经济，提高自主创新能力的重要途径。目前我国数控机床使用越来越普遍，能熟练掌握数控机床编程，是充分发挥其功能的重要途径，社会上急需一大批这样的人才。因此，学好这门技术大有用武之地。

本书就是帮助读者学习使用自动化的编程软件 PowerMILL 来编制数控程序。

本书采用 PowerMILL2012 中文版编写。通过对学员在学习中普遍关心的问题为线索进行讲解，重点讲解数控加工的原理、PowerMILL 软件特点以及模房编程师的实际编程过程。通过案例分析及讲解，帮助读者掌握重点、有效攻克技术难点，尽快适应工作岗位。

1.2.2 CNC 机床的工作原理

数控加工机床如何工作？ CNC 如何加工模具？

一般来说，数控机床由机床本体、数控系统（CNC 系统是数控机床的核心，是一台专用计算机）、驱动装置及辅助装置等部分组成。而数控系统的基本功能有：输入功能、插补功能及伺服控制等。它的工作过程是：通过输入功能接收到数控程序后结合操作员已经在面板上设定的对刀参数、控制参数和补偿参数等数据进行译码，并进行逻辑运算，转化为一系列逻辑电信号，从而发出相应的指令脉冲，来控制机床的驱动装置，使机各轴运动，操作机床实现预期的加工功能。

模具设计师根据客户产品图，设计出 3D 模具（也叫分模）后，就需要对模具图形进行数控编程。确定刀具大小、切削方式，用 PowerMILL 就可编出数控程序。这个数控程序是个文本文件，里面是机床能识别的代码。机床操作员收到程序单及数控程序后，就要按要求在数控机床工作台上装夹工件，在主轴上装上刀具，按要求对刀，在机床面板中设定对刀参数，根据机床的具体情况少量修改个别指令后就通过网络 DNC 把数控程序传给机床。机床上的刀具在这些数控指令的控制下进行切削运动，其他冷却系统同步工作，这样一条接着一条的程序都执行完了，模具就加工出来了。

1.2.3 CNC 加工工艺的特点

CNC 数控加工工艺有何独特之处？

CNC 数控加工工艺是机械加工的一种，也遵守机械加工切削规律，与普通机床的加工工艺大体相同。由于它是把计算机控制技术应用于机械加工之中的一种自动化加工，因而有其加工效率高、精度高等特点，其加工工艺有其独特之处，工序较为复杂、工步安排较为详尽周密。

CNC 数控加工工艺包括刀具的选择、切削参数的确定以及走刀工艺路线的设计等内容。CNC 数控加工工艺是数控编程的基础和核心，只有工艺合理，才能编出高效率和高质量的数控程序。衡量数控程序好坏的标准，是最少的加工时间、最小的刀具损耗及加工出最佳效果的工件。

数控加工工序是工件整体加工工艺的一部分工序，甚至是一道工序。它要与其他前后工序相互配合，才能最终满足整体机器或模具的装配要求，这样才能加工出合格的零件。

数控加工工序一般分为粗加工、中粗清角加工、半精加工和精加工等工步。

粗加工要尽量选用较大的刀、在机床功率或刀具能承受的范围内尽可能用较大切削量，快速地切除大量的工件材料。为了防止粗加工时，切削振动而使工件松动，在开粗后应该及时校表检查，必要时重新对刀。可以在开粗后进行基准面的精加工。为以后校表检查做好准备。对于具有复杂型腔的工件由于开粗用了较大刀具，使得角落处残存大量的余量，必须用比粗加工时较小的刀具进行二次开粗或清角。加工面积比较大的情况下，为了减少刀具损耗可以进行半精加工。以上各步为了防止过切都必须留有足够多的余量，最后进行精加工工序。一般情况下尽量在机床上检验，合格后，才拆下，准备下一件加工。

1.2.4 CNC 刀具的选择和选购

CNC 常用刀具有哪些？如何选择刀具？

1. CNC 刀具种类

常用的数控铣刀具按形状分为以下几种。

（1）平底刀：也叫平刀或端铣刀。周围有主切削刃，底部为副切削刃。可以作为开粗及清角，精加工侧平面和水平面。常用的有 ED20，ED19.05（3/4 英寸），ED16，ED15.875（5/8 英寸），ED12，ED10，ED8，ED6，ED4，ED3，ED2，ED1.5，ED1，ED0.8，ED0.5 等。E 是字母 End Mill 的第一个字母，D 表示切削刀刃直径。

一般情况下，开粗时尽量选较大直径的刀，装刀时尽可能短，以保证足够的刚度，避免弹刀。在选择小刀时，要结合被加工区域，确定最短的刀锋长和直身部分长，选择本公司现有的最合适的刀。

如果侧面带斜度叫斜度刀，可以精加工斜面。

（2）圆鼻刀：也叫平底 R 刀。可用于开粗、平面光刀和曲面外形光刀。一般角半径为 R0.1—R8。一般有整体式和镶刀粒式的刀把刀。带刀粒的圆鼻刀也叫“飞刀”，主要用于大面积的开粗，水平面光刀。常用的有：ED30R5，ED25R5，ED16R0.8，ED12R0.8，ED12R0.4 等。飞刀开粗加工尽量选大刀，加工较深区域时，先装短加工较浅区域，再装长加工较深区域，以提高效率且不过切。

（3）球刀：也叫 R 刀。主要用于曲面中光刀的光刀。常用的球刀有：BD16R8，BD12R6，BD10R5，BD8R4，BD6R3，BD5R2.5（常用于加工流道），BD4R2，BD3R1.5，BD2R1，BD1.5R0.75，BD1R0.5。B 是字母 Ball Mill 的第一个字母。

一般情况下要通过测量被加工图形的内圆半径来确定精加工所用的刀具，尽量选大刀光刀，小刀补刀加工。

2. 刀具材料

在金属切削加工中，刀具材料也就是切削部分，要承受很大的切削力和冲击，并受到工件及切屑的剧烈摩擦，产生很高的切削温度。其切削性能必须有以下方面。

（1）高的硬度。HRC62 以上，至少要高于被加工材料的硬度。

（2）高的耐磨性。通常情况下，材料越硬、组织中碳物越多、颗粒越细、分布越均匀，其耐磨性就越高。

（3）足够的强度与韧性。

（4）高的耐热性。

（5）良好的导热性。

（6）良好的工艺性和经济性。

为了满足以上要求，现在的数控刀具一般有以下材料制成。

（1）高速钢。如 WMoAl 系列。

（2）硬质合金。如 YG3 等。

（3）新型硬质合金。如 YG6A。

（4）涂层刀具。如 TiC、TiN、Al_2O_3 等。

（5）陶瓷刀具。在高温下仍能承受较高的切削速度。

（6）超硬刀具材料。

3. 刀具的选购

现在刀具大多都商品化和标准化，选购时要索取刀具公司的规格图册，结合本厂的加工条件，选择耐用度高的刀具，以确保最佳的经济效益。如果本厂产品变化不大，那么刀具种类尽可能少而精。

本书所讲实例所用的刀具加工铜公、前后模及行位大多为合金刀，所给定的参数也是适合合金刀所用。

1.3 数控编程基础

1.3.1 编数控程序作用

为什么要编数控程序？

因为数控机床是一种自动化的机床，加工时，是根据工件图样要求和加工工艺过程，将所用刀具，及各部件的移动量、速度、动作先后顺序、主轴转速、主轴旋转方向、刀头夹紧、刀头松开及冷却等操作，以规定的数控代码形式编成程序单，并输入到机床专用计算机中。然后，数控系统根据输入的指令进行编译、运算和逻辑处理后，输出各种信号和指令，控制各部分根据规定的位移和有顺序的动作，加工出各种不同形状的工件。因此，程序的编制对于数控机床效能的发挥影响极大。

1.3.2 数控程序标准

数控程序是什么样子？

数控机床必须把代表各种不同功能的指令代码以程序的形式输入数控装置，由数控装置进行运算处理，然后发出脉冲信号来控制数控机床的各个运动部件的操作，从而完成零件的切削加工。

目前，数控程序有两个标准：国际标准化组织的 ISO 和美国电子工业协会的 EIA。我国采用 ISO 代码。

1.3.3 加工坐标系与机械坐标系

加工坐标系与机械坐标系是一回事吗？

对于大部分立式数控加工中心和数控机床规定：假设工作台不动，操作员站在机床前观察刀具运动，刀具向右为 X 轴，向里为 Y 轴，向上为 Z 轴。均为右手笛卡儿坐标系。机床各轴回零在某固定点上，此点为机床的机械零点。

编程时，在工件较方便找正的位置确定的零点为编程零点。模具厂的工件，因开始加工的坯料大多是长方体，一般零点大多选在工件的对称中心，也叫“四边分中”的位置为 X、Y 轴的零点，Z 值大多定在最高面处。

1.3.4 程序代码

在众多的机床系统中，目前常用的数控程序代码是 G 代码。以下为 FANUC 系统指令中最为常用的且重要的指令。

1．运动指令

（1）G90 为绝对值编程，G91 相对值编程。

（2）G00 刀具按机床设定的固定速度快速移动，也可写成 G0。

如刀具从 A（3.0，6.0，0.0）走到 B（10.0，12.0，0.0）则程序为 N01 G90 G00 X10.0 Y12.0 Z0，或 N01 G91 G00 X7.0 Y6.0 Z0，其中 N01 表示程序段号，可以省略。

需要指出的是：此程序不能用于切削，只用于快速回刀，而且并不是按 F 值走直线 AB，而是折线 ACB，如图 1-1 所示。

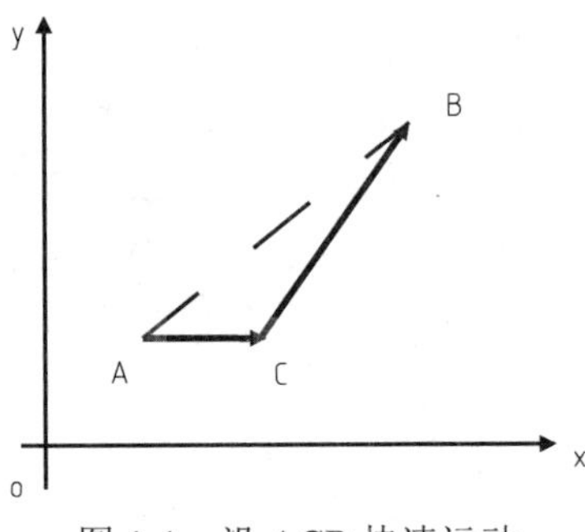

图 1-1　沿 ACB 快速运动

要注意

正因为 G00 并不像电脑里显示的那样走直线，所以编程时移刀的安全高度要足够高。否则实际加工中可能出现过切，而电脑却查不出来。在 PowerMILL 的切入切出及连接参数里，尽量选“掠过”，只在垂直方向用 G00 运动，水平方向沿着 G01 运动。

（3）G01 按指定速度直线运动，也可写成 G1。

如刀具从 A 点（3.0，6.0，0.0）走到 B 点（10.0，12.0，0.0）则程序为：

N01 G90 G01 X10.0 Y12.0 Z0. F500，或 N01 G01 G91 X7.0 Y6.0 Z0 F500。

N01 表示程序段号，可以省略，F500 表示进给速度，每分钟走 500mm。

（4）G02 顺时针圆弧，G03 逆时针圆弧，也可写成 G2 或 G3。

如图 1-2 所示，在 XY 平面内，如刀具从 A 点（3.0，6.0，0.0）沿圆弧顺时针方向走到 B 点（10.0，12.0，0.0）半径为 6.0，圆心为 C2（8.999，6.084，0）程序为　G90 G02 X10.0 Y12.0 R6.0，或 G90 G02 X10.0 Y12.0 I5.999 J0.084。

如刀具从 B 点（10.0，12.0，0.0）沿圆弧逆时针方向走到 A 点（3.0，6.0，0.0）　半径为 6.0，圆心为 C2（8.999，6.084，0）程序为　G90 G03 X3.0 Y6.0 R6.0，或 G90 G03 X3.0 Y6.0 I-1.001 J-5.916。

图 1-2　圆弧运动

R 表示圆弧半径，I、J、K 是圆心相对于起点的相对坐标。

这些都是模态指令，如前一程序段已指定，本条如相同，可以省略。

知识拓展

有些机床的 R 指令可能是非模态，NC 程序就不能轻易省略。有些机床的 I、J、K 要求是圆心绝对坐标值，以上的 NC 程序就不能正常运行，刚接触新机床时要注意这些问题。

2．坐标系设置

G54-G59 一般为 6 个，但有些新机床可扩展到 G540-G599。其功能是将工件的零点机械坐标值存储在机床的寄存器中。

3．补偿指令

G41 左补偿，G42 右补偿。沿着刀具前进方向看，刀具在加工轨迹的左边偏移，就称为左补偿，否则为右补偿，G40 为取消补偿，G43 为刀具长度补偿，G49 为取消长度补偿。

取消补偿的指令一般在数控程序开始执行，以防止机床调用旧的补偿数据而产生错误。

4．辅助功能

M00 程序暂停，也可写成 M0。
M01 操作暂停，也可写成 M1。
M02 程序停，也可写成 M2。
M03 刀具正转，也可写成 M3。
M05 刀具停转，也可写成 M5。
M06 换刀，也可写成 M6。
在加工中心中，刀具要根据在刀架中的排列位置确定刀号。如 T5 M06，表示先选 T5 刀，再用机械手将刀装上刀主轴。
M08 开冷却油，也可写成 M8。
M09 关冷却油，也可写成 M9。
M30 程序结束，纸带倒带或程序返回开始处。

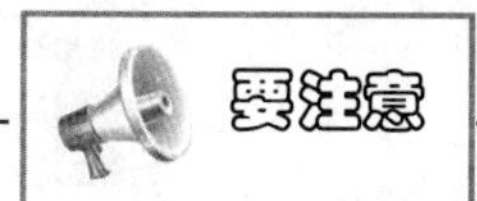

有些机床要求同一条语句只能有一个 M 指令，最后一个才起作用。为了保险起见，可以把要加入的 M 指令分作不同的 NC 语句。

其他不常用的代码不作介绍，如果今后工作中要用到，可参考机床说明书。

1.3.5 程序举例

任务：加工如图 1-3 所示的外形。

用 ED8 平底刀光刀加工的刀具路径为：1→2→3→4…11，先用数学方法计算各个节点的坐标及圆弧半径，然后根据 G 代码规律编制各直线和圆弧段的数控程序，如图 1-4 所示。

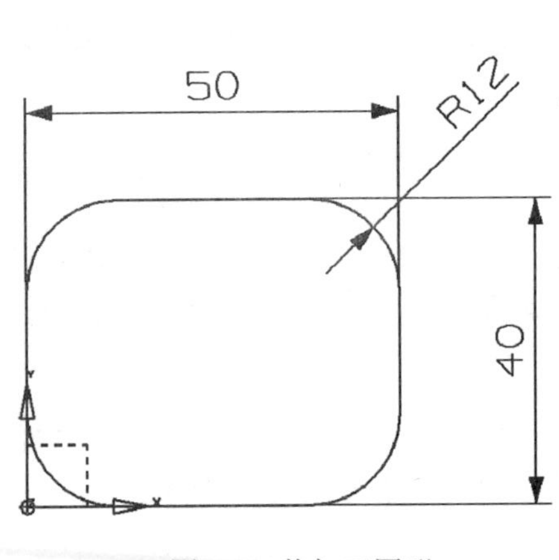

图 1-3　待加工图形

图 1-4　加工路线图形

所编数控程序为刀心轨迹，如下（斜体字为对数控程序语句的解释）：

%（程序开头符号）

0001（程序号。如果采取 DNC 传送，则可以省略）

N0010 G40 G17 G90 G49 G80（N0010 程序段号，G40 取消补偿，G17 选择 XY 平面，G90 绝对值编程，G49 取消长度补偿，G80 取消钻孔循环）

N0020 G91 G28 Z0.0（机床回参考点，G91 相对值编程，G28 回归机械零点便于换刀）

：0030 T01 M06（换刀，将编号为 1 号的刀自动装上主轴。此功能对于加工中心才有用，对于普通数控铣机床，这一段和上一段由操作员删除）

N0040 G0 G54 X19.343 Y48. S2200 M03（G0 刀具快速运动到以 G54 为零点的点 1（19.3431，48.，0）点，M03 主轴正转，转速为 S2200/每分钟）

N0050 G43 Z10. H01（启动 G43 长度补偿，H01 长度补偿值，同时快速下降到 Z10.位置，省略 XY 说明在 XY 方向不动。如果首次加工需加入 G01 F2000，操作员通过调倍率开关使刀具在可控进给速度 F2000 的百分率在下降）

N0060 Z3.

N0070 G1 Z0.0 F1250. M08（M08 开冷却油，按进给 F1250 走刀）

N0080 G3 X25. Y44. I5.657 J2.（逆时针走圆弧进刀到 2）

N0090 G1 X38.（切削直线到 3）

N0100 G2 X54. Y28. I0.0 J-16.（切削走顺时圆弧到 4）

N0110 G1 Y12.（切削直线到 5）

N0120 G2 X38. Y-4. I-16. J0.0（切削走顺时圆弧到 6）

N0130 G1 X12.（切削直线到 7）

N0140 G2 X-4. Y12. I0.0 J16.（切削走顺时圆弧到 8）

N0150 G1 Y28.（切削直线到 9）

N0160 G2 X12. Y44. I16. J0.0（切削走顺时圆弧到 10）

N0170 G1 X25.（切削直线到 2）

N0180 G3 X30.657 Y48. I0.0 J6.（切削退出到点 11）

N0190 G1 Z3.（慢速提刀到 Z3.0，省略 XY 说明在 XY 方向不动）
N0200 G0 Z10.（快速提刀到 Z10.0）
N0210 M02（程序结束）
%（程序结束符号）

手工编程时，要根据图纸，计算出各段原始图形的端点坐标，并且按图纸轮廓编程。程序中加入 G41（左补偿）或 G42（右补偿）指令，加工时要在机床控制面板的补偿值中输入所用刀具的半径作为最终补偿值参数。可以用解析几何的办法计算各节点和圆弧参数，也可以在 AutoCAD 或其他软件中调出电子工程图，直接测量点坐标、圆弧半径和圆心坐标数据。

手工编程大多用于 2D 平面编程的情况，而对于 3D，尤其是自由曲面的数控程序，就必须借用高级算法编程语言，如 Fortran 语言、C 语言等，进行等距曲面的数模刀具中心点计算，再排列走刀加工轨迹路线，最后输出生成 NC 程序。这些就相当于开发一个如 PowerMILL 的数控编程软件，工作量大且复杂。这项工作要求编程人员的素质很高。

随着技术的发展，现在的数控编程人员幸福很多，只需要弄懂数控代码的含义，会运用诸如 PowerMILL 软件的数控编程功能，就可以完成数控编程工作，而不需要过多考虑软件的计算原理及计算过程。这样，数控编程人员只需要具备初中以上几何知识，经过培训，加上本人刻苦学习，就完全可以胜任数控编程工作。所以，虽然现在文化程度不高的初学者朋友，要坚定学习信心，一定能学好数控编程技术，为提高我国的机械制造水平做出自己的努力。

1.3.6 编程软件简介

复杂程序怎么编？ 编程软件有哪些？ 究竟哪个好用？

随着技术的进步，对于 3D 的数控编程一般很少采用手工编程，而使用 CAD/CAM 软件。

CAD/CAM 是计算机辅助编程系统的核心。主要功能有：数据的输入输出、加工轨迹的计算及编辑、工艺参数设置、加工仿真、数控程序后处理和数据管理等。

目前，在深受我国用户喜欢，数控编程功能强大的软件有：MasterCAM、UG、Cimatron、PowerMill、CAXA 等。各软件关于数控编程的原理、图形处理方法和加工方法都大同小异，但各有特点。因每种软件都不是十全十美的，对于用户来说，不但要学习其长处，也要深入了解它们的短处，这样才能应用自如。

Mastercam 是美国 CNC Software，Inc 公司开发的基于 PC 平台的 CAD/CAM 软件，优点如下：

（1）研发团队开发加工功能的历史悠久。

（2）该软件能及时推出各种新的加工功能。

（3）该软件对系统运行环境要求较低。

（4）可以实现 DNC 加工，DNC（直接数控）是指用一台计算机直接控制多台数控机床，其技术是实现 CAD/CAM 的关键技术之一。

（5）利用 Mastercam 的 Communic 功能进行通信，不必考虑机床的内存不足问题。

经大量的实践表明，用 Mastercam 软件编制复杂零件的加工程序较为方便，而且能对加工过程进行实时仿真，真实反映加工过程中的实际情况，不愧为一款优秀的 CAD/CAM 软件。

不足之处是：

（1）绘图功能没有 UG、Pro/E 和 SolidWorks 强大。

（2）新功能有时不够稳定。

Cimatron 是以色列 Cimatron 软件有限公司开发的世界著名的 CAD/CAM 软件，针对模具制造行业提供了全面的解决方案。Cimatron 软件产品是一个集成的 CAD/CAM 产品，在一个统一的系统环境下，使用统一的数据库，用户可以完成产品的结构设计、零件设计，输出设计图纸，可以根据零件的三维模型进行手工或自动的模具分模，再对凸、凹模进行自动 NC 加工，输出加工用的 NC 代码。其优点是：基于知识的加工；基于毛坯残留的加工；实现完整意义上的刀具载荷的分析与速率调整优化；功能丰富、完善、安全和高效的高速铣削加工。不足之处是：在模具加工中自动化功能有待完善和发展。

PowerMILL 是一独立运行的世界领先的 CAM 系统，它是 Delcam 公司的核心多轴加工产品。PowerMILL 可通过 IGES、VDA、STL 和多种不同的专用直接接口接受来自任何 CAD 系统的数据。其优点是：刀路稳定；五轴高速加工功能强大；PowerMILL 计算速度较快，支持多个程序的并行计算；同时也为用户提供了极大的灵活性。缺点是：添加辅助线或辅助面不太方便。

CAXA 是 Computer Aided X Alliance -Always a step Ahead（X：technology，product，solution and service…）的缩写，联盟合作的领先一步的计算机辅助技术与服务。是依托北京航空航天大学的科研实力，北航海尔开发的中国第一款完全自主研发的 CAD 产品，它是国人的骄傲。优点是按照中国人的思维和界面设计软件，易学易用。不足之处是普及程度不高。

本书主要介绍 PowerMILL 软件在模具数控编程中的应用，帮助读者学会运用 PowerMILL 进行数控编程。

1.3.7 典型数控机床控制面板介绍

作为 CNC 数控编程员，首先要了解自己所编程序是如何运行的，所以，有必要学会某一种数控机床的操作，如果有条件，最好能正确实际操机达到一定程度的水平，再学数控编程，会进步很快，这样可以使所编程序切合实际。

常用的典型数控系统有 FANUC（日本）、SIMEMENS（德国）、FAGOR（西班牙）、HEIDENHAIN（德国）、MITSUBISH（日本）等公司的数控系统及相关产品，它们在数控行业中占据主导地位。我国数控产品以华中数控、航天数控为代表，也将高性能数控系统产业化。

如图 1-5 所示为某一 FANUC 系统的控制面板。

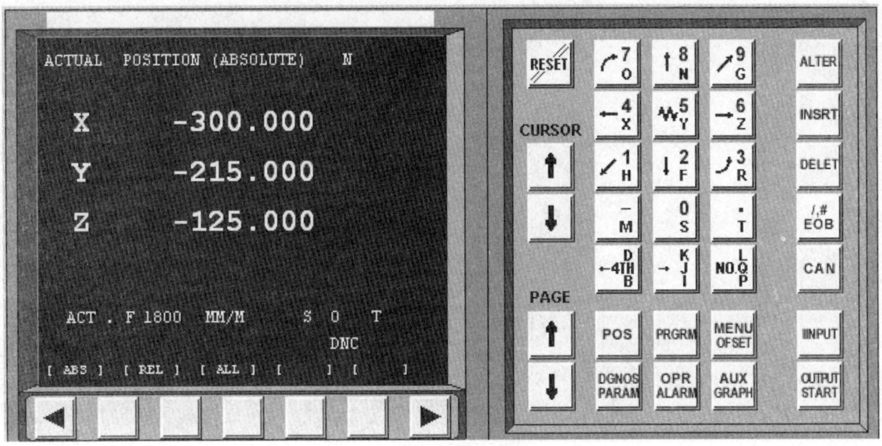

图 1-5　控制面板

各功能键的作用介绍如下。

（1）位置功能键 POS。在 CRT 上显示当前位置坐标值。

（2）程序功能 PRGRM。在编辑（EDIT）方式时，进行存储器的编辑、显示；在手动输入（MDI）方式下，可方便用户手工输入数控指令；在自动方式（AOTO）下，进行程序和指令显示。

（3）刀具补偿功能 MENU/OFFSET。坐标系、补偿量及变量的设定与显示，包括 G54、G55 等工件坐标系、刀具补偿量和 R 变量的设定等。

（4）参数设置功能键 OPR/ALARM。在 CRT 操作面板上进行操作参数显示和报警信息显示。

（5）图形功能键 AUX/GRAPH。结合扩展功能键可进入动态刀路显示、坐标显示以及刀具路径模拟等有关功能。

1.3.8　数控机床操作要领及注意事项

如图 1-6 所示，以一典型数控铣床的机床操作面板为例说明操作要领。

（1）电源接通。要检查各电表是否正常、气压表是正常、油水仪表是否正常。如无问题，可按“POWER ON”按钮接通电源，几秒钟后机床自检，CRT 显示坐标。如出现报警信息，操作员应该先自己分析排除，如解决不了，立即报告上级，请专业人员处理。如正常，可接下来继续操作。

（2）机床回参考零点，手动或自动，以便使机床正常运转。

（3）分析《CNC 数控程序加工单》，对照编程图形，了解整个刀路情况、对刀方式及装夹方式；准备刀具、量具及夹具。在机床上按要求装夹工件。

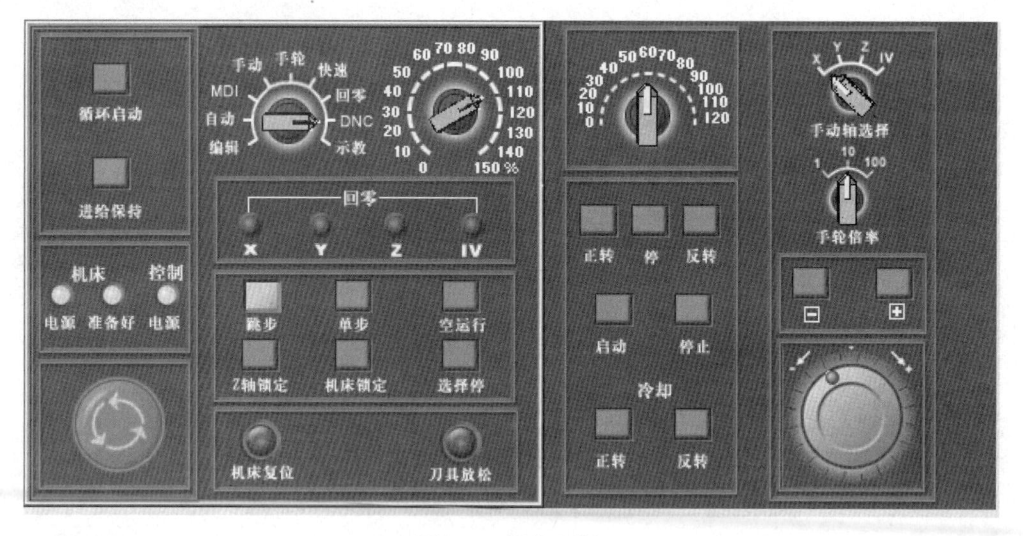

图 1-6　操作面板

（4）工件分中找正，将工件坐标系零点的机械值输入到 G54、G55 等存储器。

（5）装上刀具对刀，将长度补偿值输入到 H 值对应的寄存器中。

（6）复制数控程序，根据现有的刀号、补偿号修改程序的头部和尾部。

（7）加工钢件，开粗时，可以开高压气吹风。加工铜件的，可以开冷却油或其他冷却液。

（8）在 DNC 状态下通过 DNC 网络传送数控程序。

（9）一开始要慢慢进刀，等待刀切入工件，切削平稳正常时才将进给倍率开关调到正常速度。调转速开关，使声音洪亮，而且切削平稳时为止。根据要求确定合适的转速 S 及进给 F，使每刀切削量达到合理高效的要求。

（10）如果加工钢件，开粗时要密切关注刀粒的磨损程度，发现有问题要及时调整或更换。

（11）要对自己所使用的机床精度、刀具转动精度及加工误差有所了解，要和编程员密切沟通，使光刀时留有足够多的余量，确保加工出合格工件。

（12）加工完成，要在机床上对照编程图形进行测量。如不合格，要分析原因。要通过调整编程余量重新编程或调整补偿数再加工，直到合格为止。合格后才拆下。清理机床，准备加工下一件。

1.3.9　数控技术的发展趋势

根据国内外的有关资料得知，当今数控技术的发展方向如下。

（1）具有更高精度、更高速度的高速机床不断地普及发展和完善。

（2）多功能化并配有自动换刀机构的各类加工中心，在多个 CPU 和分级中断控制方式下可实现“前台加工，后台编辑”，还可实现多台机床联网，对多台机床进行群控。

（3）采用人工智能专家诊断系统，对机床进行自我控制、自诊断、自修复，以实现无

人化作业。

（4）CAD/CAPP/CAM 集成技术的运用，使编程不再依赖于编程员个人水平的高低，而是直接从数据库调用成熟的工艺参数。

（5）通过改进结构，机床的可靠性能大大提高。

（6）控制系统的小型化。

但是，目前只有少数发达国家和地区部分工厂可达到这样的水平。在我国要全面达到上述水平，还需要科技人员经过很长时间的不懈努力。

工程技术人员必须立足于各公司目前的现状，学好数控技术，才能充分发挥现有设备的功效，努力提高生产效率和应用水平。

1.3.10 先进制造技术

先进制造技术发展了，将来 CNC 编程员会失业吗？

将计算机技术运用于工程制造，这是工业界的一次革命。现代制造除了数控加工外，还有很多先进的制造手段先后出现，如立体光固化（SLA）、熔融沉积造型（FDM）、分层实体制造（LOM）、选择性激光烧结（SLS）、三维打印（3DP）等，最有发展前途的是 SLA 激光快速成型技术。

SLA 激光快速成型技术，已经开始应用于产品开发及制模行业中。它是利用计算机软件把产品 3D 图（一般转化为 STL 文件格式）按水平面切成一系列截面，计算机控制激光头按照产品截面图的形状，向感光树脂液面进行照射，导致它凝固成约 0.1mm 的薄层。这样一层接着一层凝固，就形成一个与 3D 图相同的立体零件。目前，这项技术主要用于快速首板（也叫手板）的制造。对于金属成形也已出现，但成本高、精度差，还处于试验阶段，未能普及。所以，未来相当长的一段时间内，有关专家预测至少在未来 20 年内，数控加工仍是制模行业的主要加工手段。

知识拓展

SLA 也俗称 RP，现主要用于快速手板制造。开发产品时，可以先用类似的产品用激光 3D 扫描，生成 3D 图，修改产品外形，然后转化为 STL 文件格式。用此文件就可以制作快速手板。完成后再进行外观丝印喷油，装上电子元件就成为有实际功能的仿真机交由客户在市场上推广、宣传或展览以寻求订单。这样可以大大缩短产品开发周期。

1.4 模房编程师的编程过程

1.4.1 CNC 团队的运作流程

小提示

这里所说的“模房”是珠江三角洲地区对模具制造车间的通俗叫法。一般的模具制造车间包括：车间管理层办公室、模具设计组、CNC 编程组、CNC 加工组、EDM 电火花组、EDW 线切割组、省模（模具抛光）组、QC 测量检查组、模具装配组等。模房编程师是模具车间里从事 CNC 编程的工程师（有些厂也称为编程技师），总之，是高级蓝领阶层。

首先，接收客户产品设计的 3D 图，进行制模及注塑的可行性分析，若无问题，就进行模具设计，分模得到模具 3D 图及镶件铜公图，根据这些 3D 图进行数控 CNC 编程，生成数控 CNC 程序，传送给数控 CNC 车间，加工模件，如图 1-7 所示。

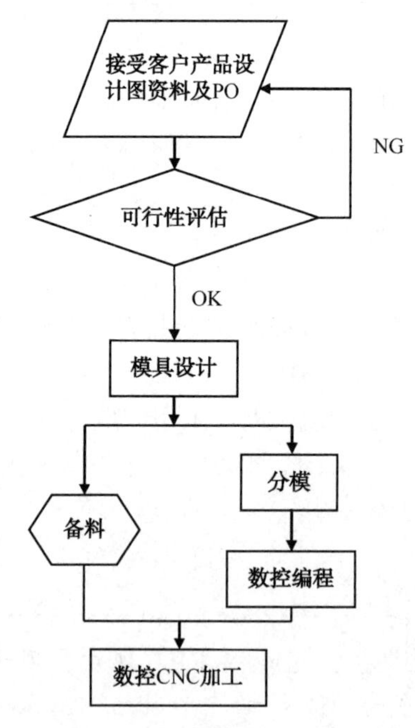

图 1-7　CNC 编程加工流程

1.4.2 数控程序质量的标准

怎样的 NC 程序才算最好？

衡量数控程序好坏的标准是：最少的加工时间、最小的刀具损耗及加工出最佳效果的工件。这 3 项指标是相互矛盾，但又相互依存的，需要在实践中找到其平衡点，达到其效益最佳化。

1.4.3 规范化和标准化在编程中的作用及意义

在一个数控车间，可以根据总公司的质量政策来建立一系列标准工作制度，规定图形的命名规则、数控程序的命名规则、刀具切削参数的选取规范、工件检查标准及装夹定位规范等，大家共同遵守，可以避免很多错误。

可以在 PowerMILL 中建立标准模板，建立公共的工艺参数。使编程质量不再依赖于编程员个人水平的高低，而是直接从数据库调用成熟的工艺参数。发挥集体的聪明才智，提高效率减少出错。

小提示

本书模拟了某 CNC 车间数控编程的运作过程，来介绍工作情况。图形命名是 pmbook-章节号-顺序号，如 pmbook-2-1.dgk 为第 2 章第 1 个图例。NC 程序命名是 K-顺序号数字及字母（A ~ Z），字母用到 Z 以后再进位，如 K03Z.tap 的下一条就是 K04A.tap。其他，如刀具等内容，将在各章节中分别说明，请阅读时注意。

1.5 塑料模具制造

1.5.1 制模流程

首先，接收客户产品图形，评估报价，接收 PO（即订单）就确定开模。紧接着就进行模具设计、订料、数控编程、数控加工、EDM 电火化放电加工、EDW 线切割加工、模件抛光（也叫省模）、组装模件、试模及交板给客户等，如图 1-8 所示。

1.5.2 CNC 在制模中的重要性

在整个制造流程中，可以清楚地看到 CNC 加工是关键环节，一旦出现问题，延误时间，那么整个制模周期就会拉长，模具就不能按时试模，不能按时向客户交付，影响很大。CNC 加工占整个加工工作量的比例很大，所以，CNC 在制模中是非常重要的。而 CNC 程序的好坏直接对 CNC 的加工效率、加工效果及制模成本影响很大，所以，各模厂的老板一般都不惜重金来聘请高水平的 CNC 编程工程师，这类工程师一般都是模具工厂里的重要中坚力量。

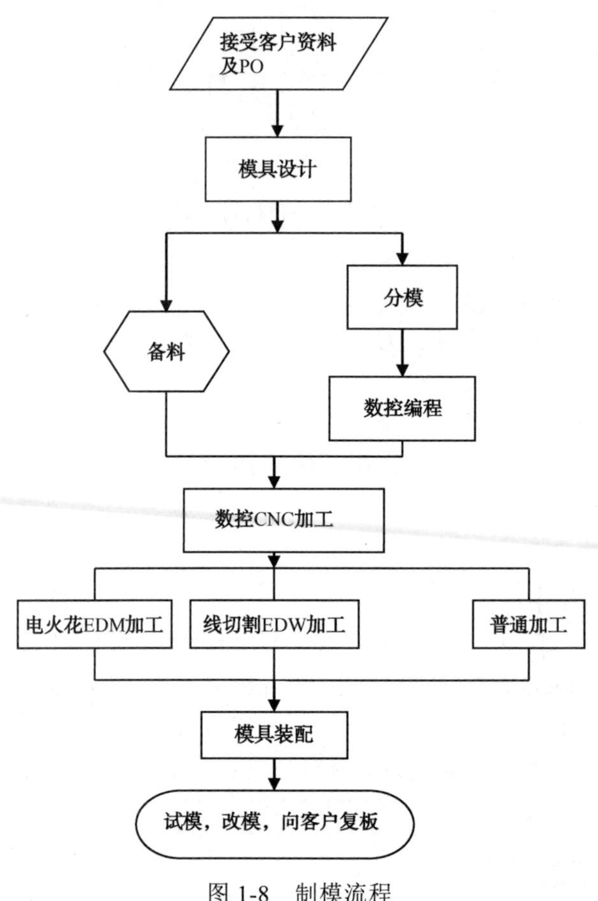

图 1-8　制模流程

1.6　对初学者的忠告

只有初中文化程度，能学好 CNC 吗？

1.6.1　学好 PowerMILL 数控编程应具备的知识

CNC 编程是一项综合性的技能，要学好，单有热情是不够的，还必须事先学好一定的基础知识，才能真正理解并灵活运用于工作实际。

（1）要能用绘图软件进行基本的 3D 绘图和基本的操作。因为要使刀路优化，必须整理图形、修改图形，有时还要增加或减少辅助线、辅助面。为了更好地学习 PowerMILL，建议读者先学习如 Pro/E、SolidWorks 等一些曲面功能强的绘图软件的基本绘图知识。

（2）机械加工及制图的基本知识。这是干好这一行的基础知识，建议大家边工作边学。

（3）能使用 Windows 操作系统及 Office 软件。

（4）有初中或以上的几何知识。因为本书所阐述的就是几何图形，希望多联系所学的几何知识，这样能使问题的理解简单化。

在工厂中，有不少是只具有初中毕业程度的朋友，他们经过不懈努力，掌握了以上基础知识就到电脑培训班学习数控编程或自学，后来有机会到工厂从事数控编程，通过努力，最终成为老板眼里的“香饽饽”。笔者教授过的不少朋友，现在已经能在工厂里挑起大梁，独当一面，很有成就感，拿到的工资水平并不比高学历的大学毕业生差。所以，希望想学CNC编程的朋友要坚定信心，争取学好。当然，如果是持有高学历的朋友，若能学习数控编程，会更有优势，进步会更快。

1.6.2 将学到哪些内容

本书对初学者的建议是将知识分类学习。

（1）一般性了解的内容。

CNC的基本工作原理。

CNC加工工艺。

编程的基本知识，如NC程序格式及手工编程。

针对某一型号机床的后处理制作。

（2）一般性理解的内容。

PowerMILL软件的编程加工参数介绍，这部分内容可多次查阅，逐步理解。

（3）重点掌握各种模件编程步骤。

铜公数控编程。

前后模编程。

模胚编程。

行位编程。

1.6.3 如何学好

本书所用模具结构的术语，是以珠三角地区制模师傅对模具的普遍叫法为主，这些用语是现实模具工厂中技术人员交流的工作语言。

珠江三角洲地区模具工厂很多，尤其是107国道两侧，曾被国际友人誉为“中国的模具走廊”，这里的模具工厂生产的模具品种繁多，从业人员专业性强，经验丰富，工厂里的运作方法高效有序，生产水平先进，很有代表性。对于希望在此地工作和交流的人士及初学者来说，很有必要了解、学习。同时本书对其含义以及在教科书的叫法进行了必要的对比解释。

对于初学者，建议要认真学习理论，灵活联系实际。本书所用的案例是普通CNC机床的加工，可以帮助读者学习编程过程，读者不能死搬硬套，一定要结合本公司具体的机床、加工材料、刀具、冷却等加工条件，可适当调整转速、进给速度、切削深度、步距等切削

参数，以求发挥刀具或设备的最大切削效能。

对于有一定基础的读者，建议针对本书案例，结合配套光盘所带的视频，对重点内容反复练习，至少 3 遍以上，并且能够举一反三、触类旁通。

1.6.4 工作中如何少犯错误、提高水平

对于本书所讲的内容是作者的工作心得，只是以部分实例引导读者学习数控编程的步骤，实际工作中，情况可能千差万别，读者应联系实际，灵活应对，避免出现本书所强调的工作错误。

重视参加本小组的质量检讨会。要经常性地总结自己和其他人的错误教训。避免犯同样的错误。多向老员工学习，不但会编程还应多学模具结构、机床操作和其他工种的工作技巧，尽量使自己能一专多能。全面理解自己所做工作在整个模具制造流程中的作用和要求。努力干好本职工作。

1.6.5 编程员如何进行车间技术调查

CNC 编程是实践性很强的工作，而各个工厂情况不太相同。作为一位 CNC 编程师，到了一个新工厂，要清楚知道自己公司的工作环境才能干好本职工作。具体地说，要做好以下车间技术调查。

（1）机床状况。包括行程大小，重复定位精度，能装多大的刀具，最高转速，经济转速，通常加工误差、是否经常用换刀系统等。

（2）刀具统计。本厂所用到各种刀具的种类，各刀具的总全长、刀锋长、直身长、刀具材料、特种刀具切削参考参数等。应分门别类列表填写，必要时在 PowerMILL 的模板文件中建立刀库文件。

（3）量具统计。了解都有哪些量具，精度如何，如何使用。

（4）夹具统计。了解都有哪些专用或通用的夹具，精度如何，如何使用。

以上调查如果有人事先做好，那再好不过，要拿来仔细研读。如工厂没有专门的资料，那么就需要自己亲自通过调查，制作表格，并根据情况时时更新，以便使自己所编程序符合实际要求。

1.7 本章总结和思考练习题

1.7.1 本章总结

本章的主要内容讲解了 CNC 数控编程必备的预备知识，包括 CNC 的基本概念、数控代码的含义、制模流程、编程流程及对初学者的忠告等。要求读者先掌握重点，再随着学

习的深入而理解其他内容。

1.7.2 思考练习与答案

（1）CNC 的中英文含义是什么？

（2）CNC 刀具按材料分，一般有哪些？

（3）说出以下数控程序代码的含义：

①G01　②G02　③G03　④G49　⑤M08　⑥M06

练习答案：

（1）答：CNC 是英文 Computer Numberical Control 的缩写，意思是计算机数据控制，简单说就是数控加工。

（2）答：①高速钢刀：如 WMoAl 系列。②硬质合金刀，如 YG3 等。③新型硬质合金刀。如 YG6A。④涂层刀具刀，如 TiC、TiN、Al2O3。⑤陶瓷刀具。

（3）答：①G01 走直线。②G02 顺时针圆弧。③G03 逆时针圆弧。④G49 取消长度补偿。⑤M08 开冷却液。⑥M06 换刀。

第2章

编程员须知的加工知识

2.1 本章知识要点及学习方法

本章主要是从模具工厂数控编程员的角度，介绍其应具备的PowerMILL2012软件的界面知识。在模具工厂里不常用的未作介绍，目的是让读者能在短期内集中精力学到应有的重点知识技能。包括辅助功能及加工功能两部分。重点介绍三轴铣编程过程、常用粗加工及精加工策略、边界及参考线、毛坯、坐标系、刀路编辑等参数的含义和应用时应注意的问题。同时，又针对具有其他软件编程经验的读者，穿插介绍如何更好掌握学习PowerMILL的方法。

本章是基础，内容较为概括且繁杂，重在应用。学习时，初学者要打开PowerMILL2012软件，对照本书提示，修改不同参数，生成刀路，观察刀路变化，从而准确理解参数含义。初学者一开始对某些知识点不一定能完全弄懂，也不要紧，可继续学习后续章节，发现问题再回头阅读，可以加深理解。

2.2 三轴铣加工编程过程

本节主要任务，以一个铜公为例，介绍编某一数控程序的过程，着重简要说明其中涉及的编程技术。旨在帮助初次接触PowerMILL的读者先尽快学会编制一条数控程序的全过程，增强学习信心，从而利于初步认识PowerMILL编程的特点。

PowerMILL是由英国Delcam Plc公司集合了英国剑桥大学科研精英团队开发研制的一款独立运行、世界领先的专业数控加工编程软件。它能针对复杂形状模具等零件的加工提出丰富的刀具路径加工策略。该软件具有刀路算法先进智能、计算速度快、易学易用、刀路安全可靠等显著的优点。早在二十世纪九十年代，自Delcam Plc公司的PowerMILL软件进入我国以来（1991年Delcam产品首次进入中国市场，1997年在北京成立Delcam（中国）有限公司），在数控行业建立了良好的口碑，深受用户喜爱，曾被业界不少编程人员亲切地称为“永不过切的好软件”。能灵活运用PowerMILL进行高质量的数控编程，成为很多编程员的愿望及提高自身价值的途径。

2010 年第四届全国数控大赛选定 Delcam 软件 PowerMILL 和 PowerSHAPE 为大赛指定软件，而且在多次数控大赛中，该软件独占鳌头。所以，学好 PowerMILL 软件大有用武之地。

下面介绍首次使用 PowerMILL 编程的过程及重要参数的用法。

2.2.1 调图及审核整理图形

原始图形

文件路径：\ch02\01-example\pmbook-2-1.igs，在配套素材的\ch02 目录，把这些文件复制到工作电脑硬盘的\ch02 目录之中。

文件路径：\ch02\02-finish\pmbook-2-1\

1. 启动软件，输入文件

双击桌面上的图标，或通过开始|【所有程序】|【Delcam】|【PowerMILL】找到图标 PowerMILL 2012 (64-bit)，就可以进入 PowerMILL 界面。执行下拉菜单的【文件】|【输入模型】，在【文件类型】选择“IGES（*.ig*）”，再选择如 pmbook-2-1.igs 文件，即可以输入模型的图形文件，如图 2-1 所示。

图 2-1 输入模型的图形文件

要注意

由于系统的各项操作设置较为集中，弹出的参数对话框往往包含大量的选项，而需要操作的参数只是少数，故本书范例中引用系统窗口时，会用椭圆线或方框线，将要修改的项目圈起来，以使读者能清晰看出要修改哪些选项。

另外一种输入文件的方法是，在 PowerMILL 的左侧屏幕的【资源管理器】右击【模型】，在弹出的快捷菜单中选择【输入模型】。在【文件类型】选择“IGES（*.ig*）”，再选择 pmbook-2-1.igs，即可以输入图形文件。

除了常用的 igs 文件外，还有 dgk、stp、x_t 等，其输入方法与前述相同。文件输出时，可以执行【文件】|【输出模型】，文件名为 pmbook-2-1.dgk。

2. 审核整理图形

图形输入后，应对其进行几何分析、工艺分析、确定加工坐标系。

（1）几何分析的方法有：综合工具栏中的【测量器】或【计算器】、建立【毛坯】。目的是要了解图形的加工区域大小，以便选用合适大小及长度的刀具。

经过分析，本图例 pmbook-2-1.dgk 的大小为 53×30×16。可以采用 ED8 平底刀进行开粗加工。

（2）工艺分析的方法有：屏幕右侧的着色工具，最常用的有拔模角度分析的【拔模角阴影】（Draft Angle Shade）、内 R 分析的【最小半径阴影】（Minimum Radium Shade）。目的是分析出是否可以加工到位，而且需要选用多大的刀具。

3. 创建加工坐标系

系统提供的坐标系功能很灵活。可以通过移动图形使坐标系符合要求，也可以通过改变坐标系以满足加工要求。

图形刚输入到 PowerMILL 时的坐标系，就是建模时模型的坐标系。一般情况下，如果是单向三轴加工，可以使加工坐标系与建模坐标系一致，尽量通过移动图形来符合加工要求。如果要在不同的方向加工不同侧面的部位，可以多建立几个加工坐标系。但是后处理时，一定要指明哪一个用户坐标系。

经过分析，本图例 pmbook-2-1.dgk 的坐标系符合四边分中的要求，为单向加工。在【资源管理器】中右击【用户坐标系】，在弹出的快捷菜单中选【产生用户坐标系】，在工具栏里【名称】默认为“1”，单击【接受改变】按钮，如图 2-2 所示。

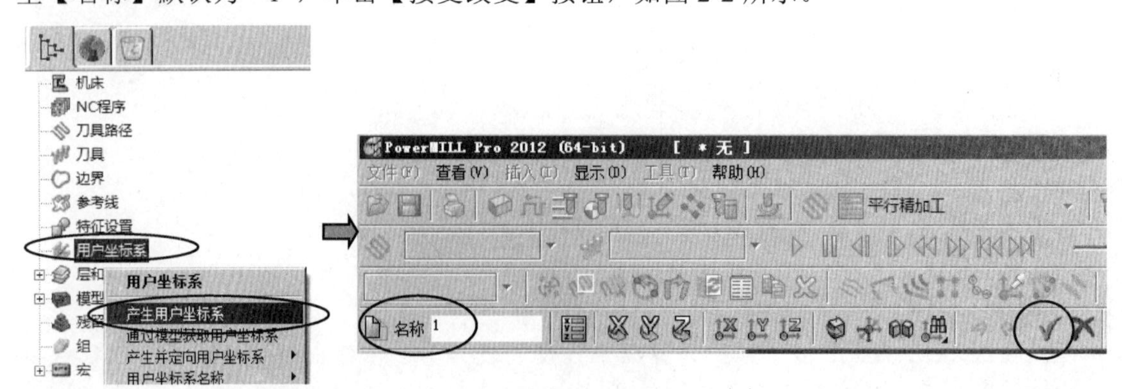

图 2-2　产生用户坐标系

2.2.2 规划软件界面

规划界面主要是调整工具条的显示，其目的是提高工作效率，应该尽量把最常用的工具条放在界面上，暂时不用的可以不显示，方法有以下两种。

其一，在下拉菜单中执行【查看】|【工具条】，在弹出的下拉菜单中选择所要显示的工具条名称。

其二，将鼠标放在主工具栏的空白处，单击鼠标右键，在弹出的快捷菜单中选择所要显示的工具条，如图 2-3 所示，有勾号的表示显示该工具条。

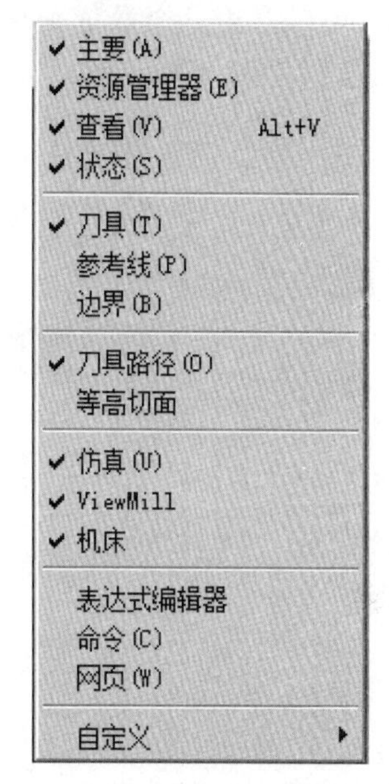

图 2-3 选择要显示的工具条

2.2.3 设定颜色

设定颜色包括设定图形颜色及系统颜色，其目的是便于图形显示清晰，避免看错图而导致编程出错。如果系统默认颜色影响了图形的显示，可以修改颜色，直至看起来比较舒服。一旦这个方案确定，为了提高效率，一般情况下不要经常改动。

1. 图形颜色的设定

（1）曲面原本颜色的设定。

选取要改变颜色的图形曲面，单击鼠标右键，在弹出的快捷菜单中选取【颜色】，再设置所需要的颜色。这种颜色要在【多色阴影】模式下才能正常显示。

（2）曲面方向颜色的调整。

刚从 igs 等类型文件输入进来的图形，有时曲面方向不一致，在【普通阴影】模式下会出现不同的颜色，代表面的法线方向不一致。必须将其调整为统一方向，否则，在计算边界或刀具路径时可能出错。方法是，框选全部面，单击鼠标右键，在弹出的快捷菜单中选择【定向已选曲面】。如果图形显示的是深灰色，则说明全部曲面的法线方向全部朝向模型内部。可再次框选全部面，单击鼠标右键，在弹出的快捷菜单中选择【反向已选】，这样可以使全部曲面的法线方向朝向外部。

（3）曲面曲率的颜色表示。

分析图形的曲率可以使用【最小半径阴影】模式，但其所显示的最小半径可以设定。方法是：在综合工具栏中执行【显示】|【模型】命令，系统弹出的【模型显示选项】对话框，修改 最小半径阴影 最小刀具半径 10.0 参数。系统会将曲率半径小于 R10 的曲面显示为红色。可以多给几个数值来分析，随着所给数值的变化，这时，图形中红色区域会发生变化，这样便于确定光刀所用的最大刀具。

（4）曲面斜率的颜色表示。

分析图形的斜率可以使用【拔模角阴影】模式，但其所显示的拔模角颜色可以设定。

方法是，在综合工具栏中执行【显示】|【模型】命令，系统弹出的【模型显示选项】对话框，修改拔模角阴影 拔模角 0.0° 警告角 5.0 等参数。系统会将符合参数范围的曲面显示为黄色或红色。可以多给几个数值来分析，随着所给数的变化，这时，图形中黄颜色区域会发生变化，防止将某些斜面遗漏加工。

2. 系统颜色设定

可以根据实际需要设定系统颜色。方法是，在综合工具栏中执行【工具】|【自定义颜色】命令，系统弹出【自定义颜色】对话框，可以修改其颜色参数，如图 2-4 所示。

图 2-4　自定义颜色对话框

2.2.4　建立刀路程序文件夹

对于形状比较复杂图形的加工，可能要分为粗加工、局部开粗、半精加工、精加工。而且还会用到不同种类或不同大小的刀具，这样就会出现很多种刀具路径策略。为了便于管理，就需要使用程序文件夹把同一加工性质及使用同一把刀具的刀具路径策略归为一组。经过后处理就会成为一个数控文件，其文件名与程序文件夹的名称相同。使用文件夹对数控程序文件进行管理是本书的特色，希望对读者有所帮助，做法如下。

在【资源管理器】中右击【刀具路径】，在弹出的快捷菜单中选择【产生文件夹】，于是在【刀具路径】树枝下就产生了【文件夹 1】，再右击该文件夹，在弹出的快捷菜单中选择【重新命名】，然后将其改名为“K00A”，如图 2-5 所示。

当一个文件夹里要增加新的刀具路径策略时，应该将该文件夹激活。

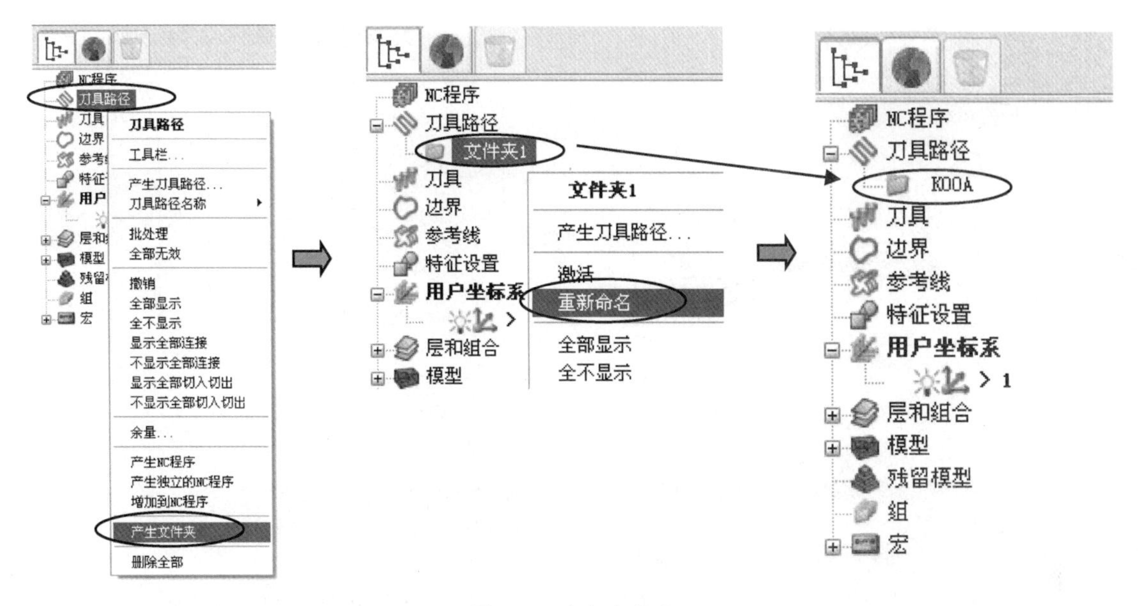

图 2-5　建立文件夹

2.2.5　建立刀具

数控编程所用的刀具可以现时定义，也可以调用标准刀库。

（1）现时定义，即用到什么样的刀就随时定义什么样的刀，灵活性比较大。但提醒注意的是，必须切合工厂实际。必须根据数控车间现有的刀具，实测其刀尖、刀柄、夹头等部件的数据来完整定义刀具。现时没有或短期内也买不回来的刀具就没有必要定义。这样做的好处是，在进行编程时能够进行干涉及过切检查，所编制的数控程序能直接使用，提高了程序质量和工作效率。

本例将建立 ED8 刀具，做法如下。

用鼠标右键单击屏幕左侧的【资源管理器】中的【刀具】，在弹出的快捷菜单中选择【产生刀具】命令，再在弹出的快捷菜单中选择【端铣刀】命令，系统弹出【端铣刀】对话框，在【刀尖】选项卡中设定参数。【名称】为“ED8”，【长度】为“32”，【直径】为“8”，【刀具编号】为“1”，【槽数】为“4”，如图 2-6 所示。

完成刀尖参数的设定后，还可以继续建立刀柄及夹持参数，如图 2-7 所示。

（2）建立标准模板的刀库文件时，也要先根据车间现有的刀具，实测其刀尖、刀柄、夹头等部件的数据来完整地定义各个刀具。通过执行【文件】|【保存模板对象】命令，存盘成标准模板的刀库文件。使用它时，可通过执行下拉菜单的【插入】|【模板形体】命令，选取已经定义的模板文件。这时，之前所定义的全部刀具就会出现在【资源管理器】中的【刀具】树枝之中。这样可以提高整个编程团队的工作效率，值得经常使用。

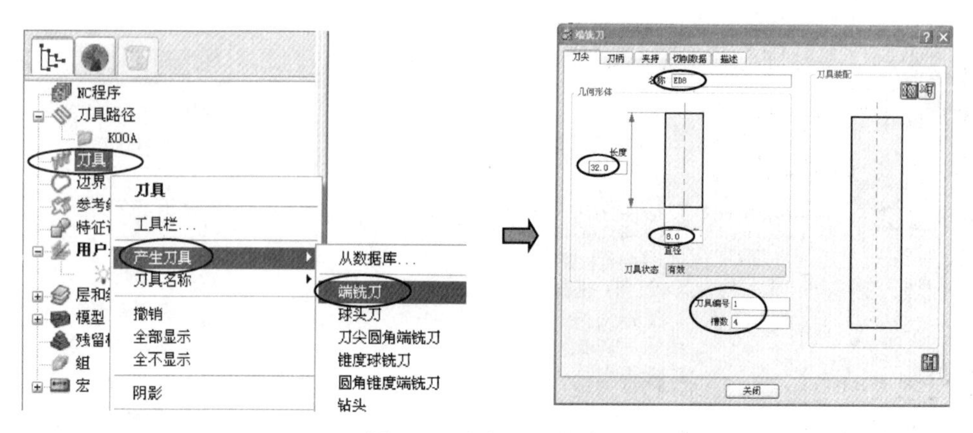

图 2-6　建立刀尖参数

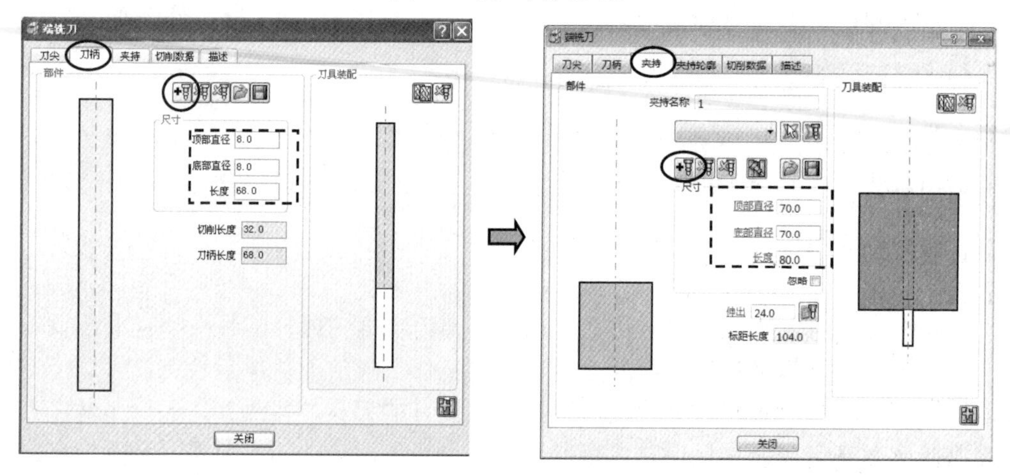

图 2-7　建立刀柄及夹持参数

2.2.6　设定公共安全参数

为了减少编程工作量，可以事先设定一些公共的安全参数，包括【快进高度】，【开始点和结束点】。

1．安全高度的设定

也就是【快进高度】的设定，即刀具从一个切削点向另一个切削点移动时，刀具所处的高度。这个参数设置很重要，直接影响程序中空刀时间的长短及切削的安全性。为了安全起见，多使用“绝对”的【快进类型】，但是为了提高效率，在频繁跳刀的情况下，如【三维区域清除模型】等，也常使用“掠过”方式。这时要将【掠过进给率】参数给定到5000 毫米/分以上，以减小移刀时间而提高效率。程序在执行时，先以 G00 快速沿着 Z 向上提刀到相对于下一切削层的相对安全高度上，然后在水平面上以 G01 F5000 的正常走直线的方式，快速移到下一切削点的上方位置，再以 G01 的方式向下移动到下一切削点。这样，就会保证以安全的方式移动刀具而进行切削。

对于本例 pmbook-2-1.dgk 安全高度的设定方法如下。

在综合工具栏中单击【快进高度】按钮，弹出【快进高度】对话框。【激活用户坐标系】选“1”，单击【接受】按钮，如图 2-8 所示。也可以在图形上通过选取点来确定数值。

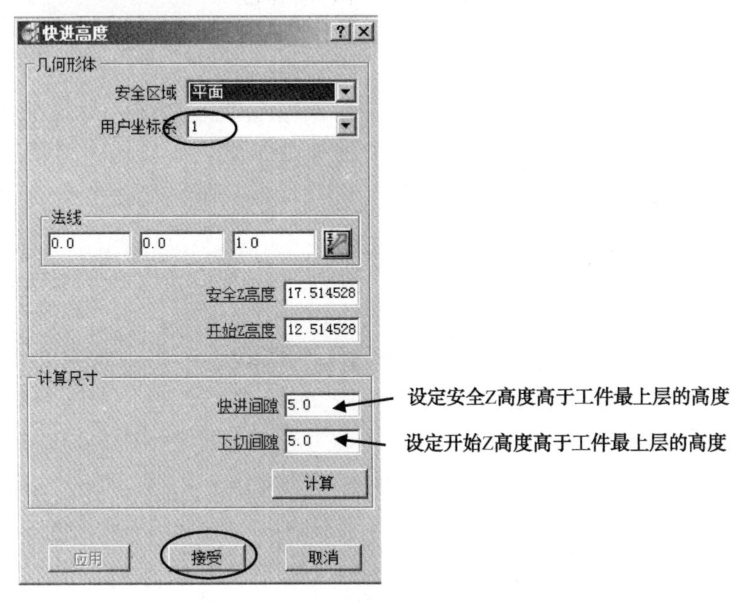

图 2-8 设定安全高度

2. 开始点和结束点的设定

在综合工具栏中单击【开始点及结束点】按钮，弹出【开始点及结束点】对话框。在【开始点】选项卡中，设定【使用】的下拉菜单为“第一点安全高度”。可以单击【锁定开始点】按钮，使其变为，把参数锁定。切换到【结束点】选项卡，用同样的方法设置，如图 2-9 所示。

图 2-9 开始点和结束点的设定

如果不设置这个参数，系统会默认【毛坯中心安全高度】，每个刀路开始和结束都会提刀，都会走到毛坯上方的中心点，如本例的（0，0）点，将会出现很多不必要的空刀。

2.2.7 建立毛坯

毛坯在 PowerMILL 数控编程中非常重要，几乎每一个刀具路径策略都会根据其特点建立相应的毛坯。其作用是控制加工路径的范围和加工深度。可以有效地提高加工效率。并不是像其他软件（如 UG、MasterCAM）那样，所有刀具路径公用一个毛坯，用户应更多地利用毛坯使刀路优化。

毛坯除了常用的【方框】外，还常用根据边界拉伸成的【边界】毛坯。另有图形、三角形、圆柱体等。

毛坯的做法除了常规地填写【最大】、【最小】等参数表外，可以充分利用锁定功能及自动计算功能［计算］等。毛坯应该包含加工面和刀具中心，灵活地建立毛坯是用好 PowerMILL 的关键。

本例 pmbook-2-1.dgk 在开粗时，要用模型区域清除的加工方式，要求刀具能围绕铜公上半部分外形周围走刀。因为一般情况下，刀具路径只能在毛坯范围内进行，所以，为了防止出现漏切现象，要用【扩展】功能，使定义的毛坯均匀外扩一定距离，做法如下。

在综合工具栏中单击【毛坯】按钮，弹出【毛坯】对话框。在【由...定义】下拉列表框中选择“方框”选项，先单击【计算】按钮。初步计算出毛坯外围尺寸，再给【最小】Z 为“0.1”，单击锁定按钮，使其为。【最大】Z 为“7.6”，单击锁定按钮，使其为。【扩展】为 5，单击【计算】按钮。单击【接受】按钮，如图 2-10 所示。

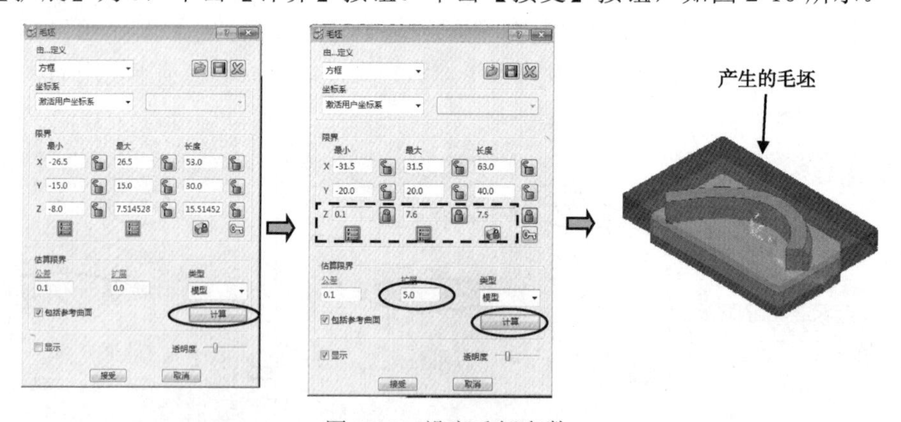

图 2-10 设定毛坯参数

毛坯设定完毕，可将其关闭，单击屏幕右侧工具条的显示按钮。

2.2.8 设刀路切削参数

PowerMILL 的加工类型称为刀具路径策略，其较详细的说明将在 2.4 节展开，本例

pmbook-2-1.dgk 的加工策略为【偏置区域清除模型】方式，做法如下。

在综合工具栏中，单击【刀具路径策略】按钮，弹出【策略选取器】对话框，选取【三维区域清除】选项卡，选取模型区域清除（还可以选取【旧版策略】选项卡，然后选择【偏置区域清除模型】选项），单击【接受】按钮。弹出【模型区域清除】对话框，按图 2-11 所示设置参数。其中选取树枝刀具，在右侧的【刀具】选择 ED8，【裁剪】方式为按毛坯边缘剪裁刀具中心，选取树枝模型区域清除，设定【公差】为 0.1，单击【余量】按钮，设置侧面余量为 0.2，底部余量为 0.1。【行距】为 5，【下切步距】为 0.5，【切削方向】均为“顺铣”。

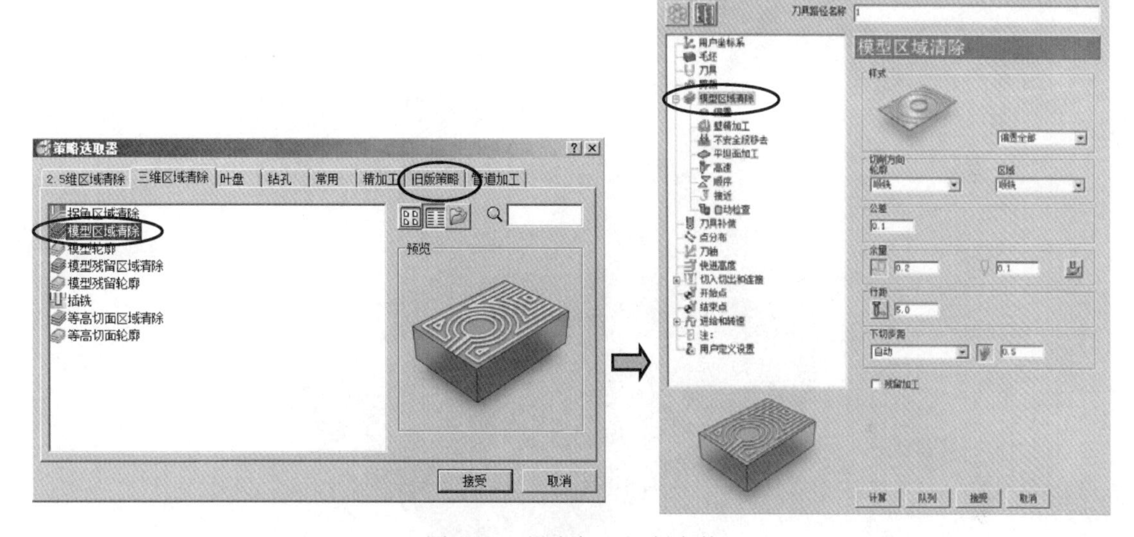

图 2-11　设定加工切削参数

单击【计算】按钮，保持该策略为激活状态。但先不要关闭该对话框，紧接着下步设置非切削参数。

2.2.9　设置非切削参数

非切削参数主要是切入切出及连接参数，本例 pmbook-2-1.dgk 做法如下。

该铜公结构特点是中间高四周低，可以不用设斜线下刀，但应为料外下刀。

在主工具栏，或者在图 2-11 右图对话框的【切入切出和连接】栏中单击按钮，弹出【切入切出和连接】对话框。选取【Z 高度】选项卡，设置【掠过距离】为 3，【下切距离】为 3。在【连接】选项卡中，修改【短】为“掠过”，其余参数默认，不改变。如图 2-12 所示。单击【应用】按钮，再单击【接受】按钮。在【偏置区域清除模型[模型加工]】对话框中单击【取消】按钮，如图 2-12 所示。

这样选择参数的目的，是尽量减少非切削路径长度，提高切削效率。产生的刀具路径如图 2-13 所示。在【模型区域清除】对话框，单击【取消】按钮。

图 2-12　设切入切出和连接参数

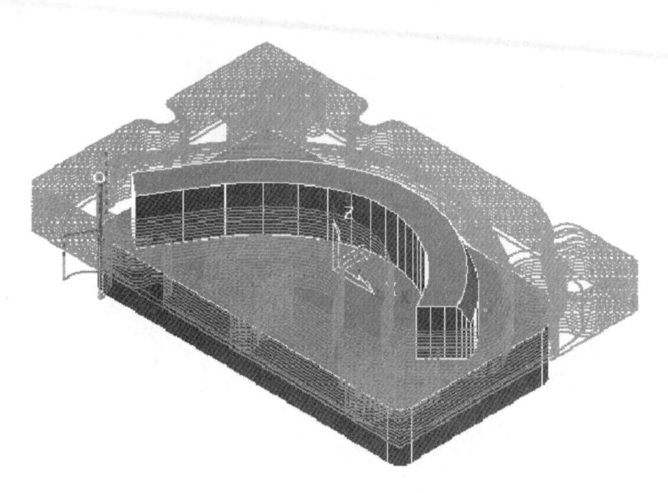

图 2-13　生成的开粗刀路

2.2.10　后处理

后处理的目的，是生成机床能识别的 NC 程序，本例做法如下。

1. 创建 NC 程序文件夹

先将【刀具路径】中的文件夹，通过【复制为 NC 程序】命令复制到【NC 程序】树枝中，做法如下。

在屏幕左侧的【资源管理器】中，选择【刀具路径】中的 K00A 文件夹，单击鼠标右键，在弹出的快捷菜单中选择【复制为 NC 程序】，如图 2-14 所示。

2. 设置后处理参数

在屏幕左侧的【资源管理器】中，选择【NC 程序】树枝，单击鼠标右键，在弹出的快捷菜单中选择【编辑已选】命令，系统弹出【编辑已选 NC 程序】对话框，选择【输出】选项卡，按图 2-15 设定参数。单击【应用】按钮，再单击【接受】按钮。

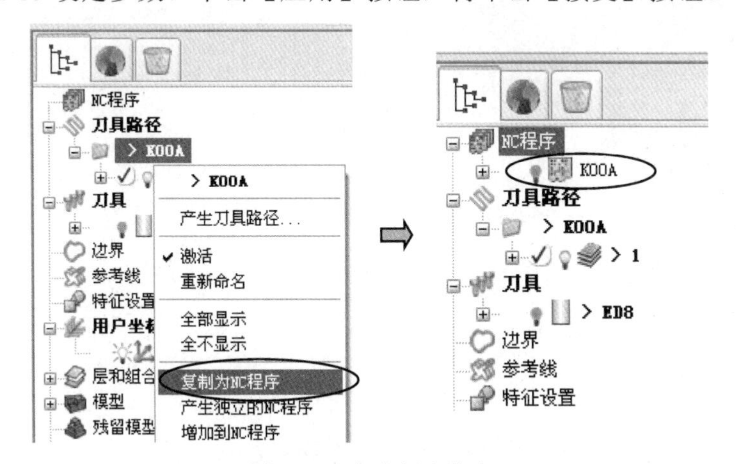

图 2-14　产生新文件夹

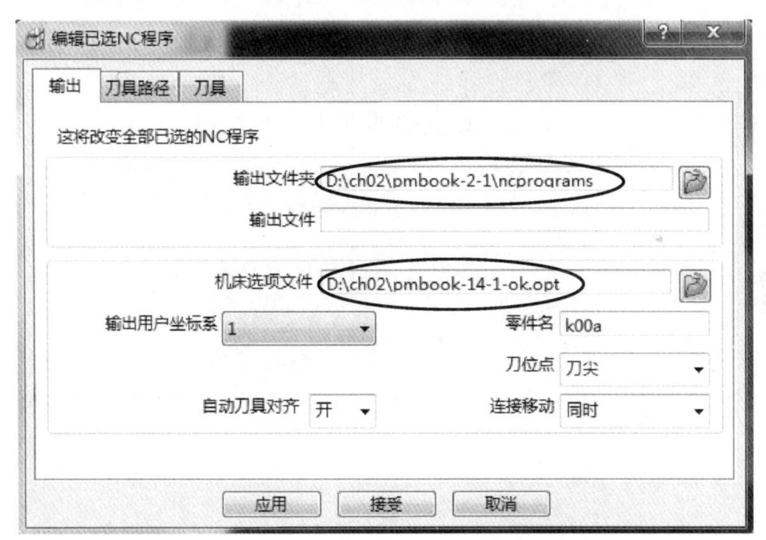

图 2-15　编辑后处理参数

小提示

可以把本书配套素材提供的后处理器文件 pmbook-14-1-ok.opt 复制到 D：\pmbook\ch02\目录里。

3．输出写入 NC 文件

在屏幕左侧的【资源管理器】中，选择【NC 程序】树枝，单击鼠标右键，在弹出的快捷菜单中选择【全部写入】命令，系统会自动把 K00A 文件夹，按照其文件夹的名称为 NC 文件名，输出到用户图形所在目录的子目录中，如图 2-16 所示。

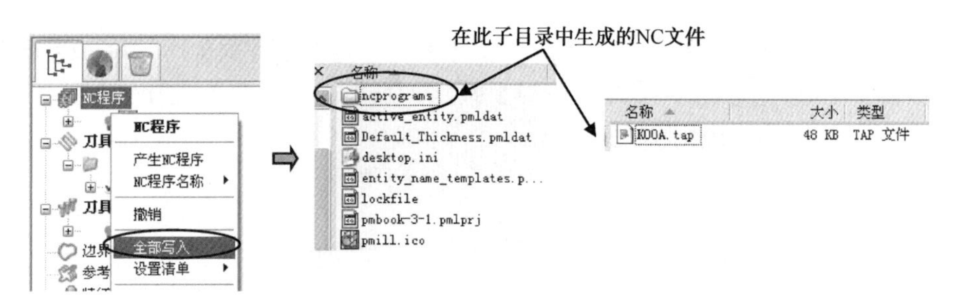

图 2-16　生成 NC 数控程序

2.2.11　程序检查

1. 干涉和碰撞检查

在【资源管理器】中，展开【刀具路径】，选择刀具路径 1，检查将其激活。再在综合工具栏选择【刀具路径检查】按钮，弹出【刀具路径检查】对话框。

在【检查】选项中先选择“碰撞”，其余参数默认，单击【应用】按钮。如果刀路正常，则显示 无碰撞发现 信息框。如有问题则详细显示问题所在，用户应及时检查刀路参数，并立即排除错误，如图 2-17 所示，单击信息框中的【确定】按钮。

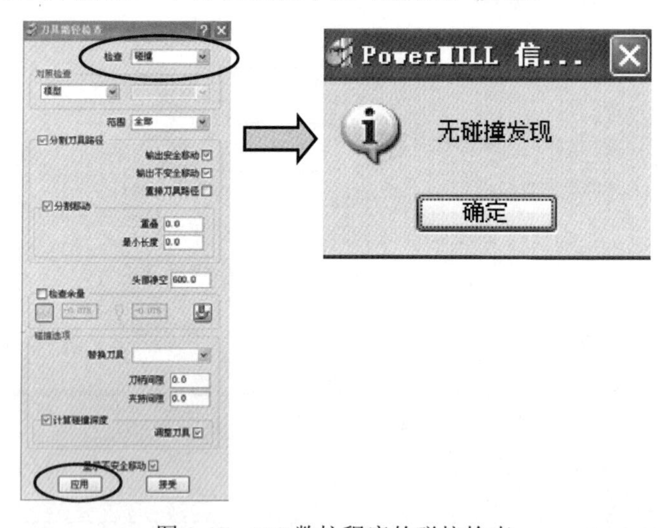

图 2-17　NC 数控程序的碰撞检查

在上述【刀具路径检查】对话框中的【检查】选项中先选择“过切”，其余参数默认，单击【应用】按钮。如果刀路正常，则显示 没发现过切 信息框。如有问题则详细显示问题所在，用户应及时检查刀路参数，并立即排除错误。本例刀路正常。这时目录树中的刀具路径 1 前的符号显示为 >1，单击信息框中的【确定】按钮，如图 2-18 所示。

最后，单击【刀具路径检查】对话框中的【接受】按钮。

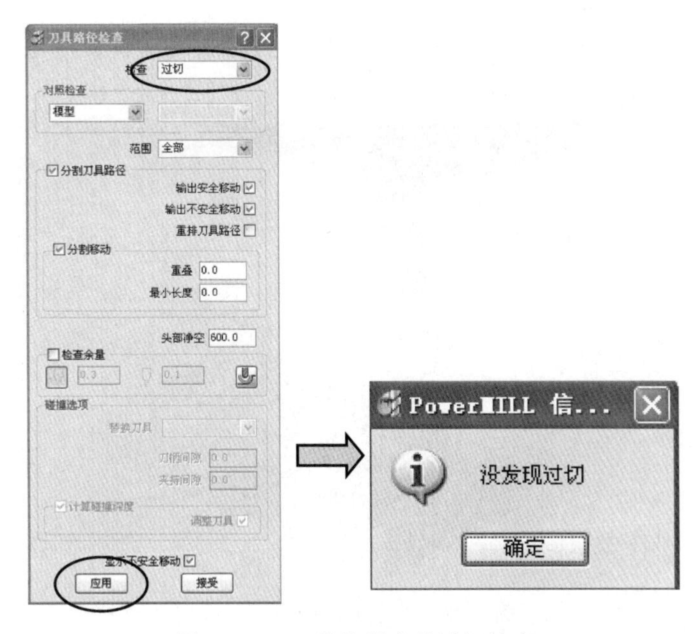

图 2-18　NC 数控程序的过切检查

2. 实体模拟检查

该功能可以直观地观察刀具加工情况。

（1）首先，要在界面中把实体模拟检查功能显示在综合工具栏中。在下拉菜单中选择并执行命令【查看】|【工具栏】|【View MILL】。用同样的方法，可以把【仿真】工具栏也显示出来。如果已经显示，则这一步不用做。

（2）然后，检查毛坯设置。检查现有毛坯是否符合要求，该毛坯一定要包括所有面。如不符合要求，就要重新设定。在综合工具栏中单击【毛坯】按钮，弹出【毛坯】对话框，解除已经被锁定的参数，【扩展】为 0，单击【计算】按钮，单击【接受】按钮。

（3）启动仿真功能

在屏幕左侧的【资源管理器】中，单击【NC 程序】树枝前的加号。先选择文件夹 K00A，单击鼠标右键，在弹出的快捷菜单中选择【自开始仿真】命令，如图 2-19 所示。

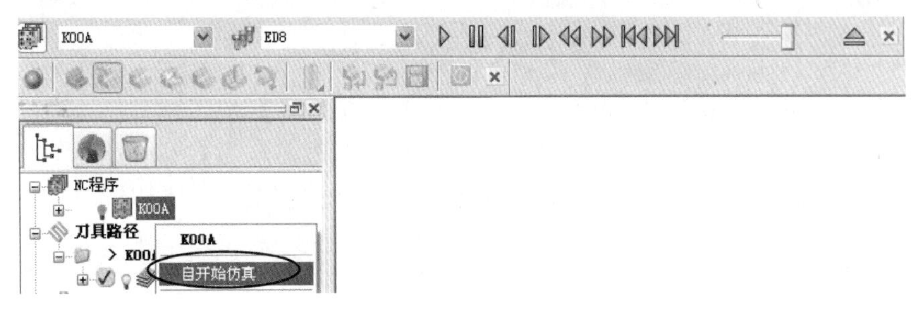

图 2-19　启动仿真

（4）开始仿真

单击图 2-19 中的【开/关 View MILLL】按钮，使其处于开的状态，这时，工具条

就变成可选状态，选择【光泽阴影图像】按钮，再单击【运行】按钮。K00A 程序完成仿真后的结果，如图 2-20 所示。

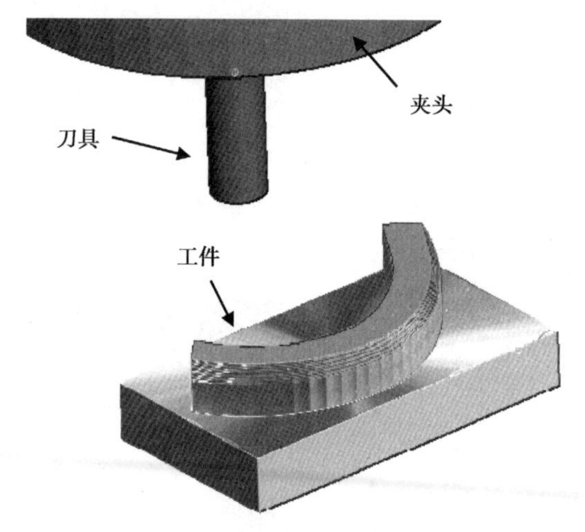

图 2-20　开粗刀路的仿真结果

2.2.12　文件存盘

数控程序编制过程完成后，应及时存盘，以防止丢失。

首次存盘时，执行下拉菜单的【文件】|【保存项目为】命令，系统弹出【保存项目为】对话框，单击【保存在】下拉箭头给定要存盘的路径，如 D：\ch2，【文件名】给定与模型相同的名称，本例为 pmbook-2-1，如图 2-21 所示。

图 2-21　首次存盘过程

以后存盘时，可以直接单击综合工具栏中的【保存项目】按钮。

PowerMILL 所保存的项目是一个文件夹，里面含有很多与数控编程有关的文件。而模型文件要通过下拉菜单的【文件】|【输出模型】的方式来另外存盘。

以上程序组的操作视频文件为: \ch02\03-video\01-三轴铣加工编程过程.exe

2.3 图层

图层是将图形中众多的图素进行分类管理的工具，它能方便用户显示或隐藏所需要的图素，以便快速、有效地选取图素，进行数控编程等操作。

如果图形中的图素单一简单，选取图素也没有太大困难，可以不进行图层操作。

在【资源管理器】中单击【层和组合】树枝前的加号将其展开，里面已经有一个默认的图层“0”。右击【层和组合】或“1”，系统弹出的快捷菜单已清楚地说明了各个命令的功能。本节将常用的几种操作，以 2.2 节中保存的项目 pmbook-2-1 为例，说明层功能使用要点。下面将完成建立新层、将图素归于某一层、隐藏和显示图层以及删除图层等工作。

1. 建立新层并命名

打开项目 pmbook-2-1，并将刀具、刀路和毛坯都隐藏。在【资源管理器】中右击【层和组合】，在系统弹出的快捷菜单中选择【产生层】，这时在【层和组合】树枝中出现了“1”层，右击它，在弹出的快捷菜单中选择【重新命名】，改名为“layer1”，如图 2-22 所示。

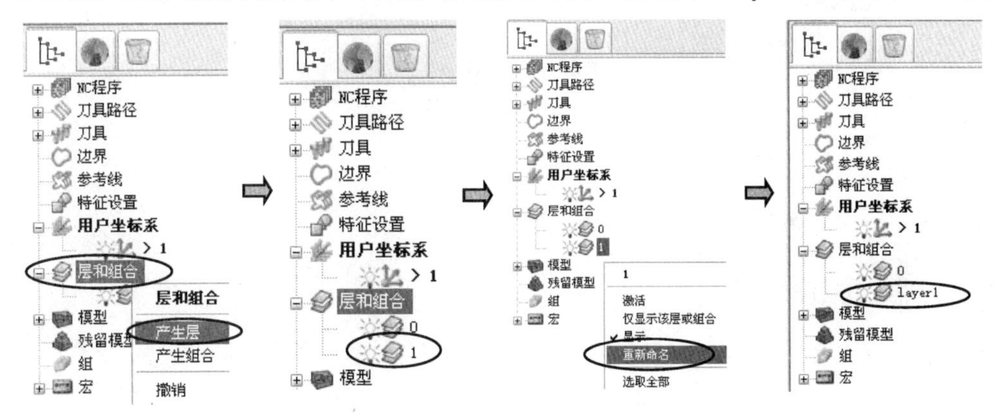

图 2-22 建立新层及改名

2. 在层内添加图素

首先将图层激活，方法是：选取层 layer1，单击右键，在弹出的快捷菜单中选【激活】命令。在图形区将图形放在 ISO1 视角，选取铜公基准曲面。选取层“layer1”，单击右键，在弹出的快捷菜单中选【获取已选模型几何体】命令，如图 2-23 所示。旋转图形，选取基准面其余部分曲面。

3. 隐藏和显示图素

选取层“layer1”，单击右键，在弹出的快捷菜单中选【显示】命令，使其前面的钩号取消。这样就可以将包含在其中的基准面隐藏。

再次单击层“layer1”，单击右键，在弹出的快捷菜单中选【显示】命令，使其前面的钩号出现。这样就可以将包含在其中的基准面显示，如图 2-24 所示。

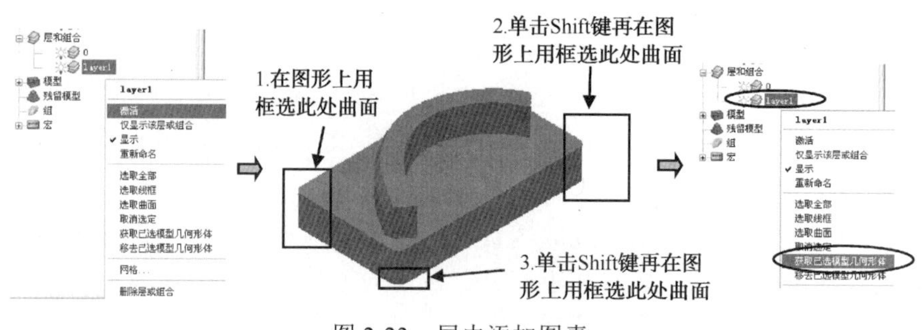

图 2-23　层内添加图素

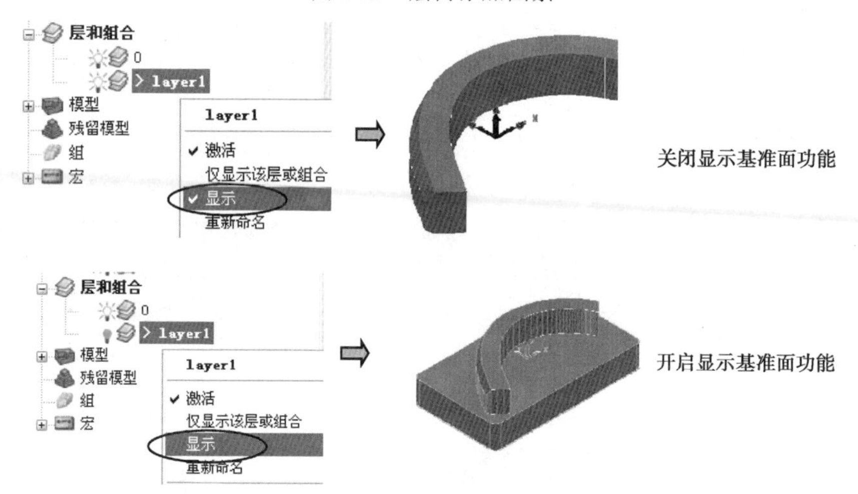

图 2-24　层的隐藏和显示

4. 将某些图层删除

将某一层包含的所有图素转给另一层，使其成为空层，然后就可以删除该层。

（1）首先将层“0”隐藏，并把“layer1”设定为显示状态，或右击选取层“layer1”，在弹出的快捷菜单中选取【仅显示该层或层组合】。

（2）再次右击选取层“layer1”，在弹出的快捷菜单中选取【选取曲面】，这时图形区中的所有曲面就被选取。

（3）再右击选取层“0”，在弹出的快捷菜单中选取【获取已选模型几何体】命令，这时图形区中的所有曲面就被选取到“0”层，而隐藏起来。

（4）再次右击选取层“layer1”，在弹出的快捷菜单中选取【删除层或组合】，这时【层和组合】树枝下就只剩下层“0”。这时可以将层“0”设定为显示状态，如图 2-25 所示。

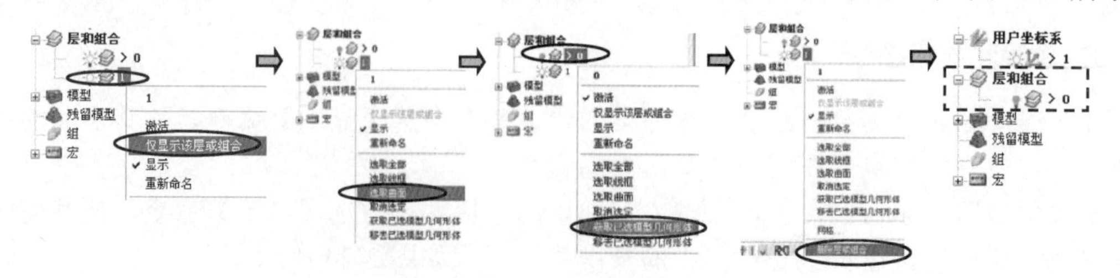

图 2-25　图层删除

以上程序组的操作视频文件为: \ch02\03-video\02-层的操作.exe

2.4　切削运动及刀路策略

本节主要内容：常用粗加工和精加工刀具路径策略加工参数的选取要点。

PowerMILL 的加工方式称为刀具路径策略，也简称为刀路。系统提供了丰富的刀具路径策略。在塑胶模具工厂中，三轴加工比较常用，本书就以最常用的几种刀具路径策略为例，重点讨论其选取切削运动参数的要点。

进入刀具路径策略的方法是：在综合工具栏中，单击【刀具路径策略】按钮，系统弹出【策略选取器】对话框，然后选取相应的选项卡，再选取相应的刀具路径策略，再单击【接受】按钮；接着，系统就进入到相应的刀具路径策略对话框，设定各个参数；单击【计算】按钮就进入计算刀路的状态，计算完毕后，再进行下一步的工作。而单击【队列】就使得刀具路径在计算队列中进行后台计算，而不影响后续设置刀具路径及其计算，特别适合于多核 CPU 电脑。这是新版本的特色，大大提高了计算效率，请善用此功能。

2.4.1　模型区域清除

在【策略选取器】对话框中选取【三维区域清除】选项卡，再选取【模型区域清除】，再单击【接受】按钮，就进入【模型区域清除】对话框，如图 2-26 所示。当鼠标停留在某个按钮时，系统会自动显示各按钮的含义，初学者可据此详细了解其含义。

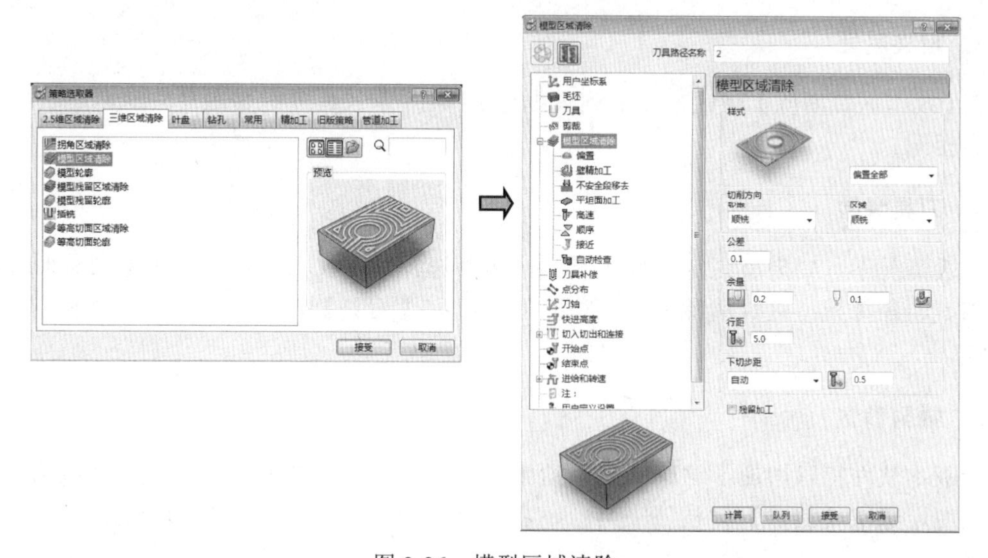

图 2-26　模型区域清除

【模型区域清除】英文名称是 Model Area Clearance，旧版本叫“偏置区域清除加工”模式。它沿 Z 向下由多层刀路组成，每一层根据模型的轮廓形状进行偏置，产生刀路。该刀路策略主要用于模型的粗加工，如果设定的下切深度比整体加工深度大，可在水平面上生成一层刀路用于精加工。

设定参数的要求是：空刀要少，切削量要和加工要求相符合，保持最大且最经济的切削效率。要和切入切出参数配合好，使得凸模加工时从料外下刀，凹坑区域加工斜线下刀，如果是局部二次开粗，要专门定义毛坯或定义边界线以减少空刀，常用的重点参数如下。

1．表头部分

参数含义如图 2-27 所示。

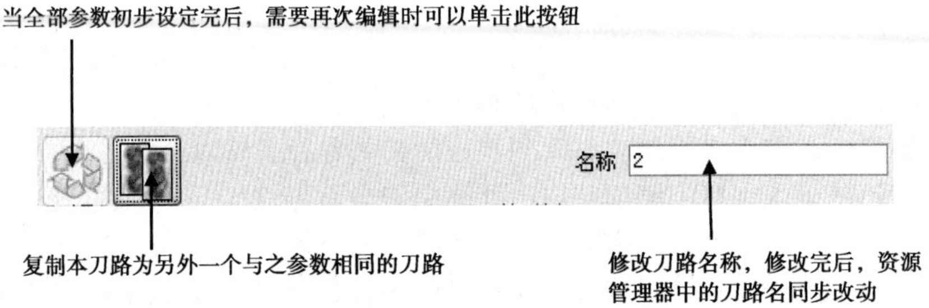

当全部参数初步设定完后，需要再次编辑时可以单击此按钮

名称 2

复制本刀路为另外一个与之参数相同的刀路

修改刀路名称，修改完后，资源管理器中的刀路名同步改动

图 2-27　表头参数图解

2．用户坐标系

在【模型区域清除】对话框左侧列表框选取 用户坐标系，可以定义用户坐标系。一般情况下，编程前应该确认和定义坐标系，如果不选择用户坐标系，默认把世界坐标系作为加工坐标系。

3．定义毛坯

在【模型区域清除】对话框左侧列表框选取 毛坯，可以定义毛坯。定义方法与 2.2.7 节内容相同。

4．刀具参数

一般情况下，如果事先定义好刀具，只需要选择所定义刀具即可。如果要临时修改或定义刀具，在【模型区域清除】对话框左侧，选取【刀具】树枝 刀具，右侧重点参数含义，如图 2-28 所示。

5．裁剪参数

新版本软件特意增加了这个功能，给用户带来了很大的方便。在【模型区域清除】对话框左侧，选取【裁剪】树枝 剪裁，右侧重点参数含义，如图 2-29 所示。

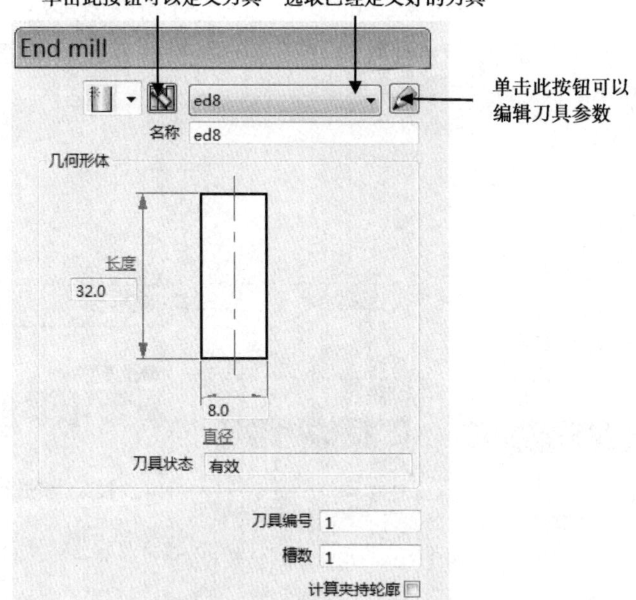

图 2-28　选刀具参数图解

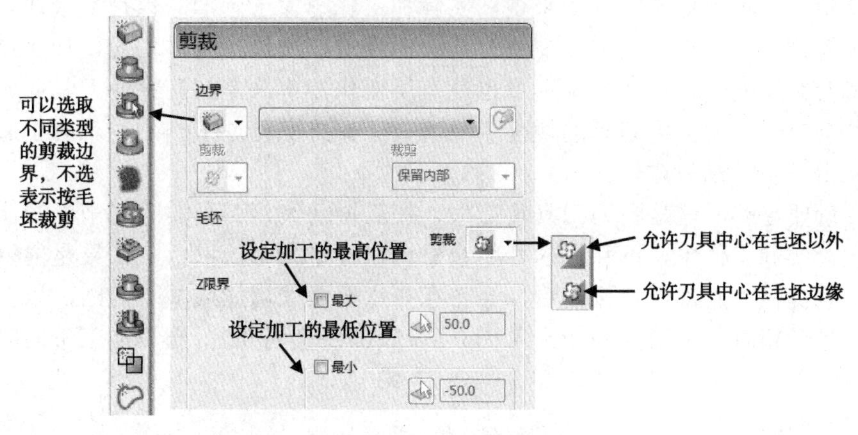

图 2-29　裁剪参数解释

6．定义模型区域清除加工参数

在【模型区域清除】对话框左侧列表框选取 模型区域清除，可以定义模型区域清除主要的加工参数。

（1）样式和切削方向

参数如图 2-30 所示，高速加工多用顺铣方式。要注意的是【样式】不同，对话框里的切削参数的内容也不同。

（2）公差及余量

因为一切机械加工都是近似加工，公差是指实际加工轮廓与理论图形轮廓的最大偏差。只要保证了公差就能保证加工精度。在实际工作中，对于开粗，公差可以设定大于 0.03，一般要小于所设余量的 1/2，如果过大，可能就会产生过切；如过小，计算速度慢，加工时间太长效率太低。对于精加工，一般取 0.01～0.03。工件大的，公差可适当增大；工件小的，公差可适当减小。

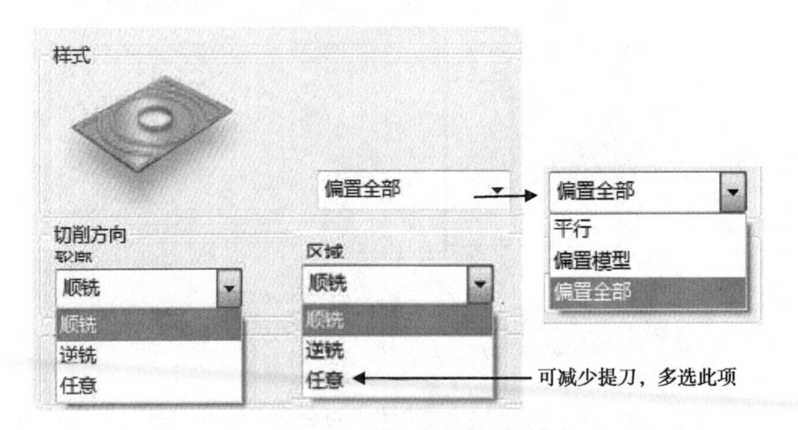

图 2-30　切削方向参数设定

余量是指实际加工轮廓与图形的距离。对于凸形状来说，实际加工轮廓小于图形轮廓的就是负余量。同理，对于凹形状来说，实际加工轮廓大于图形的也是负余量。要得到高精度的加工轮廓，就必须在精加工前留有均匀的余量，如果余量不均匀，加工过程中，刀具的负荷就会有所变化，其弹性变形量也就有所变化，本来是圆柱性的刀具此时就会变成上小下大的圆锥形，使实际刀具的切削半径增大。如果变化过于剧烈，就会引起弹刀，而使工件最终留下负余量而过切。

开粗余量要足够，这是因为刀具负荷大，加工振动大，刀具实际切削半径比名义半径要大的缘故。实际工作中，钢和铜的开粗余量可以设定为 0.2 以上，如果是薄壁零件可适当增大。系统提供的底部余量设定后，会特意在水平面处增加或减少刀路，以保证所设余量。对于模具开粗时，多给定侧面余量为 0.3，底部余量为 0.2。光刀加工平面时，底部余量可给 0。

参数含义如图 2-31 所示。

有些软件，如 UG、MasterCAM 等，在用平底刀进行曲面开粗加工时不能给负余量，即使给出，也是按照零余量来计算。而 PowerMILL 能够直接给负余量，而且会按负余量来执行。这是该软件的特色，给铜公编程带来很大的方便，请善用此功能。

另外，如果侧面余量和底部余量相等的情况下，可以只用总余量 ，而“禁用”用底部余量。

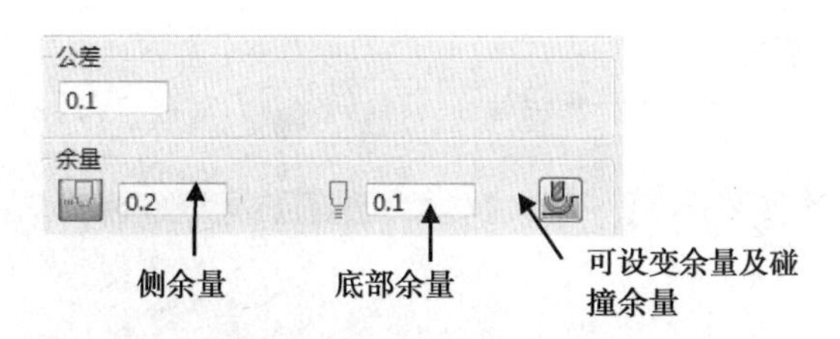

图 2-31　公差及余量参数

（3）行距

行距是指相邻两刀路之间的距离，就是侧吃刀量，如图 2-32 所示。

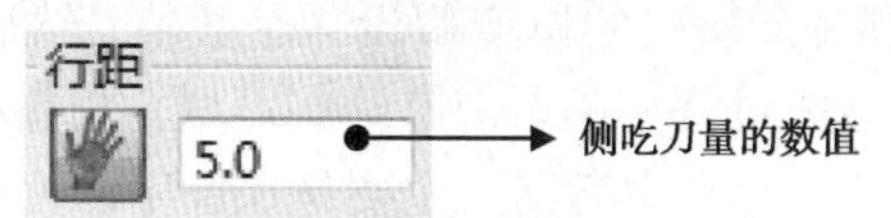

图 2-32　【行距】参数设定

实际加工中，开粗或光平面时，行距通常为刀具直径的 50%～75%，对于圆鼻刀是实际切削直径的 50%～70%。

（4）下切步距

下切步距就是通常的层深，也就是背吃刀量。其常用的重点参数如图 2-33 所示。使用自动方式时，系统会根据输入的下切步距初步计算出层数，把层数取整数，再根据总深度除以总层数来计算每一层的深度，这才是真正的下切步距。

（5）残留加工

初次加工时不要选取【残留加工】复选框。

如果勾选【残留加工】的功能，对话框左侧的【模型区域清除】树枝下会显示 残留 。选取这个节点，对话框右侧会显示相应的内容。含义是指依据之前刀具未加工完的区域，用较小的刀具进行专门的加工。有两种参考方式，分别是依据之前的【刀具路径】和专门生成的【残留模型】，如图 2-34 所示。

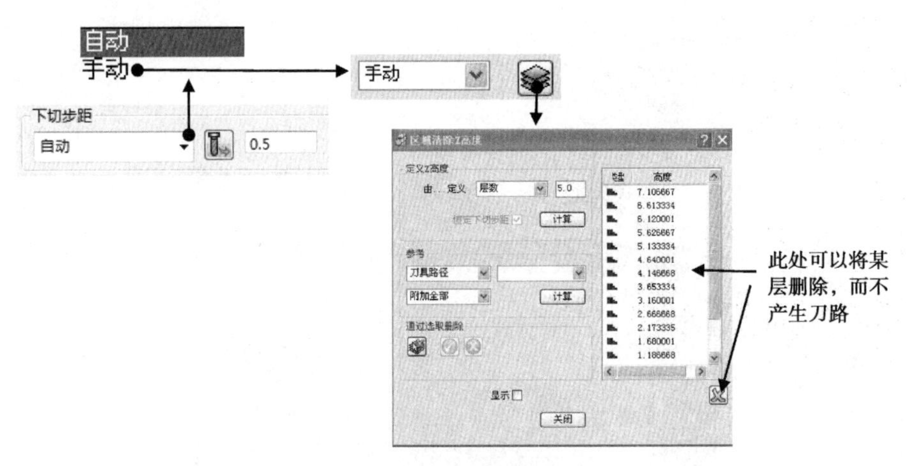

图 2-33　设定下切步距参数

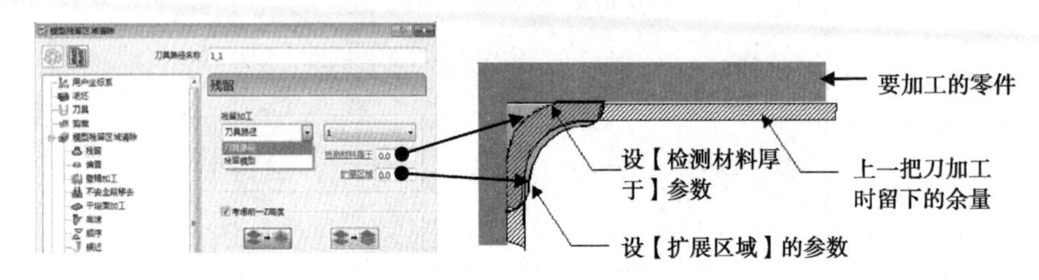

图 2-34　设定残留加工选项参数

【检测材料厚于】是指计算出来的区域中，其中的余量如果小于所设的数值，那么这部分区域将会被忽略和移除。也就是说凡是大于该余量的才可以被加工。

【扩展区域】是指将模型残余材料的厚度假设一个数值，然后利用增加数值之后的残余材料厚度，来判断刀具路径生成过程中是否忽略这些区域。也就是说，将残留区域均匀扩大一个数值，在扩大的残留区域内再产生刀路。主要是保证下一刀路区域光顺，且下刀安全。

【考虑前一 Z 高度】是指根据前一刀路的 Z 高度来计算残留加工的 Z 高度。

：根据本次所设定的层深（即下切步距）来产生新的 Z 高度切削层。之前的参考刀具路径的 Z 高度将被忽略；若当前刀路的刀具直径与参考刀路的刀具直径相同，可以采取这种方法。也就是说，在前一刀路 Z 高度之间产生一层刀路。

：根据本次所设定的层深（即下切步距）来产生新的 Z 高度切削层。之前的参考刀具路径的 Z 高度不被忽略；若当前刀路的刀具直径与参考刀路的刀具直径不同，通常可以采取这种方法。

（6）偏置参数

当样式选取为“偏置模型”或者“偏置全部”时，对话框左侧的【模型区域清除】树枝下会显示 偏置 。选取这个节点，对话框右侧会显示相应的内容，如图 2-35 所示。

① 高级偏置设置

【保持切削方向】该参数只有在样式为“偏置模型”时才可选。选取此参数可以通过提刀来保持切削方向，可以限制刀具过载。为了希望少提刀，可以不选取此参数。

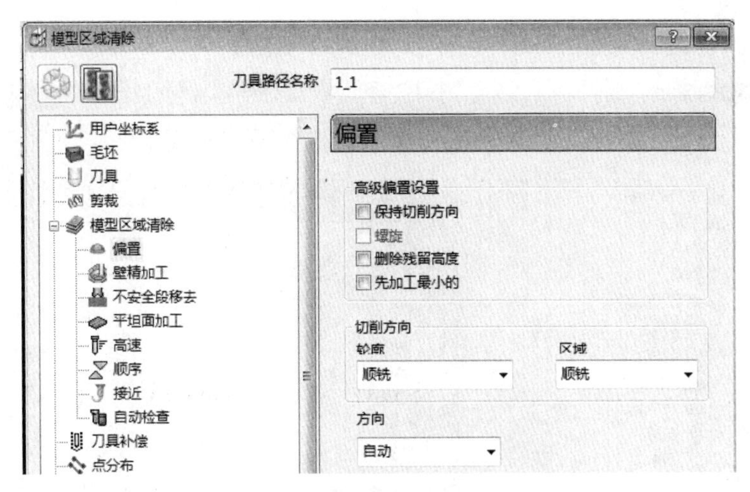

图 2-35 【偏置】选项参数

【螺旋】选取此参数可以生成螺旋式的刀路，如图 2-36 所示。

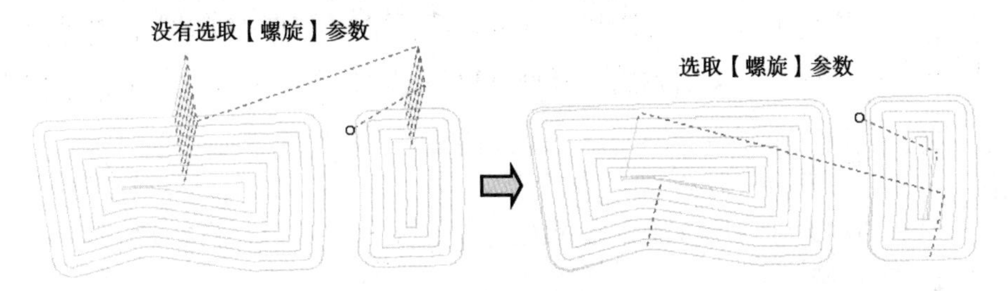

图 2-36 【螺旋】选项参数

【删除残留高度】当刀路的行距较大时，可能会留一些残料没有切削干净。选取此参数，可以通过调整行距，使刀具对没有切削干净的区域补刀路进行加工。默认选取此参数，这样可以确保下一层切削深度不会出现突然增大的情况。

【先加工最小的】选取此参数可以加工最小材料的岛屿。

② 切削方向

此参数和图 2-30 所示相同。

【顺铣】刀具位于切削需要留下来的材料的左侧，相当于左补偿。

【逆铣】刀具位于切削需要留下来的材料的右侧，相当于右补偿。

【任意】刀具加工可能是顺铣也可能是逆铣，但是提刀和空刀少。

③ 方向

用于控制刀路偏置移动的方向，包括以下选项。

【自动】系统根据模型形状自动控制刀具加工是由外向内或者是由内向外。

【由外向内】控制刀具先加工外侧轮廓，再加工内侧轮廓。

【由内向外】控制刀具先加工内侧轮廓，再加工外侧轮廓。

（7）平行参数

当样式选取为“平行”，对话框左侧的【模型区域清除】树枝下会显示☰平行。选取这个节点，对话框右侧会显示相应的内容，如图 2-37 所示。

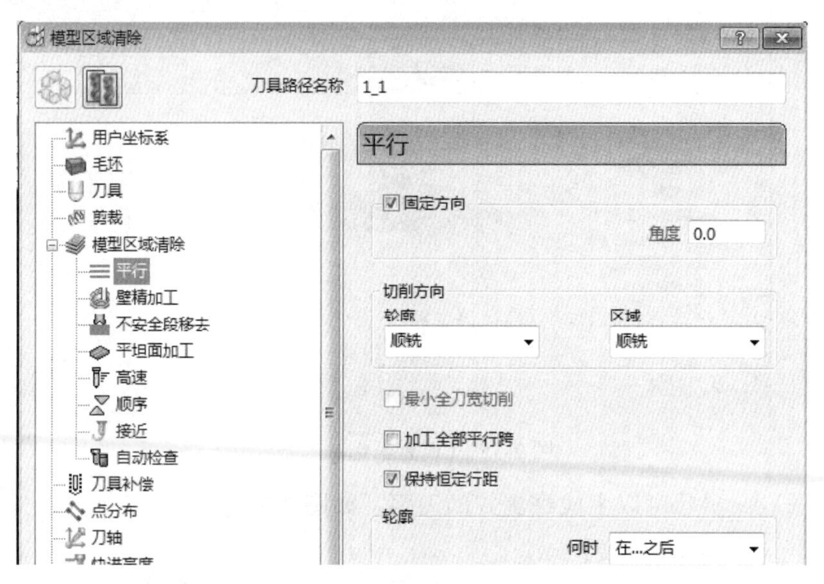

图 2-37 【平行】选项参数

【固定方向】可以决定平行刀路与 X 轴的角度。

【切削方向】一般选取“任意”方式。

【最小全刀宽切削】可以尽可能多地调整刀具路径，使刀具进行全刀宽切削。只有切削方向为任意时，该参数才可选。

【加工全部平行跨】选取此参数，所有平行跨均有刀路，当取消该参数时，不必要的平行跨没有生成刀路。高速切削可以不选此选项。

【保持恒定行距】选取此参数，可以参照行距数量自动调整区域内的行距，使行距保持恒定。

【轮廓】设置此参数可以控制是否根据零件的轮廓外形生成加工刀路。

当【轮廓】选取【无】选项时，表示不进行轮廓加工。

当【轮廓】选取【在...之前】时，表示先切削轮廓再进行区域清除。

当【轮廓】选取【在...期间】时，表示如果遇到零件轮廓，则进行轮廓加工，然后进行区域清除。

当【轮廓】选取【在...之后】时，表示先进行区域清除，然后切削零件轮廓。默认选取此项。

（8）壁精加工参数

选取对话框左侧的节点壁精加工，对话框右侧会显示相应的内容，如图 2-38 所示。

【壁精加工】选取此参数，系统可以在正常切削后，再通过调整行距对壁进行精加工。

【最后行距】用于设置壁面精加工的行距值，该数值可以不同于加工时用到的行距。

【仅最后路径】只在最后的 Z 高度增加壁清理刀路。

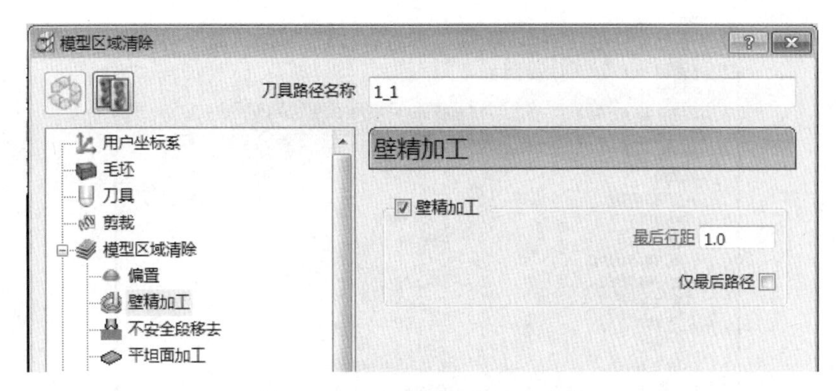

图 2-38 【壁精加工】选项参数

（9）不安全段移去

选取对话框左侧的节点 不安全段移去，对话框右侧会显示相应的内容，如图 2-39 所示。用于排除小区域而不加工，以防止踩刀。对于模具来说，排除的小区域可以在下一步工序中采取更小的刀具来加工，或者用电极铜公通过 EDM 电火花来加工。

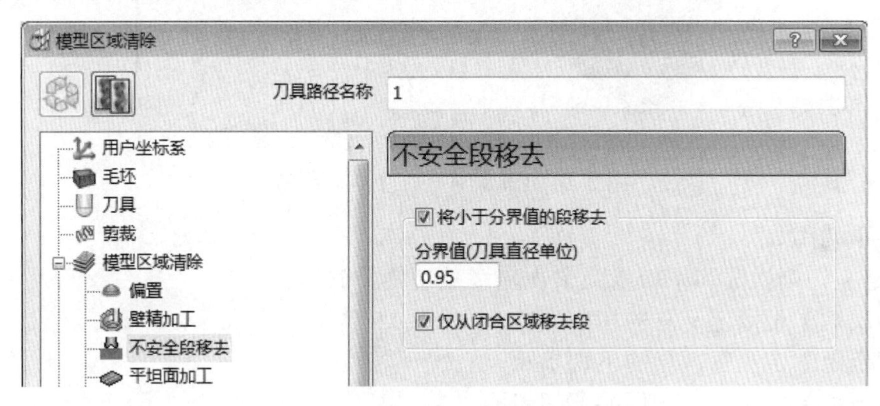

图 2-39 【不安全段移去】选项参数

【将小于分界值的段移去】系统会根据输入的【分界值】来过滤小区域。在不考虑余量的前提下，小区域的计算方式是刀具直径乘以分界值，默认数值为 0.95 乘以刀具直径。

【仅从闭合区域移去段】选取此参数，不过滤开放区域。

（10）平坦面加工

选取对话框左侧的节点 平坦面加工，对话框右侧会显示相应的内容，如图 2-40 所示。该参数主要用于控制对模型中平坦面的加工。

① 加工平坦区域

当【下切步距】参数为“自动”时，该选项才是激活的。可以控制粗加工时，零件中所包含的平坦面是否加工以及加工方式。包括 3 个选项：【关】、【区域】和【层】。

【关】选此参数时，下切步距计算不侦测平坦区域。

【区域】选此参数，下切步距侦测平坦区域，只在平坦区域范围内产生一个增补的刀具路径。

【层】选此参数，下切步距侦测平坦区域，加工零件的整个层，包括平坦面和空区域。

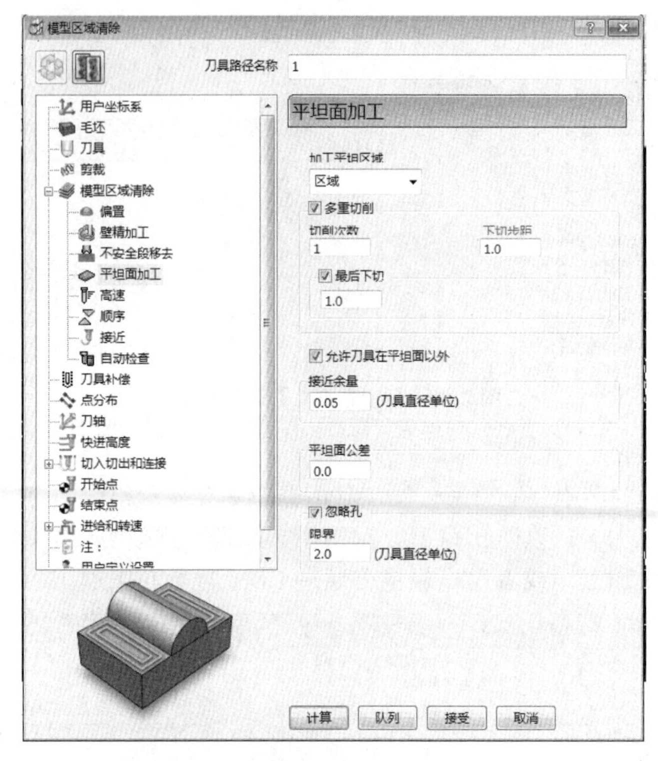

图 2-40 【平坦面加工】选项参数

② 多重切削

用于定义切削次数和下切步距来决定多重切削。

【切削次数】可以定义总的切削次数。

【下切步距】定义每一层的下切步距。

【最后下切】定义最后一层的下切步距。

③ 其他参数

【允许刀具在平坦面以外】选中该参数表示在加工过程中允许刀具移出平坦区域之外。

【接近余量】外部接近平坦面的余量，单位为刀具直径的倍数。

【平坦面公差】指定平坦面在 Z 轴方向上所允许的最大偏差。

【忽略孔】加工平坦面时，系统忽略那些直径小于设定值的孔。

（11）高速加工

PowerMILL 的高速加工功能主要原理，是在刀具路径中加入尖角轮廓光顺处理和光顺余量处理，并且在狭窄区域加入摆线移动处理等方法。这些处理可以保证刀路具有高速切削的特点，这就是刀具路径的切削载荷恒定、避免突然尖角转向、最小的空行程、最小的切削时间、保证机床许可的加工速度和加速度，发挥机床或刀具的最大性能。

选取对话框左侧的节点 高速，对话框右侧会显示相应的内容，如图 2-41 所示。

【轮廓光顺】此参数可以在刀路转角处加入圆角，以避免刀具切削方向的急剧变化。

【半径（刀具直径单位)】参数是设定圆角半径，半径是刀具直径的倍数，可以通过拖动滑条来设置。

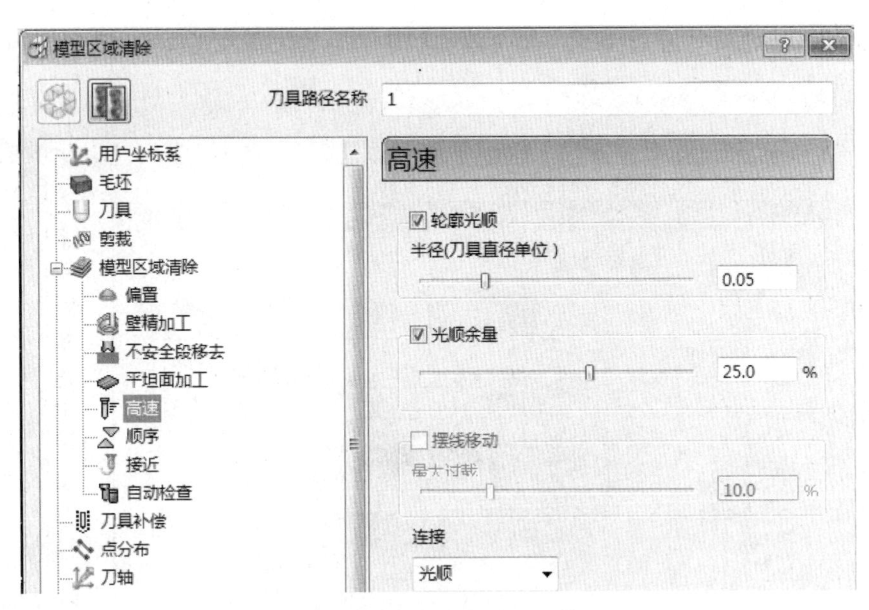

图 2-41 【高速】选项参数

【光顺余量】此参数可以在外层刀路以圆弧代替尖角，形式就像赛车道。拖动滑条可以定义外层刀路偏离原始刀路的大小，滑条上的数值代表做圆弧替代处理时，外层刀路偏离原始刀路最大偏差距离，通常为行距的百分比。

【摆线移动】是指刀具在狭窄区域切削时，防止增加刀具载荷，甚至出现全刀切削等情况，系统自动处理成摆线加工。图 2-41 中，10%表示刀具能承受载荷的百分比，而摆线的圆弧大小和刀具直径成比例。此功能只有在【样式】为“模型偏置”时才可激活。但是这种方式的缺点是空刀太多，如果所加工的材料不是太硬，切削量不是很大，可不选此功能。

【连接】是指同一 Z 高度层刀路行距的连接方式，有三项内容，含义如下。

【直】是指行距连接方式是直线连接，【光顺】是指行距连接方式采取圆弧连接，【无】是指行距连接方式采取抬刀到安全高度来连接，如图 2-42 所示。

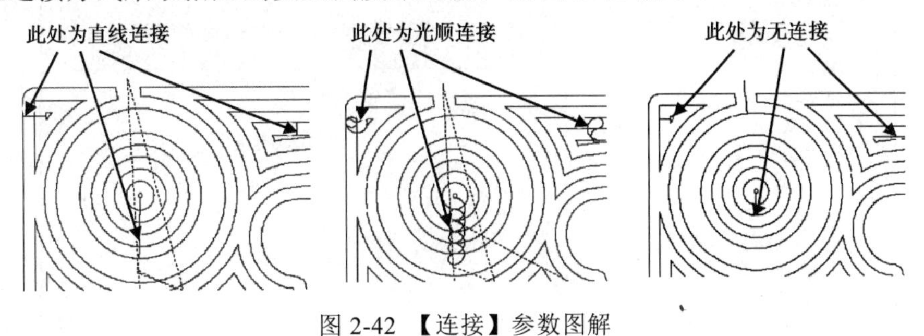

图 2-42 【连接】参数图解

（12）顺序

针对有多个型腔的情况，或在某一层出现了多个区域的情况下，就必须考虑加工顺序，以提高效率，【顺序】栏的参数设置就是帮助用户解决这个问题。

选取对话框左侧的节点 顺序，对话框右侧会显示相应的内容，如图 2-43 所示。

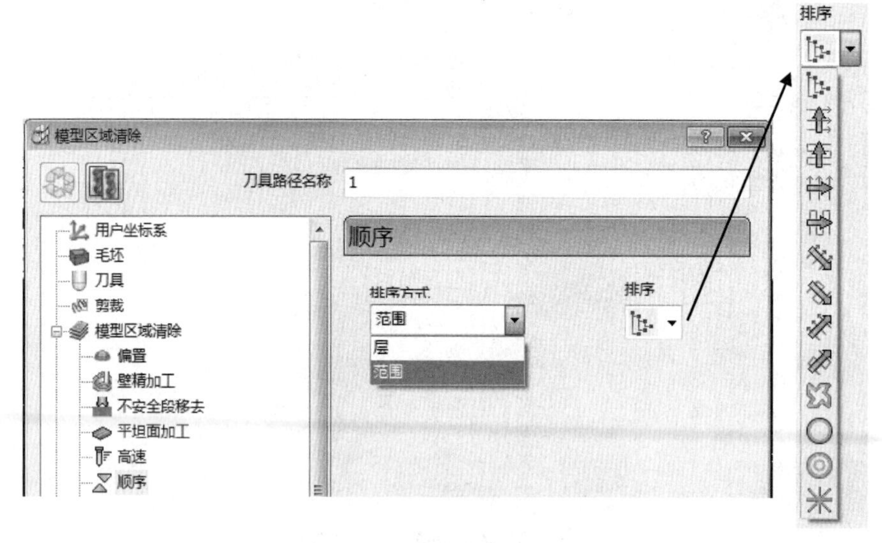

图 2-43 【顺序】选项参数

① 排序方式

可以定义型腔加工的先后次序，分为两种，即范围和层。【范围】是指加工完一个型腔后再通过跳刀逐个加工其他型腔。若选取【层】，则表示将同一层的各个型腔加工完，再加工下一层，会出现很多跳刀，适于加工薄壁零件。

② 排序

用于定义多个型腔加工的先后顺序。

（13）接近

选取对话框左侧的节点 接近，对话框右侧会显示相应的内容，如图 2-44 所示。

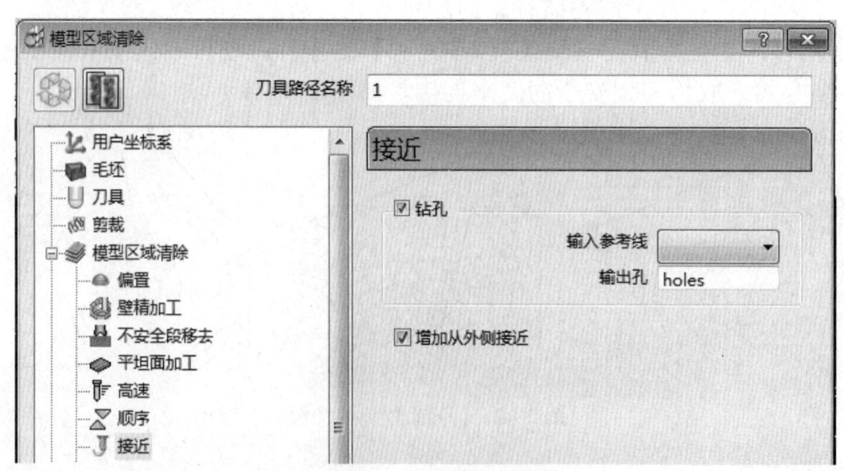

图 2-44 【接近】选项参数

【钻孔】可以通过定义一条参考系来确定预钻孔轴线，控制下刀点。同时，也可以生成一条钻孔程序。

【增加从外侧接近】选此参数，可以控制刀具由当前切削层向下一切削层切入时，刀具从毛坯外部切入。

2.4.2 三维偏置精加工

在【策略选取器】对话框中选取【精加工】选项卡，再选取【三维偏置精加工】，再单击【接受】按钮，将进入【三维偏置精加工】对话框，如图 2-45 所示。

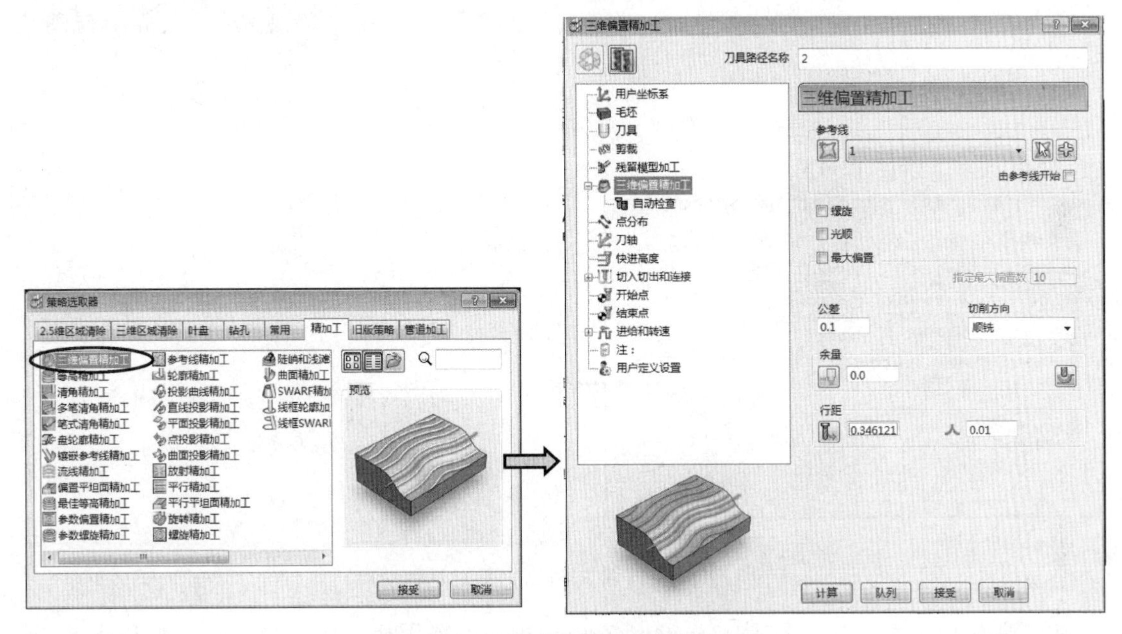

图 2-45 【三维偏置精加工】对话框

【三维偏置精加工】英文名称为 3D Offset Finishing，是指系统自动根据模型所加工的区域来定义刀路的加工顺序和方向，在所加工的区域都能分配到相等的刀具路径步距。整个区域加工的表面粗糙度一致，适合复杂的模型曲面加工。但是，缺点是有时刀路不够顺畅，NC 文件太长，机床由于传送速度的原因，有时不能进行快速切削。

重点参数含义如下。

【参数线】选择此选项，必须选择一条已产生的参考线，所有的刀具路径轨迹会按所选择的参考线的形状趋势来产生。这样可以优化刀路轨迹，使加工的模型表面粗糙度均匀。

【由参考线开始】是指如勾选此项，表示刀路加工顺序从参考线开始。

【螺旋】勾选此选项时，刀路会以螺旋状加工，刀路连续，减少了进退刀次数，而且刀路负荷变化较为稳定，整体三维偏置精加工均匀。如果不选择此项，则刀具负荷的变化会很大，而且容易遗留有进退刀的痕迹，影响加工的三维偏置精加工。

【光顺】用于平滑设置整个刀路轨迹。

【最大偏置】选此项，可以限定刀路的偏置次数，即由零件外轮廓向内轮廓生成刀路条

数。如果不给此数，刀路将不受此限制。

2.4.3 等高精加工

在【策略选取器】对话框中选取【精加工】选项卡，再选取【等高精加工】，单击【接受】按钮，就进入【等高精加工】对话框，如图 2-46 所示。

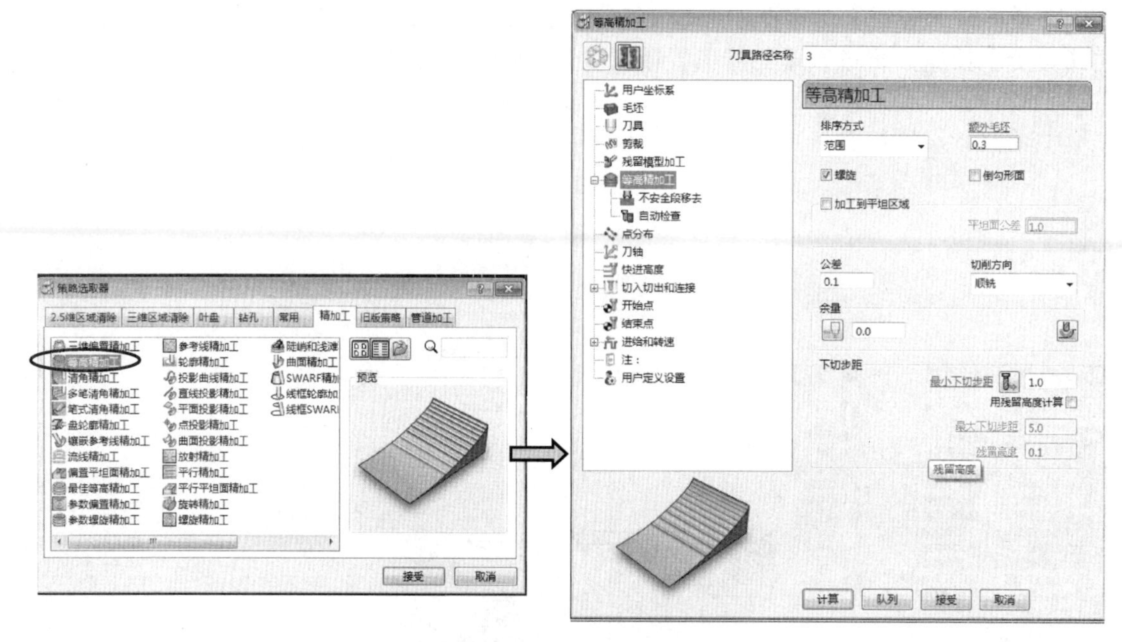

图 2-46 【等高精加工】对话框

【等高精加工】英文名称是 Constant Z Finishing，指用相同的下切步距（即层深），沿着外形，对零件在不同的 Z 高度进行精加工的方法。根据数学原理，在平缓的区域会产生很稀疏的刀路步距，而在陡峭的面会分配到比较密的刀路步距。所以，加工平缓面时，为了保证足够的表面粗糙度，可以适当减少层深即下切步距。如果设定的下切步距比总的加工深度大，可以产生只加工一层的刀路，常用这种方法产生 2D 刀具路径。

重点参数含义如下。

【下切步距】是指用于确定相邻加工层的下切步距值。

【最小下切步距】定义相邻加工层的下切步距值。

【用残留高度计算】激活该选项，系统会利用残留高度、最小下切步距和最大下切步距同时控制刀具的下切步距。此功能主要用于切削加工平缓面时会加密步距，而加工陡峭面时会放大步距。最小下切步距就是平缓面加密的最小步距，最大下切步距就是陡峭面的最大下切步距，而残留高度就是相邻之间的刀规所残留的未加工区域的高度。

【最大下切步距】用残留高度计算时可使用最大下切步距。

【残留高度】输入该数值后，使 Z 高度间留下的残料高度不超过输入的残留高度。

（1）如果待加工的区域是开放的，为防止频繁跳刀，【方向】应为“任意”，毛坯应该和待加工的区域相适应，不要过大。

（2）如果待加工的区域是凹槽封闭的，为防止踩刀，【螺旋】应为选中状态，毛坯应该和待加工的区域相适应，不能太大。

2.4.4 陡峭和浅滩精加工

在【策略选取器】对话框中选取【精加工】选项卡，再选取【陡峭和浅滩精加工】，单击【接受】按钮，进入【陡峭和浅滩精加工】对话框，如图2-47所示。

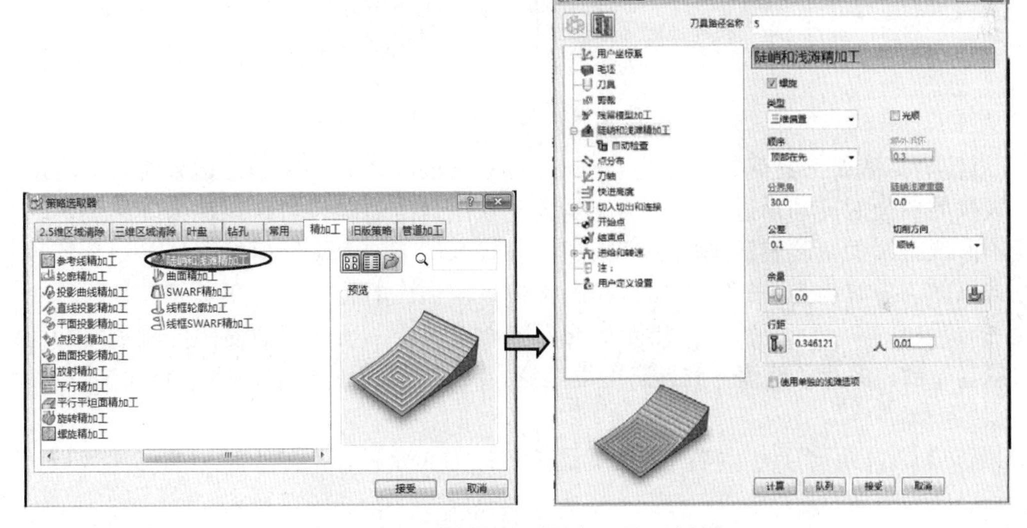

图2-47 【陡峭和浅滩精加工】对话框

【陡峭和浅滩精加工】英文名称为Steep and shallow finishing，指系统按照用户指定的陡峭分界角，自动将所加工的区域区分陡峭面和平缓面，陡峭面采用等高精加工方式来加工，而平缓面的区域采用偏置精加工的方式来加工。

【分界角】用于区分陡峭面与平缓面的角度。

【偏置重叠】是指三维偏置加工与等高加工之间覆盖重叠的距离。

【使用单独的偏置行距】勾选此项后可以单独设置平缓面的加工步距，从而使等高部分的刀具路径和偏置部分的刀具路径行距大小不同。

2.4.5 最佳等高精加工

在【策略选取器】对话框中选取【精加工】选项卡，再选取【最佳等高精加工】，单击

【接受】按钮，进入【最佳等高精加工】对话框，如图 2-48 所示。

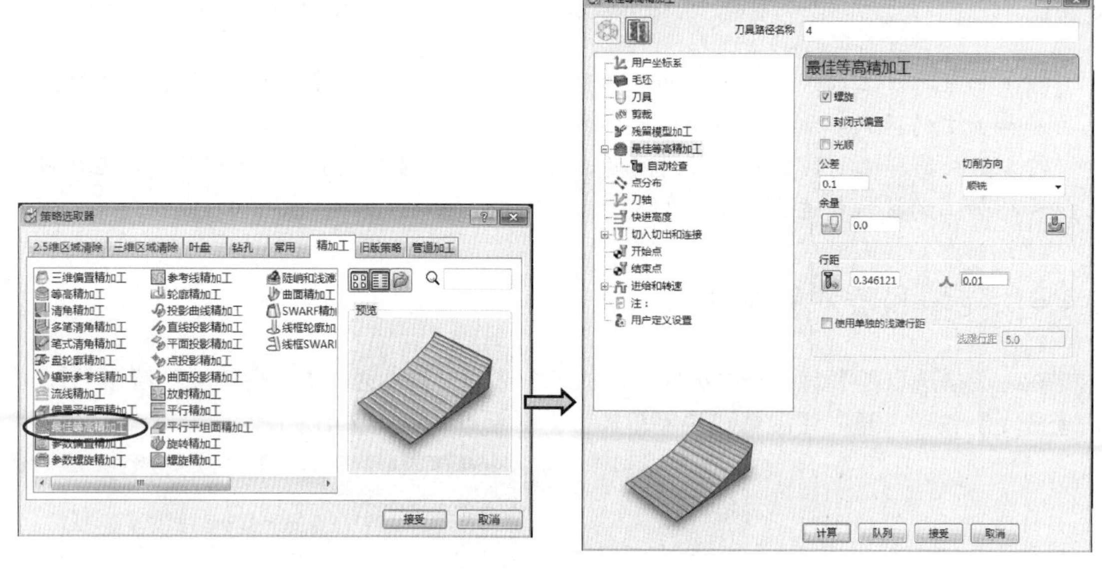

图 2-48 【最佳等高精加工】对话框

【最佳等高精加工】英文名称是 Optimised Constant Z Finishing，指系统自动将所加工的区域按照曲面的陡峭角进行区分，凡是大于系统自定的陡峭角区域称为陡峭面，否则为非陡峭面即平缓面，陡峭面采用等高精加工方式来加工，而平缓面的区域采用偏置精加工的方式来加工。它综合了等高精加工和三维偏置精加工的特点，克服了等高精加工对平缓面加工时粗糙的缺点，使得加工步距始终保持相对恒定，所加工曲面的陡峭和平缓面的表面粗糙度一致，保持了整体一致，应用很广泛，很适合复杂的模型曲面半精加工及精加工，其重点参数如下。

【螺旋】勾选此选项时，将产生螺旋最佳等高刀具路径，常用于封闭的刀路区域，防止踩刀。

【封闭式偏置】控制其中的三维偏置刀路的偏置方式。勾选此项时，表示三维偏置加工的方式为封闭；否则，为开放的。

2.4.6 参数偏置精加工

在【策略选取器】对话框中选取【精加工】选项卡，再选取【参数偏置精加工】，单击【接受】按钮，进入【参数偏置精加工】对话框，如图 2-49 所示。

【参数偏置精加工】英文名称是 Parametric Offset Finishing，指系统根据用户定义的开始曲线与结束曲线，以沿着或交叉的方式来产生刀路的加工方式，重点参数含义如下。

【开始曲线】用于选择已经做好的参考线作为开始曲线。

【结束曲线】用于选择已经做好的参考线作为结束曲线。

【偏置方向】包括“沿着”或“交叉”两种。

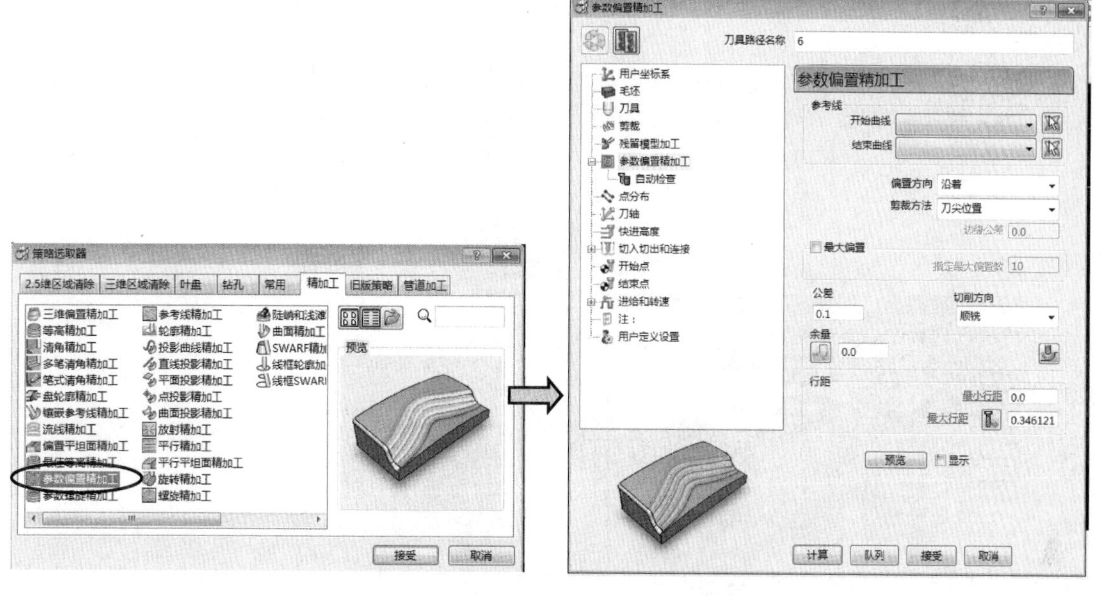

图 2-49 【参数偏置精加工】对话框

【裁剪方法】参考线裁剪范围，包括“刀尖位置”和“接触点位置”两种。

【最小行距】指控制参数偏置刀具路径中每个偏置允许的最小行距。

【最大行距】此选项会限制刀具路径的数量，其参数表示刀路的最大数量。如不选择，则刀具路径便不受此限制。

该刀路使用的关键是做好开始参考线和结束参考线，很适合在零件形状比较特殊的部位，用此方式进行加工，可以使刀路优化。

2.4.7 偏置平坦面精加工

在【策略选取器】对话框中选取【精加工】选项卡，再选取【偏置平坦面精加工】，单击【接受】按钮，进入【偏置平坦面精加工】对话框，如图 2-50 所示。

【偏置平坦面精加工】英文名称为 Offset Flat Finishing，指系统自动根据识别出模型中的平坦面来进行偏置加工，其重点参数含义如下。

【平坦面公差】侦测或识别模型平面时的公差。如某曲面的公差大于此数，将不再认为是平坦面。

【允许刀具在平坦面以外】勾选此项，则控制刀具从模型平面的外部下刀。

【残留加工】勾选此选项，可以选择刀路以之前的刀路或所定义的残留模型作为参考来进行残留平面加工。

【增加从外侧接近】在可能情况下均从外部接近平坦区域。

【忽略孔】根据所设的阈值，忽略比阈值小的型腔区域而不加工，能得到畅顺的平面加工刀路。

【最后下切】用两条路径加工平坦区域。

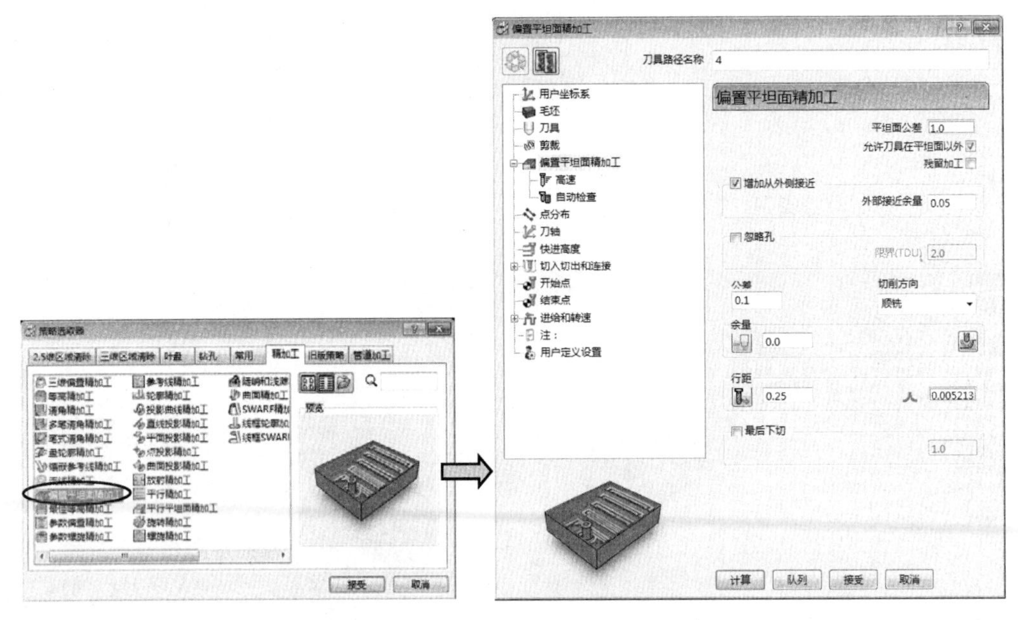

图 2-50 【偏置平坦面精加工】对话框

【高速加工】中的【轮廓光顺】，可以加入尖角处的圆弧过渡，适合高速加工。

【高速加工】中的【光顺余量】，可以加入“赛车线”式的刀路，适合高速加工。

要注意

此功能和与之类似的【平行平坦面精加工】常用于 PL 平位光刀，侧面余量（即直径方向余量），可设比开粗更多的余量。【平坦面公差】可以设稍大一些，如 0.01 以上。

2.4.8 平行精加工

在【策略选取器】对话框中选取【精加工】选项卡，再选取【平行精加工】，单击【接受】按钮，进入【平行精加工】对话框，如图 2-51 所示。

【平行精加工】英文名称为 Raster Finishing，指系统将一组等距的平行轨迹沿 Z 轴向下投影到要加工的模型上生成的刀路。优点是适于平缓曲面加工，系统计算较快。缺点是在某些陡峭面加工不理想，易产生弹刀，重点参数如下。

【角度】是指 XOY 平面内测量刀路相对于 X 轴的角度。

【开始角位置】刀路起始点相对于模型的位置。分为“左上”、“左下”、“右上”和“右下”等四处。

【垂直路径】产生另外一条与前一刀路垂直的路径。

【浅滩角】定义一个与 XOY 平面的夹角，凡是陡峭角大于此角的曲面将生成垂直刀路给予补加工，而小于此角度的平缓面不生成垂直刀路。如果给 0°，则所有曲面都将生成垂直刀路。

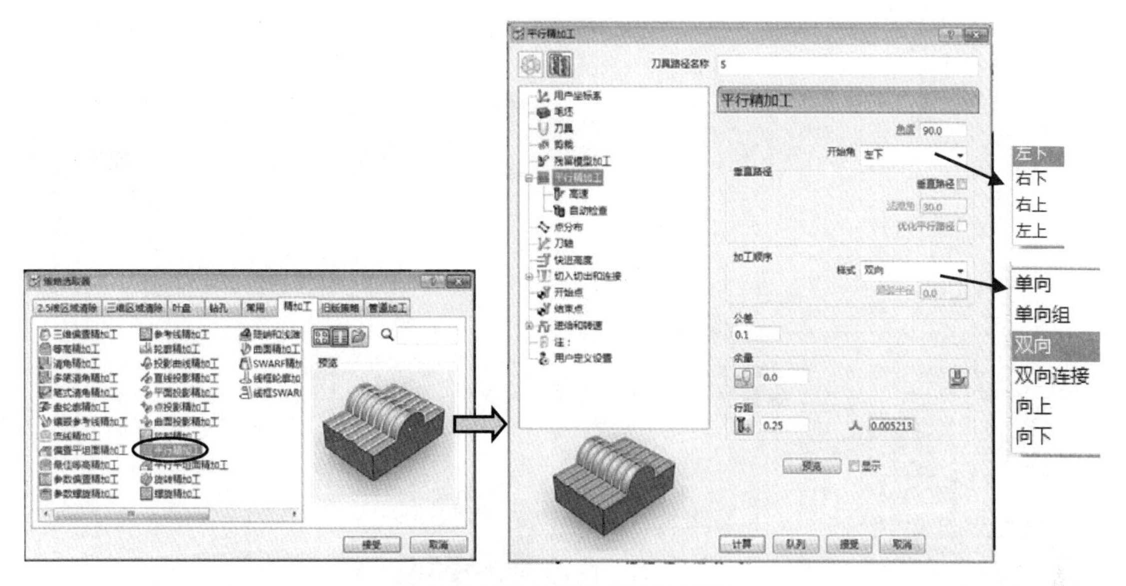

图 2-51 【平行精加工】对话框

【优化平行路径】 当平行刀路是由一组加工平缓面的刀路和加工陡峭面的垂直刀路组成时，如果勾选此选项，系统会在垂直刀路区域修剪第一组刀路，以提高加工效率。

【加工顺序】中的加工方向有 6 个选项，常用的是“双向”或“双向连接”。

【修圆拐角】在对话框左侧单击 高速，会显示这个参数，如勾选此项，可以在刀路的尖角处加入圆弧过渡。其值可以通过【半径（TDU)】来确定，是刀具直径的倍数。

2.4.9 放射精加工

在【策略选取器】对话框中选取【精加工】选项卡，再选取【放射精加工】，单击【接受】按钮，进入【放射精加工】对话框，如图 2-52 所示。

【放射精加工】英文名称是 Radial Finishing，指将从指定的中心点向四周发散的轨迹线沿 Z 轴向模型投影而产生的刀路。其特点是：越靠近中心的位置，刀路越密，远离中心点的位置刀路越稀疏，加工得越粗糙。据此特点为了保证加工精度，必须控制外侧刀具路径的步距长度。

【中心点】是指参考中心点的坐标，该数值是以激活的用户坐标系为参考的，默认为其零点，也可以根据需要，先测量加工区域的中心点坐标，再将数值作为【中心点】坐标。单击【按毛坯中心重设】按钮，可以将中心点定在毛坯中心点上。

【半径】分为【开始】与【结束】，数值没有大小区分。

【角度】分为【开始角度】和【结束角度】，其角度差就是加工范围。

【行距】是最外侧刀具路径的步距长度。

【加工顺序】多用【双向连接】方式，以免跳刀太多，【单向】只用于精密加工曲面的情况，可保证加工出的表面光度均匀。

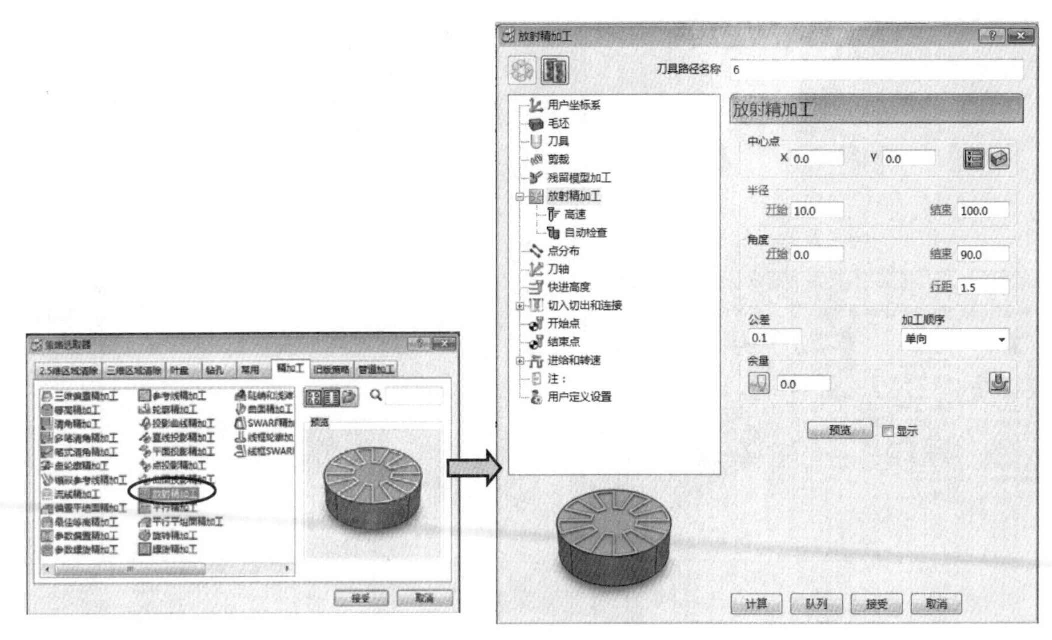

图 2-52 【放射精加工】对话框

2.4.10 螺旋精加工

在【策略选取器】对话框中选取【精加工】选项卡，再选取【螺旋精加工】，单击【接受】按钮，进入【螺旋精加工】对话框，如图 2-53 所示。

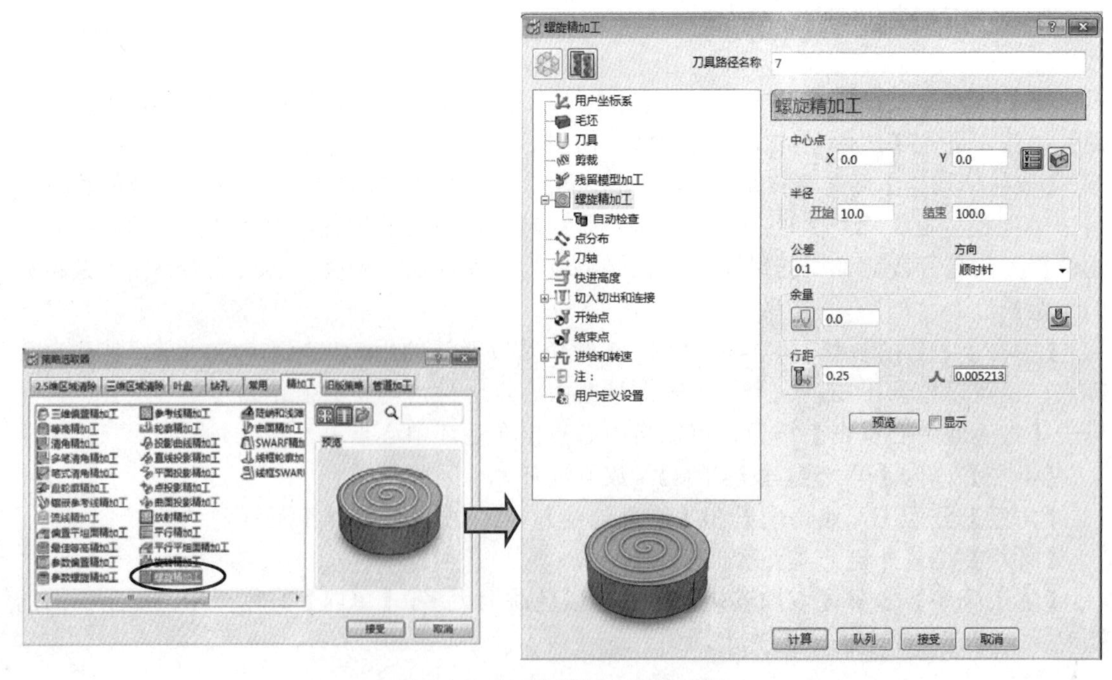

图 2-53 【螺旋精加工】对话框

【螺旋精加工】英文名称是 Spiral-Finishing，指将一个围绕着指定中心点做螺旋运动的轨迹线投影到模型而产生的精加工刀路。适合于外形接近圆形且较为平缓的曲面的加工。能实现刀具的连续运动切削，但是，它不是 3D 等距，在陡峭面部分加工并不理想。

【中心点】是指定义螺旋中心点。该数值是以激活的用户坐标系为参考的，默认为其零点。也可以根据需要确定加工区域的中心点，单击【按毛坯中心重设】按钮，可以将中心点定在毛坯中心点上。

【半径】分为【开始】与【结束】，数值没有大小区分。螺旋从【开始】指定的半径处开始生成。

2.4.11 参考线精加工

在【策略选取器】对话框中选取【精加工】选项卡，再选取【参考线精加工】，单击【接受】按钮，进入【参考线精加工】对话框，如图 2-54 所示。

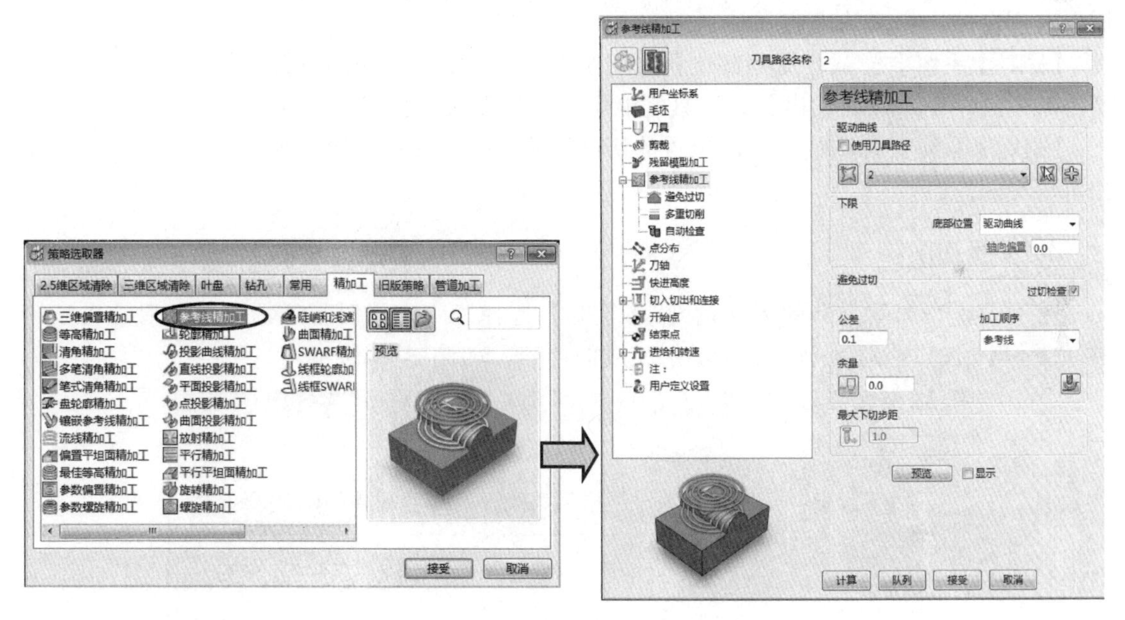

图 2-54 【参考线精加工】对话框

【参考线精加工】英文名称是 Pattern Finishing，指将 2D 参考线投影到模型而产生的刀路。要事先做好参考线，然后将参考线投影到模型，该刀路常用来做 2D 刀路、刻字，或在模具中用来加工水口流道，重点参数如下。

1. 驱动参考线

【使用刀具路径】如果勾选此项，可以将之前的刀路用来投影。

【参考线】创建或者选取要用来加工的参考线，或者刀具路径名称。当选择“使用刀具路径”复选框时，“参考线”选项将转化为刀具路径选项，用于选择已经创建的刀具路径元素。使用参考线时，单击“产生新的参考线”按钮可以创建参考线，否则，单击其后的按钮，可以在图形上选取所需要的参考线。

2. 下限

【自动】是指沿着刀轴方向将参考线放置到零件上。

【投影】是指沿着 Z 轴方向将参考线向零件投影。对于三轴加工，【自动】与【投影】效果一样，但多轴时刀轴倾斜时就会有区别。

【驱动曲线】直接将参考线转化为刀路，不需要投影。此时可以给定【轴向偏置】参数，表示底部余量。

3. 避免过切

当下限为“驱动曲线”时，可以选取【过切检查】参数，含义是设置在发生过切时的位置刀具路径处理方法。选取该参数时，对话框左侧会显示 避免过切 。选取此按钮，对话框右侧会显示相应的内容。

【跟踪】系统会尝试计算底部位置的切削刀路，在发生过切的位置，会沿着刀轴方向自动抬高刀具路径，保证输出且使刀具既能切削零件而又不会发生过切。

【提起】系统会尝试计算底部位置的切削刀路，如果发生过切，则将过切位置的刀具路径自动剪裁掉。

4. 多重切削

用于设置在深度方向的多次进刀。【策略】选择“跟踪”时才激活，选取对话框左侧 多重切削 按钮，对话框右侧会显示相应的内容，如图 2-55 所示。

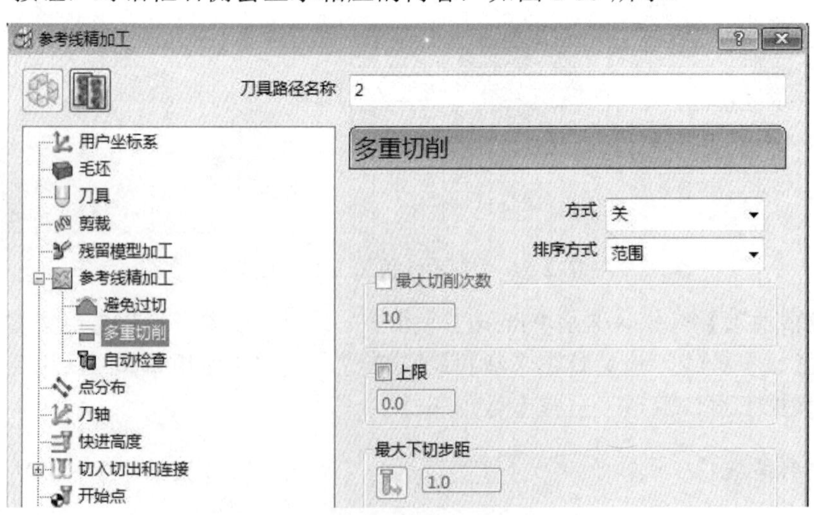

图 2-55 【多重切削】参数

（1）方式

【关】不产生多重刀路。

【偏置向下】向下偏置顶部切削路径。

【偏置向上】向上偏置底部切削路径。

【合并】同时从顶部和底部开始偏置，在结合部合并（要谨慎使用）。

（2）最大切削次数

定义上限间的最大切削次数。

（3）最大切削步距

定义相邻刀路间的下切距离。

2.4.12 镶嵌参考线精加工

在【策略选取器】对话框中选取【精加工】选项卡，再选取【镶嵌参考线精加工】，单击【接受】按钮，进入【镶嵌参考线精加工】对话框，如图 2-56 所示。

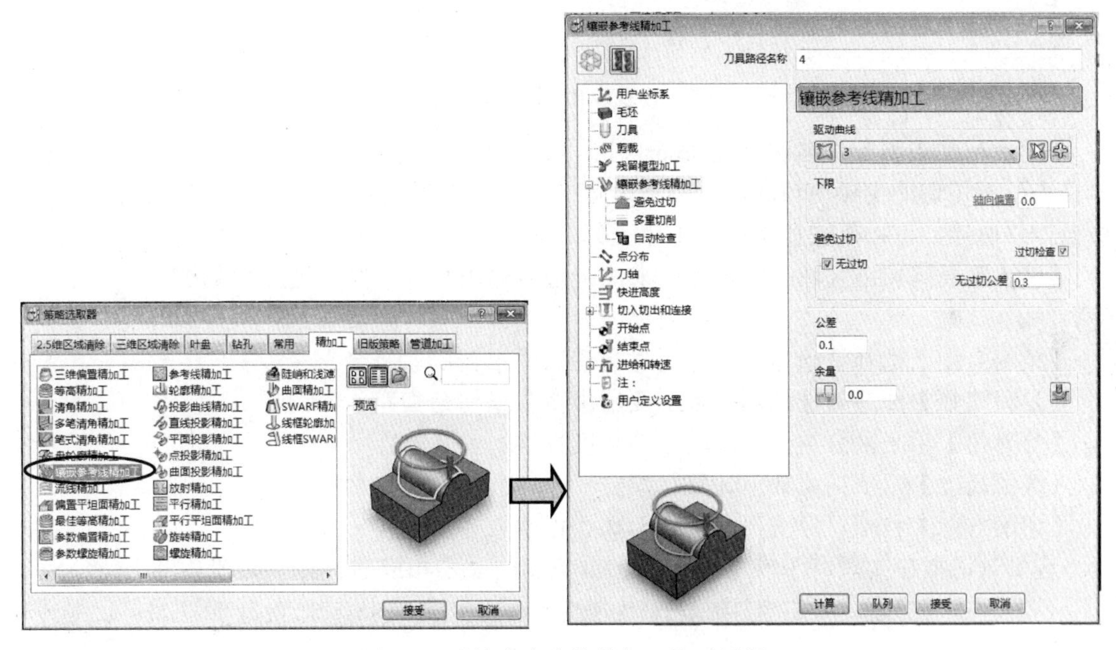

图 2-56 【镶嵌参考线精加工】对话框

【镶嵌参考线精加工】英文名称是 Embedded Pattern Finishing，首先将要加工的参考线投影到模型上成为“镶嵌线”，然后，以此线为依据来加工，使刀具与模型的接触点始终在这个镶嵌参考线上。

其参数大部分与【参考线精加工】相同，但其独特之处在于，一定要由参考线生成镶嵌线才能被系统认可选中。此刀路可用于某些需要清角的部位，或在陡峭面上刻字。

2.4.13 清角精加工

在【策略选取器】对话框中选取【精加工】选项卡，再选取【清角精加工】，再单击【接

受】按钮，就进入【清角精加工】对话框，如图2-57所示。

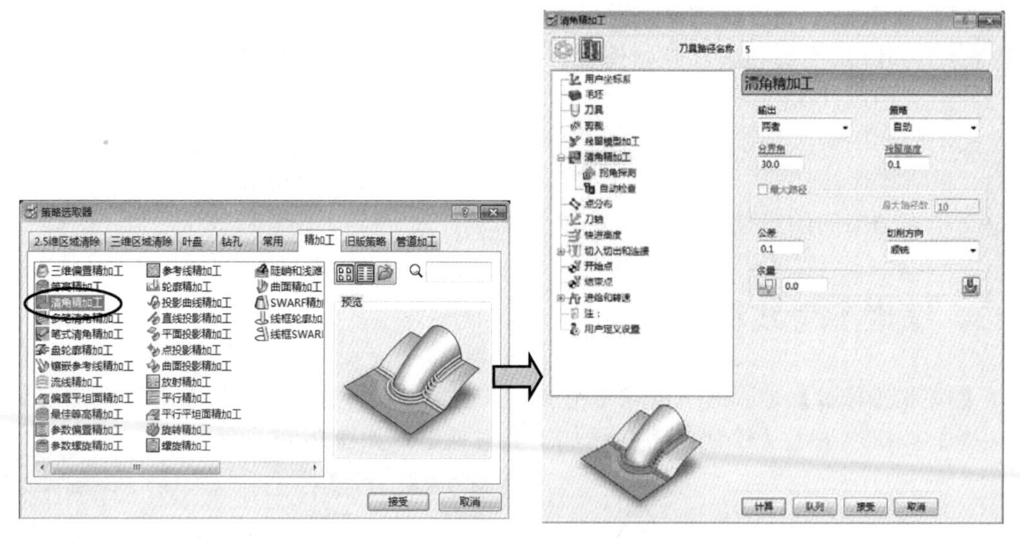

图2-57 【清角精加工】对话框

【清角精加工】英文名称是 Corner Finishing，应为沿着角落进行清角加工方式，指在零件表面不相切的尖锐内角间产生顺着内角交线偏置而生成的刀路。系统可以根据设定的参数计算边界，可以用来加工前面工序大刀具无法加工到的角落部位，重点参数如下。

【输出】根据加工区域的陡峭程度来决定是否输出数控程序，包括“浅滩”、“陡峭”和“两者”。

【策略】用于选择清角方式，包括“自动”、“沿着”、“缝合”。

【最大路径】如果勾选此项，指明要输出多少条清角刀路。

【分界角】用于区分是否为陡峭面的角度标准。

【残留高度】可依据此数值计算行距。

【切削方向】包括“顺铣”、“逆铣”和“任意”。

选取对话框左侧 拐角探测 按钮，对话框右侧会显示相应的内容，如图2-58所示。

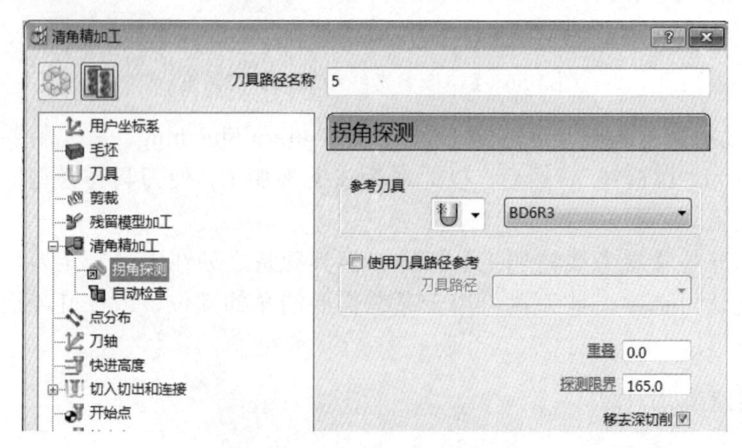

图2-58 【拐角探测】参数

【参考刀具】可以依据所设定的刀具来计算清角刀路。

【使用刀具路径参考】勾选此项，可以依据之前完成的刀具路径来计算清角刀路。

【重叠】设置此数值，可以使清角刀路扩展延伸一定的数值，可更干净地切削清角部分，同时，可防止刀具切削量突然加大。

【探测限界】只有小于此数的曲面夹角才产生刀路，否则不产生刀路。

【移除深切削】对于深度大于一定数值的刀路将被忽略不加工，这样，可以防止刀具不够长而产生碰撞，一般取值为 5° ~176° 。

2.4.14 多笔清角精加工

在【策略选取器】对话框中选取【精加工】选项卡，再选取【多笔清角精加工】，单击【接受】按钮，进入【多笔清角精加工】对话框，如图 2-59 所示。

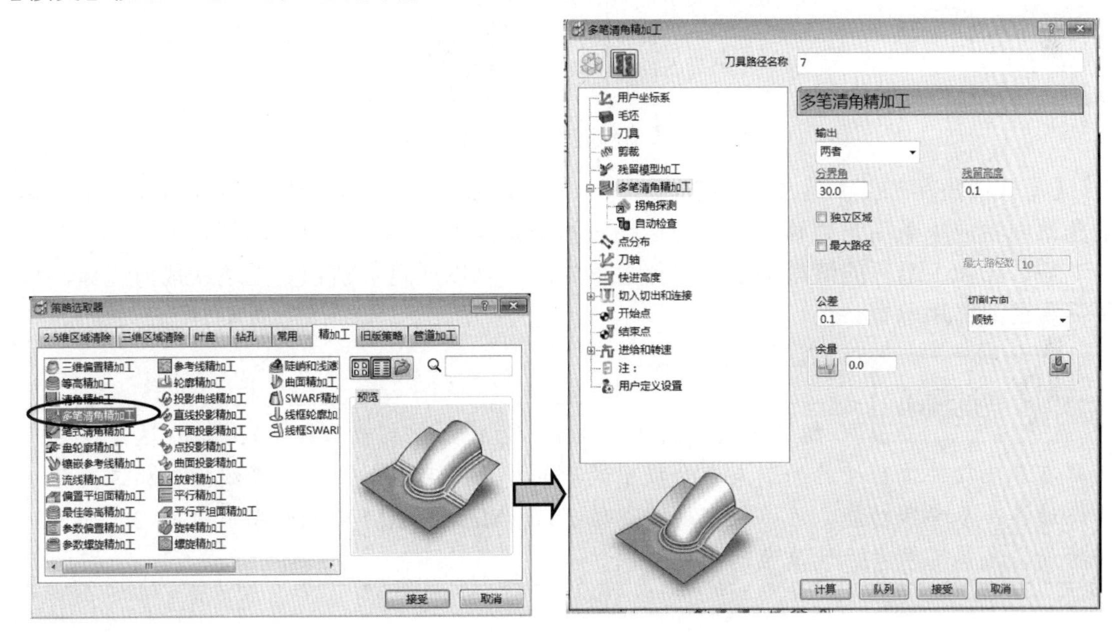

图 2-59 【多笔清角精加工】对话框

【多笔清角精加工】英文名称是 Corner Multi-Pencil Finishing，指在角落处进行多重进刀切削。

【独立区域】，如果勾选此选项，则表示单独处理各段切削刀路。各段切削刀路间也会有部分重叠。

2.4.15 笔式清角精加工

在【策略选取器】对话框中选取【精加工】选项卡，再选取【笔式清角精加工】，单击【接受】按钮，进入【笔式清角精加工】对话框，如图 2-60 所示。

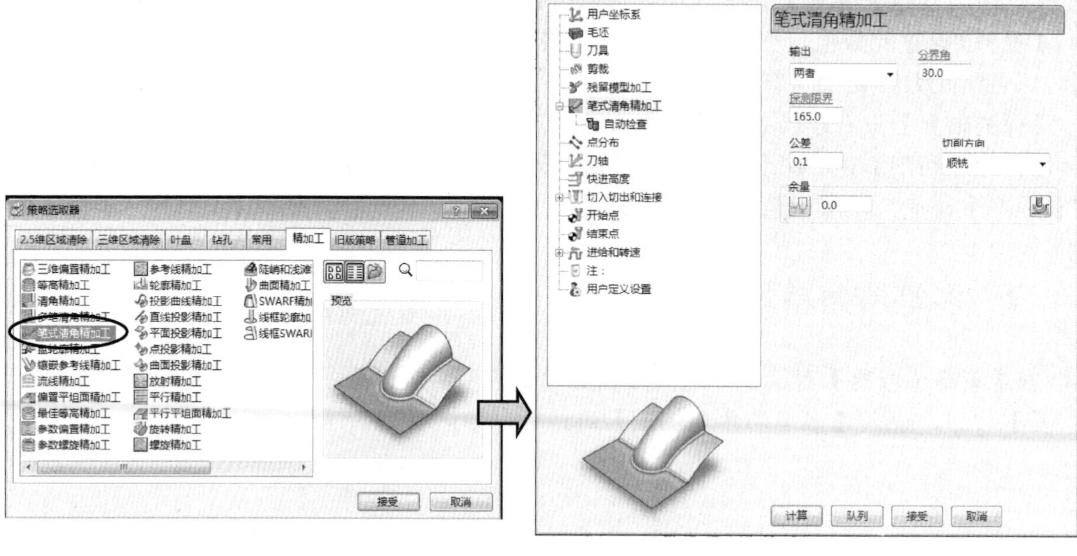

图 2-60 【笔式清角精加工】对话框

【笔式清角精加工】英文名称是 Corner Pencil Finishing，是沿着加工零件需要加工区域的角落线生成单条清角刀路，刀具在运动过程中始终保持与两则曲面相切。

适合在加工最后的清根加工，保持角落光滑。可以通过灵活设置毛坯或裁剪边界，将不需要的刀路剔除掉。

? 小疑问

介绍了这么多的加工策略，为什么没有专门提 2D 刀路？这是很多具有其他软件编程经验的朋友都会提出的疑问。由等高精加工及参考线投影加工，结合边界及参考线功能，可以较好地实现像 UG、MasterCAM 等软件所具有的 2D 加工功能，具体可参考后续章节的实例特训。

2.5 边界和参考线

本节主要内容：边界和参考线的参数含义。

边界线是封闭的图形，其目的是限制刀具的加工范围，使刀路更能符合加工实际的需要。边界在 PowerMILL 数控编程中非常重要，尤其是曲面加工，它不像其他软件，如 UG、MasterCAM`等软件有专门选取加工曲面功能，而是要选取加工曲面的边界来计算刀路。要准确加工曲面必须先做出准确的边界线。

参考线可以是开放的，也可以是封闭的，它可以起到控制刀具路径纹理变化的独特作用。可以使加工刀路优化，使 PowerMILL 生成的刀具路径更具有灵活性和实用性，而应用于加工实践之中。用参考线做 2D 加工刀路，可以更灵活地加工工件。

2.5.1 创建曲面加工用的边界

本小节任务：以创建 pmbook-2-1.dgk 曲面加工的边界为例，说明边界的创建方法。

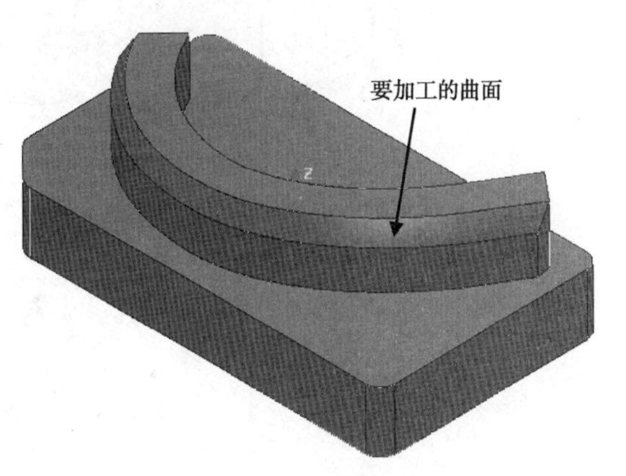

图 2-61 选取待加工曲面

1．调图及编程准备

打开本书配套素材提供的项目 pmbook-2-2。它是在 2.2 节所存盘的项目 pmbook-2-1 基础之上创建新的文件夹 K00B，并将其激活，又创建了球刀 BD6R3。现在要加工的是顶部斜曲面，如图 2-61 所示。

2．创建边界方法 1：用选择面的方法创建接触点边界

（1）在图形上选取要加工的曲面

如图 2-62 所示。

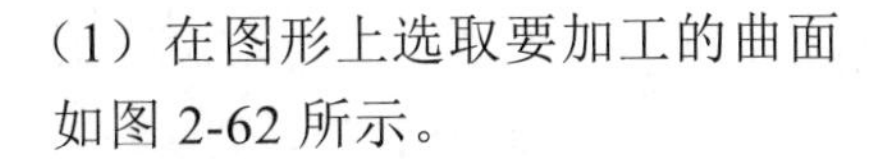

如果有些电脑的显卡与 PowerMILL 的兼容性不好，选面时可能选不到，除了检查电脑显示卡的安装外，还可以通过以下方法解决。

用 写字板 打开 PowerMILL 的以下系统安装文件：

\Program Files\Delcam\ PowerMILL 13.0.06 \sys\misc\graphics.con

查找文字串“#software_picking: yes”，将前面的#号去掉，存盘。重新启动 PowerMILL 软件，这时就可以选面了，但选面时还得注意以下问题。

① 尽量在【普通阴影】状态下，在俯视图下采用框选的方法选面。

② 选多个面时，沿着曲面的交线处，可以按 Shift 键，同时用拉方框的方法选面。

③ 按 Ctrl 键同时用方框的方法选不需要的面。

（2）创建边界

在【资源管理器】中右击【边界】，在弹出的快捷菜单中选择【定义边界】|【接触点】，在系统弹出的【接触点边界】对话框中选取【模型】按钮，单击【接受】按钮。这时，在加工曲面的边缘就产生了一圈封闭的边界线条。同时，在【资源管理器】的【边界】树枝下产生了接触点边界图标 1，如图 2-62 所示。

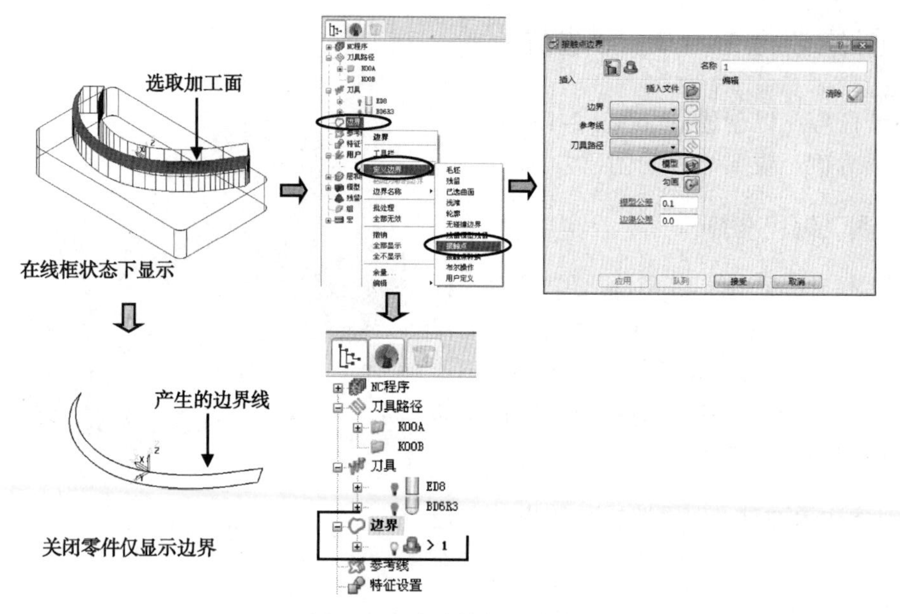

图 2-62　产生接触点边界

（3）创建加工曲面刀路

先作毛坯，在综合工具栏中选取【毛坯】按钮，在弹出的对话框中单击【计算】按钮，生成包含所有面的毛坯。

在综合工具栏中选取【刀具路径策略】按钮，在弹出的对话框中选择【平行精加工】，进入对话框中，选刀具为“BD6R3”，【行距】为“0.25”，【边界】选“1”，【角度】为“90”，【加工顺序】为“双向”，于是产生了加工曲面的刀路，如图 2-63 所示。该刀路的特点是刀具与工件的接触点始终在边界 1 上。

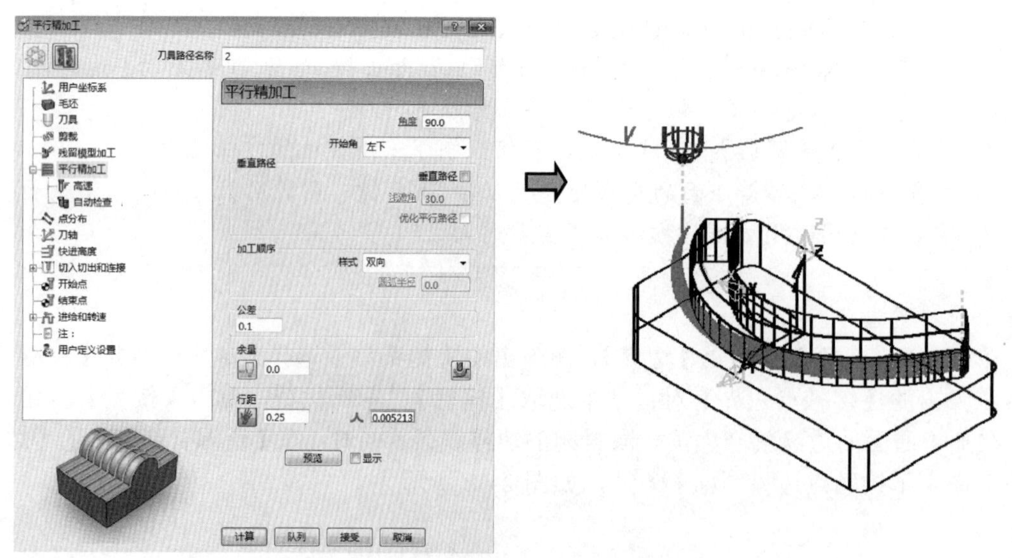

图 2-63　产生加工曲面的刀路

3. 创建边界方法2：用选择面的方法创建边界

（1）在图形上选取要加工的曲面

（2）创建边界

在【资源管理器】中右击【边界】，在弹出的快捷菜单中选择【定义边界】|【已选曲面】，在系统弹出的【已选曲面边界】对话框中选取【刀具】为“BD6R3”，单击【应用】按钮，再单击【接受】按钮，这时在加工曲面的外面就产生了一圈封闭的边界线条。同时，在【资源管理器】的【边界】树枝下产生了另外一个边界图标 > 2，如图2-64所示。

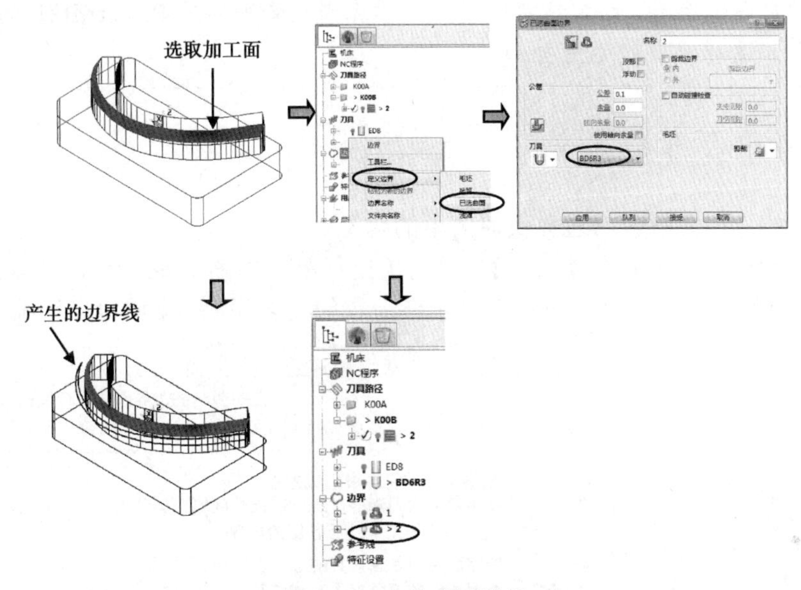

图2-64　产生曲面边界

（3）创建加工曲面刀路

在综合工具栏中选取【刀具路径策略】按钮，在弹出的对话框中选择【平行精加工】，进入对话框中，由于系统有保留加工参数功能，这次的加工参数中【边界】自动选“2”以外，其他参数与上一刀路相同。单击【应用】按钮，于是产生了加工曲面的刀路，如图2-65所示。该刀路的特点是刀具的中心点始终在边界2以内。

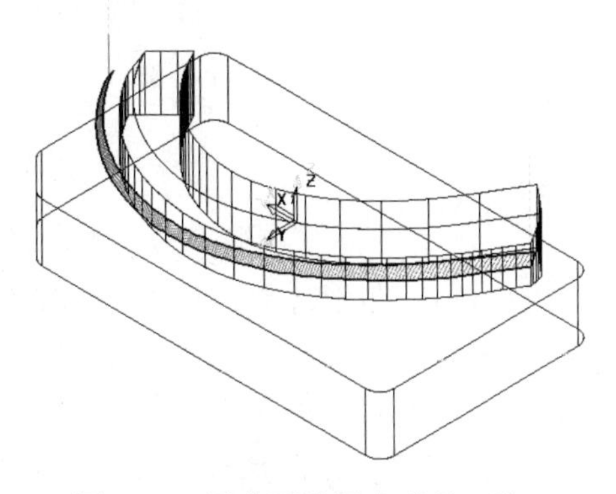

图2-65　用曲面边界生成的刀路

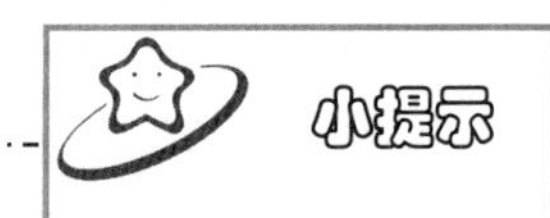

① 比较以上两种方法产生的刀路，会发现同样是对同一曲面进行加工，因为选取边界的方法不同，而实际产生的刀路范围并不一样。为了干净地加工曲面，常常采用【接触点边界】，或者将【已选曲面】产生的曲面边界进行延伸。

② 如果所选的面周围有其他面，而且不希望对周围面产生过切，那么就有必要在余量参数中设定多重余量，给定碰撞余量或干涉余量。必须要用 PowerMILL 的思维来理解及应用它，这样才可以运用自如。

2.5.2 边界重要参数含义

本小节目的：用图解说明边界快捷菜单的含义。

在【资源管理器】中右击【边界】，弹出快捷菜单。如图 2-66 所示。将鼠标停留在各个图标，鼠标指针旁及图形区下方都会显示该命令的功能说明，据此可以详细了解其含义。

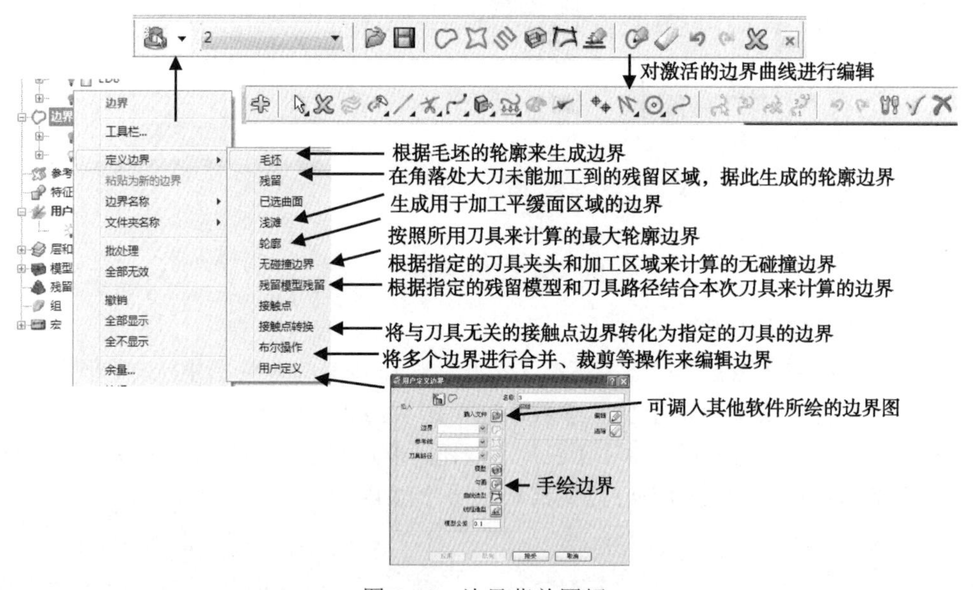

图 2-66　边界菜单图解

2.5.3 手绘边界及边界线裁剪

本小节目的：创建一个带圆角的三角形边界，以体会边界线的绘制及裁剪方法。

手工勾画绘制边界在编程中很常用，本节只起到一个抛砖引玉的作用，希望初学者学完本例后，多做一些类似的边界，对照软件的帮助文件，把其他绘图命令学会。

（1）打开项目 pmbook-2-3，将图形放在俯视图状态下，关闭零件及毛坯显示。

（2）在【资源管理器】中右击【边界】，在弹出的快捷菜单中选择【定义边界】|【用户定义】，于是进入【用户定义边界】对话框，选择【勾画】命令，这时图形区上方出现了【曲线编辑】工具条，如图 2-67 所示。

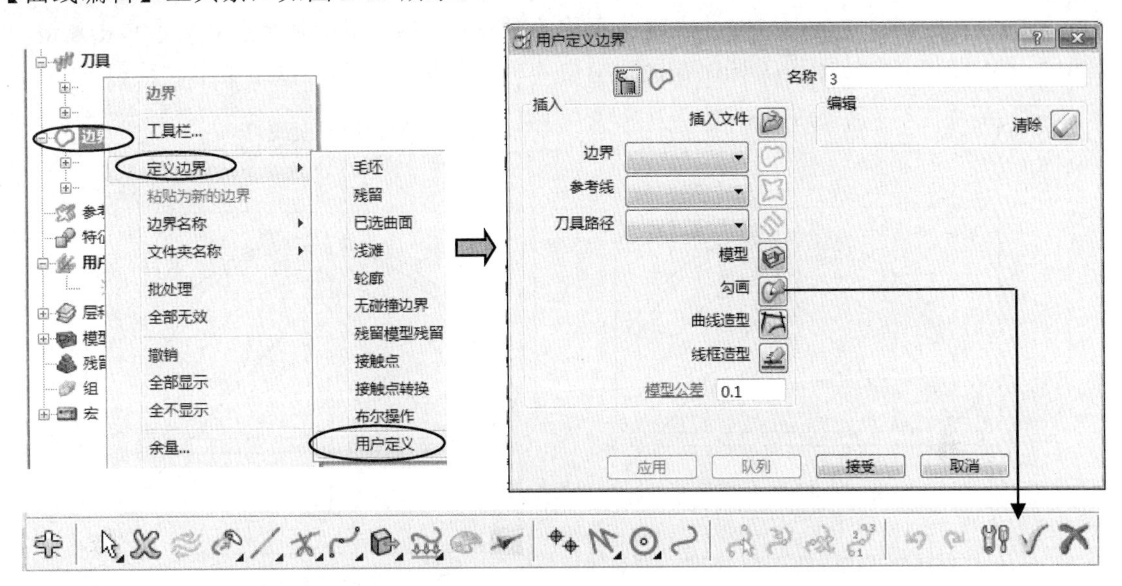

图 2-67　进入曲线编辑状态

（3）手绘边界，用直线及裁剪命令。

将鼠标指针移到【曲线编辑】工具条上的绘图命令中的三角符号，在下拉菜单中选择直线命令，在绘图区绘制如图 2-68 所示的图形。再次单击直线命令结束绘直线命令。

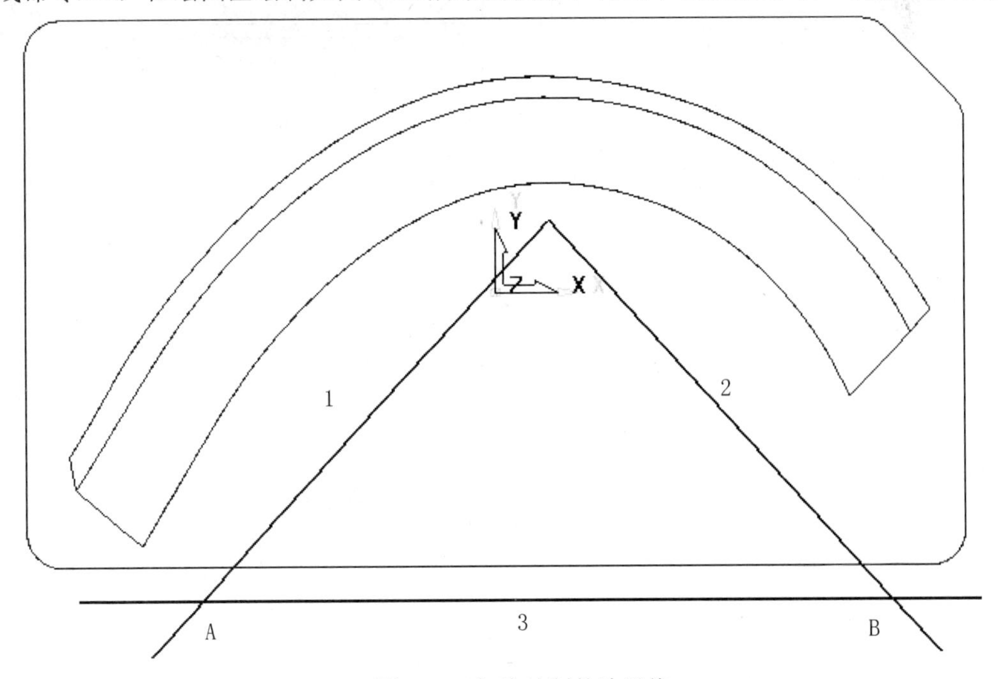

图 2-68　初步绘制的边界线

（4）修剪直线 3。

先单击【曲线编辑】工具条上的【方向指示】按钮，以显示各曲线的方向，再单击【按点裁剪】按钮，这时工具条多出了裁剪工具条，按图 2-69 所示设定参数。先选直线 3 的左侧，再移动鼠标到交点 A 处，单击左键。再修改结束点 2，移动鼠标到交点 B 处，单击左键。再单击【按点裁剪】按钮，同时在图形空白处单击鼠标的左键，以结束本次裁剪。

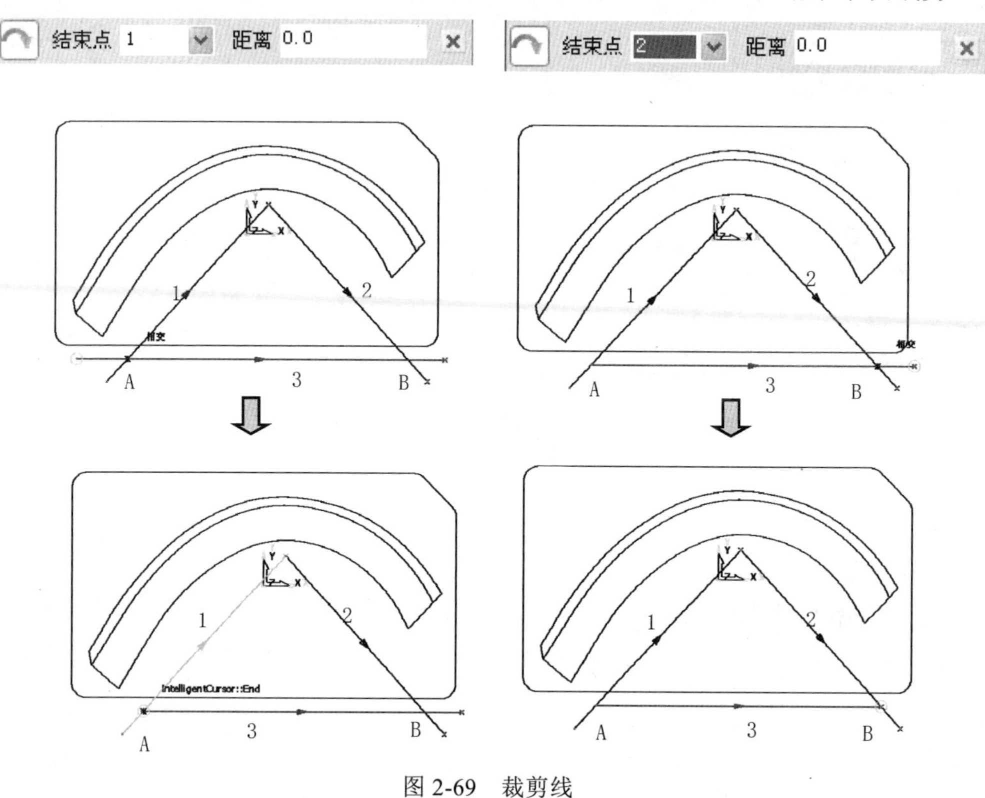

图 2-69　裁剪线

同理，可以裁剪直线 1 及直线 2，如图 2-70 所示。

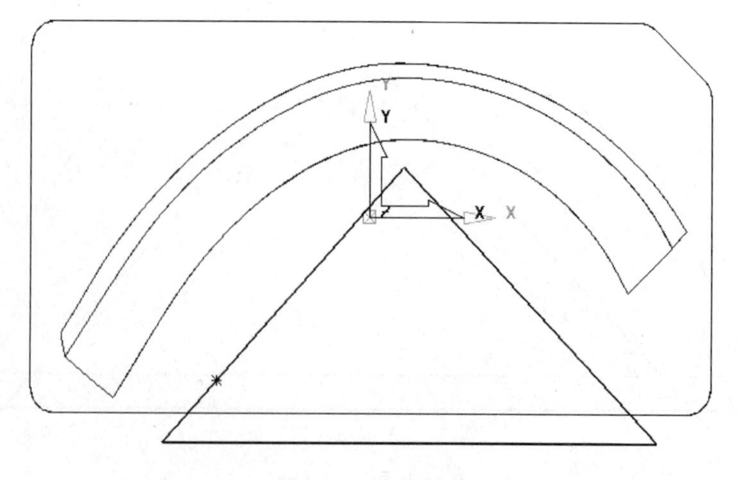

图 2-70　裁剪边界

（5）加倒圆角 R1.5。

将鼠标指针移到【曲线编辑】工具条上绘图命令中的三角符号，在下拉菜单中选择【倒圆角】命令，输入参数半径 1.5。在绘图区选取要倒圆角的两条线以便绘制如图 2-71 所示的图形。

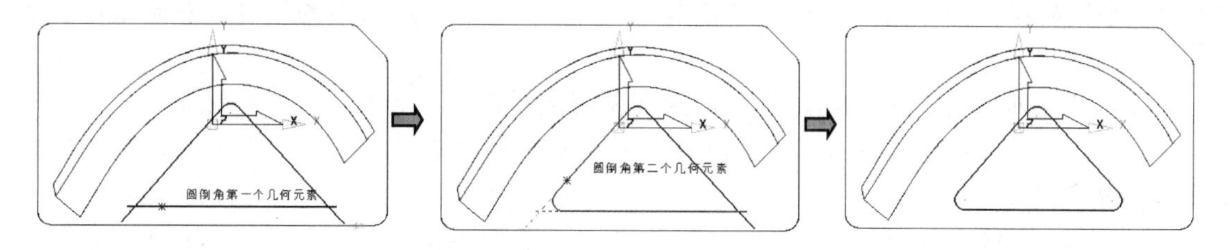

图 2-71　边界倒圆角

再次单击按钮，以结束倒圆角。单击【接受改变】按钮，系统弹出【PowerMILL 询问】信息框，单击【是（Y）】按钮，如图 2-72 所示。

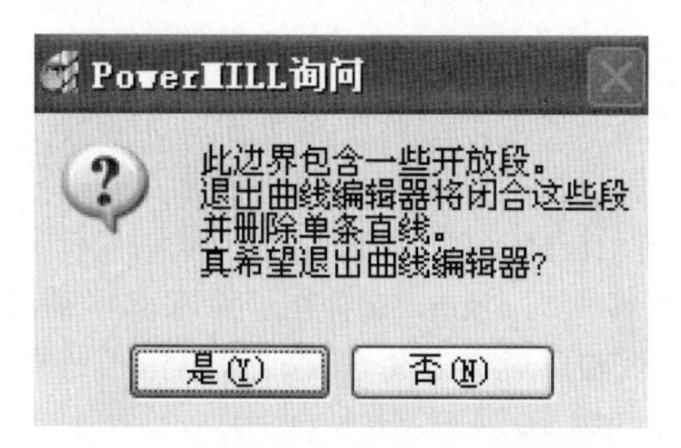

图 2-72 【PowerMILL 询问】信息框

系统返回到【用户定义边界】对话框，单击【接受】按钮。这时【边界】目录树枝下生成了新的边界“3”，这样就完成了边界的创建。

工作完成后注意存盘。

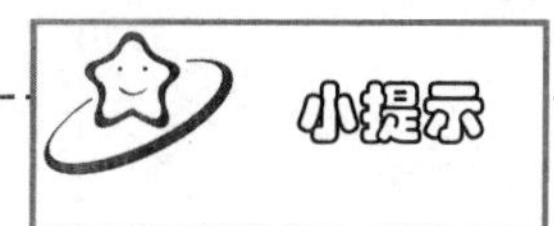

① 如图 2-70 所示的边界，当然可以用【连续直线】的方法一笔画出来，请读者自己完成，本节重在介绍裁剪命令。

② 单击【按点裁剪】按钮选择线条时，线的颜色会变为红色，线的一端有圆圈，所选交点和圆圈的部分将被裁剪掉。如果选交点时所裁剪的部分不是所希望的，就可以单击按钮先退回到之前状态，再改变【结束点】的号码，重新裁剪。

③ 除了按点可以裁剪外，也可以使用【交互裁剪曲线】工具按钮和【切削几何元素】工具按钮。

④ 边界线不必严格裁剪，到最后退出时，系统要自动闭合。

2.5.4　边界的编辑

本小节目的：通过实例学会边界线的修改、外扩和内缩，以及与其他边界的合并等。

如果边界创建以后，发现有些地方不妥当，需要修改，可以对此进行编辑。在此也只起到一个抛砖引玉的作用。希望初学者学完本例后，多做一些类似的边界，对照软件的帮助文件，把其他绘图命令学会。

（1）打开项目 pmbook-2-4，将图形放在俯视图状态下，关闭零件及毛坯显示。

（2）在目录树中右击边界号 3，在快捷菜单中选择【曲线编辑器...】命令，可以再次显示【曲线编辑】工具条。

（3）在图形区中选择边界线。将鼠标指针放在【曲线编辑】工具条中的下三角符号上，在下拉菜单中选择【分割已选段】按钮，可以将整体的边界线打断成各自原本图素，即按照节点来打断。将鼠标指针移到图形区的空白处，单击左键，以结束选择，此时线条变为白色。

其他命令含义如下。

【剪切几何元素】按钮表示将整体边界按照光标所在点打断成两段。

【合并已选段】按钮表示将选取分散的图素合并为整体边界图形。

【合并拾取段】按钮表示选取一段线和相邻线合并。

（4）选取如图 2-73 所示的直线 3。单击【移动/复制几何元素】命令按钮，在线 3 的偏离中点的位置抓线向上移动约 5mm，或者在屏幕底部移动参数对话框中输入移动的坐标“0 5”，按回车键 Enter 后图形就会发生变化。再单击按钮及单击图形的空白处，以结束本次移动操作。

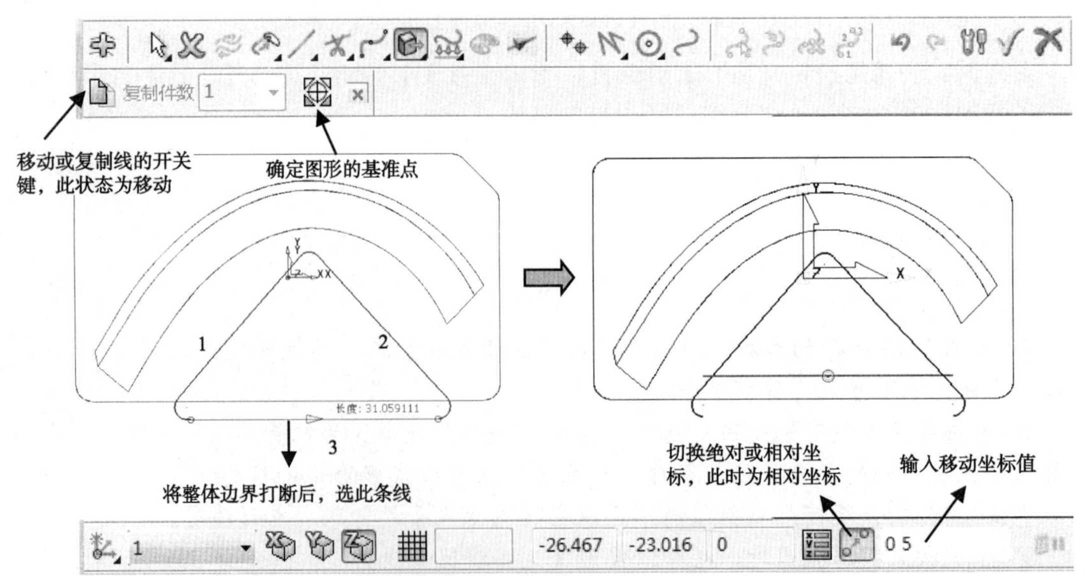

图 2-73　移动边界线的部分图线

① 此处在参数表输入的坐标值 x、y、z 各数之间应该为空格隔离。

② 如果采取手抓线条移动时可以通过观察屏幕下方的动态坐标值来估算移动数值。

③ 如果发现有哪一步做错，可以单击退回按钮返回上一状态，再重新做。

其他命令含义如下。

【旋转】按钮表示将所选图素沿指定中心进行旋转。

【镜像】按钮表示将所选图素沿指定平面进行镜像。

【缩放】按钮表示将所选图素沿基准点放大或缩小。

（5）选择线 3 两边的两个小圆弧，再按删除键 Del，以删除之。

（6）加倒圆角 R1.5。

将鼠标指针移到【曲线编辑】工具条上的绘图命令中的三角符号，在下拉菜单中选择【产生圆倒圆角圆弧】命令，输入参数半径 1.5。在绘图区选取要倒圆角的两条线，以便绘制如图 2-74 所示的图形。

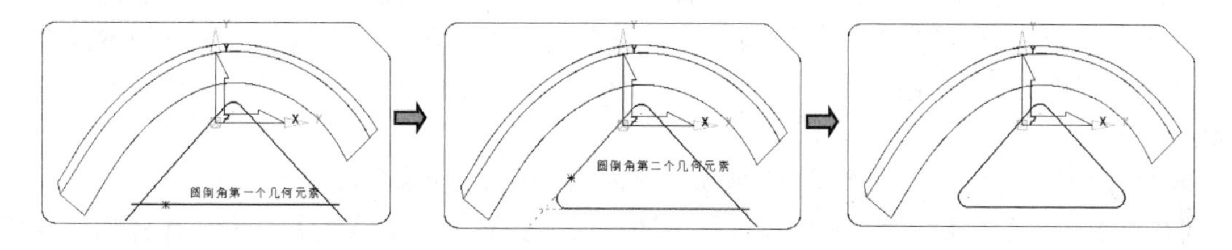

图 2-74　倒圆角

（7）再次单击按钮，以结束倒圆角。单击【接受改变】按钮，系统弹出【PowerMILL 询问】信息框，单击【是（Y）】按钮，如图 2-75 所示。

图 2-75　【PowerMILL 询问】信息框

这样就完成了边界的编辑，注意存盘。

（8）除了以上介绍的【曲线编辑器】方法外，另外还有【编辑】较为常用。右击目录树中的【边界】树枝下的边界 3，在弹出的快捷菜单中选【编辑】，向右移动鼠标指针，弹出快捷菜单，如图 2-76 所示。

主要参数含义如下。

【变换】可以实现对边界线的移动、旋转、缩放、镜向和偏置等操作。

【修圆已选】对已经选取的边界线段进行圆弧拟合，目的是光顺边界。

【样条已选】把选中的边界线段转换为样条曲线，目的是光顺边界。

【多边形化已选】把选中的样条化的边界线段转换为直线段。

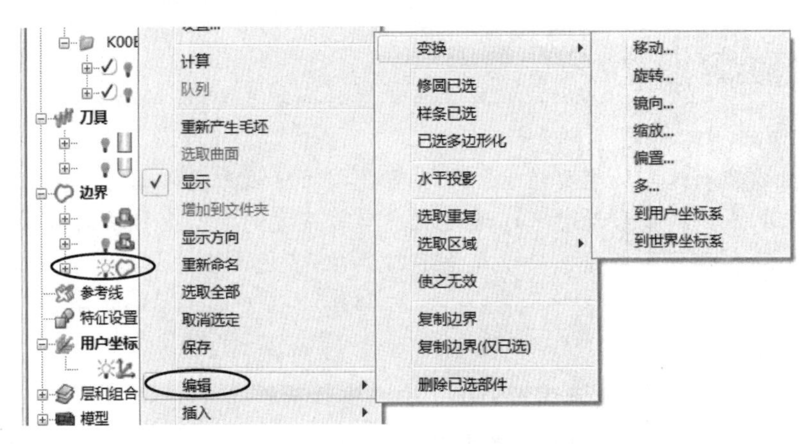

图 2-76　边界线编辑

【水平投影】沿着激活的坐标系的 Z 轴，把三维边界线投影成平面边界线，同时不影响边界的范围。

【选取重复】选取所选边界内重复的边界段。

【选取区域】选取大于或者小于所给刀具比例规定范围内的边界。

【使之无效】使所选边界恢复到未计算状态，该命令只对需要进行计算的边界线有效。

【复制边界】使用该命令，可以自动把所选的边界线复制粘贴，生成新的边界。

【复制边界（仅已选)】使用该命令，可以自动复制粘贴图形区内被选取的边界段。

【删除已选部件】使用该命令，可以删除图形区内已经选取的边界段，单击删除键 Delete 确定。

（9）接下来对以上的边界外扩 2mm，再内缩 1mm，以体会边界的修改技巧。

右击【边界】树枝下的边界 3，执行【编辑】|【变换】|【偏置】命令，在弹出的【距离】参数框中输入正数“2”，可以使图形外扩，单击勾号。观察图形已经外扩，如图 2-77 中间图所示。

再次右击【边界】树枝下的边界 3，执行【编辑】|【变换】|【偏置】命令，在弹出的【距离】参数框中输入正数“-1”，可以使图形内缩，单击勾号。观察图形已经内缩，如图 2-77 右侧图所示，注意存盘。

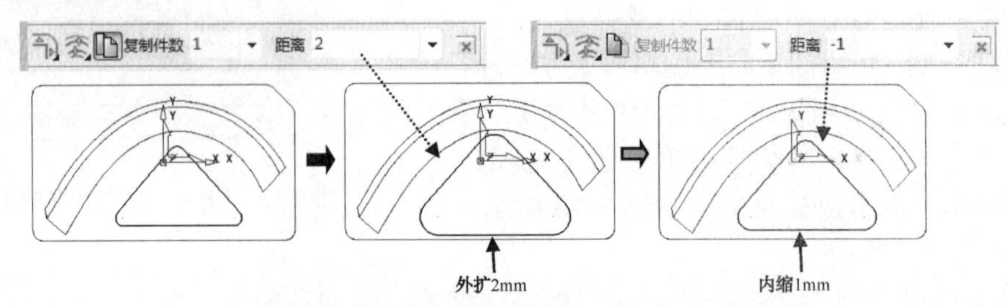

图 2-77　边界图形的外扩和内缩

（10）打开项目 pmbook-2-5，将图形放在俯视图状态下，关闭毛坯显示，将边界 3 和边界 4 都显示，本例将介绍将这两个边界合并。

（11）右击目录树中的【边界】树枝，在弹出的快捷菜单中选【定义边界】|【布尔操

作】，系统弹出【布尔操作边界】对话框，【边界 A】选“3”，【边界 B】选“4”，【类型】选“求和”，单击【应用】按钮，如图 2-78 所示。

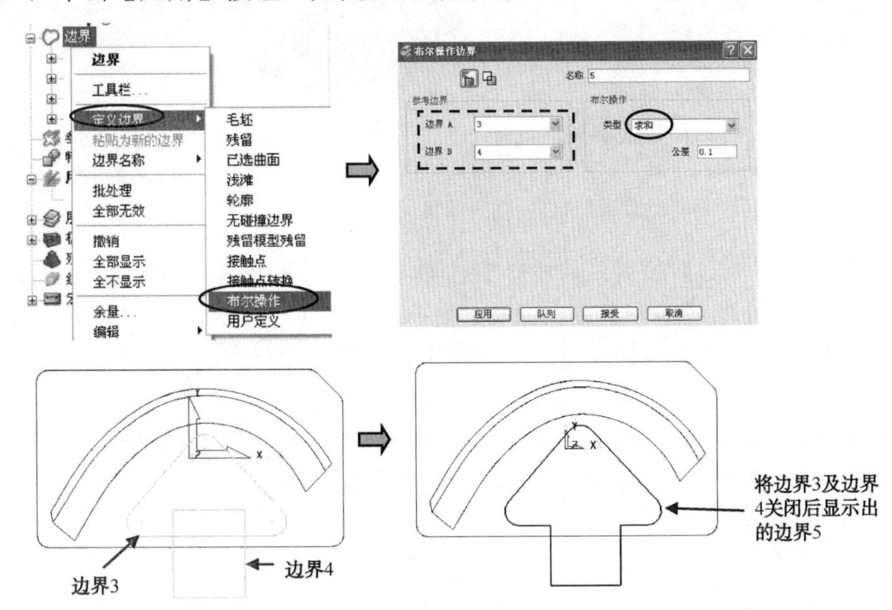

图 2-78　边界合并

同理，可以进行边界的“求差”、“相交”等操作。单击【接受】按钮，这时会发现在目录树中【边界】树枝下多出了一个边界 5⊞ 5 。

工作完成后，注意存盘。

2.5.5　参考线的编辑

本小节目的：通过实例学会参考线的创建、修改及延伸等。

任务：在项目 pmbook-2-6 的铜公顶部做出参考线，以便用 ED8 平底刀光顶平面。再在台阶面做出外形线，以便用 ED8 加工出铜公外形。

参考线的创建和编辑与边界的做法基本相同，不同的是边界线必须是封闭线而参考线不一定封闭。

（1）打开项目 pmbook-2-6，将图形放在俯视图状态下，关闭毛坯显示，该图已经创建了一个文件夹 K00C。

（2）在【资源管理器】的目录树中右击【参考线】，在快捷菜单中选择【产生参考线】命令，再单击【参考线】前的加号+，出现 > 1为空的参考线。选取顶部及台阶面曲面。右击参考线 1，在弹出的快捷菜单中选【插入】|【模型】命令，于是就产生了曲面的边线为参考线，如图 2-79 所示。

（3）在图形区，在空白处单击鼠标左键，以结束选择。在选取台阶面外围的线条，并且按删除键 Delete，将其删除，选择顶部曲线。

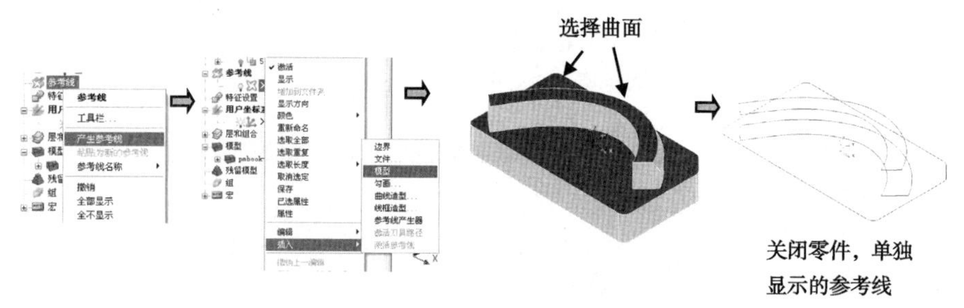

图 2-79　产生参考线

（4）在【资源管理器】的目录树中，右击参考线 1，在弹出的快捷菜单中选【曲线编辑器...】，在弹出的【曲线编辑】工具条中，将鼠标指针停放在下三角符号上，在下拉菜单中选择【分割已选段】按钮，可以将顶部参考线打断成各自原本图素。

同理，可以打断台阶面上的参考线。

（5）删除参考线的部分曲线段。方法是选择曲线后，按删除键 Delete，单击【方向指示】按钮，单击【接受改变】钩号按钮，如图 2-80 所示。

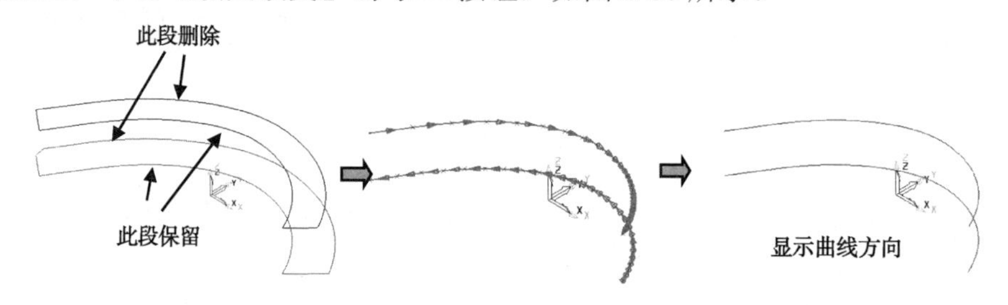

图 2-80　删除部分曲线

（6）在【资源管理器】的目录树中，右击参考线 1，在弹出的快捷菜单中选【编辑】|【复制参考线】，此时【参考线】树枝下新增了多复制的 1_1 。将其关闭显示，同时将参考线 1 激活。将台阶面上的参考线删除，保留顶部参考线，并且把曲线合并，方法是【编辑】|【合并】。

（7）右击选择参考线 1，在弹出的快捷菜单中选【编辑】|【变换】|【偏置】，输入偏置数为-2.4，单击钩号按钮，如图 2-81 所示。

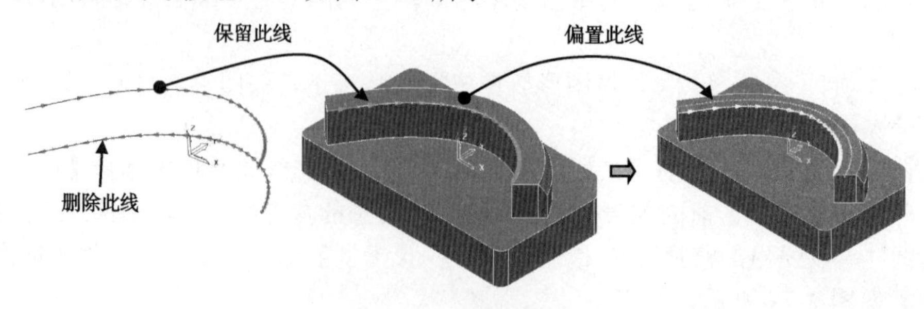

图 2-81　偏置顶部线

沿着曲线方向看，左偏置为负数，右偏置为正数。如果发现偏置错了，应退回上一步，右击参考线 1，在弹出的快捷菜单中选【撤销上一编辑】。再重新给相反的偏置数，重新偏置。

（8）同理，可以将参考线 1_1，先删除顶部线，偏置台阶面的线数值为-4.85，得到如图 2-82 所示的线条。

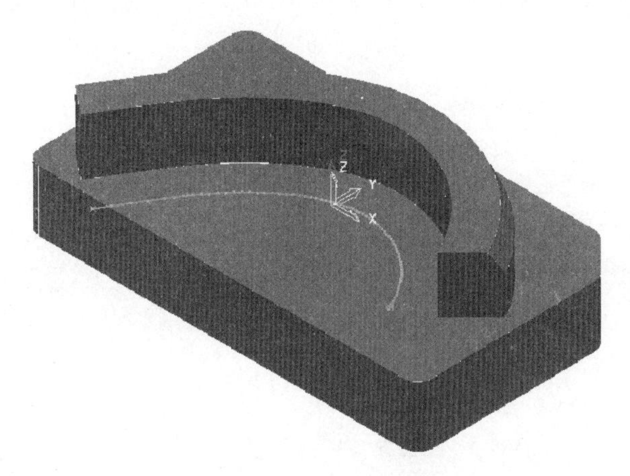

图 2-82　偏置台阶面线条

（9）应用以上所做的参考线，可以用【参考线精加工】方法做出顶部光刀的刀路，以及台阶面外形光刀刀路，如图 2-83 所示。

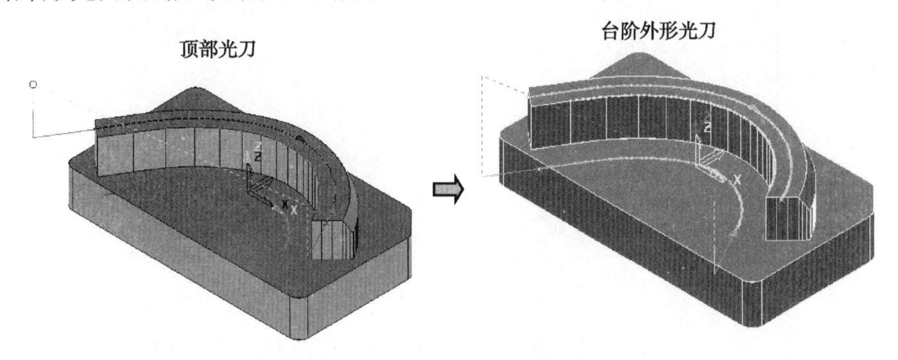

图 2-83　根据参考线做刀路

以上程序组的操作视频文件为: \ch02\03-video\03-边界及参考线.exe

2.6 非切削运动

本节内容：重点介绍常用非切削参数含义，特别是一些难以简单从软件界面上准确理解其含义的参数。本节的学习方法是调出已完成的刀路项目，修改相应的参数观察刀路的变化，以便准确理解其几何含义。

PowerMILL 的非切削运动主要是指控制刀路的切入、切出和连接的设置。设置非切削参数的要求是：使刀具安全高效、空行程少、保证切削平稳。

单击综合工具栏的【切入切出和连接】按钮，系统就会弹出【切入切出和连接】按钮对话框。

2.6.1 Z 高度

如图 2-84 所示，各参数含义如下。

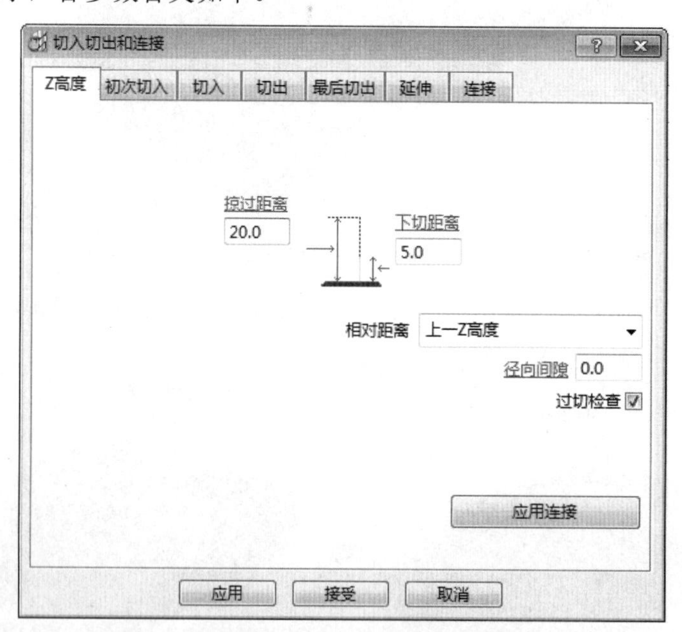

图 2-84 【Z 高度】选项卡

（1）【Z 高度】英文名称是 Z Heighs，主要用来设置跳刀的安全高度。

（2）【掠过距离】英文名称是 Skim Distance，指相对快速高度。如果是下刀，指从安全高度 G00 方式快速下降的距离再加上缓慢下刀距离的总和。真正的 G00 快速运动距离应为【掠过距离】减去【下切距离】，如图 2-84 所示中真正的 G00 距离为 20-15=15。提刀时正好相反，该数值用于所有用到“掠过”参数的移刀方式。如果勾选【过切检查】，可以自动处理【掠过距离】小于【下切距离】时系统可能出现的过切错误。

（3）【下切距离】英文名称是 Plunge Distance，指刀具缓慢下降的相对距离。以 G01 方式，以缓降速度 F 来运动，逐渐接近工件进行切削。如果该数值过大，则非切削时间太长，加工缓慢，效率极低。所以，常常大于切削余量即可，但多给 3～5mm。

（4）【相对距离】英文名称是 Incremental Distances，指定义以上两个参数相对值的度量方式。有两种度量方式，【前一 Z 高度】（仅适于区域清除）或【刀具路径点】。

（5）【径向余量】英文名称是 Radial Clearace，指刀具半径方向，即侧面的保护性余量。使得刀具在快速移动过程中始终与工件的距离大于此值，以防碰伤工件。

（6）【过切检查】英文名称是 Gouge check，可以检查出移刀过程中，刀具是否对工件产生过切。如果勾选此项，系统会自动排除过切的刀路。否则，会忽略过切计算，这种情况只能等到刀路计算完成后统一进行过切检查。

（7）【执行连接】英文名称是 Apply Links，指仅把当前已经设置好的连接参数应用于激活的刀路上。

（8）【应用】英文名称是 Apply，指把当前已经设置好的所有连接及进刀全部参数应用于激活的刀路上进行计算。

（9）【接受】英文名称是 Accept，指接受当前所设定的参数，并关闭对话框。

（10）【取消】英文名称是 Cancel，指关闭对话框，并不更新进刀参数和连接参数。

2.6.2 初次切入

设定初次切入时的进刀方式，如图 2-85 所示。

图 2-85 【初次切入】选项卡

【使用单独的初次切入】英文名称是 Use a Separate First Lead In，意思是如果勾选此项，则激活右侧的【连接】参数各项，设定首次进刀的参数。默认为不选中状态。该参数适于中间切削过程中不需要大幅度的进退刀的情况，可平稳切削又能提高效率，其参数含义如下。

（1）【选取】英文名称是 Choice，用于设定刀具路径切入工件的进刀几何参数。其含义与【切入】进刀相同，每种方式对应了不同的参数栏。大多数情况下，此处选“无”。

（2）【斜向选项】英文名称是 Lead In Ramp Options，用于设定斜线下刀参数。只有当

【选取】栏选定为“斜向”时，才能被激活。

（3）【复制到最后切出】英文名称是 Copy to last lead out，意思是将本表参数复制到【最后切出】选项卡。

（4）【自最后切出复制】英文名称是 Copy from last lead out，意思是将【最后切出】选项卡的参数复制到本表各参数。

（5）【应用初次切入】英文名称是 Apply First Lead In，将本次所设的参数应用在激活的刀路上。

2.6.3　切入及切出

本小节重点：【切入】选项卡参数，如图 2-86 所示。【切出】选项卡参数的含义与【切入】的相同。

通过设定加入直线或圆弧的进退刀参数可以保证平稳切削，消除接刀痕迹。如果没有合理设置这些参数，虽然可以减少切削时间，但是极有可能出现踩刀，切削量过大等现象，对安全切削构成潜在的威胁，所以对此要足够重视。

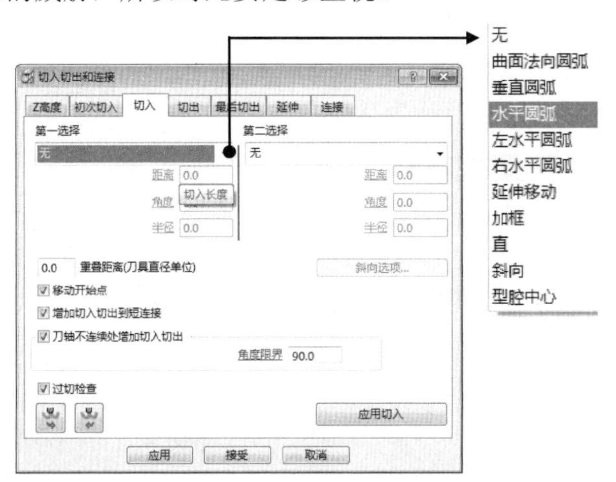

图 2-86 【切入】选项卡

系统优先执行【第一选择】内的进退刀参数，如果检测到有过切，就自动执行【第二选择】内的参数，如果还是出现过切现象，则均不执行进退刀参数。

1.【第一选择】各项参数

有 11 种进刀方案。

（1）【无】，表示刀具不进行进退切刀运动，而是直接切削。

（2）【曲线法向圆弧】英文名称是 Surface Normal Arc，系统加入一相切圆弧，该圆弧所在的平面与曲面垂直，即圆弧平面在刀具路径的切向矢量和曲面的法向矢量。这个选项有利于平稳切削工件，如图 2-87 所示。

（3）【垂直圆弧】英文名称是 Vertical Arc，在刀路开始处产生垂直向下的圆弧运动，在刀路的结束处产生垂直向上的圆弧运动，此垂直圆弧所在平面与Z轴方向（或刀轴）平行。如图2-88所示，适合平缓面的加工。

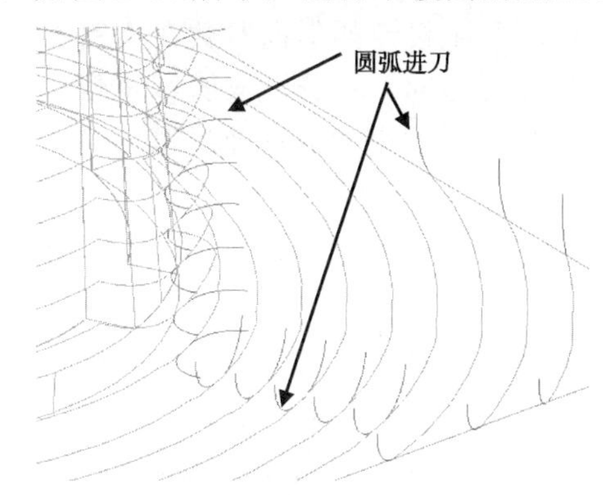

图2-87 【曲面法向圆弧】图解

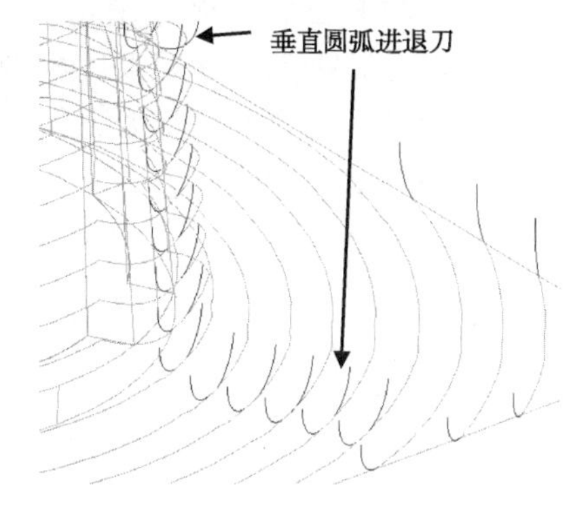

图2-88 【垂直圆弧】图解

（4）【水平圆弧】英文名称是Horizontal Arc，在水平面上产生圆弧切入及切出进退刀，适合于接近垂直的陡峭面的加工，如图2-89所示。

（5）【左水平圆弧】英文名称是Horizontal Arc Left，在水平方向上沿着刀路的方向观察，只产生向左方向的进退刀圆弧。

（6）【右水平圆弧】英文名称是Horizontal Arc Right，在水平方向上沿着刀路的方向观察，只产生向右方向的进退刀圆弧。以上两种使用时要谨慎。

（7）【延伸移动】英文名称是Extended Move，在刀路的起始端或末端增加一条相切的直线，如图2-90所示。

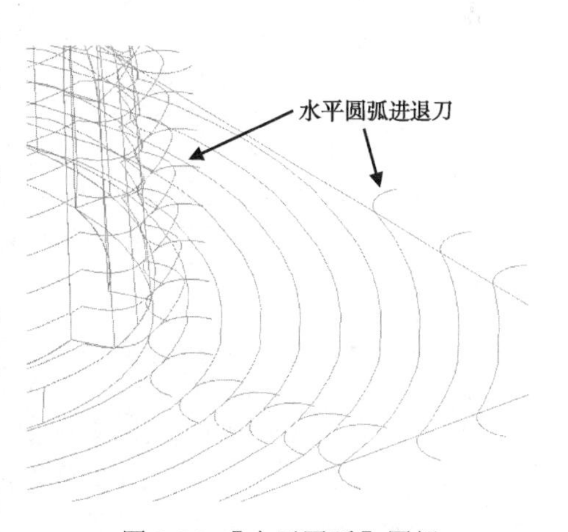

图2-89 【水平圆弧】图解

（8）【加框】英文名称是Boxed，在刀路的末端增加一条水平线，以便进退刀，如图2-91所示。

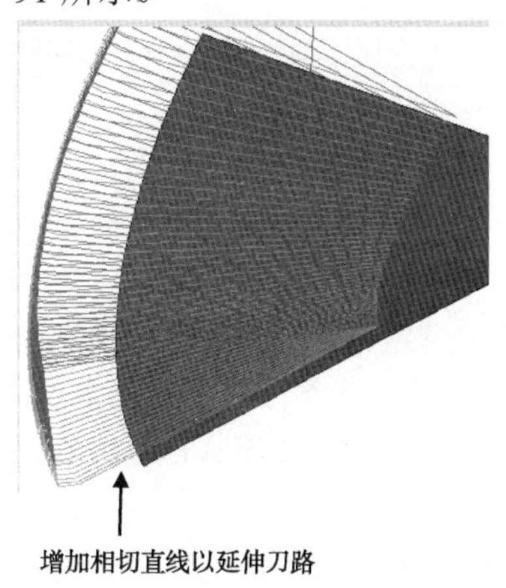

图2-90 【延伸移动】 进退刀

增加水平直线以延伸刀路

图2-91 【加框】进退刀

（9）【直线】英文名称是 Straight，是在刀路的等高水平面上直接插入一直线，来实现进退刀，这条直线的距离和角度由参数表给定，如图 2-92 所示。

（10）【斜向】英文名称是 Ramp，按照【斜向选项】中设定的斜向参数在刀路的一端产生斜线进退刀。采用“区域清除模型”方式加工凹型模型时，选择此参数很重要，可以防止踩刀。同时，这个选项也要谨慎使用，否则会产生大量的空刀或低速进退刀路，影响加工效率，如图 2-93 所示。

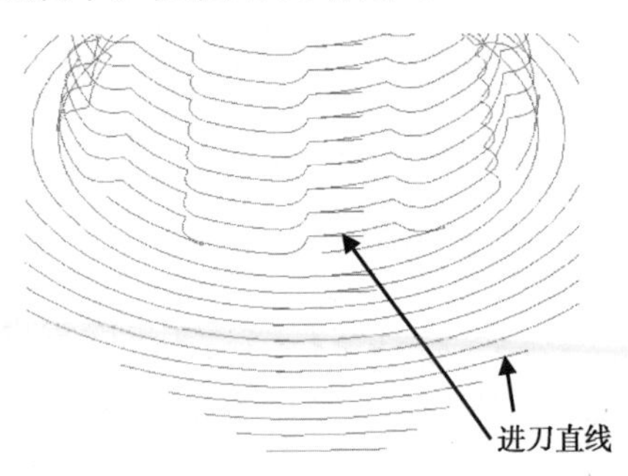

图 2-92 【直】进退刀

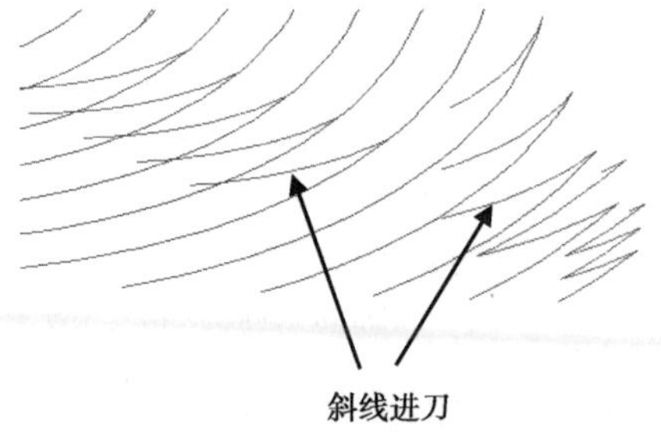

图 2-93 【斜向】进退刀

（11）【型腔中心】英文名称是 Pocket Centre，从封闭图形的槽中心以切向圆弧的方式切入或切出而进行切削工件。很适合已经预钻孔的封闭图形的加工，如图 2-94 所示。

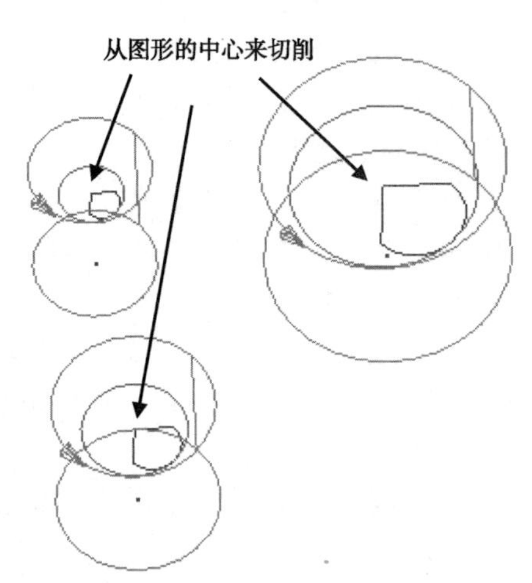

图 2-94 【型腔中心】图解

2.【斜向选项】参数

单击如图 2-86 中的【斜向】选项，系统就弹出【斜向切入选项】对话框。其中系统首先执行【第一选择】选项卡中的参数，如果失败，就执行【第二选择】选项卡中的参数。如果都失败或产生过切，就按“无”来执行。这两个选项卡的参数完全相同，其参数含义如下。

（1）【最大左斜角】英文名称是 Max Zig Angle，指刀具斜向切入切出工件时的角度（即坡度）。系统限定角为 0°～90°，实际工作中加工钢件多给 3°～5°，铜公多给 3°～15°。材料约硬，角度越小。

（2）【沿着】英文名称是 Follow，指定义刀具斜线下刀时的运动形式。有 3 个选项：刀具路径、直线及圆弧。

① 【刀具路径】英文名称是 Toolpath，即沿着本次刀具路径的外形轮廓斜向下刀。如果选此项，【仅闭合段】就会激活，可以勾选，也可以不勾选。如果【仅闭合段】被勾选，表示只在内凹封闭型腔的位置才会产生斜向下刀。如果不勾选，则会在所有的切入产生斜向方式下刀，大多数要勾选。

② 【直线】英文名称是 Line，刀具沿着直线方式斜向下刀，此方式因为以直线方式所以距离最短，但如果内腔太过狭窄，斜线下刀失败，就用刀具路径切削，可能会踩刀。

③ 【圆弧】英文名称是 Circle“，刀具沿着螺旋圆弧方式下刀。这是最常用的方式。此时可以通过设定【圆圈直径（TDU)】，即刀具直径的倍数来定义螺旋直径的大小，多给0.9～1.5，保证在下线加工时不顶刀。

（3）【斜向高度】英文名称是 Ramp Height，指斜向切削开始时的高度。分为 3 个类型的选项：相对、段和增量。

①【相对】英文名称是 Incremental，指斜向开始到斜向结束的高度，在【高度】参数栏中给的数为相对数，较为常用。

②【段】英文名称是 Segment，指如果前一个切削路径的终点与下一个切削路径的起点之间的高度差（即层深）大于【高度】参数栏中的数值，则斜向高度等于切削路径的终点与下一个切削路径的起点之间的高度差（即层深）。否则，斜向高度就以【高度】参数栏中的数为准。

③【段增量】英文名称是 Segment Incremental，斜向高度是指前一切削路径的终点与此切削路径起点的高度差与【高度】参数栏中所设定数之和。

（4）【斜向长度】英文名称是 Ramp Length，指在水平面上度量的斜线长度。

【有限】英文名称是 Finite，勾选此选项，可以输入最大的切削长度，即将左斜角的斜向长度限制在有限的距离内。不选此选项，则以一个路径一次斜向切入工件。

【长度（TDU)】是刀具直径的倍数作为斜向长度。

（5）【右斜角】英文名称是 Zag Angle，表示斜向切削的另一角度，如图 2-95 所示。只有当勾选【有限】和【独立】，该参数才可以激活。

（6）【独立】勾选此项，表示可以单独指定右斜角角度，这个角度可以与左斜角不同。

（7）【延伸】勾选此项，可以对斜向切削下刀加以延伸。

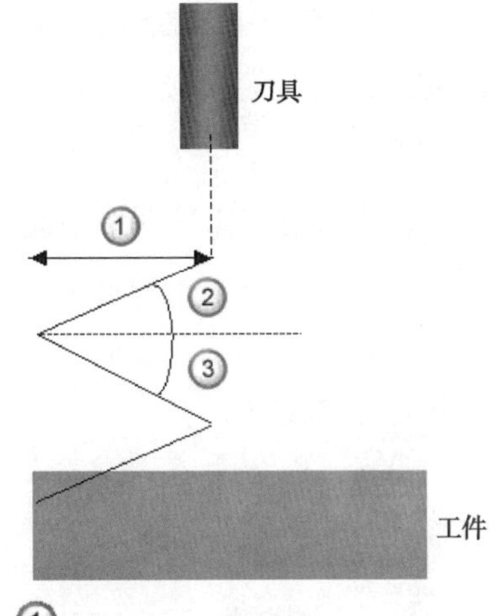

图 2-95　斜向参数图解

3．重叠距离参数

0.0 重叠距离 (TDU) 英文名称是： OverLap Distance（TDU)，指加工封闭图形时切入和切出刀路的重叠距离系数，实际重叠距离是刀具直径的倍数。在精加工外形时可以设置此参数，目的是可以消除接刀痕迹，如图 2-96 所示。

4.【移动开始点】

☑移动开始点 英文名称是 Allow start points to be moved，意思是当勾选此选项时，如果系统检测到某封闭区域有过切，就会移动开始点直到不过切为止。否则就不会移动开始点，只能通过其他方式来避免过切。

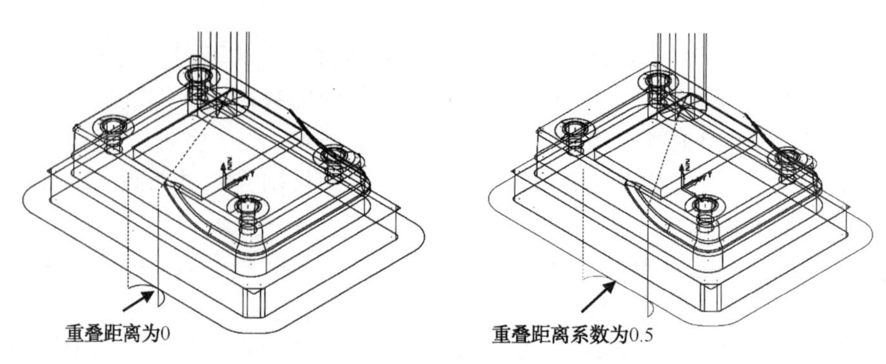

图 2-96　重叠参数图解

5.【增加切入切出到短连接】

☑增加切入切出到短连接 英文名称是 Add Leads to Short Links，如勾选此项，意思是控制增加切入切出到短连接方式。如不选，在短连接处将不进行切入切出的进退刀方式。但短连接必须通过参数设定来控制。

6.【刀轴不连续处增加切入切出】

☑刀轴不连续处增加切入切出 英文名称是 Add Leads at Tool discontinuities，是在多轴加工中，如果加工连续相邻曲面时，在刀具轴线的倾角发生变化时，刀具路径中会加入切入切出及连接等过渡方式。

角度限界 90.0 输入刀轴角度变化的最小范围。

7.【复制到切出】

英文名称是 Copy to Lead Out，单击此按钮，可以把本表参数复制到【切出】选项卡中，这样可以省去重复设置切出参数。

8.【自切出复制】

英文名称是 Copy From Lead Out，单击此按钮，可以把【切出】选项卡的各参数复制到本【切入】各参数。这样，如果事先设定了切出参数，可以省去重复设置切入参数。

9.【应用切入】

英文名称是 Apply Lead Ins，单击此按钮，系统仅在激活的刀路上执行【切入】参数。

2.6.4　延伸

【延伸】英文名称是 Extensions，此选项卡表示在刀具路径的切入段之前，或切出之后增加一段额外的刀具路径。目的是刀具路径加工范围增大，加工区域边缘处切削得更干净。分为【向内】和【向外】，其可选参数与【切入】选项卡的参数含义相同，如图 2-97 所示。

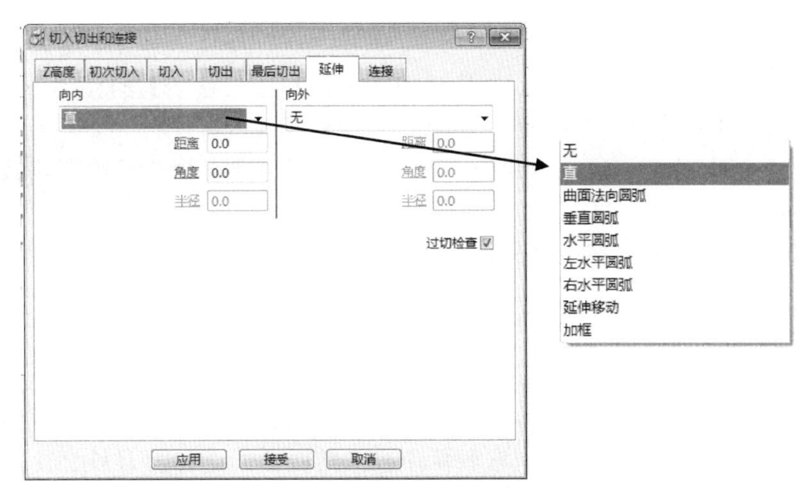

图 2-97 【延伸】选项卡

2.6.5 连接

【连接】英文名称是 Link，指在各切削路径之间，通过设置连接方式可以更好地控制刀具路径间的非切削运动变化，如果设置不当，可能会造成很多空刀，切削效率低下，如图 2-98 所示为【连接】选项卡。

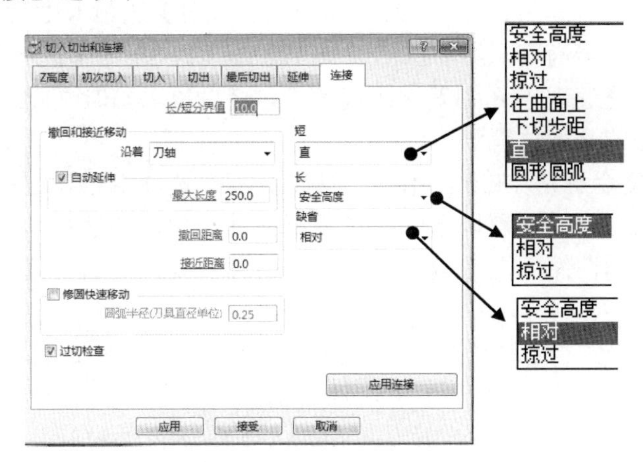

图 2-98 【连接】选项卡参数

各参数含义如下。

1.【长/短分界值】

英文名称是 Short/Long Threshold，用于区分是长连接还是短连接，比这个值短的连接就是短连接，否则为长连接。

2.【撤回和接近移动】

英文名称是 Retract and Approach Moves，控制快进连接始端和接近移动末端的撤回长

度及方向。

（1）【沿着】英文名称是 Along，用于选取【撤回和接近移动】的移动方向，有刀轴、接触点法线和正切 3 种方式。

（2）【撤回距离】英文名称是 Retract Distance 指在快速连接的开始端，撤回移动的长度。

（3）【接近距离】英文名称是 Approach Distance 指在快进连接的末端，接近移动的长度。

3.【修圆快速移动】

英文名称是 Arc Fit Rapid Moves，指将圆弧插入快进连接中以产生光顺移动。如果勾选此项，【半径（TDU）】就会激活，它表示所插入的圆弧的半径为刀具直径的倍数。普通低速切削中，很少勾选使用此项功能。

4.【短】

英文名称是 Short，如果系统判断某个连接为短，此处可以对其设定连接类型方式。有：安全高度、相对、掠过、在曲面上、下切步距、直线和圆形圆弧等。

（1）【安全高度】英文名称是 Safe 指相邻刀具路径之间的短连接都抬到安全高度，再撤回。

（2）【相对】英文名称是 Incremental，指依据【Z 高度】选项卡中设置的下切距离数值，该短连接首先撤回到安全高度，然后以 G01 方式快速移动到下一个刀具路径位置，在曲面以上，以 G00 方式快进速率下降到下切距离值处，最后再以 G01 方式，以下切速率的缓慢速度下降到刀具路径的开始位置。

（3）【掠过】英文名称是 Skim，指根据【Z 高度】选项卡中设定的掠过距离值，短连接移动到刀具路径间曲面最高点以上的掠过距离值处，然后快速移动到邻近的刀具路径位置，自下一刀具路径的曲面之上快速下降到下切距离值处，最后再以下切速率下降到刀具路径的开始点。

（4）【在曲面上】英文名称是 On Surface，指沿着模型轮廓连接，此选项在长短连接分界值设置得相对较小时很有用。在短连接情况下，刀具始终和曲面保持接触；长连接的情况下，刀具将提刀撤回，以避免刀具在切入下一路径的过程中直接下切到材料的较深区域。

（5）【下切步距】英文名称是 Stepdown，先在恒定高度做连接移动，直到下一刀具路径开始处，最后下切到曲面。如果刀路对模型有过切，则不能产生这种类型的连接。

（6）【直线】英文名称是 Straight，以直接用直线方式做连接移动，移动到刀具路径的下一个开始处。如果刀路对模型有过切，则不能产生这种类型的连接。

（7）【圆形圆弧】英文名称是 Circular Arc，从一条刀具路径的末端到另一条刀路的始端，以圆弧的方式转换。只有要连接的刀具路径相互平行的情况下，在平面内才能产生圆弧连接。在某些情况下可能会失败。

5.【长】

英文名称是 Long，如果系统判断某个连接为长，此处可以对其设定连接类型方式。有安全高度、相对和掠过等 3 种方式。

6.【缺省】

英文名称是 Default，安全高度的选项仅用于在刀具路径的始端和末端。有安全高度、相对和掠过等 3 种方式。

2.7 刀具路径的编辑

本节介绍刀路编辑常用参数含义。读者可以调出已经做好刀路的项目文件，对照本节内容，将每一个编辑命令尝试使用一遍，以便准确理解参数的含义。

PowerMILL 生成的刀具路径如同特征一样，也可以对其进行平移、旋转、镜像、复制及裁剪等操作。

PowerMILL 的刀路编辑功能强大，对于刀路计算中出现的不合理部分，它给用户提供了灵活的解决方案。所以，掌握并灵活运用此项功能可以使刀路更加合理、高效和安全。更能使所编刀路符合车间实际需要。

2.7.1 工具栏中的刀具路径编辑功能

右击综合工具栏，在弹出的下拉菜单中勾选激活【刀具路径】，使其显示在综合工具栏中。或者在主菜单中单击【查看】|【工具栏】|【刀具路径】也可以激活，如图 2-99 所示为【刀具路径】工具栏。

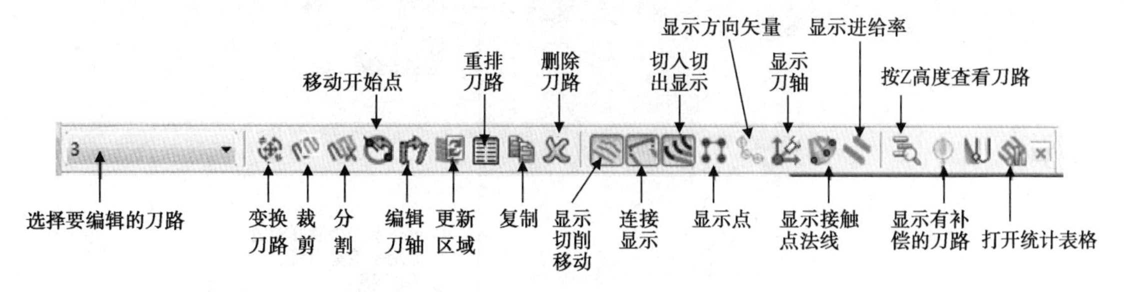

图 2-99 【刀具路径】工具栏

1.【变换刀具路径】按钮

英文名称是 Transform Toolpath，指对选择的刀路进行移动、旋转或镜像操作。先选择要变换的刀具路径，再单击如图 2-99 所示工具栏中的按钮，系统弹出如图 2-100 所示的对话框，再输入数值，单击变换方式按钮，刀具路径就跟着变换。

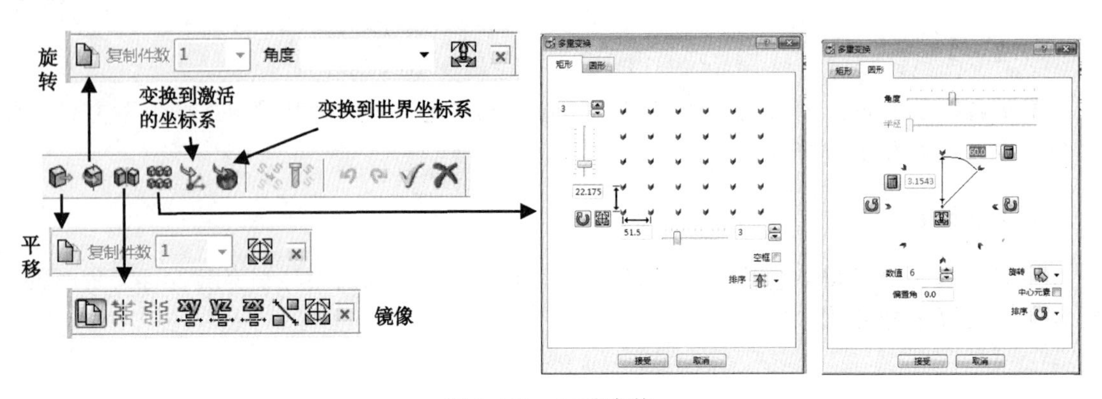

图 2-100　刀路变换

① 释放如图 2-100 所示工具条，还可以通过右击目录树中的【刀具路径】，在弹出的快捷菜单中选【编辑】|【变换】命令。

② 变换后的刀具路径要进行过切检查，无误后才可以正式使用。

③ 通过镜像得到的刀具路径与原来的刀具路径方向正好相反，使用时要注意。如果要使其方向相同，就必须通过重排刀具路径功能来改变方向。

2.【刀具路径裁剪】按钮

英文名称是 Limit Toolpath，指用边界、平面或绘制的多边形对激活的刀具路径进行裁剪。单击如图 2-99 所示工具栏中的按钮，弹出【刀具路径裁剪】对话框，如图 2-101 所示。这个功能可以将某些不合理的刀路裁剪掉，以优化刀路。

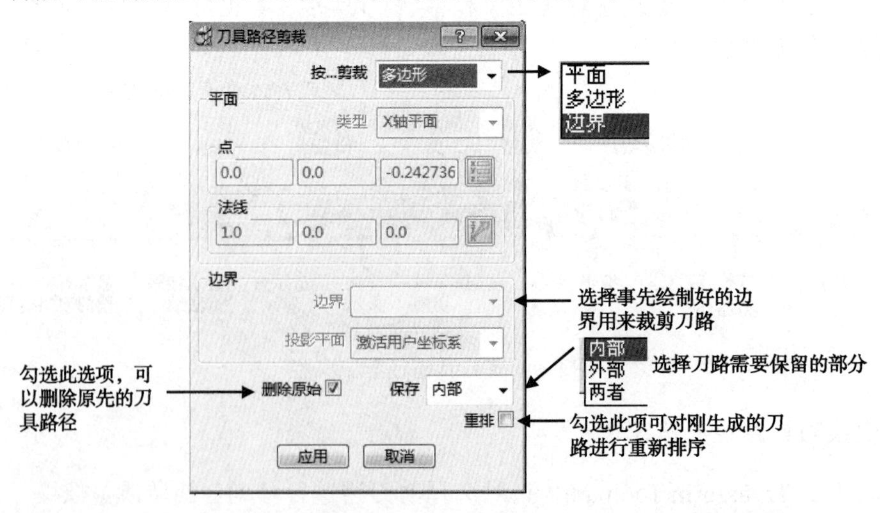

图 2-101　刀路裁剪

【平面】可以选沿着 X、Y、Z 轴的平面，也可以是任意平面，通过【点】及【法线】

参数来定义。

【多边形】是指在图形上点击任意点来绘制多边形。

【边界】是指事先定义好的边界。

3.【分割刀具路径】按钮

英文名称是 Divide Toolpath，指将已经生成好的刀路按照角度、方向、长度、时间和撤回等方式来进行分割以生成多个刀路。单击如图 2-99 所示的工具栏中的按钮，弹出【分割为...】对话框，有 5 个选项卡。

（1）【角度】选项卡

如图 2-102 所示，可以先设定曲面切线方向与水平面的夹角，即坡度角，凡大于此角度为陡峭，否则为浅滩或者叫平缓，用这个功能可以把刀路分割为陡峭部分和平缓部分。

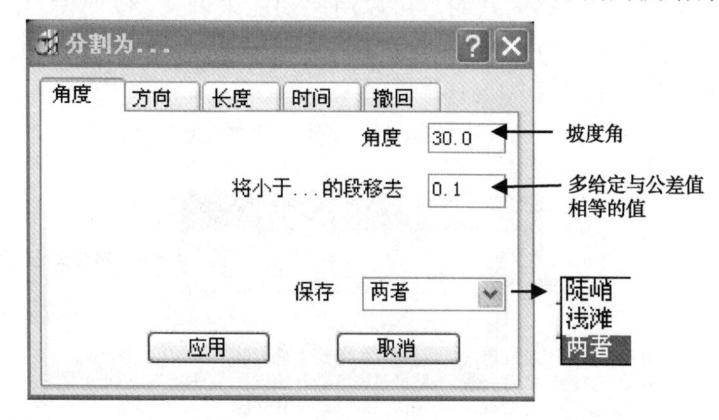

图 2-102 【角度】选项卡参数

（2）【方向】选项卡

如图 2-103 所示，凡是小于【平坦面角度】的数值就被认为是平坦面。允许用户按设定的平坦角将刀路分割为向上切削和向下切削两部分，平坦面部分刀路归入向下部分。

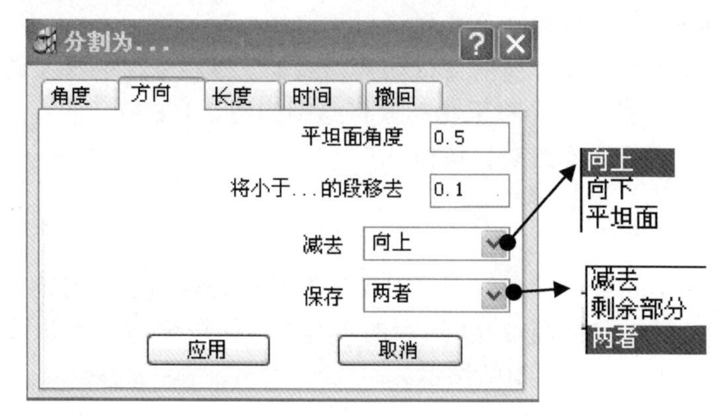

图 2-103 【方向】选项卡参数

（3）其他选项卡如图 2-104 所示。

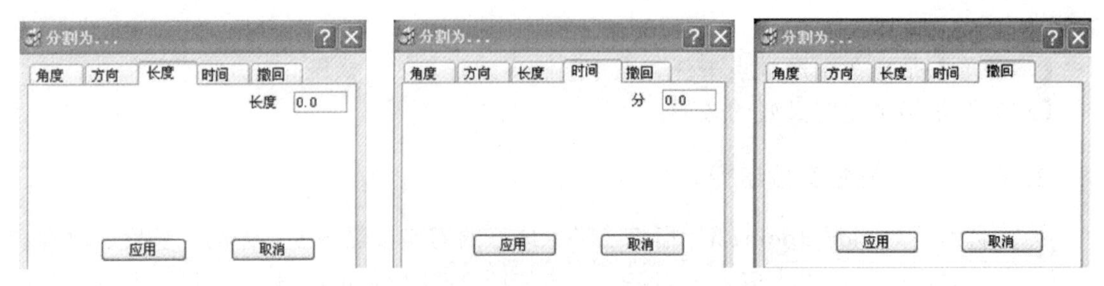

图 2-104 【长度】、【时间】和【撤回】选项卡参数

4.【移动刀具路径开始点】按钮

英文名称是 Move Toolpath Start Points，意思是移动封闭刀具路径的开始点。如等高精加工策略，三维偏置精加工策略的开始点可以用此功能来调整，以便使刀路更加合理高效。单击如图 2-99 所示的工具栏中的按钮，弹出【移动开始点】工具栏，主要有 2 个功能按钮，如图 2-105 所示。

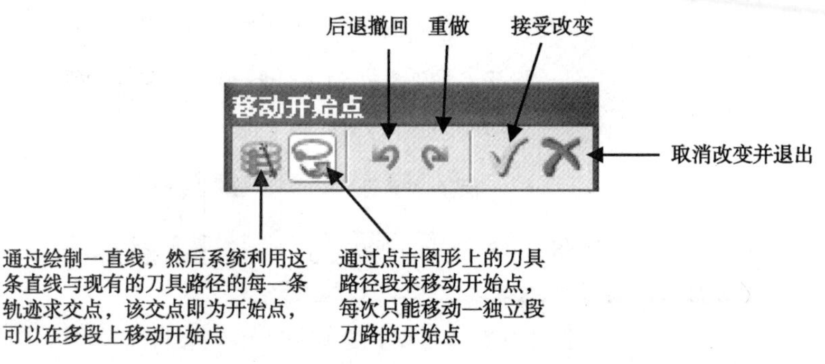

图 2-105 【移动开始点】工具栏参数图解

该功能很实用，下面通过实例说明。

打开项目文件夹 pmbook-2-7，将图形放在俯视图状态下，关闭零件及毛坯显示。本例将介绍将刀路 6 的开始点进行移动，首先将刀具路径 6 激活。

单击工具栏的按钮，在弹出的【移动开始点】工具栏中，选择【通过绘制一直线来移动开始点】按钮，然后在图形上移动鼠标绘制如图 2-106 所示的直线。这时刀路开始点就发生了改变，单击【接受改变】按钮。

5.【编辑刀轴】按钮

英文名称是 Edit Tool Axis，允许用户对所选区域的刀具路径的刀轴方向进行编辑。此功能适合于五轴加工。单击如图 2-99 所示的工具栏中的按钮，弹出【编辑刀轴】对话框，主要有 2 个选项卡，如图 2-107 所示。

由于模具加工中主要采用三轴加工，本书只是简略介绍，如需要更详细的功能介绍，可以单击【刀轴编辑】对话框中的帮助按钮，搜寻“Example of tool axis editing”，里面有较详细的介绍。

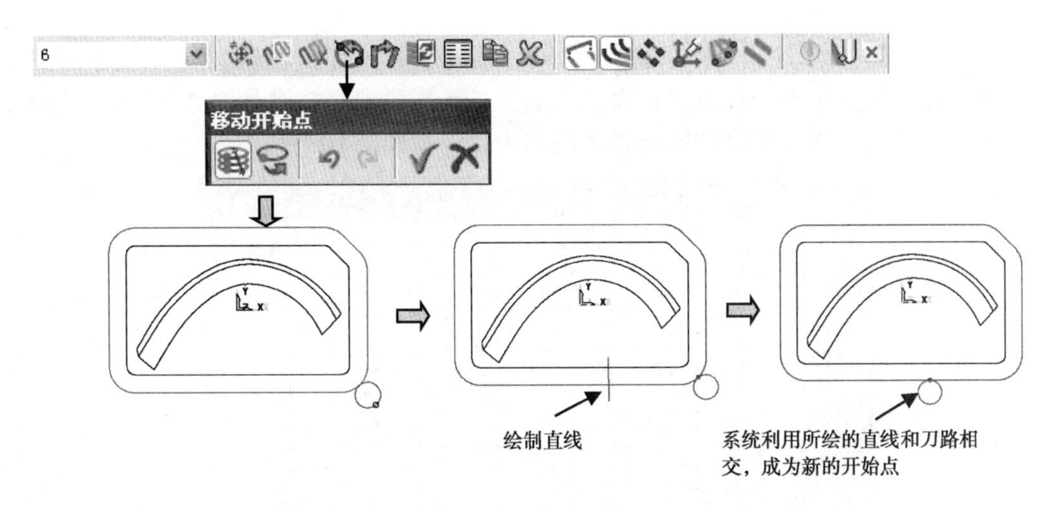

图 2-106　移动开始点

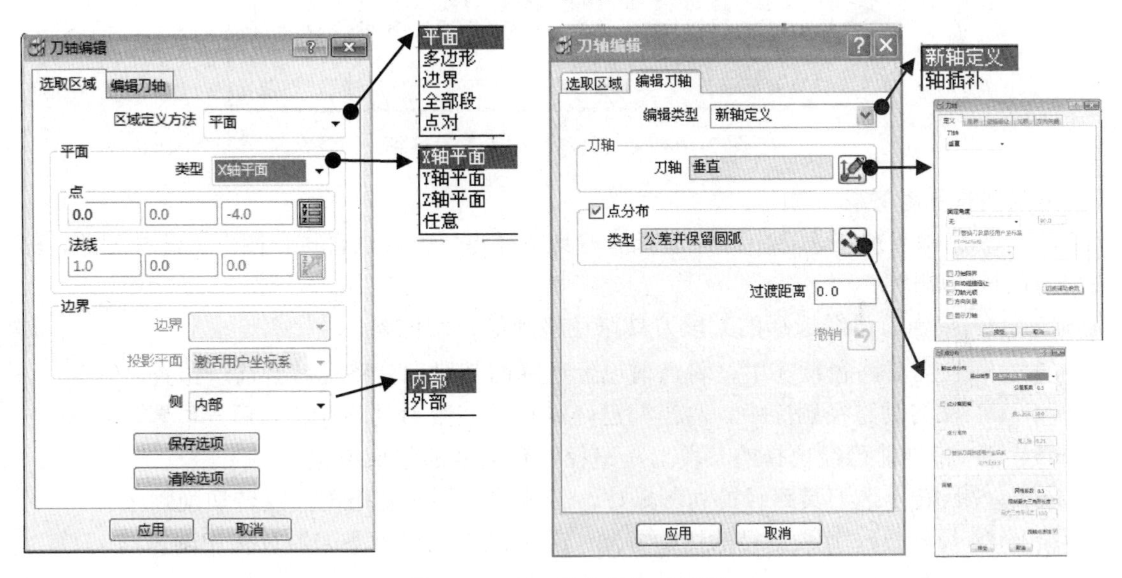

图 2-107　【刀轴编辑】对话框

6.【更新区域】按钮

英文名称是 Update Region，如果图形有所改动，可以用此功能更新刀具路径。工作过程是：首先事先确定曲面改变的区域，然后勾画出相应的边界，再激活相应的刀路，根据新边界，用本功能更新刀路。操作方法是：先激活边界，再单击如图 2-99 所示的工具栏中的按钮，这时刀路就可以更新了，但是更新后的刀路要仔细检查，确保刀路正确。

7.【重排刀具路径】按钮

英文名称是 Reorder，该功能可以对刀路中的个别切削段的刀位点进行重新排列、删除、更改切削方向等操作。通过这些编辑可以使部分不理想的刀路变为更加符合切削实际。

单击如图2-99所示的工具栏中的按钮，弹出【刀具路径列表】对话框，基本用法是，在右边的数据栏里先选择一段刀路，再在左边的工具栏中选择要进行的操作按钮，观察图形区中刀路的变化。重复这样的操作直到满意为止，如图2-108所示。

刀具路径列表

	始点	末点	度	点
0	6.87, -19.20, -0.50	6.87, -19.20, -0.50	186.61	41
1	6.87, -19.20, -1.00	6.87, -19.20, -1.00	186.61	40
2	6.87, -19.20, -1.50	6.87, -19.20, -1.50	186.61	40
3	6.87, -19.20, -2.00	6.87, -19.20, -2.00	186.61	40
4	6.87, -19.20, -2.50	6.87, -19.20, -2.50	186.61	41
5	6.87, -19.20, -3.00	6.87, -19.20, -3.00	186.61	40
6	6.87, -19.20, -3.50	6.87, -19.20, -3.50	186.61	41
7	6.87, -19.20, -4.00	6.87, -19.20, -4.00	186.61	40
8	6.87, -19.20, -4.50	6.87, -19.20, -4.50	186.61	40
9	6.87, -19.20, -5.00	6.87, -19.20, -5.00	186.61	40
10	6.87, -19.20, -5.50	6.87, -19.20, -5.50	186.61	40
11	6.87, -19.20, -6.00	6.87, -19.20, -6.00	186.61	41
12	6.87, -19.20, -6.50	6.87, -19.20, -6.50	186.61	40
13	6.87, -19.20, -7.00	6.87, -19.20, -7.00	186.61	40
14	6.87, -19.20, -7.50	6.87, -19.20, -7.50	186.61	40
15	6.87, -19.20, -7.99	6.87, -19.20, -7.99	186.61	43

图2-108 【刀具路径列表】对话框

重要的按钮参数含义如下。

（1）删除当前在表格中已经选择的刀具路径点，也可以直接在图形上选择刀路，然后单击此按钮删除。

（2）将当前已经选择的某段刀具路径移到最开始位置。

（3）在刀具路径顺序中，将当前已经选择的某段刀具路径移到前一位置。

（4）在刀具路径顺序中，将当前已经选择的某段刀具路径移到后一位置。

（5）将当前已经选择的某段刀具路径移到最后的结束位置。

（6）反转已选刀具路径的切削顺序，若未选，则对整条刀路反转切削顺序。

（7）反转已选刀具路径的切削方向，若未选，则对整条刀路反转切削方向。

（8）改变已选刀具路径的切削方向。

（9）自动按照最小连接对刀具路径排序，但不改变切削方向。

（10）自动按照最小连接对刀具路径排序，同时改变部分刀路的切削方向。

8.【复制刀具路径】按钮

英文名称是Copy Toolpath。先将要复制的刀路激活，再单击如图2-99所示的工具栏中的按钮。这时在目录树中【刀具路径】树枝下就会看到多出一刀具路径，默认的名称是在原有刀路名称的前面加上“_1”，如之前为6，复制就成了6_1。

9.【删除刀具路径】按钮

英文名称是Delete Toolpath，先将要删除的刀路激活，再单击如图2-99所示的工具栏中的按钮，就可以将其删除。

10.【显示刀具路径连接】按钮

英文名称是 Draw Links，这是一个开关键，可以把激活的刀具路径的连接部分显示或隐藏。

11.【显示刀具路径的切入切出】按钮

英文名称是 Draw Leads，这是一个开关键，可以把激活的刀具路径的切入切出显示或隐藏。

12.【显示刀轴】按钮

英文名称是 Draw Tool Axes，这是一个开关键，可以把激活的刀具路径的刀轴线显示或隐藏。在多轴加工中很重要，可以清晰地显示刀轴是否和其他物体发生干涉，发现问题及时改进，可以避免加工中出现错误。

13.【显示接触点法线】按钮

英文名称是 Draw Contact Normal，这是一个开关键，可以把激活的刀具路径中刀具与加工曲面之间的接触点处的法线，以红色线的方式显示或隐藏。

14.【显示刀具路径的进给率】按钮

英文名称是 Draw Toolpath Feeds，可以把激活的刀具路径中的进给率以特定的颜色显示出来。如果整个刀具路径的进给率一致，则是同一颜色。

15.【显示接触点路径】按钮

英文名称是 Draw Contact Track，可以把激活的刀具路径中的接触点以路径的形式显示出来。这功能可以检查刀路是否对要加工的曲面切削干净，以便能及时判断那些部位未加工到位。

2.7.2 右击刀具路径的编辑功能

对刀路的编辑除了工具栏中各项功能外，还可以右击目录树中的【刀具路径】，弹出快捷菜单的各项功能，如图 2-109 所示。

2.7.3 右击单条刀具路径的编辑功能

在单条刀具路径上单击右键，可以弹出快捷菜单，如图 2-110 所示。

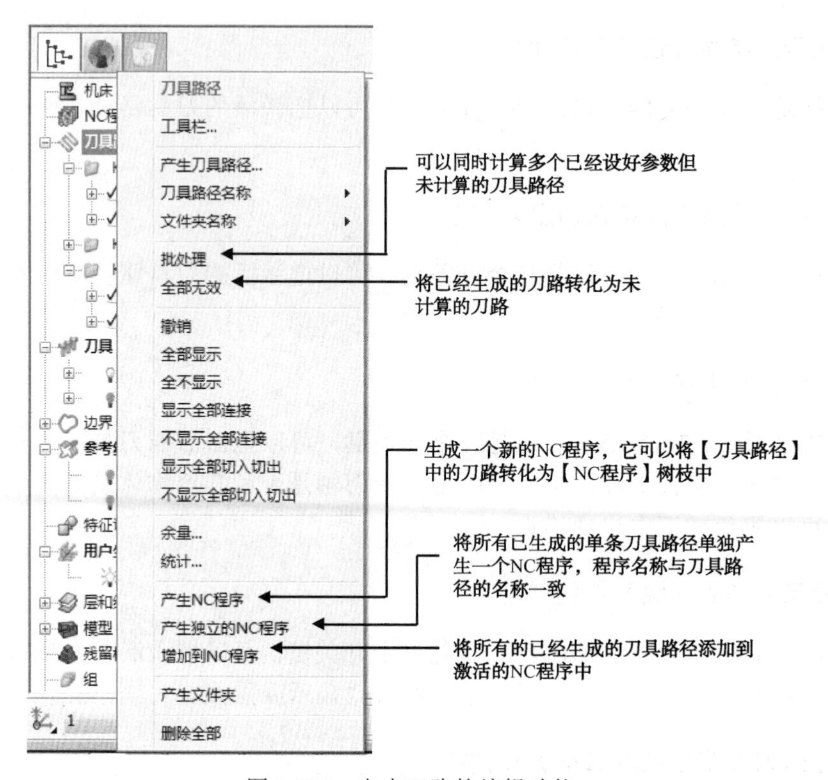

图 2-109　右击刀路的编辑功能

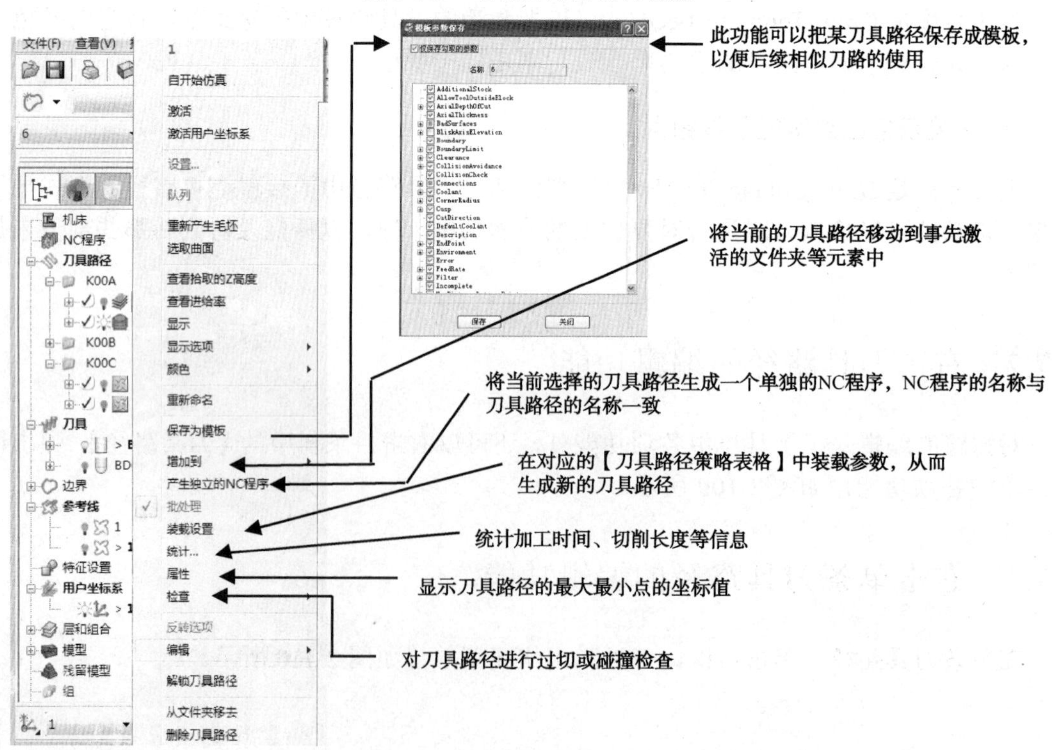

图 2-110　右击单条刀具路径的快捷菜单

在图 2-110 中选择【编辑】，可以弹出如图 2-111 所示的刀具路径编辑功能。

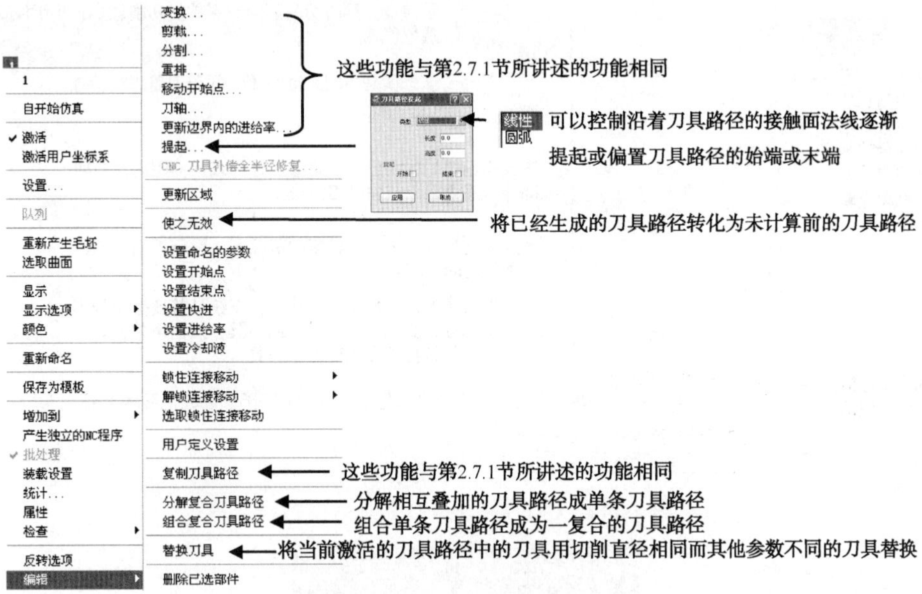

图 2-111　刀具路径的编辑功能

2.8　刀具路径的检查

本节主要介绍刀具路径检查功能中常用重点参数的含义。操作比较简单，但很重要。

刀路编制完成以后，要对其进行检查，以确保其切削安全、合理及高效，符合车间加工实际。PowerMILL 提供了两种类型的检查，一是静态检查，即碰撞和过切检查；二是动态检查，即仿真模拟检查。

2.8.1　刀具路径的静态检查功能

先激活要检查的刀具路径，右击鼠标，在弹出的快捷菜单中选【检查】|【刀具路径…】命令，或者单击综合工具栏的【刀具路径检查】按钮，这时系统会弹出如图 2-112 所示的对话框。

先在【检查】的下三角按钮中选【过切】，单击【应用】按钮，可以显示检查结果。当检查到刀路无过切时，系统会显示如图 2-113 所示的信息框。

当系统检查到某刀路过切，则会详细列出过切的部位，以利于用户检查并改正，如图 2-114 所示。

再在【检查】的下三角按钮中选【碰撞】，单击【应用】按钮，可以显示检查碰撞的结果。当检查到刀路正确无碰撞时，系统会显示如图 2-115 所示的信息。

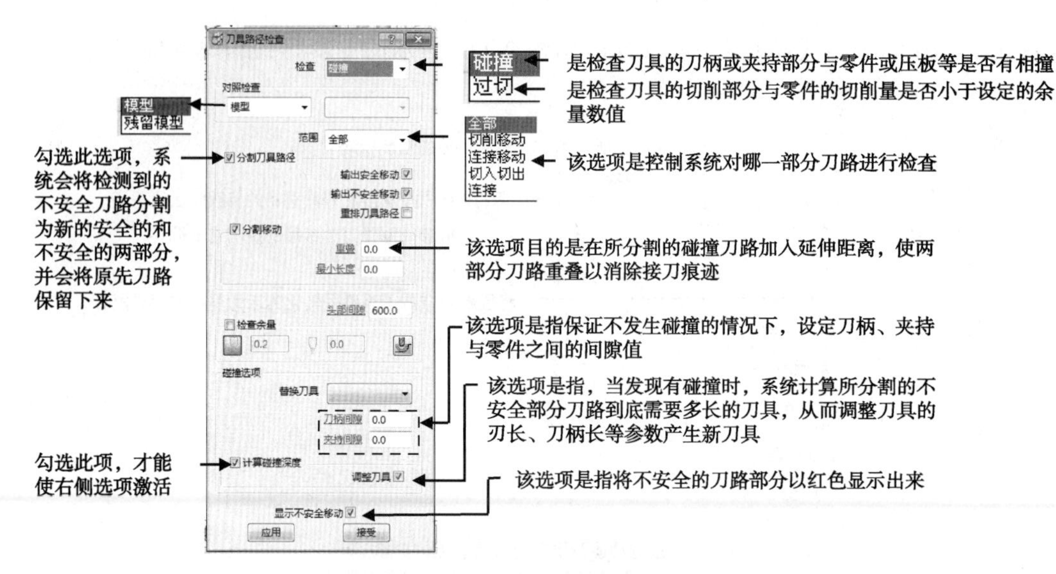

图 2-112 【刀具路径检查】对话框图解

图 2-113 无过切时的信息提示

图 2-114 刀路过切时的信息提示

图 2-115 刀路无碰撞时的信息提示

当系统检查到某刀路中刀具的刀柄或夹持对零件有碰撞时，则会详细列出碰撞的部位，并且会自动调整刀具，以帮助用户检查并改正，如图 2-116 所示。

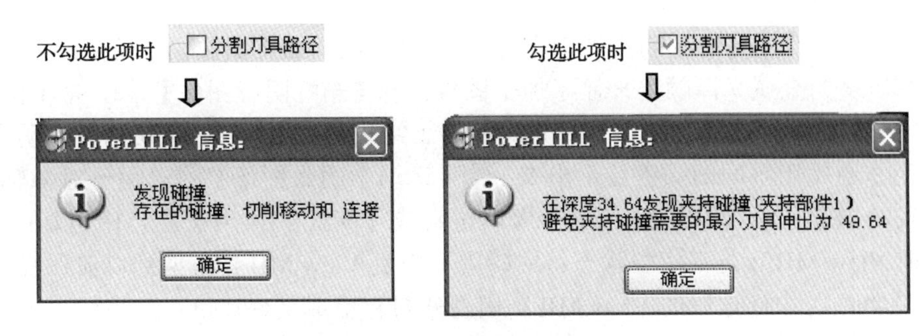

图 2-116　刀路有碰撞时的信息提示

当对一个刀具路径的过切及碰撞检查完毕后，再在【资源管理器】中的【刀具路径】树枝中选择其他刀具路径，先激活，再按照以上方法进行检查。全部刀具路径检查完毕后，单击【接受】按钮。

在刀具路径的静态检查前要定义好刀具，要专门设定刀具的刀柄和夹持参数，否则，不能进行碰撞和过切检查。

2.8.2　刀具路径的动态检查功能

刀具路径的动态检查对于三轴加工而言，主要是指仿真模拟检查。而【机床】的仿真主要是用于检查多轴机床的运动是否可行，本书从略。

首先，将仿真模拟检查工具栏显示在界面。

做法 1：在下拉菜单中执行【查看】|【工具栏】|【仿真】命令，再执行【查看】|【工具栏】|【ViewMill】命令。

做法 2：将鼠标指针放在综合工具栏的空白处，单击右键，在弹出的快捷菜单中选【仿真】命令，再次单击右键，在弹出的快捷菜单中选【ViewMill】命令。显示的工具栏如图 2-117 所示。

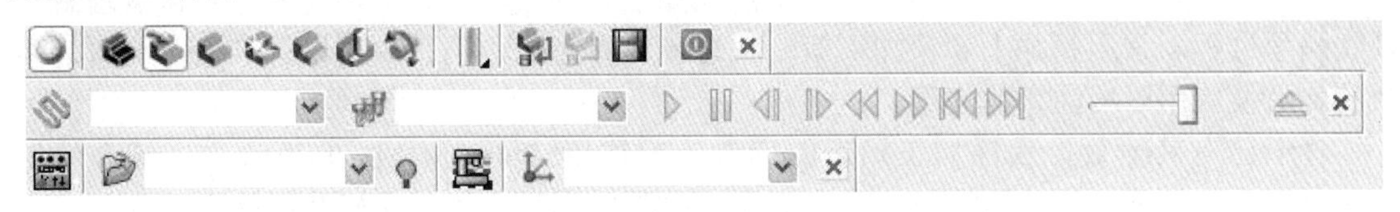

图 2-117　仿真模拟检查工具栏

各按钮的含义如下。

（1）单击按钮，可变为，开启【ViewMill】功能，右侧按钮变为激活状态，同时要检查毛坯，重新定义毛坯，应为加工前的原材料形状。

（2）设定各种显示模式。

①无图像；②【动态图像】，是低分辨率图像显示，在仿真过程中或之后可以

旋转图像进行观察；③【普通阴影图像】可以单色显示加工图像；④【光泽阴影图像】，是以高质量的金属光泽颜色来显示加工图像；⑤【彩虹阴影图像】，将不同的刀具路径以不同的颜色显示出来，以便分析刀路的加工结果是否合理；⑥【切削方向阴影图像】，将顺铣与逆铣用不同的颜色显示出来；⑦【运动学阴影图像】，用于对多轴加工中心中运动轴的指定；⑧【法线】用于虚体仿真或【高级】用于旋转槽仿真；⑨用于保存当前 View MILL 仿真模型状态；⑩用于恢复 View MILL 模型到以前保存的状态。

（3）将加工中间过程的 View MILL 模型残料存盘成文件。

（4）放弃当前 View MILL 模型关闭模拟功能。

（5）k100j 选择需要模拟的文件夹。当开启表示可以选择文件夹，再次单击时可切换为模拟刀具路径。

（6）ed16r0.8 选择刀具，此项为系统根据刀路中所定义的刀具自动选取。

（7）播放控制。当毛坯设定好、开启了【View MILL】，选择了显示模式，定义了要模拟的刀具路径或文件夹以后，就可以单击播放，移动的滑块，可以调节演示刀路的快慢，单击可以退出，其余含义如下。

①暂停；②单步回退，从当前位置回退到上一步；③单步前进，从当前位置前进到下一步；④向后搜索，回到前一刀具路径段；⑤向前搜索，前一到下一路径段；⑥回到刀具路径的开始端；⑦前移到刀具路径的末端。

2.9 本章总结和思考练习题

2.9.1 本章总结

本章遵循初学者学习 PowerMILL 的思维特点，从模具工厂数控编程员的角度，介绍了其应具备的 PowerMILL2012 软件的界面知识。

学习本软件数控编程，先应初步完成一个实例的数控编程，掌握全过程，再学习重点知识，这样可以提高学习效率和效果。重点知识包括辅助功能和加工功能，要认真理解三轴铣编程过程、常用粗加工和精加工策略、边界和参考线、毛坯、坐标系、刀路编辑等参数的含义及应用时应注意的问题。

对于已有其他数控软件加工知识的读者，建议用 PowerMILL 的思维来理解和学习 PowerMILL，发挥该软件的特长，同时克服该软件的不足，真正学好并用好它。

2.9.2 思考练习与答案

以下问题是工厂中经常会遇到的，请初学者认真体会。

（1）从分模工程师收到模具 3D 图，在用 PowerMILL 数控编程前，对图形应如何整理？

（2）使用 PowerMILL 正在进行数控编程时，如果图形改动，应如何应对？

（3）PowerMILL 的清角刀路策略都有那些？
（4）PowerMILL 如何制作刀库文件？

练习答案：

（1）将图形在 PowerMILL 中输入进来，先检查零点位置、大小、需要加工部位的区域大小及深度，以确定加工方案、选用刀具。如果有些部位不需要加工，就要补面，特别是后模。补面的方法可以用 PowerSHAP、Pro/E、SolidWorks 等软件处理。

（2）如果在编程中有图形改动，可以将图形重新输入 PowerMILL，新旧图对照检查，分清改动部位。将旧图删除，保留新图。然后将相关的刀具路径激活，先变为无效，再重新生成。而对于【编辑】功能的【区域更新】要谨慎使用。

另外的方法是，编辑刀具路径，用【更新区域】按钮将其更新。

（3）PowerMILL 清角刀路很丰富。①可以先做出清角残料区域、残料模型用一般的刀具路径策略就可以。②在偏置区域清除模型策略中使用【残料加工】的功能。③在精加工中有沿着清角精加工、自动清角精加工、多笔式清角精加工、单笔清角精加工和缝合清角精加工等方式。

（4）① 首先要做好车间技术调查，将所用的刀具的刀刃长、切削直径、直身长、刀柄直径、刀全长及伸出最大长度等数据进行测量并造表格，同时对所用的夹头也进行测量。

② 建立新的项目文件或打开旧的项目文件，根据上步已测的刀具数据，建立刀具。方法详见 2.2.5 节。

③ 将文件另存为*.ptf 文件，方法是在下拉菜单中执行【文件】|【保存模板形体】，输出文件名，例如 pmbook-cnctool.ptf。

④ 刀库文件的使用。建立新的项目文件后，在下拉菜单中执行【插入】|【模板形体】，输入文件为 pmbook-cnctool.ptf。这时会看到【刀具】树枝中已有刀具。

第3章

鼠标面壳铜公综合实例特训

3.1　本章知识要点及学习方法

本章先讲解铜公电极的基本结构知识，然后以鼠标面壳模具中的一个铜公为例，介绍铜公编程的基本步骤，希望读者掌握以下重点内容。

（1）铜公电极结构特点及火花位含义。

（2）常用铜公种类。

（3）使用 PowerMIL 软件进行铜公数控编程的步骤。

本章实例的编程较为简单，在模具工厂中，这样的铜公一般是交给初学者完成的。希望读者对照本章内容，反复训练，熟练掌握，这样才能尽快入门，为后续学习 PowerMILL 进行铜公数控编程打下基础。有机会可以上机床加工，在实践中提高水平。

3.2　铜公的基本知识

3.2.1　铜公概述

什么是铜公？在模具制造中有何作用？

铜公，是珠江三角洲地区的人们对 EDM 电火花放电加工时，所用电极工具通俗且普遍的一种叫法，一般用于模具制造，这种称谓，已经事实上成为行业内广大技术人员交流的标准工程语言，所以本书就“入乡随俗”，对电极也这样称呼。

模具制造时，一般先用 CNC 数控机床对工件毛坯进行切削加工，当然，模具形状复杂时，有些部位 CNC 刀具就加工不到，或着说若要加工到位，但却费时费力，效果不好，于是对于这些加工不到的部位，就需要设计铜公，其形状与模具是反形状的。然后，用铜公对模具进行电火花放电加工（也叫 EDM 加工）。

另外，有些电子产品外壳的外观要求火花纹，就需要用电火化来加工模具型腔才能保

证要求。

按照目前的制模水平，复杂模具，一般需要设计很多铜公进行 EDM 放电加工才能完成，所以，铜公制造成为制模中非常重要的环节。

根据铜公在制模中的作用，可分为：大身成形铜公、清角铜公及骨位铜公、铜打铜铜公等。

按其组合方式，可分为：整体铜公、组合铜公及一铜多用铜公（有人也叫跑位铜公）。

电极按制造材料可分为：普通紫铜、石墨及特种铜等。

3.2.2 铜公结构及术语

对于一般铜公，结构如图 3-1 所示。

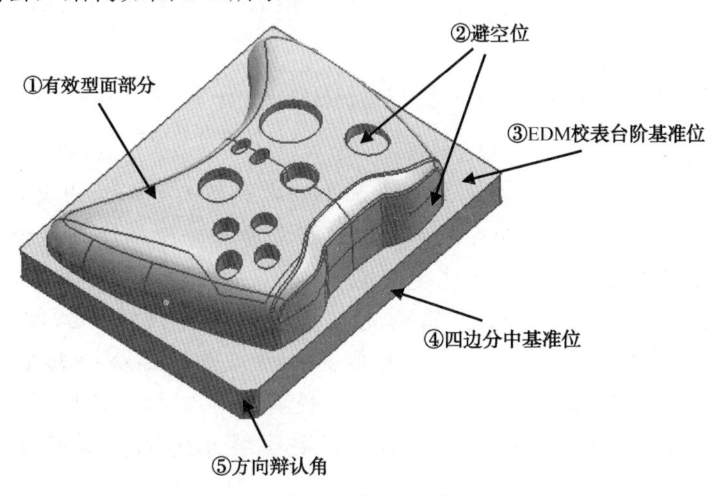

图 3-1 铜公结构

3.2.3 铜公火花位

如图 3-1 所示，是游戏遥控器面壳前模的大身铜公，其作用是加工前模型腔，其工作过程如图 3-2 所示。因铜公电极放电会腐蚀周边的模具材料，会使模具型腔变大，故铜公制造时，要均匀缩小一定的数值，这个数值就是放电间隙，俗称为“火花位”。

火花位一般根据铜公的放电面积和产品形状要求来确定，按下列方式给定。

（1）放电面积在 20×20mm^2 以下，粗公单边-0.15mm，幼公单边-0.05mm。

（2）放电面积在 20×20 mm^2 以上，100×100mm^2 以下，粗公单边-0.25mm，幼公单边-0.075mm。

（3）放电面积在 100×100mm^2 以上 200×200mm^2 以下，粗公单边-0.30mm，幼公单边-0.1mm。

（4）放电面积在 200×200 mm^2 以上，粗公单边-0.50mm，幼公单边-0.15mm。

如有特殊情况，要具体问题具体分析，也可以结合具体的机床性能来确定火花位标准。

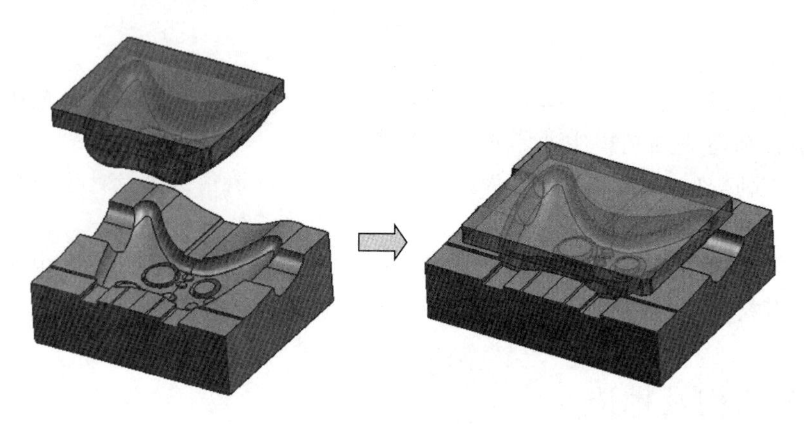

图 3-2　铜公的工作过程

粗公，是 EDM 粗加工时所用的电极；幼公，是 EDM 精加工所用的电极。

要注意

① 铜公加工时，一般只需要在参与放电加工的有效型面处加工出火花位，而台阶基准位、避空位，按图加工到数即可。所以，编程前要充分理解铜公在模具中的作用和加工部位，分清哪些是基准位，哪些是避空位。

② 如果采用专用夹具（如 OLT 系列定位夹具）装夹铜料加工铜公，可以不用加工铜公的四边分中的基准位。因为夹具要和加工出的铜公一起拿去进行 EDM 电火花加工，不用再次校表分中。这样可以提高整体制模效率。具体应用编程时要切合工厂的实际。初学者到一个新的工厂要了解此情况，本书实例未考虑此等夹具。

3.3　输入图形和整理图形并确定加工坐标系

原始图形

文件路径：\ch03\01-example\pmbook-3-1.igs。把该文件复制到电脑的\ch03 目录之中。

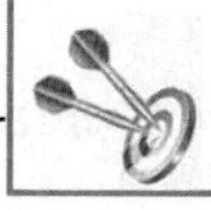

完成图形

文件路径：\ch03\02-finish\pmbook-3-1\

1. 输入图形

首先进入 PoerMILL 软件。双击桌面图标，或通过开始找到图标 PowerMILL 2012 (64-bit)。输入配套素材中的文件 pmbook-3-1.igs。操作方法：在下拉菜单条中选择【文件】|【输入模型】命令，在【文件类型】选择“*.igs*”，再选择 pmbook-3-1.igs。即可以输入图形文件。

2. 整理图形

为了防止刀路或边界线产生异常现象，可以使图形中全部面的方向朝向一致。操作方法：框选全部面，单击鼠标右键，在弹出的快捷菜单中选择【定向已选曲面】命令，使其全部面朝向一致。再次选取全部面，单击鼠标右键，在弹出的快捷菜单中选择【反向已选】命令，使其全部面朝向外部，如图 3-3 所示。

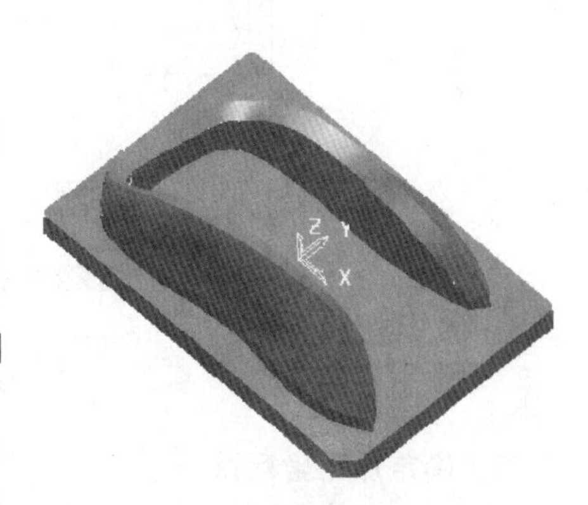

图 3-3 待加工的铜公

铜公说明：如图 3-4 所示，该铜公是鼠标面壳前模胶位的其中一个铜公，它和其他铜公一起，加工出产品的外观。

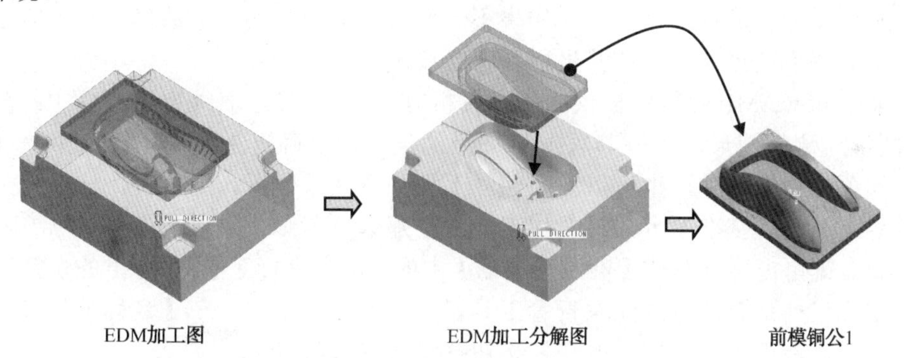

图 3-4 铜公工作图

如图 3-5 所示，为该铜公的工程图。要事先了解铜公在模具制造中的作用，并尽量找来工程图，分析其尺寸大小和结构特点，这样才能知彼知己。在正规模厂，该图一般由模具设计工程师提供。

知识拓展

该图纸为第三角投影视图，其右视图为由右向左看得到的视图，俯视图是由下向上看到到的视图。与我国通常采用的第一角投影视图相反，其他制图标准很多都一样。这种投影视图在外资厂应用很多，本书为了拓展国内读者的知识面，采用在很多工厂都应用的第三角投影视图，请阅读时注意。

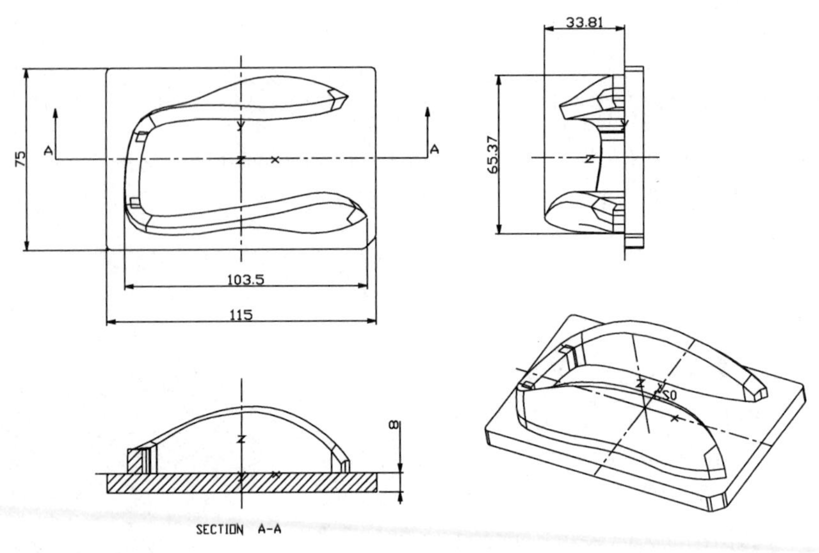

图 3-5　铜公工程图

3．确定加工坐标系

对于铜公，坐标系要求定在外形四边分中为 X0、Y0，台阶面为 Z0 的位置。先分析图形建模时坐标系零点是否符合要求，如果不合要求，必须变换图形或坐标系。为了防止出错，最好采取变换图形的方法使其坐标系符合要求。

可以采用 PowerMILL 软件提供的一切分析方法，如可以选取综合工具栏中的测量工具分析图形、测量图形，了解其外形特征点的坐标，以确定是否为四边分中，并了解工件的大小和关键部位尺寸，也可以采用建立毛坯的方法来分析。经分析，该图形为四边分中，而且零点在台阶基准面上，符合加工要求，那么，就以其建模坐标系为加工坐标系。

用鼠标右键单击屏幕左侧【资源管理器】中的【用户坐标系】，在弹出的快捷菜单中选择【产生用户坐标系】命令，注意查看工具栏出现的坐标系栏，在【名称】栏设为“1”，其余参数不变，最后单击【接受改变】按钮，如图 3-6 所示。

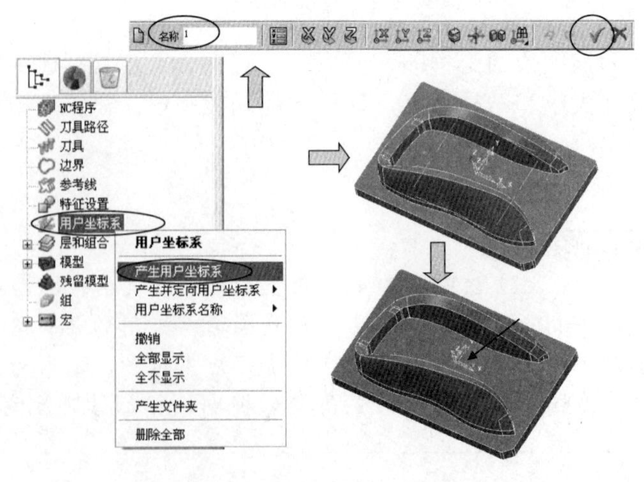

图 3-6　定义用户坐标系

3.4　数控加工工艺分析及刀路规划

（1）开料尺寸：XY 外形尺寸加单边约 2.5mm，Z 高度加 15mm，即为 120×80×60。

（2）材料：红铜，2 件料，粗公 1 件，幼公 1 件。

（3）火花位放电间隙：幼公（即精加工电极）单边-0.075mm，粗公（即粗加工电极）单边-0.25mm。

（4）幼公加工工步。

① 程序文件夹 K01A，粗加工，也叫开粗。用 ED12 平底刀，余量为 0.2mm。

② 程序文件夹 K01B，精加工，也叫光刀外形。用 ED12 平底刀，侧余量为-0.075mm，台阶面为 0。

③ 程序文件夹 K01C，型面精加工，也叫光刀顶面外形。用 BD8R4 球头刀加工，余量为-0.075mm。

（5）粗公加工工步。

① 程序文件夹 K01D，粗加工，也叫开粗。用 ED12 平底刀，余量为 0.1mm。

② 程序文件夹 K01E，精加工，也叫光刀外形。用 ED12 平底刀，侧余量为-0.25mm，台阶面为 0。

③ 程序文件夹 K01F，型面精加工，也叫光刀顶面外形。用 BD4R2 球头刀加工，余量为-0.25mm。

3.5　建立刀路程序文件夹

本节建立 3 个空的刀具路径（也可简称刀路）程序文件夹，用于编幼公程序。这样，可以使 PowerMILL 后处理生成的 NC 文件名与文件夹名称相同，通过此方法可以清晰地管理编程刀路。

用鼠标右键单击屏幕左侧的【资源管理器】中的【刀具路径】，在弹出的快捷菜单中选择【产生文件夹】命令，并修改文件夹名称为 K01A，如图 3-7 所示。

用同样的方法生成其他程序文件夹：K01B、K01C，如图 3-8 所示。

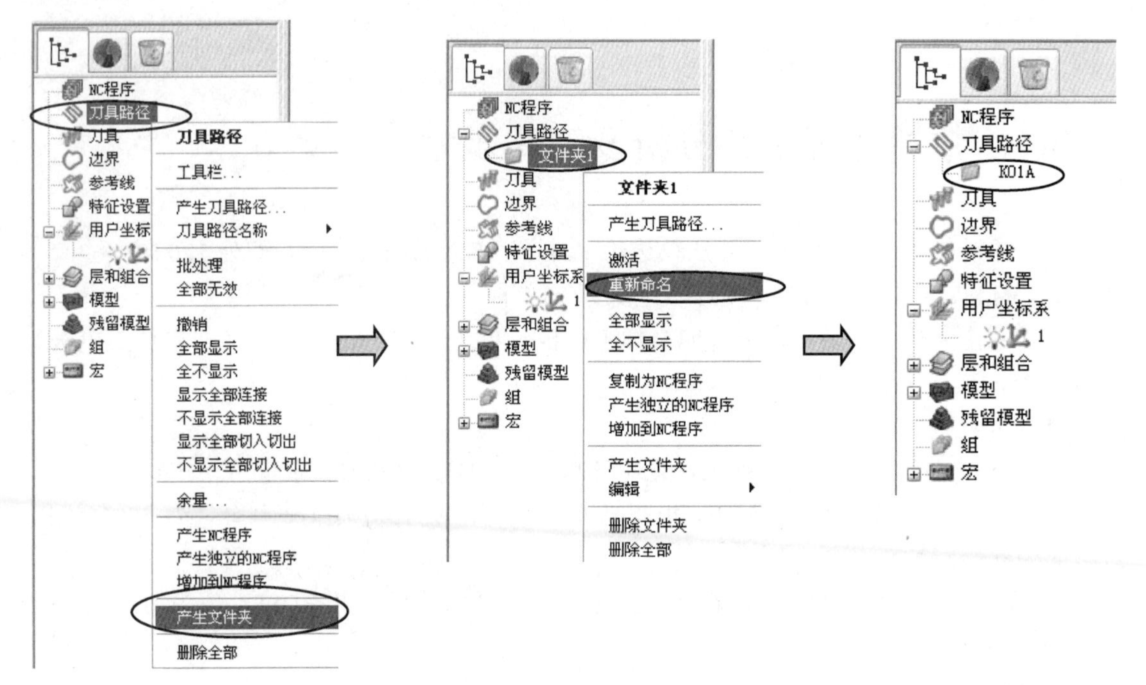

图 3-7　建立程序文件夹

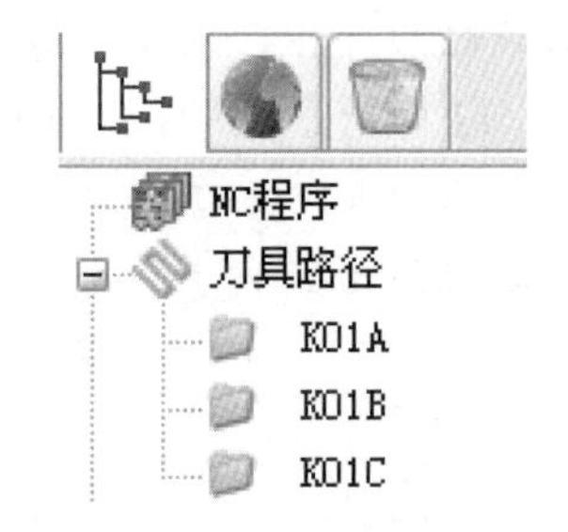

图 3-8　建立其他程序文件夹

3.6　建立刀具

主要任务：建立加工刀具 ED12 及 BD8R4。

用鼠标右键单击屏幕左侧的【资源管理器】中的【刀具】，在弹出的快捷菜单中选择【产生刀具】命令，在弹出的快捷菜单中选择【端铣刀】命令，系统弹出【端铣刀】对话框，在【刀尖】选项卡中设定参数，设定【名称】为 ED12，【长度】为 48，【直径】为 12，【刀具编号】为“1”，【槽数】为“4”，如图 3-9 所示。

通常情况下，可以据此刀具参数进行数控编程。但为了能够用 PowerMILL 进行过切和碰撞干涉检查，还需要设置刀柄及夹头的尺寸数据。本书列举的刀具是某一数控车间已有的刀具情况。读者也可以结合自己工厂实际，完整准确地建立刀具数据，以提高所编刀路的安全性。

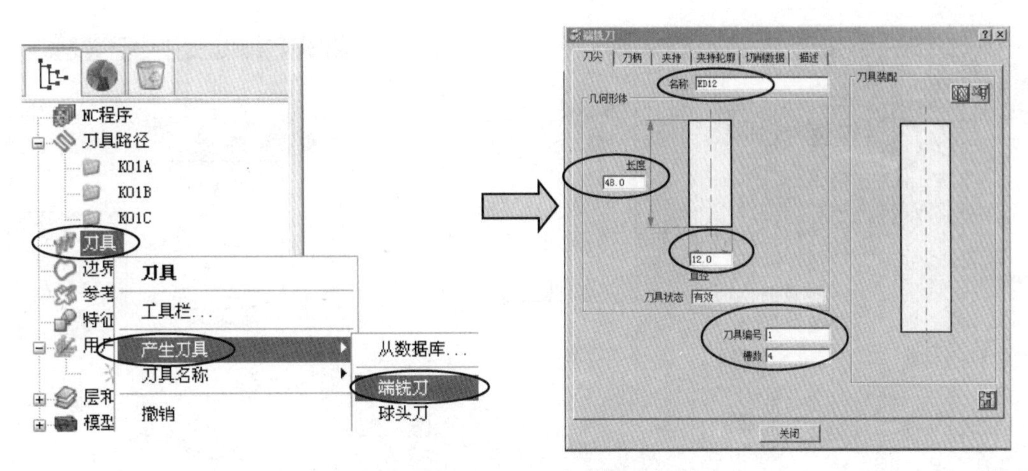

图 3-9　建立刀尖参数

在【端铣刀】对话框中，单击【刀柄】选项卡，单击其中的“增加刀柄部件按钮”，设定参数，【顶部直径】12，【底部直径】为 12，【长度】为 52，如图 3-10 所示。

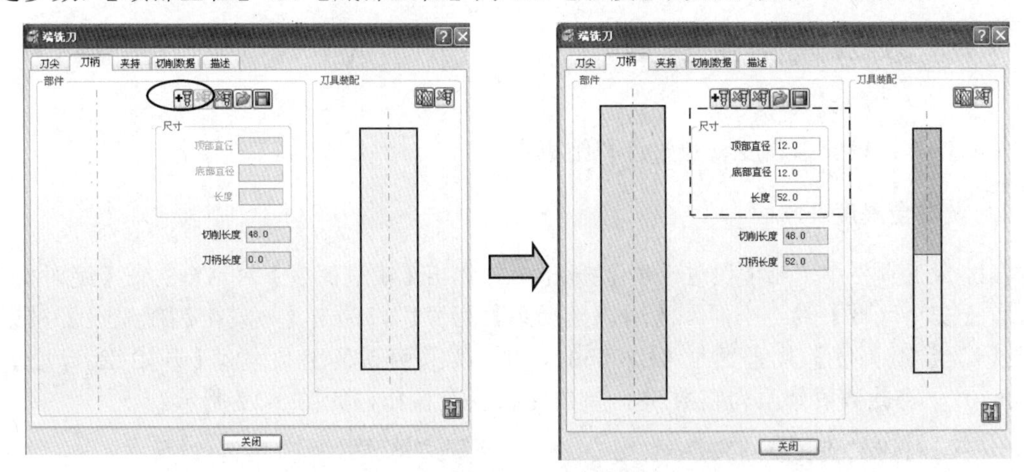

图 3-10　建立刀柄参数

在【端铣刀】对话框中，单击【夹持】选项卡，单击其中的【增加夹持部件】按钮，设定【顶部直径】为 70，【底部直径】为 70，【长度】为 80，【伸出】为“45”，如图 3-11 所示。

用同样的方法建立 BD8R4 球刀，该刀具刃长为 16，全长为 100，刀柄长 84，夹持直径为 70，伸出长度为 35。

要注意

刀具的伸出长度即最短装刀长度，一般要比加工深度多出 2～5mm，尽量要短，以防止弹刀。对于形状复杂，加工部位周边有“山峰或岛屿”的，可以用 PowerMILL 提供的干涉检查功能，结合所用的夹头来确定最短装刀长度。

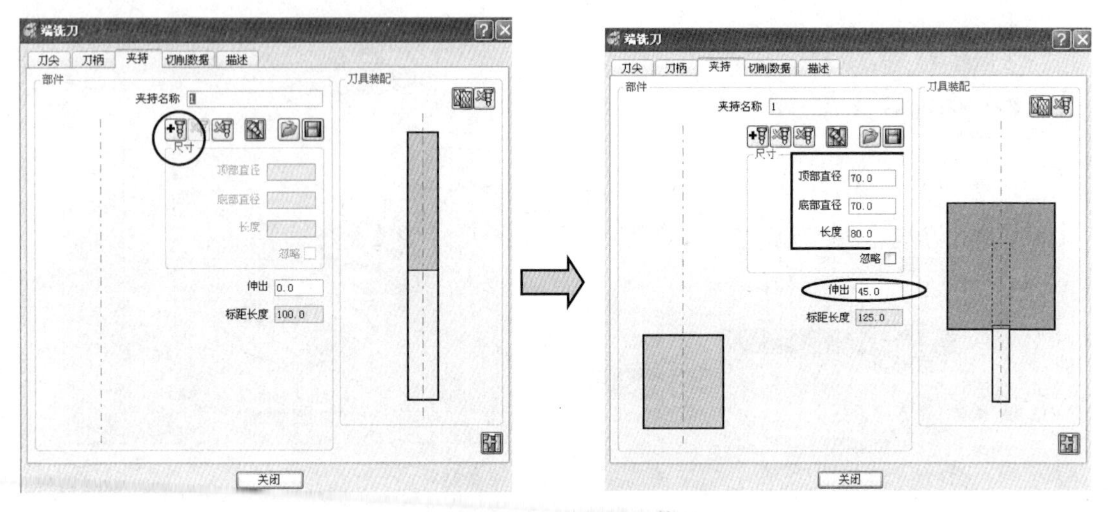

图 3-11　建立夹持参数

3.7　设公共安全参数

主要任务：设安全高度、开始点和结束点。

1．设安全高度

在综合工具栏中单击【快进高度】按钮，弹出【快进高度】对话框。在【绝对安全】中设置【安全区域】为“平面”,【用户坐标系】为“1”，单击【按安全高度重设】按钮，此时【安全 Z 高度】数值变为 43.806601，将此数值修改为整数 45,【开始 Z 高度】为 38.806601，将此数值修改为整数 38，单击【接受】按钮，如图 3-12 所示。

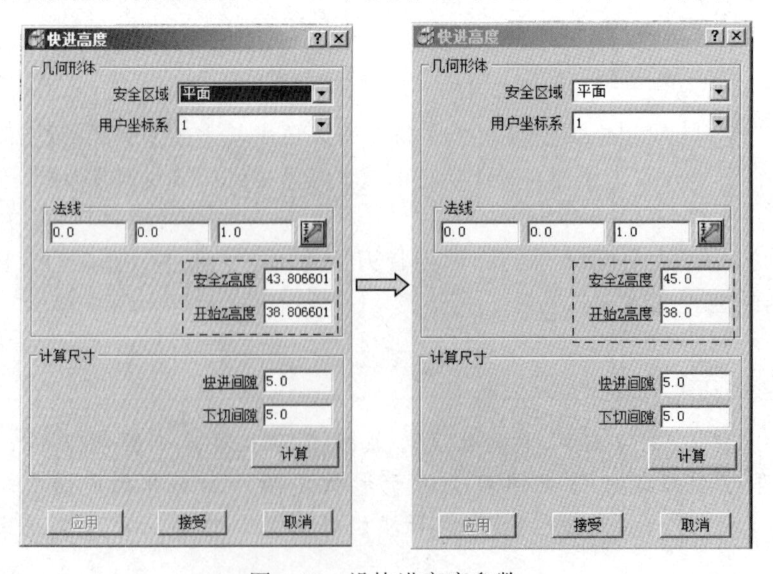

图 3-12　设快进高度参数

小提示

此处，系统是自动按照比最高点坐标高出 10mm 为最高安全高度，高出 5mm 为开始安全高度来计算的。手工设置时不可太低，否则可能引起过切。

2．设开始点和结束点

在综合工具栏中单击【开始点和结束点】按钮，弹出【开始点和结束点】对话框。在【开始点】选项卡中，设置【使用】的下拉菜单为“第一点安全高度”。切换到【结束点】选项卡，用同样的方法设置。单击【接受】按钮，如图 3-13 所示。

此处如果不设置这个参数，系统会默认【毛坯中心安全高度】，每次提刀都会走到（0，0）点，将会出现很多不必要的空刀。

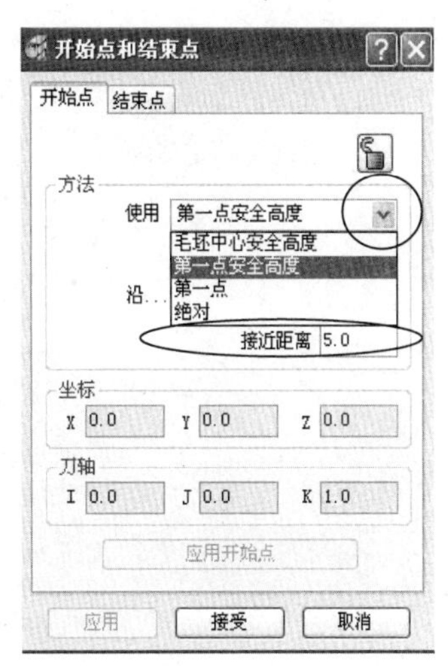

图 3-13　设开始点和结束点参数

3.8　在程序文件夹 K01A 中建立开粗刀路

主要任务：建立 2 个刀具路径，第 1 个为使用 ED12 平底刀对台阶面以上部分开粗；第 2 个为下部分基准位开粗。

首先，将 K01A 程序文件夹激活。用鼠标右键单击屏幕左侧【资源管理器】中的【刀具路径】中的 K01A 文件夹，在弹出的快捷菜单中选择【激活】命令。

为什么要将该文件夹激活？在做完第 1 个刀路后就会明白。

1．使用“模型区域清除”的方法建立上半部分开粗刀路

（1）设定毛坯。

在 PowerMILL 编程中正确设置毛坯很重要，也很灵活，几乎每一个刀路策略都按其特点需要设置，它决定了刀路的加工范围及加工深度。这里将沿着铜公外形外扩单边大于刀具半径的数值，如 7mm，以保证刀具能够完全切削工件。

在综合工具栏中单击【毛坯】按钮，弹出【毛坯】对话框。在【由...定义】下拉列表框中选择“方框”选项，如图 3-14 所示设置参数，单击【接受】按钮。单击右侧屏幕的

【毛坯】按钮，关闭其显示。

图 3-14　设毛坯参数

（2）设刀路切削参数，创建“模型偏置区域清除型”刀路策略。

在综合工具栏中单击【刀具路径策略】按钮，弹出【策略选取器】对话框，选取【三维区域清除】选项卡，然后选择【模型偏置区域清除】选项，单击【接受】按钮，弹出【模型偏置区域清除】对话框，如图 3-15 所示设置参数，【刀具】选择 ED12，【公差】为 0.1。单击【余量】按钮，设置侧面余量为 0.3，底部余量为 0.1。【行距】为 8，【下切步距】为 1，【切削方向】为“顺铣”。

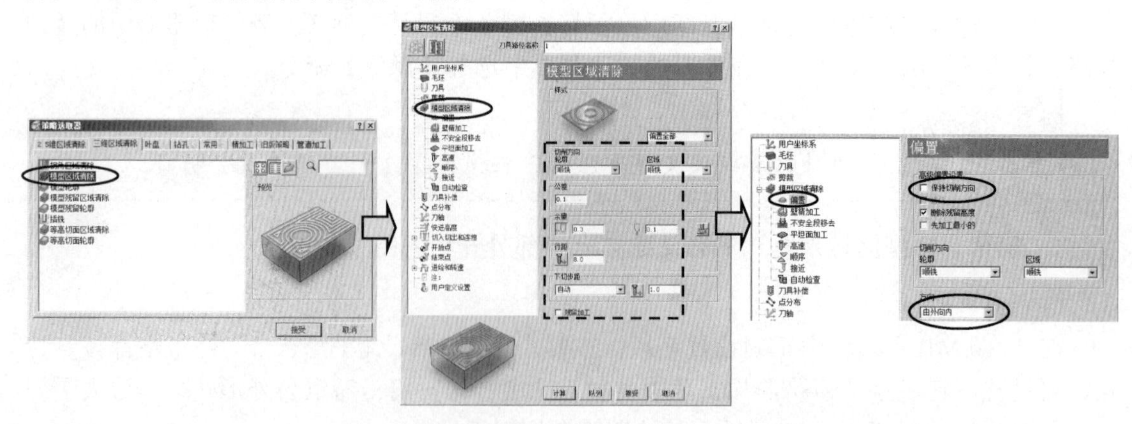

图 3-15　设切削参数

单击【计算】按钮，保持该策略为激活状态，但不要关闭该对话框，紧接着下一步设置非切削参数。

（3）设非切削切入切出和连接参数。

该铜公结构特点是中间高四周低，可以不用设斜线下刀，但应为料外下刀。

在综合工具栏中单击【切入切出和连接】按钮，弹出【切入切出和连接】对话框。选取【Z 高度】选项卡，设置【掠过距离】为 3，【下切距离】为 3。在【连接】选项卡中，修改【短】为“掠过”。其余参数默认，如图 3-16 所示。单击【应用】按钮，再单击【接受】按钮，在【模型偏置区域清除】对话框中单击【接受】按钮。

图 3-16　设切入切出和连接参数

这样选择参数的目的，是尽量减少非切削路径长度，提高切削效率，产生的刀具路径如图 3-17 所示。

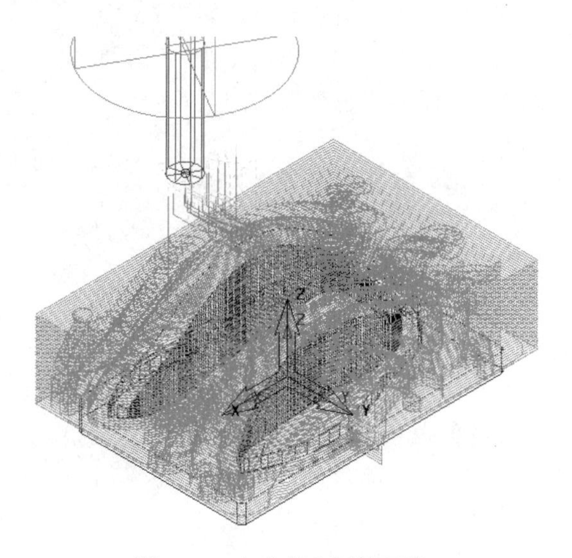

图 3-17　上半部分开粗刀路

① 此处暂时不设置刀具转速及进给速度，留待在全部刀路初步设置完后，在处理前，再统一设置。这样可以提高编程效率，而且避免程序中出现转速不一致等错误。

② 另外，观察【资源管理器】会发现生成的“1”刀具路径策略自动排列在 K01A 文件夹下，这是因为之前已经将 K01A 文件夹激活了。

③ 要及时存盘。首次存盘时，选择【文件】|【保存项目为】，给定与模型相同的名称 pmbook-3-1，以后存盘时可以直接单击保存按钮。

“模型偏置区域清除”，与 UG 的型腔铣 Cavity_Milling，Masercam 的挖槽铣 Pocket 很相似。但实践证明，比它们更灵活，切削更安全，加工效率更高。

2．使用“等高精加工”的方法建立下半部分开粗刀路

（1）设定毛坯。

本次也将沿着外形外扩单边 7mm，以保证刀具能够完全切削工件。在综合工具栏中单击【毛坯】按钮，弹出【毛坯】对话框。在【由…定义】下拉列表框中选择“方框”选项，按图 3-18 所示设置参数。修改 Z 的最小值为-8，最大值为 0，单击【接受】按钮。单击右侧屏幕的【毛坯】按钮，关闭其显示。

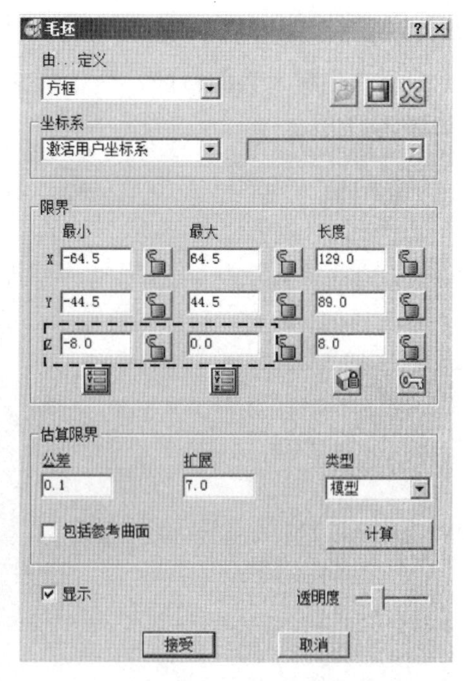

图 3-18 设毛坯参数

（2）设刀路切削参数，创建“等高精加工”刀路策略。

在综合工具栏中单击【刀具路径策略】按钮，弹出【策略选取器】对话框，选取【精加工】选项卡，然后选择【等高精加工】选项，单击【接受】按钮，弹出【等高精加工】对话框，如图 3-19 所示设置参数，【刀具】选择 ED12，【公差】为 0.1，单击【余量】按钮，设置侧面余量为 0.2，底部余量为 0，【最小下切步距】为 1，暂不关闭该对话框。

（3）设非切削参数，设置切入切出和连接参数。

该铜公下半部分结构特点是余量较小，水平方向只进刀一次，而且设置使刀具从料外下刀且圆弧切入及切出。

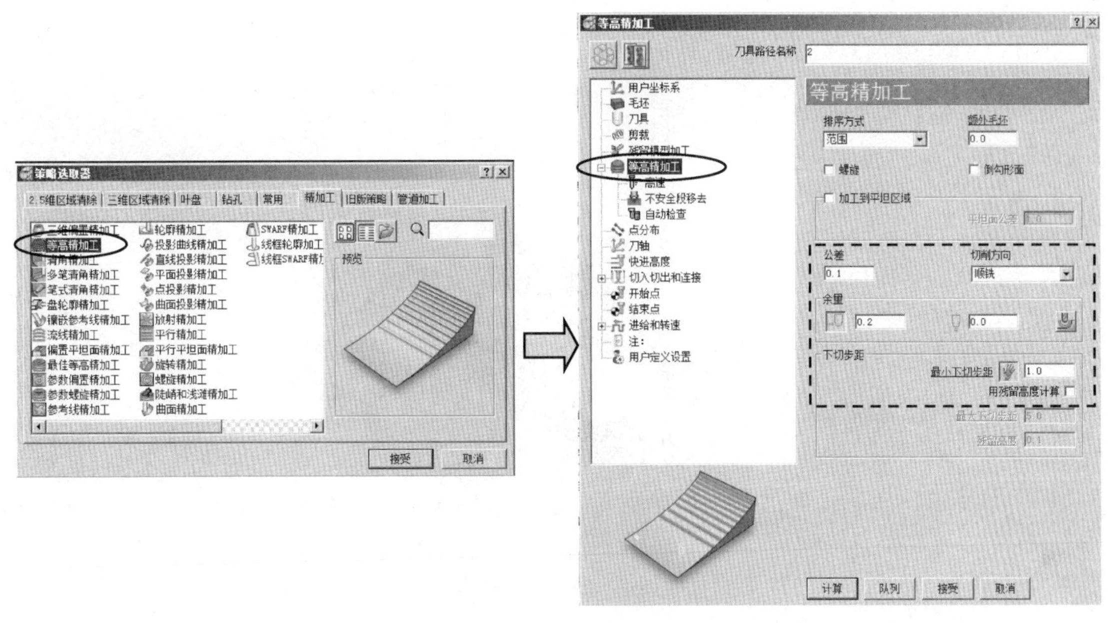

图 3-19　设切削参数

在综合工具栏中，或前述的【等高精加工】对话框中，单击【切入切出和连接】按钮，弹出【切入切出和连接】对话框。选取【切入】选项卡，设置【第一选择】为“水平圆弧”,【距离】为 0,【角度】为 180,【半径】为 3，单击【切出和切入相同】按钮。这样就使切出和切入参数一样，成为圆弧退刀。在【连接】选项卡中，修改【短】为“直”。其余参数默认，如图 3-20 所示。单击【应用】按钮，再单击【接受】按钮。

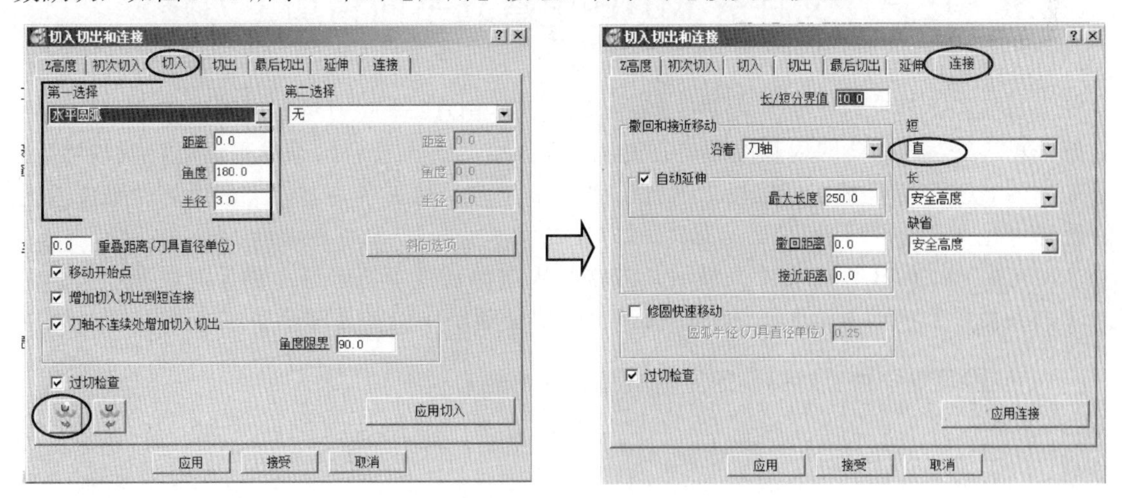

图 3-20　设切入切出和连接参数

这样选择参数的目的，是保证料外下刀，可尽量减少不必要的提刀，提高切削安全性和平稳性。在【等高精加工】对话框中单击【计算】按钮，产生的刀具路径 2 如图 3-21 所示。

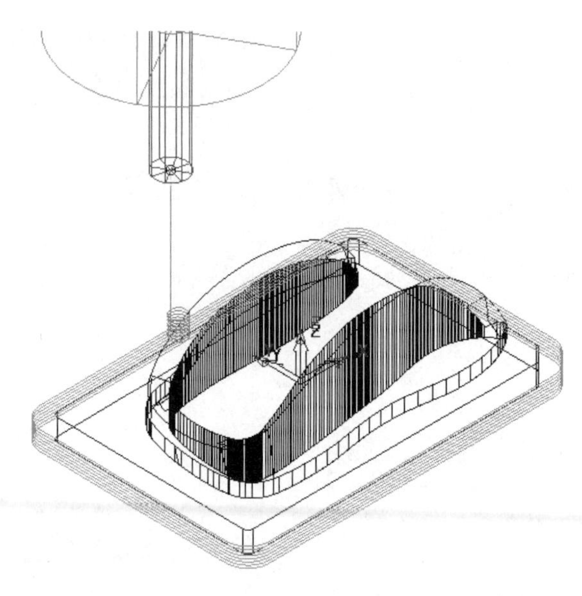

图 3-21　下半部分开粗刀路

以上程序组的操作视频文件为：\ch03\03-video\01-建立开粗刀路 K01A.exe

3.9　在程序文件夹 K01B 中建立平面精加工刀路

主要任务：建立 5 个刀具路径，第 1 个为使用 ED12 平底刀对铜公四周基准面进行中光刀；第 2 个为对铜公四周基准面进行光刀；第 3 个为对铜公台阶基准平位进行残料清除；第 4 个为对铜公台阶基准平位以上的外形进行中光刀；第 5 个为对铜公台阶基准平位以上的外形进行光刀。

首先，将 K01B 程序文件夹激活，方法是用鼠标右键单击屏幕左侧【资源管理器】中的【刀具路径】中的 K01B 文件夹，在弹出的快捷菜单中选择【激活】命令。

1. 使用等高精加工对铜公四周基准面进行中光刀

方法是：将 3.8 节中已经完成的刀路 2 进行复制，再改参数。

（1）复制刀具路径，并改名。

用鼠标右键单击屏幕左侧【资源管理器】中【刀具路径】的 K01A 文件夹中的刀具路径 2，在弹出的快捷菜单中选择【编辑】，再选【复制刀具路径】命令。单击 K01B 文件夹前的加号+，可以看到在 K01B 文件夹中就生成了刀具路径 2_1。用鼠标右键单击它，在弹出的快捷菜单中选择【重新命名】，再将其改名为“3”，如图 3-22 所示。

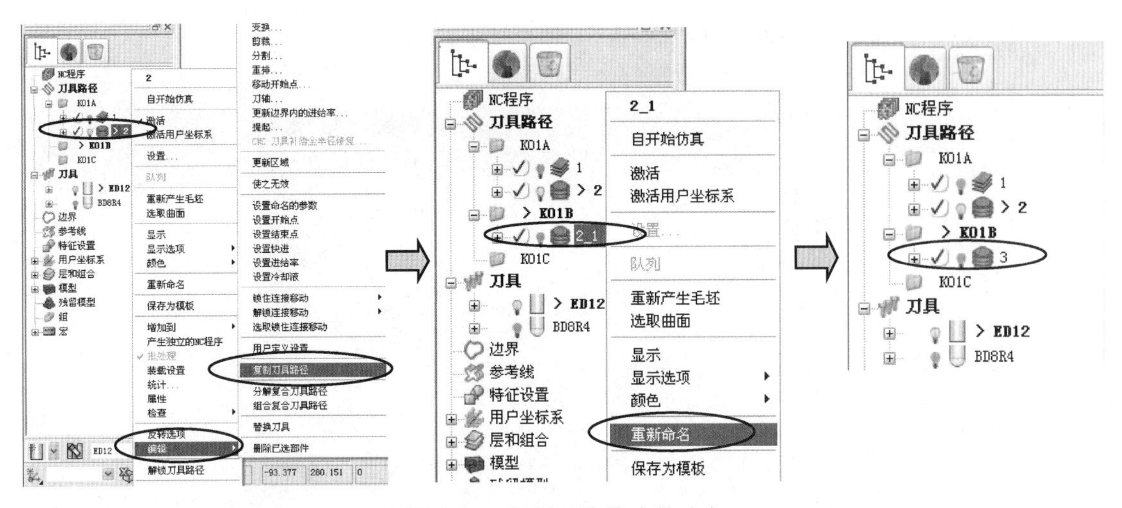

图 3-22　复制刀路策略并改名

（2）激活刀具路径 3，并进入参数对话框。

用鼠标右键单击刚产生的刀具路径 3，在弹出的快捷菜单中选择【激活】命令。再右击该刀具路径 3，在弹出的快捷菜单中选择【设置】命令，弹出【等高精加工】对话框，如图 3-23 所示。

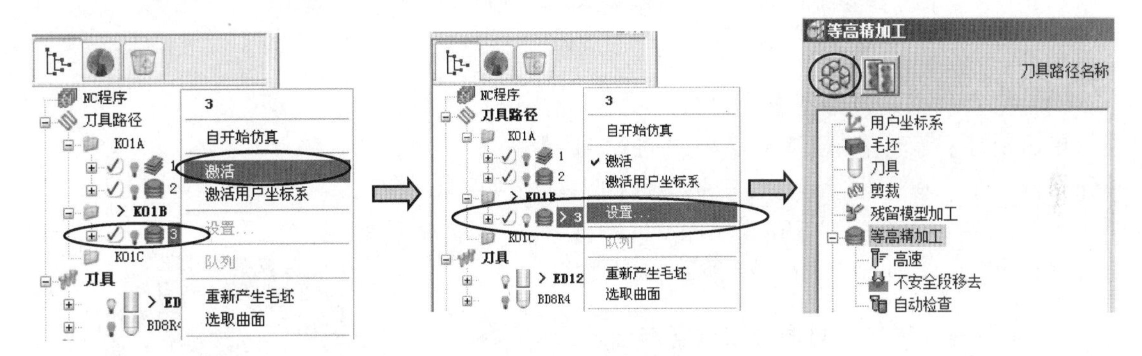

图 3-23　激活新刀路策略

（3）重新设置加工参数。

单击上述【等高精加工】对话框中的【打开表格，编辑刀具路径】按钮，按图 3-24 所示修改参数，【公差】改为 0.03，设置侧面余量为 0.1，底部余量为 0，【最小下切步距】为 10。

这里【最小下切步距】为 10，要大于加工深度 8，目的是要生成一层刀路。

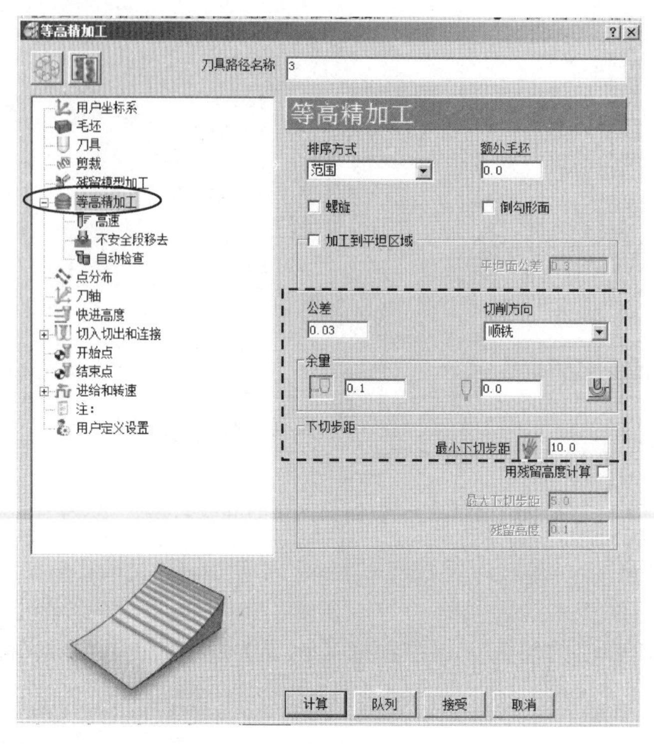

图 3-24　设置等高精加工参数（一）

（4）检查加工参数，生成新刀路。

单击上述【等高精加工】对话框中的【应用】按钮，再单击【基于此刀具路径产生一新的刀具路径】按钮，生成新刀具路径策略 3_1，再单击【取消】按钮，生成如图 3-25 所示的刀路。

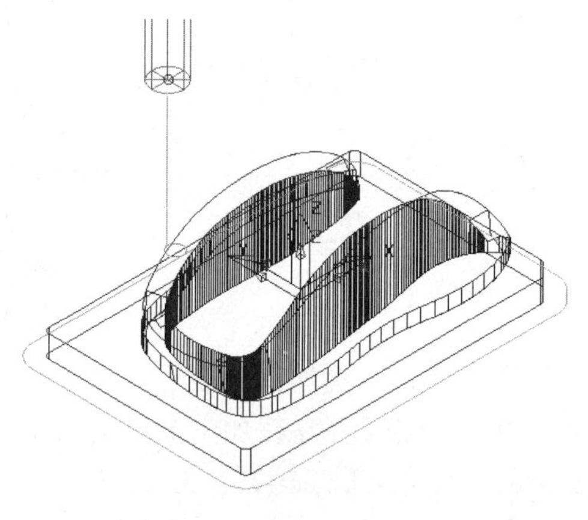

图 3-25　生成中光刀路

2．使用等高精加工对铜公四周基准面进行光刀

方法：对复制产生的 3_1 刀具路径，通过修改参数生成新刀路。

（1）激活刀具路径策略 3_1，并进入参数对话框。

用鼠标右键单击刚产生的刀具路径 3_1，在弹出的快捷菜单中选择【激活】命令。再右击它，在弹出的快捷菜单中选择【设置】命令，这时弹出【等高精加工】对话框。如图 3-26 所示修改参数，【名称】改为 4，【公差】改为 0.01，设置侧面余量为 0，其余参数不变。

（2）检查加工参数，生成新刀路。

单击上述【等高精加工】对话框中的【应用】按钮，再单击【取消】按钮，生成如图 3-27 所示的刀路。

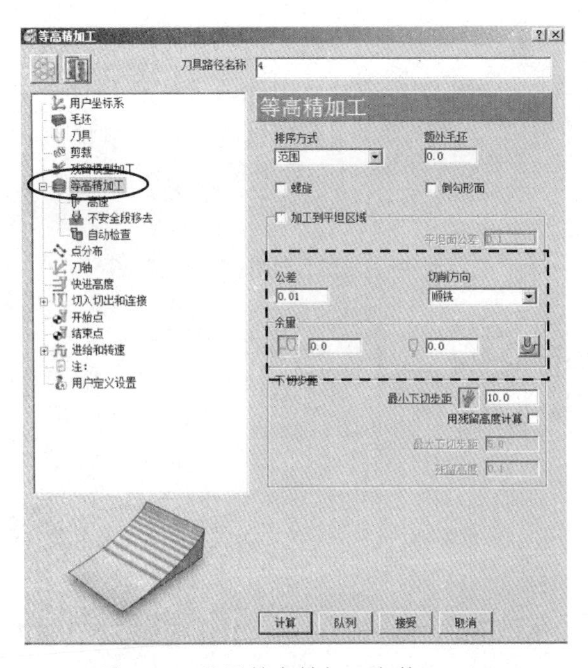

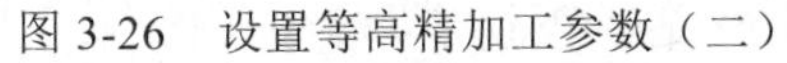
图 3-26　设置等高精加工参数（二）

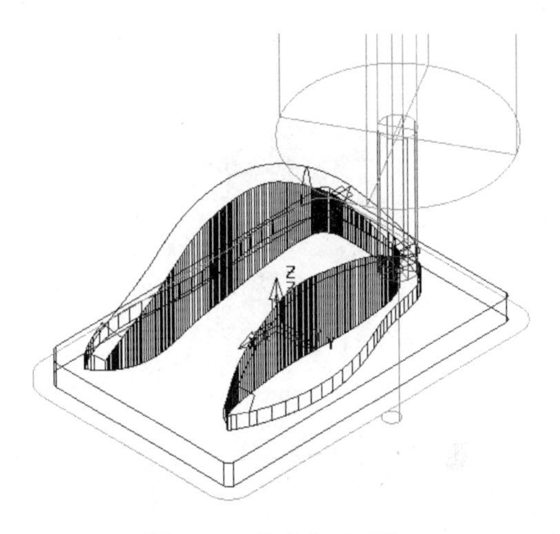
图 3-27　生成光刀刀路

3．为铜公台阶基准平位进行残料清除

方法：复制刀具路径 1 生成新刀路，修改参数。

（1）复制刀路，并改名。

用鼠标右键单击屏幕左侧【资源管理器】中【刀具路径】的 K01A 文件夹中的刀具路径 1，在弹出的快捷菜单中选择【编辑】，再选【复制刀具路径】命令。于是，在 K01B 文件夹中就生成了刀具路径 1_1。用鼠标右键单击它，在弹出的快捷菜单中选择【重新命名】，再将其改名为“5”，如图 3-28 所示。

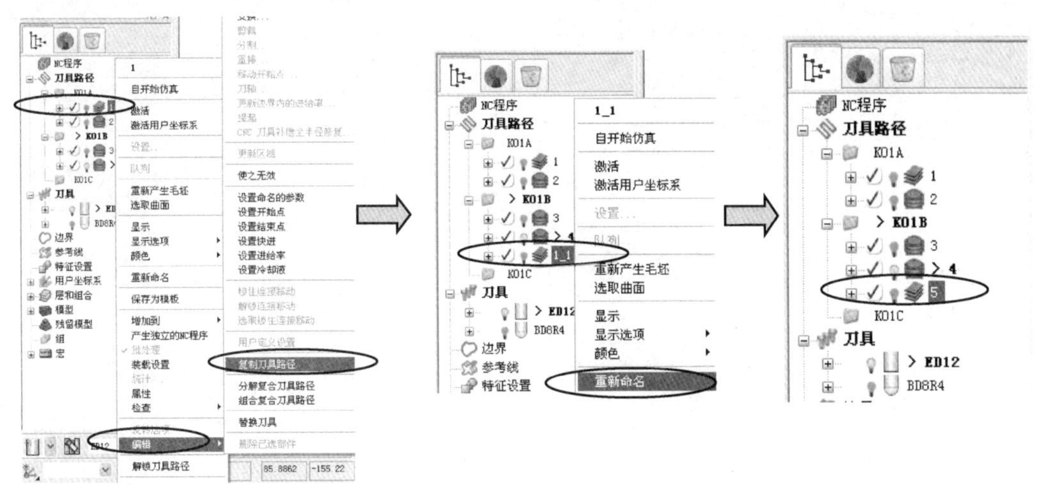

图 3-28　复制策略并改名

（2）激活刀具路径策略 5，并进入参数对话框。

用鼠标右键单击刚产生的刀具路径策略 5，在弹出的快捷菜单中选择【激活】命令，再右击它，在弹出的快捷菜单中选择【设置】命令，这时弹出【模型区域清除】对话框，如图 3-29 所示。

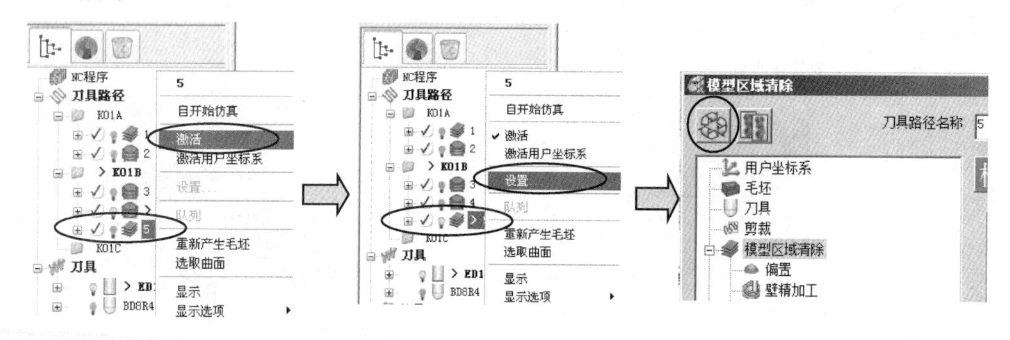

图 3-29　激活新刀路策略

（3）重新设置加工参数。

单击上述【模型区域清除】对话框中的【打开表格，编辑刀具路径】按钮，【公差】改为 0.03，设置侧面余量为 0.3，底部余量为 0，【最小下切步距】为 50。

在设加工参数的同时设置毛坯。在综合工具栏中单击【毛坯】按钮，弹出【毛坯】对话框。修改 Z 的最小值为 0，最大为 34，勾选【显示】按钮 显示☑，单击【接受】按钮。观察图形区的毛坯显示，无误后，单击右侧屏幕的【毛坯】按钮，关闭其显示，如图 3-30 所示。

在设加工参数的同时设置毛坯

图 3-30　设置加工参数及毛坯参数（一）

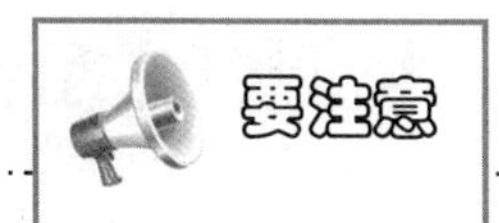

这里【最小下切步距】为 50，要大于加工深度 34，目的是要生成一层刀路。

（4）检查加工参数，生成新刀路。

单击上述【等高精加工】对话框中的【应用】按钮，再单击【取消】按钮，生成如图 3-31 所示的刀路。

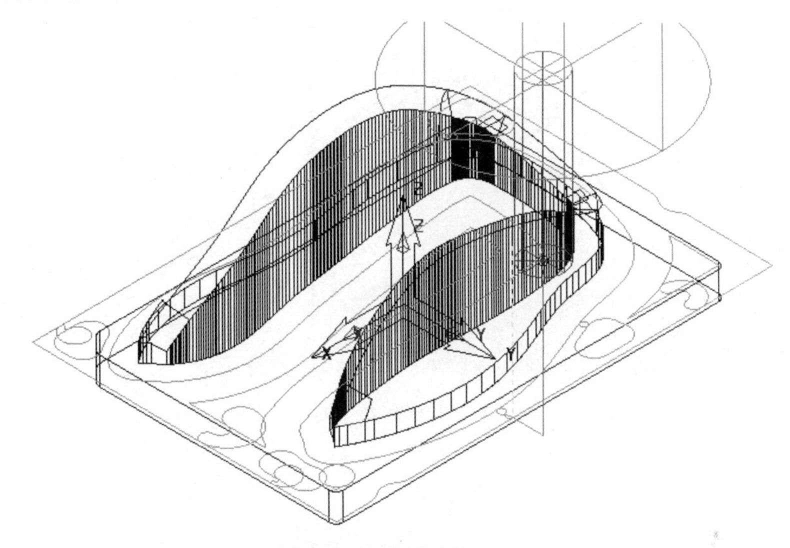

图 3-31　残料清除刀路

4．为对铜公台阶基准平位以上的外形进行中光刀

方法：将已经完成的刀具路径 4 进行复制，再改参数。

（1）复制刀路，并改名。

用鼠标右键单击刀具路径 4，在 K01B 文件夹中复制为刀路 4_1。再将其拖到刀具路径 5 之后，用鼠标左键单击它，过大约 1 秒再次单击，将其改名为“6”，激活该刀路策略，如图 3-32 所示。

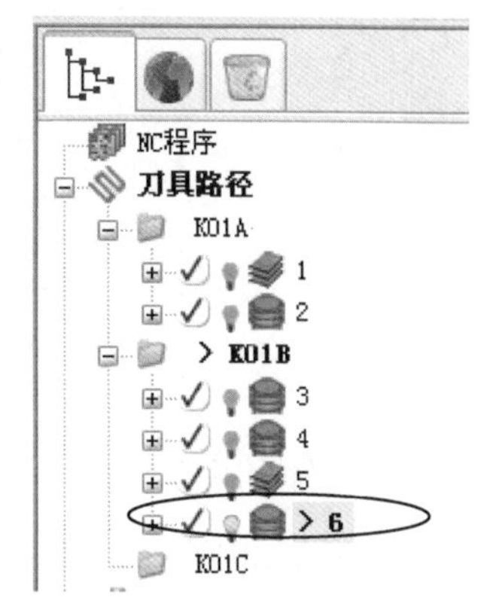

图 3-32　复制新刀路策略

（2）重新设置参数。

重新设置刚产生的刀路 6，进入【等高精加工】对话框，重新按图 3-33 所示设置加工参数及毛坯参数。观察图形区的毛坯显示，无误后，单击右侧屏幕的【毛坯】按钮，关闭其显示。

（3）检查加工参数，生成新刀路。

单击上述【等高精加工】对话框中的【应用】按钮，再单击【取消】按钮，生成如图 3-34 所示的刀路。

图 3-33　设置加工参数及毛坯参数（二）

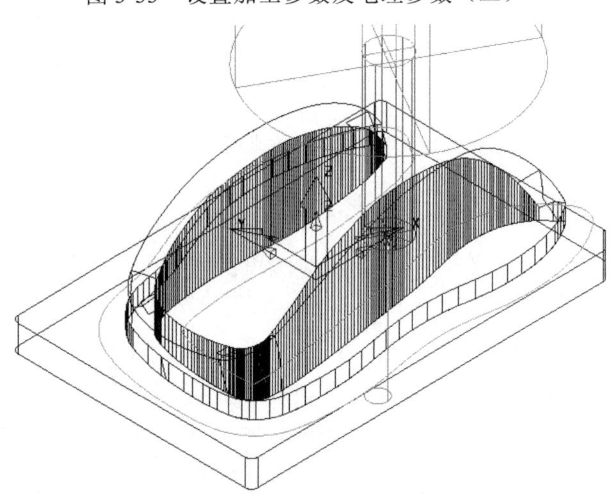

图 3-34　外形中光刀路

5. 对铜公台阶基准平位以上的外形进行光刀

方法：将刚产生刀具策略 6 进行复制，再改参数。

（1）复制刀路，并改名。

用鼠标右键单击刀具路径 6，在 K01B 文件夹中复制为刀路 6_1。用鼠标左键单击它，过大约 1 秒再次单击，将其改名为“7”。激活该刀路策略，如图 3-35 所示。

（2）重新设置参数。

重新设置刚产生的刀路 7，进入【等高精加工】对话框，重新按图 3-36 所示设置加工参数。

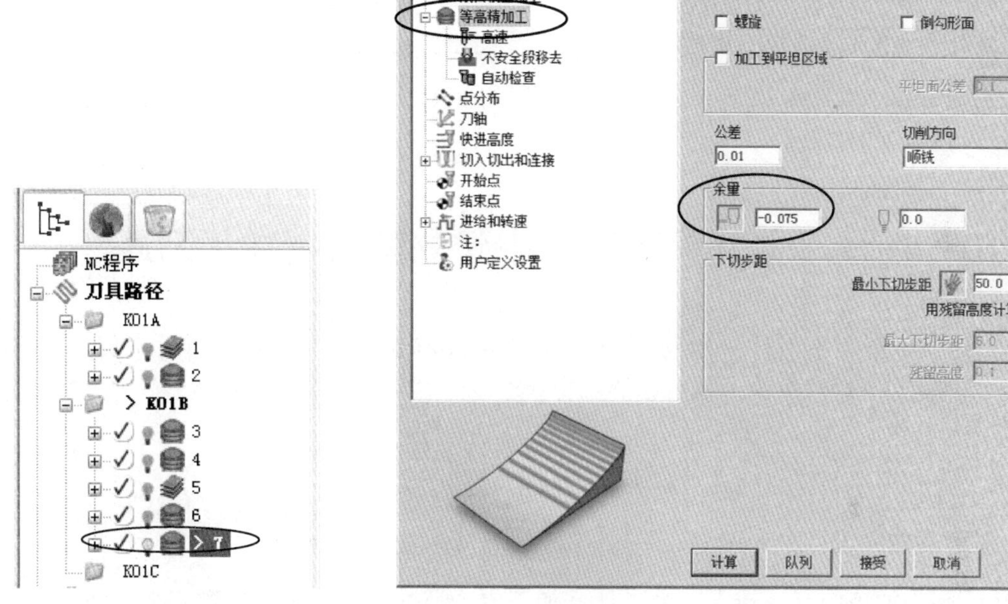

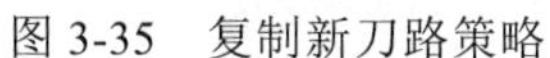

图 3-35　复制新刀路策略

图 3-36　设置加工参数

（3）检查加工参数，生成新刀路。

单击上述【等高精加工】对话框中的【应用】按钮，再单击【取消】按钮，生成如图 3-37 所示的刀路。

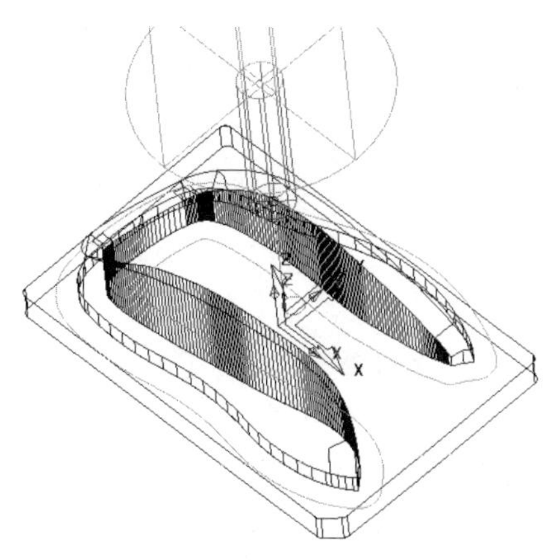

图 3-37　外形中光刀路

① 如果操作方式与前面类似，后边操作的叙述可能会简洁一些。

② 根据 PowerMILL 的特点，铜公外形加工可以用等高精加工的方式，而很少用【2.5 维区域清除】中的 2D 加工方式。这时要注意设置好毛坯和下切步距参数以排除空刀。

以上程序组的操作视频文件为：\ch03\03-video\02-建立平面精加工刀路 K01B.exe

3.10 在程序文件夹 K01C 中建立型面精加工刀路

主要任务：建立 4 个刀具路径，第 1 个为使用 BD8R4 球刀对顶部曲面进行半精加工（也叫中光刀）；第 2 个复制上述刀路对铜公顶面进行精加工（也叫光刀）；第 3 个为对铜公外侧曲面进行中光刀；第 4 个为对铜公外侧曲面进行光刀。

在【资源管理器】中激活文件夹 K01C。

1. 对顶部曲面进行中光刀

方法：因为加工面起伏较大，为了使其加工更干净准确，先做好接触点加工边界，然后用三维等距偏置精加工方式进行半精加工。

（1）创建加工边界。

在图形中选取顶部曲面，在【资源管理器】中选择【边界】树枝并单击鼠标右键，在弹出的快捷菜单中选择【定义边界】|【接触点】命令，在弹出的【接触点边界】对话框中，单击模型按钮。于是在图形上就出现了产生的边界，单击【接受】按钮。为了清楚观察，可以单击屏幕右侧按钮来关闭图形。系统自动在目录树中产生了边界 1，如图 3-38 所示。

（2）设定毛坯。

要检查现有毛坯是否符合要求，该毛坯一定要包括所加工的区域。如不符合要求，就要重新设定。

在综合工具栏中单击【毛坯】按钮，弹出【毛坯】对话框。在【由...定义】下拉列表框中选择“方框”选项，在图形区模型外的任意位置单击一下鼠标左键，使系统不再选择图形，按如图 3-39 所示，只需要单击【计算】按钮，就可以设置参数，单击【接受】按钮，单击右侧屏幕的【毛坯】按钮，关闭其显示。

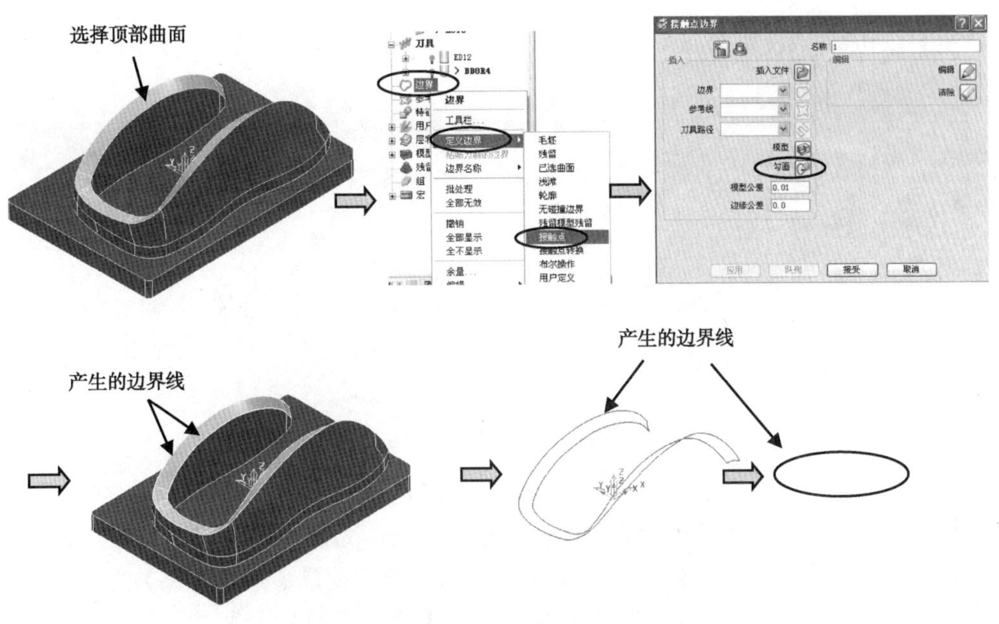

图 3-38　产生加工边界

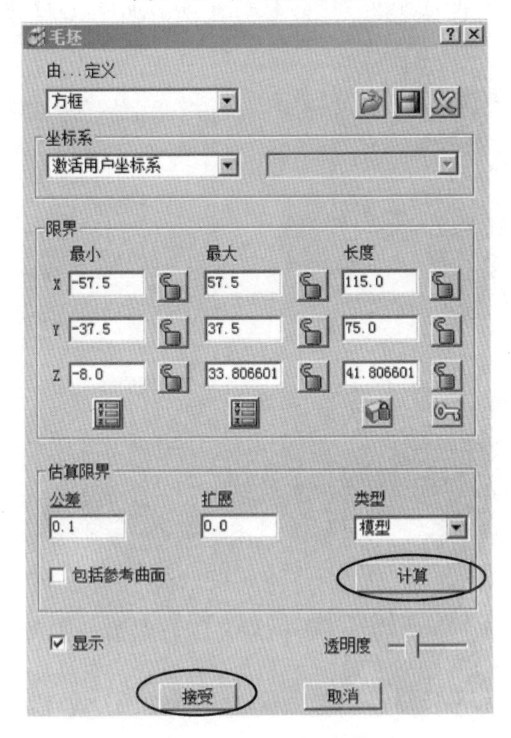

图 3-39　设毛坯参数

（3）设切削参数，创建“三维偏置精加工”刀路策略。

在综合工具栏中单击【刀具路径策略】按钮，弹出【策略选取器】对话框，选取【精加工】选项卡，然后选择【三维偏置精加工】选项，单击【接受】按钮，弹出【三维偏置精加工】对话框，按图 3-40 所示设置参数，【刀具】选择 BD8R4，【公差】为 0.03。单击【余量】按钮，设置侧面余量为 0.1，底部余量为 0.1，【行距】为 0.3，【边界】选“1”。

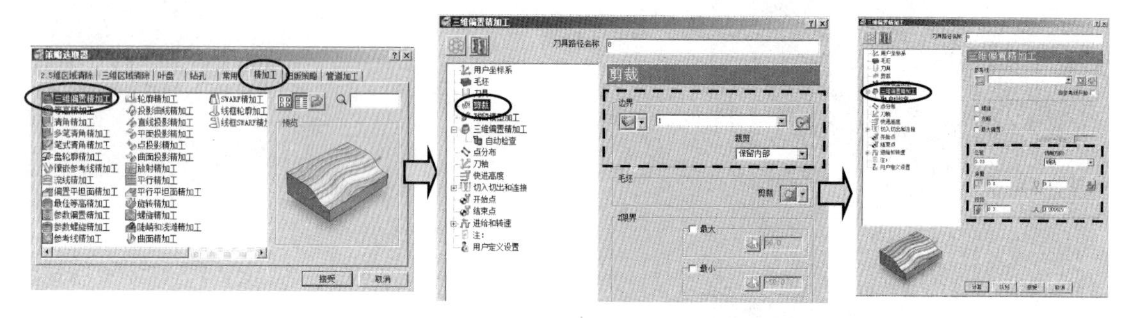

图 3-40　设切削参数

（4）设非切削参数，先设置切入切出和连接参数。

在综合工具栏或上述【三维偏置精加工】对话框中，单击【切入切出及连接】按钮，弹出【切入切出及连接】对话框。选取【切入】选项卡，设置【第一选择】为“无”，单击【切出和切入相同】按钮，这样可以使【切出】的【第一选择】也为“无”。在【连接】选项卡中，修改【短】为“在曲面上”，其余参数默认，如图 3-41 所示。单击【应用】按钮，再单击【接受】按钮。

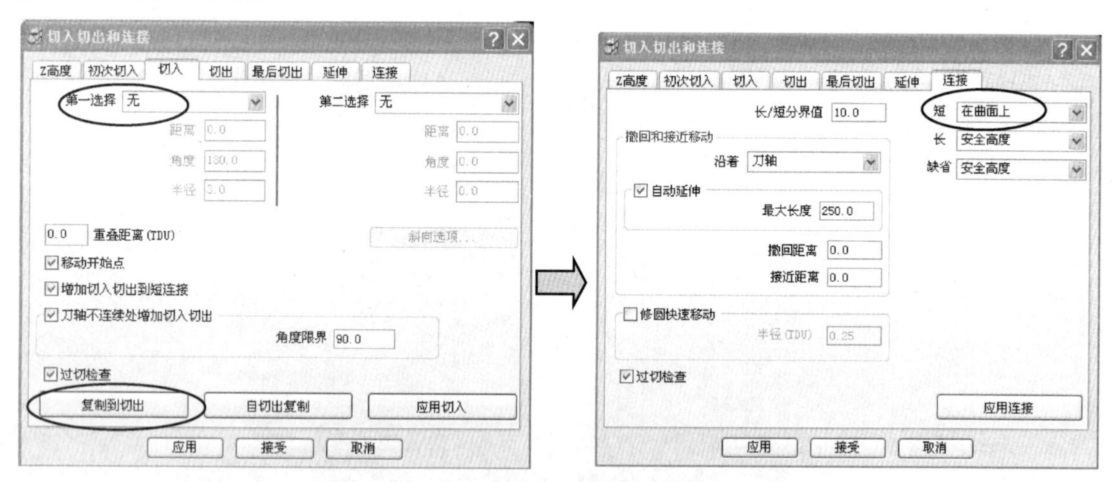

图 3-41　设切入切出和连接参数

在【三维偏置精加工】对话框中，单击【计算】按钮，观察生成的刀路，无误后再单击【取消】按钮，产生的刀具路径如图 3-42 所示。

2．对顶部曲面进行光刀

方法：复制刚产生的刀路，并改参数。

（1）复制刀路，并改名。

用鼠标右键单击刀具路径 8，在 K01C 文件夹中复制为刀路 8_1，用鼠标左键单击它，过大约 1 秒再次单击，将其改名为“9”，激活该刀路，如图 3-43 所示。

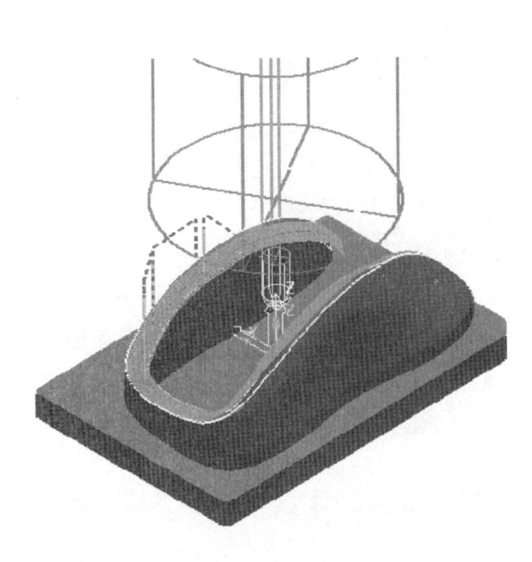

图 3-42　顶面中光刀路

图 3-43　复制新刀路策略

（2）重新设置参数。

重新设置刚产生的刀路 9，进入【三维偏置精加工】对话框，重新按图 3-44 所示设置加工参数。

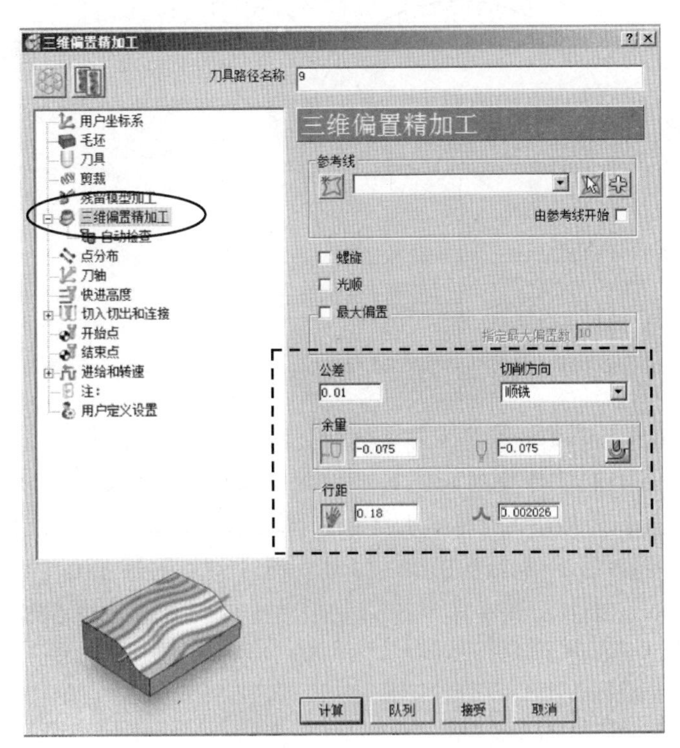

图 3-44　设置加工参数

小疑问

图 3-43 中【行距】是根据什么来确定？

知识拓展

一般来说，球刀精加工步距是根据其加工留下来的残留余量（也叫毛刺高度）来确定的。对于铜公表面加工，残留余量多取 0.0005～0.001mm，有以下方法确定步距。

① 可以手工根据公式来计算。如图 3-45 所示是球刀加工水平面时的示意图，圆⊙O 为球刀刀头，其半径为 R，CD 为残留高度 h，AB 就是加工步距 L。根据直角三角形 Rt△COA 勾股定理得到：OA2=OC2+AC2 ，AB=2AC

由此推导步距计算公式为：

$$L = 2\sqrt{R^2-(R-h)^2} = 2\sqrt{2Rh-h^2} \approx 2\sqrt{2Rh}$$

式中：

L=AB 为步距；

R 为球刀半径；

h 为残留高度。

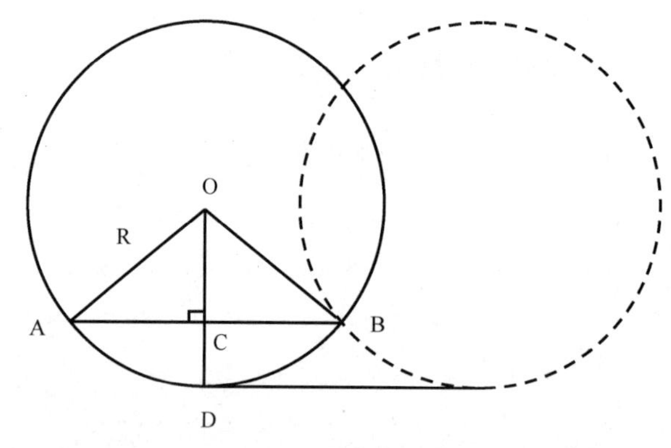

图 3-45　步距图解

本例中 h=0.001，R=4 可以计算得知 L=0.1788，实际取 L=0.18。

② 根据 PoerMILL 软件提供的计算功能来计算步距。在【三维偏置精加工】对话框中先设定【公差】为 0.001，再单击【根据残留高度计算下切步距】按钮，可以得到 行距 0.178874，再将其修改为 0.18，同时改回【公差】为 0.01

如果加工面起伏很大，可以适当减小步距以求得到较好的加工效果。粗加工或半精加工的步距可以在此理论数据基础之上增大，以求提高加工效率。

（3）检查加工参数，生成新刀路。

单击上述【三维偏置精加工】对话框中的【应用】按钮，再单击【取消】按钮，生成如图 3-46 所示的刀路。

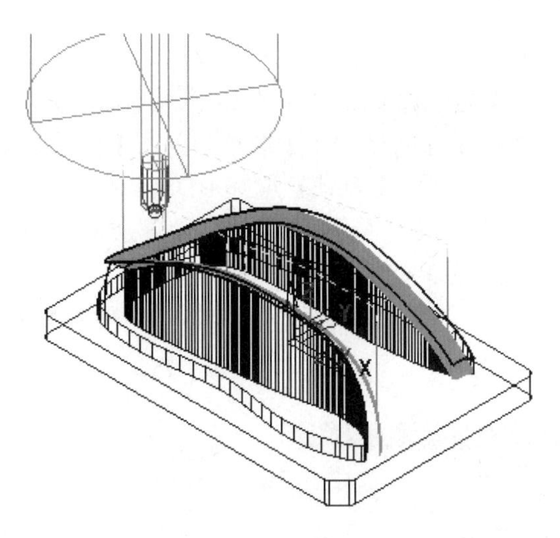

图 3-46　顶面光刀

3．对铜公外侧曲面进行中光刀

方法：因为外侧加工面比较陡，为了使其加工更干净准确，先做好接触点加工边界，然后用等高精加工方式进行半精加工。

（1）创建加工边界。

在图形中选取外侧曲面，在【资源管理器】中选择【边界】选项并单击鼠标右键，在弹出的快捷菜单中选择【定义边界】|【接触点】命令，在弹出的【接触点边界】对话框中，单击模型按钮。于是在图形上就出现了产生的边界，单击【接受】按钮，为了清楚观察，可以单击屏幕右侧按钮来关闭图形，系统自动在目录树中产生了边界 2，如图 3-47 所示。

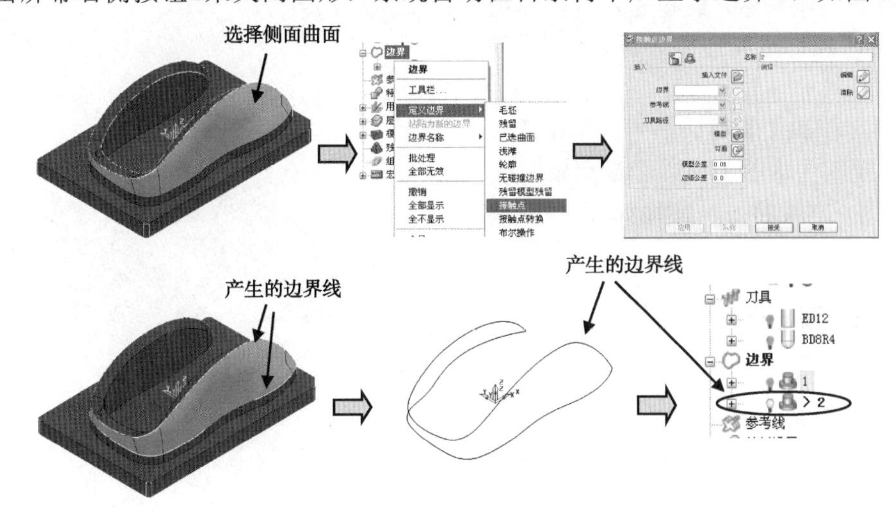

图 3-47　产生加工边界

（2）设定毛坯。

要检查现有毛坯是否符合要求，该毛坯一定要包括所加工的区域，经检查上一步所设的毛坯符合要求，不需要重新设定。

（3）设切削参数，创建“等高精加工”刀路策略。

在综合工具栏中单击【刀具路径策略】按钮，弹出【策略选取器】对话框，选取【精加工】选项卡，然后选择【等高精加工】选项，单击【接受】按钮，弹出【等高精加工】对话框。按图 3-48 所示设置参数，【刀具】选择 BD8R4，在【裁剪】树枝里设置【边界】选“2”，【公差】为 0.03。单击【余量】按钮，设置余量为 0.1，【最小下切步距】为 0.3，【方向】为“任意”，如图 3-48 所示。

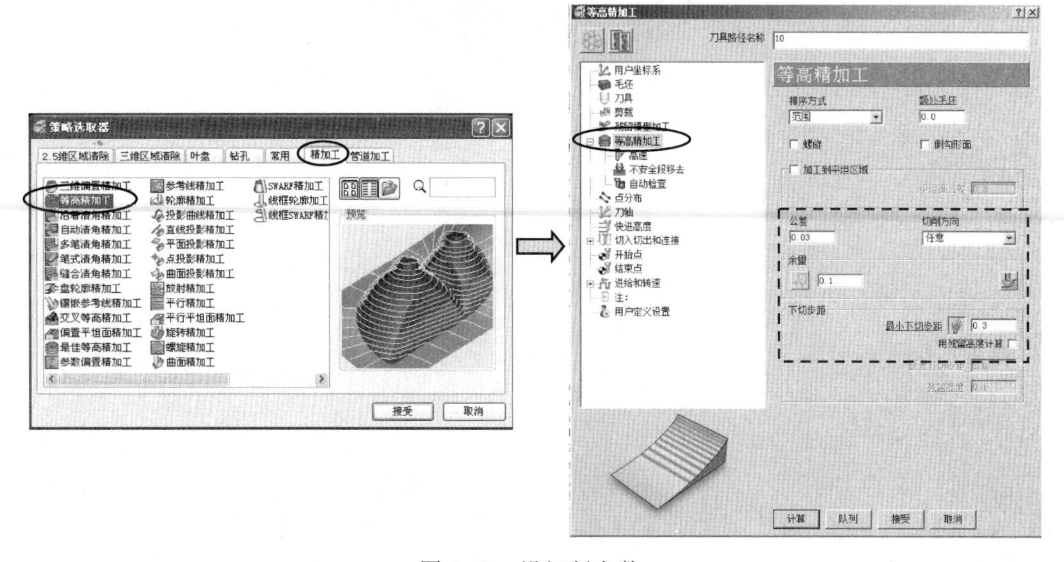

图 3-48　设切削参数

（4）设非切削参数，经检查，可以沿用上一刀路的切入切出和连接参数，不再另外设置。

在【等高精加工】对话框中，单击【应用】按钮，观察生成的刀路，无误后就单击【取消】按钮，产生的刀具路径如图 3-49 所示。

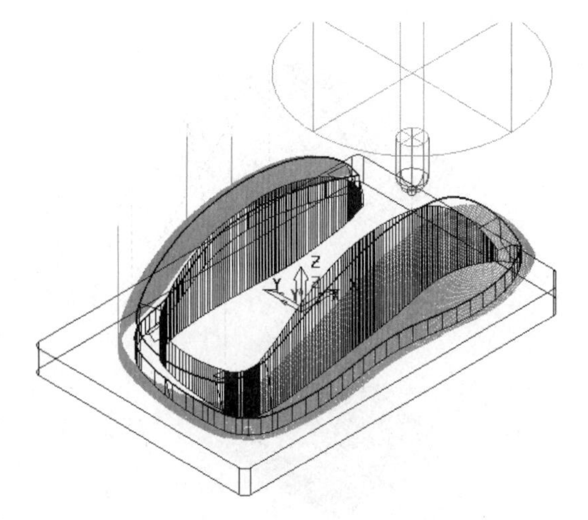

图 3-49　侧面中光刀路

4．外侧曲面进行光刀

方法：复制刚产生的刀路，并改参数。

（1）复制刀路，并改名。

用鼠标右键单击刀具路径 10，在 K01C 文件夹中复制为刀路 10_1。用鼠标左键单击它，过大约 1 秒再次单击，将其改名为“11”，激活该刀路，如图 3-50 所示。

（2）重新设置参数。

重新设置刚产生的刀路 11，进入【等高精加工】对话框，重新按图 3-51 所示设置加工参数。

图 3-50　复制新刀路策略

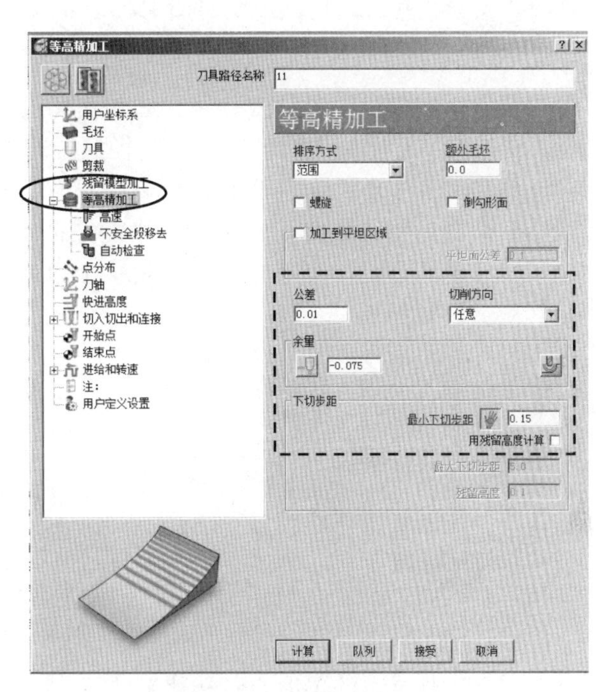

图 3-51　设置加工参数

（3）检查加工参数，生成新刀路。

单击上述【等高精加工】对话框中的【应用】按钮，再单击【取消】按钮，生成如图 3-52 所示的刀路。

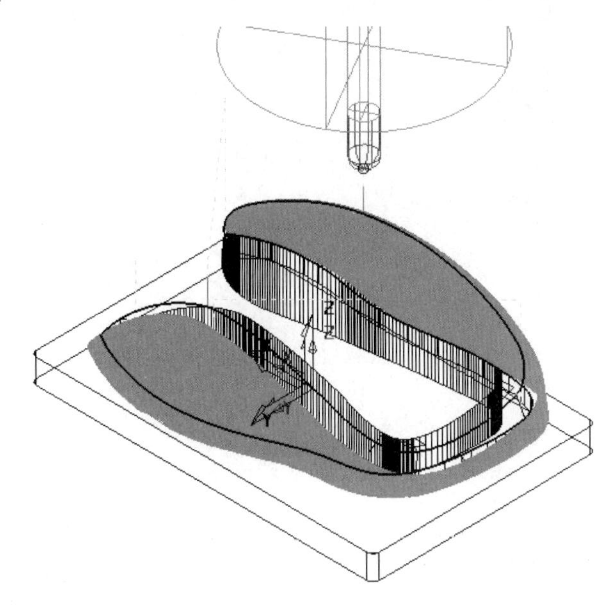

图 3-52　外侧面光刀刀路

3.11　对加工路径策略设定转速和进给速度

主要任务：集中设定各个刀具路径的转速和进给速度。

（1）设定 K01A 文件夹的各个刀具路径的转速为 2500 转/分，进给速度为 1500mm/分。

在屏幕左侧的【资源管理器】目录树中，右击文件夹 K01A，在弹出的快捷菜单中选择【激活】命令，使其激活。再单击文件夹前的加号“+”，或双击该文件夹，展开各个刀路。如果已经展开，此步可不做。右击第 1 个刀路，在弹出的快捷菜单中选择【激活】命令，使其激活，如图 3-53 所示。

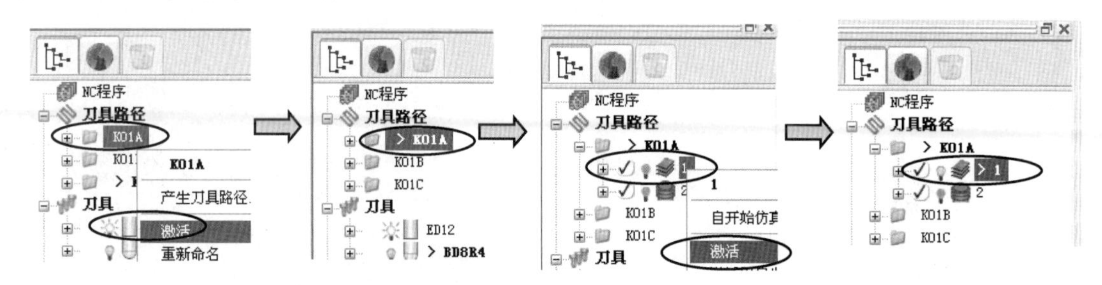

图 3-53　激活刀路

单击综合工具栏中的【进给和转速】按钮，弹出【进给和转速】对话框，按图 3-54 所示设置参数，单击【应用】按钮，暂不退出该对话框。

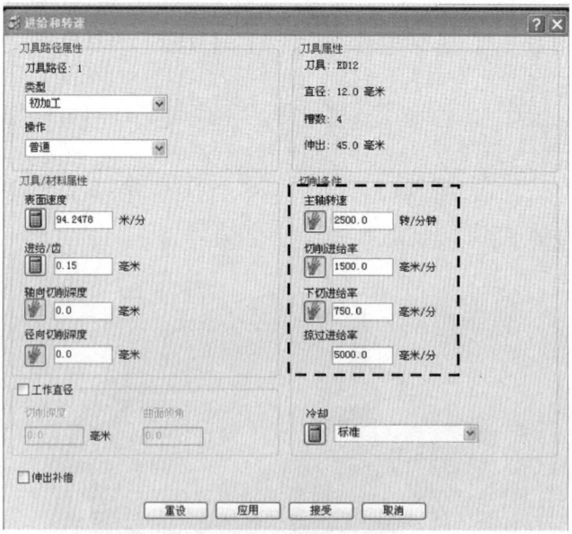

图 3-54　设置进给和转速参数（一）

在屏幕左侧的【资源管理器】目录树中，右击刀路 2，在弹出的快捷菜单中选择【激活】命令，使其激活。在【进给和转速】对话框，按图 3-54 所示设置参数，单击【应用】按钮。

（2）设定 K01B 文件夹的各个刀具路径的转速为 2500 转/分，进给速度为 500mm/min。

在屏幕左侧的【资源管理器】目录树中，右击文件夹 K01B，在弹出的快捷菜单中选择【激活】命令，使其激活。再单击文件夹前的加号“+”，或双击该文件夹，展开各个刀路。如果已经展开，此步可不做。右击刀路 3，在弹出的快捷菜单中选择【激活】命令，使其激活。在【进给和转速】对话框，按图 3-55 所示设置参数，单击【应用】按钮。

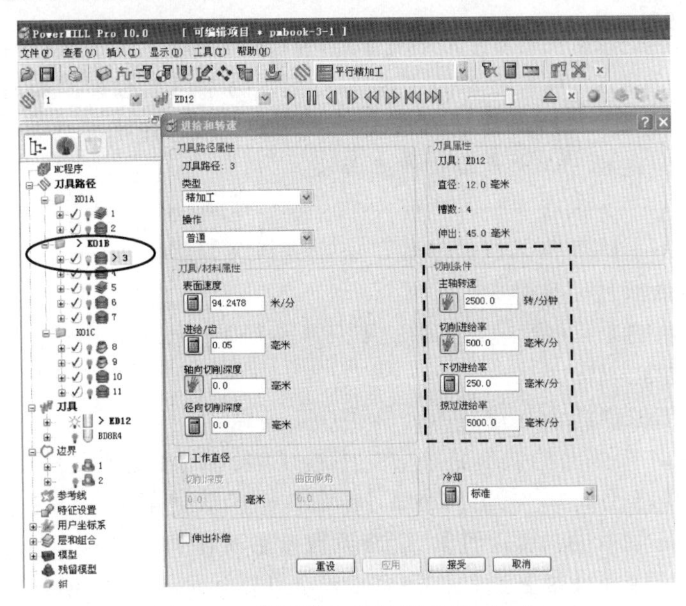

图 3-55　设置进给和转速参数（二）

用同样的方法，分别激活刀具路径 4、5、6、7，在【进给和转速】对话框，分别按图 3-55 所示设置参数，分别单击【应用】按钮。

（3）用同样的方法设定 K01C 文件夹的各个刀具路径的转速为 4500 转/分，进给速度为 1250mm/min。

按图 3-56 所示设置参数，单击【应用】按钮，再单击【接受】按钮。

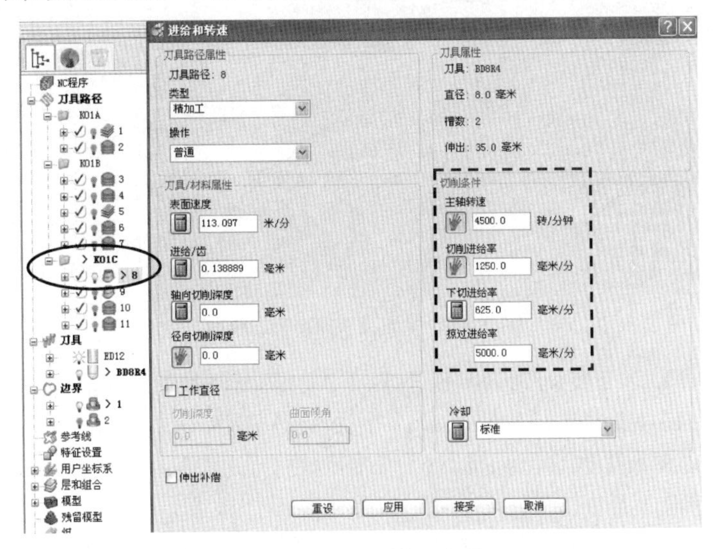

图 3-56　设置进给和转速参数（三）

3.12 建立粗公的加工程序

> **小提示**
>
> 粗公和幼公主要是火花位的不同，台阶面和避空位都不给火花位，其余大多相同，可以用复制已完成幼公的刀具路径并修改参数的方法，来生成粗公的刀具路径，这样可以大大简化编程步骤。

接下来通过复制上述刀路，修改参数，来完成粗公刀路。

首先确保没有激活任何文件夹。

（1）在屏幕左侧的【资源管理器】中的【刀具路径】树枝中，建立文件夹 K01D、K01E 及 K01F，方法详见 3.5 节。

（2）将文件夹 K01D 激活，建立粗公的粗加工刀路。

① 右击刀路 1，在弹出的快捷菜单命令中选【编辑】|【复制刀具路径】，将其复制到 K01D 中为新的刀具路径 1_1。右击刀路 1_1，在弹出的快捷菜单中选【激活】命令，再右击它，在弹出的快捷菜单中选【设置】，重新设置参数。在弹出的对话框中，单击按钮，修改【余量】中的【侧面余量】为 0.1，其余默认，如图 3-57 所示。单击【计算】按钮，再单击【取消】按钮。

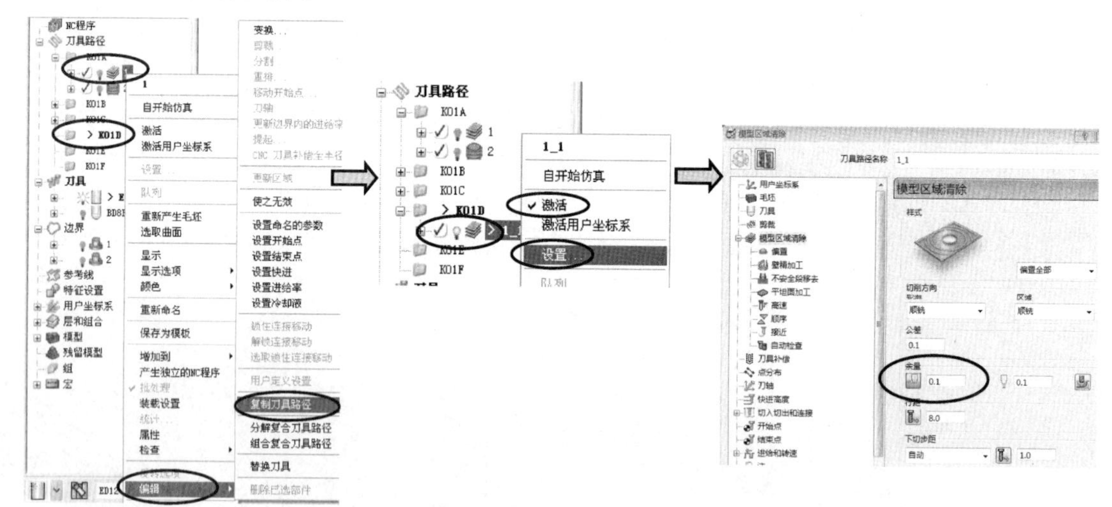

图 3-57 复制并修改刀路参数

② 同理，可将刀路 2 复制到 K01D 中为 2_1，该刀路参数不变。

（3）将文件夹 K01E 激活，建立粗公的平面光刀刀路。

① 将 K01B 文件夹中的 3、4、5、6、7 各刀路分别复制到 K01E 中来，分别为 3_1、4_1、5_1、6_1、7_1，其中 3_1、4_1、5_1 的参数不作改变。

② 激活并设定 6_1 参数。修改【余量】中的【侧面余量】为 -0.1，其余默认，单击

【计算】按钮，再单击【取消】按钮。

③ 激活并设定 7_1 参数。修改【余量】中的【侧面余量】为 -0.25，其余默认，单击【计算】按钮，再单击【取消】按钮。

（4）将文件夹 K01F 激活，建立粗公的型面精加工刀路。

① 将 K01C 文件夹中的 8、9、10、11 各刀路分别复制到 K01F 中来，分别为 8_1、9_1、10_1、11_1。

② 激活并设定 8_1 参数。修改【余量】为 -0.1 -0.1，其余默认，单击【计算】按钮，再单击【取消】按钮。

③ 激活并设定 9_1 参数。修改【余量】为 -0.25 -0.25，其余默认，单击【计算】按钮，再单击【取消】按钮。

④ 激活并设定 10_1 参数。修改【余量】为 -0.1，其余默认，单击【计算】按钮，再单击【取消】按钮。

⑤ 激活并设定 11_1 参数。修改【余量】为 -0.25，其余默认，单击【计算】按钮，再单击【取消】按钮。

要注意

因为该 PowerMILL 软件目前还没有编程过程的后退功能，刀路完成某一重要步骤后要及时存盘。如果某一步做错，可以先退出，重新打开项目，也可以删除该刀路重新做。

3.13 后处理

（1）先将【刀具路径】中的文件夹，通过【复制为 NC 程序】命令复制到【NC 程序】树枝中。

在屏幕左侧的【资源管理器】中，选择【刀具路径】中的 K01A 文件夹，单击鼠标右键，在弹出的快捷菜单中选择【复制为 NC 程序】，这时会发现在【NC 程序】树枝中出现了 NC程序 K01A 文件夹。同理，可以将其他文件夹复制到【NC 程序】中，如图 3-58 所示。

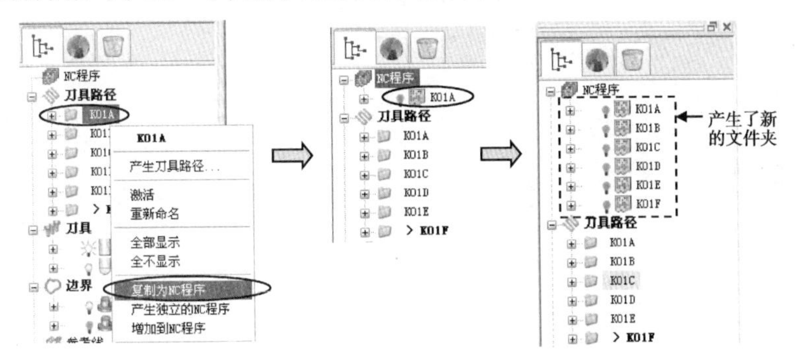

图 3-58 复制文件夹

（2）复制后处理器。

把本书配套素材第 14 章提供的后处理器文件\ch14\02-finish\ pmbook-14-1-ok.opt 复制到 C：\dcam\config 目录中。

（3）编辑已选后处理参数。

在屏幕左侧的【资源管理器】中，选择【NC 程序】树枝，单击鼠标右键，在弹出的快捷菜单中选择【编辑全部】命令，系统弹出【编辑全部 NC 程序】对话框。选择【输出】选项卡。按图 3-59 所示设定参数，其中的【输出文件】中要删去隐含的空格。【机床选项文件】可以单击浏览按钮选择系统提供的本书配套素材提供的 pmbook-14-1-ok.opt 后处理器，也可以选取用户自己公司规定的机床后处理器，【输出用户坐标系】为“1”，单击【应用】按钮，再单击【接受】按钮。

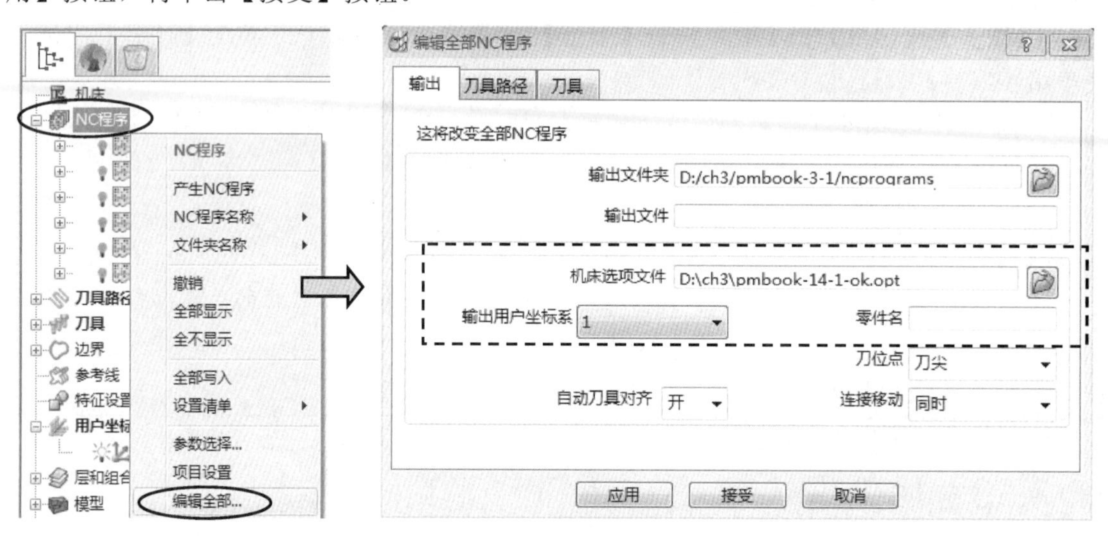

图 3-59　确认后处理参数

（4）输出写入 NC 文件。

在屏幕左侧的【资源管理器】中，选择【NC 程序】树枝，单击鼠标右键，在弹出的快捷菜单中选择【全部写入】命令，系统会自动把各个文件夹，按照以其文件夹的名称为 NC 文件名，输出到用户图形所在目录的子目录中，如图 3-60 所示。

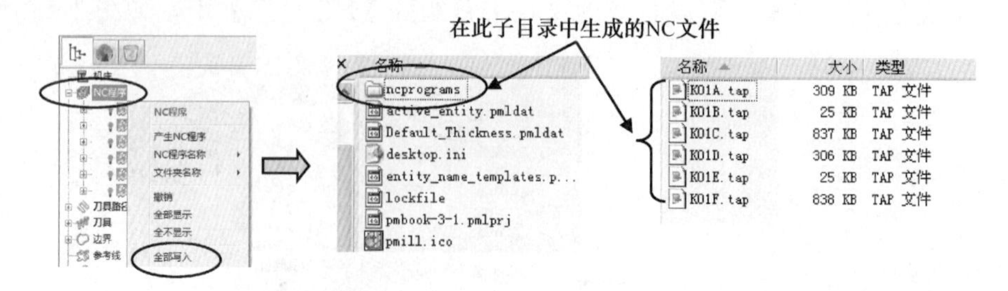

图 3-60　生成 NC 数控程序

小提示

默认情况下数控程序文件名的扩展名为 tap，如果要改为以 NC 为扩展名，可以在 Windows 状态下修改。也可以改软件的系统参数。在下拉菜单中选择【工具】|【选项】，系统弹出【选项】对话框。选择【NC 程序】下的【输出】选项卡，修改为 输出文件扩展名 选项文件 NC，单击【接受】按钮。

3.14 程序检查

1. 干涉及碰撞检查

在屏幕左侧的【资源管理器】中，展开【刀具路径】树枝中各个文件夹中的刀具路径。先选择刀具路径 1，单击鼠标右键，在弹出的快捷菜单中选择【激活】命令，将其激活，再在综合工具栏选择【刀具路径检查】按钮，弹出【刀具路径检查】对话框。

在【检查】选项中先选择“碰撞”，其余参数默认，单击【应用】按钮。如果刀路正常，则显示 无碰撞发现 信息框。如有问题则详细显示问题所在，用户应及时检查刀路参数，并立即排除错误。本例刀路正常，这时目录树中的刀具路径 1 前的符号显示为✓，如图 3-61 所示，单击信息框中的【确定】按钮。

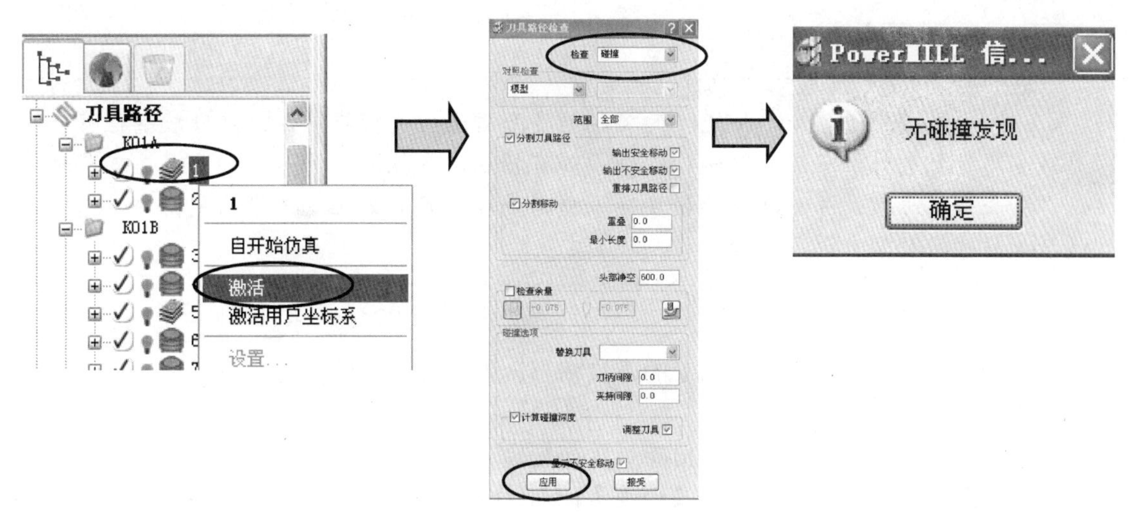

图 3-61 NC 数控程序的碰撞检查

在上述【刀具路径检查】对话框中的【检查】选项中先选择“过切”，其余参数默认，单击【应用】按钮。如果刀路正常，则显示 没发现过切 信息框，如有问题则详细显示问题所在，用户应及时检查刀路参数，并立即排除错误。本例刀路正常，这时目录树中的刀具路径 1 前的符号显示为✓，如图 3-62 所示，单击信息框中的【确定】按钮。

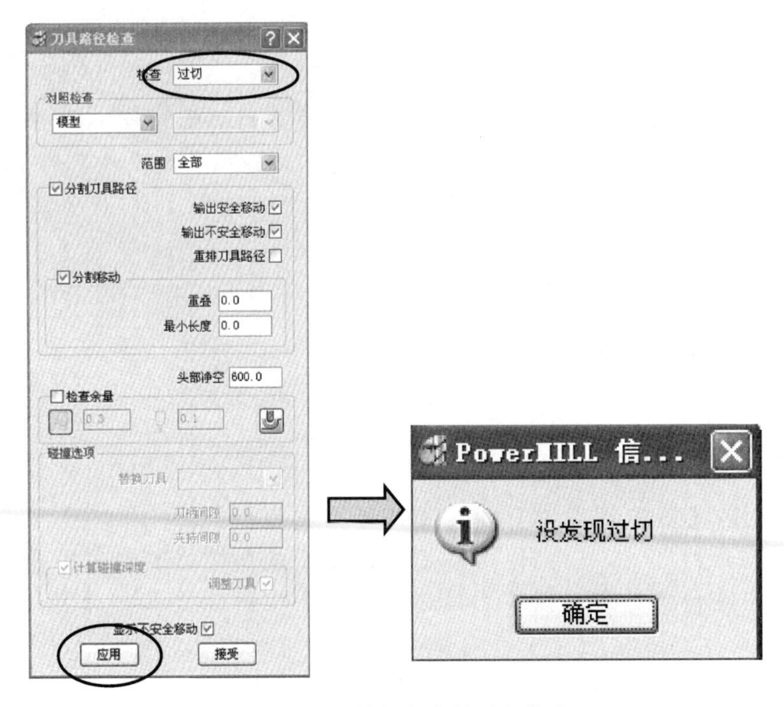

图 3-62　NC 数控程序的过切检查

同理，可以对其他的刀具路径分别进行碰撞检查和过切检查。

最后，单击【刀具路径检查】对话框中的【接受】按钮。

要注意

PowerMILL 的碰撞检查和过切检查功能很强大，数控编程时应充分利用其特色对所有的刀路进行检查。如有错误，系统会将问题详细显示，应及时认真检查刀路参数，并立即排除错误，并重新处理。只有如此，才能编制出安全高效的数控程序，初学者更应重视。

2．实体模拟检查

该功能可以直观地观察刀具加工的真实情况，但软件目前的不足，是系统还不能自动判断是否出现碰撞和过切。

（1）在界面中把实体模拟检查功能显示在综合工具栏中。

在下拉菜单中选择并执行命令【查看】|【工具栏】|【ViewMill】，用同样的方法，可以把【仿真】工具栏也显示出来。如果已经显示，则这一步不用做。

（2）检查毛坯设置。

检查现有毛坯是否符合要求，该毛坯一定要包括所有面。如不符合要求，就要重新设定。在综合工具栏中单击【毛坯】按钮，弹出【毛坯】对话框。在【由...定义】下拉列表框中选择“方框”选项，在图形区模型外的任意位置单击鼠标左键，使系统不再选择图形，接着按如图 3-38 所示，只需单击【计算】按钮，就可以设置参数，单击【接受】按钮。

（3）启动仿真功能。

在屏幕左侧的【资源管理器】中，单击【NC 程序】树枝前的加号。先选择文件夹 K01A，单击鼠标右键，在弹出的快捷菜单中选择【自开始仿真】命令，如图 3-63 所示。

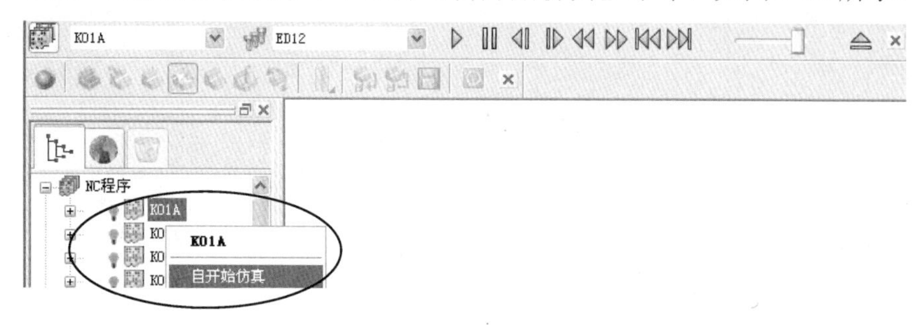

图 3-63 启动仿真

（4）开始仿真。

单击如图 3-61 所示中的【开/关 ViewMill】按钮，使其处于开的状态，这时工具条就变成可选状态。选择【光泽阴影图像】按钮，再单击【运行】按钮，K01A 程序完成仿真后的结果如图 3-64 所示。

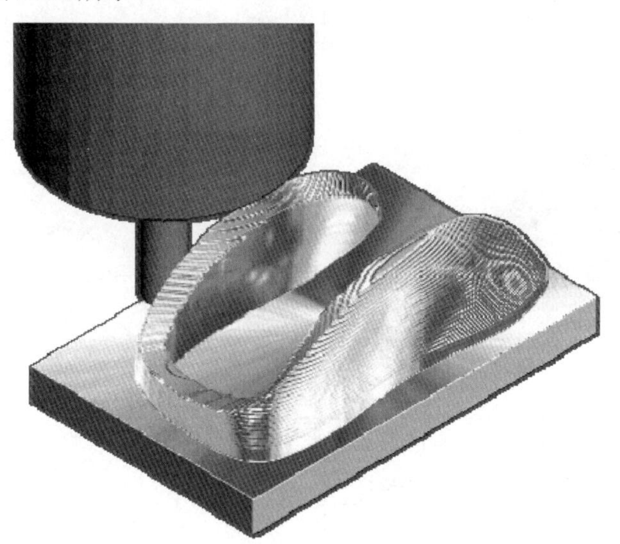

图 3-64 开粗刀路的仿真结果

（5）在【ViewMill】工具条的 K01B 中，选择 NC 程序 K01B，再单击【运行】按钮，进行仿真。

（6）同理，可以对其他的 NC 程序进行仿真。

为了加快仿真速度，可以将刀具不显示。

以上程序组的操作视频文件为：\ch03\03-video\03-建立型面精加工刀路 K01C.exe

3.15　填写加工工作单

一般管理比较正规的工厂都有专门印制好的《CNC 加工工作单》，程序编完后要仔细、认真地按要求填写，然后再发给 CNC 车间，安排加工。

CNC 加工工作单，如表 3-1 所示。

表 3-1　加工工作单

CNC 加工程序单					
型号		模具名称	鼠标面壳	工件名称	前模铜公 1#
编程员		编程日期		操作员	加工日期
			对刀方式	四边分中	
				对顶 z=34.0	
			图形名	pmbook-3-1	
			材料号	铜	
			大小	120×80×60	
			幼公火花位	−0.075	
			粗公火花位	−0.25	
程序名	余量	刀具	装刀最短长	加工内容	加工时间
K01A　.tap	0.3	ED12	43	幼公开粗	
K01B　.tap	−0.075	ED12	43	幼公平面光刀	
K01C　.tap	−0.075	BD8R4	35	幼公型面光刀	
K01D　.tap	0.1	ED12	43	粗公开粗	
K01E　.tap	−0.25	ED12	43	粗公平面光刀	
K01F　.tap	−0.25	BD8R4	35	粗公型面光刀	

3.16 传送程序和加工

以三菱机的一般操作步骤为例，进行说明。

（1）将数控程序通过网络或其他媒体介质复制给 CNC 车间。CNC 操作员接收到 CNC 程序工作单后，在网络公共盘上下载复制数控程序到为机床专门配置的计算机中，要根据车间的具体情况对程序的开头和结尾部分作一些少量的修改，如去掉换刀、加入 G54 和实际装刀的 H 值等。

（2）操作员要根据《CNC 加工程序单》中要求，用虎钳或固定板等夹具装夹工件，使工件露出部分大于有效部分，本例为 45mm。

（3）装上 ED12 平底刀，转动 1500 转/分，移动刀具，找到工件的四边分中的中心点，把该点在机床上的 X、Y 机械坐标值抄到机床的 G54 存储器中的 XY。再用转速约为 S2000rpm 旋转刀具试切，在工件上找到最高面，在机床面板上的 Z 相对值清零后，移出刀具在工件外，再降一个最高点坐标的相反数，本例为-34.0，将此时的 Z 机械值输入给 G54 的 Z 值。这样就完成了对刀。而另一把刀，则通过测量与之前刀具装刀长度的差值，用 H 补偿值的设定来完成对刀数的输入。

（4）用 DNC 软件向 CNC 机床传送程序，进行加工。

（5）全部程序加工完成，要在机床上进行测量，如果合格，就可以拆下或加工其他工件

3.17 加工跟进和经验总结

（1）CNC 编程是实践性很强的工作，一定要理论联系实际。要提高工作水平，必须重视现场加工跟进。对于初学者，要密切关注自己所编程序的加工效果。

（2）要想干好这一行，必须要有敬业精神及合作精神。加工中出现的问题，首先要先查程序是否出错，如果是自己的错，要勇敢承认，努力改进，其次，再查是否操作出错，大家共同分析，弄清原因后，对症下药，提出解决方案。

（3）经常要虚心倾听别人，特别是操作员对自己程序的看法，不断改进，不断总结经验，在实践中提高水平。

3.18 本章总结和思考练习题

3.18.1 本章总结

本章主要讲解了以下两部分内容：

（1）铜公电极结构的基本概念。

（2）PowerMIL 编制铜公数控程序的特点和步骤。

在模具工厂中，铜公制造在整个制模工作量中占有很大比例。熟练掌握铜公的设计和制造是从事本行业工作的基础工作，本章实例和做法，来源于工厂实践，希望对大家有所帮助。

3.18.2 思考练习与答案

（1）EDM 加工的中英文含义是什么？

（2）PowerMILL 提供的球刀精加工步距是如何计算的？

（3）某 ED8 平底刀，精加工图形上部有效型面外形尺寸为 40×50 的铜公时，火花位为单边-0.075mm，那么铜公实际外形尺寸是多少？刀具中心线外形尺寸是多少？

（4）完成本例模具还用到的铜公 2 数控编程。只加工幼公，火花位为-0.075。

文件名为 pmbook-3-2.igs，如图 3-65 所示。

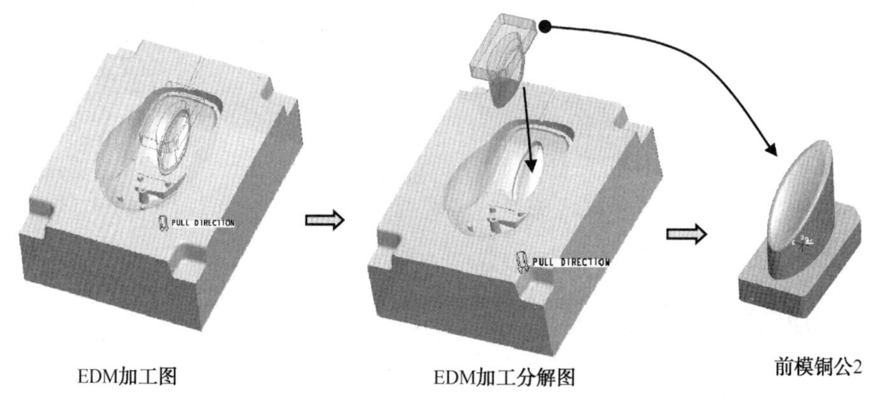

图 3-65 铜公工作图

（5）独立完整地完成第 2 章的铜公 pmbook-2-1.igs 的数控编程。只加工幼公，火花位为-0.075。

练习答案：

（1）答：EDM 的是英文 Electron Discharge Machining 的缩写，中文含义是放电加工。

（2）答：PowerMILL 提供的球刀精加工步距是根据加工水平面的情况下，用残留高度即【公差】来根据勾股定理计算出来的。可以先给定【公差】值，单击按钮就可以计算出来。

（3）答：铜公实际外形尺寸是：宽 40−2×0.075=39.85（mm）

长 50−2×0.075=49.85（mm）

刀具中心线外形尺寸是：宽 40−2×0.075+8=39.85+8=47.85（mm）

长 50−2×0.075+8=49.85+8=57.85（mm）

（4）编程提示：可以调出光盘中项目文件夹\ch03\02-finish\pmbook-3-2\，研究设置的参数。

① K01G 使用 ED12 平底刀开粗，刀路 1 和 3 的做法与本例相同，但是刀路 2，先生

成顶部已选曲面 1，采用了“平行精加工”的方法。

② K01H 使用 ED12 平底刀光刀，做法与本例相同。

③ K01I 使用 BD6R3 球刀，对顶部曲面采取“三维偏置精加工”的方法进行编程。先生成已选顶部曲面边界 2，然后再生成参考线 1。生成参考线 1 时，引用的是边界 2，按如图 3-66 所示操作。

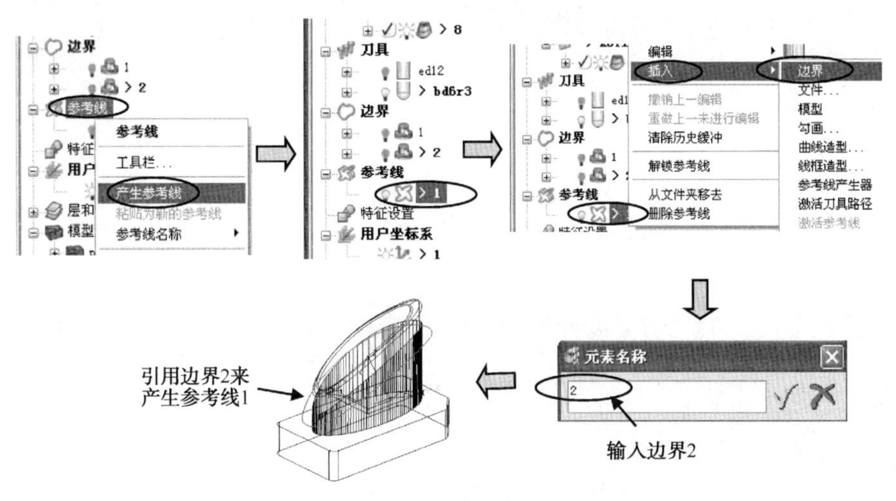

图 3-66　生成参考线 1

在程序文件夹中 K01I 设定【三维偏置区精加工】参数，其中刀具 BD6R3，公差为 0.01，余量为-0.075，行距为 0.15，边界为“2”，保留内部，参考线为“1”，生成的刀路如图 3-67 所示。

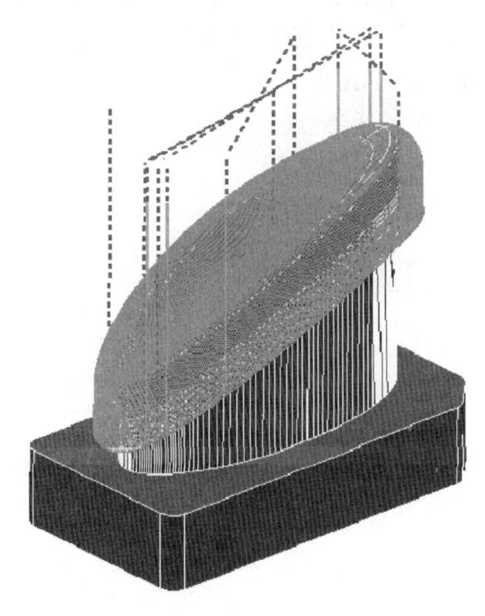

图 3-67　顶部光刀

（5）编程提示：按照加工工艺整理加工刀路，要注意编出台阶面和基准面光刀。

第4章

遥控器铜公综合实例特训

4.1 本章知识要点及学习方法

本章以遥控器面壳大身铜公编程为例，继续巩固铜公编程的基本操作，希望读者掌握以下重点内容。

（1）铜公电极在模具制造中的作用。

（2）开粗及光刀刀路的做法。

（3）理解铜公火花位的含义及实现方法。

本章的铜公比第 3 章的较为复杂，但很多步骤都是类似的。希望读者对照本章内容，认真分析和体会以下要点：铜公各部位的加工特点，加工工艺安排的特点，选用刀具的特点，刀具的切削用量的特点等。

先参照书本反复训练，熟练掌握编程全过程，然后，自己独立编程与书本比较。最后再结合工厂现有条件，修正部分参数。如果有条件，可以上机加工。这样才能加深理解用 PowerMILL 进行铜公数控编程的方法。

如果正在从事数控编程工作，有类似任务，不妨用 PowerMILL 编程，以实战的姿态进入学习，认真总结得失，这样能够进步更快。

4.2 铜公电火花工作说明

铜公说明：如图 4-1 所示，该铜公是某遥控器面壳前模胶位的一个大身成形铜公，它将加工出产品的外观。

如图 4-2 所示，为该铜公的工程图。先了解铜公在模具制造中的作用，并尽量找来工程图纸，分析其需要加工部位的尺寸大小和结构特点，这样才能合理安排确定加工方案。

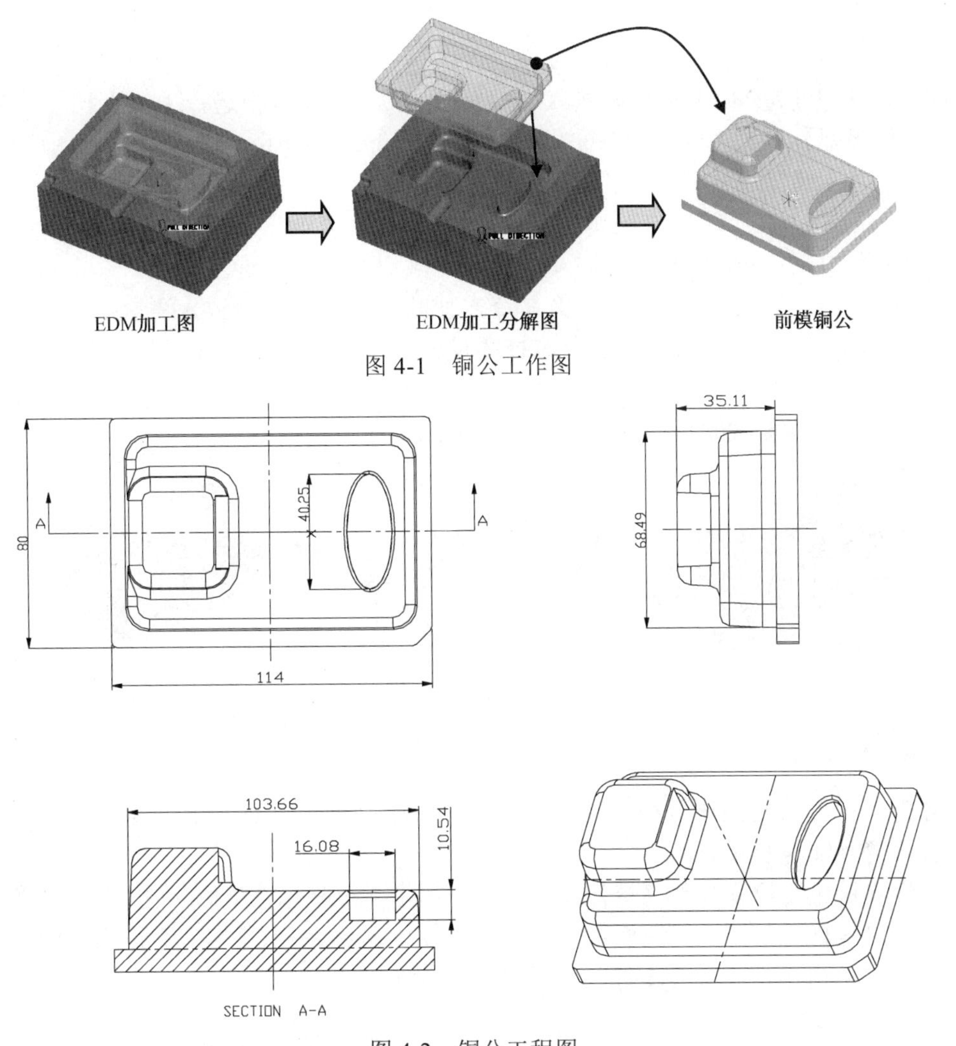

图 4-1 铜公工作图

图 4-2 铜公工程图

4.3 输入图形及整理图形并确定加工坐标系

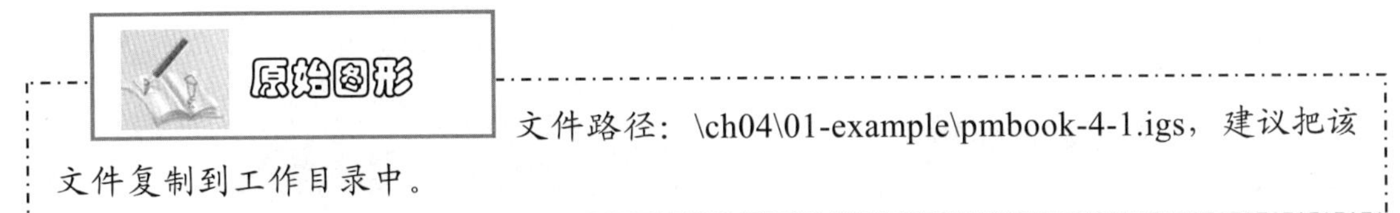

文件路径：\ch04\01-example\pmbook-4-1.igs，建议把该文件复制到工作目录中。

文件路径：\ch04\02-finish\pmbook-4-1\

1．输入图形

首先，启动 PowerMILL 软件，进入加工界面。在下拉菜单中选择【文件】|【输入模型】命令，【文件类型】选择“IGES（*.ig*）”，再选择 pmbook-4-1.igs，即可以输入图形文件。

2．整理图形

输入图形后，使其全部面的方向朝向一致。操作方法：框选全部面，单击右键，在弹出的快捷菜单中选择【定向已选曲面】命令，使其全部面朝向一致。再次选取全部面，单击鼠标的右键，在弹出的快捷菜单中选择【反向已选】命令，使其全部面朝向外部，如图 4-3 所示。

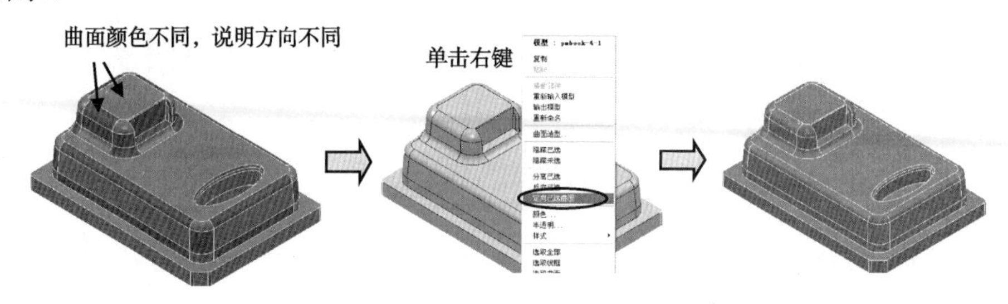

图 4-3　待加工的铜公

3．确定加工坐标系

经分析，该图形为四边分中，而且零点在台阶基准面上，符合加工要求，所以以其建模的坐标系为加工坐标系。

用鼠标右键单击屏幕左侧【资源管理器】中的【用户坐标系】，在弹出的快捷菜单中选择【产生用户坐标系】命令，注意查看工具栏出现的坐标系栏，【名称】设为“1”，其余参数不变，最后单击【接受改变】按钮，如图 4-4 所示。

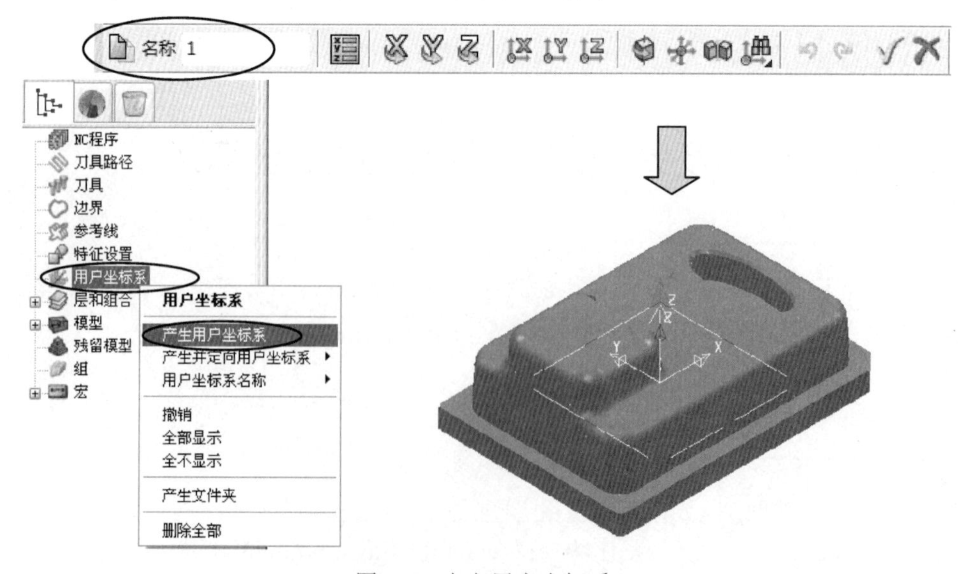

图 4-4　定义用户坐标系

4.4 数控加工工艺分析和刀路规划

（1）开料尺寸：XY 外形尺寸加单边约 2.5，Z 高度加 15，即为 120×90×60。

（2）材料：红铜，2 件料，粗公 1 件，幼公 1 件。

（3）火花位放电间隙：幼公（即精加工电极）单边-0.1，粗公（即粗加工电极）单边-0.3。

（4）幼公加工工步。

① 程序文件夹 K02A，粗加工，也叫开粗。用 ED12 平底刀，余量为 0.2。

② 程序文件夹 K02B，精加工，也叫光刀外形。用 ED12 平底刀，侧余量为-0.1，台阶面为 0。

③ 程序文件夹 K02C，清角加工及孔位精加工。用 ED4 平底刀，余量为-0.1。

④ 程序文件夹 K02D，中光刀，也叫半精加工。用 BD6R3 球头刀，余量为 0。

⑤ 程序文件夹 K02E，清角精加工。用 BD3R1.5 球刀，余量为-0.1。

⑥ 程序文件夹 K02F，型面光刀，也叫精加工。用 BD6R3 球头刀，余量为-0.10。

（5）粗公加工工步。

① 程序文件夹 K02G，粗加工，也叫开粗。用 ED12 平底刀，余量为 0.1。

② 程序文件夹 K02H，精加工，也叫光刀外形。用 ED12 平底刀，侧余量为-0.3，台阶面为 0。

③ 程序文件夹 K02I，清角加工及孔位精加工。用 ED4 平底刀，余量为-0.3。

④ 程序文件夹 K02J，中光刀，也叫半精加工。用 BD6R3 球头刀，余量为 0。

⑤ 程序文件夹 K02K，清角精加工。用 BD3R1.5 球刀加工，余量为-0.29。

⑥ 程序文件夹 K02L，型面光刀，也叫精加工。用 BD6R3 球头刀，余量为-0.30。

4.5 建立刀路程序文件夹

主要任务：建立 6 个空的刀具路径程序文件夹，用于编制幼公程序。

用鼠标右键单击屏幕左侧【资源管理器】中的【刀具路径】，在弹出的快捷菜单中选择【产生文件夹】命令，并修改文件夹名称为 K02A，如图 4-5 所示。

用同样的方法生成其他程序文件夹：K02B、K02C、K02D、K02E 和 K02F，如图 4-6 所示。

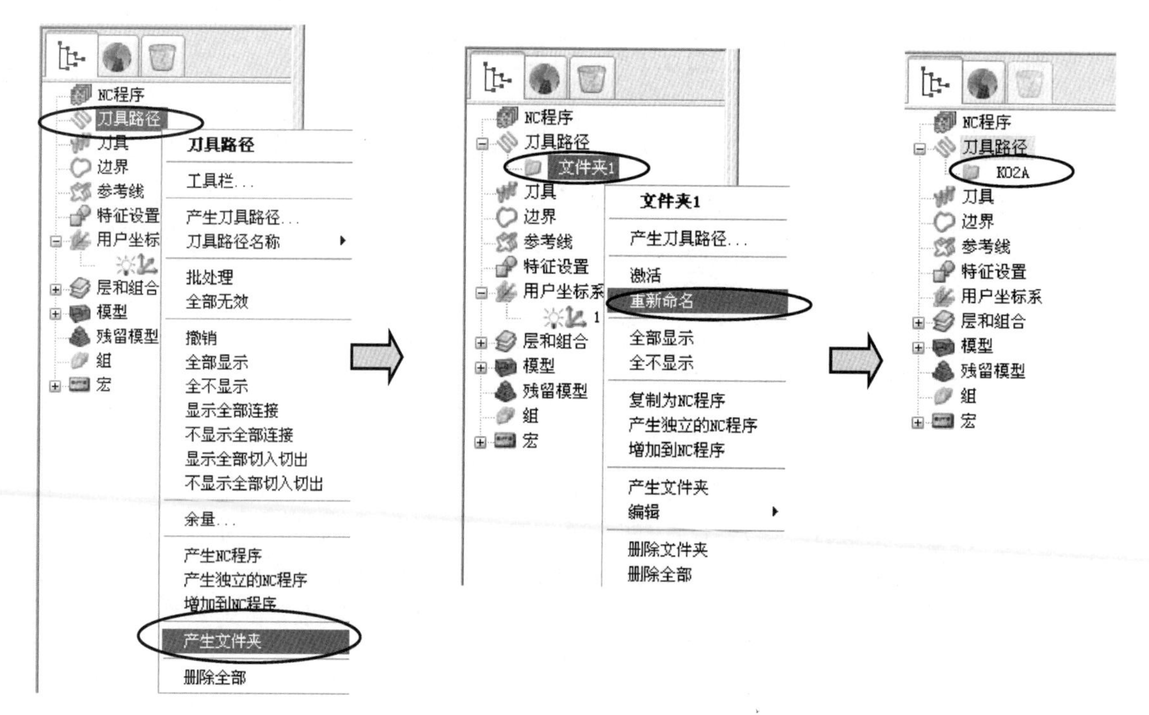

图 4-5　建立程序文件夹

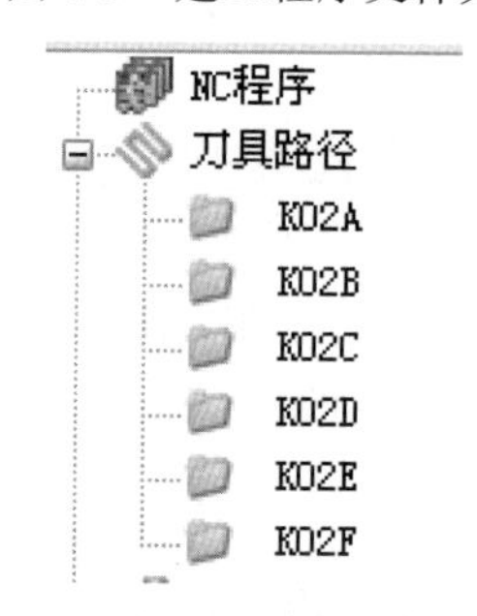

图 4-6　建立其他程序文件夹

4.6　建立刀具

主要任务：建立加工刀具 ED12、ED4、BD6R3 和 BD3R1.5。

根据第 3 章的方法创建 ED12 刀具，本章再以 ED4 为例，进一步学习刀具的创建。

用鼠标右键单击屏幕左侧【资源管理器】中的【刀具】，在弹出的快捷菜单中选择【产生刀具】命令，再在弹出的快捷菜单中选择【端铣刀】命令，系统弹出【端铣刀】对话框，在【刀尖】选项卡中设定参数，【名称】为 ED4，【长度】为 10，【直径】为 4，【刀具编号】为 2，【槽数】为 4，如图 4-7 所示。

在【端铣刀】对话框中，单击【刀柄】选项卡，在其中单击“增加刀柄部件按钮”，设定参数，【顶部直径】为 4，【底部直径】为 4，【长度】为 40，如图 4-8 所示。

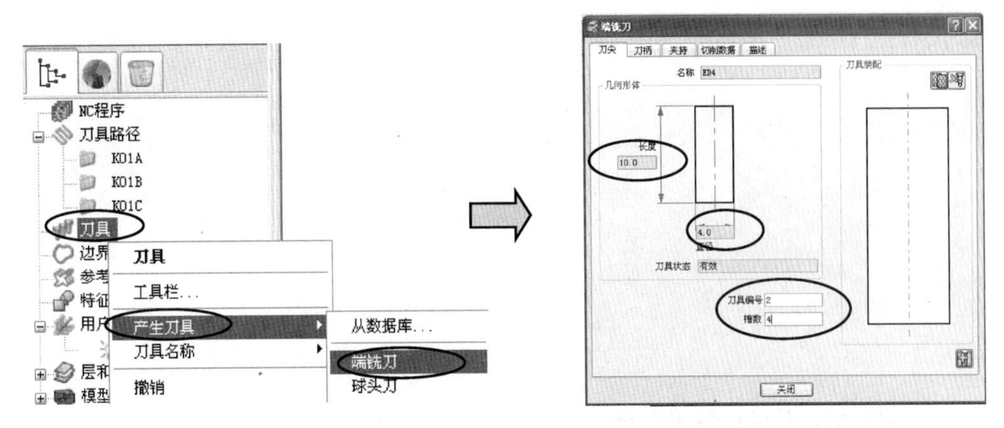

图 4-7　建立刀尖参数

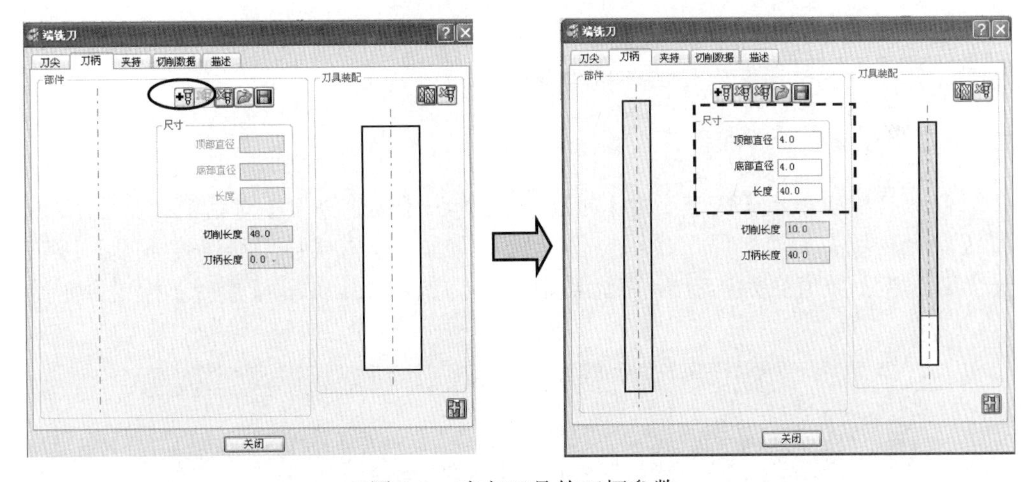

图 4-8　建立刀具的刀柄参数

在【端铣刀】对话框中，单击【夹持】选项卡，在其中单击【增加夹持部件】按钮，设定【顶部直径】为 45，【底部直径】为 45，【长度】为 50，【伸出】为 25，如图 4-9 所示。

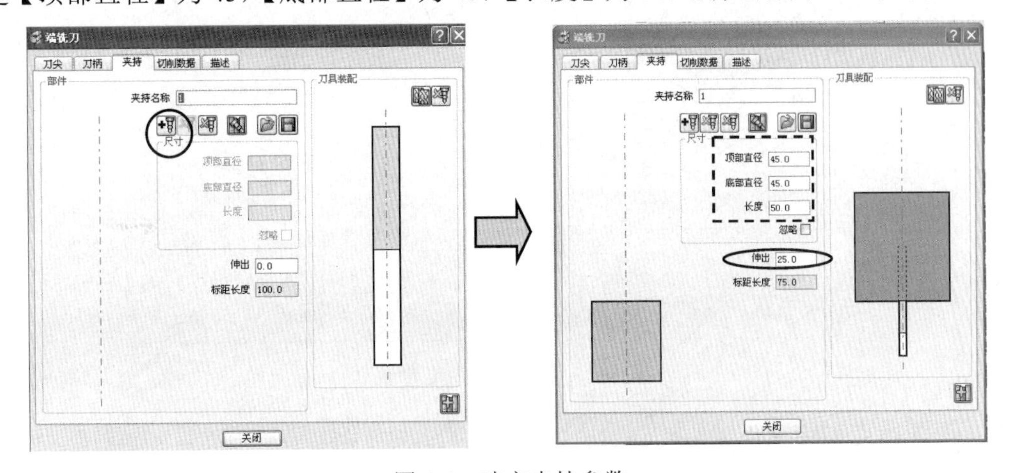

图 4-9　建立夹持参数

用同样的方法建立 BD6R3 和 BD3R1.5 刀尖、刀柄及其夹持参数，如图 4-10 所示。

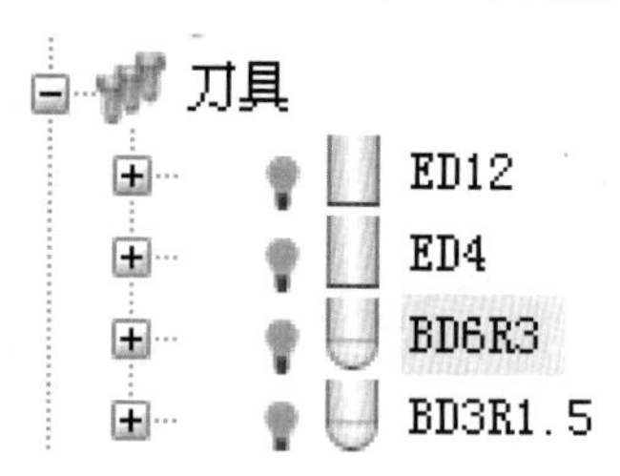

图 4-10　建立的刀具

4.7　设公共安全参数

主要任务：设安全高度、开始点和结束点。

1. 设安全高度

在综合工具栏中单击【快进高度】按钮，弹出【快进高度】对话框。在【绝对安全】中设置【安全区域】为“平面”，【用户坐标系】为 1，单击【按安全高度重设】按钮，此时【安全 Z 高度】数值变为 45.15，将此数值修改为整数 46，单击【接受】按钮，如图 4-11 所示。

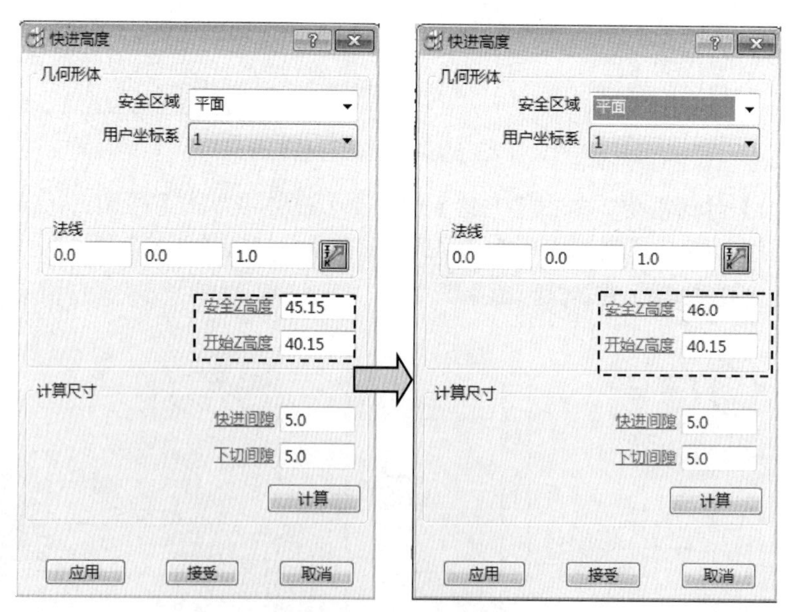

图 4-11　设快进高度参数

2. 设开始点和结束点

在综合工具栏中单击【开始点和结束点】按钮，弹出【开始点和结束点】对话框。

在【开始点】选项卡中，设置【使用】的下拉菜单为“第一点安全高度”，切换到【结束点】选项卡，用同样的方法设置，单击【接受】按钮，如图 4-12 所示。

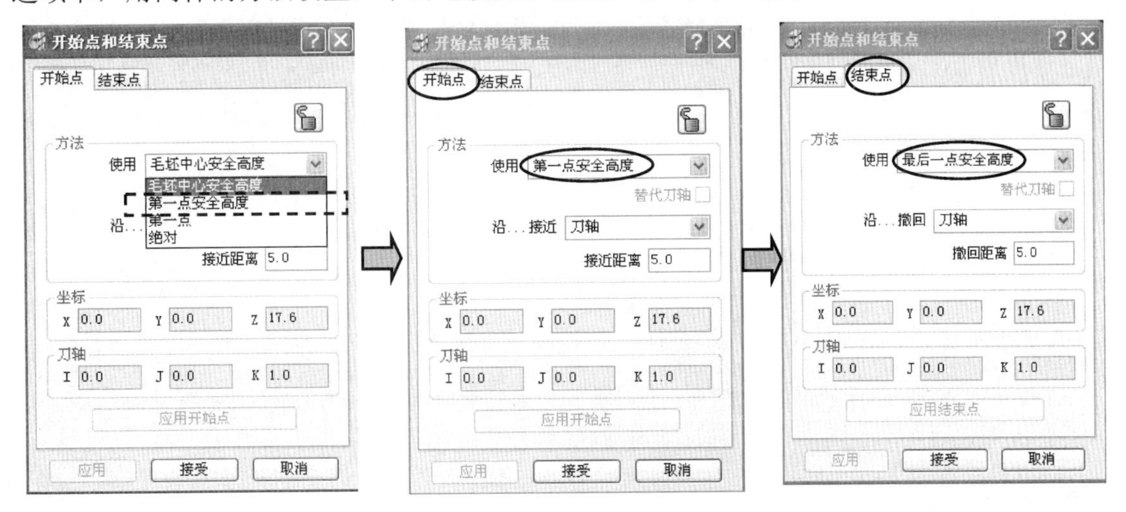

图 4-12　设开始点和结束点参数

4.8　在程序文件夹 K02A 中建立开粗刀路

主要任务：建立 2 个刀具路径，第 1 个为使用 ED12 平底刀对台阶面以上部分开粗；第 2 个为下部分开粗。

首先，将 K02A 程序文件夹激活。用鼠标右键单击屏幕左侧【资源管理器】中【刀具路径】的 K02A 文件夹，在弹出的快捷菜单中选择【激活】命令。

1. 使用“模型区域清除”的方法建立上半部分开粗刀路

（1）设定毛坯。

将沿着铜公上半部分有效外形外扩单边大于刀具半径的数值，即沿着整个外形可以外扩 3，以保证刀具能够完全切削工件，而且空刀较少。

在综合工具栏中单击【毛坯】按钮，弹出【毛坯】对话框，在【由...定义】下拉列表框中选择“方框”选项，接着按图 4-13 所示的顺序设置参数。先设最小和最大的 Z 值，将其锁定，再设【扩展】为 3，单击【计算】按钮，再单击【接受】按钮，再单击右侧屏幕的【毛坯】按钮，关闭其显示。

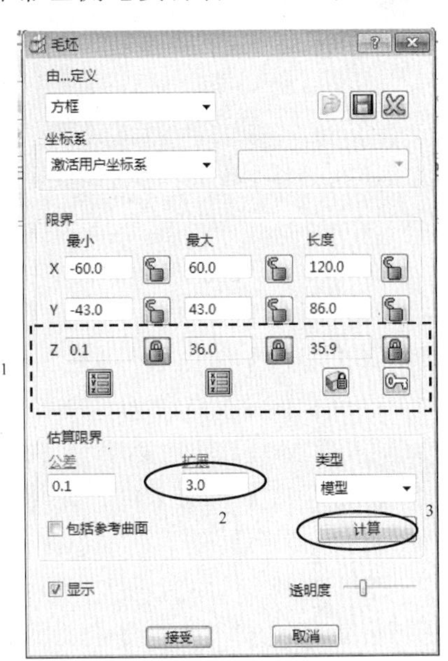

图 4-13　设毛坯参数

（2）设刀路切削参数，创建“模型区域清除”刀路

策略。

在综合工具栏中单击【刀具路径策略】按钮，弹出【策略选取器】对话框，选取【三维区域清除】选项卡，然后选择【模型区域清除】选项，单击【接受】按钮，弹出【模型区域清除】对话框。按图 4-14 所示设置参数，【刀具】选择 ED12，【公差】为 0.1。单击【余量】按钮，设置侧面余量为 0.2，底部余量为 0.1，【行距】为 7，【下切步距】为 1，【切削方向】为“顺铣”。

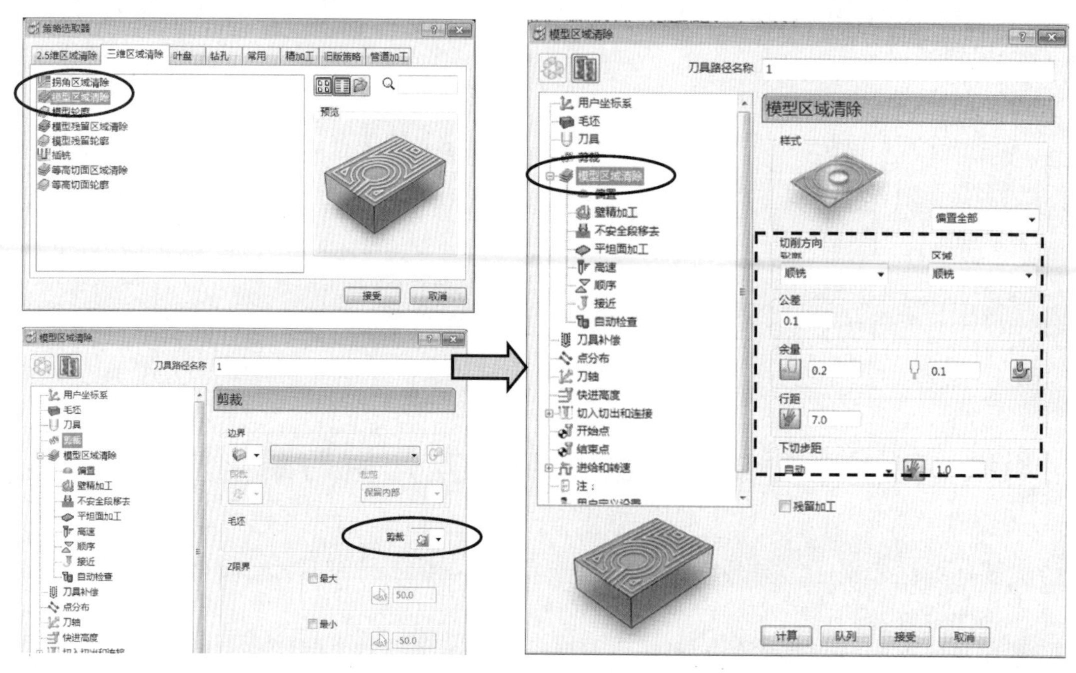

图 4-14　设切削参数

单击【计算】按钮，保持该策略为激活状态。

（3）设非切削参数，先设置切入切出和连接参数。

该铜公结构特点是中间高四周低，但中间有个按钮孔要用斜线下刀，外侧应为料外下刀。

在综合工具栏中单击【切入切出和连接】按钮，弹出【切入切出和连接】对话框。选取【Z 高度】选项卡，设置【掠过距离】为 3，【下切距离】为 3。

在【切入】选项卡中，【第一选择】为“斜向”，设置【斜向选项】中的【最大左斜角】为 10°，【沿着】选“刀具路径”，勾选【仅闭合段】，【圆圈直径（TDU）】为 0.95 倍的刀具直径，【类型】选“相对”，【高度】为 0.5。

在【连接】选项卡中，如图 4-15 所示。单击【应用】按钮，再单击【接受】按钮。在【模型区域清除】对话框中单击【取消】按钮。

这样选择参数的目的，是尽量减少非切削路径长度，而且在孔位处产生斜线下刀，提高切削效率及安全，产生的刀具路径如图 4-16 所示。

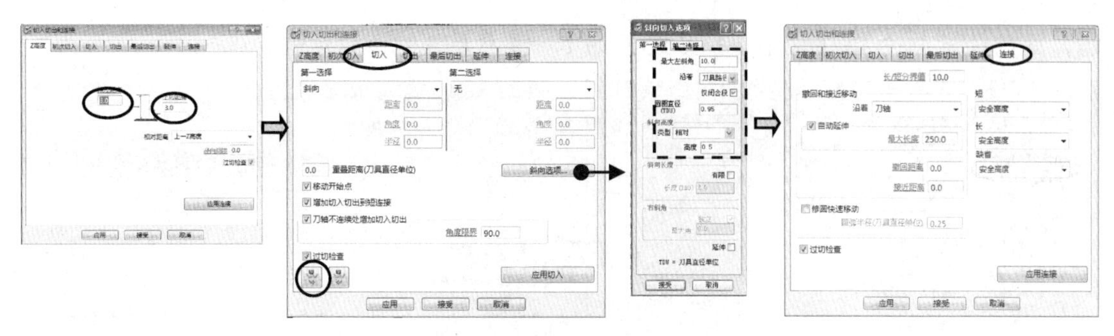

图 4-15 设切入切出和连接参数

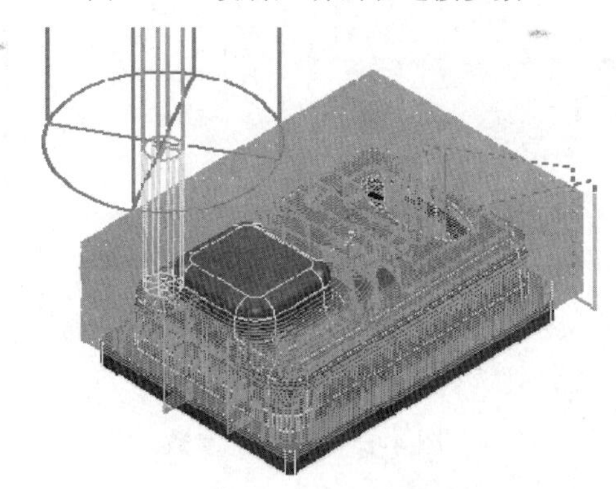

图 4-16 上半部分开粗刀路

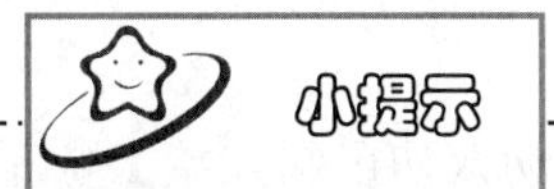

要及时存盘。首次存盘时选择【文件】|【保存项目为】给定与模型相同的名称 pmbook-4-1，以后存盘时可以直接单击按钮。

2. 使用“等高精加工”的方法建立下半部分开粗刀路

（1）设定毛坯。

本次将沿着外形外扩单边 7，以保证刀具能够完全切削工件。在综合工具栏中单击【毛坯】按钮，弹出【毛坯】对话框。在【由...定义】下拉列表框中选择“方框”选项，接着按图 4-17 所示设置参数，单击【接受】按钮，单击右侧屏幕的【毛坯】按钮，关闭其显示。

图 4-17 设毛坯参数

（2）设刀路切削参数，创建“等高精加工”刀路策略。

在综合工具栏中单击【刀具路径策略】按钮，弹出【策略选取器】对话框，选取【精加工】选项卡，然后选择【等高精加工】选项，单击【接受】按钮。弹出【等高精加工】对话框，按图 4-18 所示设置参数，【刀具】选择 ED12，【公差】为 0.1。单击【余量】按钮，设置侧面余量为

0.2，底部余量 为 0，【最小下切步距】为 1，暂不要关闭该对话框。

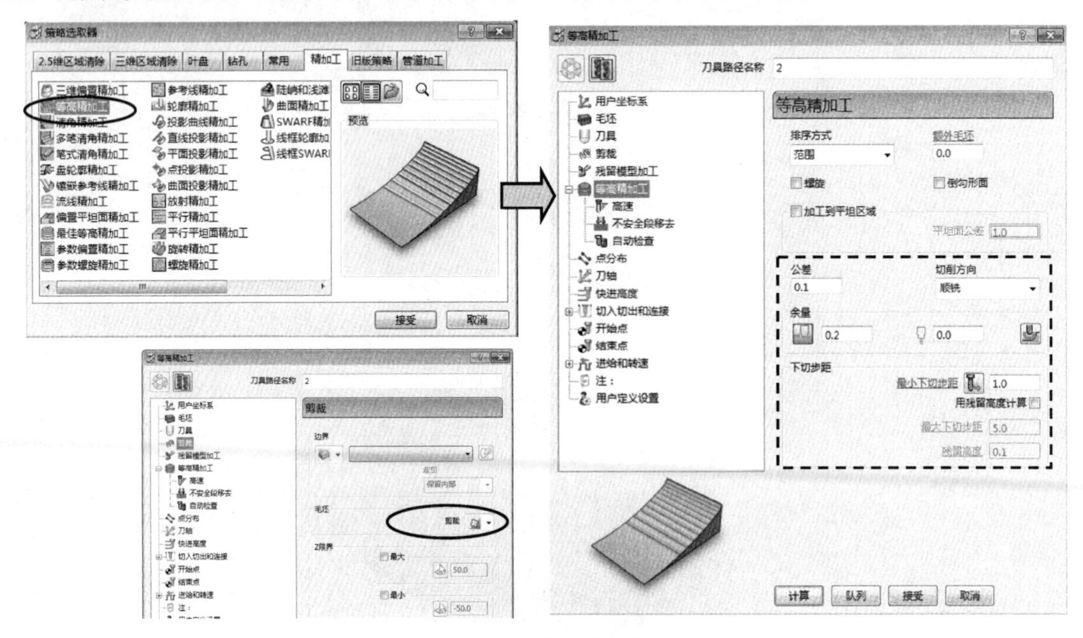

图 4-18　设切削参数

（3）设非切削参数，先设置切入切出和连接参数。

该铜公下半部分结构特点是余量较小，水平方向只进刀一次，而且设置使刀具从料外下刀，且圆弧切入和切出。

在综合工具栏中，或前述的【等高精加工】对话框中，单击【切入切出和连接】按钮 ，弹出【切入切出和连接】对话框。选取【切入】选项卡，设置【第一选择】为"水平圆弧"，【距离】为 0，【角度】为 180，【半径】为 5，【重叠距离】为 0.1，单击【切出和切入相同】按钮 。这样就使切出和切入参数一样，成为圆弧退刀。

在【连接】选项卡中，修改【短】为"直"，其余参数默认，如图 4-19 所示，单击【应用】按钮，再单击【接受】按钮。

图 4-19　设切入切出和连接参数

这样选择参数的目的，是保证料外下刀，可尽量减少不必要的提刀，提高切削安全性和平稳。在【等高精加工】对话框中单击【计算】按钮，产生刀具路径 2，如图 4-20 所示。

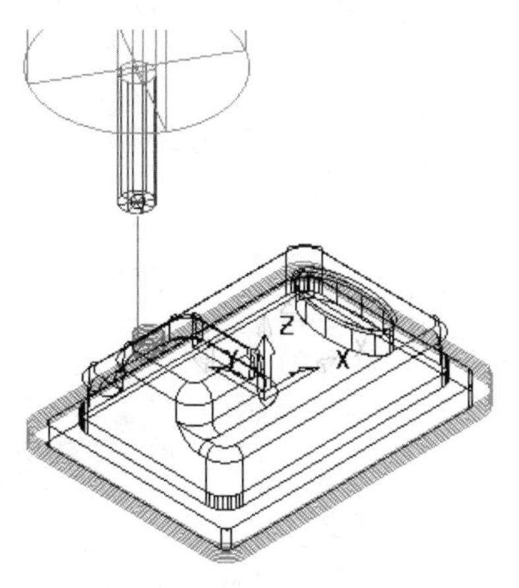

图 4-20 下半部分开粗刀路

以上程序组的操作视频文件为: \ch04\03-video\01-建立开粗刀路 K02A.exe

4.9 在程序文件夹 K02B 中建立外形精加工刀路

主要任务：建立 5 个刀具路径，第 1 个为使用 ED12 平底刀对铜公四周基准面进行中光刀；第 2 个为对铜公四周基准面进行光刀；第 3 个为对铜公台阶基准平位以上的外形进行中光刀；第 4 个为对铜公台阶基准平位以上的外形进行光刀；第 5 个为对铜公水平面部位进行光刀。

首先将 K02B 程序文件夹激活。方法是用鼠标右键单击屏幕左侧【资源管理器】中【刀具路径】的 K02B 文件夹，在弹出的快捷菜单中选择【激活】命令。

1．使用等高精加工对铜公四周基准面进行中光刀

方法：将 4.8 节中已经完成的刀路 2 进行复制，再改参数。

（1）复制刀路，并改名。

用鼠标右键单击屏幕左侧【资源管理器】中【刀具路径】的 K02A 文件夹中的刀具路径 2，在弹出的快捷菜单中选择【编辑】，再选【复制刀具路径】命令。单击 K02B 文件夹前的加号+，可以看到在 K02B 文件夹中生成了刀具路径 2_1。用鼠标右键单击它，在弹出的快捷菜单中选择【重新命名】，再将其改名为“3”，如图 4-21 所示。

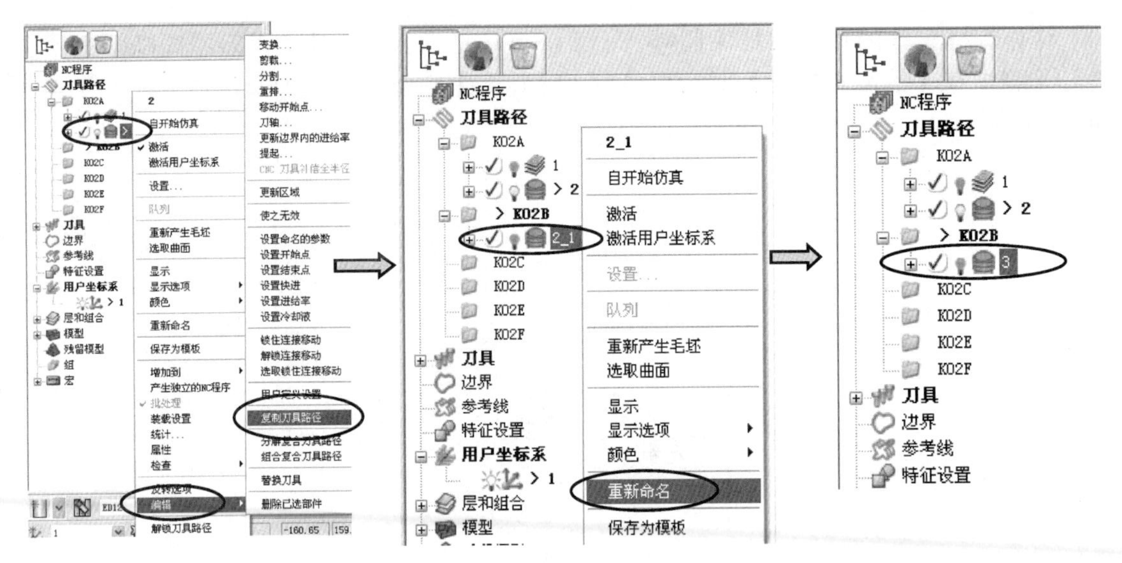

图4-21 复制刀路策略并改名

（2）激活刀具路径3，并进入参数对话框。

用鼠标右键单击刚产生的刀具路径3，在弹出的快捷菜单中选择【激活】命令。再右击该刀具路径3，在弹出的快捷菜单中选择【设置】命令，弹出【等高精加工】对话框，如图4-22所示。

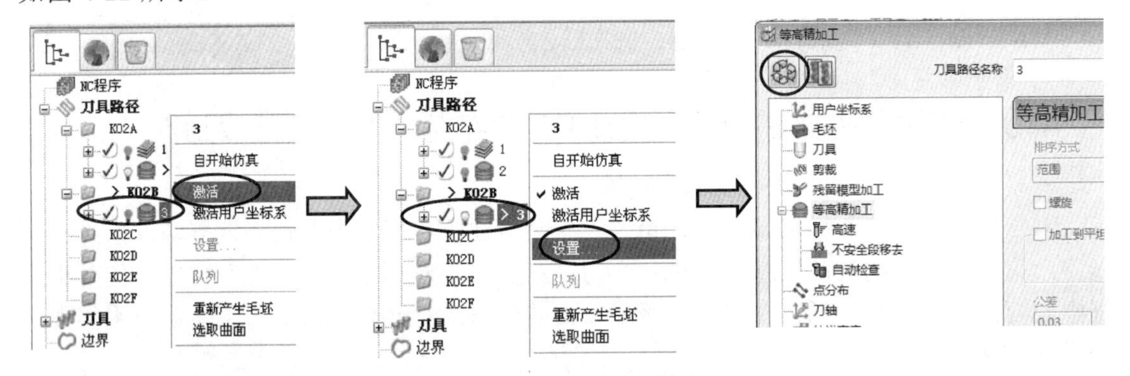

图4-22 激活新刀路策略

（3）重新设置加工参数。

单击上述【等高精加工】对话框中的【打开表格，编辑刀具路径】按钮，按图4-23所示修改参数，【公差】改为0.03，设置侧面余量为0.1，底部余量为0，【最小下切步距】为10。

（4）检查加工参数，生成新刀路。

单击上述【等高精加工】对话框中的【计算】按钮，再单击【基于此刀具路径产生一新的刀具路径】按钮，生成新刀具路径策略3_1，再单击【取消】按钮，生成如图4-24所示的刀路。

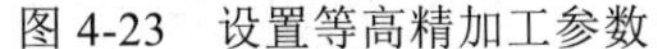
图 4-23　设置等高精加工参数

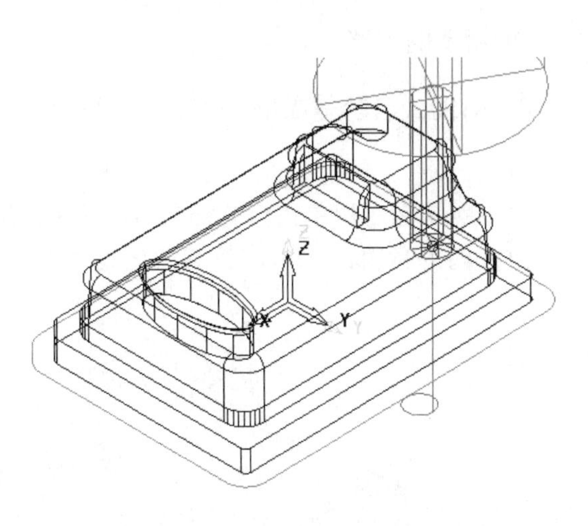

图 4-24　生成中光刀路

2．使用等高精加工对铜公四周基准面进行光刀

方法：对刚复制产生的 3_1 刀具路径，通过改参数来生成新刀路。

（1）激活刀具路径策略 3_1，并进入参数对话框。

用鼠标右键单击刚产生的刀具路径 3_1，在弹出的快捷菜单中选择【激活】命令，再右击它，在弹出的快捷菜单中选择【设置】命令，弹出【等高精加工】对话框，如图 4-25 所示修改参数。【名称】改为“4”,【公差】改为 0.01，设置侧面余量为 0，其余参数不变。

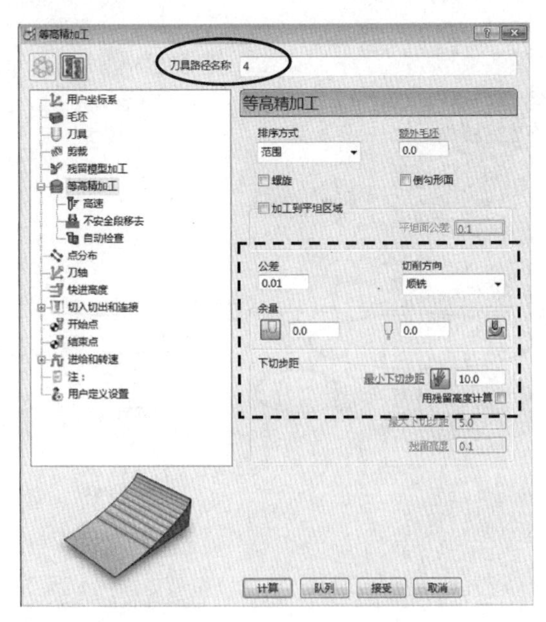

图 4-25　设置等高精加工参数

（2）检查加工参数，生成新刀路。

单击上述【等高精加工】对话框中的【应用】按钮，再单击【取消】按钮，生成如图 4-26 所示的刀路。

3. 对铜公台阶基准平位以上的外形进行中光刀

方法：将已经完成的刀具路径 4 进行复制，再改参数。

（1）用鼠标右键单击刀具路径 4，在 K02B 文件夹中复制为刀路 4_1，用鼠标左键单击它，过大约 1 秒再次单击，将其改名为“5”，激活该刀路策略，如图 4-27 所示。

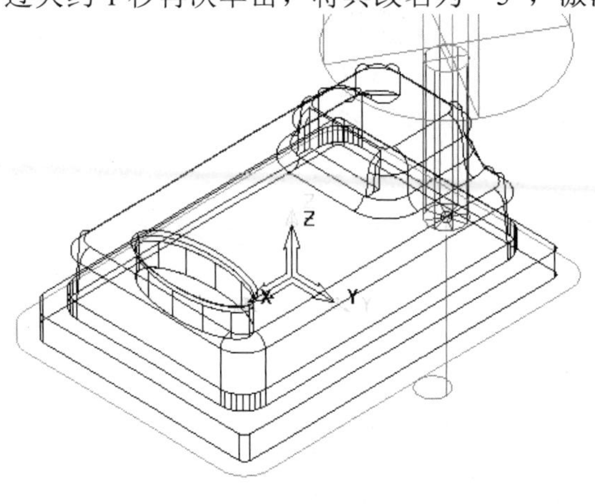

图 4-26　生成光刀刀路

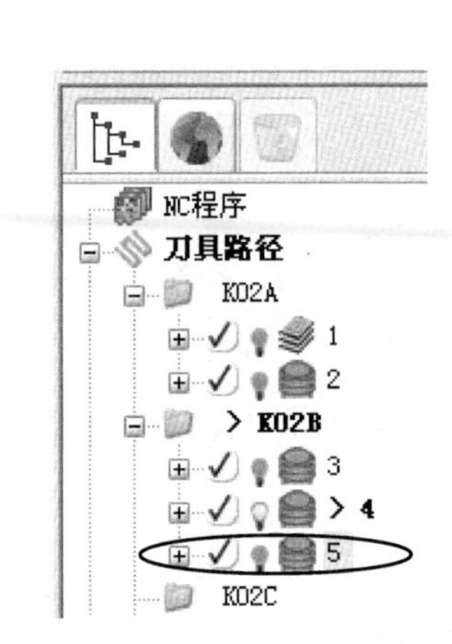

图 4-27　复制新刀路策略

（2）重新设置刚产生的刀路 5，进入【等高精加工】对话框，重新按图 4-28 所示设置加工参数和毛坯参数。观察图形区的毛坯显示，无误后，单击右侧屏幕的【毛坯】按钮，关闭其显示。

图 4-28　在设加工参数的同时设置毛坯

（3）检查加工参数，生成新刀路。

单击上述【等高精加工】对话框中的【计算】按钮，再单击【取消】按钮，生成如图 4-29 所示的刀路。

4．对铜公台阶基准平位以上的外形进行光刀

方法：将刚产生刀具策略 5 进行复制，再改参数。

（1）用鼠标右键单击刀具路径 5，在 K02B 文件夹中复制为刀路 5_1，用鼠标左键单击它，过大约 1 秒再次单击，将其改名为“6”，激活该刀路策略，如图 4-30 所示。

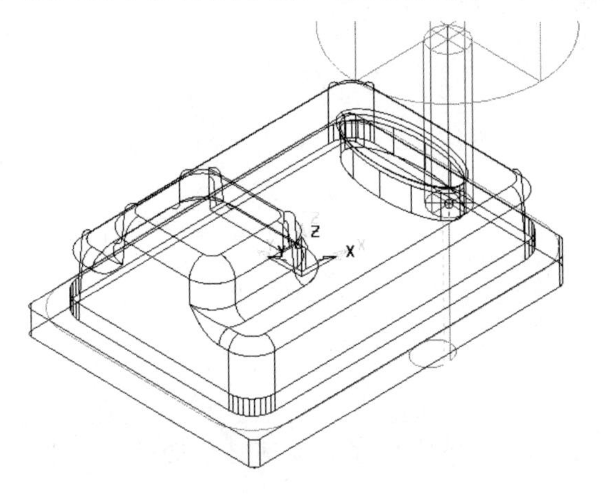

图 4-29　外形中光刀路

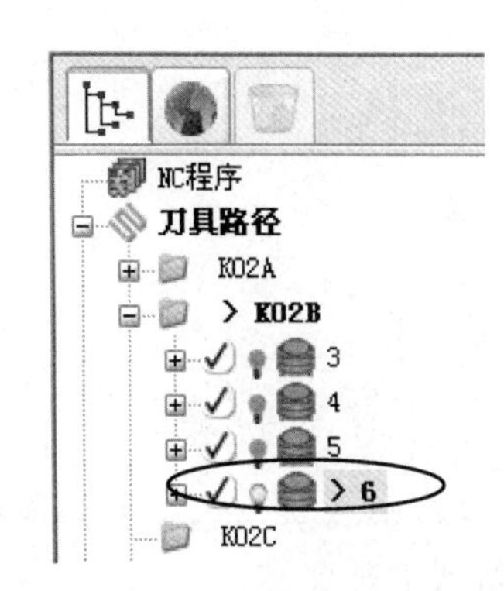

图 4-30　复制刀路策略

（2）重新设置刚产生的刀路 6，进入【等高精加工】对话框，重新按图 4-31 所示设置加工参数。

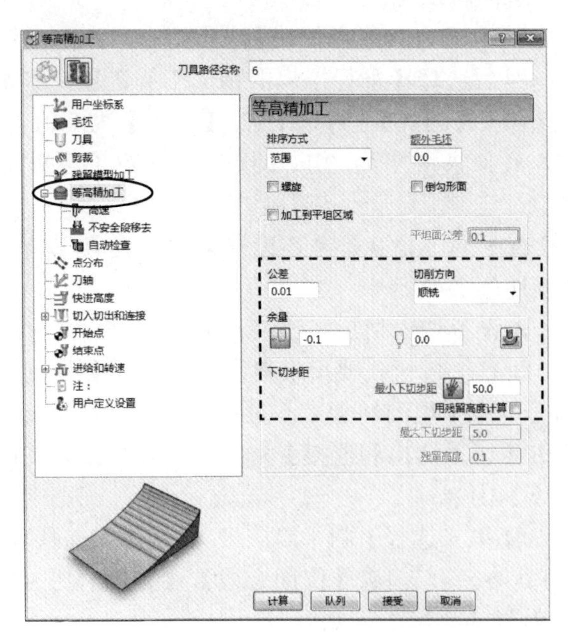

图 4-31　设置加工参数

（3）检查加工参数，生成新刀路。

单击上述【高度精加工】对话框中的【计算】按钮，再单击【取消】按钮，生成如图 4-32 所示的刀路。

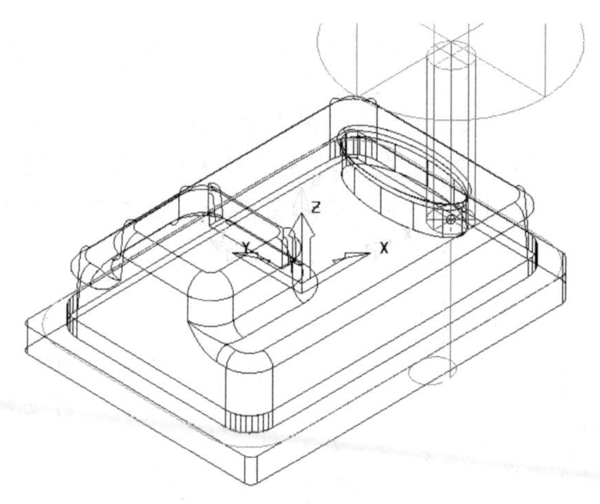

图 4-32　外形中光刀路

要注意

如果操作方式与前面类似，后边操作的叙述可能会简洁一些。请阅读时留意。

5．对铜公水平面部位进行光刀

方法：使用“平行平坦面精加工”加工方式。

（1）在综合工具栏中单击【刀具路径策略】按钮，弹出【策略选取器】对话框，选取【精加工】选项卡，然后选择【平行平坦面精加工】选项，单击【接受】按钮，弹出【平行平坦面精加工】对话框。【刀具】选择 ED12，【公差】为 0.01。单击【余量】按钮，设置侧面余量为 0.15，底部余量为-0.1，【行距】为 7，【切削方向】为“任意”，其余参数按图 4-33 所示设置。

参数设置完后，再检查一遍，尤其是毛坯设置 Z 最小为 0，Z 最大为 35.15。不要关闭该对话框，紧接着设置非切削参数。

（2）设非切削参数，先设置切入切出和连接参数。

该铜公结构特点是中间有个按钮孔要用设斜线下刀，其余外侧应为料外下刀。

在如图 4-33 所示的【平行平坦面精加工】对话框中，或在综合工具栏中单击【切入切出和连接】按钮，弹出【切入切出和连接】对话框。选取【Z 高度】选项卡，设置【掠过距离】为 3，【下切距离】为 3。

在【切入】选项卡中，【第一选择】为“斜向”，设置【斜向选项】中的【最大左斜角】为 10°，【沿着】选“刀具路径”，勾选【仅闭合段】，【圆圈直径（TDU）】为 0.95 倍的刀具直径，【类型】选“相对”，【高度】为 0.5。

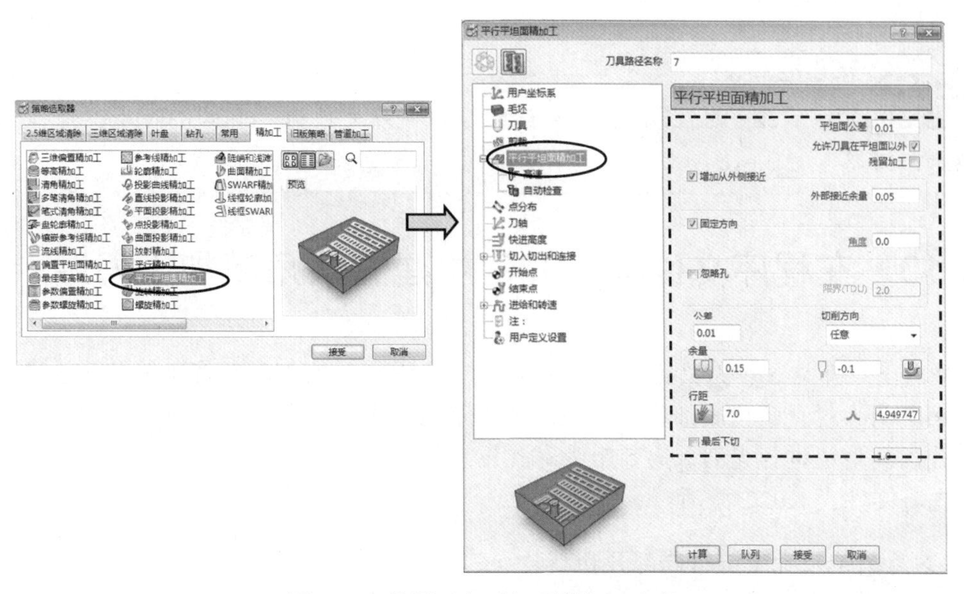

图 4-33　设置平行平坦面精加工参数

在【连接】选项卡中，修改【短】为“掠过”，其余参数默认，如图 4-34 所示。单击【应用】按钮，再单击【接受】按钮，在【平行平坦面精加工】对话框中单击【取消】按钮。

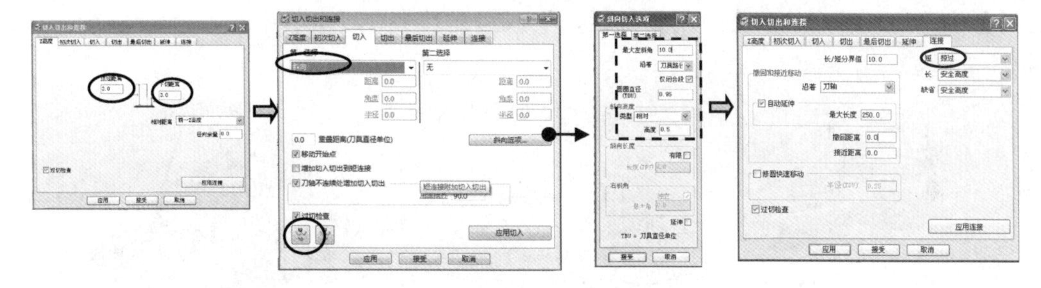

图 4-34　设切入切出和连接参数

产生的刀具路径如图 4-35 所示。

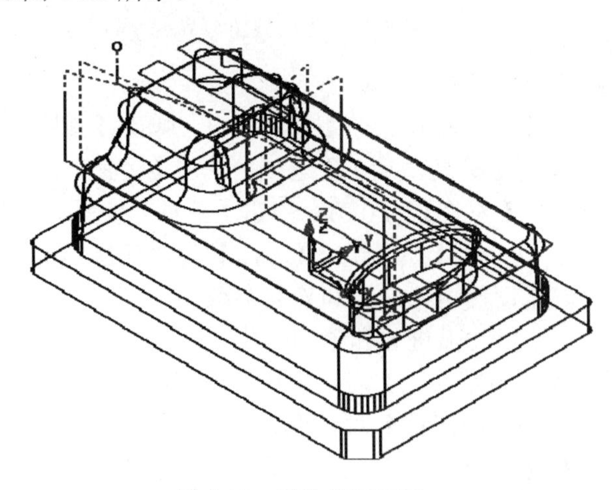

图 4-35　平位光刀刀路

以上程序组的操作视频文件为：\ch04\03-video\02-建立外形精加工刀路 K02B.exe

4.10 在程序文件夹 K02C 中建立清角精加工刀路

主要任务：建立 5 个刀具路径，第 1 个为使用 ED4 平底刀，对直角位及孔位进行局部开粗；第 2 个为对直角位底部进行光刀；第 3 个为对铜公直角位外侧进行光刀；第 4 个为对铜公孔的倒角位进行光刀；第 5 个为对孔位进行光刀。

首先将文件夹 K02C 激活。

1．对直角位及孔位进行局部开粗

（1）首先用【残留边界】创建清角边界。

在【资源管理器】中右击【边界】，在弹出的快捷菜单中选择【定义边界】|【残留】命令，系统弹出【残留边界】对话框，本次加工用的【刀具】为“ED4”，上次已用的【参考刀具】为“ED12”，单击【应用】按钮，生成清角边界 1，如图 4-36 所示，单击【接受】按钮。

图 4-36　生成残留边界

（2）设定清角刀路的加工参数。

在综合工具栏中单击【刀具路径策略】按钮，弹出【策略选取器】对话框，选取【精加工】选项卡，然后选择【等高精加工】选项，单击【接受】按钮，弹出【等高精加工】对话框，【刀具】选择 ED4，【公差】为 0.01。单击【余量】按钮，设置侧面余量为 0，底部余量为 0，【最小下切步距】为 0.15，【方向】为“任意”，如图 4-37 所示。

（3）设非切削参数，先设置切入切出和连接参数。

根据该铜公结构特点选用圆弧进刀和退刀。

在如图 4-37 所示的【等高精加工】对话框中，或在综合工具栏中单击【切入切出和连接】按钮，弹出【切入切出和连接】对话框。选取【切入】选项卡，设置【第一选择】为“水平圆弧”，【距离】为 0，【角度】为 45，【半径】为 2，【重叠距离】为 0，单击【切出和切入相同】按钮，这样就使切出和切入参数一样，成为圆弧退刀。

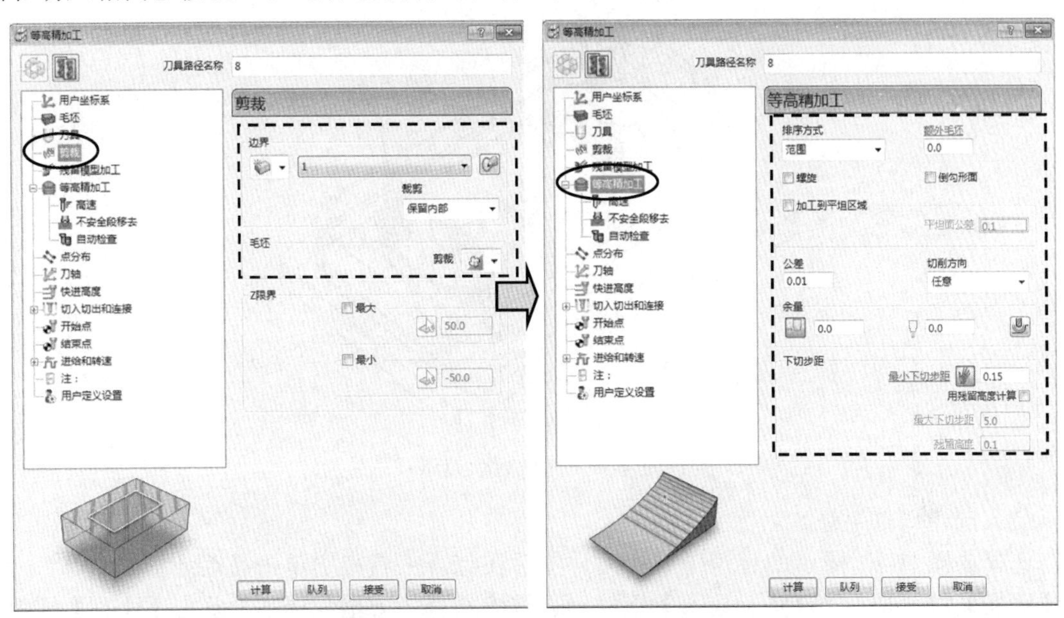

图 4-37　设等高精加工参数

在【连接】选项卡中，修改【短】为“直”，其余参数默认，如图 4-38 所示，单击【应用】按钮，再单击【接受】按钮。

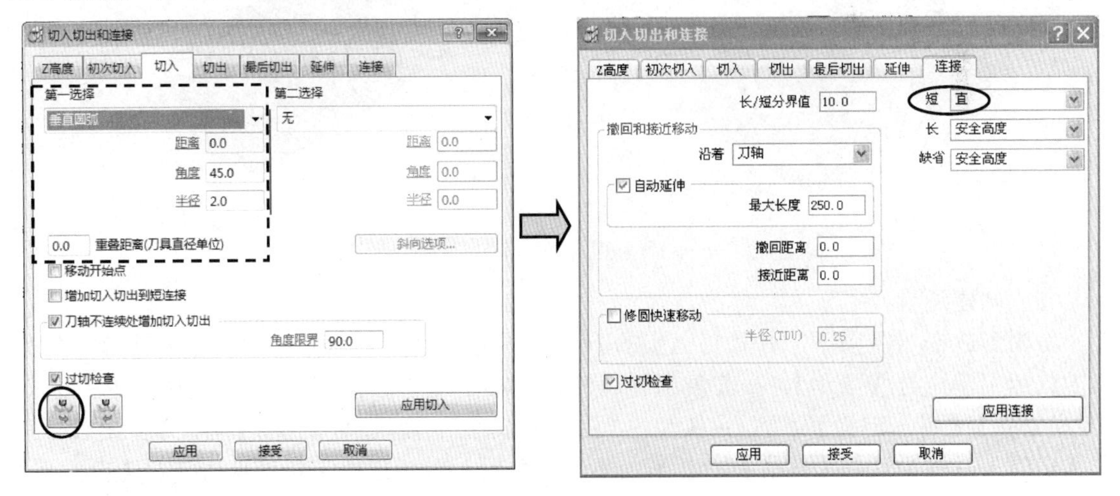

图 4-38　设切入切出和连接参数

这样选择参数的目的是保证料外下刀，在【等高精加工】对话框中单击【计算】按钮，产生的刀具路径 8 如图 4-39 所示。

2．直角位底部进行光刀

方法：要专门做毛坯和边界，采用等高精加工的方式。

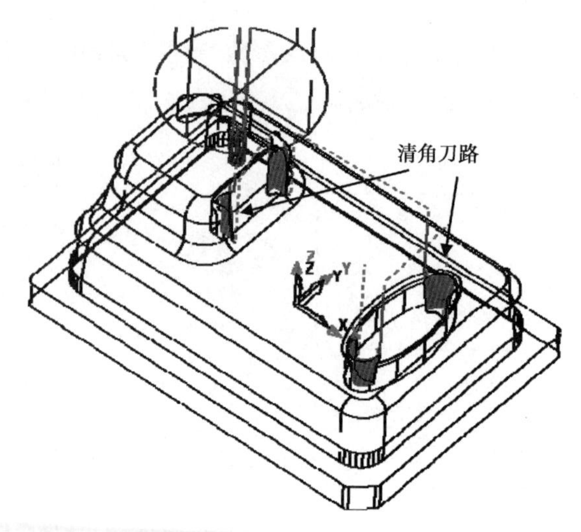

图 4-39 生成清角刀路

（1）创建局部毛坯。

选择如图 4-40 所示的直角位的曲面，然后在综合工具栏中单击【毛坯】按钮，弹出【毛坯】对话框。在【由...定义】下拉列表框中选择“方框”选项，单击【计算】按钮，单击【接受】按钮，单击右侧屏幕的【毛坯】按钮，关闭其显示。

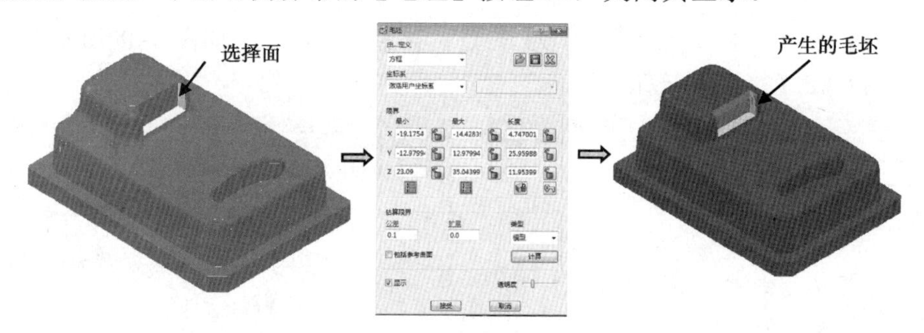

图 4-40 创建毛坯

（2）创建边界。

将图形放在俯视图下，并且将上步的刀路 8 显示出来，在目录树中右击刀路 8，在弹出的快捷菜单中选【显示】。在【资源管理器】中右击【边界】，在弹出的快捷菜单中选择【定义边界】|【用户定义】命令，系统弹出【用户定义边界】对话框，选择【勾画】按钮，在弹出的工具条中选择【直线】按钮的下三角符号，在弹出的下拉菜单中选择【长方形】按钮，在【长方形】工具条中设倒角【半径】R1，在刀路 8 外围绘制带圆角 R1 的长方形，如图 4-41 所示。

要注意

这里要将刀路 8“显示”，而不是“激活”。如果激活的话，那么本节所做的毛坯就会消失，而变为刀路 8 所用的毛坯。

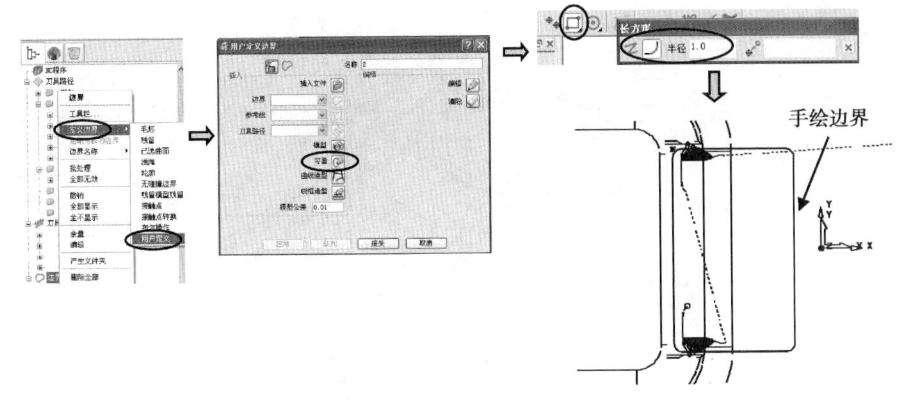

图 4-41　手绘边界

单击【接受改变】按钮，返回到【用户定义边界】对话框，单击【接受】按钮，这样在目录树中的【边界】树枝下就生成了新的边界 2。

（3）设定加工参数。

在综合工具栏中单击【刀具路径策略】按钮，弹出【策略选取器】对话框，选取【精加工】选项卡，然后选择【等高精加工】选项，单击【接受】按钮，弹出【等高精加工】对话框。在【等高精加工参数】对话框中，设定【公差】为 0.01，侧面余量为 2.0，底部余量为 0，【最小下切步距】为 30.0，【边界】为“2”，如图 4-42 所示。

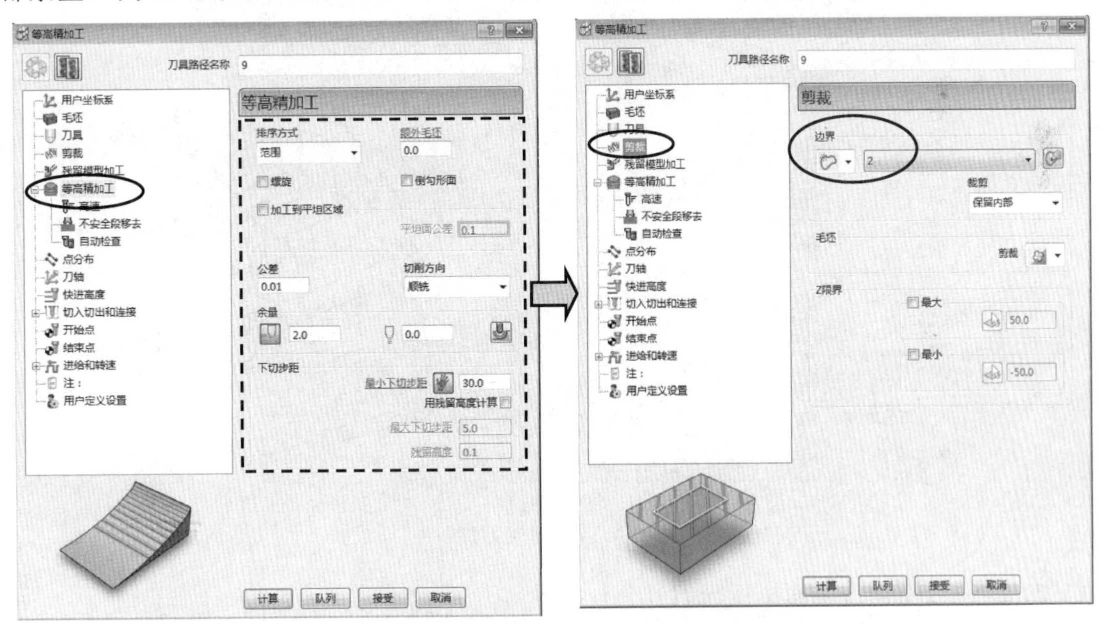

图 4-42　设定等高精加工参数

单击【计算】按钮，生成刀路如图 4-43 所示。

（4）将该刀路向下平移，使铜公在底部平位产生过切，从而使底部与之前 ED12 刀路接顺。要说明的是，此处铜公已经下移避空。

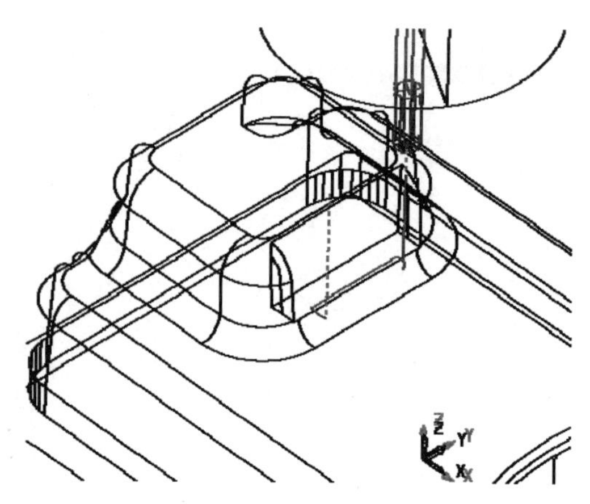

图 4-43　底部光刀

在【资源管理器】中，右击刚产生的刀路 9，在弹出的快捷菜单中选择【编辑】|【变换...】命令，系统在屏幕上方的主工具栏显示出了【变换刀具路径】工具栏，单击【移动刀具路径】按钮，在屏幕底部的【打开位置表格】按钮，系统弹出【位置】对话框。注意选取【当前平面】为“ZX”，输入【Z】栏的坐标为“−0.1”，单击【应用】按钮，再单击【接受】按钮。观察刀路已经下移了−0.1，如图 4-44 所示，在屏幕上方的工具栏里单击【接受】按钮，删除刀路 9，修改 9_1 为 9。

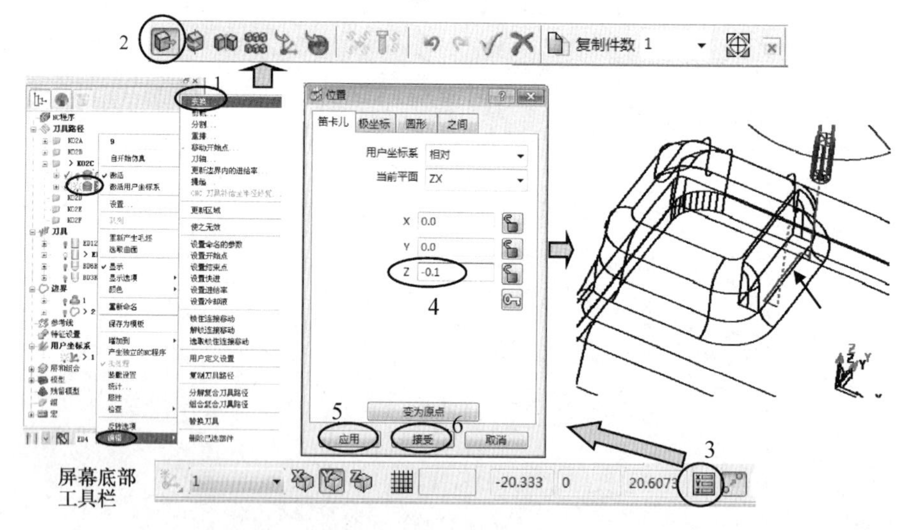

图 4-44　变换刀路

3. 对铜公直角位侧面进行光刀

方法：将刀路 9 复制后修改参数得到。

（1）将刀路 9 复制一份，并改名字为 10，激活并修改刀路 10 的加工参数，在【等高精加工参数】对话框中，设定侧面余量为−0.1，底部余量为−0.1，【最小下切步距】为 0.1，【边界】仍为“2”，如图 4-45 所示。

单击【应用】按钮，生成刀路如图 4-46 所示。

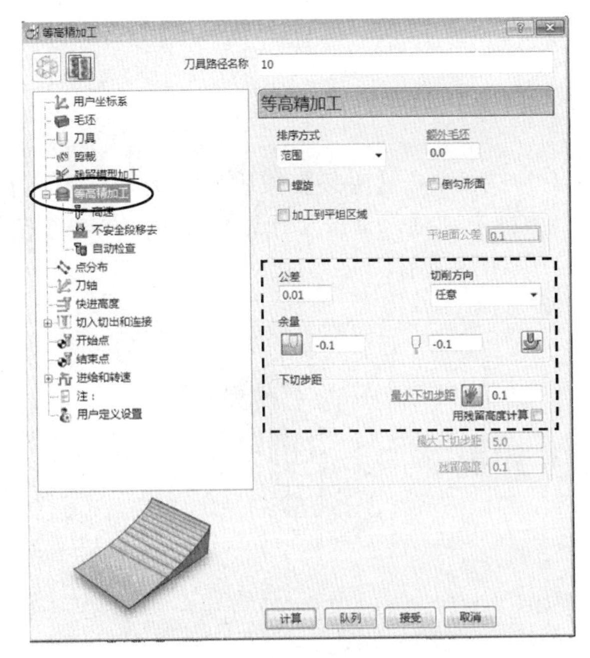

图 4-45　设定等高精加工参数

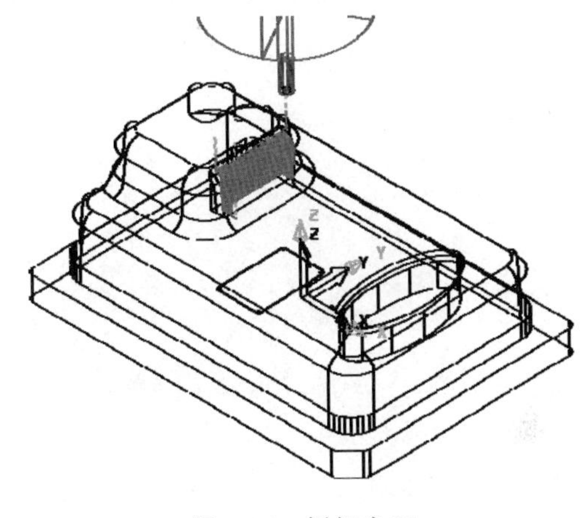

图 4-46　侧部光刀

（2）将该刀路向下平移，使铜公在底部与之前刀路 9 接顺。

在【资源管理器】中，右击刚产生的刀路 10，在弹出的快捷菜单中选择【编辑】|【变换…】，操作方法与图 4-44 相同。观察刀路已经下移了-0.1，如图 4-47 所示。在屏幕上方的工具栏里单击【接受】按钮 ，删除刀路 10，修改 10_1 为 10。

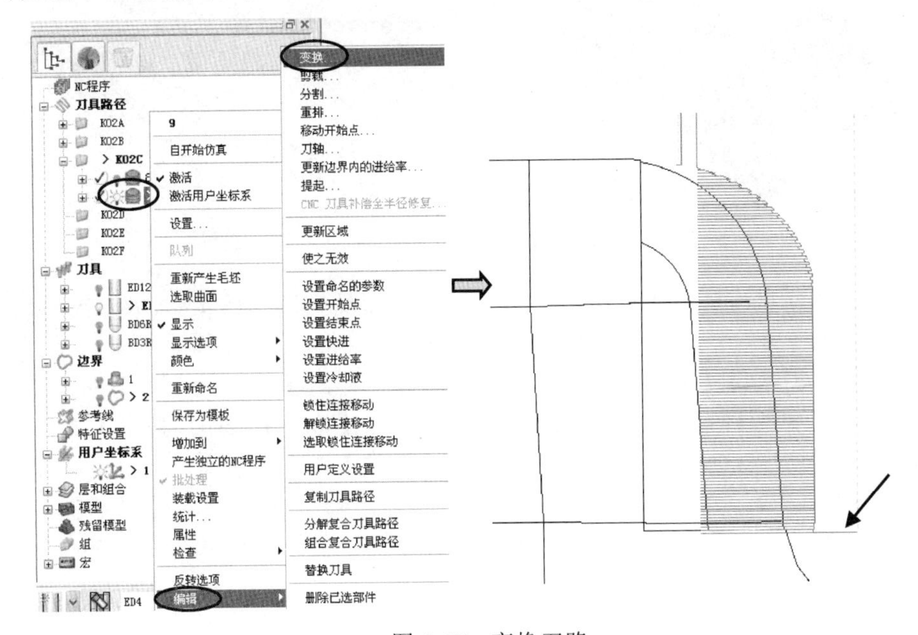

图 4-47　变换刀路

4．对铜公孔的倒角位进行光刀

方法：要专门做毛坯和边界，采用等高精加工的方式。

（1）创建局部毛坯。

选择如图 4-48 所示的曲面，然后在综合工具栏中单击【毛坯】按钮，弹出【毛坯】对话框。在【由...定义】下拉列表框中选择“方框”选项，单击【计算】按钮，单击【接受】按钮，单击右侧屏幕的【毛坯】按钮，关闭其显示。

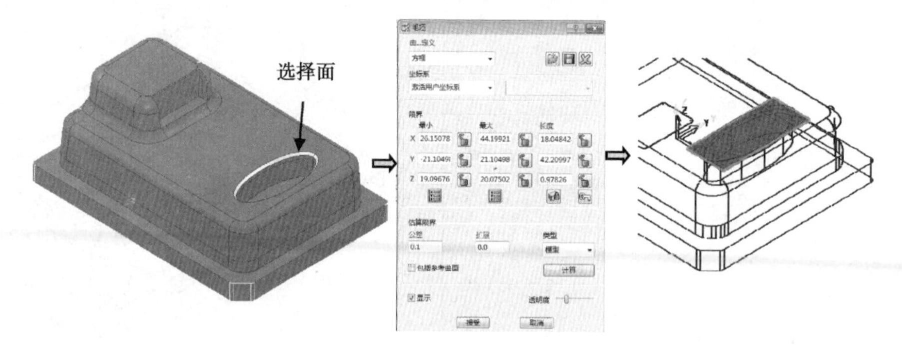

图 4-48　创建毛坯

（2）创建边界。

先选择按钮底部曲面，然后在【资源管理器】中右击【边界】，在弹出的快捷菜单中选择【定义边界】|【用户定义】命令，系统弹出【用户定义边界】对话框，选择【模型】按钮 模型，这样在按钮底部就产生了一圈椭圆线为边界 3，如图 4-49 所示。

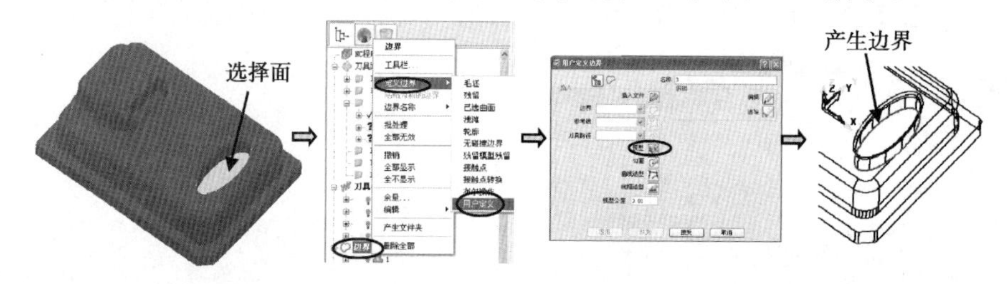

图 4-49　产生底部边界

单击【接受】按钮，这样在目录树中的【边界】树枝下就生成了新的边界 3。

（3）设定加工参数。

在综合工具栏中单击【刀具路径策略】按钮，弹出【策略选取器】对话框，选取【精加工】选项卡，然后选择【等高精加工】选项，单击【接受】按钮。弹出【等高精加工】对话框。在【等高精加工参数】对话框中，勾选【螺旋】复选框，修改【最小下切步距】为 0.02，【边界】为“3”，如图 4-50 所示。

单击【计算】按钮，生成刀路如图 4-51 所示。

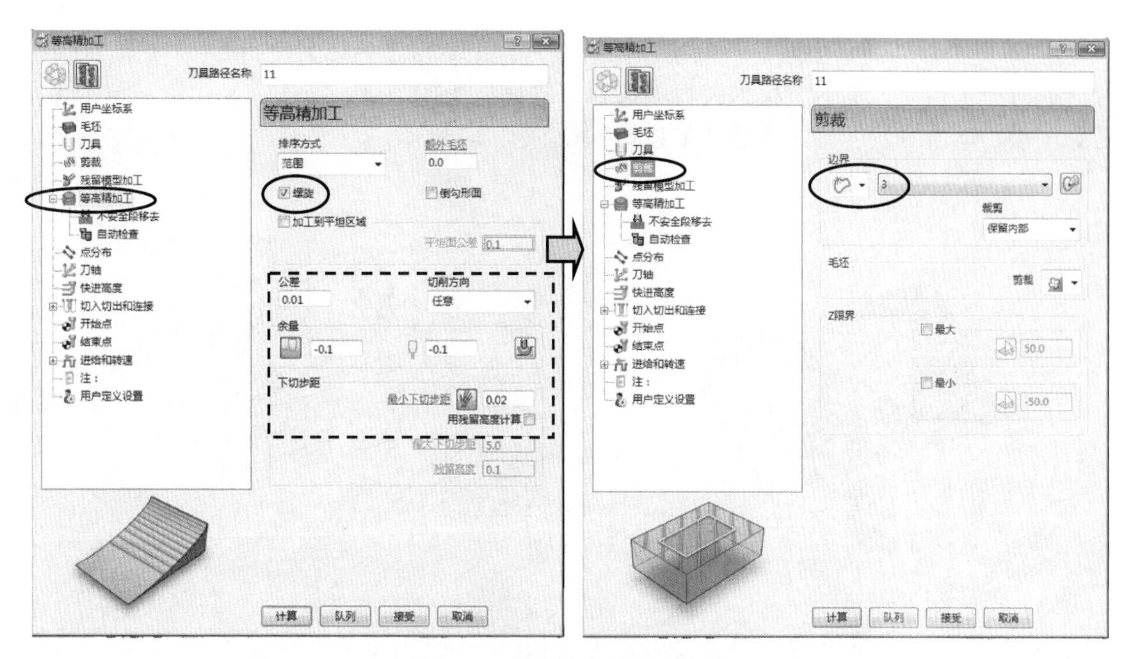

图 4-50　设定等高精加工参数

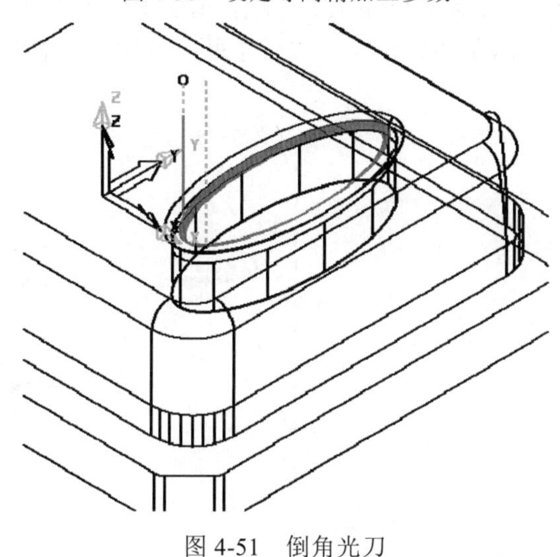

图 4-51　倒角光刀

小疑问 为什么这一步不用复制刀具路径 10 的方法来做？

原因：刀路 10 所定义的毛坯和本次要做刀路的毛坯不同。如果复制刀路 10，改名为 11，本次所做的毛坯就会消失，加工部位就不是按钮孔，而是直角位，请留意。

5. 对铜公孔位进行光刀

方法：要专门做毛坯，采用等高精加工的方式。

（1）创建局部毛坯。

选择如图 4-52 所示的曲面，然后在综合工具栏中单击【毛坯】按钮，弹出【毛坯】对话框。在【由...定义】下拉列表框中选择“方框”选项，单击【计算】按钮，单击【接受】按钮，单击右侧屏幕的【毛坯】按钮，关闭其显示。

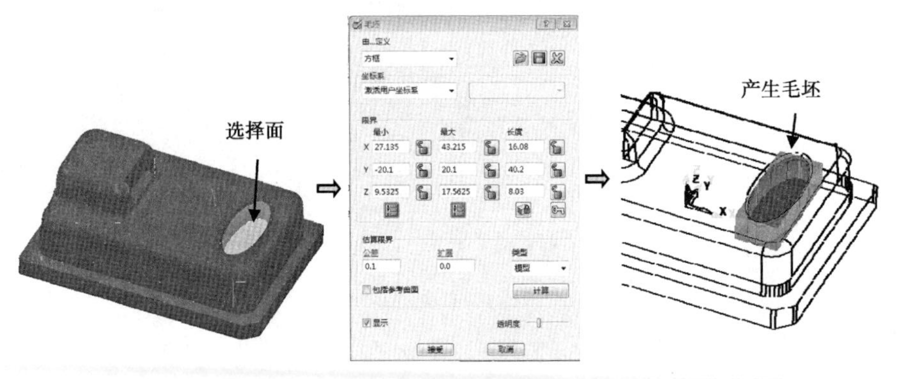

图 4-52　创建毛坯

（2）设定加工参数。

在综合工具栏中单击【刀具路径策略】按钮，弹出【策略选取器】对话框，选取【精加工】选项卡，然后选择【等高精加工】选项，单击【接受】按钮，弹出【等高精加工】对话框。在【等高精加工参数】对话框中，修改【最小下切步距】为 0.05，【边界】为“3”，如图 4-53 所示。

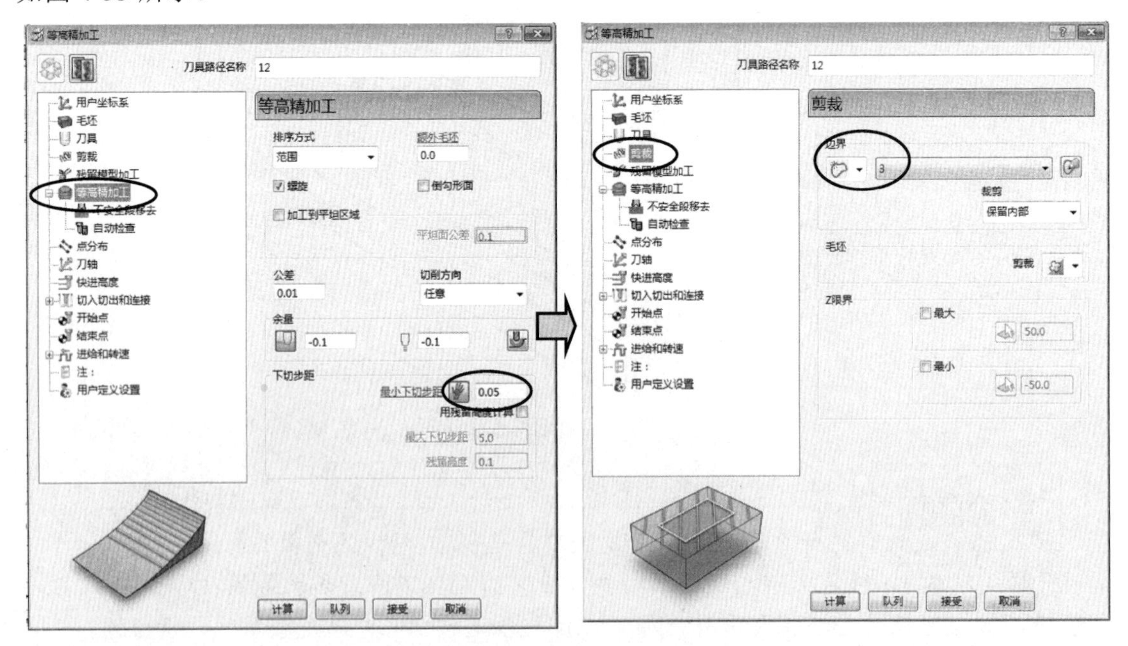

图 4-53　设定等高精加工参数

单击【计算】按钮，生成刀路如图 4-54 所示。

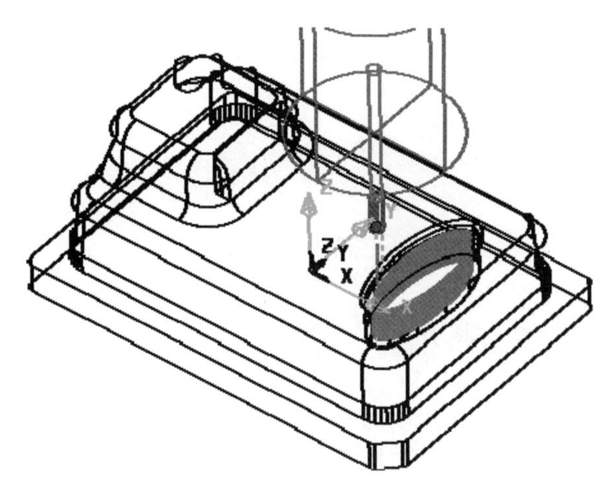

图 4-54　底部光刀

知识拓展

在【资源管理器】中【刀具路径】的 K02C 下的刀具路径前均有一些标志符号，如图 4-55 所示。

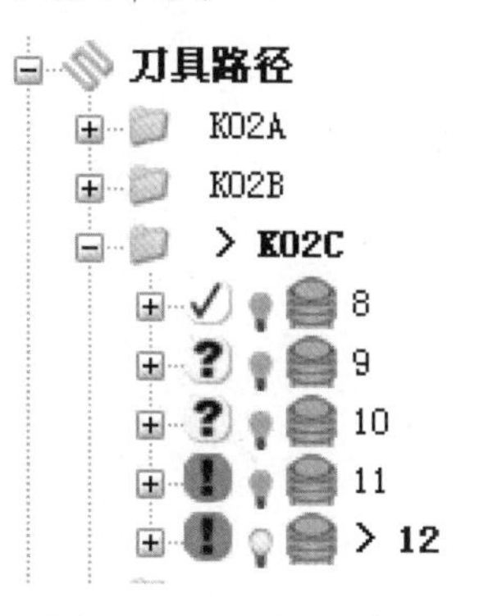

图 4-55　刀具路径标志

含义如下：

!，表示刀路有过切，对此铜公来说正是所需要的；

?，表示刀路有不安全因素，对此铜公来说正是经过平移得到的；

✓，表示刀路切削正常，但要检查夹持；

✓，表示刀路经检查正常。

以上程序组的操作视频文件为：\ch04\03-video\03-建立清角精加工刀路 K02C.exe

4.11 在程序文件夹 K02D 中建立型面中光刀路

主要任务：建立 1 个刀具路径，对型面进行中光刀，也叫半精加工，用 BD6R3 球头刀，余量为 0。

方法：因为加工面起伏较大，为了使其加工更干净准确，先做好接触点加工边界，然后用等高精加工方式进行半精加工。

在【资源管理器】中，首先激活文件夹 K02D。

（1）创建加工边界。

在图形中选取除过水平面以外的顶部曲面，在【资源管理器】中选择【边界】树枝并单击鼠标右键，在弹出的快捷菜单中选择【定义边界】|【接触点】命令，在弹出的【接触点边界】对话框中，单击模型按钮，于是在图形上就出现了产生的边界，单击【接受】按钮。为了清楚观察，可以单击屏幕右侧按钮来关闭图形，系统自动在目录树中产生了边界 4，如图 4-56 所示。

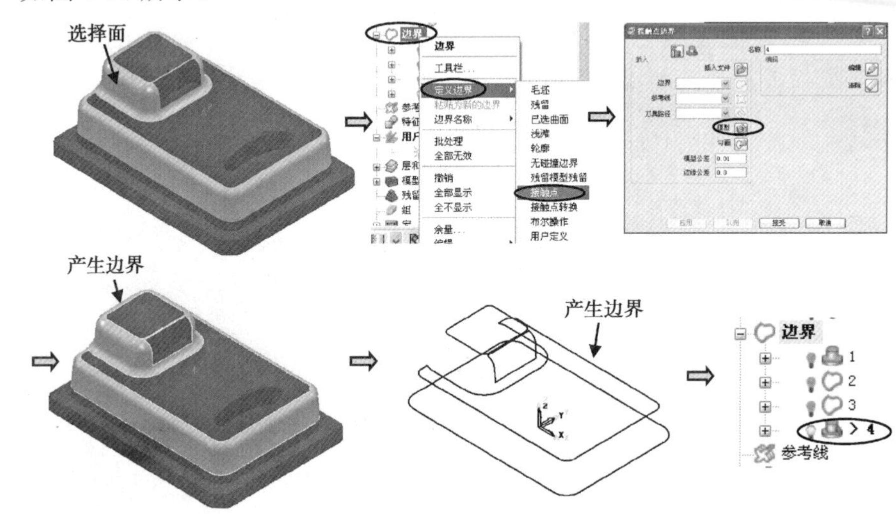

图 4-56　产生加工边界

（2）设定毛坯。

要检查现有毛坯是否符合要求，该毛坯一定要包括所加工的区域，如不符合要求，就要重新设定。

在综合工具栏中单击【毛坯】按钮，弹出【毛坯】对话框，在【由...定义】下拉列表框中选择“方框”选项，在图形区模型外的任意位置单击一下鼠标左键，使系统不再选择图形，接着按如图 4-57 所示，只需要单击【计算】按钮，就可以设置参数，单击【接受】按钮，单击右侧屏幕的【毛坯】按钮，关闭其显示。

（3）设切削参数，创建“等高精加工”刀路策略。

在综合工具栏中单击【刀具路径策略】按钮，弹出【策略选取器】对话框，选取【精加工】选项卡，然后选择【等高精加工】选项，单击【接受】按钮，弹出【等高精加工】

对话框。按图 4-58 所示设置参数，【刀具】选择 BD6R3，【公差】为 0.03，单击【余量】按钮，设置侧面余量为 0，底部余量为 0，【最小下切步距】为 0.3，【边界】选“4”。

图 4-57　设毛坯参数

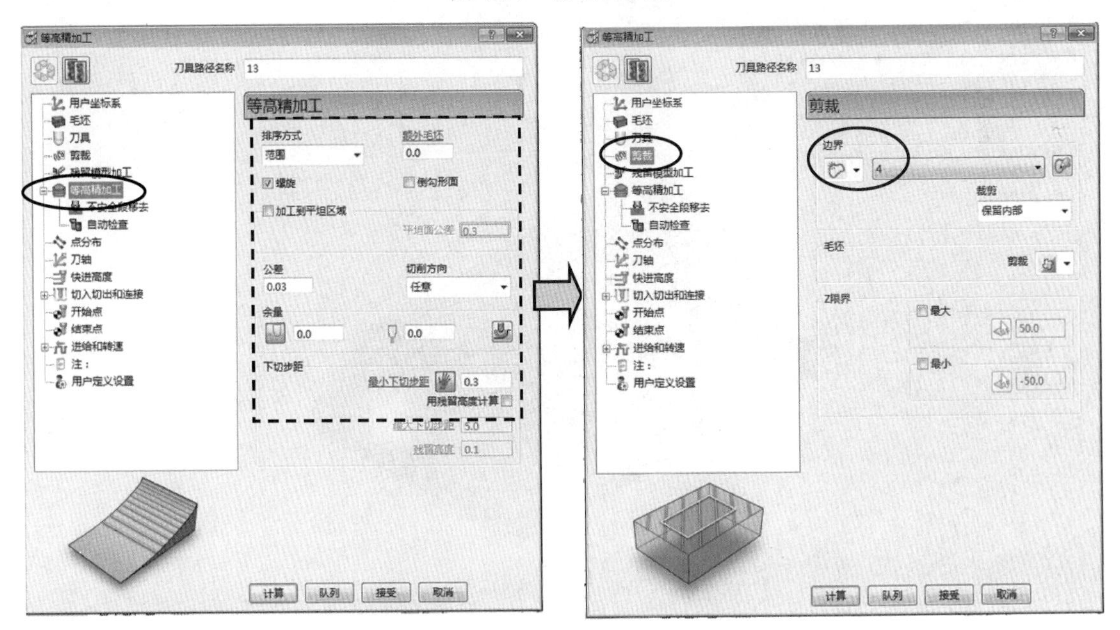

图 4-58　设等高精加工切削参数

（4）设非切削参数，设置切入切出和连接参数。

在综合工具栏或上述【等高精加工】对话框中，单击【切入切出和连接】按钮，弹出【切入切出和连接】对话框。选取【切入】选项卡，设置【第一选择】为“水平圆弧”，

【距离】为 0，【角度】为 45.0，【半径】为 2.0，单击【切出和切入相同】按钮，这样可以使【切出】的参数与【切入】相同。

在【连接】选项卡中，修改【短】为“在曲面上”，其余参数默认，如图 4-59 所示。单击【应用】按钮，再单击【接受】按钮。

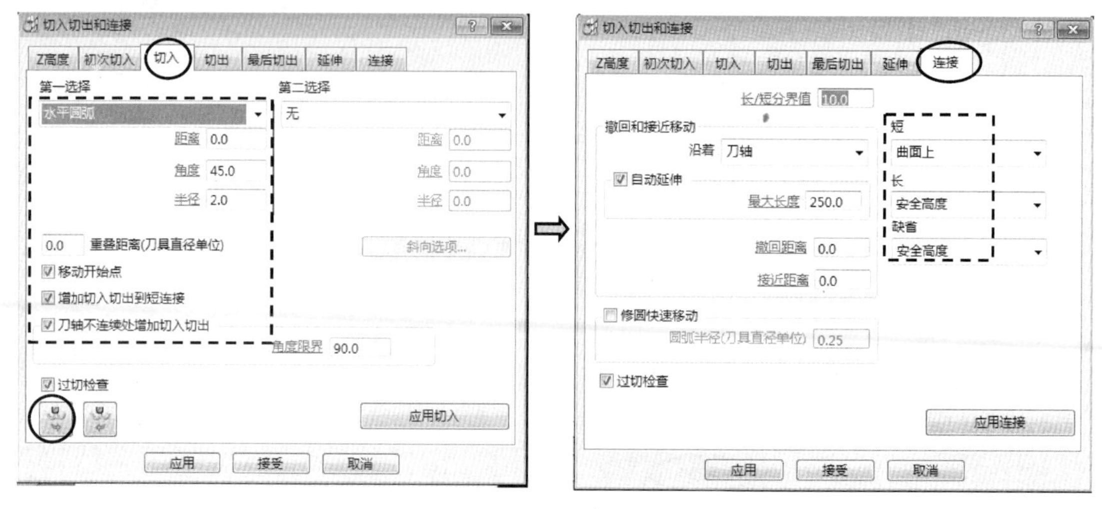

图 4-59　设切入切出和连接参数

在【等高精加工】对话框中，单击【应用】按钮，观察生成的刀路，无误后就单击【取消】按钮，产生的刀具路径如图 4-60 所示。

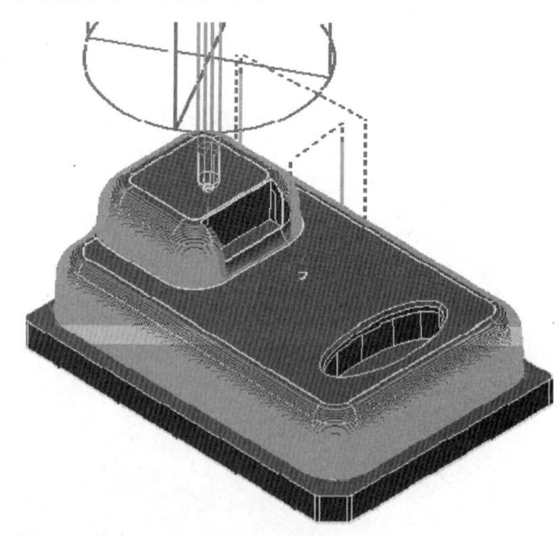

图 4-60　生成的型面中光刀路

以上程序组的操作视频文件为：\ch04\03-video\04-建立型面中光刀路 K02D.exe

4.12 在程序文件夹 K02E 中建立型面清角刀路

主要任务：建立 2 个刀具路径，第 1 个为对型面进行清角中光刀；第 2 个为对型面进行清角光刀。

在【资源管理器】中，首先激活文件夹 K02E。

1. 对型面进行清角中光刀

方法：首先建立局部曲面区域边界，再用“三维偏置精加工”建立中光刀路。毛坯与上一节的刀路 13 中的相同，不用重复定义。

（1）建立局部曲面区域边界。

在图形中选取 R3.5 曲面，在【资源管理器】中选择【边界】树枝，并单击鼠标右键，在弹出的快捷菜单中选择【定义边界】|【已选曲面】命令，在弹出的【已选曲面边界】对话框中，【刀具】选择“BD3R1.5”，单击【应用】按钮，在图形上就产生了边界，单击【接受】按钮。为了清楚观察，可以单击屏幕右侧按钮来关闭图形。系统自动在目录树中产生了边界 5，如图 4-61 所示。

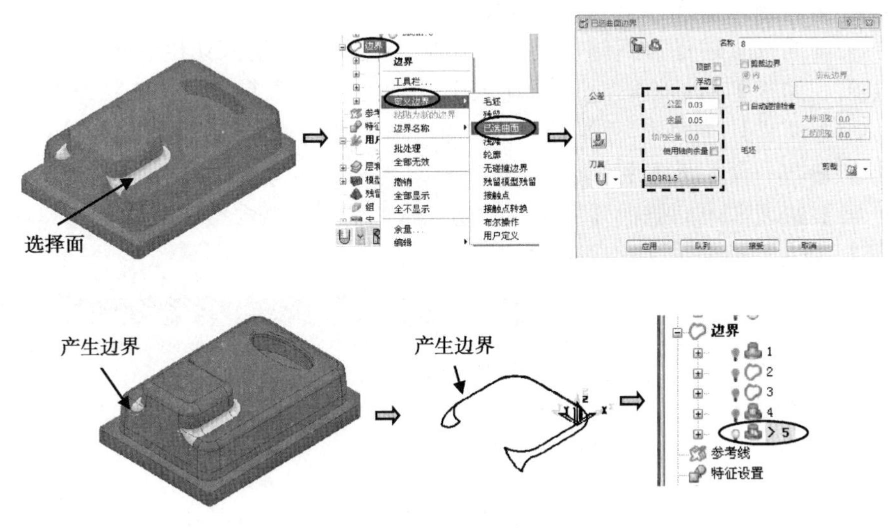

图 4-61 产生边界

（2）设切削参数，创建“三维偏置精加工”刀路策略。

在综合工具栏中单击【刀具路径策略】按钮，弹出【策略选取器】对话框，选取【精加工】选项卡，然后选择【三维偏置精加工】选项，单击【接受】按钮，弹出【三维偏置精加工】对话框，按图 4-62 所示设置参数，【刀具】选择 BD3R1.5，【公差】为 0.03，设置【余量】按钮为 0.05，【行距】为 0.15，【边界】选“5”，勾选【螺旋】复选框，【方向】为“任意”。

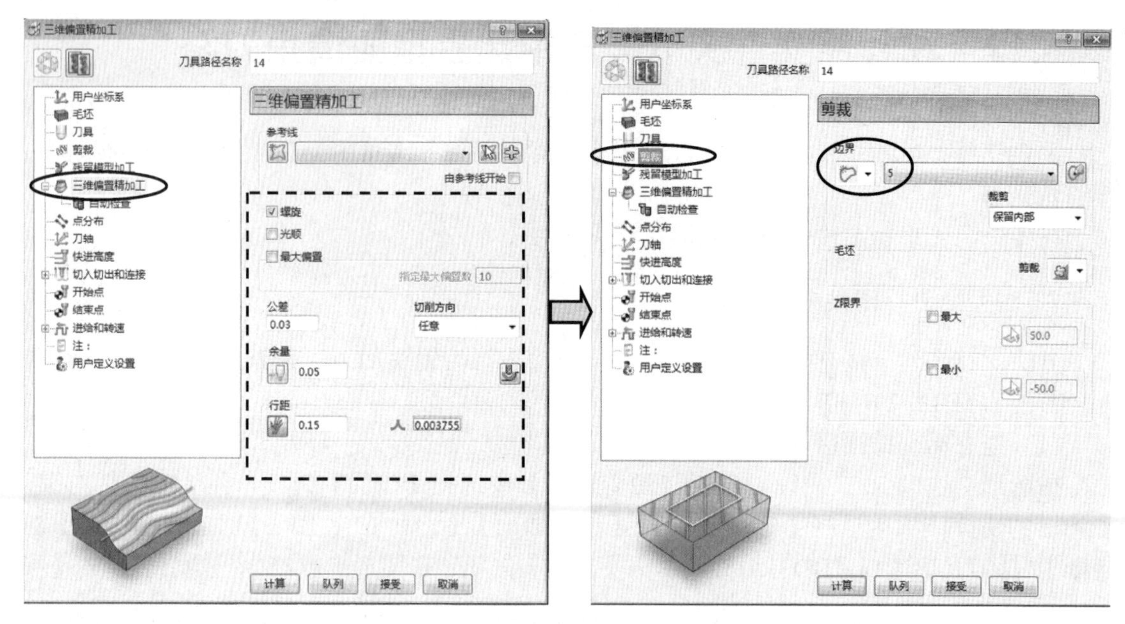

图 4-62　设三维偏置精加工切削参数

（3）设非切削参数，先设置切入切出和连接参数。

在综合工具栏或上述【等高精加工】对话框中，单击【切入切出和连接】按钮，弹出【切入切出和连接】对话框。选取【切入】选项卡，设置【第一选择】为“水平圆弧”，【距离】为 0，【角度】为 45.0，【半径】为 2.0，单击【切出和切入相同】按钮，这样可以使【切出】的参数与【切入】相同。

在【连接】选项卡中，修改【短】为“在曲面上”，其余参数默认，如图 4-63 所示。单击【应用】按钮，再单击【接受】按钮。

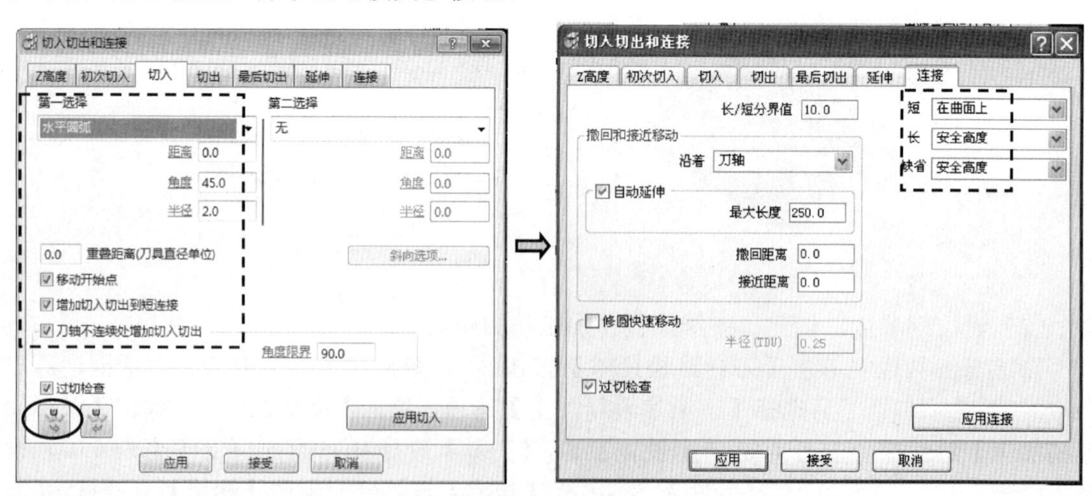

图 4-63　设切入切出和连接参数

在【三维偏置精加工】对话框中，单击【应用】按钮，观察生成的刀路，无误后，单击【取消】按钮，产生的刀具路径如图 4-64 所示。

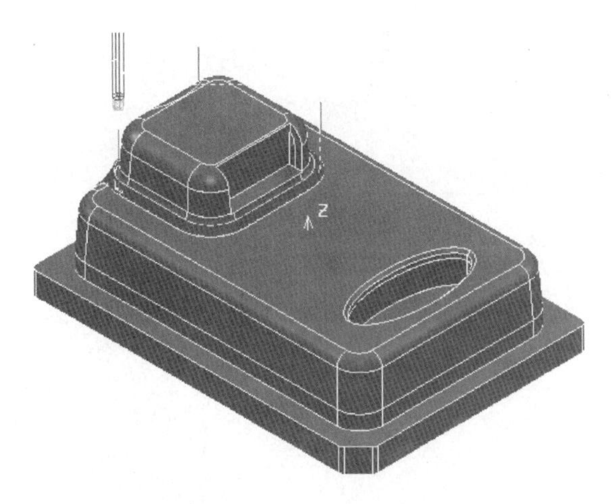

图 4-64　生成的型面中光刀路

2．对型面进行清角光刀

方法：将刀路 14 复制一份，修改参数可得到精加工。

（1）复制刀具路径。

在【资源管理器】中右击【刀具路径】下的刀路 14，在弹出的快捷菜单中选【编辑】|【复制刀具路径】命令，于是，在目录树下就产生了刀路 14_1，单击它，大约 1 秒种后，再单击它，将其改名为 15，如图 4-65 所示。

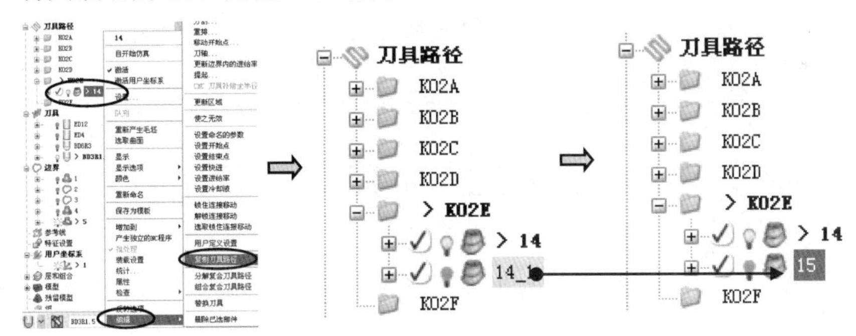

图 4-65　复制刀具路径

（2）修改加工参数。

在【资源管理器】中右击【刀具路径】目录树下刚生成的刀路 15，在弹出的快捷菜单中选【激活】命令，再右击它，在弹出的快捷菜单中选【设置...】命令，于是系统弹出了【三维偏置精加工】对话框，按图 4-66 所示设置参数。

要注意

正因为小刀加工有一定的摆动误差，为了能使清角刀路与后续刀路相接光顺，此处侧面及底部余量均为-0.09，与理论值相差 0.01，这种情况还可以根据实测的刀头摆动误差来具体确定加工余量。

检查参数无误后，单击【应用】按钮，生成的刀路如图 4-67 所示。

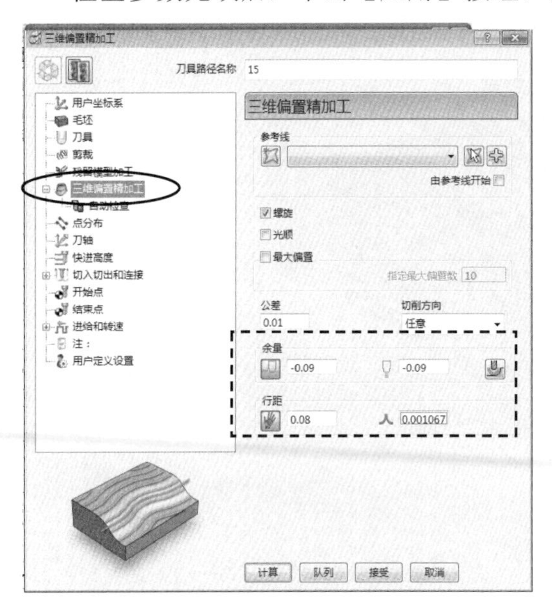

图 4-66　修改三维偏置精加工参数

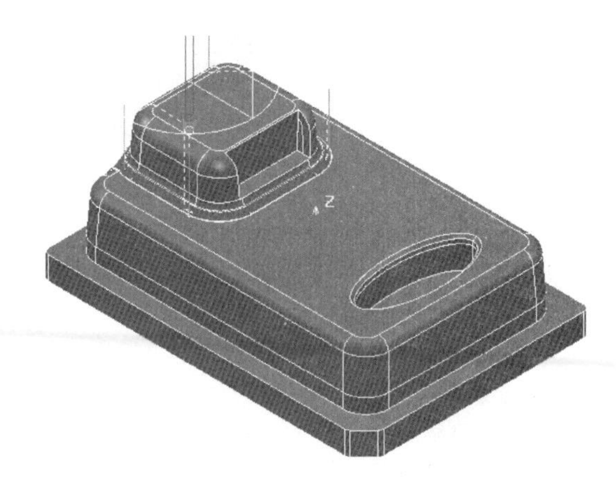

图 4-67　生成清角光刀刀路

以上程序组的操作视频文件为: \ch04\03-video\05-建立型面清角刀路 K02E.exe

4.13　在程序文件夹 K02F 中建立型面光刀

主要任务：建立 1 个刀具路径，对型面进行精加工，也叫光刀。用 BD6R3 球头刀，余量为-0.1。

方法：使用之前 K02D 中刀路 13 中已经做好的接触点加工边界 4，然后用平行精加工方式进行精加工。

在【资源管理器】中，首先激活文件夹 K02F。

（1）设切削参数，创建“等高精加工”刀路策略。

在综合工具栏中单击【刀具路径策略】按钮，弹出【策略选取器】对话框，选取【精加工】选项卡，然后选择【平行精加工】选项，单击【接受】按钮。弹出【平行精加工】对话框。【刀具】选择 BD6R3，【公差】为 0.01。设置【余量】按钮模型余量为-0.1，【行距】为 0.11，【边界】为“4”，【角度】为 45，勾选【垂直路径】复选框，按图 4-68 所示设置参数。

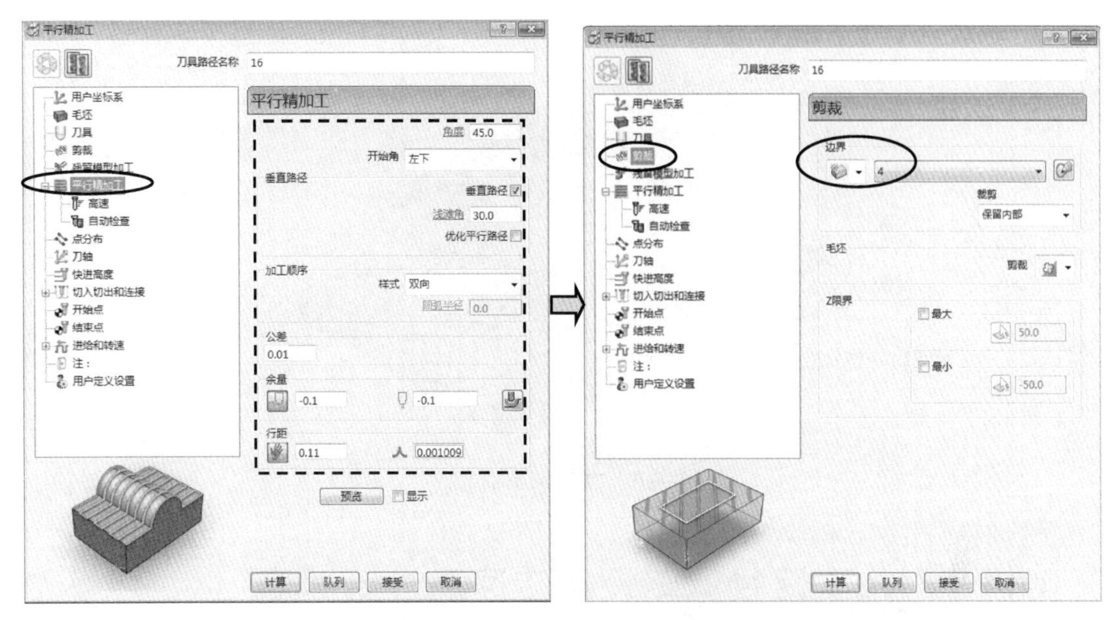

图 4-68　设等高精加工切削参数

（2）设非切削参数，设置切入切出和连接参数。

在综合工具栏或上述【等高精加工】对话框中，单击【切入切出和连接】按钮，弹出【切入切出和连接】对话框。

选【初次切入】选项卡，勾选【使用单独的初次切入】复选框，【选取】设为“垂直圆弧”，【距离】为 0，【角度】为 45，【半径】为 2，单击【复制到最后切出】。

选取【切入】选项卡，设置【第一选择】为“无”，单击【切出和切入相同】按钮，这样可以使【切出】的参数与【切入】相同。

在【连接】选项卡中，修改【短】为“在曲面上”，其余参数默认，如图 4-69 所示。单击【应用】按钮，再单击【接受】按钮。

图 4-69　设切入切出和连接参数

在【平行精加工】对话框中，单击【计算】按钮，观察生成的刀路，无误后就单击【取消】按钮，产生的刀具路径如图 4-70 所示。

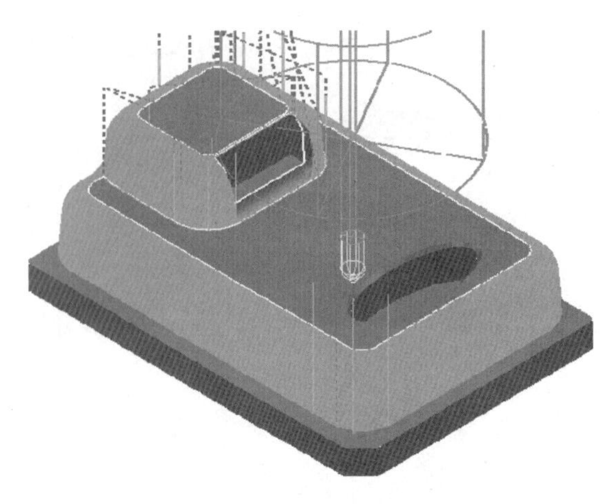

图 4-70 生成的型面光刀

4.14 对加工路径策略设定转速及进给速度

主要任务：集中设定各个刀具路径的转速及进给速度。

（1）设定 K02A 文件夹的各个刀具路径的转速为 2500 转/分，进给速度为 1500/分。

在屏幕左侧的【资源管理器】目录树中，右击文件夹 K02A，在弹出的快捷菜单中选择【激活】命令，使其激活。再单击文件夹前的加号“+”，或双击该文件夹，展开各个刀路。如果已经展开，此步可不做。右击第 1 个刀路，在弹出的快捷菜单中选择【激活】命令，使其激活，如图 4-71 所示。

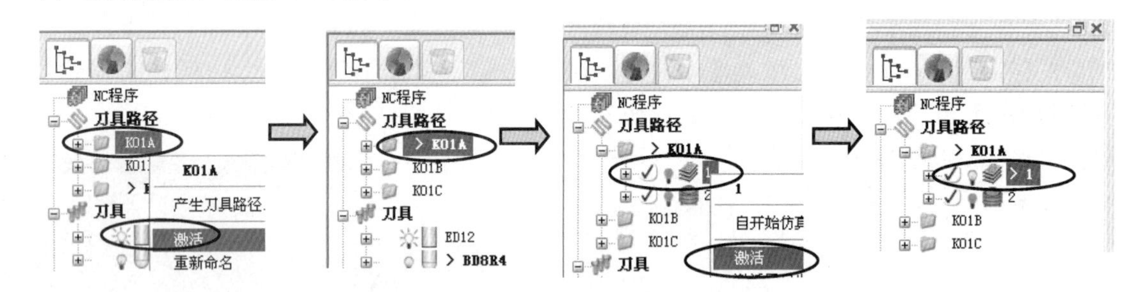

图 4-71 激活刀路

单击综合工具栏中的【进给和转速】按钮，弹出【进给和转速】对话框，按图 4-72 所示设置参数，单击【应用】按钮，不要退出该对话框。

在屏幕左侧的【资源管理器】目录树中，右击刀路 2，在弹出的快捷菜单中选择【激活】命令，使其激活。在【进给和转速】对话框，按图 4-72 所示设置参数，单击【应用】按钮。

（2）设定 K02B 文件夹的各个刀具路径的转速为 2500 转/分，进给速度为 500 毫米/分。

在屏幕左侧的【资源管理器】目录树中，右击文件夹 K02B，在弹出的快捷菜单中选择【激活】命令，使其激活。再单击文件夹前的加号“+”，或双击该文件夹，展开各个刀路。如果已经展开，此步可不做。右击刀路 3，在弹出的快捷菜单中选择【激活】命令，使其激活。在【进给和转速】对话框，按图 4-73 所示设置参数，单击【应用】按钮。

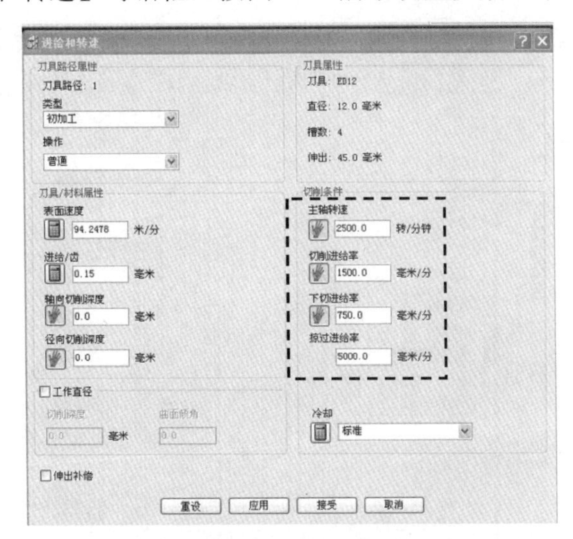

图 4-72　设置进给和转速参数（一）

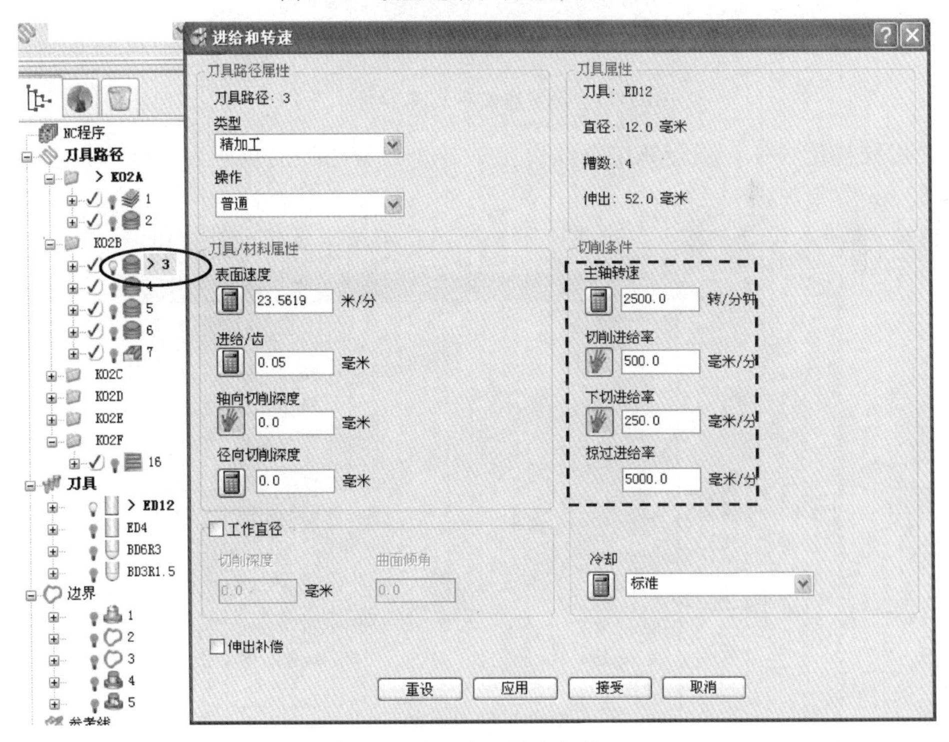

图 4-73　设置进给和转速参数（二）

用同样的方法，分别激活刀具路径 4、5、6、7，在【进给和速度】对话框，分别按图 4-73 所示设置参数，分别单击【应用】按钮。

（3）用同样的方法，设定 K02C 文件夹的各个刀具路径的转速为 4000 转/分，进给速度为 1250 毫米/分钟。

按图 4-74 所示设置参数，单击【应用】按钮，再单击【接受】按钮。

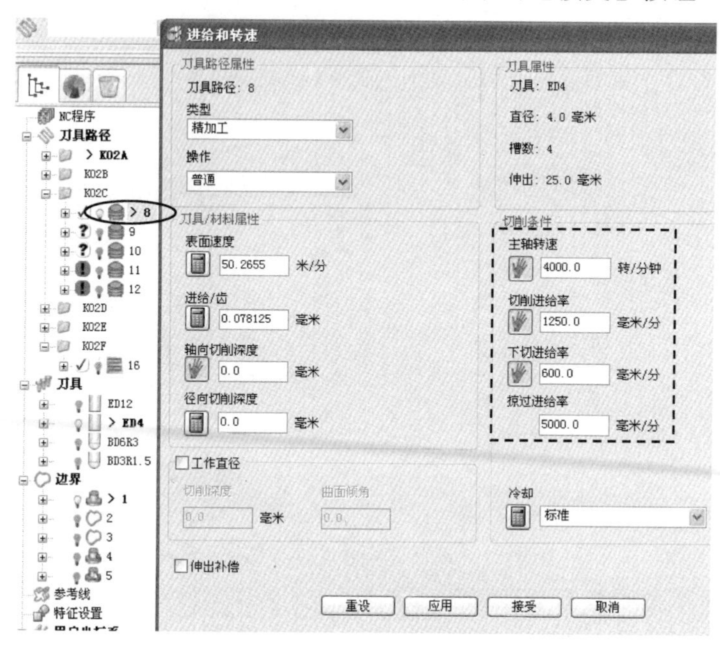

图 4-74　设置进给和转速参数（三）

（4）用同样的方法，设定 K02D 文件夹的各个刀具路径的转速为 4000 转/分，进给速度为 1250 毫米/分钟。

按图 4-75 所示设置参数，单击【应用】按钮，再单击【接受】按钮。

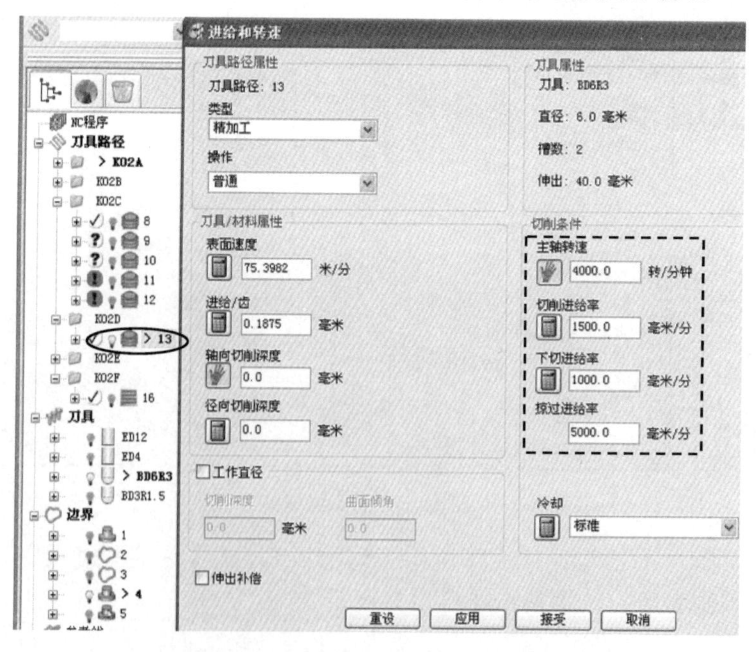

图 4-75　设置进给和转速参数（四）

（5）用同样的方法，设定 K02E 文件夹的各个刀具路径的转速为 5000 转/分，进给速度为 1250 毫米/分。

按图 4-76 所示设置参数，单击【应用】按钮，再单击【接受】按钮。

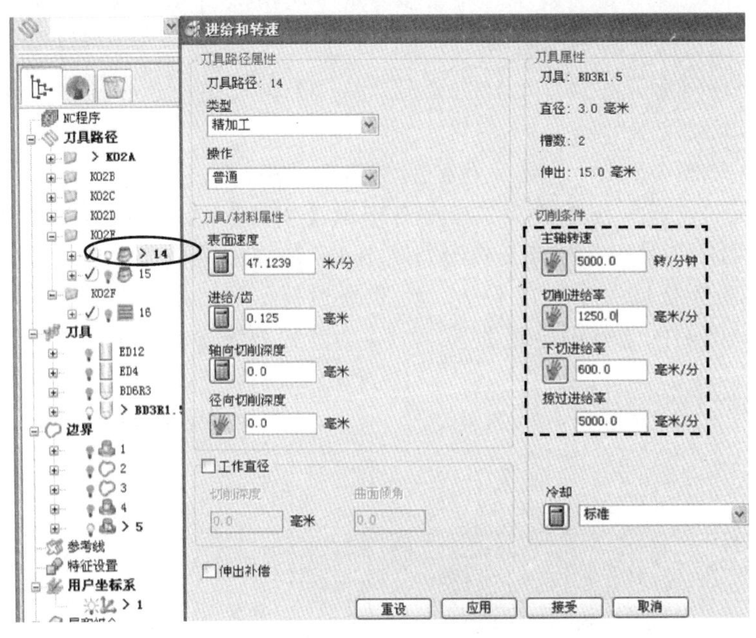

图 4-76　设置进给和转速参数（五）

（6）用同样的方法，设定 K02F 文件夹的各个刀具路径的转速为 5000 转/分，进给速度为 1250 毫米/分。

按图 4-77 所示设置参数，单击【应用】按钮，再单击【接受】按钮。

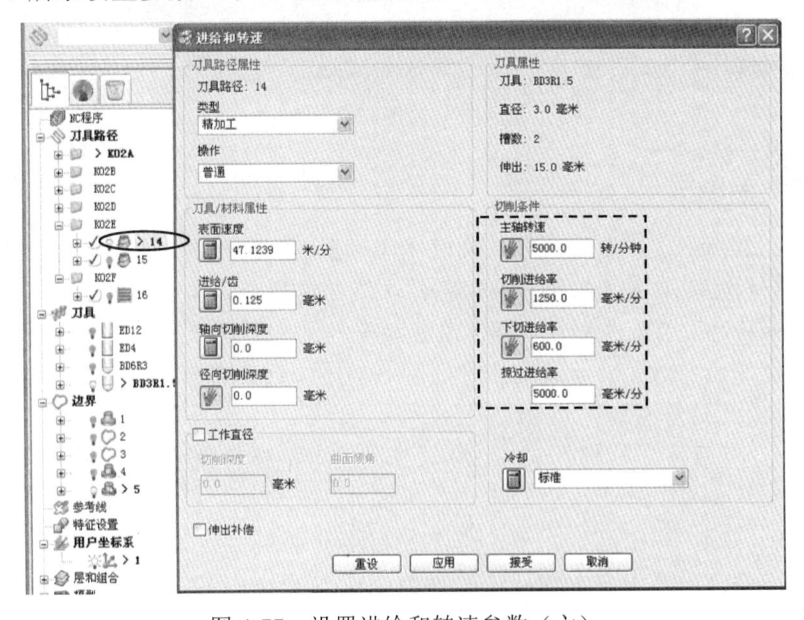

图 4-77　设置进给和转速参数（六）

4.15 建立粗公的加工程序

接下来，通过复制上述刀路，修改参数，来完成粗公刀路。

首先，确保没有激活任何文件夹。

（1）在屏幕左侧【资源管理器】的【刀具路径】树枝中，建立文件夹 K02G、K02H、K02I、K02J、K02K 及 K02L。

（2）将文件夹 K02G 激活，建立粗公的粗加工刀路。

① 右击刀路 1，在弹出的快捷菜单命令中选【编辑】|【复制刀具路径】，将其复制到 K02G 中，成为新的刀具路径 1_1。右击刀路 1_1，在弹出的快捷菜单中选【激活】命令，再右击它，在弹出的快捷菜单中选【设置】，重新设置参数。在弹出的对话框中，单击按钮。修改【余量】中的【侧面余量】为 0.1，其余默认，如图 4-78 所示，单击【队列】按钮。

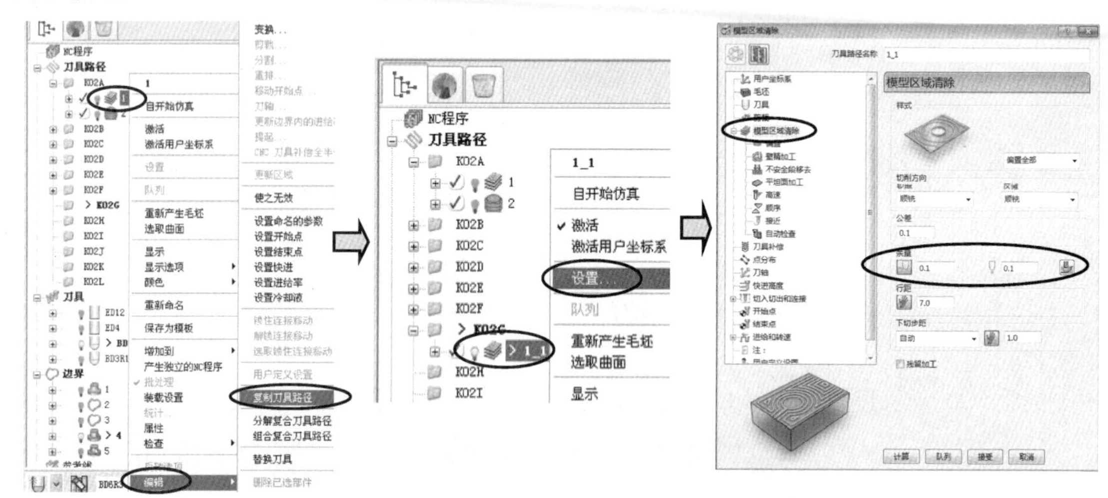

图 4-78 修改刀路参数

此处也可以使用【计算】，但要等程序计算完后，才能进行下一步操作。而本次却单击【队列】按钮，可以使刀路的计算在后台进行，以便继续执行下面的操作而不受影响，这样可以提高编程效率，尤其是对于使用多核 CPU 的计算机，更能发挥其硬件的功效，这也是新版本 PowerMILL 的显著优点，请大家善用此功能。

② 同理，可将刀路 2 复制到 K02G 中，成为 2_1，该刀路参数不变。

（3）将文件夹 K02H 激活，建立粗公的平面光刀刀路。

① 将 K02B 文件夹中的 3、4、5、6、7 各刀路分别复制到 K02H 中来，分别成为 3_1、4_1、5_1、6_1、7_1。其中 3_1 和 4_1 的参数不作改变。

小提示

此处的简便方法是：同时选择 K02B 文件夹中的 3、4、5、6、7 各刀路，单击右键，在弹出的快捷菜单中选择【编辑】|【复制刀具路径】命令，这样可以同时将多个刀路进行复制。

② 激活并设定 5_1 参数。修改【余量】中的【侧面余量】为 -0.1，其余默认，单击【队列】按钮，再单击【取消】按钮。

③ 激活并设定 6_1 参数。修改【余量】中的【侧面余量】为 -0.3，其余默认，单击【队列】按钮，再单击【取消】按钮。

④ 激活并设定 7_1 参数。修改【余量】中的【底部余量】为 -0.3，其余默认，单击【队列】按钮，再单击【取消】按钮。

（4）将文件夹 K02I 激活，建立粗公的型面清角精加工刀路。

① 将 K02C 文件夹中的 8、9、10、11 各刀路分别复制到 K02I 中来，分别成为 8_1、9_1、10_1、11_1。

② 激活并设定 8_1 参数。修改【余量】为 -0.1 -0.1，其余默认，单击【队列】按钮，再单击【取消】按钮。

③ 激活并设定 9_1 参数。不用修改加工参数，只需要再向下平移-0.2 即可。

方法：右击 9_1，在弹出的快捷菜单中选【编辑】|【变换...】命令，在系统弹出【变换刀具路径】对话框，系统在屏幕上方的主工具栏显示了【变换刀具路径】工具栏，单击【移动刀具路径】按钮，在屏幕底部的【打开位置表格】按钮，系统弹出【位置】对话框。注意选取【当前平面】为“ZX”，输入【Z】栏的坐标为“-0.2”，单击【应用】按钮，再单击【接受】按钮。观察刀路已经下移了-0.2。因为之前已经向下平移了-0.1，加上本次下移的-0.2，总共下移了-0.3，如图 4-79 所示，在屏幕上方的工具栏里单击【接受】按钮。

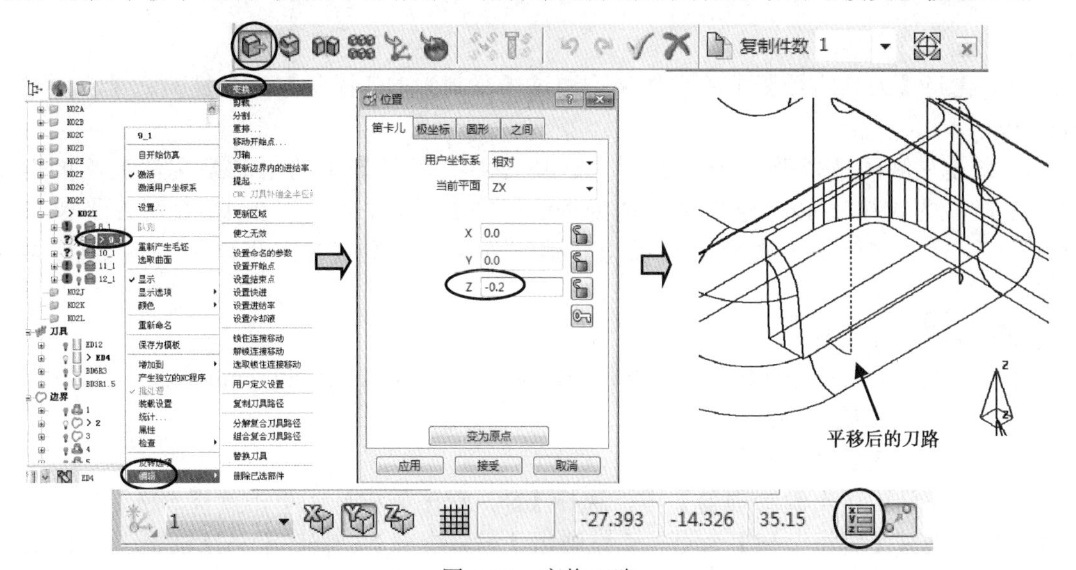

图 4-79 变换刀路

④ 激活并设定 10_1 参数。修改【余量】为余量 -0.3 0.0，其余默认，单击【队列】按钮，再单击【取消】按钮。

因为本次计算底部余量为 0，再采用如图 4-79 所示的方法，将刀路向下移-0.3。

⑤ 激活并设定 11_1 参数。修改【余量】为余量 -0.3 -0.3，其余默认，单击【队列】按钮，再单击【取消】按钮。

⑥ 激活并设定 12_1 参数。修改【余量】为余量 -0.3 -0.3，其余默认，单击【队列】按钮，再单击【取消】按钮。

（5）将文件夹 K02J 激活，建立粗公的型面中光刀刀路。

① 将 K02D 文件夹中的刀路 13 复制到 K02J 中，成为 13_1。

② 激活并设定 13_1 参数。修改【余量】为余量 -0.1 -0.1，其余默认，单击【队列】按钮，再单击【取消】按钮。

（6）将文件夹 K02K 激活，建立粗公的型面清角光刀刀路。

① 将 K02E 文件夹中的刀路 14、15 复制到 K02K 中，成为 14_1、15_1。

② 激活并设定 14_1 参数。修改【余量】为余量 -0.1 -0.1，其余默认，单击【队列】按钮，再单击【取消】按钮。

③ 激活并设定 15_1 参数。修改【余量】为余量 -0.28 -0.28，其余默认，单击【队列】按钮，再单击【取消】按钮。

（7）将文件夹 K02L 激活，建立粗公的型面光刀刀路。

① 将 K02F 文件夹中的刀路 16 复制到 K02L 中，成为 16_1。

② 激活并设定 16_1 参数。修改【余量】为余量 -0.3 -0.3，其余默认，单击【队列】按钮，再单击【取消】按钮。

4.16 后处理

（1）先将【刀具路径】中的文件夹，通过【复制为 NC 程序】命令复制到【NC 程序】树枝中。

在屏幕左侧的【资源管理器】中，选择【刀具路径】中的 K02A 文件夹，单击右键，在弹出的快捷菜单中选择【复制为 NC 程序】，这时会发现在【NC 程序】树枝中出现了 NC程序 K02A 文件夹。同理，可以将其他文件夹复制到【NC 程序】中，如图 4-80 所示。

（2）复制后处理器。

把本书配套素材的第 14 章提供的后处理器文件\ch14\02-finish\ pmbook-14-1-ok.opt 复制到 C：\dcam\config 目录。

（3）编辑已选后处理参数。

在屏幕左侧的【资源管理器】中，选择【NC 程序】树枝，单击鼠标右键，在弹出的快捷菜单中选择【编辑全部】命令，系统弹出【编辑全部 NC 程序】对话框。选择【输出】

选项卡，按图4-81所示设定参数，其中的【输出文件】中要删去隐含的空格。在【机床选项文件】处，可以单击浏览按钮选择之前提供的 pmbook-14-1-ok.opt 后处理器。【输出用户坐标系】为“1”，单击【应用】按钮，再单击【接受】按钮。

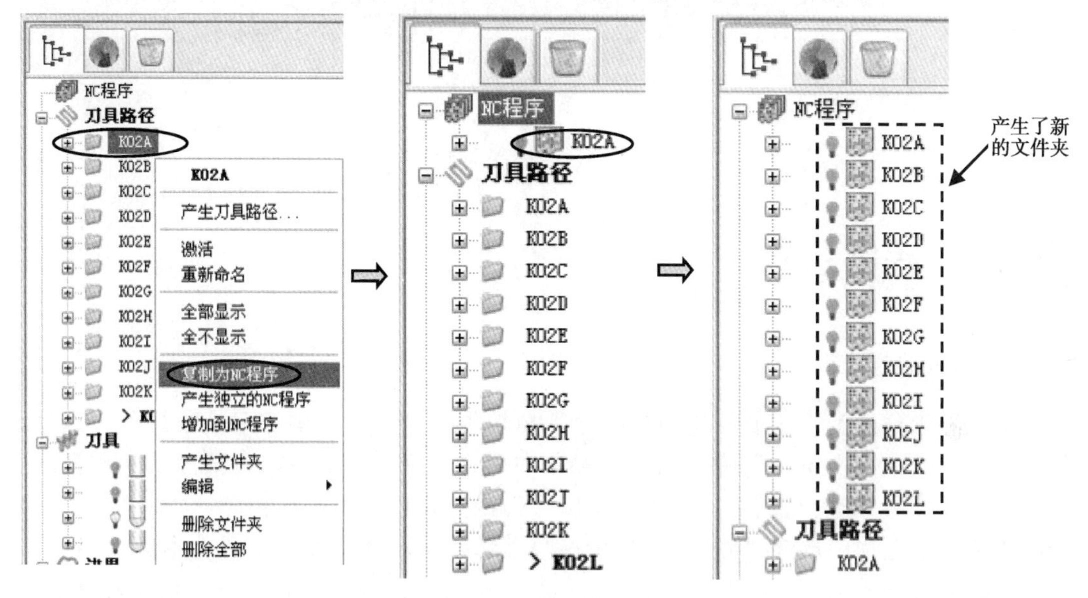

图4-80 产生新文件夹

图4-81 设定后处理参数

（4）输出写入NC文件。

在屏幕左侧的【资源管理器】中，选择【NC 程序】树枝，单击鼠标右键，在弹出的快捷菜单中选择【全部写入】命令，系统会自动把各个文件夹，按照以其文件夹的名称作为NC文件名，输出到用户图形所在目录的子目录中，如图4-82所示。

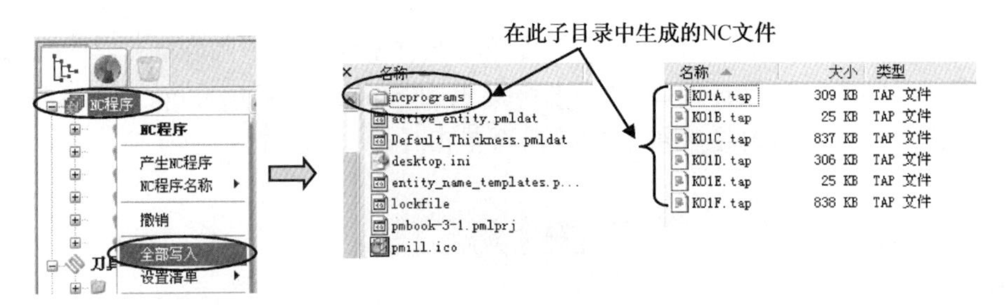

图 4-82　生成 NC 数控程序

4.17　程序检查

1. 干涉及碰撞检查

在【资源管理器】中，展开【刀具路径】树枝中各个文件夹中的刀具路径。先选择刀具路径 1，单击鼠标右键，在弹出的快捷菜单中选择【激活】命令，将其激活。再在综合工具栏选择【刀具路径检查】按钮，弹出【刀具路径检查】对话框。

在【检查】选项中选择“碰撞”，其余参数默认，单击【应用】按钮。本例刀路正常，这时目录树中的刀具路径 1 前的符号显示为 。如图 4-83 所示，单击信息框中的【确定】按钮。

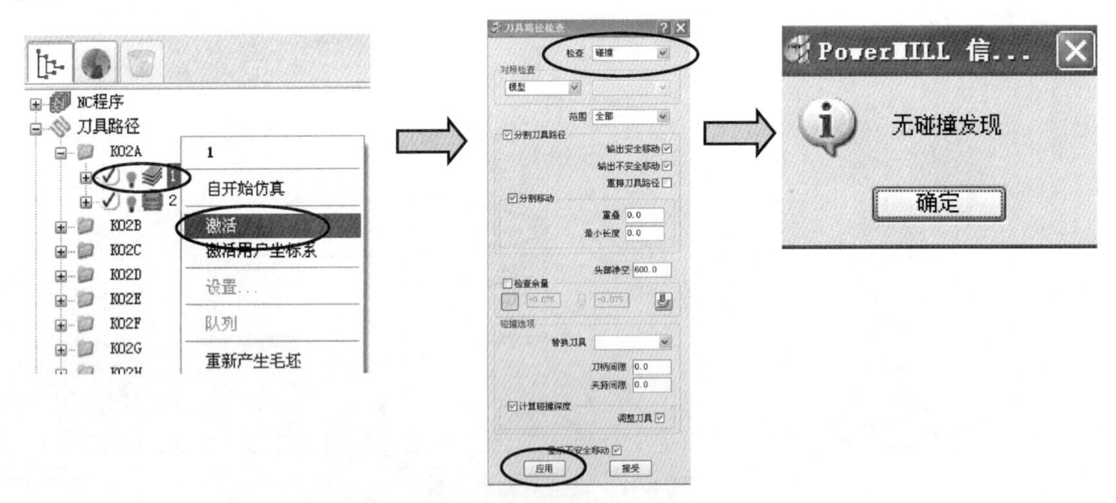

图 4-83　NC 数控程序的碰撞检查

在上述【刀具路径检查】对话框中的【检查】选项中选择“过切”，其余参数默认，单击【应用】按钮。本例刀路正常，这时目录树中的刀具路径 1 前的符号显示为 。如图 4-84 所示，单击信息框中的【确定】按钮。

同理，可以对其他的刀具路径分别进行碰撞检查及过切检查。

最后，单击【刀具路径检查】对话框中的【接受】按钮。

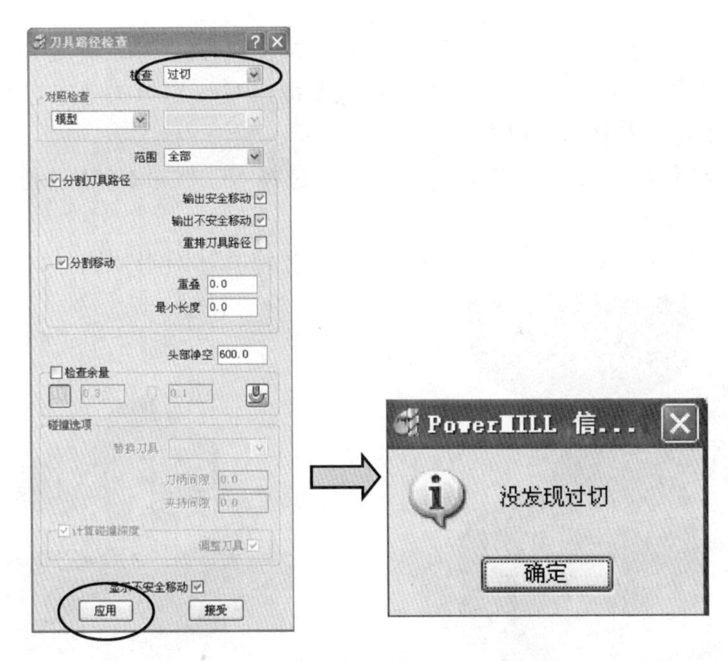

图 4-84 NC 数控程序的过切检查

2. 实体模拟检查

该功能可以直观地观察刀具加工的真实情况，目的是发现切削过程中有没有不合理的情况出现，发现问题要认真分析，及时纠正。

（1）首先，要在界面中把实体模拟检查功能显示在综合工具栏中。在下拉菜单中选择并执行命令【查看】|【工具栏】|【ViewMill】。同样的方法，可以把【仿真】工具栏也显示出来，如果已经显示，则这一步不用做。

（2）然后，检查毛坯设置。检查现有毛坯是否符合要求，该毛坯一定要包括所有面。如不符合要求，就要重新设定。在综合工具栏中单击【毛坯】按钮，弹出【毛坯】对话框。在【由...定义】下拉列表框中选择“方框”选项，在图形区模型外的任意位置单击一下鼠标左键，使系统不再选择图形，单击【计算】按钮，就可以设置参数，单击【接受】按钮。

（3）启动仿真功能。在【资源管理器】中，单击【NC 程序】树枝前的加号展开各个文件夹。先选择文件夹 K02A，单击鼠标右键，在弹出的快捷菜单中选择【自开始仿真】命令，如图 4-85 所示。

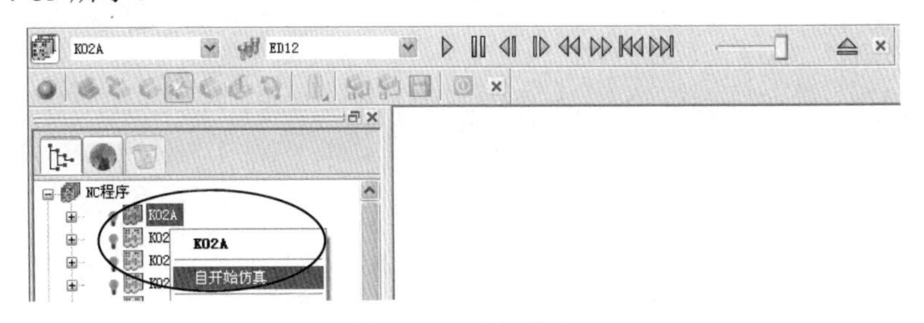

图 4-85 启动仿真

（4）开始仿真。单击图 4-85 中的【开/关 ViewMill】按钮，使其处于开的状态，这时工具条就变成可选状态。选择【光泽阴影图像】按钮，再单击【运行】按钮，K02A 程序完成仿真后的结果如图 4-86 所示。

（5）在【ViewMill】工具条中 K01B 选择 NC 程序 K02B，再单击【运行】按钮进行仿真。

（6）同理，可以对其他的全部幼公 NC 程序进行仿真，结果如图 4-87 所示。

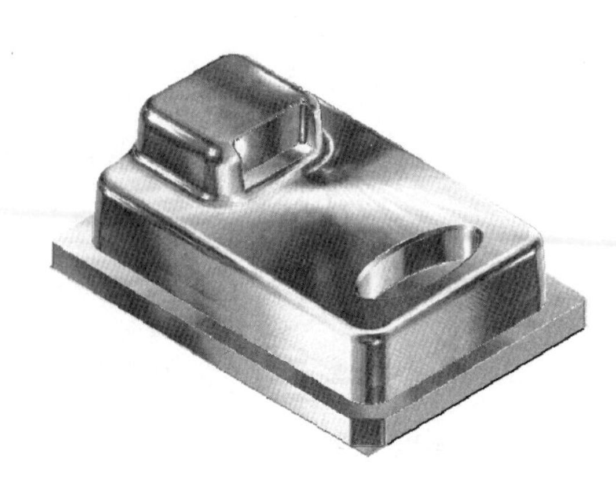

图 4-86　开粗刀路的仿真结果

图 4-87　幼公刀路的仿真结果

（7）同理，可以对其他的全部粗公 NC 程序进行仿真。单击按钮，可以退出仿真。

以上程序组的操作视频文件为：\ch04\03-video\06-建立型面光刀 K02F.exe

4.18　填写加工工作单

本例 CNC 加工工作单，如表 4-1 所示。

表 4-1　加工工作单

CNC 加工程序单					
型号		模具名称	遥控器面壳	工件名称	前模铜公 1#
编程员		编程日期		操作员	加工日期
			对刀方式	四边分中	
				对顶 z=35.5	
			图形名	pmbook-4-1	
			材料号	铜	
			大小	120×90×60	
			幼公火花位	−0.1	
			粗公火花位	−0.3	
程序名	余量	刀具	装刀最短长	加工内容	加工时间
K02A .tap	0.2	ED12	44	幼公开粗	
K02B .tap	−0.1	ED12	44	幼公平面光刀	
K02C .tap	−0.1	BD8R4	36	幼公清角及孔位光刀	
K02D .tap	0	BD6R3	36	幼公中光刀	
K02E .tap	−0.09	BD3R1.5	25	幼公清角光刀	
K02F .tap	−0.1	BD6R3	36	幼公型面光刀	
K02G .tap	0.1	ED12	44	粗公开粗	
K02H .tap	−0.3	ED12	44	粗公平面光刀	
K02I .tap	−0.3	BD8R4	36	粗公清角及孔位光刀	
K02J .tap	−0.1	BD6R3	36	粗公中光刀	
K02K .tap	−0.29	BD3R1.5	25	粗公清角光刀	
K02L .tap	−0.3	BD6R3	36	粗公型面光刀	

4.19　本章总结和思考练习题

4.19.1　本章总结

完成本章实例操作，要注意下问题。

（1）铜公电极数控编程的基本步骤。

（2）PowerMIL 数控程序的边界灵活运用及边界编辑的技巧。

（3）清角刀路的做法及余量给定原则，要考虑加工误差，保证接刀顺畅。

（4）灵活运用刀具路径的编辑功能，使之更适合实际加工需要。

希望学习本章内容后，在实际工作中能灵活运用，不要仅仅局限于“会用软件”。

4.19.2 思考练习与答案

针对本章实例在实际加工中可能会出现的问题，希望读者能认真体会，想出合理的应对方案。

（1）加工本例铜公时，如果模具师傅送给 CNC 车间的材料比图纸数差距较大，在加工时，作为编程员应如何配合车间，才可确保正常生产？

（2）在数控车间，该铜公正在执行长程序，如 K02A.TAP 时，突然停电，编程员应如何编制接下来的程序？

（3）该图例的缺口位，虽然 CNC 加工时用了 ED4 平底刀，但仍未能加工到位，下一步该如何加工，才能符合图纸要求？

练习答案：

（1）答：因为模具制造是单件生产，而各车间生产的灵活性较大，一般情况下，开料工人会严格依据图纸数进行开料，但是有时为了赶进度，会临时找近似料来替代，材料比图纸数差距较大，这种情况也会出现。如果材料比图纸数单边误差在 0～6mm，对于本例来说，所有数控程序可不用改动，但应交代操作员加工时，要适当降低进给率。

如果单边误差大于 6mm，要亲自测量材料尺寸，以该数据为依据重新定义开粗刀路所用的毛坯，重新计算刀具路径，重新后处理，重新将该程序传送给 CNC 车间，并应该在《CNC 加工工作单》中注明更新日期，提醒操作员调用新程序。

如果单边误差小于 0～3mm，要亲自测量材料尺寸，以该数据为依据重新定义四周基准位的开粗及光刀刀路，使该材料尽量能将铜公的有效部位加工出来。重新计算刀具路径，重新后处理，重新将该程序传送给 CNC 车间，并应该在《CNC 加工工作单》中注明更新日期。提醒操作员调用新程序。

如果材料过小，有效部位的形状加工不出来，或材料太大，就必须立即通知制模组换料。

（2）答：数控车间在没有事先通知就突然停电时，作为工作人员应有相应的处置预案，以免到时手忙脚乱。处理这种问题就需要各方人员密切配合，沟通良好，尽量采取高效简便的方法，以便把损失降到最小。

对于没有记忆功能的普通数控机床，在电力恢复时应首先检查工件有无损伤，如有损伤，要测量记录扎刀点的坐标，另外要测量记录当前加工部位的深度，刚才执行的是哪个程序，还有哪些程序未完成，哪些已完成。这些信息，作为编程员都要向车间操作员详细了解并记录。

编程员要打开项目文件，根据以上信息在图形上找到扎刀点位置，分析图形是否需要降低加工（珠江三角州地区的工厂有时把这种情况也叫“降锣”），最后通过平移图形确定需要降低的数据，报告上司。最后决定下一步加工方案。方案确认后，就要据此修改程序，重新编程，重新加工。

如果不需要降低，也不需要重新加工，那么编程时就需要重新定义毛坯，从当前加工位置计算刀具路径。最后将更新后的程序交给 CNC 车间，接着加工。

（3）答：因为此处是利角 CNC 无法加工到位，但是本例用 ED4 刀已经加工出相应的平面，模具师傅可以据此为基准，采用手工插削的方法加工，也可以采用线切割清角。

第5章

游戏机铜公综合实例特训

5.1 本章知识要点及学习方法

本章以游戏机面壳大身铜公编程为例，继续巩固铜公编程的基本步骤和技巧，希望读者掌握以下重点。

（1）铜公电极在模具制造中的作用。

（2）铜公局部开粗及清角刀路的做法，以及边界的做法。

（3）理解铜公火花位的含义及实现方法。

本例比前两章的实例稍复杂一点，希望读者对照本章内容，反复训练，熟练掌握编程技巧。这样才能加深理解用 PowerMILL 进行铜公数控编程的方法。

5.2 铜公电火花工作说明

铜公说明：如图 5-1 所示，该铜公是某游戏机面壳前模胶位的一个大身成形铜公，它将加工出产品的外观。

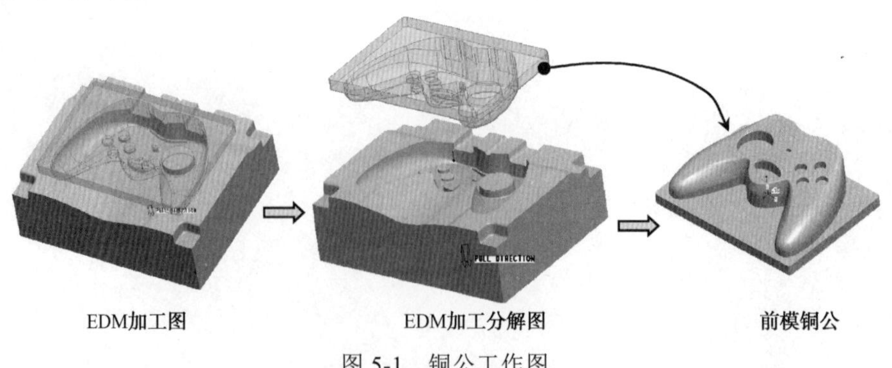

图 5-1　铜公工作图

如图 5-2 所示，为该铜公的工程图。要先了解铜公在模具制造中的作用，并尽量找来工程图纸，分析其需要加工部位的尺寸大小和结构特点，这样才能合理确定加工方案。

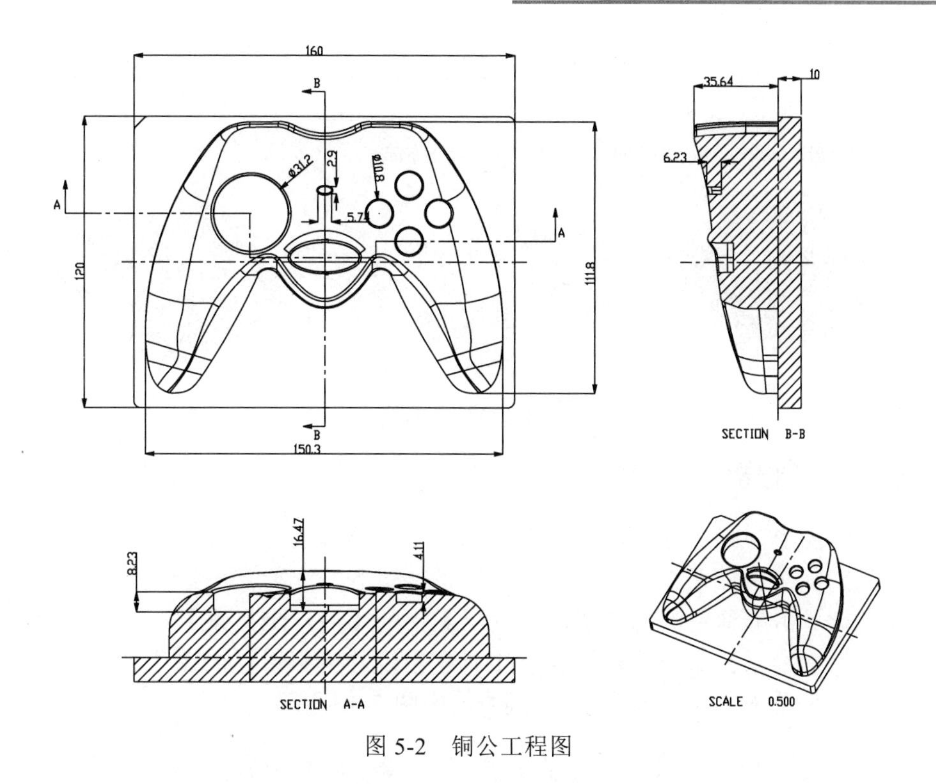

图 5-2 铜公工程图

5.3 输入图形及整理图形并确定加工坐标系

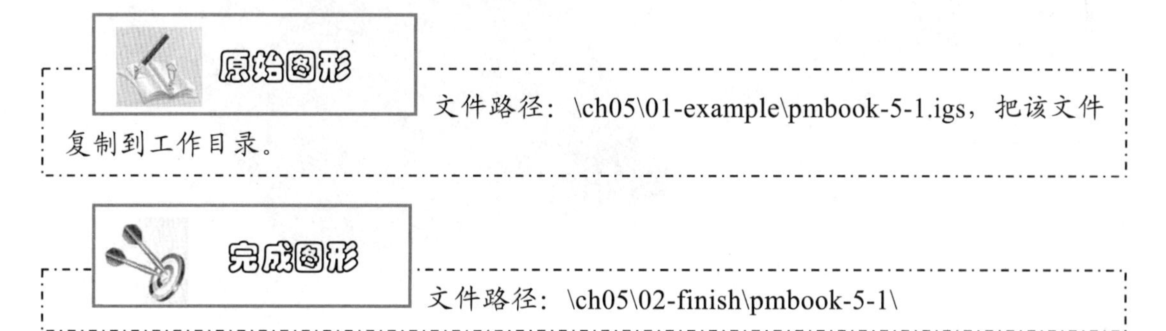

文件路径：\ch05\01-example\pmbook-5-1.igs，把该文件复制到工作目录。

文件路径：\ch05\02-finish\pmbook-5-1\

1. 输入图形

首先启动 PoerMILL 软件，进入加工界面。在下拉菜单条中选择【文件】|【输入模型】命令，在【文件类型】中选择“IGES(*.ig*)”，再选择 pmbook-5-1.igs，即可以输入图形文件。

2. 整理图形

输入图形后，使其全部面的方向朝向一致。操作方法：框选全部面，单击右键，在弹出的快捷菜单中选择【定向已选曲面】命令，使其全部面朝向一致。再次选取全部面，单击鼠标的右键，在弹出的快捷菜单中选择【反向已选】命令，使其全部面朝向外部，如图5-3所示。

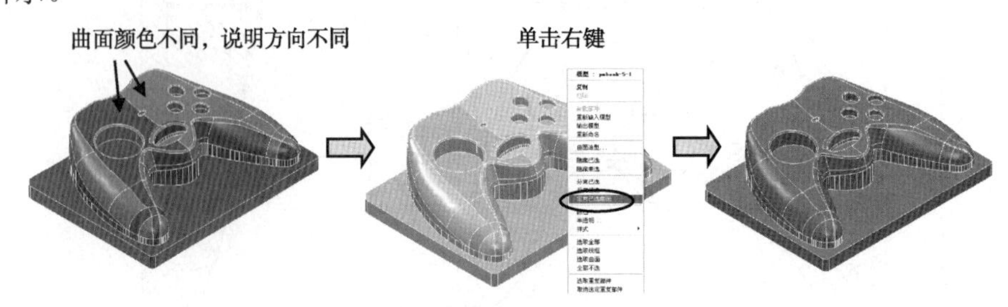

图5-3　待加工的铜公

3．确定加工坐标系

经分析，该图形为四边分中，而且零点在台阶基准面上，符合加工要求，那么就以其建模的坐标系为加工坐标系。

用鼠标右键单击屏幕左侧的【资源管理器】中的【用户坐标系】在弹出的快捷菜单中选择【产生用户坐标系】命令，注意查看工具栏出现的坐标系栏，在【名称】为“1”，其余参数不变，最后单击【接受改变】按钮✓。如图5-4所示。

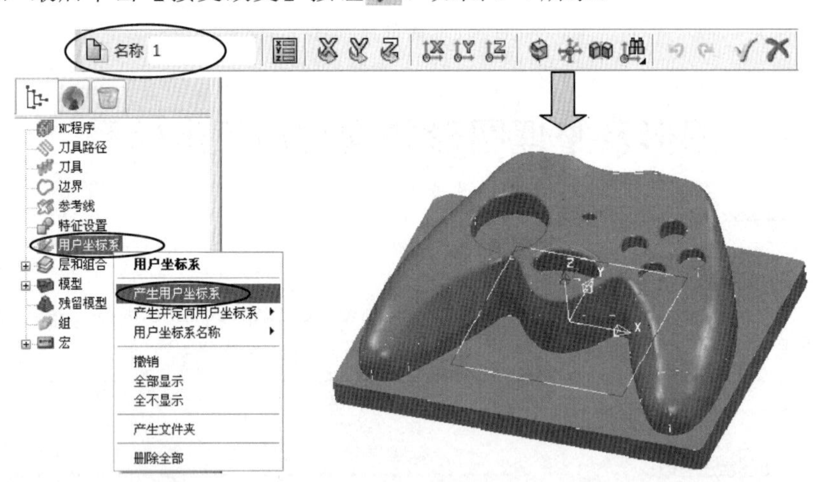

图5-4　定义用户坐标系

5.4　数控加工工艺分析及刀路规划

（1）开料尺寸：XY外形尺寸加单边约2.5，Z高度加15，即为165×125×60。

（2）材料：红铜，2件料，粗公1件，幼公1件。

（3）火花位放电间隙：幼公单边-0.1，粗公单边-0.3。

（4）幼公加工工步。

① 程序文件夹K03A，粗加工，也叫开粗。用ED12平底刀，余量为0.2。

② 程序文件夹 K03B，精加工，也叫光刀外形。用 ED12 平底刀，侧余量为-0.1，台阶面为 0。

③ 程序文件夹 K03C，清角加工及按钮孔位精加工。用 ED8 平底刀，余量为-0.1。

④ 程序文件夹 K03D，型面中光刀，也叫半精加工。用 BD8R4 球头刀，余量为 0.1。

⑤ 程序文件夹 K03E，椭圆小孔精加工。用 ED1.5 平底刀，余量为-0.1。

⑥ 程序文件夹 K03F，型面光刀，也叫精加工。用 BD8R4 球头刀，余量为-0.10。

⑦ 程序文件夹 K03G，孔位圆角光刀。用 BD3R1.5 球头刀，余量为-0.09。

⑧ 程序文件夹 K03H，椭圆孔倒角光刀及型面清角。用 BD1.5R0.75 球头刀，余量为-0.09。

（5）粗公加工工步。

① 程序文件夹 K03I，开粗，用 ED12 平底刀，余量为 0.1。

② 程序文件夹 K03J，光刀外形，用 ED12 平底刀，侧余量为-0.3，台阶面为 0。

③ 程序文件夹 K03K，清角加工及按钮孔位光刀，用 ED8 平底刀，余量为-0.3。

④ 程序文件夹 K03L，型面中光刀，用 BD8R4 球头刀，余量为-0.2。

⑤ 程序文件夹 K03M，椭圆小孔精加工。用 ED2 平底刀，余量为-0.3。

⑥ 程序文件夹 K03F，型面光刀，用 BD8R4 球头刀，余量为-0.3。

⑦ 程序文件夹 K03G，孔位圆角光刀，用 BD3R1.5 球头刀，余量为-0.29。

⑧ 程序文件夹 K03H，椭圆孔倒角光刀及型面清角，用 BD1.5R0.75 球头刀，余量为-0.29。

5.5 建立刀具路径文件夹

主要任务：先建立 8 个空的刀具路径程序文件夹，用于编制幼公程序。

右击【资源管理器】中的【刀具路径】，在弹出的快捷菜单中选择【产生文件夹】命令，并修改文件夹名称为“K03A”，如图 5-5 所示。

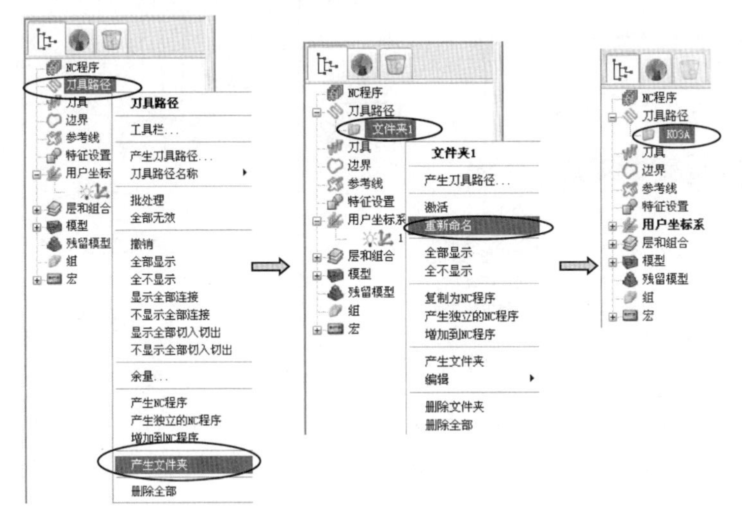

图 5-5 建立程序文件夹

用同样的方法，生成其他程序文件夹：K03B、K03C、K03D、K03E、K03F、K03G、K03H，如图 5-6 所示。

图 5-6　建立其他程序文件夹

5.6　建立刀具

主要任务：建立刀具 ED12、ED8、BD8R4、ED1.5、ED2、BD3R1.5，本节以 BD8R4 为例。

用右键单击【资源管理器】中的【刀具】，在弹出的快捷菜单中选择【产生刀具】命令，再在弹出的快捷菜单中选择【球头刀】命令，系统弹出【球头刀】对话框，在【刀尖】选项卡中设定参数。【名称】为“BD8R4”，【长度】为 16，【直径】为 8，【刀具编号】为“3”，【槽数】为“2”，如图 5-7 所示。

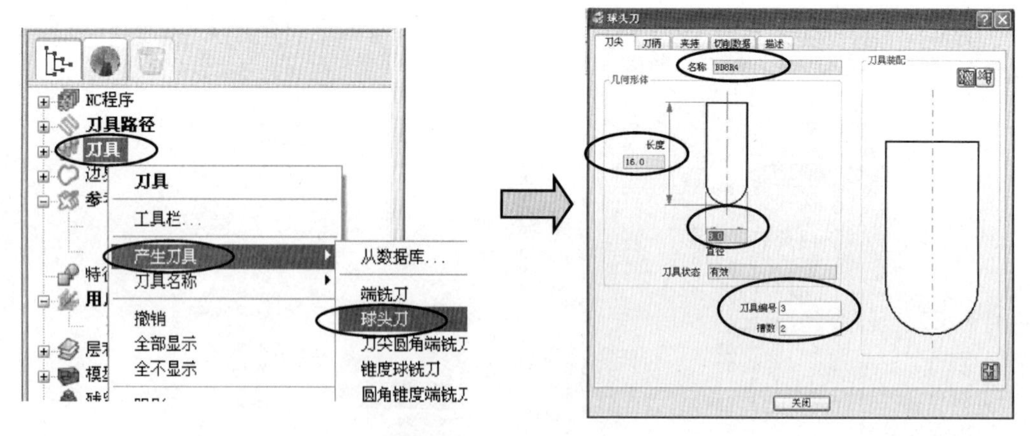

图 5-7　建立刀尖参数

在【球头刀】对话框中，单击【刀柄】选项卡，在其中单击“增加刀柄部件按钮”，设定参数。【顶部直径】为 8，【底部直径】为 8，【长度】为 84，如图 5-8 所示。

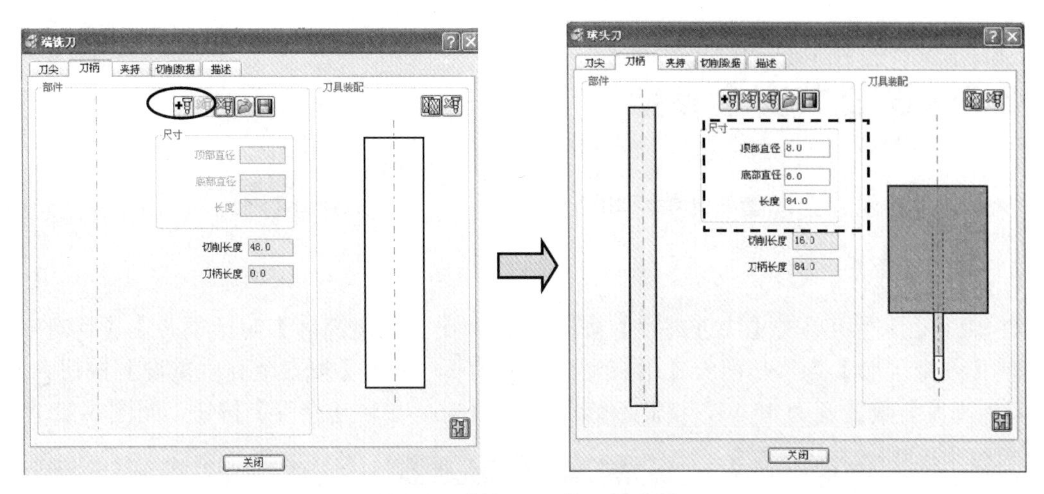

图 5-8 建立刀具的刀柄参数

在【球头刀】对话框中，单击【夹持】选项卡，在其中单击【增加夹持部件】按钮，设定【顶部直径】为 70，【底部直径】为 70，【长度】为 80，【伸出】为 45。如图 5-9 所示。

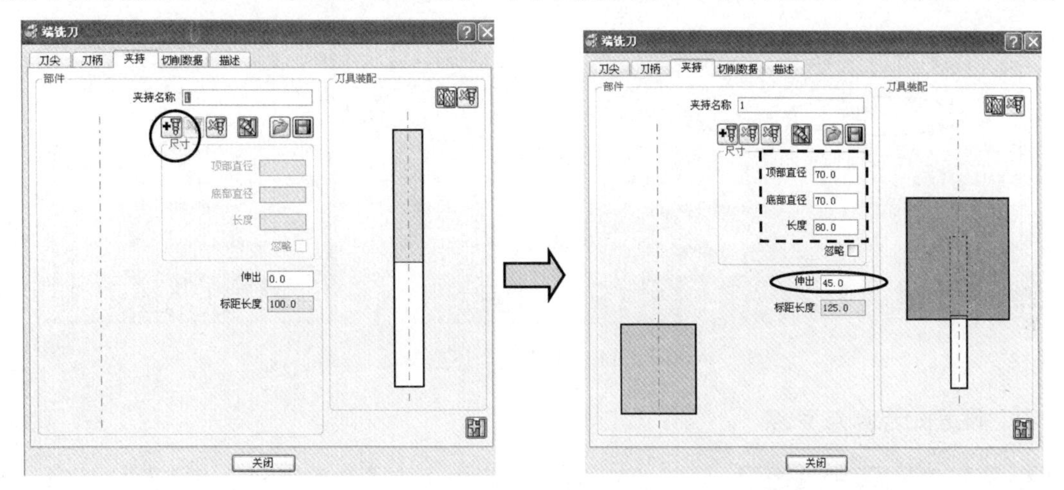

图 5-9 建立夹持参数

用同样的方法，建立其他刀具的刀尖、刀柄及其夹持参数，如图 5-10 所示。

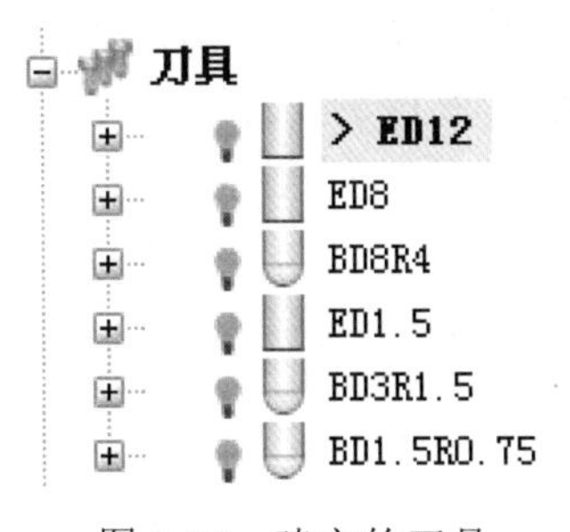

图 5-10 建立的刀具

5.7 设公共安全参数

主要任务：设安全高度、开始点和结束点。

1. 设安全高度

在综合工具栏中单击【快进高度】按钮，弹出【快进高度】对话框。在【绝对安全】中设置【安全区域】为“平面”，【用户坐标系】为 1，单击【按安全高度重设】按钮，此时【安全 Z 高度】数值变为 45.15，将此数修改为整数 46，单击【接受】按钮，如图 5-11 所示。

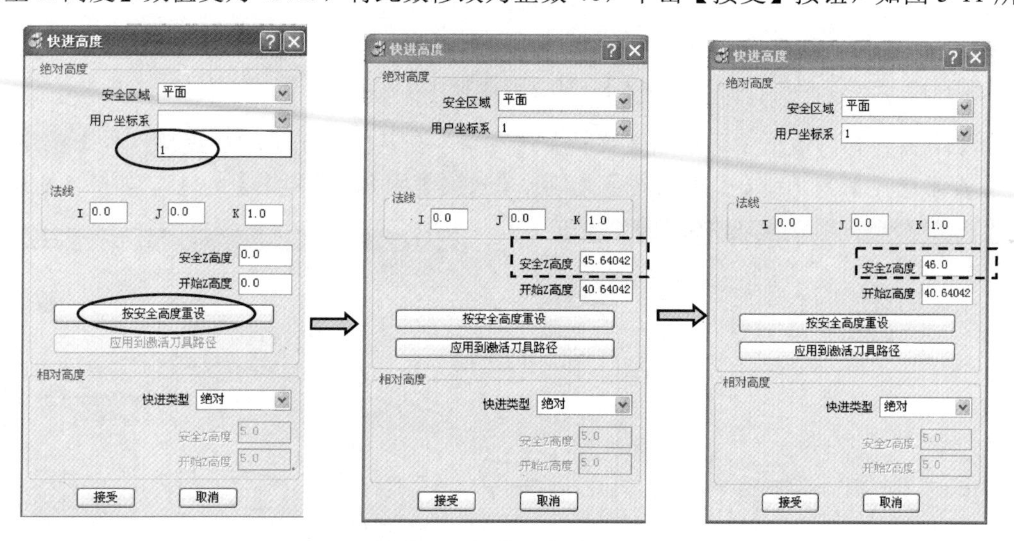

图 5-11 设快进高度参数

2. 设开始点和结束点

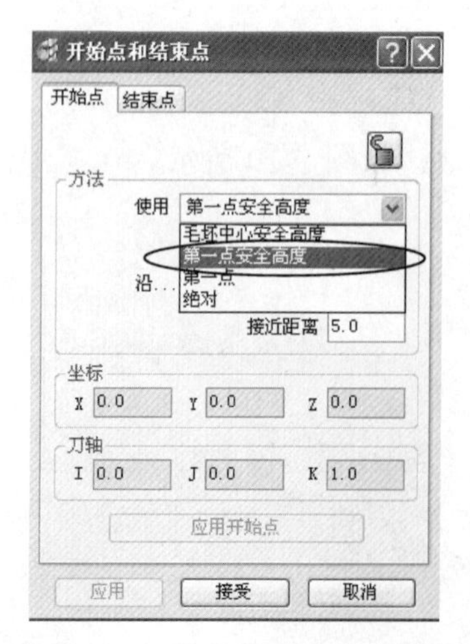

图 5-12 设开始点和结束点参数

在综合工具栏中单击【开始点和结束点】按钮，弹出【开始点和结束点】对话框。在【开始点】选项卡中，设置【使用】的下拉菜单为“第一点安全高度”。切换到【结束点】选项卡，用同样的方法设置，单击【接受】按钮，如图 5-12 所示。

5.8 在程序文件夹 K03A 中建立开粗刀路

主要任务：建立 2 个刀具路径，第 1 个为使用 ED12 平底刀对台阶面以上部分开粗；第 2 个为下部分开粗。

将 K03A 程序文件夹激活，用鼠标右键单击屏幕左侧【资源管理器】中【刀具路径】的 K03A 文件夹，在弹出的快捷菜单中选择【激活】命令。

1. 使用“模型区域清除”的方法建立上半部分开粗刀路

（1）设定毛坯。

目的是将沿着铜公上半部分有效外形外扩单边大于刀具半径的数值，即沿着整个外形基准台阶可以外扩 5，以保证刀具能够完全切削工件，而且空刀少。

在综合工具栏中单击【毛坯】按钮，弹出【毛坯】对话框，在【由…定义】下拉列表框中选择“方框”选项，接着按图 5-13 所示的顺序设置参数。先设最小和最大的 Z 值，将其锁定，再设【扩展】为 5，单击【计算】按钮，单击【接受】按钮，单击右侧屏幕的【毛坯】按钮，关闭其显示。

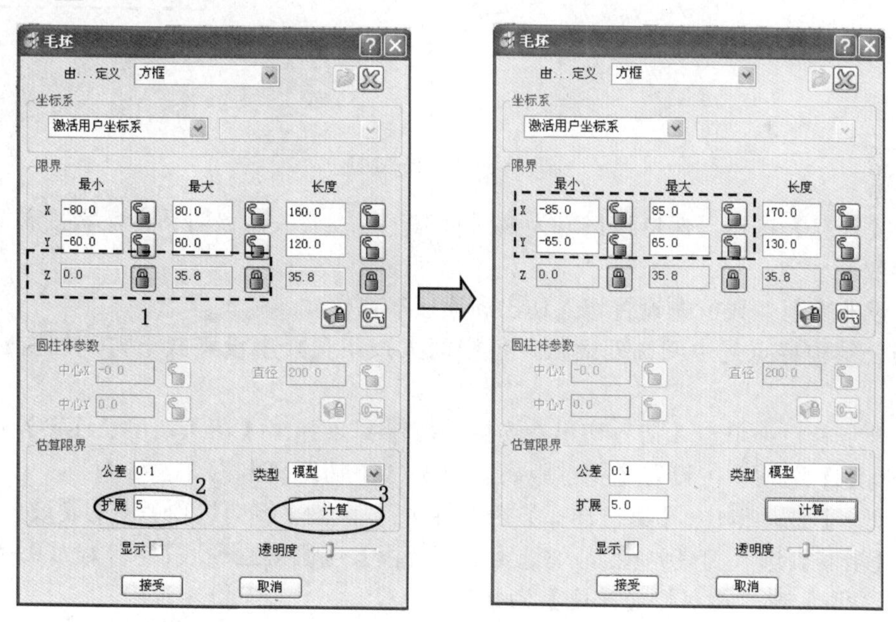

图 5-13 设毛坯参数

这里将 Z 值由自动计算出的 35.640427 改为 35.8，目的是给顶部留足够多的余量。

（2）设切削参数，创建“模型区域清除”刀路策略。

在综合工具栏中单击【刀具路径策略】按钮，弹出【策略选取器】对话框，选取【三维区域清除】选项卡，然后选择【模型区域清除】选项，单击【接受】按钮，弹出【模型区域清除】对话框，按图 5-14 所示设置参数，【刀具】选择 ED12，【公差】为 0.1。单击【余量】按钮，设置侧面余量为 0.2，底部余量为 0.1，【行距】一般取刀具直径的 50%～75%，本例为 8，【下切步距】为 1，【切削方向】为“顺铣”。

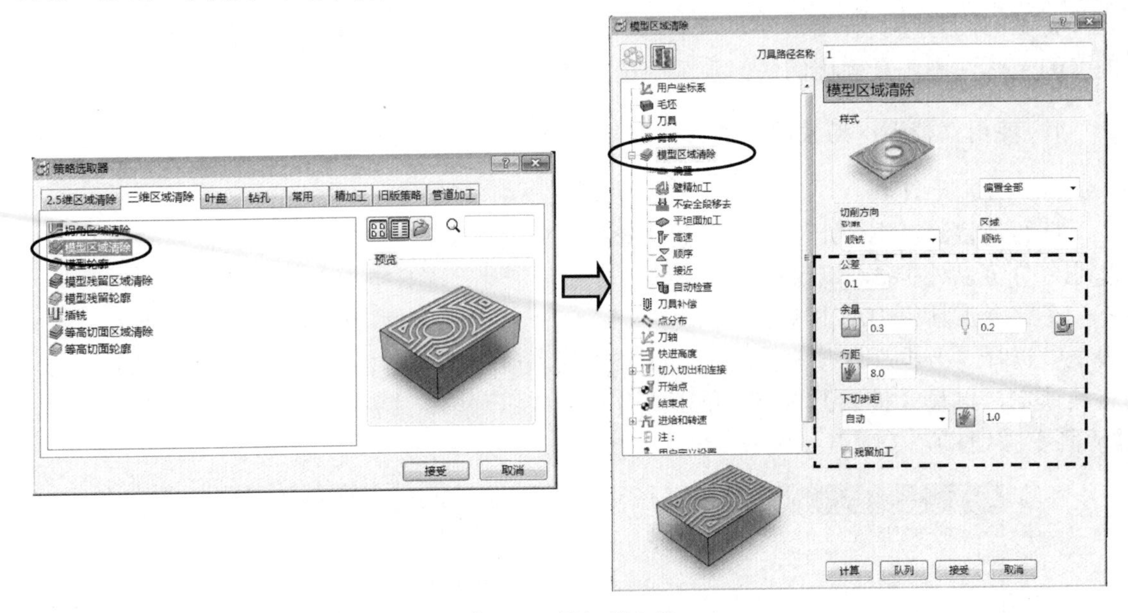

图 5-14　设切削参数

单击【计算】按钮，保持该策略为激活状态。但不要关闭该对话框，紧接着下步设置非切削参数。

（3）设非切削参数，先设置切入切出和连接参数。

该铜公结构特点是中间高四周低，但中间大按钮孔要用设斜线下刀，外侧应为料外下刀。

在综合工具栏中单击【切入切出及连接】按钮，弹出【切入切出及连接】对话框。选取【Z 高度】选项卡，设置【掠过距离】为 3，【下切距离】为 3。

在【切入】选项卡中，【第一选择】为“斜向”，设置【斜向选项】中的【最大左斜角】为 10°，【沿着】选“刀具路径”，勾选【仅闭合段】，【圆圈直径（TDU）】为 0.95 倍的刀具直径，【类型】选“相对”，【高度】为 0.5。

在【连接】选项卡中，修改【短】为“掠过”，其余参数默认，如图 5-15 所示。单击【应用】按钮，再单击【接受】按钮，在【模型区域清除】对话框中单击【取消】按钮。

这样选择参数的目的是尽量减少非切削路径长度，而且在大孔位处产生斜线下刀，提高切削效率及安全性，产生的刀具路径如图 5-16 所示。

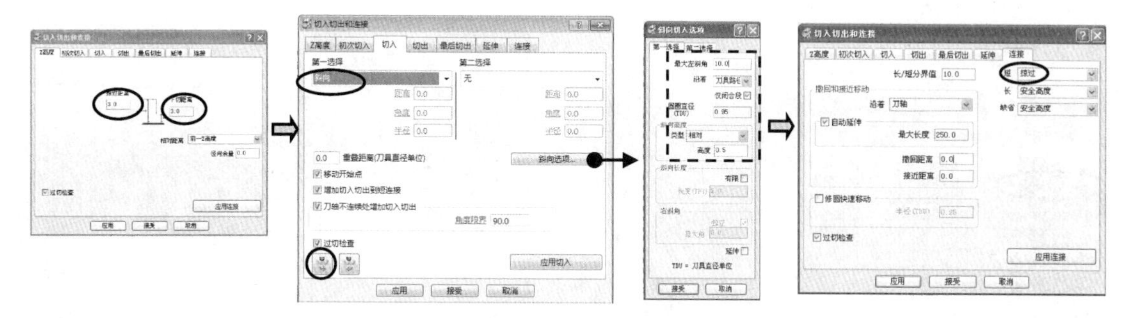

图 5-15　设切入切出和连接参数

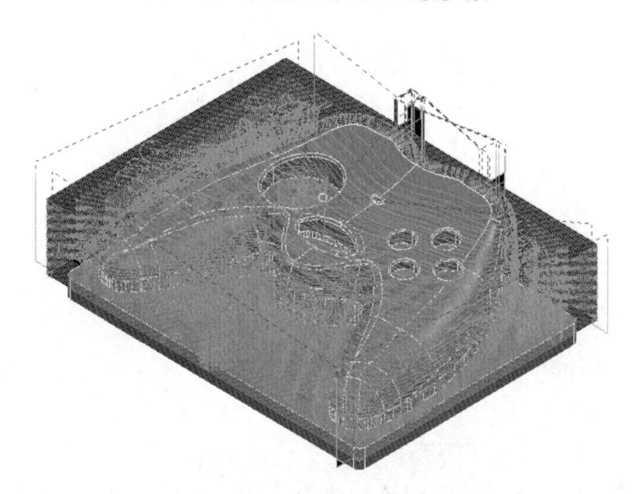

图 5-16　上半部分开粗刀路

2. 使用“等高精加工”的方法建立下半部分开粗刀路

（1）设定毛坯。

本次将沿着外形扩单边 7，以保证刀具能够完全切削台阶基准位。在综合工具栏中单击【毛坯】按钮，弹出【毛坯】对话框。在【由...定义】下拉列表框中选择“方框”选项，接着按如图 5-17 所示的顺序设置参数。修改 Z 的最小值为-10，最大值为 0。单击【接受】按钮，单击右侧屏幕的【毛坯】按钮，关闭其显示。

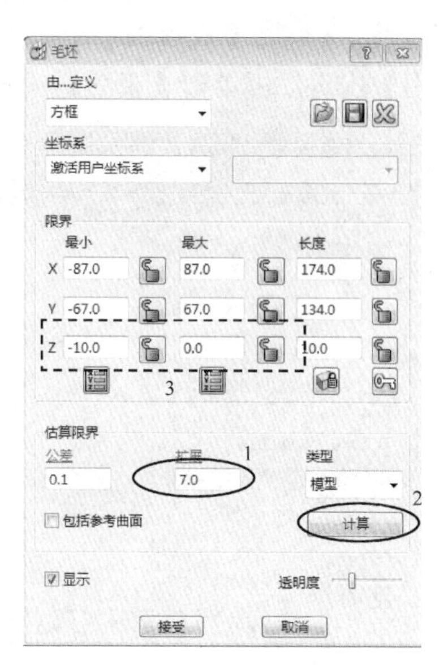

图 5-17　设毛坯参数

（2）设切削参数，创建“等高精加工”刀路策略。

在综合工具栏中单击【刀具路径策略】按钮，弹出【策略选取器】对话框，选取【精加工】选项卡，然后选择【等高精加工】选项，单击【接受】按钮，弹出【等高精加工】对话框。按图 5-18 所示设置参数，【刀具】选择 ED12，【公差】为 0.1，单击【余量】按钮，设置侧面余量为 0.2，底部余量为 0，【最小下切步距】为 1，暂不要关闭该对话框。

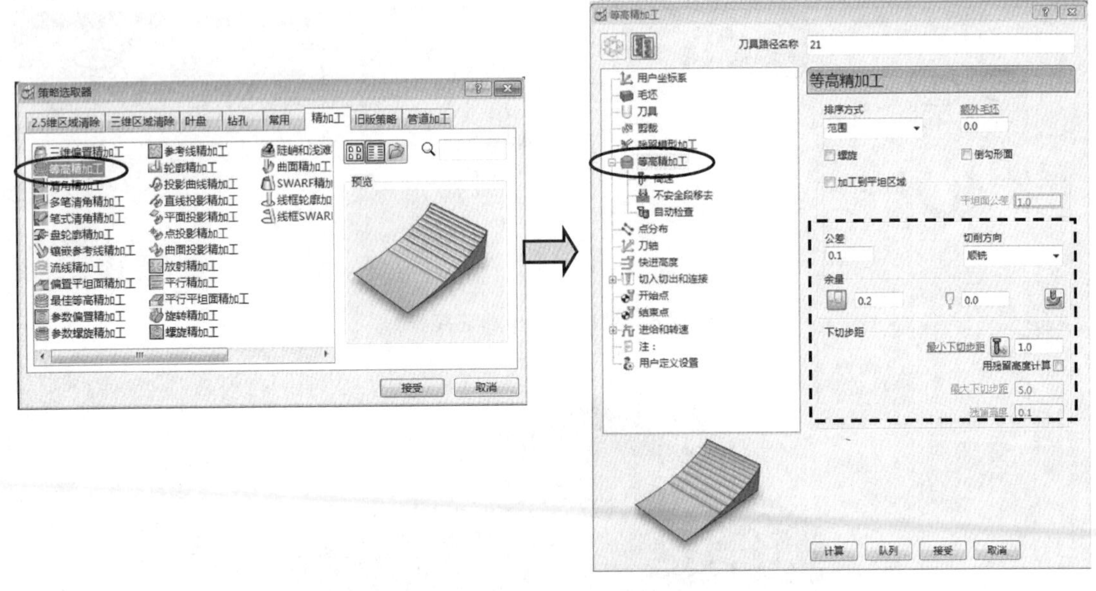

图 5-18　设切削参数

（3）设非切削参数，先设置切入切出和连接参数。

该铜公下半部分结构特点是余量较小，水平方向只进刀一次，而且设置使刀具从料外下刀，且圆弧切入及切出。

在综合工具栏中，或前述的【等高精加工】对话框中，单击【切入切出和连接】按钮，弹出【切入切出和连接】对话框。选取【切入】选项卡，设置【第一选择】为“水平圆弧”，【距离】为 0，【角度】为 180，【半径】为 5，【重叠距离】为 0.1，单击【切出和切入相同】按钮，这样就使切出和切入参数一样，成为圆弧退刀。

在【连接】选项卡中，修改【短】为“直”，其余参数默认，如图 5-19 所示，单击【应用】按钮，再单击【接受】按钮。

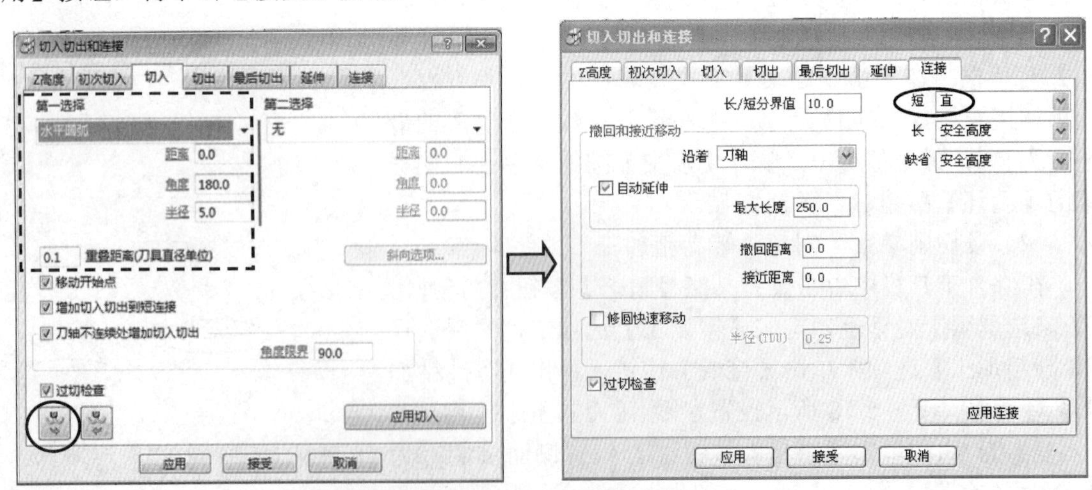

图 5-19　设切入切出和连接参数

这样选择参数的目的，是保证料外下刀，可尽量减少不必要的提刀，提高切削安全性及平稳。在【等高精加工】对话框中单击【计算】按钮，产生的刀具路径 2 如图 5-20 所示。

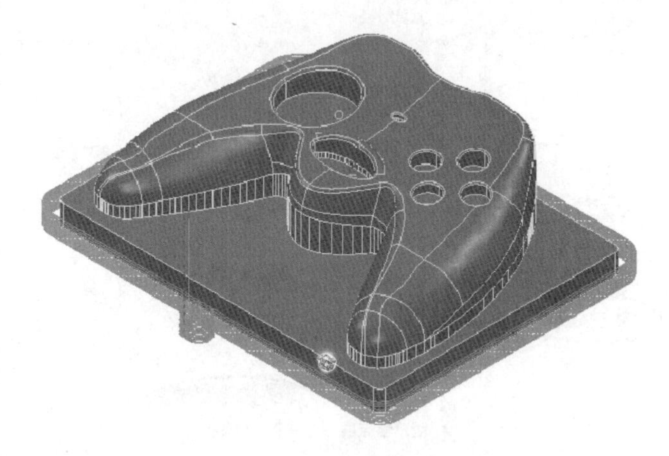

图 5-20　下半部分开粗刀路

以上程序组的操作视频文件为：\ch05\03-video\01-建立开粗刀路 K03A.exe

5.9　在程序文件夹 K03B 中建立平面精加工刀路

主要任务：建立 6 个刀具路径，第 1 个为使用 ED12 平底刀对铜公四周基准面进行中光刀；第 2 个为对铜公四周基准面进行光刀；第 3 个为对铜公水平面部位进行残料清除及光刀；第 4 个为对铜公台阶基准平位以上的外形进行中光刀；第 5 个为对铜公台阶基准平位以上的外形进行光刀；第 6 个为对大圆按钮孔光刀。

将 K03B 程序文件夹激活，方法：用鼠标右键单击屏幕左侧【资源管理器】中的【刀具路径】中的 K03B 文件夹，在弹出的快捷菜单中选择【激活】命令。

1．使用等高精加工对铜公四周基准面进行中光刀

方法：将 5.8 节中已经完成的刀路 2 进行复制，再改参数。

（1）复制刀路，并改名。

用鼠标右键单击屏幕左侧【资源管理器】中【刀具路径】的 K03A 文件夹中的刀具路径 2，在弹出的快捷菜单中选择【编辑】，再选【复制刀具路径】命令。单击 K03B 文件夹前的加号+。于是，在 K03B 文件夹中生成了刀具路径 2_1。用鼠标右键单击它，在弹出的快捷菜单中选择【重新命名】，再将其改名为“3”，如图 5-21 所示。

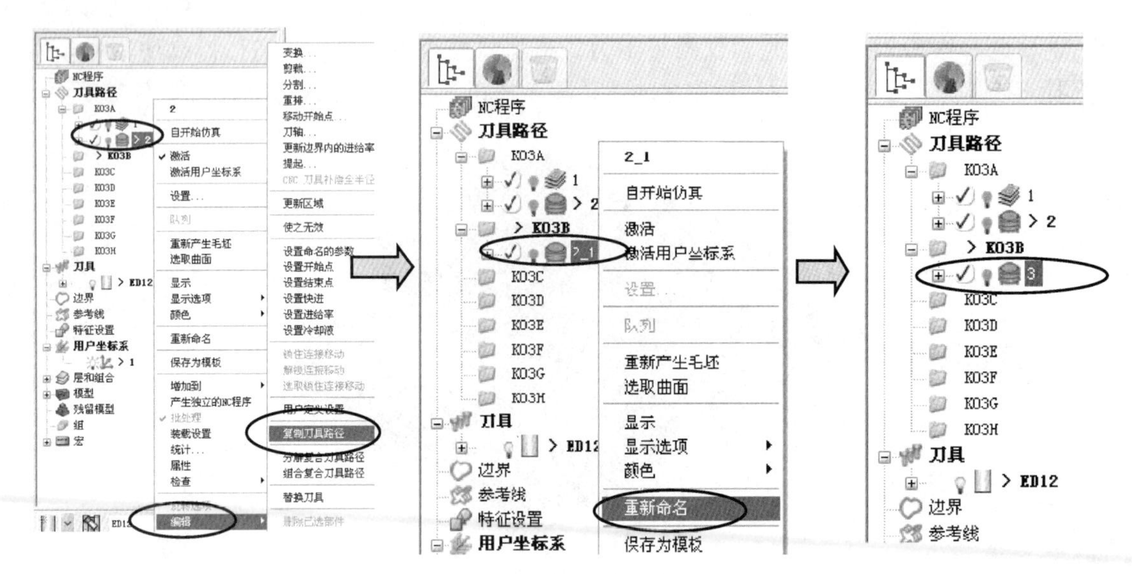

图 5-21　复制刀路策略并改名

（2）激活刀具路径 3，并进入参数对话框。

用鼠标右键单击刚产生的刀具路径 3，在弹出的快捷菜单中选择【激活】命令。再右击该刀具路径 3，在弹出的快捷菜单中选择【设置】命令，这时就弹出了【等高精加工】对话框，如图 5-22 所示。

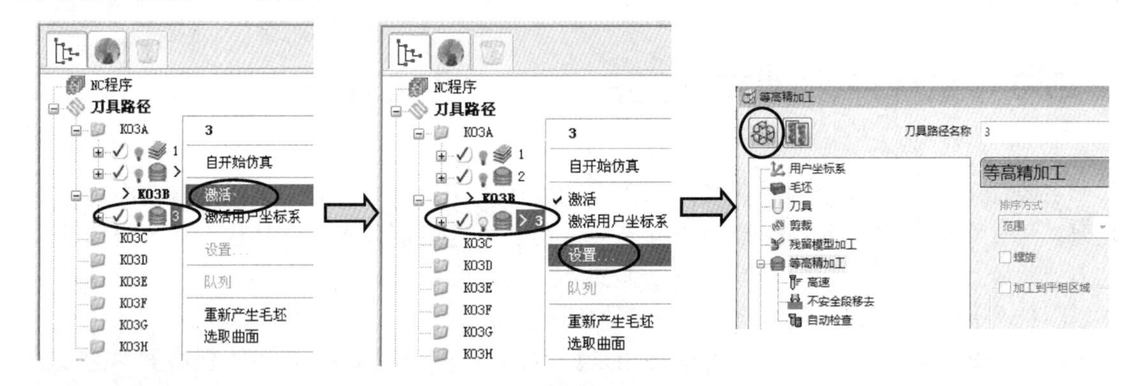

图 5-22　激活新刀路策略

（3）重新设置加工参数。

单击上述【等高精加工】对话框中的【打开表格，编辑刀具路径】按钮，按图 5-23 所示修改参数，【公差】改为 0.03，设置侧面余量为 0.1，底部余量为 0，【最小下切步距】为 15。

（4）检查加工参数，生成新刀路。

单击上述【等高精加工】对话框中的【计算】按钮，再单击【基于此刀具路径产生一新的刀具路径】按钮，生成了新刀具路径策略 3_1。再单击【取消】按钮，生成如图 5-24 所示的刀路。

图 5-23　设置等高精加工参数（一）

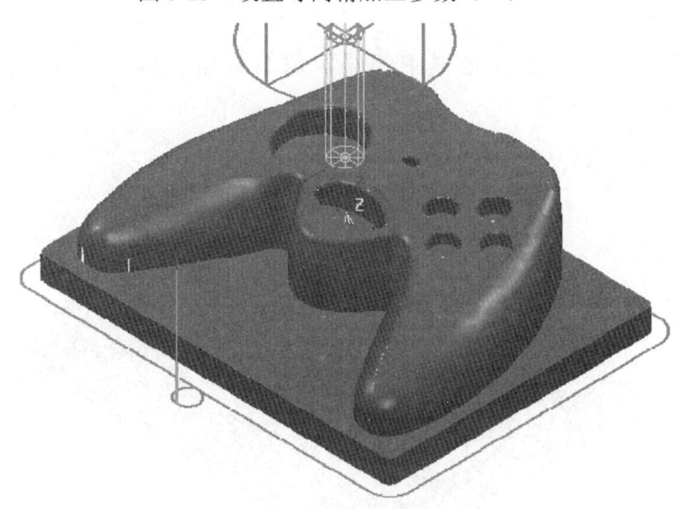

图 5-24　生成中光刀路

2．使用等高精加工对铜公四周基准面进行光刀

方法：对刚复制产生的 3_1 刀具路径，通过改参数来生成新刀路。

（1）激活刀具路径策略 3_1，并进入参数对话框。

用鼠标右键单击刚产生的刀具路径 3_1，在弹出的快捷菜单中选择【激活】命令。再右击它，在弹出的快捷菜单中选择【设置】命令，弹出【等高精加工】对话框，如图 5-25 所示修改参数。【名称】改为“4”，【公差】改为 0.01，设置侧面余量为 0，其余参数不变。

图 5-25　设置等高精加工参数（二）

（2）检查加工参数，生成新刀路。

单击上述【等高精加工】对话框中的【计算】按钮，再单击【取消】按钮，生成如图 5-26 所示的刀路。

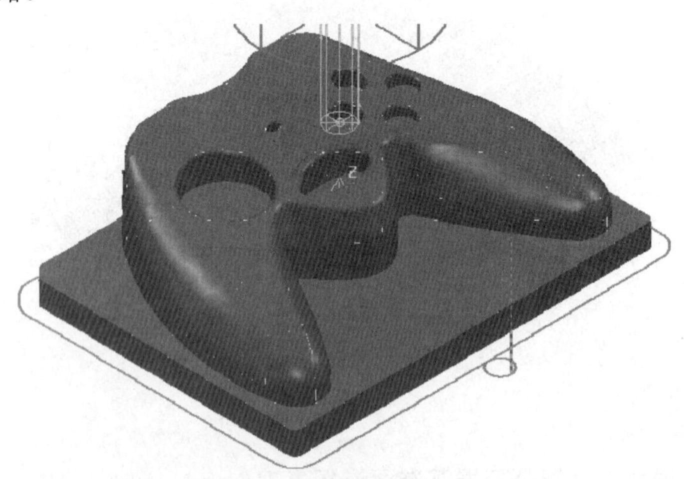

图 5-26　生成光刀刀路

3．对铜公水平面部位进行残料清除及光刀

方法：复制刀具路径 1 生成新刀路，修改下切高度参数。

（1）用鼠标右键单击屏幕左侧【资源管理器】中【刀具路径】的 K03A 文件夹中的刀具路径 1，在弹出的快捷菜单中选择【编辑】，再选【复制刀具路径】命令。于是，在 K03B

文件夹中生成了刀具路径 1_1，用鼠标右键单击它，在弹出的快捷菜单中选择【重新命名】，再将其改名为“5”，如图 5-27 所示。

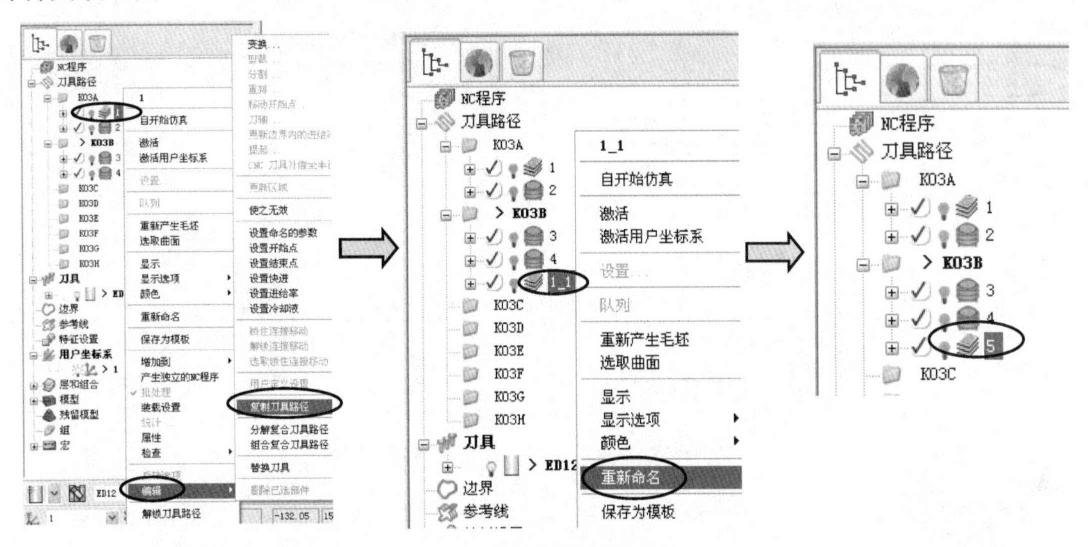

图 5-27　复制策略并改名

（2）激活刀具路径策略 5，并进入参数对话框。

用鼠标右键单击刚产生的刀具路径策略 5，在弹出的快捷菜单中选择【激活】命令。再右击它，在弹出的快捷菜单中选择【设置】命令，这时就弹出了【模型区域清除】对话框，如图 5-28 所示。

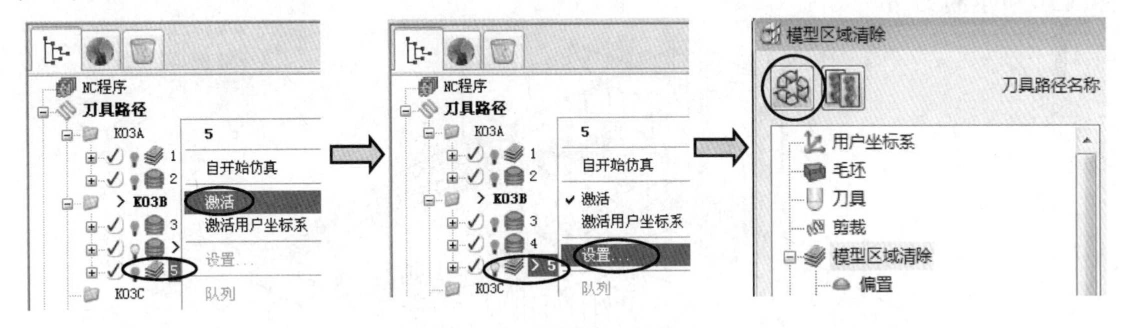

图 5-28　激活新刀路策略

（3）重新设置加工参数。

单击上述【模型区域清除】对话框中的【打开表格，编辑刀具路径】按钮，【公差】为 0.1，设置侧面余量为 0.3，底部余量为 0，【最小下切步距】为 50。在设加工参数的同时检查毛坯，如图 5-29 所示。

要注意

这里【最小下切步距】为 50，也要大于加工深度 36，目的是要生成一层刀路。为了减少空刀，切出和切入参数设置为“无”。

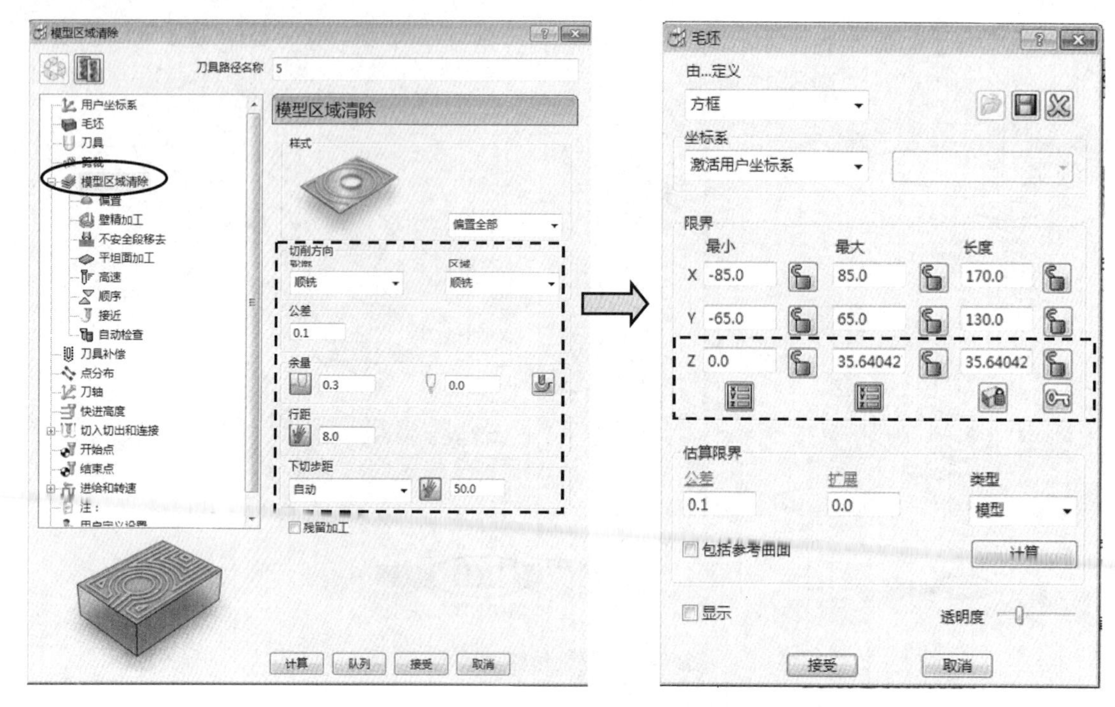

图 5-29　设置加工参数及毛坯参数

（4）检查加工参数，生成新刀路。

单击上述【等高精加工】对话框中的【计算】按钮，再单击【取消】按钮，生成如图 5-30 所示的刀路。

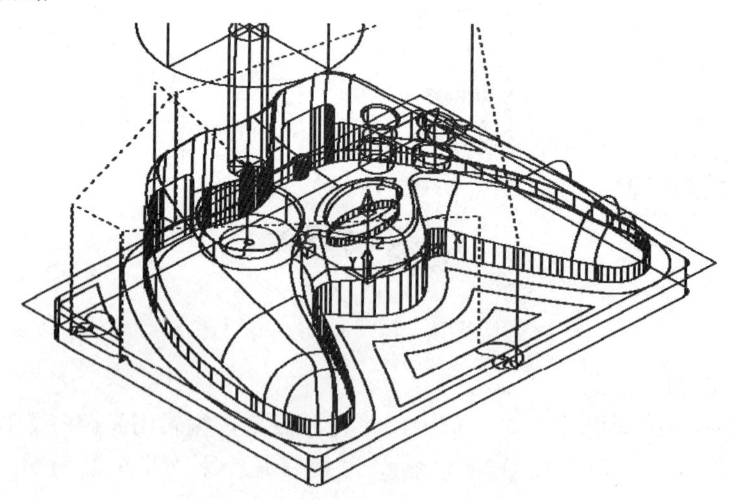

图 5-30　残料清除及平位光刀

4．对铜公台阶基准平位以上的外形进行中光刀

方法：将之前完成的等高精加工刀具路径 4 进行复制，再改参数。

(1) 用鼠标右键单击刀具路径 4，在 K03B 文件夹中复制为刀路 4_1。用鼠标左键单击它，大约 1 秒后再次单击，将其改名为“6”，并将其拖到“5”之后，激活该刀路策略，如图 5-31 所示。

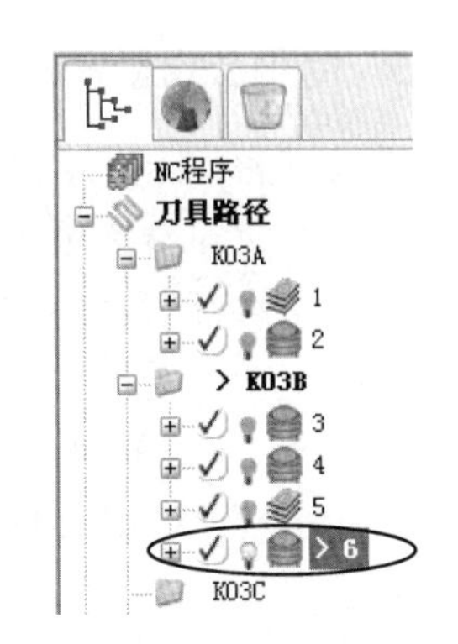

图 5-31 复制新刀路策略

(2) 重新设置刚产生的刀路 6，进入【等高精加工】对话框，重新按图 5-32 所示设置加工参数及毛坯参数。观察图形区的毛坯显示，无误后，单击右侧屏幕的【毛坯】按钮，关闭其显示。此处中光余量为 0，目的是给光刀留下 0.1 的切削量。

(3) 检查加工参数，生成新刀路。

单击上述【等高精加工】对话框中的【计算】按钮，再单击【取消】按钮，生成如图 5-33 所示的刀路。

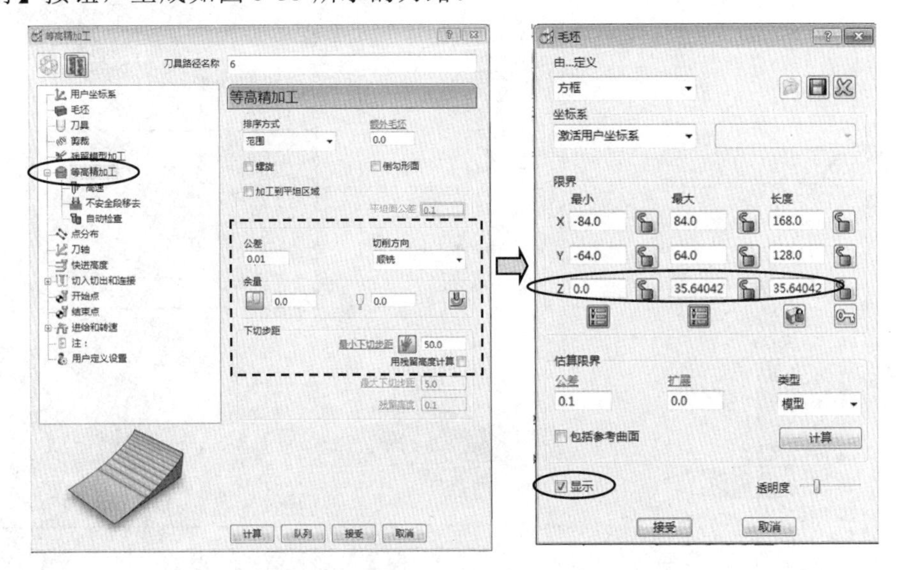

图 5-32 在设加工参数的同时设置毛坯

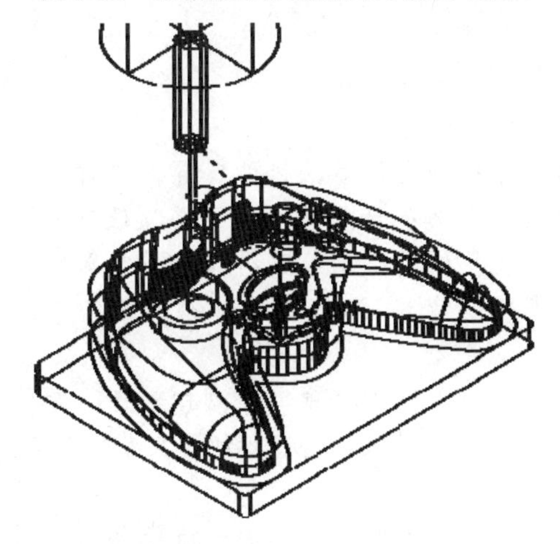

图 5-33 外形中光刀路

5. 对铜公台阶基准平位以上的外形进行光刀

方法：将刚产生刀具策略 6 进行复制，再改参数。

（1）用鼠标右键单击刀具路径 6，在 K03B 文件夹中复制为刀路 6_1。用鼠标左键单击它，大约 1 秒后再次单击，将其改名为“7”，激活该刀路策略，如图 5-34 所示。

（2）重新设置刚产生的刀路 7，进入【等高精加工】对话框，重新按图 5-35 所示设置加工参数。【公差】为 0.01，【余量】的侧面余量为-0.1，底部余量为 0，目的是侧面加工出火花位-0.1，铜公台阶按图加工到位，不给火花位。

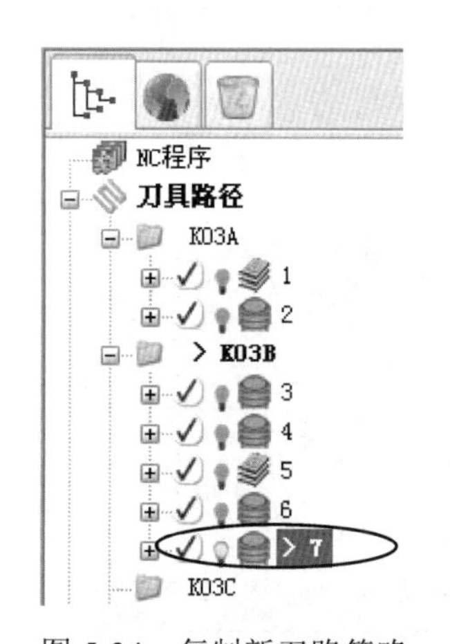

图 5-34 复制新刀路策略

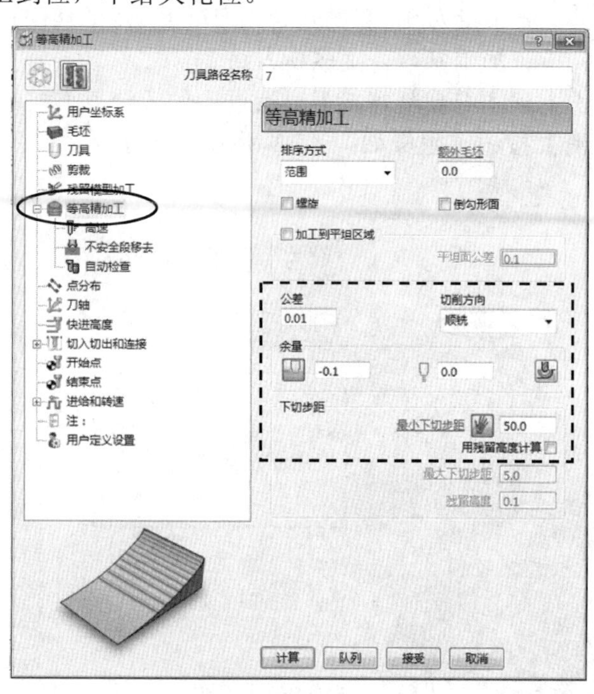

图 5-35 设置加工参数

知识拓展

由于现在工厂里的火花机种类很多，性能各异，工作习惯也有差别。按照本书方法加工出的铜公除了四周基准面及台阶面外，型面及顶部都留有火花位，即会沿着铜公有效型面均匀缩小一个火花位的数值。这种情况一定要给 EDM 操作员及制模师傅说明，以便操作员能够正确地输入 EDM 加工时的目标 Z 值。这个目标 Z 值一般是铜公的台阶面到模具基准的高度差。

因为有些工厂的师傅习惯于用铜公顶部碰到模具 PL 面作为初始基准进行加工，输入机床的目标 Z 值是铜公最终位置，是底部到模具基准的高度差。有些机床加工时，会自动抬高一个火花位的数值。

建议初学者刚到一个工厂时，要认真沟通，首先要向上司或其他师傅了解该厂的工作习惯，遵守工厂的工作标准，准确完成好任务，避免发生错误。

（3）检查加工参数，生成新刀路。

单击上述【高度精加工】对话框中的【计算】按钮，再单击【取消】按钮，生成如图 5-36 所示的刀路。

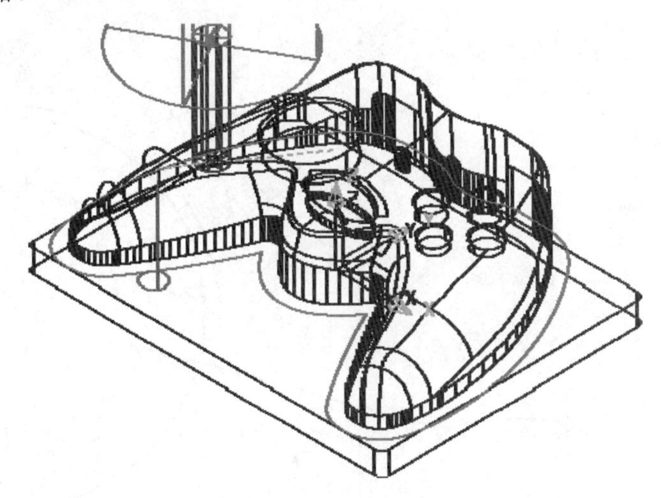

图 5-36　外形中光刀路（一）

6．对大按钮圆孔进行光刀

方法：将刚产生刀具策略 7 进行复制，根据初步生成的刀路绘制边界，再修改参数并使用新边界，重新计算得到需要的刀路。

（1）右击刀具路径 7，在 K03B 文件夹中复制为刀路 7_1，将其改名为“8”，并激活该刀路策略。

（2）重新设置刚产生的刀路 8，进入【等高精加工】对话框，修改【最小下切步距】为 0.5，其余不变，单击【计算】按钮。将图形放置到俯视图状态，生成如图 5-37 所示的刀路。

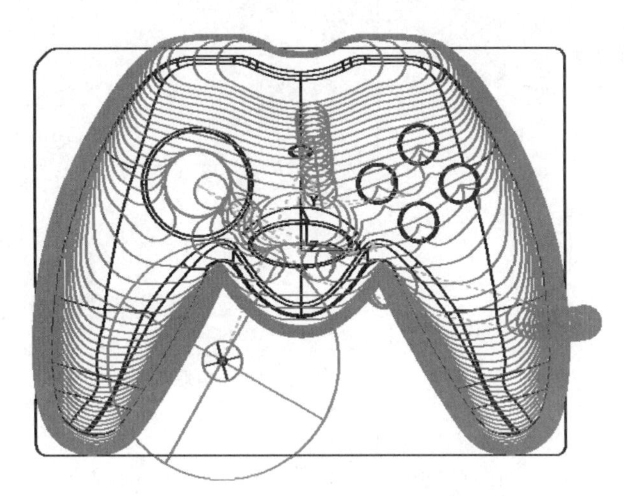

图 5-37　外形中光刀路（二）

（3）单击综合工具栏中的【测量器】，在弹出的信息框切换到【圆形】选项卡，在图形上测量大圆按钮孔处的刀路直径，单击 3 个点，约为 20，如图 5-38 所示，单击【关闭】按钮。

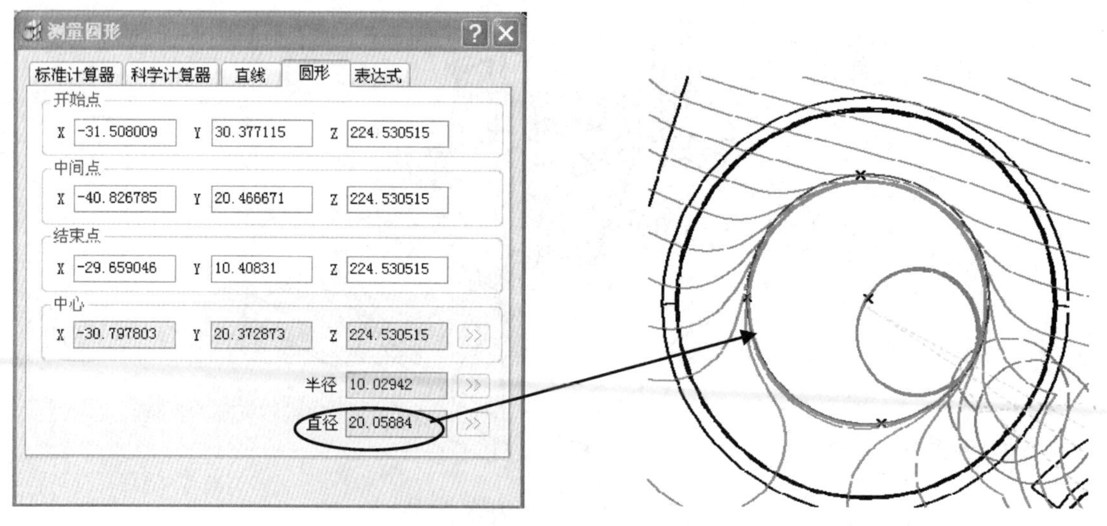

图 5-38　测量刀具直径

（4）根据刀路创建边界 1。

右击【资源管理器】中的【边界】，在弹出的快捷菜单中选【定义边界】|【用户定义】命令，在弹出的【用户定义边界】对话框中选取勾画按钮，在弹出的工具条中选取【圆形和圆弧】按钮，在弹出的参数栏中给定半径为 10.5，然后在图形上画圆，这样就产生了边界 1，如图 5-39 所示。再次单击按钮，再单击【接受改变】按钮，单击【接受】按钮结束操作。

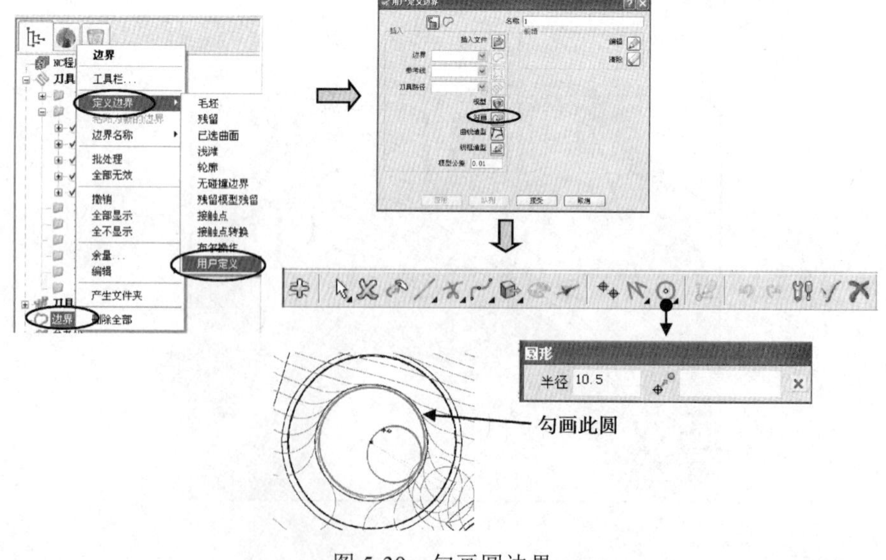

图 5-39　勾画圆边界

（5）重新设置刚产生的刀路 8，进入【等高精加工】对话框，修改【边界】为“1”，勾选【螺旋】复选框，【最小下切步距】为 0.1，【方向】为“任意”。设【切入】及【切出】为“无”，【短连接】为“在曲面上”，【长】为“安全高度”，如图 5-40 所示。

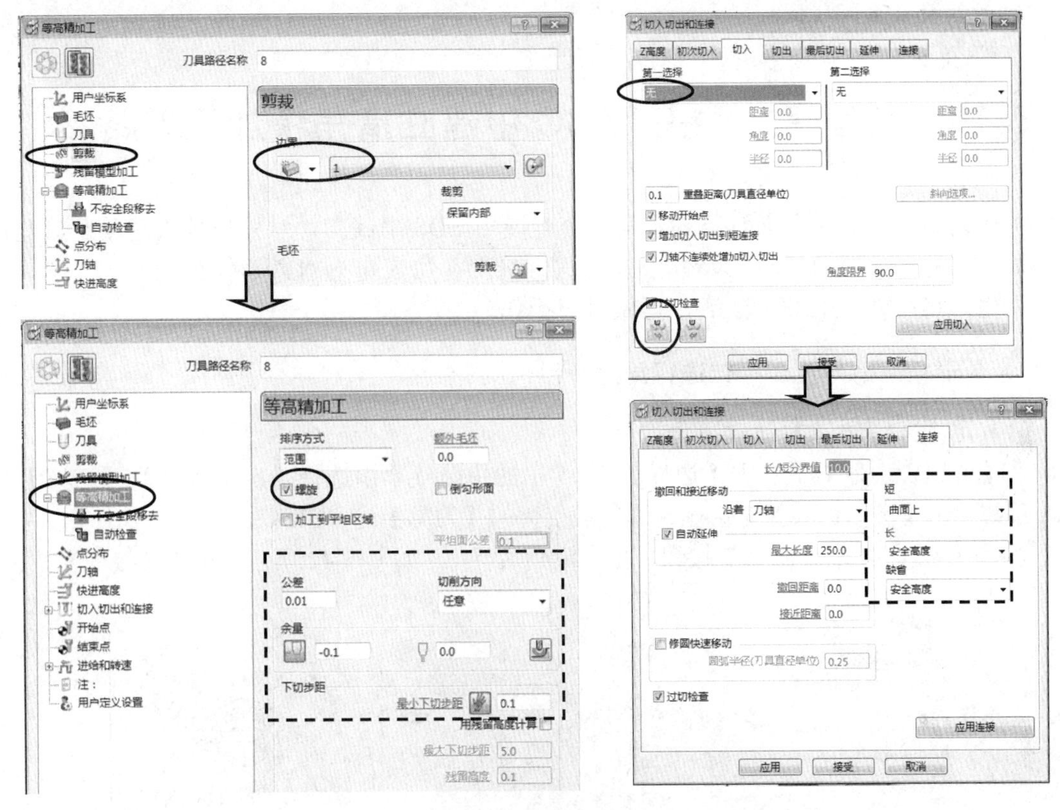

图 5-40　设置加工参数

（6）检查参数无误后，单击【计算】按钮，生成如图 5-41 所示的刀路。

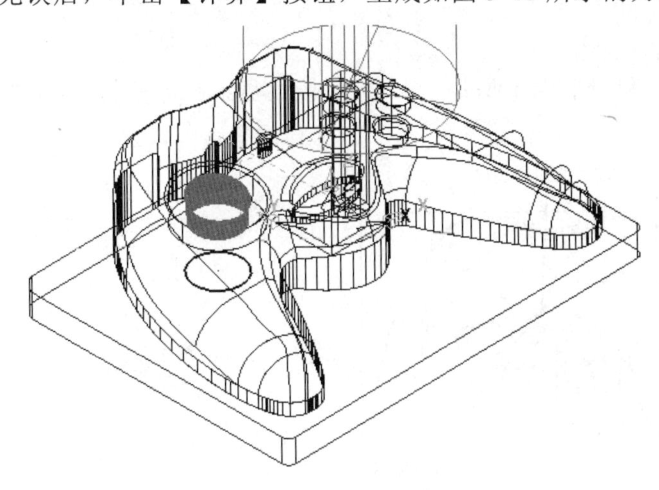

图 5-41　生成大圆按钮光刀刀路

以上程序组的操作视频文件为：\ch05\03-video\02-建立平面精加工刀路 K03B.exe

5.10 在程序文件夹 K03C 中建立清角精加工刀路

主要任务：建立 3 个刀具路径，第 1 个为使用 ED8 平底刀，对外形角落清角及对孔位进行局部开粗；第 2 个对外形清角及孔位进行光刀；第 3 个为对外形铜公光刀。

首先，将文件夹 K03A 激活，再做以下操作。

1. 外形角落清角及对孔位进行局部开粗

（1）用【残留边界】创建清角边界。

在【资源管理器】中右击【边界】，在弹出的快捷菜单中选择【定义边界】|【残留】命令，系统弹出【残留边界】对话框，本次加工用的【刀具】为“ED8”，上次已用的【参考刀具】为“ED12”，单击【应用】按钮，生成清角边界 2，如图 5-42 所示，单击【接受】按钮。

图 5-42　生成残留边界

（2）整理边界。

在图形上先选择椭圆孔上部的边界，然后按键盘上的删除键 Del，将其删除，如图 5-43 所示。

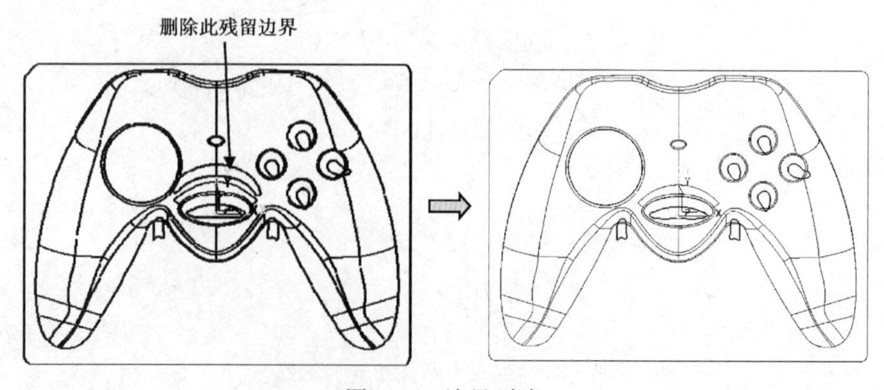

图 5-43　边界删除

在目录树中，右击刚产生的边界 2，在弹出的快捷菜单中选择【曲线编辑器…】命令，于是，边界 2 处于编辑状态。选椭圆孔的边界线，单击工具条的按钮将其打断，再框选 1 处的曲线，单击【移动/复制几何元素】按钮，输入“0　2”，按回车键，将其向上平移 2，如图 5-44 所示，再单击按钮，以结束平移操作。

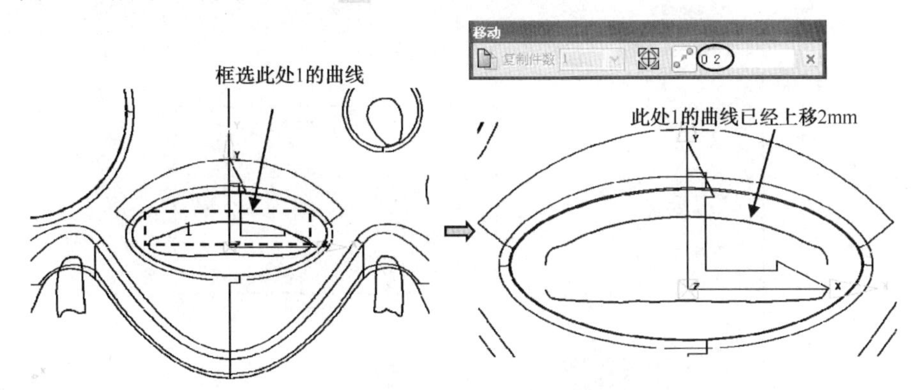

图 5-44　平移部分曲线

单击【笔直连接】按钮，将缺口用直线连接起来，如图 5-45 所示。

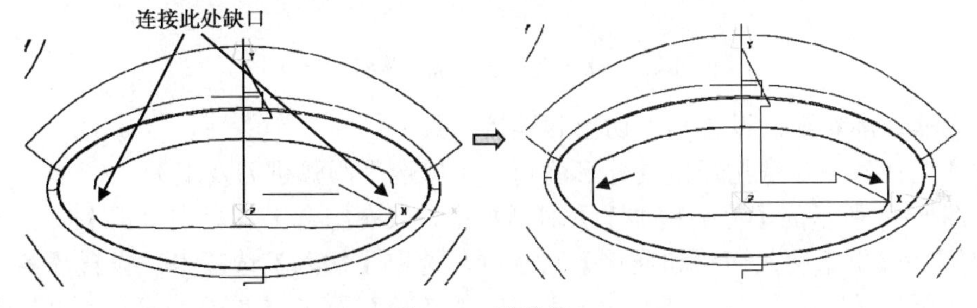

图 5-45　连接缺口

单击【接受改变】按钮，结束边界的编辑。

小提示

正因为原生成的边界，不能保证在此椭圆处形成封闭的刀路，加工时极易造成踩刀现象，所以，要将边界进行调整。以优化刀路。今后在编程时，要认真检查刀路，如有不合理现象，要设法通过调整边界范围来改进，不能对软件的所谓“优化功能”过于迷信，一切要以符合切削规律为依据。

（3）设定清角刀路的加工参数。

在综合工具栏中单击【刀具路径策略】按钮，弹出【策略选取器】对话框，选取【精加工】选项卡，然后选择【等高精加工】选项，单击【接受】按钮，弹出【等高精加工】对话框，【刀具】选择 ED8，【公差】为 0.1。单击【余量】按钮，设置侧面余量为 0，底部余量为 0，【最小下切步距】为 0.2，【方向】为“任意”，如图 5-46 所示。

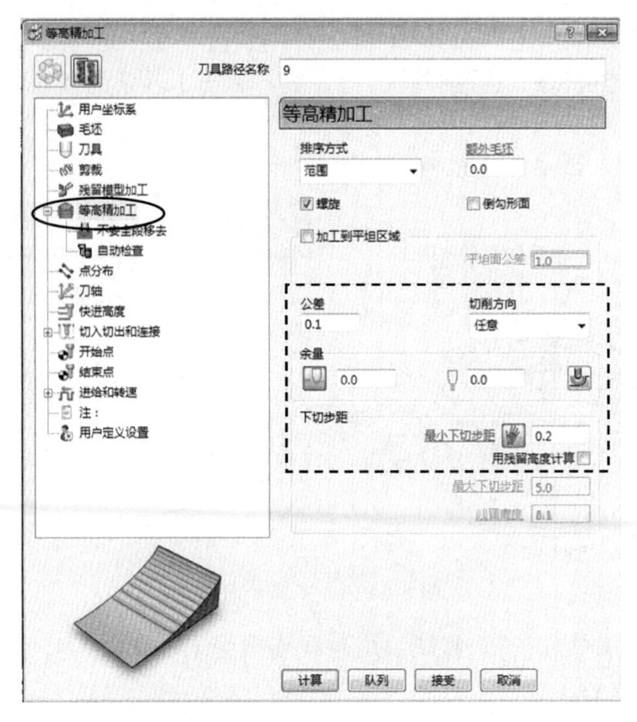

图 5-46　设等高精加工加工参数（一）

（4）设非切削参数，设置切入切出和连接参数。

本次加工任务主要是孔开粗及外形清角，可以选用圆弧进刀及退刀。

在如图 5-46 所示的【等高精加工】对话框中，或在综合工具栏中单击【切入切出和连接】按钮，弹出【切入切出和连接】对话框。选取【切入】选项卡，设置【第一选择】为“水平圆弧”，【距离】为 0，【角度】为 45，【半径】为 2，【重叠距离】为 0，单击【切出和切入相同】按钮。这样就使切出和切入参数一样，成为圆弧退刀。

在【连接】选项卡中，修改【短】为“曲面”，【长】为“掠过”，如图 5-47 所示，单击【应用】按钮，再单击【接受】按钮。

图 5-47　设切入切出和连接参数

这样选择参数的目的，是外形清角时能够保证料外下刀，加工孔时为螺旋下刀，防止踩刀。在【等高精加工】对话框中单击【计算】按钮，产生的刀具路径 9 如图 5-48 所示。

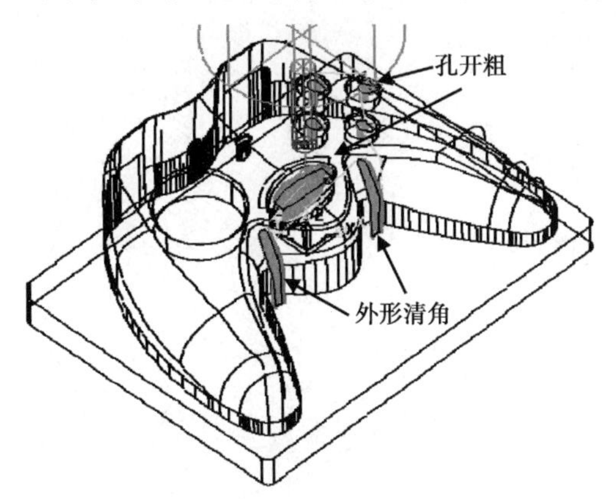

图 5-48　生成清角刀路

2．外形清角及孔位光刀

方法：将刀具路径 9 复制一份，再改参数。

（1）在目录树中右击刚产生的刀具路径 9，将其复制一份改名为 10，并将刀具路径 10 激活，再设置参数，弹出如图 5-49 所示的【等高精加工】对话框，修改【公差】为 0.01，设置侧面余量为-0.1，底部余量为-0.1，【最小下切步距】为 0.05。

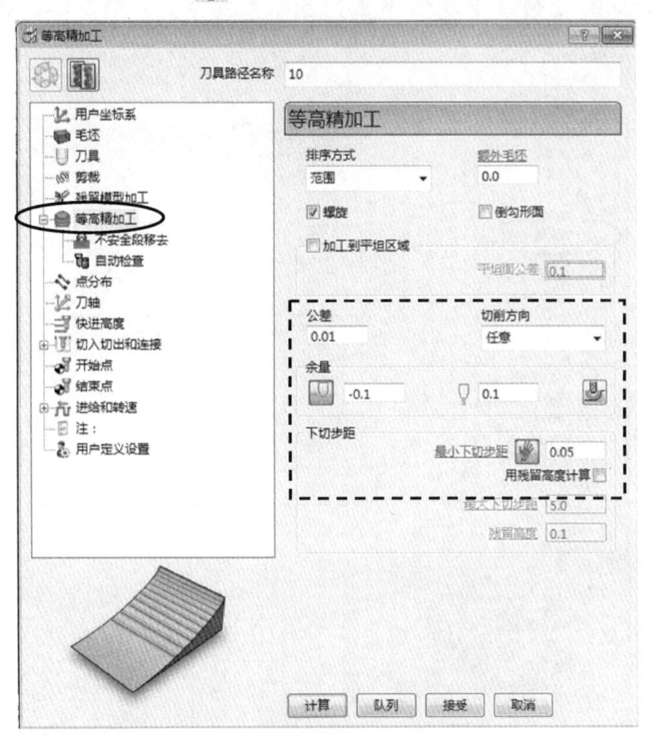

图 5-49　设置等高精加工参数（二）

（2）检查参数无误后，单击【计算】按钮，生成新的刀路，如图 5-50 所示。

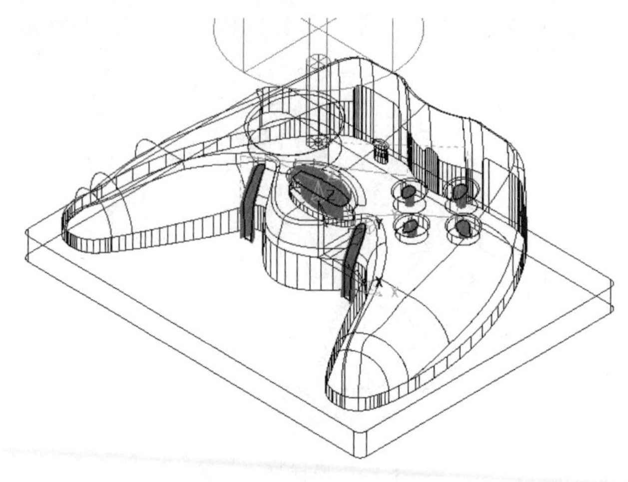

图 5-50　外形清角及孔光刀

3．外形铜公光刀

方法：将刀具路径 10 复制为 11，修改参数。

（1）在目录树中右击刚产生的刀具路径 10，将其复制一份改名为 11，并将刀具路径 11 激活，再设置参数，弹出如图 5-51 所示的【等高精加工】对话框，修改侧面余量为 -0.11，底部余量为 0，【最小下切步距】为 50，【边界】为空，不选择边界。

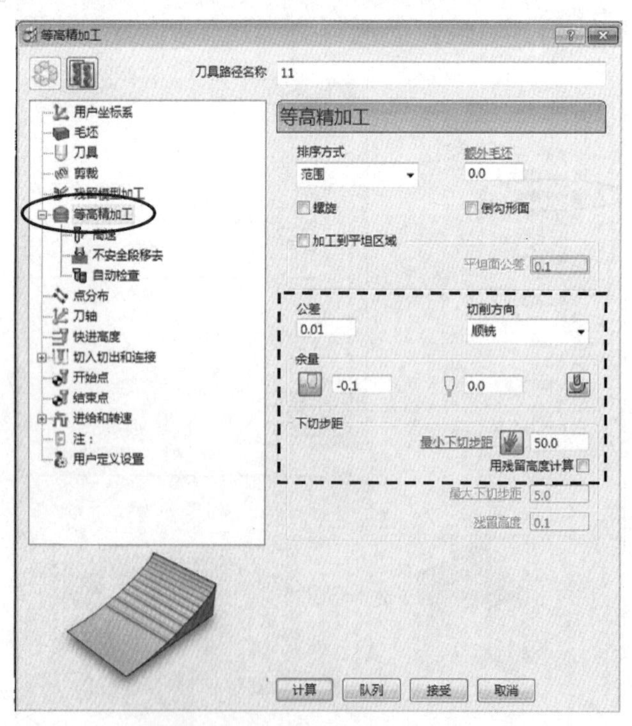

图 5-51　设置等高精加工参数（三）

（2）检查参数无误后，单击【计算】按钮，生成新的刀路，如图 5-52 所示。

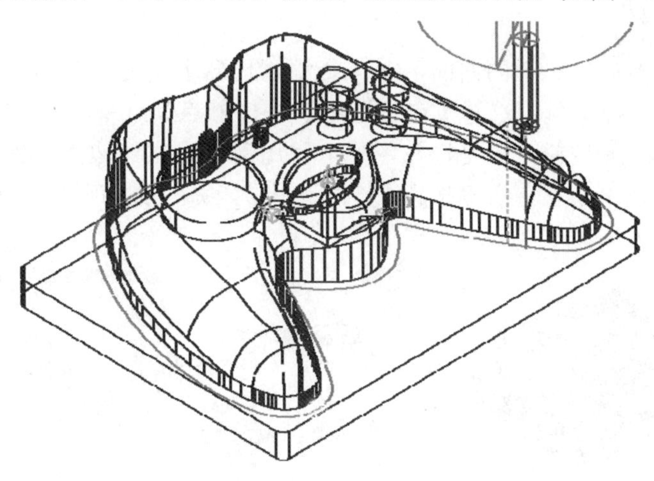

图 5-52　外形光刀

小提示

正因为刀路 9 所用的外形清角边界是按照余量为 0.3 来计算的，如果再用它计算外形的光刀程序，必然导致与刀路 7 接刀不顺。加上用了两把不同的刀具对外形进行光刀，而这两把刀的旋转误差不一定一致，余量相同也会引起接刀不顺。为了消除这些接刀误差，本次刀路 9，余量给定为-0.11，比理论值多过切 0.01，对于铜公是负公差正好，不会影响使用。但是，底壳铜公也应该这样做，才能使底面壳外形一致，装配正常。

以上程序组的操作视频文件为：\ch05\03-video\03-建立清角精加工刀路 K03C.exe

5.11　在程序文件夹 K03D 中建立型面中光刀路

主要任务：建立 1 个刀具路径，对型面进行中光刀，也叫半精加工，用 BD8R4 球头刀，余量为 0。

方法：因为加工面起伏较大，为了使其加工更干净准确，先做好接触点加工边界，然后，用最佳等高精加工方式进行半精加工。这种刀路的优点：平缓面和陡峭面可以分配到同样均匀的刀路，从而使加工均匀。

首先激活文件夹 K03D，再做以下操作。

1. 创建加工边界

在图形中选取不包括孔壁的曲面，在【资源管理器】中选择【边界】树枝，并单击鼠标右键，在弹出的快捷菜单中选择【定义边界】|【接触点】命令，在弹出的【接触点边界】对话框中，单击模型按钮。于是，在图形上就出现了产生的边界，单击【接受】按钮。为了清楚观察，可以单击屏幕右侧按钮来关闭图形，系统自动在目录树中产生了边界 3，如图 5-53 所示。

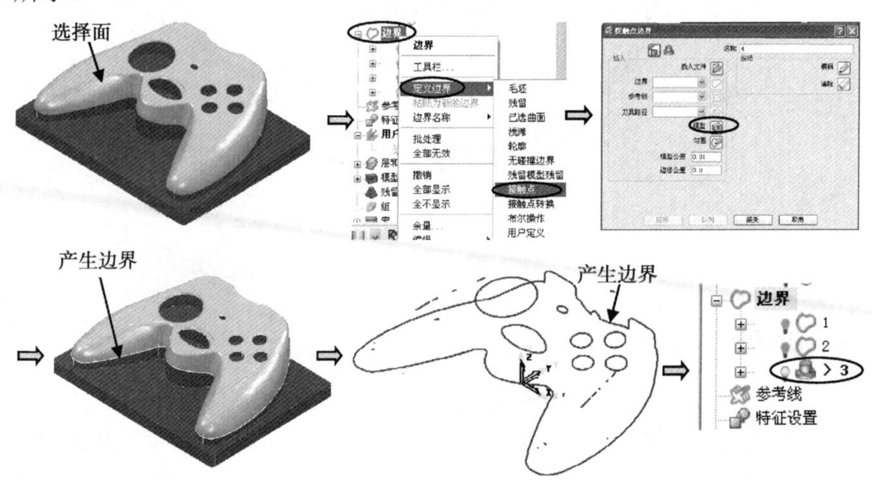

图 5-53　产生加工边界

2. 整理边界

从生成的边界可以看到，由于曲面间有一定的缝隙误差，导致生成的边界中有很多细小的边界。用框选的方法将各个细小边界选中，再按键盘上的删除键 Del，将其删除掉，结果如图 5-54 所示。

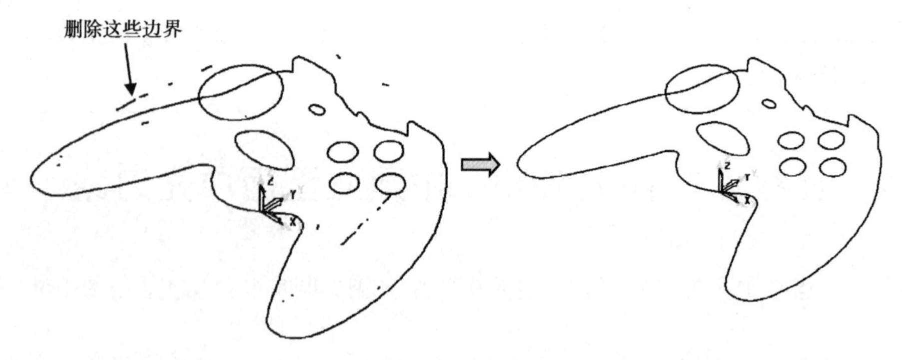

图 5-54　删除多余边界

3. 设定毛坯

要检查现有毛坯是否符合要求，该毛坯一定要包括所加工的区域。如不符合要求，就要重新设定。经检查，上一刀路 11 所用的毛坯符合要求，不用重新设定。

4．设切削参数，创建“最佳等高精加工”刀路策略

在综合工具栏中单击【刀具路径策略】按钮，弹出【策略选取器】对话框，选取【精加工】选项卡，然后选择【最佳等高精加工】选项，单击【接受】按钮，弹出【最佳等高精加工】对话框。按图 5-55 所示设置参数，【边界】为“3”，【刀具】选择 BD8R4，【公差】为 0.03，单击【余量】按钮，设置侧面余量为 0.1，底部余量为 0.1，【行距】为 0.5，【浅滩行距】为 0.5，其余按图 5-55 所示设定。

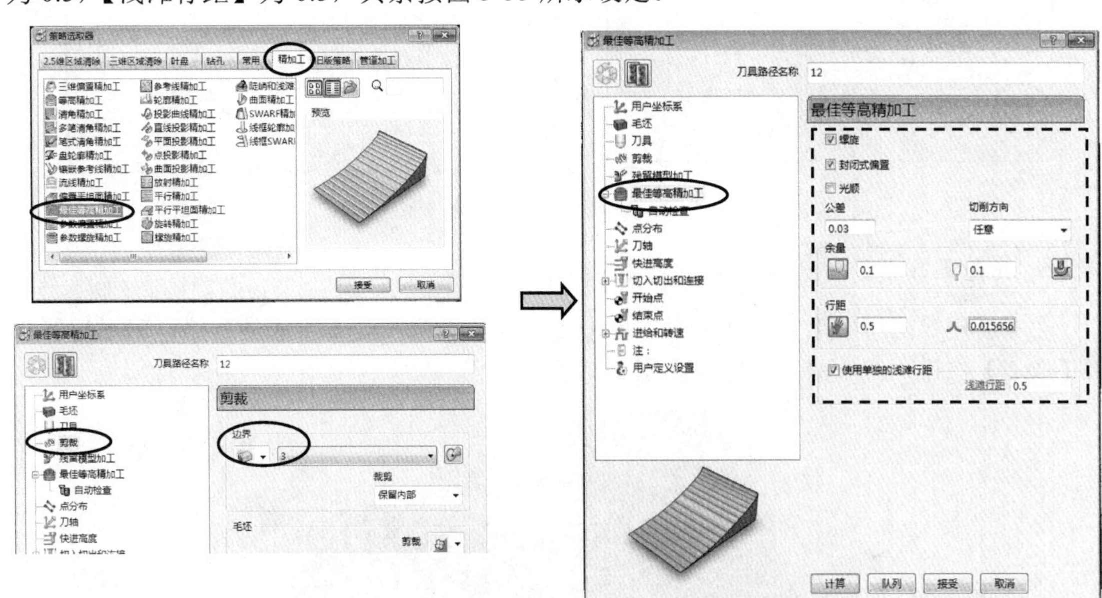

图 5-55　设最佳等高精加工切削参数

知识拓展

此处行距可以根据残留高度为 0.01 时进行计算。在【公差】中输入 0.01，在单击行距的【根据残留高度计算】按钮，将计算出的数 0.56533 修改为 0.5。

5．设非切削参数

设置切入切出和连接参数。

在综合工具栏或上述【最佳等高精加工】对话框中，单击【切入切出和连接】按钮，弹出【切入切出和连接】对话框。选取【切入】选项卡，设置【第一选择】为“水平圆弧”，【距离】为 0，【角度】为 45.0，【半径】为 2.0，单击【切出和切入相同】按钮，这样可以使【切出】的参数与【切入】相同。

在【连接】选项卡中，修改【短】为“在曲面上”，其余参数默认，如图 5-56 所示。单击【应用】按钮，再单击【接受】按钮。

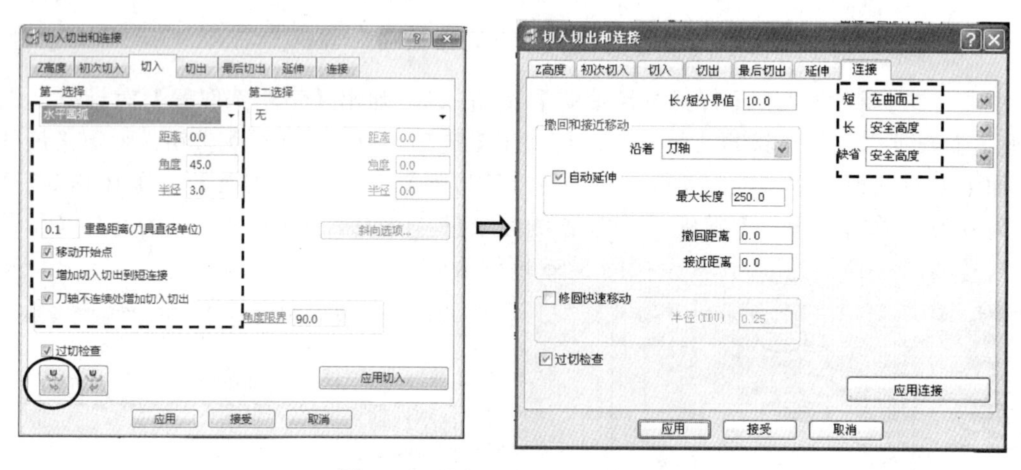

图 5-56　设切入切出和连接参数

6．生成刀路

在【最佳等高精加工】对话框中，单击【计算】按钮，观察生成的刀路，无误后就单击【取消】按钮，产生的刀具路径如图 5-57 所示。

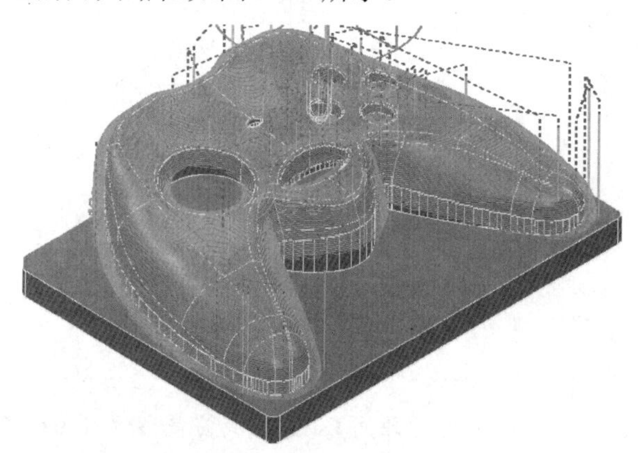

图 5-57　生成的型面中光刀路

以上程序组的操作视频文件为: \ch05\03-video\04-建立型面中光刀路 K03D.exe

5.12　在程序文件夹 K03E 中建立小孔光刀路

主要任务：建立 1 个刀具路径，对型面 LED 灯位的椭圆孔进行开粗及光刀。

方法：用等高精加工的螺旋下刀切削，直接进行光刀。

首先激活文件夹 K03E，再做以下操作。

1. 创建加工边界

在图形区中将零件图、毛坯图都关闭，仅仅激活并显示边界3。单击图形上的LED灯位的椭圆孔边界，再单击右键，在弹出的快捷菜单中选择【边界】|【复制边界（已选择）】，在目录树的【边界】树枝中出现了边界3_1，并改名为4，关闭边界3，仅仅显示边界4，并激活它，如图5-58所示。

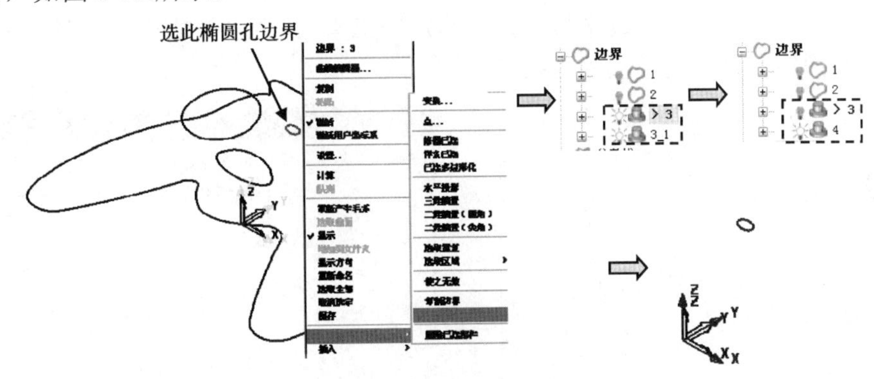

图5-58　生成新边界4

2. 设切削参数，创建“等高精加工”刀路策略

在【资源管理器】中右击刀具路径11，在弹出的快捷菜单中选【编辑】|【复制刀具路径】命令，于是，在K03E中生成了11_1的刀具路径。再选择它，大约1秒钟后再选择它，使之成为可编辑状态，改名为13。右击刀具路径13，在弹出的快捷菜单中选【激活】命令，将其激活。再右击刀具路径13，在弹出的快捷菜单中选【设置】命令，弹出【等高精加工】对话框。单击【打开表格，编辑刀具路径】按钮，【刀具】选择ED1.5，【公差】为0.01，设置【余量】按钮为-0.1，【边界】选“4”，勾选【螺旋】复选框，【最小下切步距】为0.05，其余按图5-59所示设定。

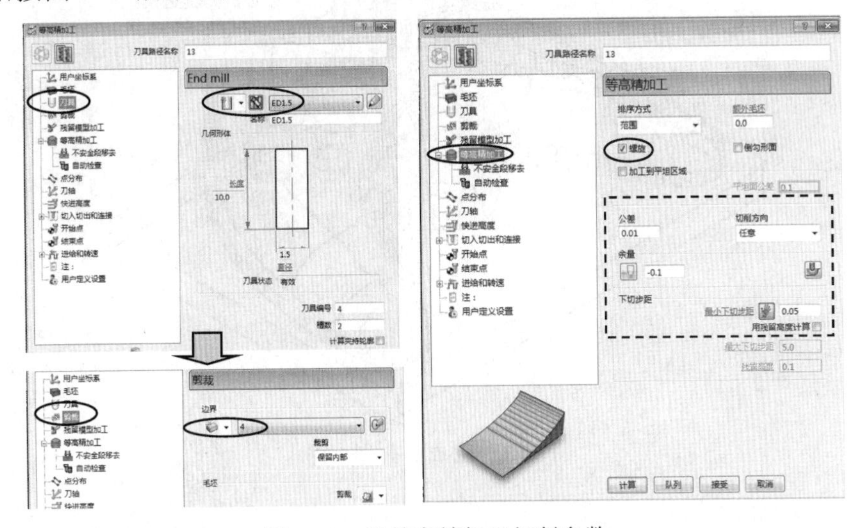

图5-59　设等高精加工切削参数

3. 设非切削参数

设置切入切出和连接参数。

在综合工具栏或上述【等高精加工】对话框中，单击【切入切出和连接】按钮，弹出【切入切出和连接】对话框。选取【切入】选项卡，设置【第一选择】为“无”，单击【切出和切入相同】按钮，这样可以使【切出】的参数与【切入】相同。

在【连接】选项卡中，修改【短】为“圆形圆弧”，其余参数默认，如图 5-60 所示，单击【应用】按钮，再单击【接受】按钮。

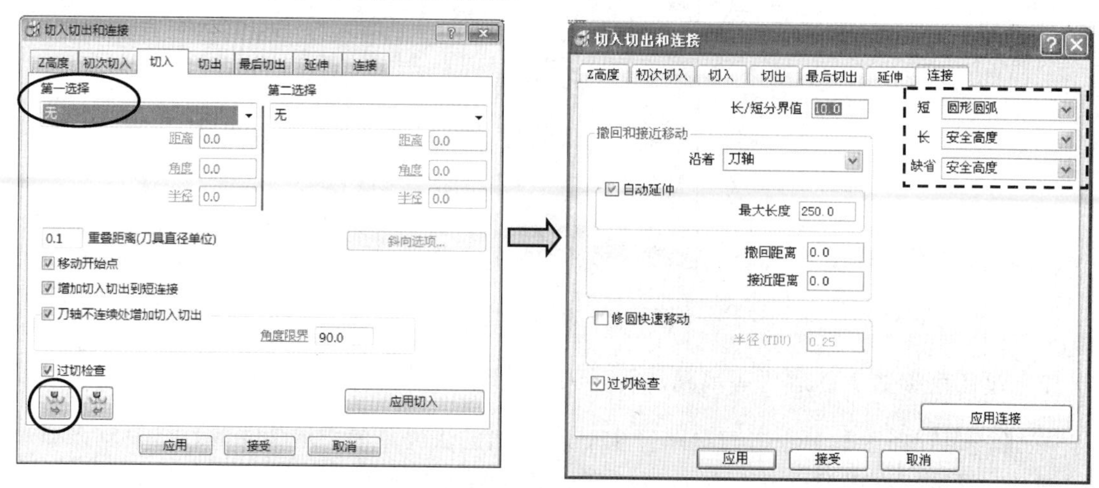

图 5-60 设切入切出和连接参数

在【等高精加工】对话框中，单击【计算】按钮，观察生成的刀路，无误后，单击【取消】按钮，产生的刀具路径如图 5-61 所示。

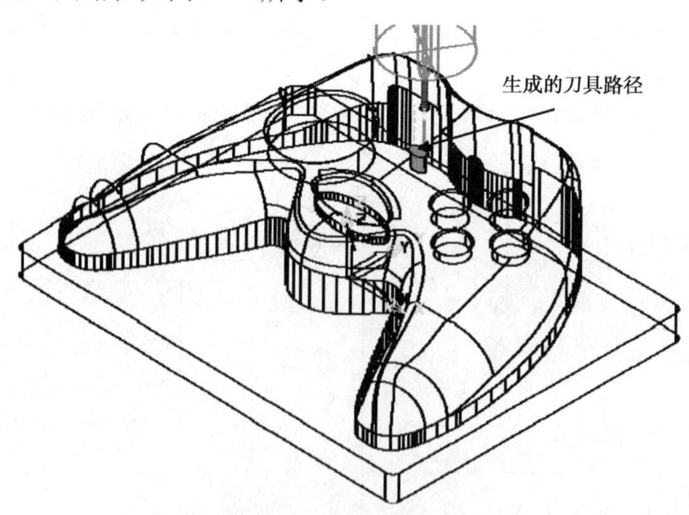

图 5-61 生成的孔光刀路

以上程序组的操作视频文件为：\ch05\03-video\05-建立小孔光刀路 K03E.exe

5.13　在程序文件夹 K03F 中建立型面光刀

主要任务：建立 1 个刀具路径，对型面进行光刀。

方法：将刀具路径 12 复制为 14，修改参数得到光刀。

在【资源管理器】中，首先激活文件夹 K03F，再做以下操作。

1．复制刀具路径

右击【资源管理器】中【刀具路径】的刀具路径 12，在弹出的快捷菜单中选【编辑】|【复制刀具路径】命令。在文件夹 K03F 中产生了刀具路径 12_1，单击它，大约 1 秒钟后再单击它，使之成为可编辑状态，将其改为 14。

2．设切削参数

右击刀具路径 14，在弹出的快捷菜单中选【激活】命令，将其激活，再右击刀具路径 14，在弹出的快捷菜单中选【设置】命令，弹出【最佳等高精加工】对话框。单击【打开表格，编辑刀具路径】按钮，修改参数，【公差】为 0.01，设置侧面余量为-0.1，底部余量为-0.1，【行距】为 0.15，【边界】选“3”，【浅滩行距】为 0.15，其余按图 5-62 所示设定。

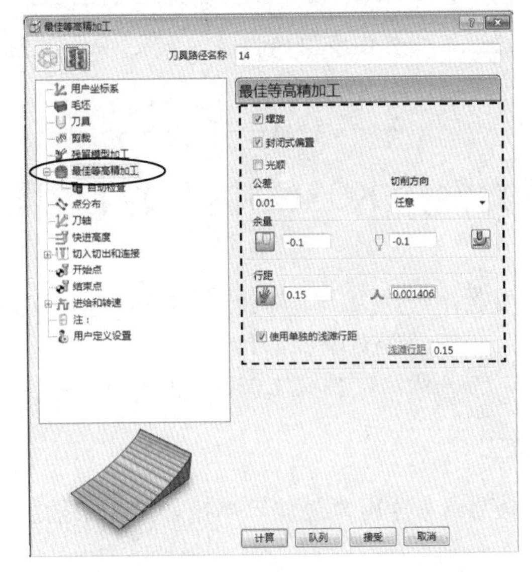

图 5-62　设置最佳等高精加工切削参数

此处行距可以根据残留高度为 0.001 时进行计算。先在【公差】中输入 0.001，再单击行距的【根据残留高度计算】按钮，将计算出的数 0.178874 修改为 0.15。

3．生成刀路

检查非切削参数、毛坯等，无误后，单击【计算】按钮，观察生成的刀路，无误后，单击【取消】按钮，产生的刀具路径如图 5-63 所示。

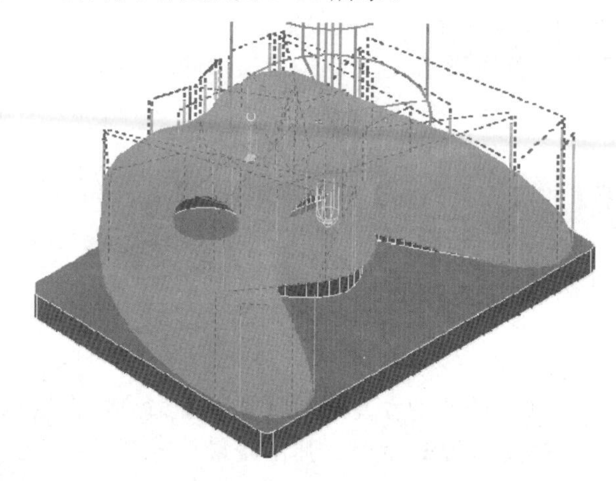

图 5-63　生成的型面中光刀路

以上程序组的操作视频文件为：\ch05\03-video\06-建立型面光刀 K03F.exe

5.14　在程序文件夹 K03G 中建立孔位圆角光刀

主要任务：建立 3 个刀具路径，第 1 个为使用 BD3R1.5 球头刀对孔位的倒圆角光刀；第 2 个对型面清角中光刀；第 3 个为对型面清角光刀。

在【资源管理器】中，首先激活文件夹 K03G，再做以下操作。

1．对孔位的倒圆角光刀

方法：先产生接触点边界 5，再用“最佳等高精加工”来加工。

（1）创建加工边界。

在图形中选取孔位的倒圆角曲面，在【资源管理器】中选择【边界】树枝并单击鼠标

右键，在弹出的快捷菜单中选择【定义边界】|【接触点】命令，在弹出的【接触点边界】对话框中，单击模型按钮。于是，在图形上出现了产生的边界，单击【接受】按钮。为了清楚观察，可以单击屏幕右侧按钮，以关闭图形。系统自动在目录树中产生边界 5，如图 5-64 所示。

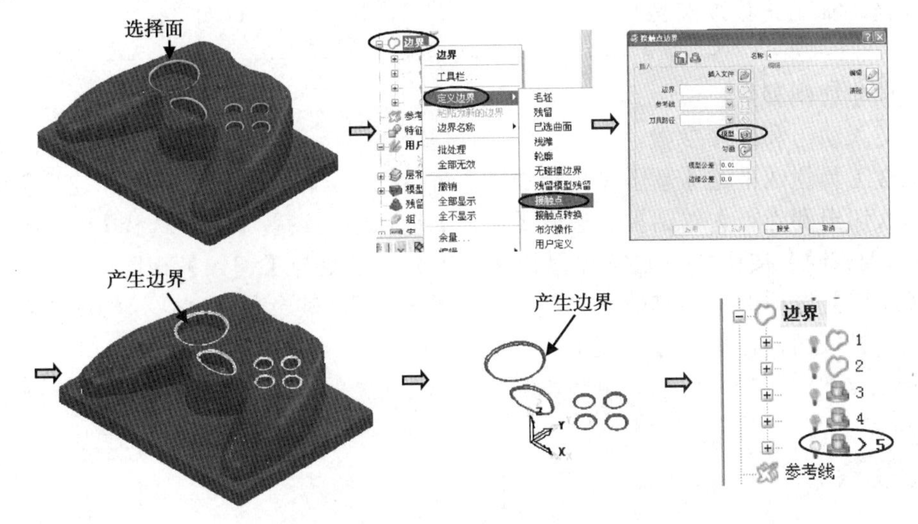

图 5-64　产生加工边界

（2）设切削参数，创建“最佳等高精加工”刀路策略。

在综合工具栏中单击【刀具路径策略】按钮，弹出【策略选取器】对话框，选取【精加工】选项卡，然后选择【最佳等高精加工】选项，单击【接受】按钮，弹出【最佳等高精加工】对话框，【刀具】选择 BD3R1.5，【边界】选“5”，【公差】为 0.01，单击【余量】按钮，设置侧面余量为-0.09，底部余量为-0.09，【行距】为 0.08，不勾选【浅滩行距】，如图 5-65 所示。

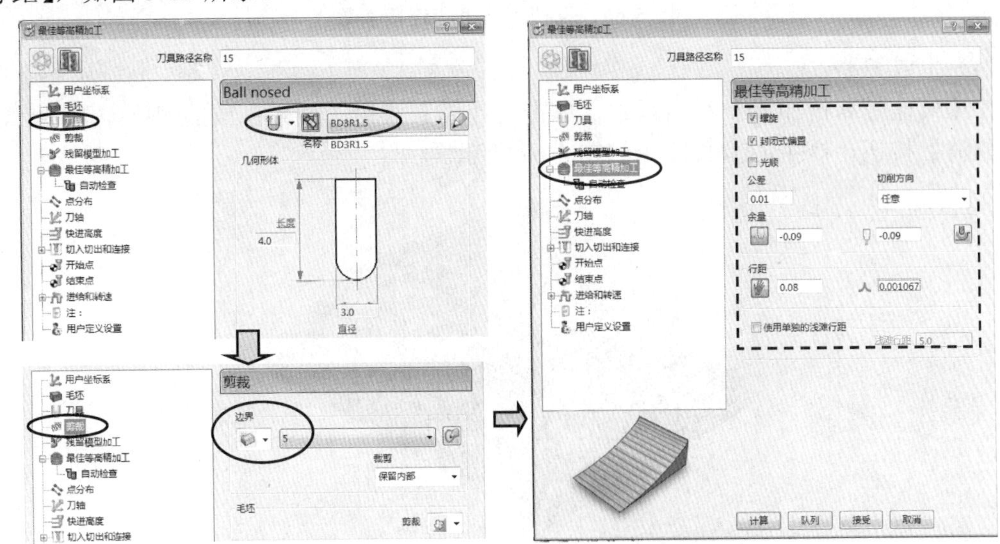

图 5-65　设置最佳等高精加工切削参数

正因为小刀加工时有一定的摆动误差，为了接刀顺畅，此处余量也为-0.09。实际工作中可以多了解车间小刀的实际误差，根据具体的误差来调整余量数值，目的是接刀顺畅。

（3）设非切削参数。

设置切入切出和连接参数。

在综合工具栏或上述【最佳等高精加工】对话框中，单击【切入切出和连接】按钮，弹出【切入切出和连接】对话框。选取【切入】选项卡，设置【第一选择】为“无”，单击【切出和切入相同】按钮。这样可以使【切出】的参数与【切入】相同。

在【连接】选项卡中，修改【短】为“在曲面上”，其余参数默认，如图 5-66 所示。单击【应用】按钮，再单击【接受】按钮。

图 5-66 设切入切出和连接参数

（4）生成刀路。

在【最佳等高精加工】对话框中，单击【计算】按钮，观察生成的刀路，无误后，单击【取消】按钮，产生的刀具路径如图 5-67 所示。

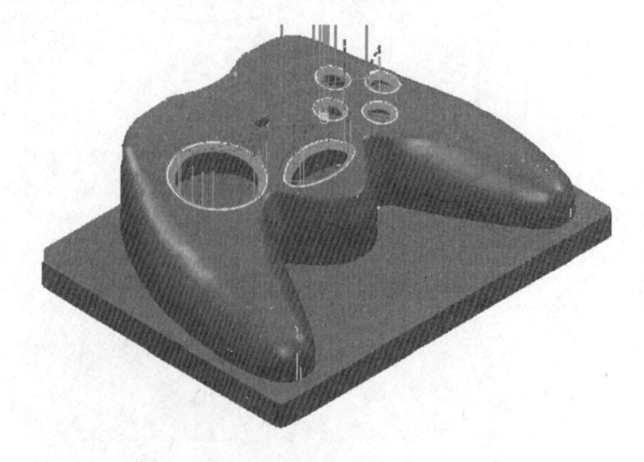

图 5-67 生成的型面中光刀路

2．对型面清角中光刀

方法是：先手工绘制边界 6，再用“清角精加工”进行加工。

（1）创建加工边界。

首先将图形以线框方式显示，放置在俯视图，关闭所有刀具路径及边界线。

在【资源管理器】中选择【边界】树枝并单击鼠标右键，在弹出的快捷菜单中选择【定义边界】|【用户定义】命令，在弹出的【用户定义边界】对话框中，单击勾画按钮。于是，在工具栏中出现了边界工具条。先将鼠标放置在停留，在下拉菜单中选择【产生一通过 3 点的圆弧】按钮。采用三点画圆弧先画两个圆弧，再用直线连接，单击【接受改变】按钮，再单击【接受】按钮。系统自动在目录树中产生了边界 6，如图 5-68 所示。

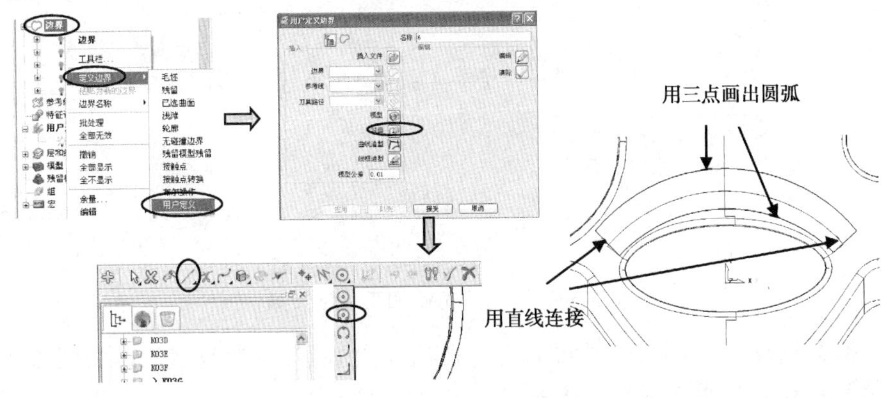

图 5-68　产生加工边界

（2）设切削参数，创建“清角精加工”刀路策略。

在综合工具栏中单击【刀具路径策略】按钮，弹出【策略选取器】对话框，选取【精加工】选项卡，然后选择【清角精加工】选项，单击【接受】按钮，弹出【清角精加工】对话框。【刀具】选择 BD3R1.5，【公差】为 0.01，【边界】选“6”。单击【余量】按钮，设置侧面余量为-0.05，底部余量为-0.05，【残留高度】为 0.001，【参数】栏中的【刀具】为“BD8R4”，如图 5-69 所示。

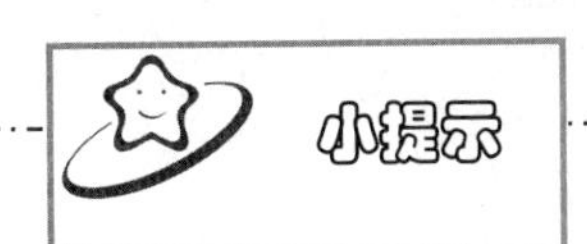

为了减少刀具路径的计算范围，特意专门绘制了加工边界。另外，此处的行距是根据残留高度来计算的。

（3）设非切削参数。

设置切入切出和连接参数。

在综合工具栏或上述【沿着清角高精加工】对话框中，单击【切入切出和连接】按钮，弹出【切入切出和连接】对话框。选取【切入】选项卡，设置【第一选择】为“无”，单击【切出和切入相同】按钮，这样可以使【切出】的参数与【切入】相同。

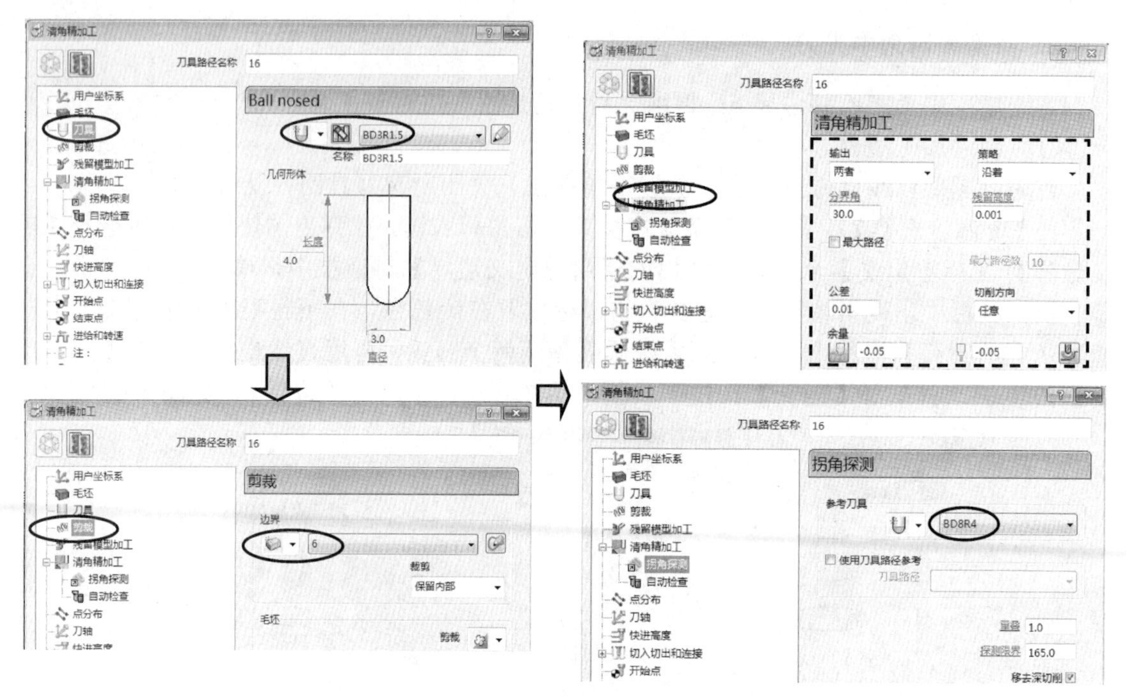

图 5-69　设置清角精加工切削参数

在【连接】选项卡中，修改【短】为“在曲面上”，其余参数默认，如图 5-70 所示。单击【应用】按钮，再单击【接受】按钮。

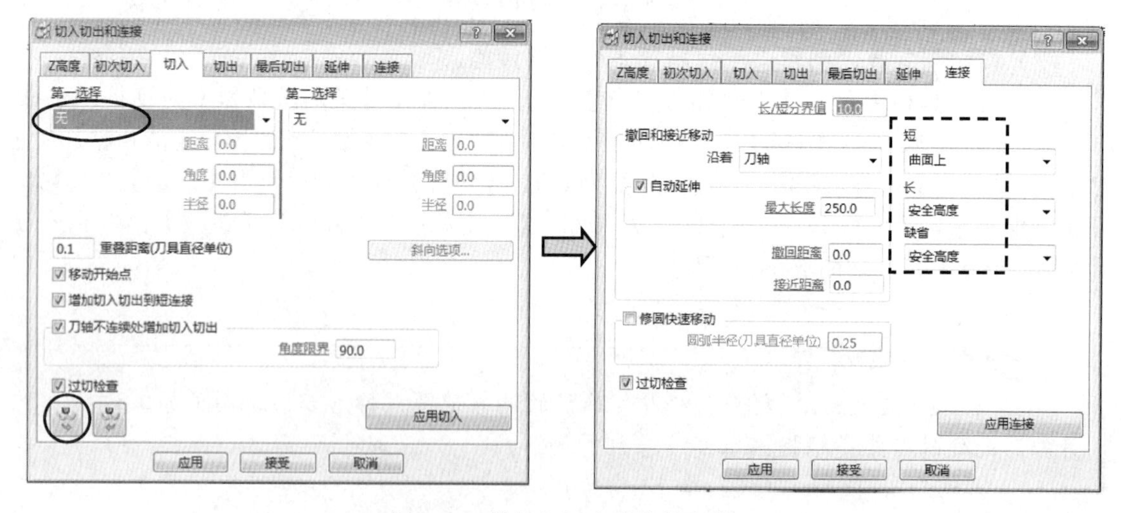

图 5-70　设切入切出和连接参数

（4）生成刀路。

在【清角精加工】对话框中，单击【计算】按钮，观察生成的刀路，无误后，单击【取消】按钮，产生的刀具路径如图 5-71 所示。

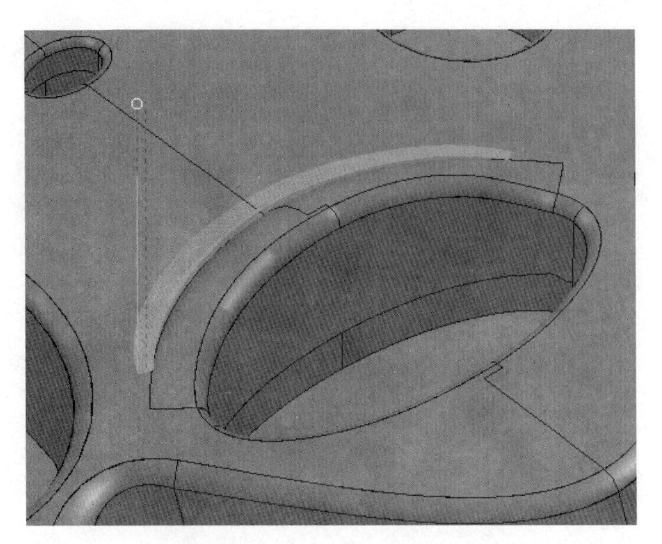

图 5-71　生成的清角中光刀路

3．对型面清角光刀

方法：先手工绘制两条参考线，再用“参考线偏置精加工”进行加工。

（1）创建两条参考线。

首先，将图形以线框方式显示，放置在俯视图，再关闭所有刀具路径及边界线。

在【资源管理器】中选择【参考线】树枝，并单击鼠标右键，在弹出的快捷菜单中选择【产生参考线】命令，于是，在【参考线】目录树中产生了“参考线 1”。同理，再产生“参考线 2”，如图 5-72 所示。

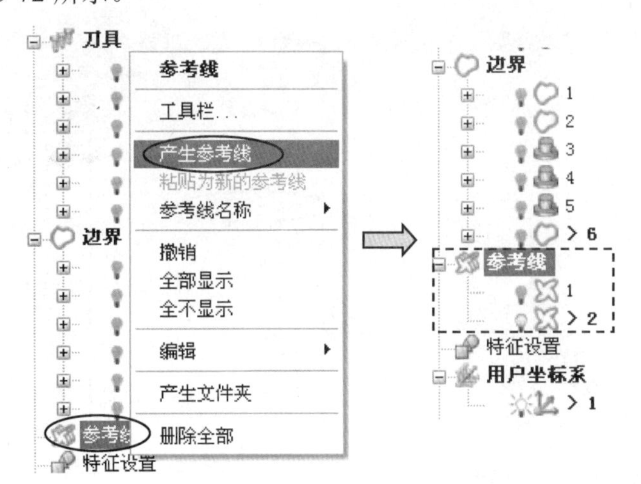

图 5-72　产生 2 个空的参考线

右击参考线 1，在弹出的快捷菜单中选【激活】，再右击它，在弹出的快捷菜单中选【曲线编辑器…】，于是，在工具栏中出现了编辑参考线工具条。先将鼠标放置在停留，在下拉菜单中选择【产生一通过 3 点的圆弧】按钮，采用三点画圆弧先画一个圆弧，单击【接受改变】按钮。于是，产生了参考线 1，同理，产生参考线 2，如图 5-73 所示。

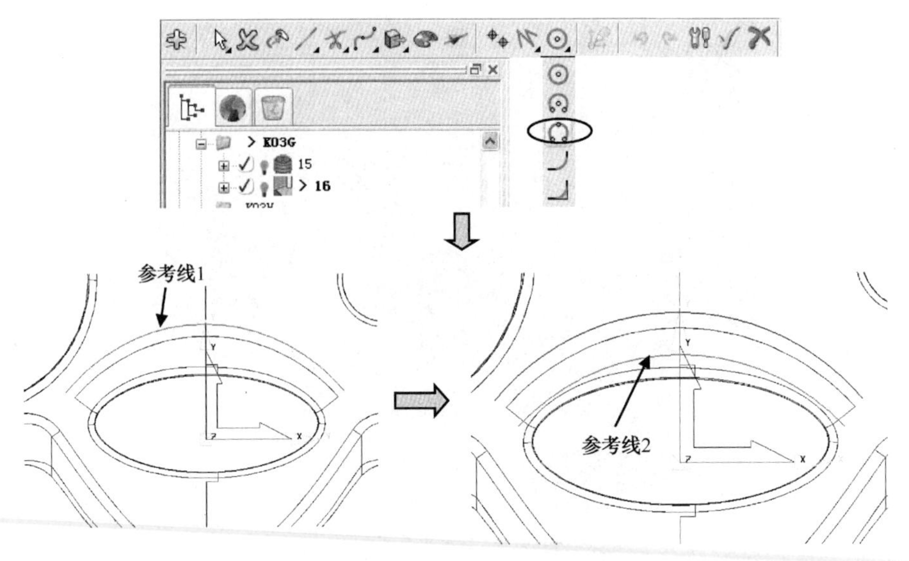

图 5-73　产生参考线

（2）设切削参数，创建“参考线偏置精加工”刀路策略。

在综合工具栏中单击【刀具路径策略】按钮，弹出【策略选取器】对话框，选取【精加工】选项卡，然后选择【参考线偏置精加工】选项，单击【接受】按钮。弹出【参考线偏置精加工】对话框，【刀具】选择 BD3R1.5，【边界】为“6”，【公差】为 0.01。单击【余量】按钮，设置侧面余量为-0.09，底部余量为-0.09，【开始曲线】选“1”，【结束曲线】选“2”，【最小行距】为 0.03，【最大行距】为 0.05，【方向】为“任意”，其余参数按图 5-74 所示设置。

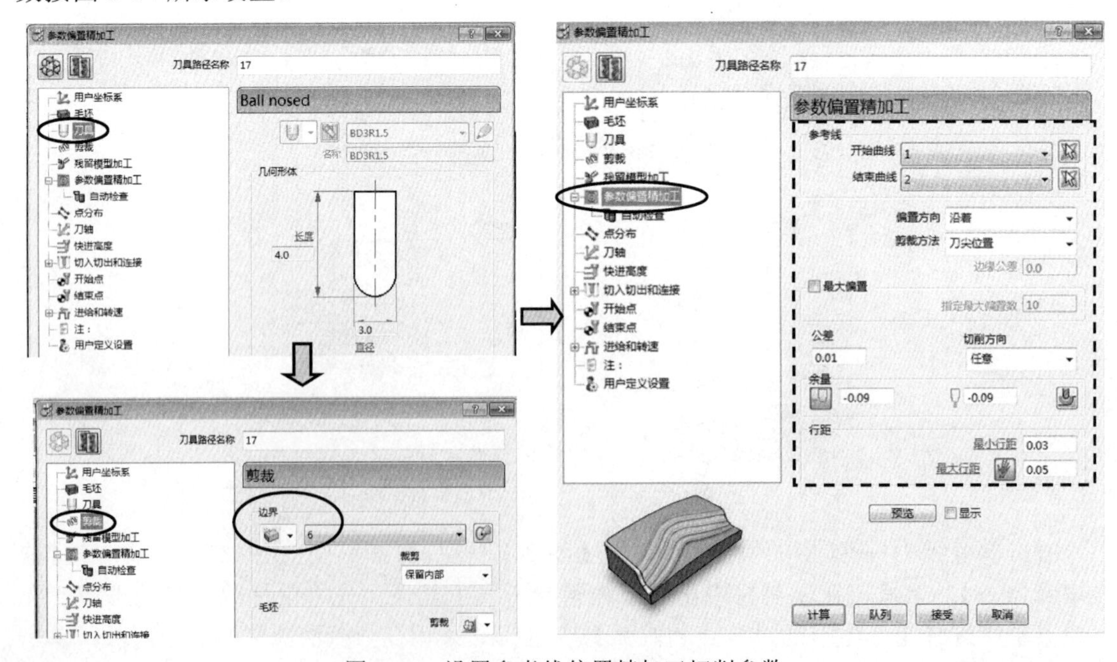

图 5-74　设置参考线偏置精加工切削参数

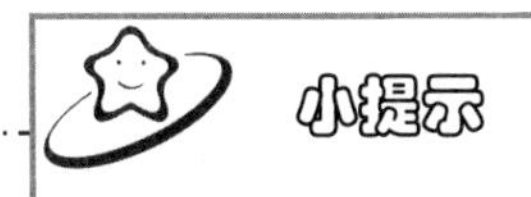

这里的余量为-0.09，也是为了接刀顺畅。

（3）设非切削参数。

设置切入切出和连接参数。

在综合工具栏或上述【参考线偏置精加工】对话框中，单击【切入切出和连接】按钮，弹出【切入切出和连接】对话框。选取【切入】选项卡，设置【第一选择】为“无”，单击【切出和切入相同】按钮，这样可以使【切出】的参数与【切入】相同。

在【连接】选项卡中，修改【短】为“在曲面上”，其余参数默认，与如图 5-70 所示类似。单击【应用】按钮，再单击【接受】按钮。

（4）生成刀路。

在【参考线偏置精加工】对话框中，单击【计算】按钮，观察生成的刀路，无误后，单击【取消】按钮，产生的刀具路径如图 5-75 所示。

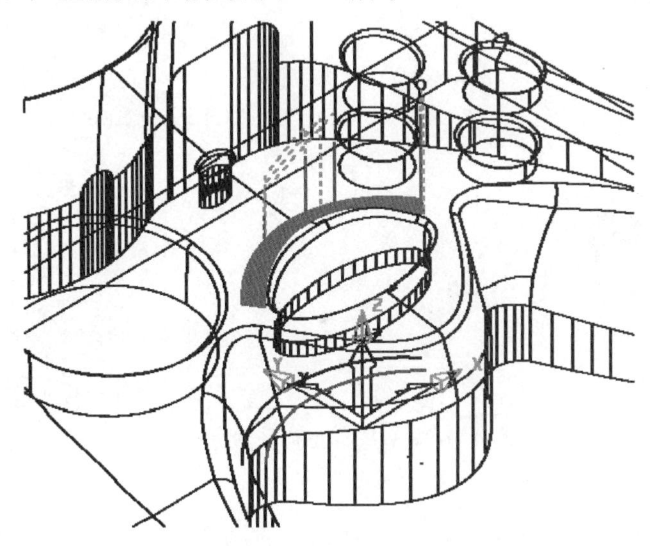

图 5-75　生成的清角刀路

以上程序组的操作视频文件为：\ch05\03-video\07-建立孔位圆角光刀 K03G.exe

5.15　在文件夹 K03H 中建立椭圆孔倒角光刀及型面清角

主要任务：建立 3 个刀具路径，第 1 个为使用 BD1.5R0.75 球头刀对 LED 孔位的倒圆角光刀；第 2 个对型面清角中光刀；第 3 个为对型面清角光刀。

在【资源管理器】中，首先激活文件夹 K03H，再做以下操作。

1．对孔位的倒圆角光刀

方法：先产生接触点边界 7，再用“陡峭和浅滩精加工”来加工。

（1）创建加工边界。

在图形中选取小椭圆孔位的倒圆角及斜度曲面，在【资源管理器】中选择【边界】树枝并单击鼠标右键，在弹出的快捷菜单中选择【定义边界】|【接触点】命令，在弹出的【接触点边界】对话框中，单击模型按钮。于是，在图形上出现了产生的边界，将细小的边界删除掉，单击【接受】按钮。为了清楚观察，可以单击屏幕右侧按钮，以关闭图形，系统自动在目录树中产生了边界 5，如图 5-76 所示。

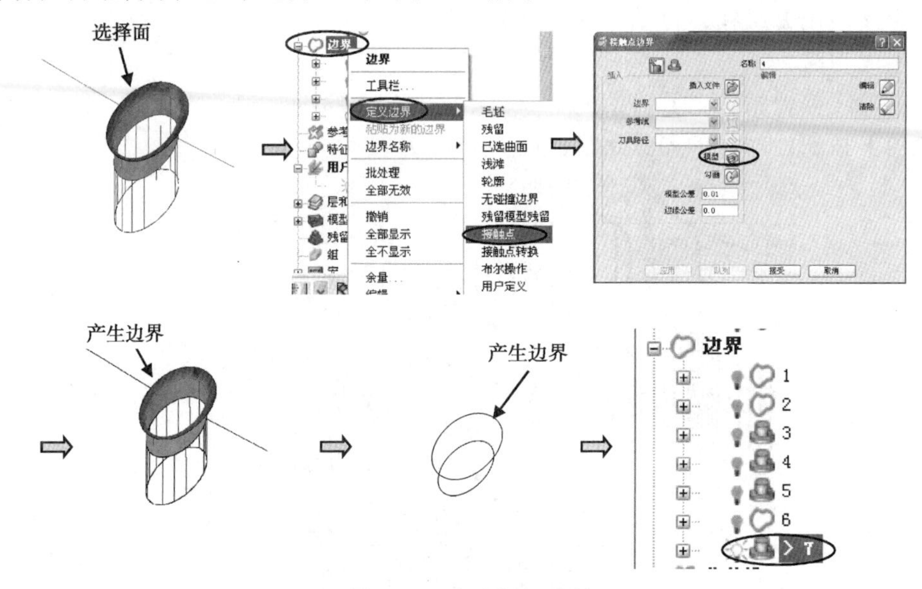

图 5-76　产生加工边界

（2）设定毛坯。

将沿着上步所选曲面生成毛坯，以减少不必要的空刀，先重新选择如图 5-76 所示的曲面。

在综合工具栏中单击【毛坯】按钮，弹出【毛坯】对话框，在【由…定义】下拉列表框中选择“方框”选项，单击【计算】按钮，修改 Z 的最小值为 27，其余不变，如图 5-77 所示，单击【接受】按钮。单击右侧屏幕的【毛坯】按钮，关闭其显示。

（3）设切削参数，创建“陡峭和浅滩精加工”刀路策略。

在综合工具栏中单击【刀具路径策略】按钮，弹出【策略选取器】对话框，选取【精加工】选项卡，然后选择【陡峭和浅滩精加工】选项，单击【接受】按钮，弹出【陡峭和浅滩精加工】对话框，【刀具】选择 BD1.5R0.75，【边界】选“7”，【公差】为 0.01，单击【余量】按钮，设置侧面余量为-0.09，底部余量为-0.09，【行距】为 0.03，【顺序】选“顶部在先”，勾选【使用单独的浅滩行距】，【浅滩行距】为 0.03，如图 5-78 所示。

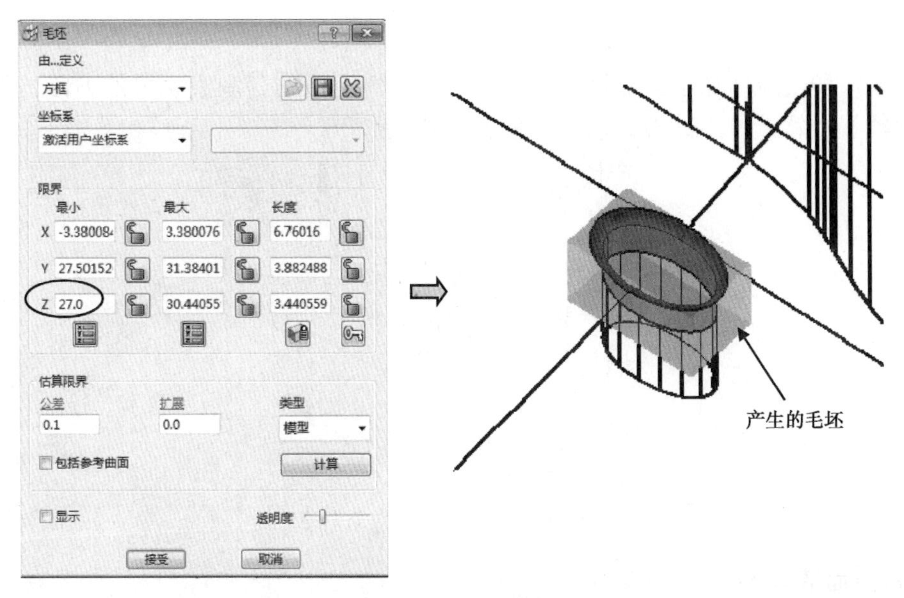

图 5-77　设毛坯参数

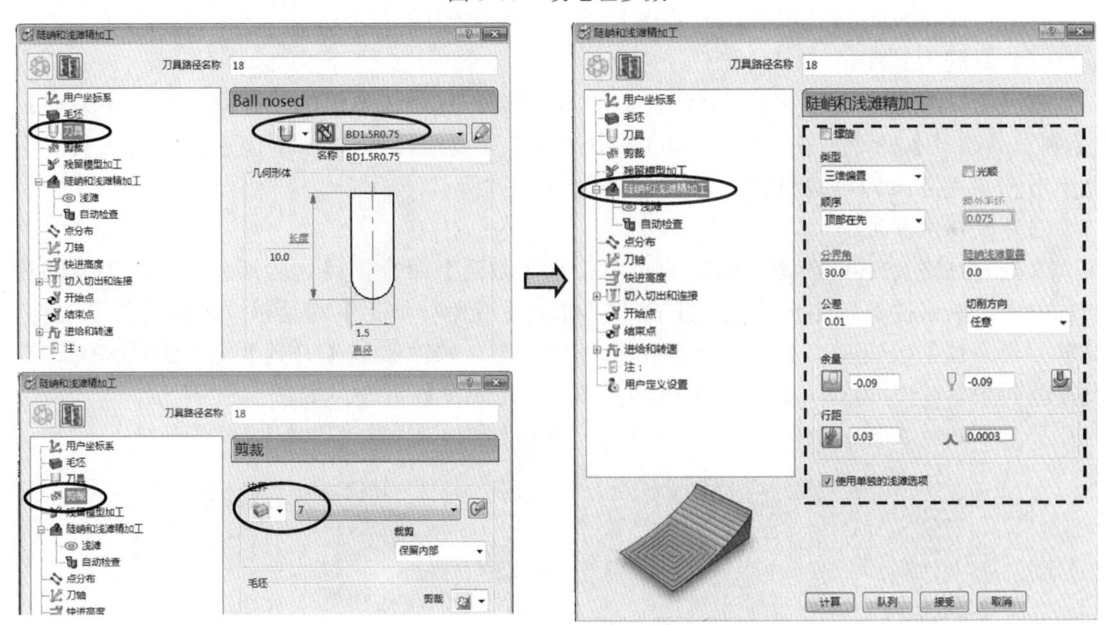

图 5-78　设置陡峭和浅滩精加工切削参数

（4）设非切削参数。

设置切入切出和连接参数。

在综合工具栏或上述【陡峭和浅滩精加工】对话框中，单击【切入切出和连接】按钮，弹出【切入切出和连接】对话框。选取【切入】选项卡，设置【第一选择】为“无”，单击【切出和切入相同】按钮，这样可以使【切出】的参数与【切入】相同。

在【连接】选项卡中，修改【短】为“在曲面上”，其余参数默认，与图 5-70 所示类似。单击【应用】按钮，再单击【接受】按钮。

（5）生成刀路。

在【陡峭和浅滩精加工】对话框中，单击【计算】按钮，观察生成的刀路，无误后，单击【取消】按钮，产生的刀具路径如图5-79所示。

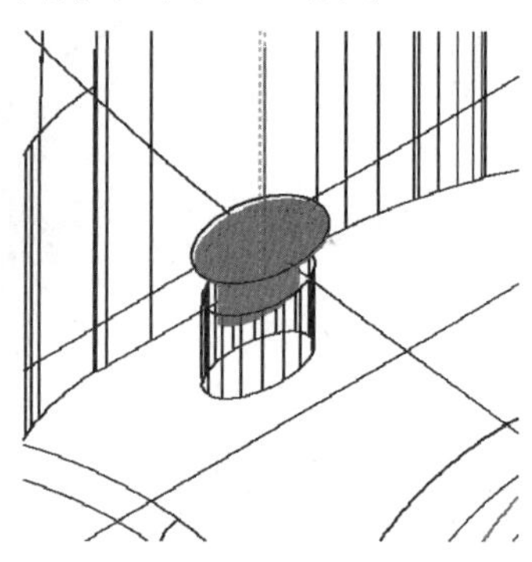

图5-79　生成的型面中光刀路

2．对型面清角光刀

方法：通过复制刀具路径，并修改参数的方法来完成。

（1）复制刀具路径。

右击【资源管理器】中【刀具路径】的刀具路径16，在弹出的快捷菜单中选【编辑】|【复制刀具路径】命令。在文件夹K03H中产生了刀具路径16_1，单击它，大约1秒钟后再单击它，使之成为可编辑状态，将其改为19。

（2）设切削参数。

右击刀具路径19，在弹出的快捷菜单中选【激活】命令，将其激活。再右击刀具路径19，在弹出的快捷菜单中选【设置】命令，弹出【清角精加工】对话框。单击【打开表格，编辑刀具路径】按钮，使各参数栏为可编辑状态，修改参数【刀具】为“BD1.5R0.75”，设置侧面余量为-0.09，底部余量为-0.09，其余参数不变，如图5-80所示。

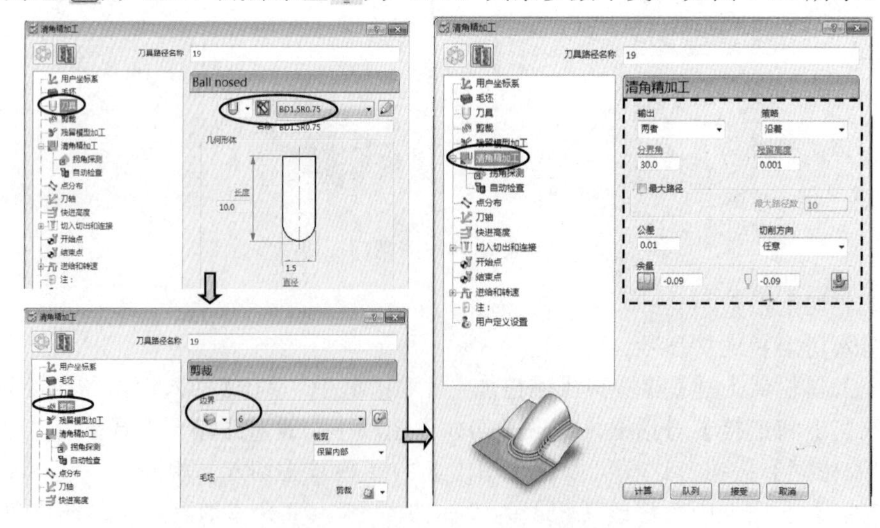

图5-80　设置清角精加工切削参数

（3）生成刀路。

检查非切削参数、毛坯等，无误后，单击【计算】按钮，观察生成的刀路，无误后，单击【取消】按钮，产生的刀具路径如图 5-81 所示。

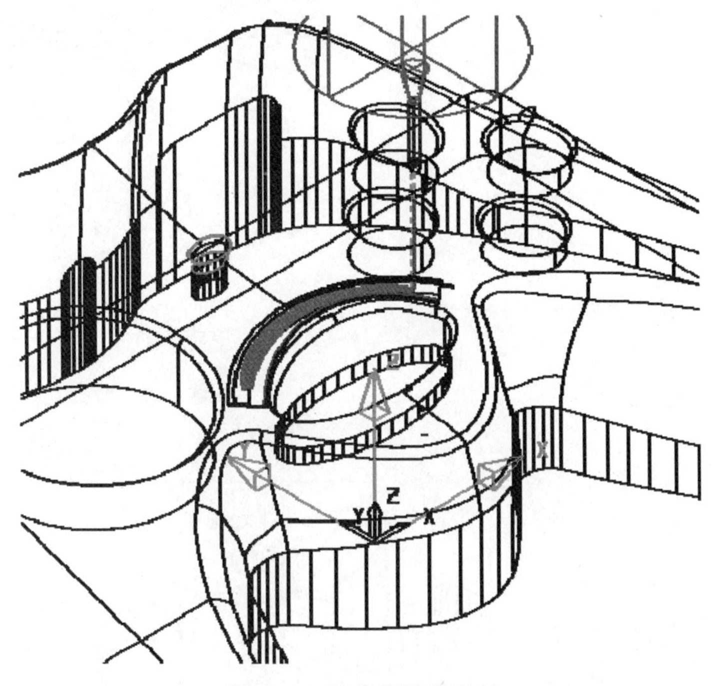

图 5-81　生成的清角光刀

3. 对型面清角光刀

方法：通过复制刀具路径，并修改参数的方法来完成。

（1）复制刀具路径。

右击【资源管理器】中【刀具路径】的刀具路径 17，在弹出的快捷菜单中选【编辑】|【复制刀具路径】命令，在文件夹 K03H 中产生了刀具路径 17_1，单击它，大约 1 秒钟后再单击它，使之成为可编辑状态，将其改为 20。

（2）设切削参数。

右击刀具路径 20，在弹出的快捷菜单中选【激活】命令，将其激活。再右击刀具路径 19，在弹出的快捷菜单中选【设置】命令，弹出【清角精加工】对话框。单击【打开表格，编辑刀具路径】按钮，使各参数栏为可编辑状态，修改参数，【刀具】为“BD1.5R0.75”，设置侧面余量为-0.09，底部余量为-0.09，其余参数不变，如图 5-82 所示。

（3）生成刀路。

检查非切削参数、毛坯等，无误后，单击【计算】按钮，观察生成的刀路，无误后，单击【取消】按钮，产生的刀具路径如图 5-83 所示。

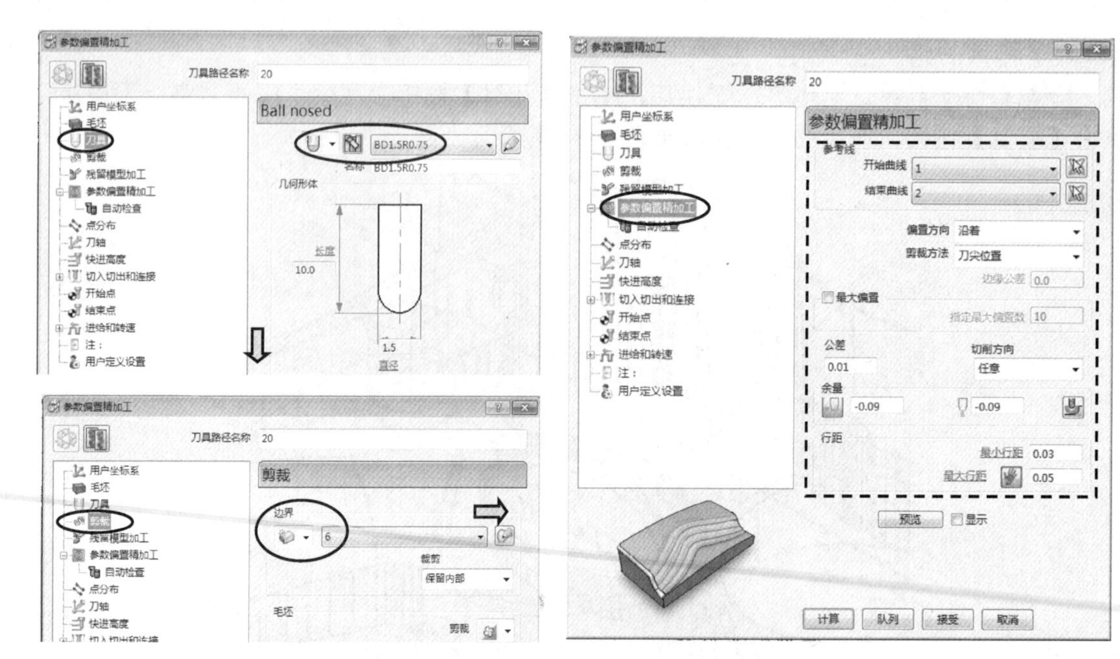

图 5-82　设置参数偏置精加工切削参数

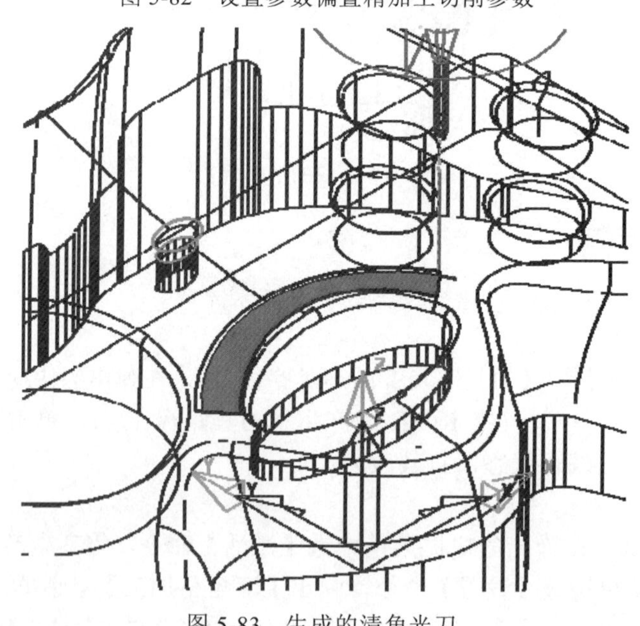

图 5-83　生成的清角光刀

5.16　对加工路径策略设定转速和进给速度

主要任务：集中设定各个刀具路径的转速和进给速度。

（1）设定 K03A 文件夹的各个刀具路径的转速为 2500 转/分，进给速度为 1500 毫米/分。在屏幕左侧的【资源管理器】目录树中，右击文件夹 K03A，在弹出的快捷菜单中选

择【激活】命令，使其激活。再单击文件夹前的夹号+，或双击该文件夹，展开各个刀路。如果已经展开，此步可不做。右击第1个刀路，在弹出的快捷菜单中选择【激活】命令，使其激活，如图5-84所示。

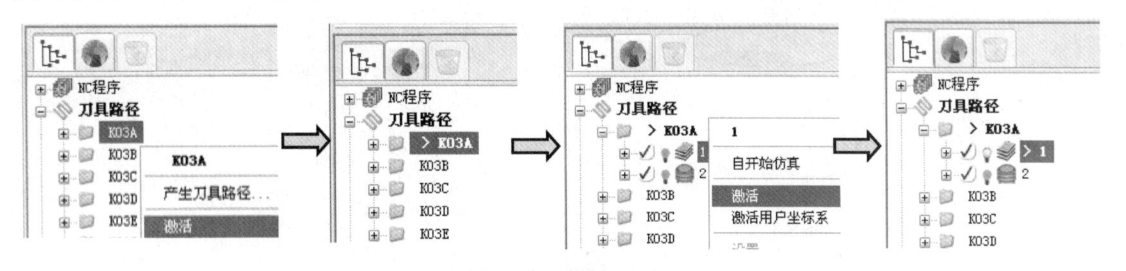

图 5-84　激活刀路

单击综合工具栏中的【进给和转速】按钮，弹出【进给和转速】对话框，按图5-85所示设置参数，单击【应用】按钮，不要退出该对话框。

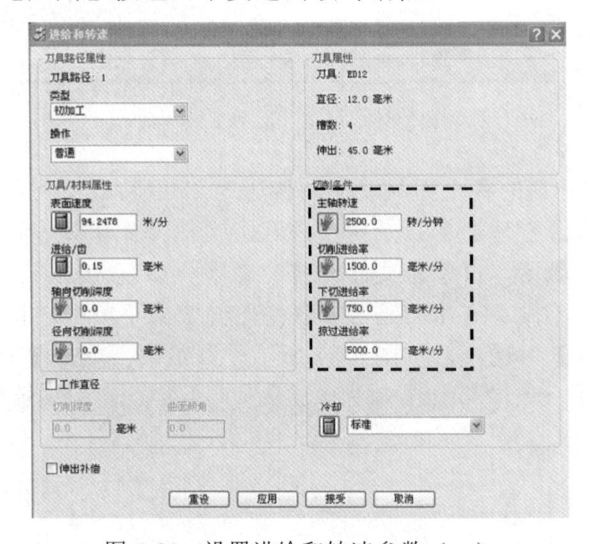

图 5-85　设置进给和转速参数（一）

在屏幕左侧的【资源管理器】目录树中，右击刀路2，在弹出的快捷菜单中选择【激活】命令，使其激活。在【进给和转速】对话框，按图5-86所示设置参数，单击【应用】按钮。

要注意

这里的【下切进给速率】是正常【切削进给率】数值的1/2，目的是使切削平稳。可以手工设置，也可以自动计算。设定方法是通过执行下拉菜单的【工具】|【选项】命令，在弹出的【选项】对话框中，设定参数【进给率下切系数】为0.5。如图5-86所示，单击【接受】按钮。

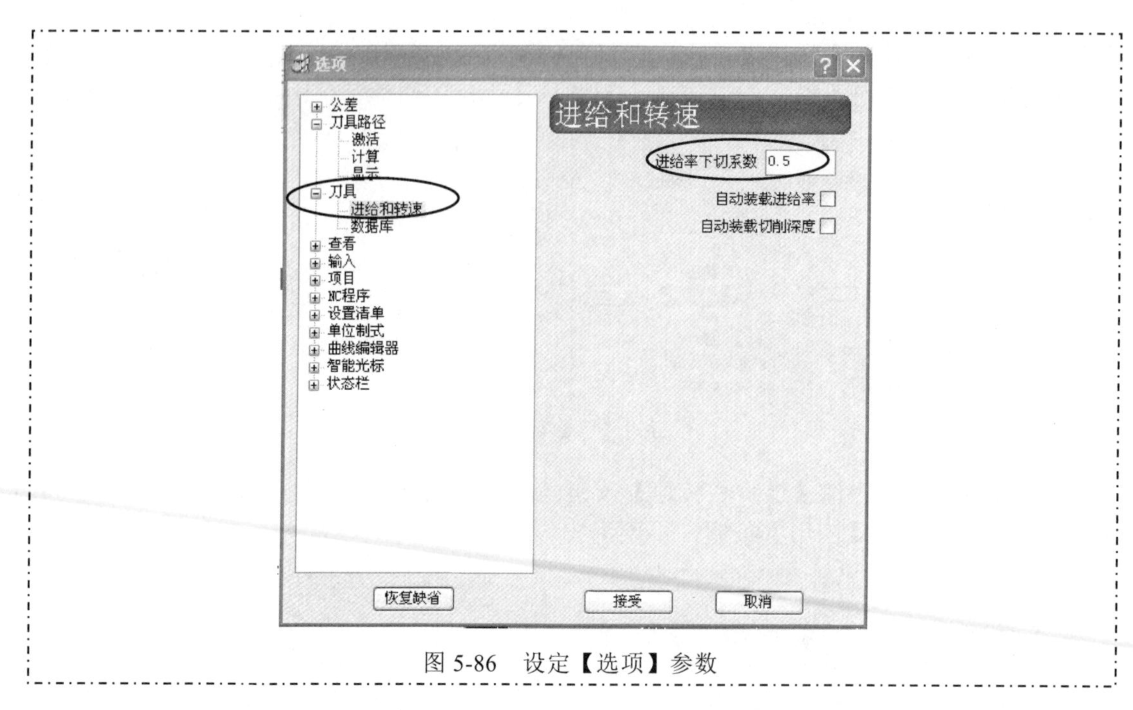

图 5-86　设定【选项】参数

（2）设定 K03B 文件夹的各个刀具路径的转速为 2500 转/分，进给速度为 500 毫米/分。

在屏幕左侧的【资源管理器】目录树中，右击文件夹 K03B，在弹出的快捷菜单中选择【激活】命令，使其激活。再单击文件夹前的夹号+，或双击该文件夹，展开各个刀路。如果已经展开，此步可不做。右击刀路 3，在弹出的快捷菜单中选择【激活】命令，使其激活。在【进给和转速】对话框，按图 5-87 所示设置参数，单击【应用】按钮。

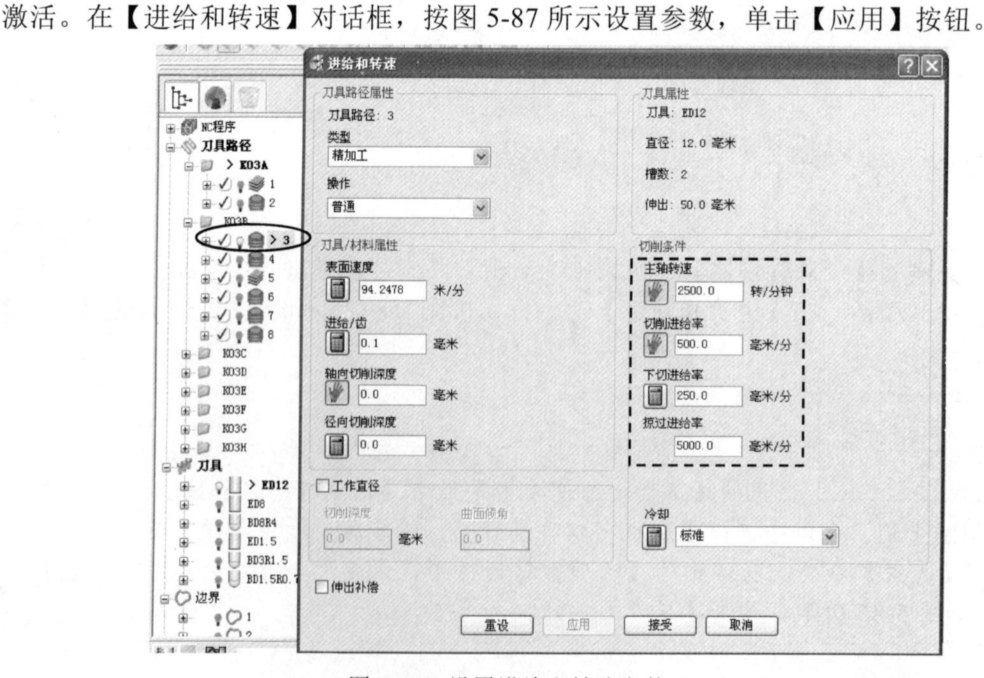

图 5-87　设置进给和转速参数（二）

用同样的方法，分别激活刀具路径 4、5、6、7、8，在【进给和转速】对话框，分别按图 5-87 所示设置参数，分别单击【应用】按钮。

（3）用同样的方法设定 K03C 文件夹各个刀具路径的转速为 3500 转/分，进给速度为 1000 毫米/分。按图 5-88 所示设置参数，单击【应用】按钮，再单击【接受】按钮。

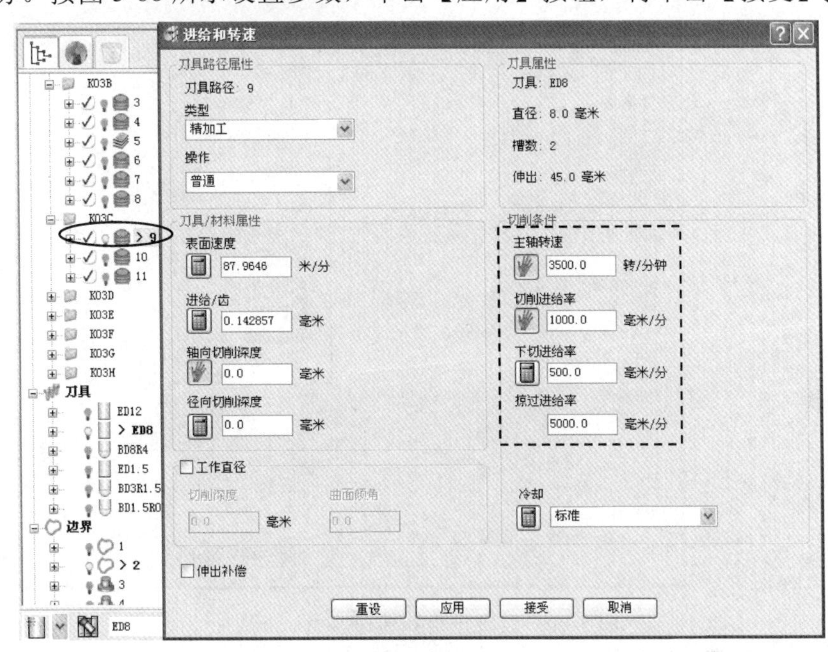

图 5-88　设置进给和转速参数（三）

（4）用同样的方法设定 K03D 文件夹的刀具路径 12 的转速为 4000 转/分，进给速度为 1500 毫米/分。按图 5-89 所示设置参数，单击【应用】按钮，再单击【接受】按钮。

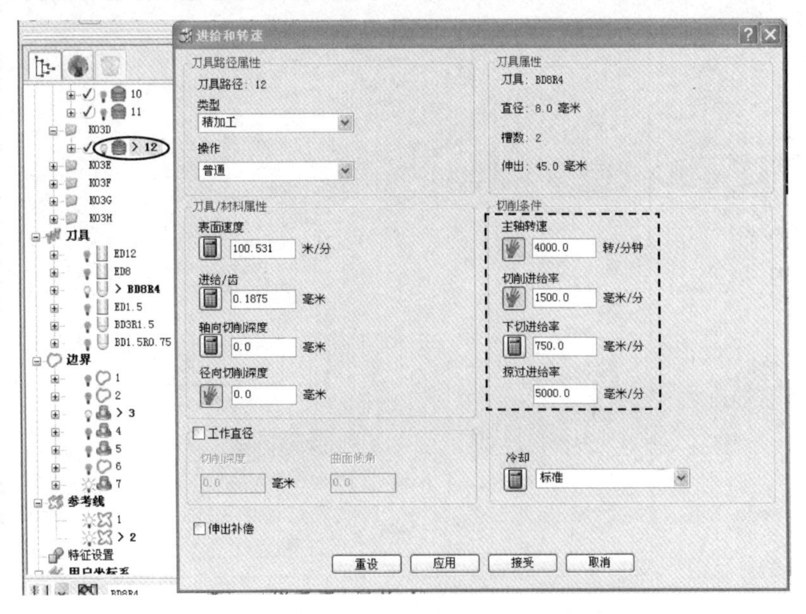

图 5-89　设置进给和转速参数（四）

（5）用同样的方法设定 K03E 文件夹的刀具路径 13 的转速为 5000 转/分，进给速度为 800 毫米/分。按图 5-90 所示设置参数，单击【应用】按钮，再单击【接受】按钮。

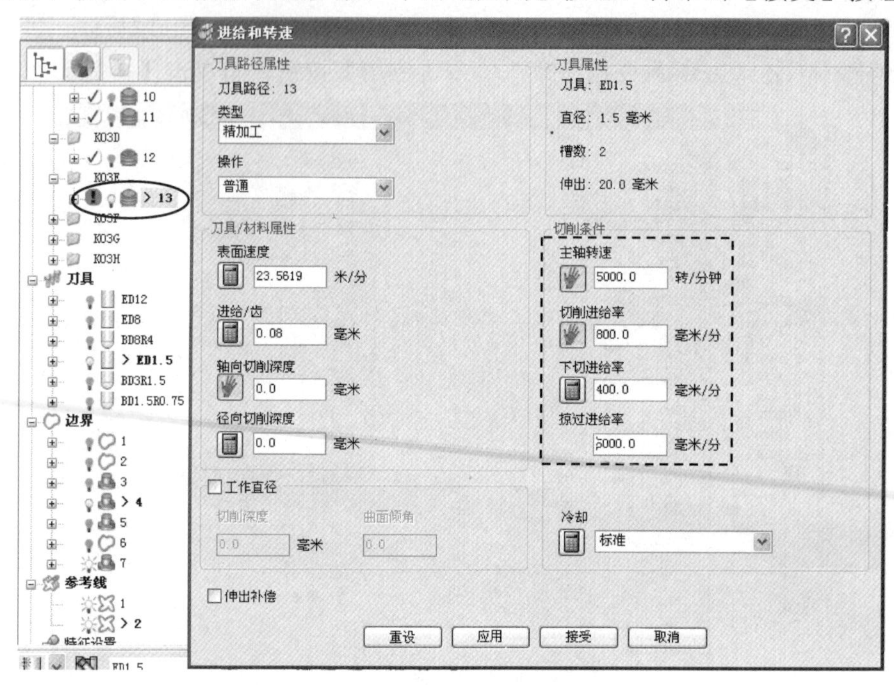

图 5-90　设置进给和转速参数（五）

（6）用同样的方法设定 K03F 文件夹的刀具路径 14 的转速为 4500 转/分，进给速度为 1500 毫米/分。按图 5-91 所示设置参数，单击【应用】按钮，再单击【接受】按钮。

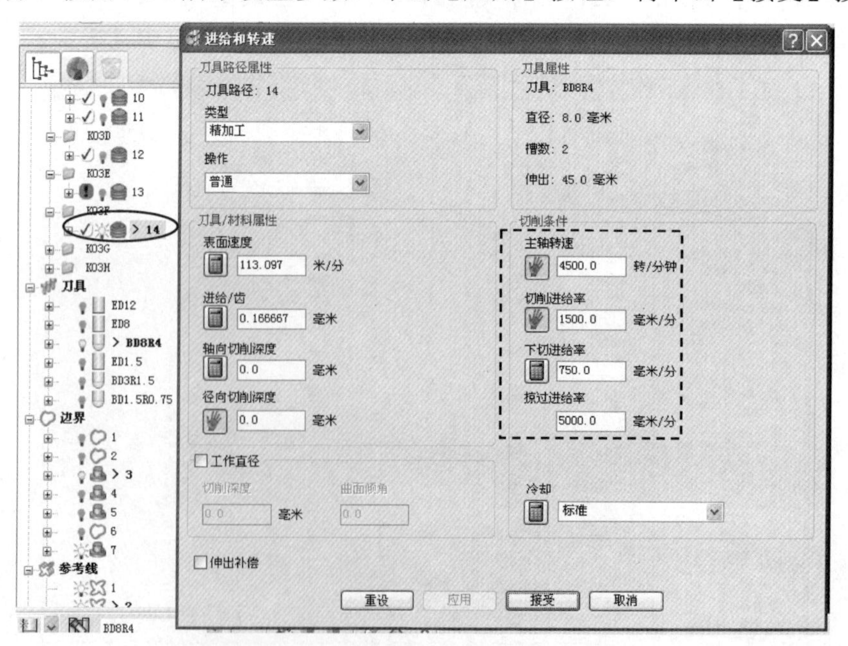

图 5-91　设置进给和转速参数（六）

（7）用同样的方法设定 K03G 文件夹的各个刀具路径的转速为 5000 转/分，进给速度为 800 毫米/分。按图 5-92 所示设置参数，单击【应用】按钮，再单击【接受】按钮。

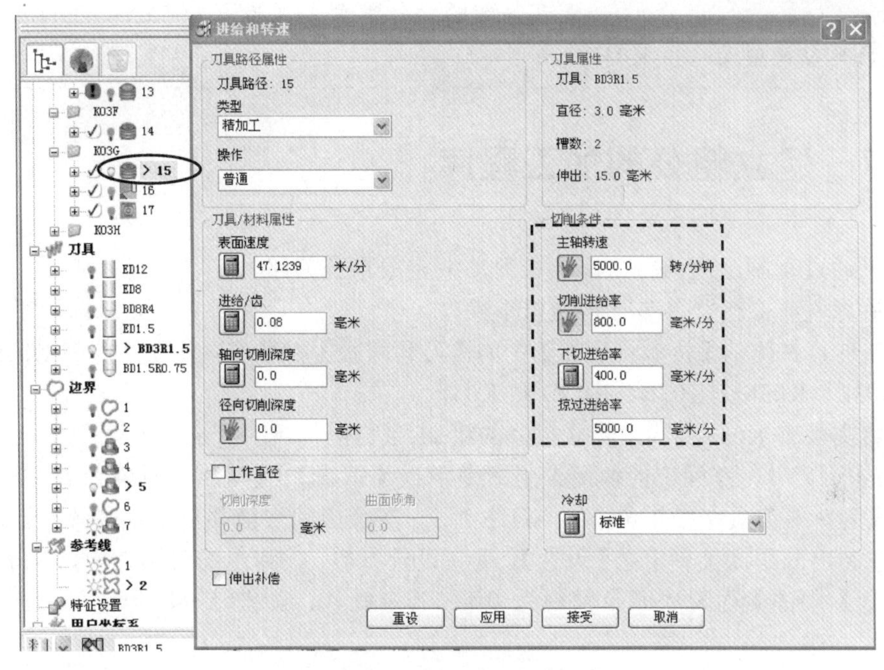

图 5-92　设置进给和转速参数（七）

（8）用同样的方法设定 K03H 文件夹的刀具路径 18 的转速为 5000 转/分，进给速度为 600 毫米/分。按图 5-93 所示设置参数，单击【应用】按钮，再单击【接受】按钮。

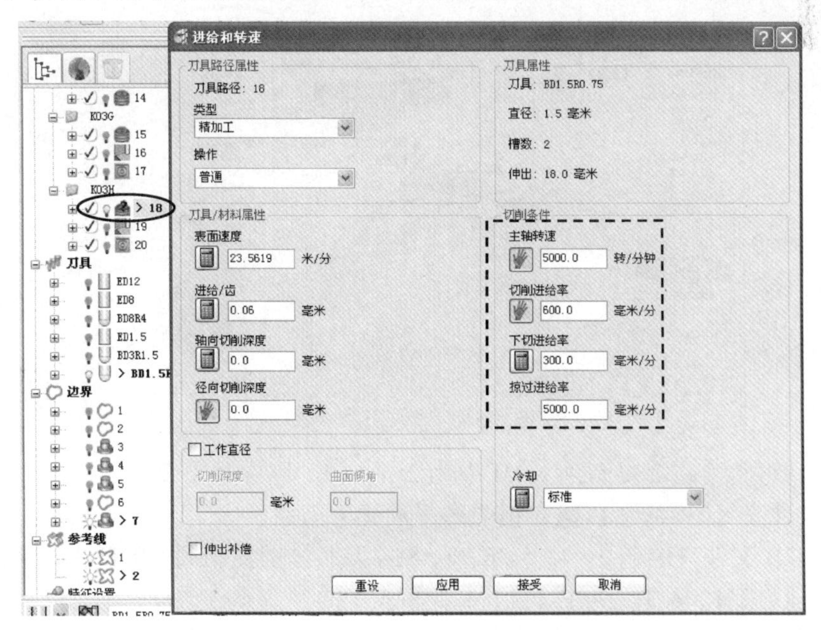

图 5-93　设置进给和转速参数（八）

以上程序组的操作视频文件为：\ch05\03-video\08-建立椭圆孔倒角光刀及型面清角 K03H.exe

5.17　建立粗公的加工程序

接下来通过复制上述刀路，修改参数，来完成粗公刀路。

首先确保没有激活文件夹，再做以下操作。

（1）在屏幕左侧的【资源管理器】中的【刀具路径】树枝中，建立文件夹 K03I、K03J、K03K、K03L、K03M、K03N、K03O 和 K03P。

（2）将文件夹 K03I 激活，建立粗公的粗加工刀路。

① 右击刀路 1，在弹出的快捷菜单命令中选【编辑】|【复制刀具路径】，将其复制到 K02G 中成为新的刀具路径 1_1。右击刀路 1_1，在弹出的快捷菜单中选【激活】命令，再右击它，在弹出的快捷菜单中选【设置】，重新设置参数。在弹出的对话框中，单击按钮，修改【余量】中的侧面及底面余量均为 0.1，其余默认，如图 5-94 所示，单击【队列】按钮。

图 5-94　修改刀路参数

② 同理，可将刀路 2 复制到 K03I 中为 2_1，该刀路参数不变。

（3）将文件夹 K03J 激活，建立粗公的平面光刀刀路。

① 将 K02B 文件夹中的 3、4、5、6、7、8 各刀路分别复制到 K02H 中，分别成为 3_1、4_1、5_1、6_1、7_1、8_1。其中 3_1、4_1 和 5_1 的参数不作改变。

② 激活并设定 6_1 参数。修改【余量】中的【侧面余量】为 -0.2，其余默认。单击【计算】按钮，再单击【取消】按钮。

③ 激活并设定 7_1 参数。修改【余量】中的【侧面余量】为 余量 -0.3，其余默认。单击【计算】按钮，再单击【取消】按钮。

④ 激活并设定 8_1 参数。修改【余量】中的【底部余量】为 -0.3，其余默认。单击【计算】按钮，再单击【取消】按钮。

（4）将文件夹 K03K 激活，建立粗公的型面清角精加工刀路。

① 将 K02C 文件夹中的 9、10、11 各刀路分别复制到 K03K 中，分别成为 9_1、10_1、11_1。

② 激活并设定 9_1 参数。修改【余量】为 余量 -0.15 -0.15，其余默认。单击【计算】按钮，再单击【取消】按钮。

③ 激活并设定 10_1 参数。修改【余量】为 余量 -0.3 -0.3，其余默认。单击【计算】按钮，再单击【取消】按钮。

④ 激活并设定 11_1 参数。修改【余量】为 余量 -0.3 0.0，其余默认。单击【计算】按钮，再单击【取消】按钮。

（5）将文件夹 K03L 激活，建立粗公的型面中光刀刀路。

① 将 K03D 文件夹中的刀路 12 复制到 K03L 中，成为 12_1。

② 激活并设定 12_1 参数。修改【余量】为 余量 -0.15 -0.15，其余默认。单击【计算】按钮，再单击【取消】按钮。

（6）将文件夹 K03M 激活，建立粗公的小孔光刀刀路。

① 将 K03E 文件夹中的刀路 13 复制到 K03M 中，成为 13_1。

② 激活并设定 13_1 参数。修改【余量】为 余量 -0.3 -0.3，其余默认。单击【计算】按钮，再单击【取消】按钮。

（7）将文件夹 K03N 激活，建立粗公的型面光刀刀路。

① 将 K03F 文件夹中的刀路 14 复制到 K03N 中，成为 14_1。

② 激活并设定 14_1 参数。修改【余量】为 余量 -0.3 -0.3，其余默认。单击【计算】按钮，再单击【取消】按钮。

（8）将文件夹 K03O 激活，建立粗公的孔位圆角光刀刀路。

① 将 K03G 文件夹中的刀路 15、16、17 复制到 K03O 中，成为 15_1、16_1、17_1。

② 删除 15_1 刀路。

③ 激活并设定 16_1 参数。修改【余量】为 余量 -0.25 -0.25，其余默认。单击【计算】按钮，再单击【取消】按钮。

④ 激活并设定 17_1 参数。修改【余量】为 余量 -0.29 -0.29，其余默认。单击【计算】按钮，再单击【取消】按钮。

（9）将文件夹 K03P 激活，建立粗公的椭圆孔倒角光刀及型面清角。

① 将 K03H 文件夹中的刀路 18、19、20 复制到 K03P 中，成为 18_1、19_1、20_1。

② 激活并设定 18_1 参数。修改【余量】为 余量 -0.29 -0.29，其余默认。单击【计算】按钮，再单击【取消】按钮。

③ 激活并设定 19_1 参数。修改【余量】为 余量 -0.29 -0.29，其余默认。单击【计算】按钮，再单击【取消】按钮。

④ 激活并设定 20_1 参数。修改【余量】为 -0.29 -0.29，其余默认。单击【计算】按钮，再单击【取消】按钮。

5.18 后处理

1. 复制刀具路径

先将【刀具路径】中的文件夹，通过【复制为 NC 程序】命令复制到【NC 程序】树枝中。

在屏幕左侧的【资源管理器】中，选择【刀具路径】中的 K02A 文件夹，单击右键，在弹出的快捷菜单中选择【复制为 NC 程序】，这时会发现在【NC 程序】树枝中出现了 NC程序 K03A 文件夹。同理，将其他文件夹复制刀【NC 程序】中，如图 5-95 所示。

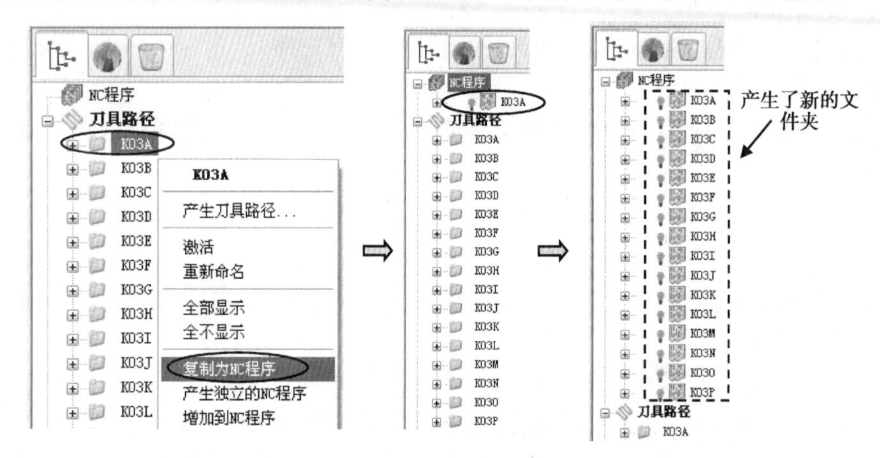

图 5-95 产生新文件夹

2. 复制后处理器

把本书配套素材中第 14 章的后处理器文件\ch14\02-finish\ pmbook-14-1-ok.opt 复制到 C:\dcam\config 目录。

3. 编辑已选后处理参数

在屏幕左侧的【资源管理器】中，选择【NC 程序】树枝，单击鼠标右键，在弹出的快捷菜单中选择【编辑全部】命令，系统弹出【编辑全部 NC 程序】对话框，选择【输出】选项卡，其中的【输出文件】中要删去隐含的空格。【机床选项文件】可以单击浏览按钮，选择之前提供的 pmbook-14-1-ok.opt 后处理器，【输出用户坐标系】为“1”。单击【应用】按钮，再单击【接受】按钮，如图 5-96 所示。

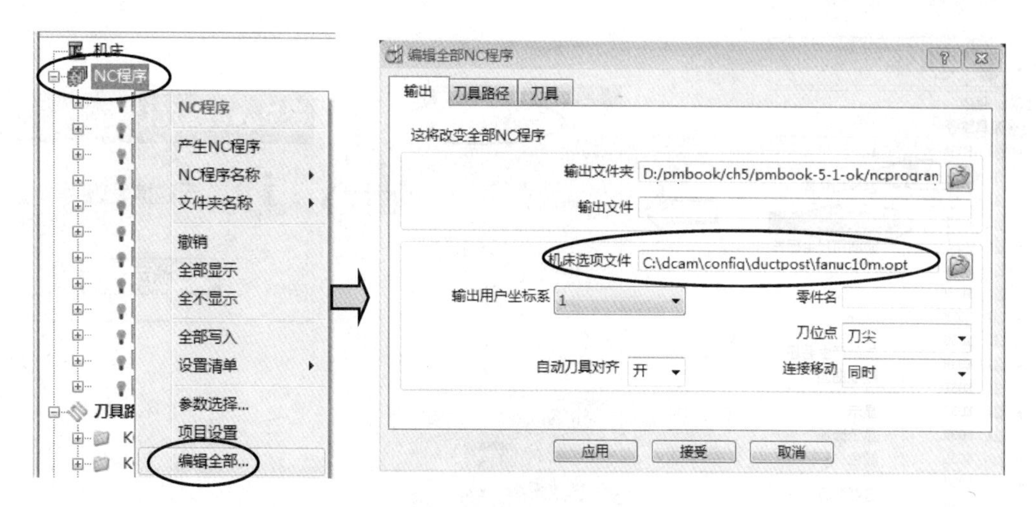

图 5-96　设定后处理参数

4．输出写入 NC 文件

在屏幕左侧的【资源管理器】中，选择【NC 程序】树枝，单击鼠标右键，在弹出的快捷菜单中选择【全部写入】命令，系统会自动把各个文件夹，按照以其文件夹的名称作为 NC 文件名，输出到用户图形所在目录的子目录中，如图 5-97 所示。

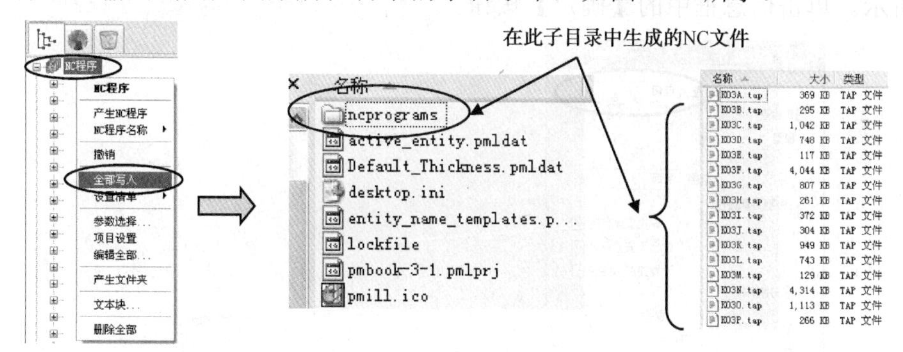

图 5-97　生成 NC 数控程序

5.19　程序检查

1．干涉及碰撞检查

在【资源管理器】中，展开【刀具路径】树枝中各个文件夹中的刀具路径。先选择刀具路径 1，单击鼠标右键，在弹出的快捷菜单中选择【激活】命令，将其激活。再在综合工具栏选择【刀具路径检查】按钮，弹出【刀具路径检查】对话框。

在【检查】选项中先选择“碰撞”，其余参数默认，单击【应用】按钮。本例刀路正常，这时目录树中的刀具路径 1 前的符号显示为，如图 5-98 所示，单击信息框中的【确定】按钮。

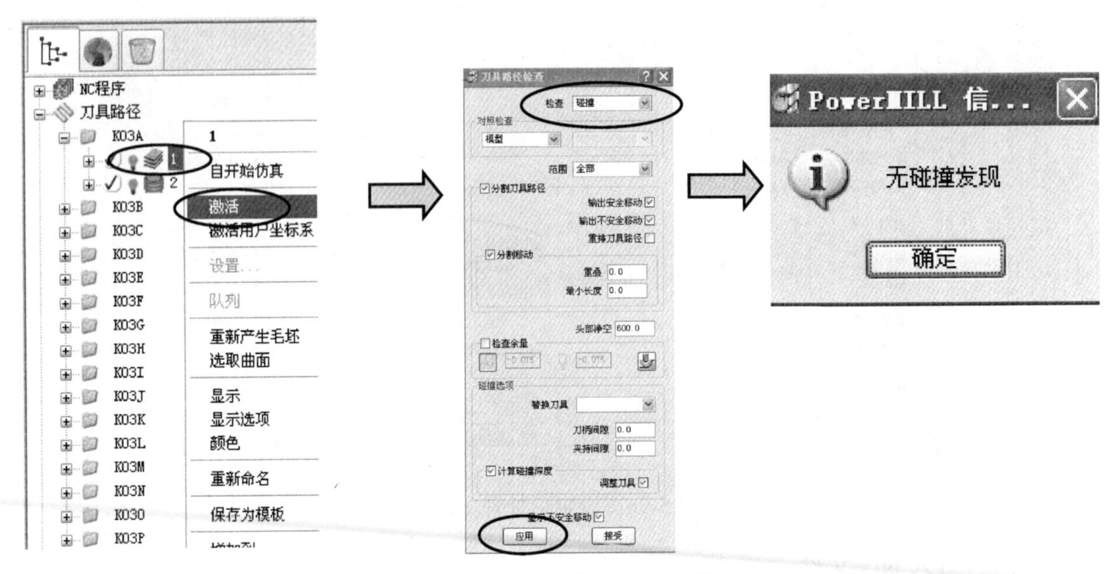

图 5-98　NC 数控程序的碰撞检查

在上述【刀具路径检查】对话框中的【检查】选项中选择“过切”，其余参数默认，单击【应用】按钮。本例刀路正常，这时目录树中的刀具路径 1 前的符号显示为✓，如图 5-99 所示。单击信息框中的【确定】按钮。

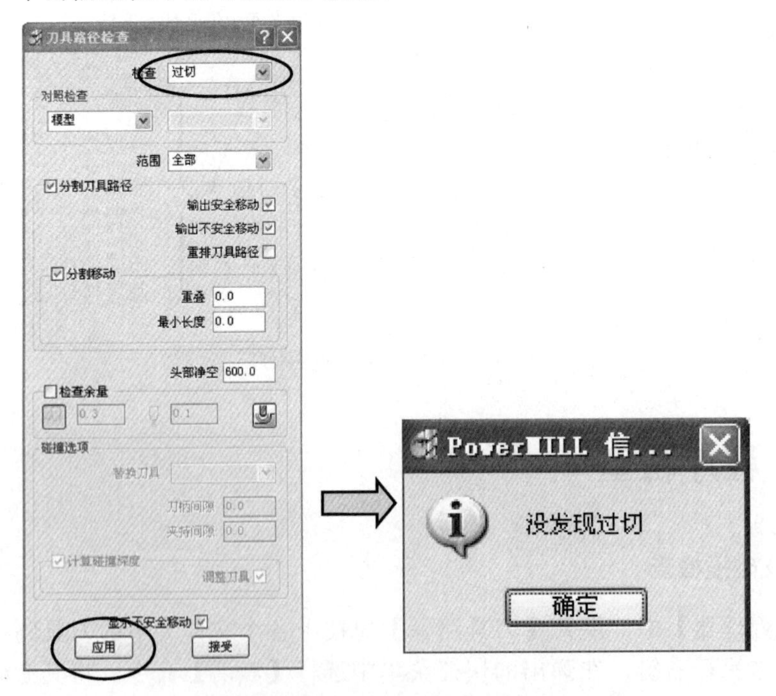

图 5-99　NC 数控程序的过切检查

同理，可以对其他的刀具路径分别进行碰撞检查及过切检查。

最后，单击【刀具路径检查】对话框中的【接受】按钮。

2. 实体模拟检查

该功能可以直观地观察刀具加工的真实情况，目的是发现切削过程中有没有不合理的情况出现，发现问题要认真分析，及时纠正。

（1）首先，要在界面中把实体模拟检查功能显示在综合工具栏中，在下拉菜单中选择并执行命令【查看】|【工具栏】|【ViewMill】。同样的方法，可以把【仿真】工具栏也显示出来，如果已经显示，则这一步不用做。

（2）然后，检查毛坯设置。检查现有毛坯是否符合要求，该毛坯一定要包括所有面，如不符合要求，就要重新设定。在综合工具栏中单击【毛坯】按钮，弹出【毛坯】对话框，在【由…定义】下拉列表框中选择“方框”选项，在图形区的模型外的任意位置单击鼠标左键，使系统不再选择图形，单击【计算】按钮，可以设置参数，单击【接受】按钮。

（3）启动仿真功能。在【资源管理器】中，单击【NC程序】树枝前的加号+，展开各个文件夹。先选择文件夹K03A，单击鼠标右键，在弹出的快捷菜单中选择【自开始仿真】命令，如图5-100所示。

图5-100 启动仿真

（4）开始仿真。单击图5-101所示中的【开/关 ViewMill】按钮，使其处于开的状态，这时工具条就变成可选状态。选择【光泽阴影图像】按钮，再单击【运行】按钮，K03A程序完成仿真。

（5）在【ViewMill】工具条中 K03B，单击下三角符号，选择NC程序K03B，再单击【运行】按钮进行仿真。

（6）同理，可以对其他的全部幼公NC程序进行仿真，结果如图5-102所示。

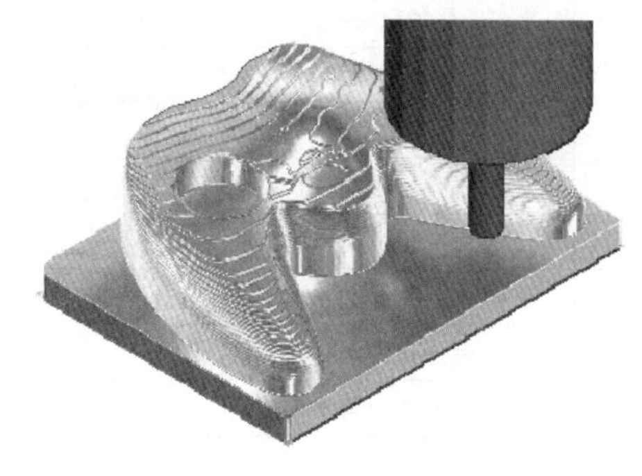

图5-101 开粗刀路的仿真结果

图5-102 幼公刀路的仿真结果

（7）同理，可以对其他的全部粗公 NC 程序进行仿真，单击按钮[按钮图标]，可以退出仿真。

5.20 填写加工工作单

本例 CNC 加工工作单，如表 5-1 所示。

表 5-1 加工工作单

<table>
<tr><td colspan="8">CNC 加工程序单</td></tr>
<tr><td>型号</td><td></td><td>模具名称</td><td>游戏机面壳</td><td>工件名称</td><td colspan="3">前模铜公 1#</td></tr>
<tr><td>编程员</td><td></td><td>编程日期</td><td></td><td>操作员</td><td></td><td>加工日期</td><td></td></tr>
<tr><td colspan="8">对刀方式 四边分中
对顶 z=35.8
图形名 pmbook-5-1
材料号 铜
大小 160×125×60
幼公火花位 −0.1
粗公火花位 −0.3</td></tr>
</table>

程序名	余量	刀具	装刀最短长	加工内容	加工时间
K03A .tap	0.2	ED12	44	幼公开粗	
K03B .tap	−0.1	ED12	44	幼公平面光刀	
K03C .tap	−0.1	ED8	36	幼公清角及孔位光刀	
K03D .tap	0	BD8R4	36	幼公中光刀	
K03E .tap	−0.09	ED1.5	6	幼公小孔光刀	
K03F .tap	−0.1	BD8R4	36	幼公型面光刀	
K03G .tap	0.1	BD3R1.5	6	孔倒圆角光刀	
K03H .tap	−0.3	BD1.5R0.75	6	清角光刀	
K03I .tap	0.1	ED12	44	粗公开粗	
K03J .tap	−0.3	ED12	44	粗公平面光刀	
K03K .tap	−0.3	ED8	36	粗公清角及孔位光刀	
K03L .tap	−0.2	BD8R4	36	粗公中光刀	
K03M .tap	−0.29	ED1.5	6	粗公小孔光刀	
K03N .tap	−0.3	BD8R4	36	粗公型面光刀	
K03O .tap	−0.29	BD3R1.5	6	粗公孔倒圆角光刀	
K03P .tap	−0.29	BD1.5R0.75	6	粗公清角光刀	

5.21 本章总结和思考练习题

5.21.1 本章总结

完成本章实例，要注意下问题。

（1）铜公电极数控编程的技巧及工艺安排。

（2）根据刀具路径做边界的方法，认真体会边界的编辑方法。这样可以使刀路效率提高。

（3）清角刀路要考虑实际工艺装备的加工误差，如小刀的实际旋转误差，灵活调整余量，保证接刀顺畅。很多数控车间都配备有投影式测刀仪，要充分利用这些设备，配合编程以便加工出高精度的工件。

希望学习本章内容后，在实际工作中对类似问题能灵活处理。

5.21.2 思考练习与答案

针对本章实例在实际加工时可能出现的问题，希望初学者能认真体会，想出合理的应对方案。

（1）本例铜公椭圆按钮孔与型面有尖角，如图 5-103 所示，CNC 加工不到，后续工序应如何处理？

（2）在数控车间加工铜公时，如果有粗幼公，是先加工粗公好，还是先加工幼公好？为什么？

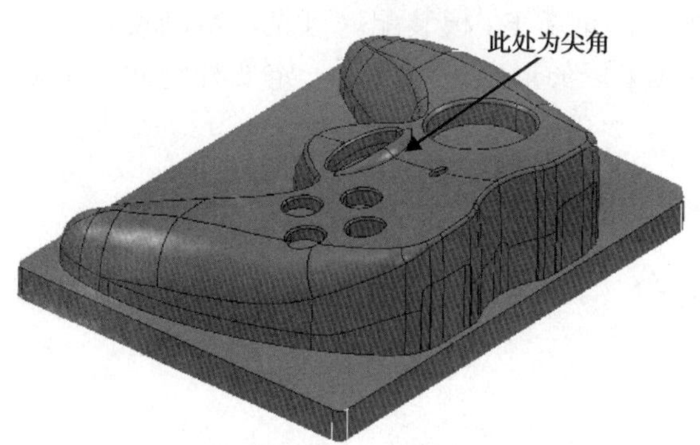

图 5-103 铜公尖角位

（3）如果编制本例型面光刀程序，如 K03F 时，某位编程员设定余量参数为：侧面余量为-0.1，而底部余量为 0，对不对？加工后 QC 未能认真检查，就去进行 EDM 加工，这样将会给制模工作带来哪些影响？

练习答案：

（1）答：这种类型的铜公，如果用现代铣雕机进行加工的话，可以由操作员磨制一把尖刀，编程员根据此刀具编程，可以将其清角到位。

如果是普通的 CNC 机床，只能用很小的刀具，如 BD1.5R0.75 加工清角，但始终会留下圆角。剩下的这个圆角一般由模工师傅手工修挫。

（2）答：在模具车间里，一般来说，制模进度都很紧张，加工完大身铜公，一般要首先请 PDD（产品开发部）确认铜公外形，紧接着就去打火花（即 EDM 加工）。这中间绝不能出现错误，如出现错误而导致返工，会严重影响模期。综合考虑各种因素，抓住主要矛盾，对 CNC 车间来说，一般先加工幼公，再加工粗公。

幼公比粗公火花位小，从外形上看幼公比粗公要大一些，如果因为加工过程中出错，可以将这块材料加工成粗公进行补救。如果粗公先加工，加工中出错的话，就无法再加工成幼公，只能在过切部位补铜公或换料返工。

（3）答：数控编程员的工作一般都很紧张，由于当今制模行业竞争激烈，导致模期很紧张，而大部分的加工任务都交给了 CNC 车间，但留给的时间却很少，相关人员催进度是常有的事。有些刚入行的人，经不起别人的催促，可能会手忙脚乱，编程中不小心给错余量，而自己又未发现，也经常出现，本例就是这种情况。希望能给刚入行的人员敲一下警钟，希望在工作中能养成沉着冷静、仔细认真的工作作风，对所设参数全部检查，无误后才可以加工。

本例所给的余量只给定了侧面余量为-0.1，而底部余量为 0，就会导致铜公曲面的顶部未留出火花位，显然是不对的。如果这样的铜公如未经认真检查就进行 EDM 加工，会导致前模过切，试模后会发现产品多胶位，产品不合格。

如果这时才发现错误，就必须重新返工加工铜公，重新降锣前模（即降低 CNC 返工加工模具），重新 EDM 加工，重新 Fit 模装配。可见，给制模带来了多大的损失，甚至在客户面前会严重影响该模具工厂的形象，所以，一定要杜绝此类错误的发生。

第6章

鼠标面盖前模综合实例特训

6.1 本章知识要点和学习方法

本章主要先讲解前模在整体模具中的作用及其结构特点，然后以鼠标面盖前模为例，介绍前模编程的基本步骤和应注意的事项。

希望读者掌握本章以下重点知识。

（1）一般难度前模编程的基本步骤。

（2）前模编程应注意的事项。

（3）前模各部位加工的特点。

希望读者结合前几章内容，加深对 PowerMILL 加工策略参数的理解，反复训练，熟练掌握，灵活运用于实践。

6.2 前模的结构特点和部位术语

前模，教科书中叫定模，有人也叫母模，是产品外表面主要的成形型腔，是不可以下顶针孔，并且不允许有夹线的模具部分。

一般的前模会有以下结构部分，加工有不同的要求，如图 6-1 所示。

（1）型腔胶位部分，是主要的塑胶成形部分，其形状是产品的反形状。如果产品外形复杂，往往不能直接加工到位，大部分情况下需要用铜公 EDM 进一步加工。所以，前模型腔部分 CNC 加工时，大多数情况下，只需要开粗及清角，不需要光刀，但必须留有足够的余量。

（2）分型面部分，也叫 PL（Part Line 的缩写）面或分模面，是模具的封胶位部分，整个分型面能够和其他模件（如后模、行位等），使模具型腔部分形成一个封闭的空间。

根据产品结构的不同，分为高低分模面、斜分模面（合模时易滑动，一般需要留模锁或子口）、曲面分模面、侧面穿孔分模面（也叫插穿位）、平面穿孔分模面、斜面方孔分模面、侧面柱位分模面（有时也做成行位）和侧面凸片分模面等形式。

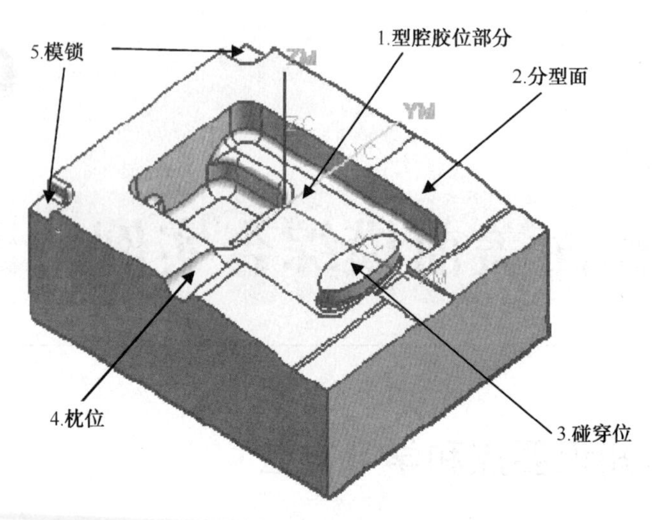

图 6-1　前模部位名称图解

分型面加工精度要求较高，一般公差应在 0.03mm 以下，否则易形成空隙，注塑时易露胶而“走披锋”。对于碰穿位和插穿位加工时不能过切超差，编程时要根据实际加工误差来给定补偿余量。CNC 能加工到位的，全部要加工到位，加工不到的才用铜公清角。

（3）水口位，也叫流道，是热的塑胶料从注塑机注射到前模型腔的通道。如果是复杂异型的，一般需要 CNC 加工，如果是简单形状一般由制模师傅自已完成。

（4）冷却水道或加热管道，是模具能够保持足够的热平衡而开设的冷却水或装加发热电阻丝管的通道，这些管道一般由制模师傅自已完成。

本章以典型前模为例，讲解用 PowerMILL 进行数控编程的步骤和参数给定方法，希望读者能够针对案例自已学习完成，并能学会类似图形的加工编程。

6.3　输入图形及整理图形并确定加工坐标系

原始图形

文件路径：\ch06\01-example\pmbook-6-1.igs，把该文件复制到工作目录中。

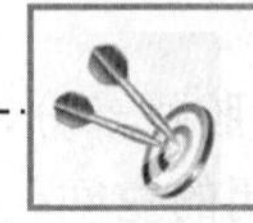
完成图形

文件路径：\ch06\02-finish\pmbook-6-1\

（1）输入图形。

首先进入 PoerMILL 软件，输入配套文件 pmbook-6-1.igs。操作方法：在下拉菜单条中选择【文件】|【输入模型】命令，在【文件类型】选择“*.igs*”，再选择 pmbook-6-1.igs，

即可以输入图形文件。

（2）整理图形。

使图形中的全部面的方向朝向一致。操作方法：框选全部面，单击鼠标的右键，在弹出的快捷菜单中选择【定向已选曲面】命令，使其全部面朝向一致。再次选取全部面，单击鼠标右键，在弹出的快捷菜单中选择【反向已选】命令，使其全部面朝向外部，如图 6-2 所示。

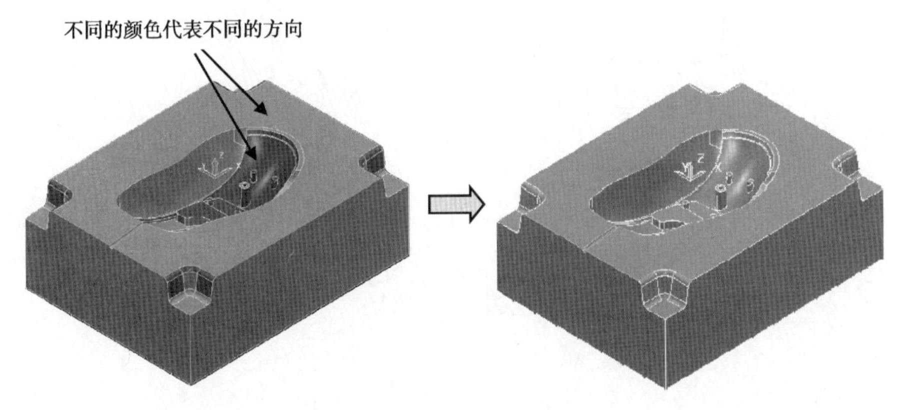

图 6-2　改变图形曲面方向

模具说明：如图 6-3 所示，该模具是用来啤塑鼠标面壳的，前模主要用来成型产品的外观面，不允许下顶针，外观面表面要求为高光。

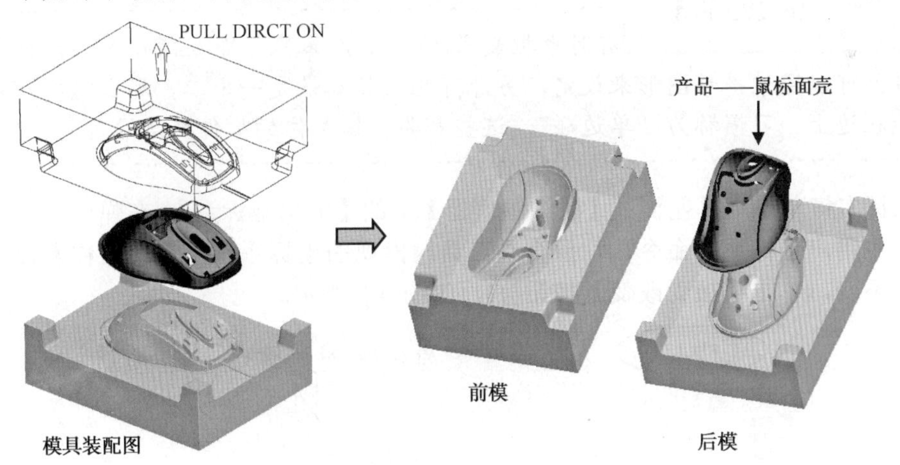

图 6-3　模具工作图

如图 6-4 所示，为该前模的工程图。

（3）确定加工坐标系。

对于前模，坐标系要求定在外形四边分中为 X0、Y0，PL 面为 Z0 的位置。经分析，该图形为四边分中，而且零点在 PL 面上，如符合加工要求，那么就以其建模坐标系为加工坐标系。

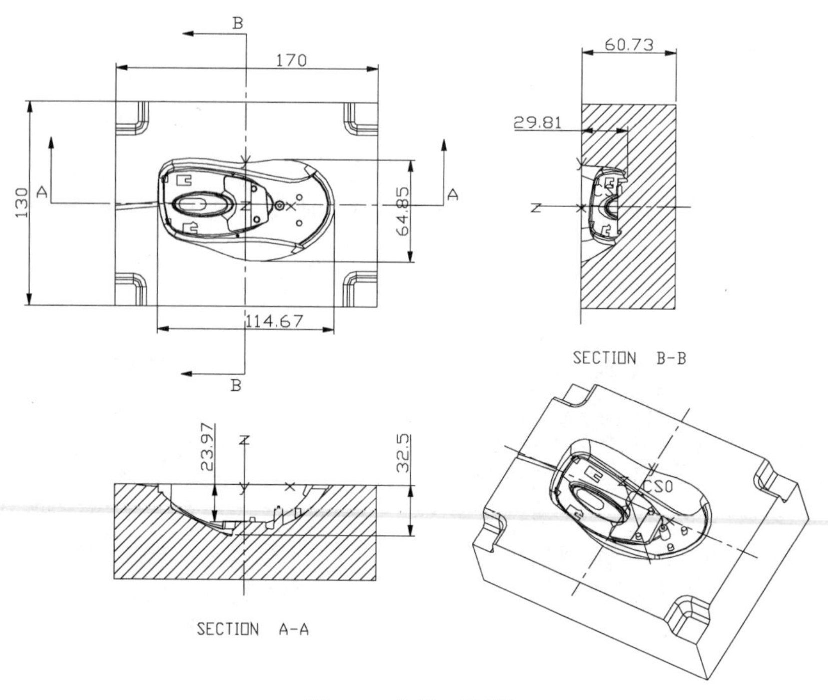

图 6-4　前模工程图

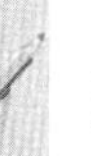

知识拓展

有时也把最高面作为 Z 零点，如果所输入的最初图形不是这样，可以通过平移图形来设定。另外有些模具如果是一出二，那么需要 XY 零点有可能在边上，习惯称为“单边碰”，这些都要根据具体的模件灵活设定。

用鼠标右键单击屏幕左侧的【资源管理器】中的【用户坐标系】，在弹出的快捷菜单中选择【产生用户坐标系】命令，注意查看工具栏出现的坐标系栏，在【名称】设为“1”，其余参数不变，单击【接受改变】按钮，如图 6-5 所示。

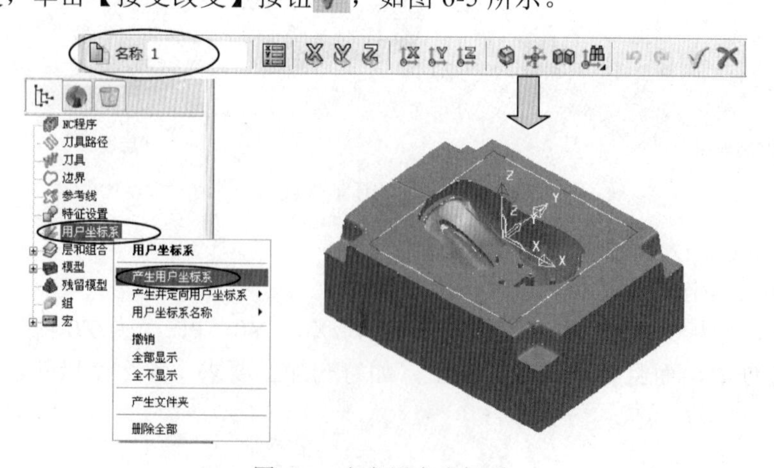

图 6-5　定义用户坐标系

6.4 数控加工工艺分析和刀路规划

（1）开料尺寸：170×130×61。

（2）材料：钢 S136H，预硬至 HB290-330。

主要化学成分：C 0.38%，Si 0.8%，Cr 13.6%，Mn 0.5%，V 0.3%。钢材特性：热变形小，高纯度，抛光性能好，抗锈防酸能力好。多用于制造注塑 PVC、PP、PPMA 等材料的模具。

（3）加工要求：胶位部分留 0.15～0.35 的余量，PL 面光刀，枕位面光刀，柱位顶部光刀，碰穿位留 0.05

（4）加工工步

① 程序文件夹 K04A，粗加工，也叫开粗。用 ED16R0.8 飞刀，余量为 0.3。

② 程序文件夹 K04B，二次开粗及中光型腔。用 ED8 平底刀，侧余量为 0.25。

③ 程序文件夹 K04C，模锁面，碰穿面光刀。用 ED4 平底刀加工，余量为 0-0.05。

④ 程序文件夹 K04D，枕位面开粗及光刀。用 BD2R1 球头刀，余量为 0。

6.5 建立刀路程序文件夹

主要任务：建立 4 个空的刀具路径文件夹。

用鼠标右键单击屏幕左侧的【资源管理器】中的【刀具路径】，在弹出的快捷菜单中选择【产生文件夹】命令，并修改文件夹名称为“K04A”，如图 6-6 所示。

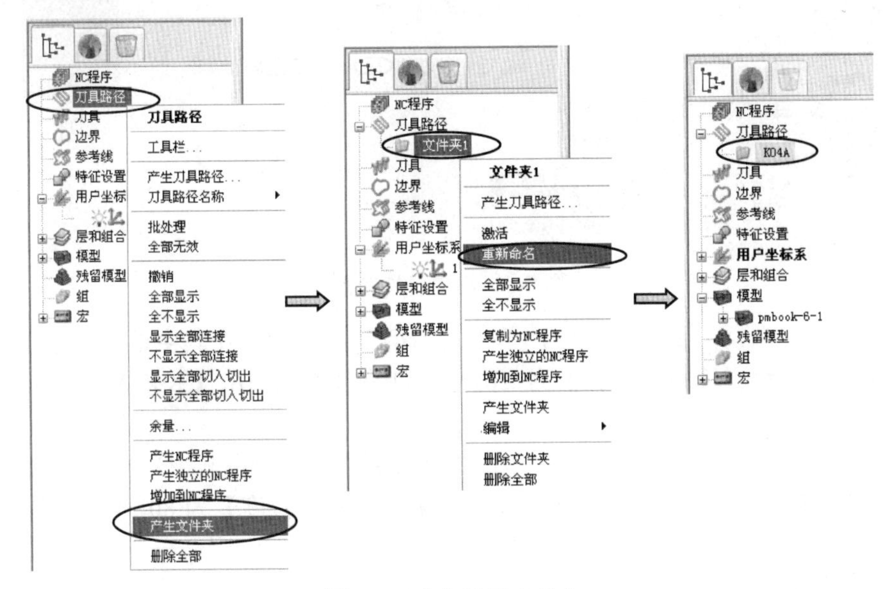

图 6-6 建立程序文件夹

用同样的方法，生成其他程序文件夹：K04B、K04C、K04D，如图 6-7 所示。

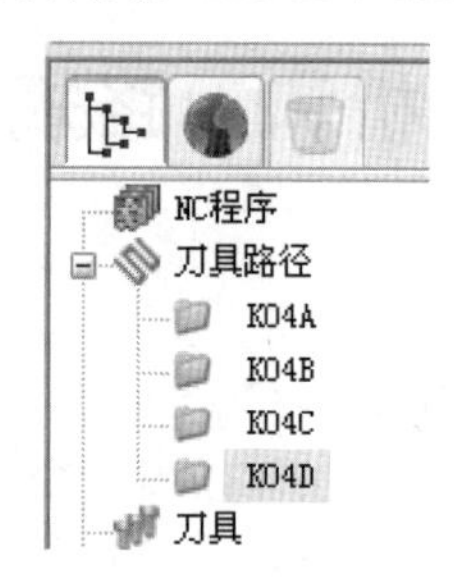

图 6-7　建立其他程序文件夹

6.6　建立刀具

主要任务：建立加工刀具 ED16R0.8、ED8、ED4 和 BD2R1。

用鼠标右键单击屏幕左侧【资源管理器】中的【刀具】，在弹出的快捷菜单中选择【产生刀具】命令，再在弹出的快捷菜单中选择【刀尖圆角端铣刀】命令，系统弹出【刀尖圆角端铣刀】对话框，在【刀尖】选项卡中设定参数，【名称】为“ED16R0.8”，【长度】为“15”，【直径】为 16，【圆角半径】为 0.8【刀具编号】为“1”，【槽数】为 2，如图 6-8 所示。

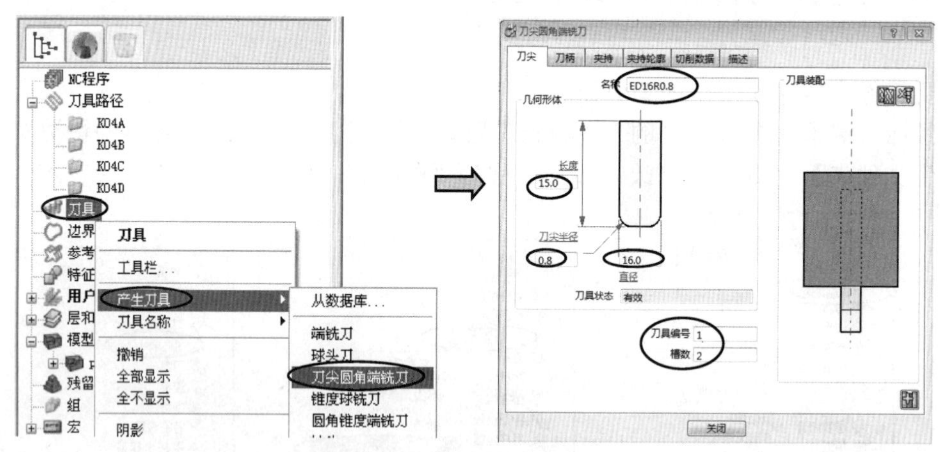

图 6-8　建立刀尖参数

在【刀尖圆角端铣刀】对话框中，单击【刀柄】选项卡，在其中单击【增加刀柄部件按钮】，设定参数，【顶部直径】为 16，【底部直径】为 16，【长度】为 50，如图 6-9 所示。

在【刀尖圆角端铣刀】对话框中，单击【夹持】选项卡，在其中单击【增加夹持部件】按钮，设定【顶部直径】为 70，【底部直径】为 70，【长度】为 80，【伸出】为 55，如图 6-10 所示。

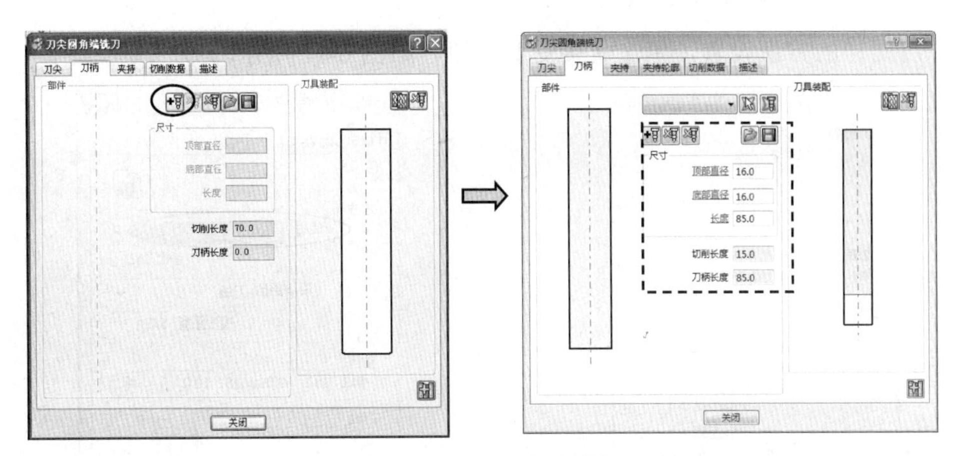

图 6-9　建立刀柄参数

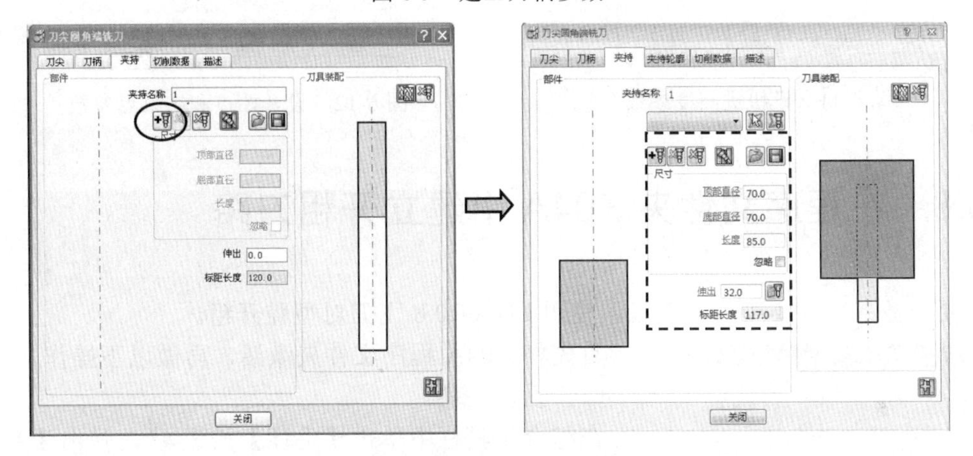

图 6-10　建立夹持参数

单击【关闭】按钮，用同样的方法建立 ED8、ED4 和 BD2R1。

6.7　设公共安全参数

主要任务：设安全高度、开始点和结束点。

1．设安全高度

在综合工具栏中单击【快进高度】按钮，弹出【快进高度】对话框。在【绝对安全】中设置【安全区域】为“平面”，【用户坐标系】为“1”，【安全 Z 高度】数值为 10.0，【开始 Z 高度】为 5，单击【接受】按钮，如图 6-11 所示。

2．设开始点和结束点

在综合工具栏中单击【开始点和结束点】按钮，弹出【开始点和结束点】对话框。在【开始点】选项卡中，设置【使用】的下拉菜单为“第一点安全高度”。切换到【结束点】

选项卡，用同样的方法设置，单击【接受】按钮，如图 6-12 所示。

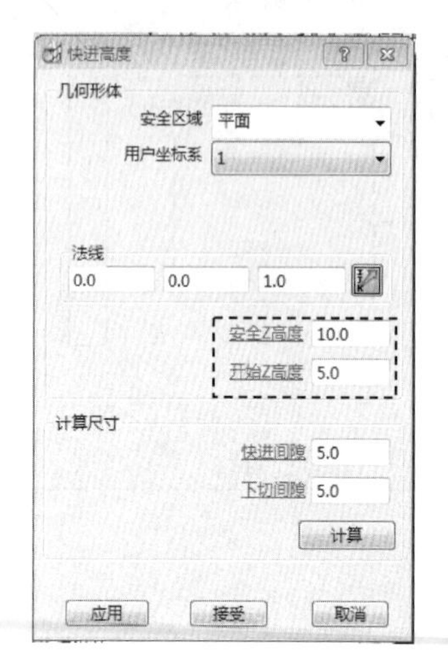

图 6-11 设快进高度参数

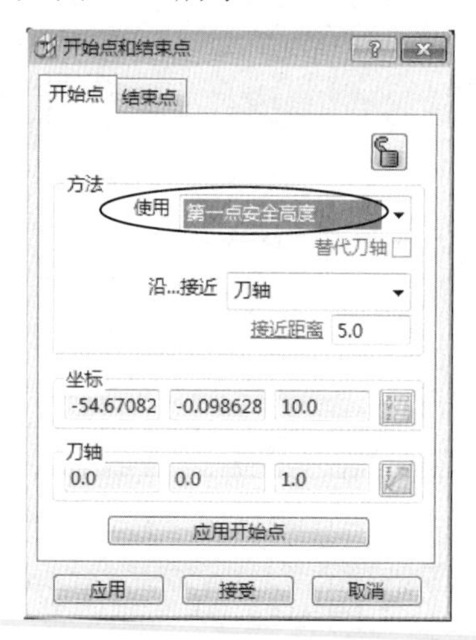

图 6-12 设开始点和结束点参数

6.8 在程序文件夹 K04A 中建立开粗刀路

主要任务：建立 1 个刀具路径，使用 ED16R0.8 飞刀对型腔开粗。

图 6-13 设毛坯参数

首先将 K04A 程序文件夹激活，再做以下操作。

（1）设定毛坯。

在综合工具栏中单击【毛坯】按钮，弹出【毛坯】对话框。在【由…定义】下拉列表框中选择“方框”选项，单击【计算】按钮，再单击【接受】按钮，如图 6-13 所示。单击右侧屏幕的【毛坯】按钮，关闭其显示。

（2）设刀路切削参数，创建“模型区域清除”刀路策略。

在综合工具栏中单击【刀具路径策略】按钮，弹出【策略选取器】对话框，选取【三维区域清除】选项卡，然后选择【模型区域清除】选项，单击【接受】按钮。系统弹出【模型区域清除】对话框，按图 6-14 所示设置参数，【刀具】选择 ED16R0.8，【公差】为 0.1。单击【余量】按钮，设置侧面余量为 0.3，底部余量为 0.2，【行距】为 9，【下切步距】为 0.3，【切削方向】为“顺铣”。

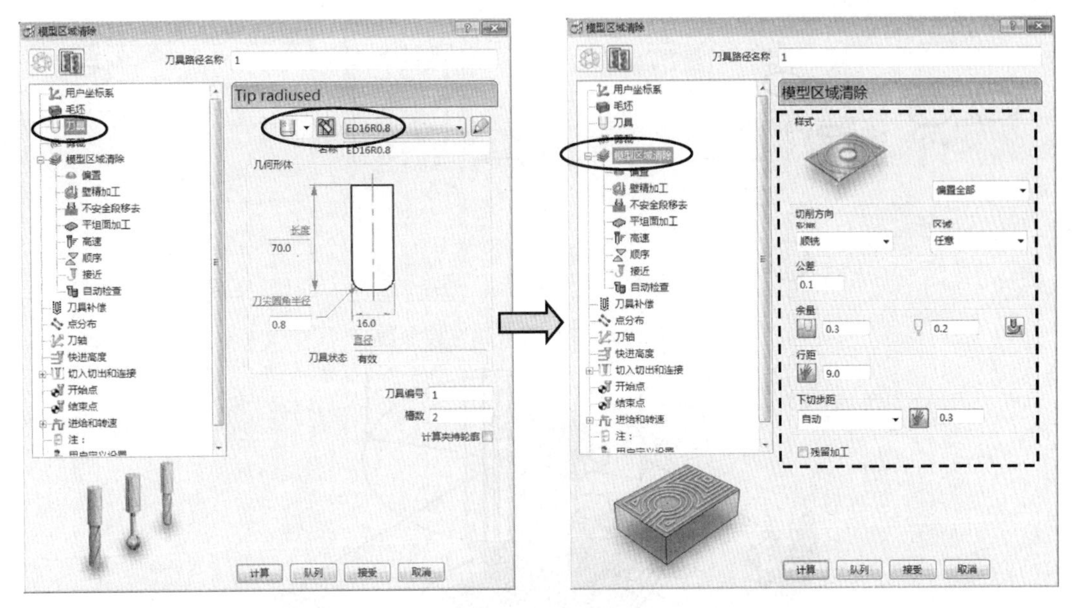

图 6-14　设切削参数

小提示

用 ED16R0.8 飞刀对钢件进行开粗加工时，下切距离可以给定 0.3，如果太大，飞粒容易磨损。行距应为刀具直径的 50%～75%，此处为 9，切削量不要太大。

（3）设非切削参数，先设置切入切出和连接参数。

该工件结构特点是中间凹面，要设斜线下刀，要保证下刀时不踩刀。

在综合工具栏中单击【切入切出和连接】按钮，弹出【切入切出和连接】对话框。选取【Z 高度】选项卡，设置【掠过距离】为 3，【下切距离】为 3。

在【切入】选项卡中，【第一选择】为“斜向”，设置【斜向选项】中的【最大左斜角】为 3°，【沿着】选“刀具路径”，勾选【仅闭合段】，【圆圈直径（TDU）】为 0.95 倍的刀具直径，【类型】选“相对”，【高度】为 0.5，单击【切出和切入相同】按钮。

在【连接】选项卡中，修改【短】为“掠过”，其余参数默认，如图 6-15 所示。单击【应用】按钮，再单击【接受】按钮，在【模型区域清除】对话框中单击【取消】按钮，单击【应用】按钮。

这样选择参数的目的，是尽量减少非切削路径长度，提高切削效率。

（4）生成刀路。

在【模型区域清除】对话框中单击【计算】按钮，产生的刀具路径如图 6-16 所示。

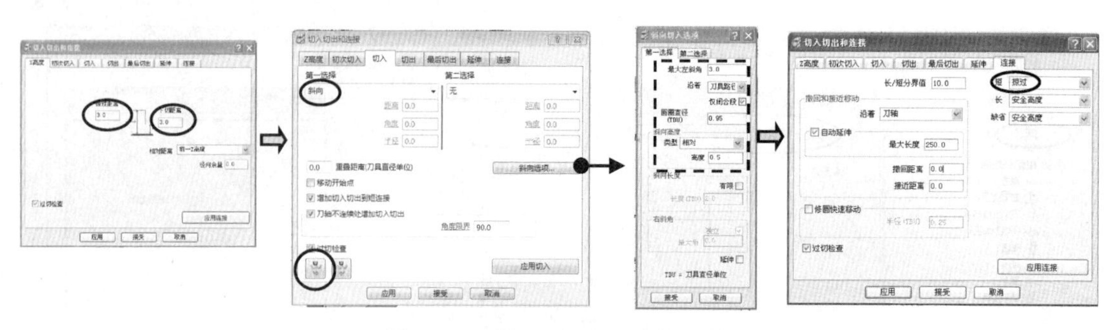

图 6-15　设切入切出和连接参数

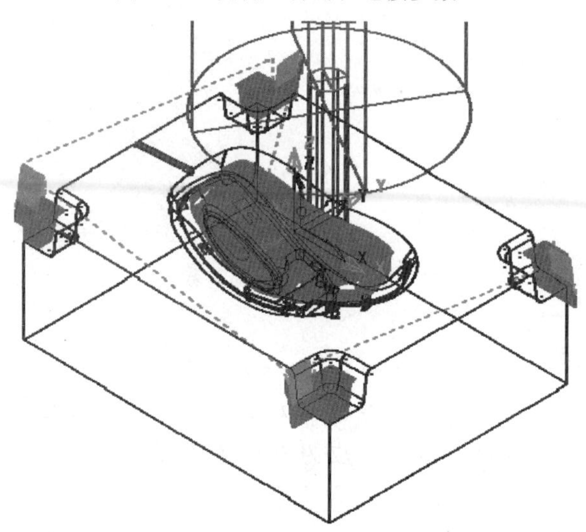

图 6-16　前模开粗刀路

（1）加工钢件，螺旋斜线下刀的角度一般取 3°～7°，此处取 3°。

（2）要及时存盘。首次存盘时选择【文件】|【保存项目为】给定与模型相同的名称 pmbook-6-1。以后存盘时可以直接单击按钮。

（3）PowerMILL2012 增加了刀路分层检查功能，可以在主工具栏里的【刀具路径】栏里单击【按 Z 高度查看刀具路径】按钮，在弹出的对话框里选取需要查看的 Z 高度，就可以仔细查看单层刀路。这对于型腔类加工刀路的检查帮助很大，请善用此功能。

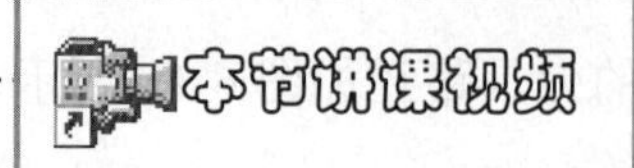

以上程序组的操作视频文件为：\ch06\03-video\01-建立开粗刀路 K04A.exe

6.9 在程序文件夹 K04B 中建立清角中光刀路

主要任务：建立 2 个刀具路径，第 1 个为使用 ED8 平底刀对前模进行清角；第 2 个为对前模进行中光刀。

首先将 K04B 程序文件夹激活，再进行以下操作。

1. 使用等高精加工对前模进行清角

方法：先根据前一把刀，生成残留边界，再用等高铣进行加工。

（1）首先用【残留边界】创建清角边界。

在【资源管理器】中右击【边界】，在弹出的快捷菜单中选择【定义边界】|【残留】命令，系统弹出【残留边界】对话框，本次加工用的【刀具】为“ED8”，上次已用的【参考刀具】为“ED16R0.8”，单击【应用】按钮，生成清角边界 1，如图 6-17 所示。单击【接受】按钮，对生成的边界进行整理。

图 6-17 生成残留边界

（2）设定清角刀路的加工参数。

在综合工具栏中单击【刀具路径策略】按钮，弹出【策略选取器】对话框，选取【精加工】选项卡，然后选择【等高精加工】选项，单击【接受】按钮，弹出【等高精加工】对话框，【刀具】选择 ED8，【公差】为 0.1。单击【余量】按钮，设置侧面余量为 0.35，底部余量为 0.2，【最小下切步距】为 0.15，【方向】为“任意”，其余参数按图 6-18 所示设置。

小提示

用 ED8 合金刀对钢件进行中光加工时，一般都不会是满刀切削。最小下切步距可以给定 0.1～0.15，如果太大，刀尖容易磨损，如果太小，加工效率太低。

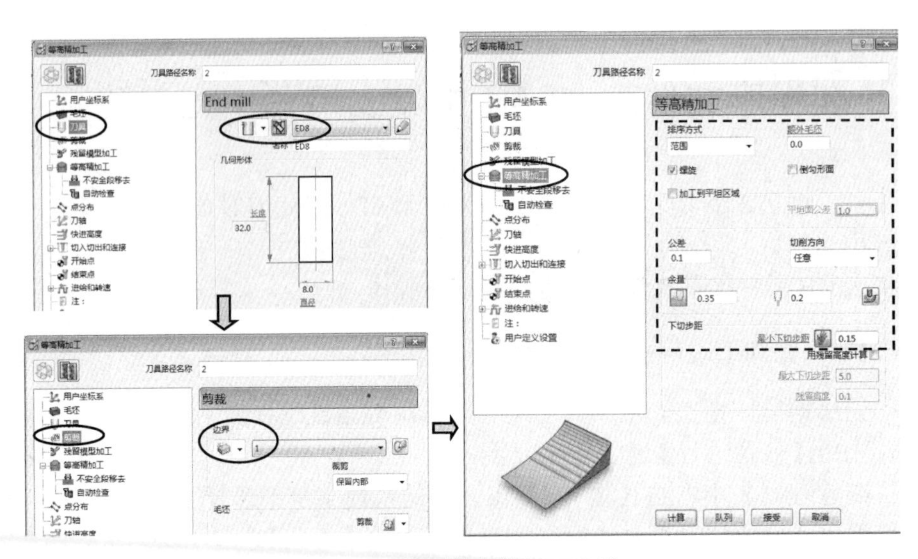

图 6-18　设置等高精加工参数

（3）设非切削参数，先设置切入切出和连接参数。

根据该铜公结构特点，选用圆弧进刀及退刀。

在如图 6-18 所示的【等高精加工】对话框中，或在综合工具栏中单击【切入切出和连接】按钮，弹出【切入切出和连接】对话框。选取【切入】选项卡，设置【第一选择】为“水平圆弧”，【距离】为 0，【角度】为 45，【半径】为 2，【重叠距离】为 0，单击【切出和切入相同】按钮。

在【连接】选项卡中，修改【短】为“直”，其余参数默认，如图 6-19 所示。单击【应用】按钮，再单击【接受】按钮。

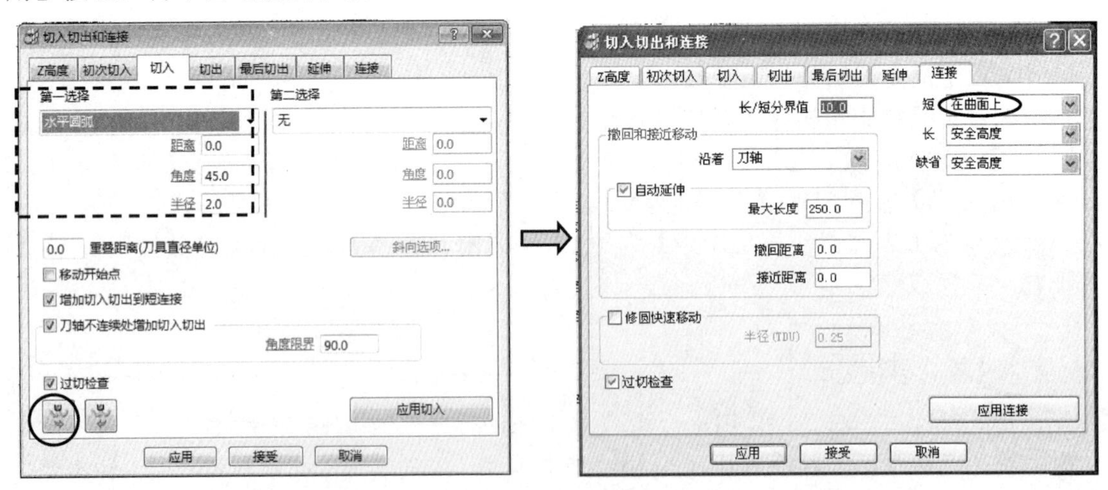

图 6-19　设切入切出和连接参数

这样选择参数的目的是空刀少。在【等高精加工】对话框中单击【计算】按钮，产生的刀具路径 2 如图 6-20 所示。

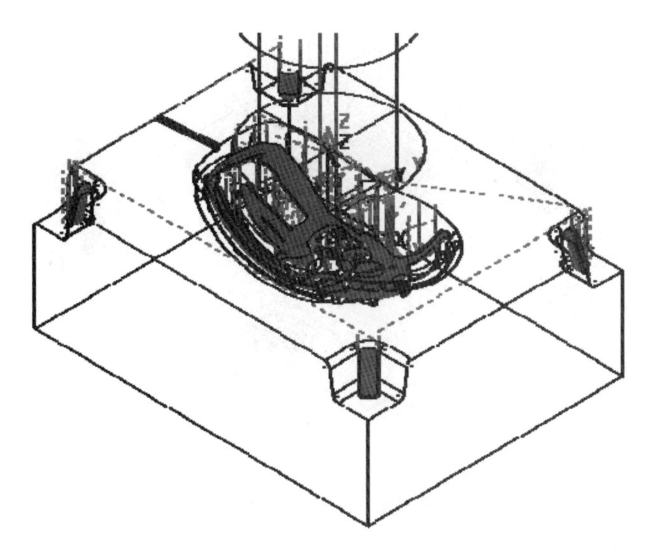

图 6-20　生成清角刀路

2．对前模进行中光刀

方法：将刀路 2 复制后修改参数得到。

（1）将刀路 2 复制一份，并改名为 3，激活并修改刀路 3 的加工参数，在【等高精加工参数】对话框中，【公差】为 0.03，设定侧面余量为 0.15，底部余量为 0.15，【最小下切步距】为 0.15，【边界】为空白，如图 6-21 所示。

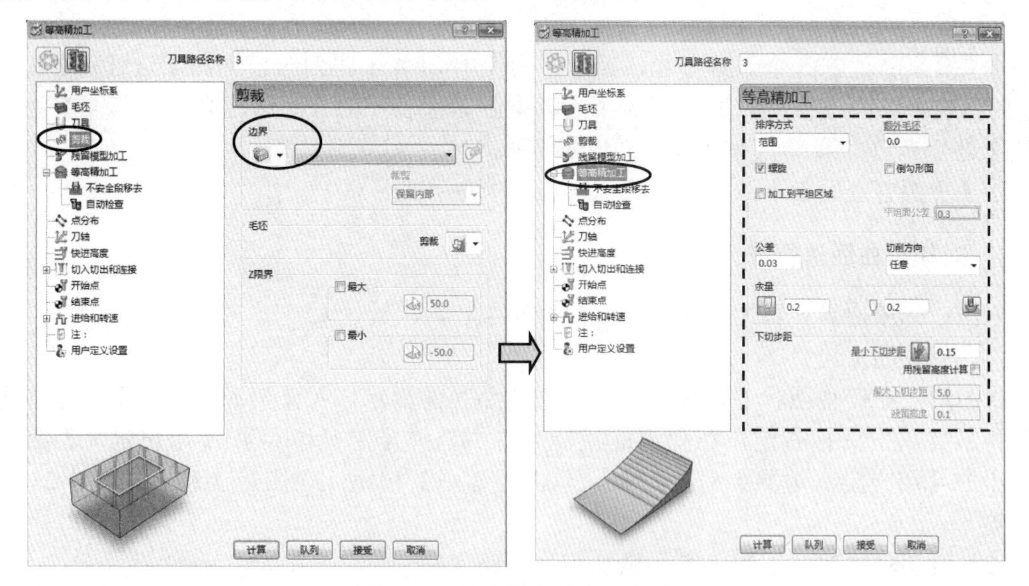

图 6-21　设定等高精加工参数

（2）单击【计算】按钮，生成刀路如图 6-22 所示。

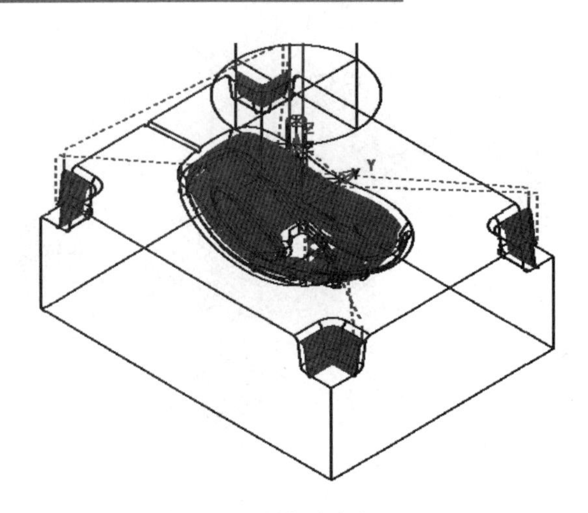

图 6-22　前模型腔中光刀

以上程序组的操作视频文件为：\ch06\03-video\02-建立清角中光刀路 K04B.exe

6.10　在程序文件夹 K04C 中建立型面精加工刀路

主要任务：建立 5 个刀具路径，第 1 个为使用 ED4 平底刀对模锁曲面进行精加工；第 2 个对型腔平位面进行精加工；第 3 个为对型腔的柱位外侧曲面进行光刀；第 4 个为对柱位顶面进行光刀；第 5 个为对右柱位顶面光刀。

在【资源管理器】中激活文件夹 K04C，再进行以下操作。

1．对模锁曲面进行光刀

方法：先做边界，再用等高精加工进行精加工。

（1）创建加工边界 2。

将图形放在俯视图状态，关闭毛坯和刀具路径的显示。在【资源管理器】中选择【边界】树枝并单击鼠标右键，在弹出的快捷菜单中选择【定义边界】|【用户定义】命令，在弹出的【用户定义边界】对话框中，单击【勾画】按钮。在图形上绘制如图 6-23 所示的边界。

（2）设切削参数，创建“等高精加工”刀路策略。

将刀具路径 3 复制到 K04C 文件夹中，改名为 4，重新设置加工参数，弹出【等高精加工】对话框。按图 6-24 所示设置参数，【刀具】选择 ED4，【边界】选“2”，【公差】为 0.01。单击【余量】按钮，设置侧面余量为 0，底部余量为 0，【最小下切步距】为 0.05。

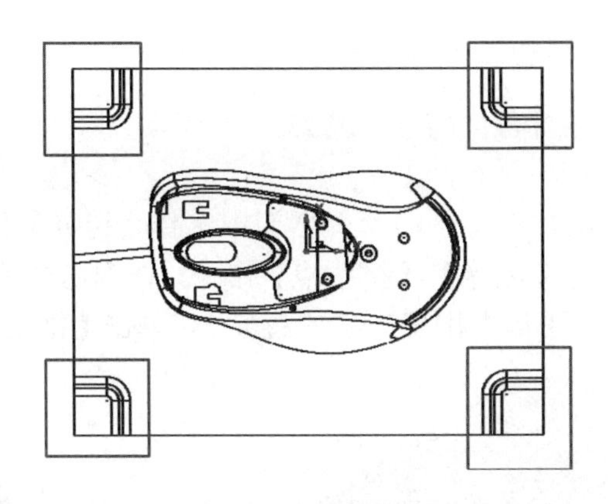

图 6-23　产生加工边界

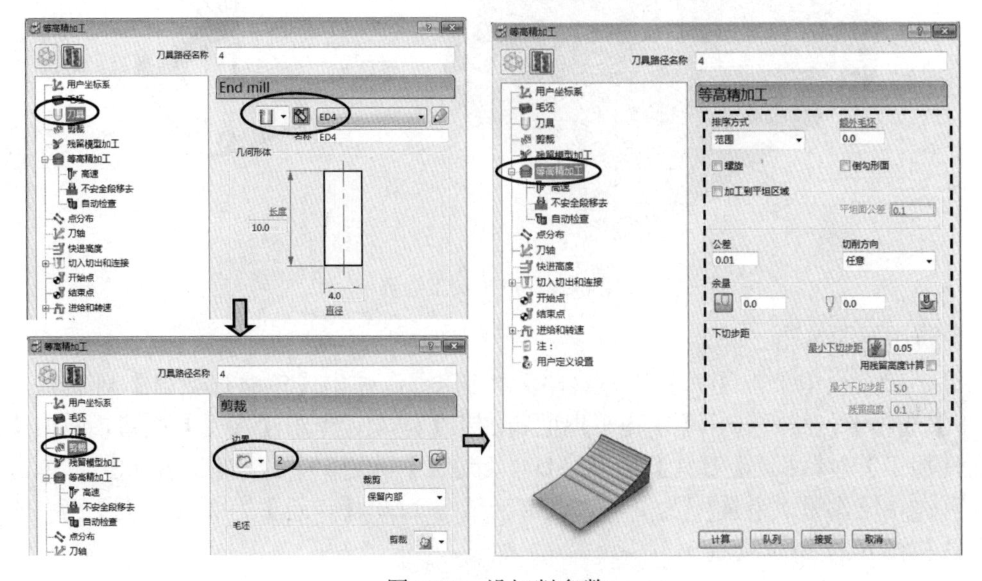

图 6-24　设切削参数

（3）单击【计算】按钮，观察生成的刀路，无误后，单击【取消】按钮，产生的刀具路径如图 6-25 所示。

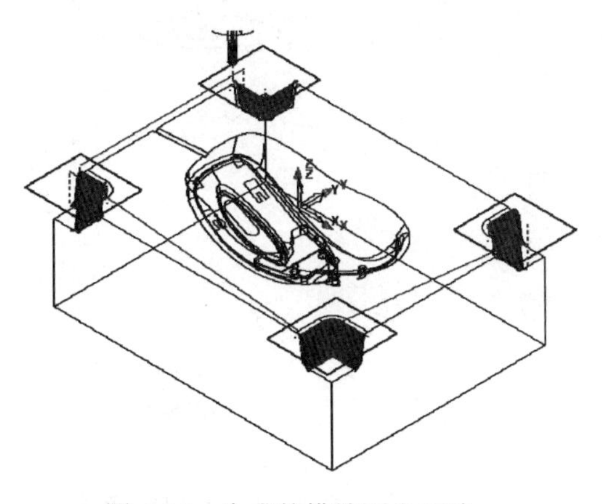

图 6-25　生成的模锁面光刀路

2．对型腔平位面进行精加工

方法：先创建边界，再对平位面进行光刀。

（1）创建边界。

在图形中选取平位曲面。在【资源管理器】中选择【边界】树枝并单击鼠标右键，在弹出的快捷菜单中选择【定义边界】|【接触点】命令，在弹出的【接触点边界】对话框中，单击模型按钮。于是，在图形上出现产生的边界 3，单击【接受】按钮，如图 6-26 所示。

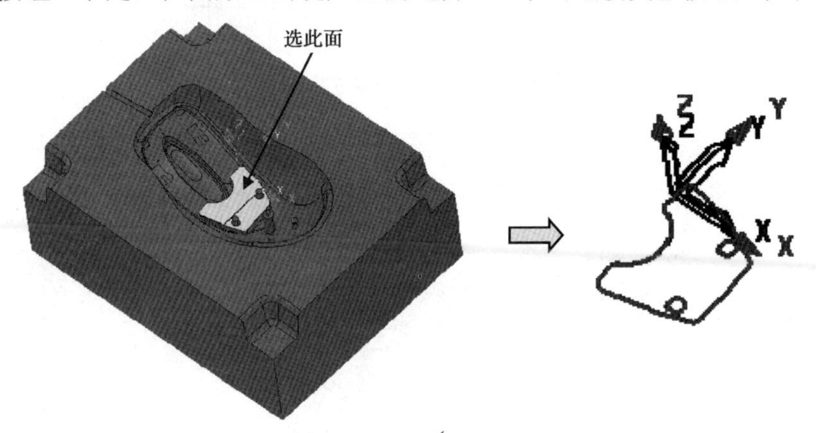

图 6-26　产生加工边界

（2）设定加工参数。

在综合工具栏中单击【刀具路径策略】按钮，弹出【策略选取器】对话框，选取【精加工】选项卡，然后选择【偏置平坦面精加工】选项，单击【接受】按钮，弹出【偏置平坦面精加工】对话框，【刀具】选择 ED4，【边界】为“3”，【公差】为 0.01。单击【余量】按钮，设置侧面余量为 0.35，底部余量为 0，【步距】为 2，【方向】为“任意”，其余参数按图 6-27 所示设置。

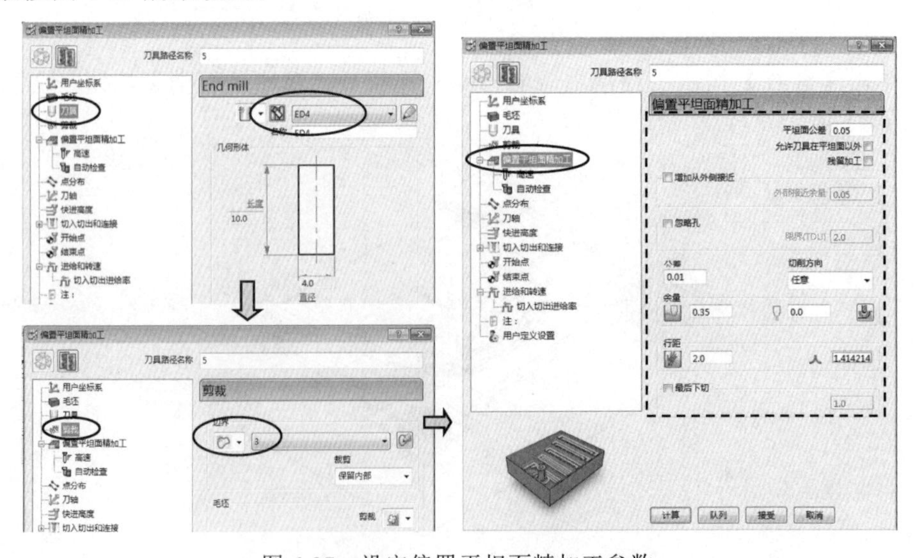

图 6-27　设定偏置平坦面精加工参数

（3）设非切削参数，设置切入切出和连接参数。

选用螺旋下刀。在图 6-28 所示的【偏置平坦面精加工】对话框中，或在综合工具栏中单击【切入切出和连接】按钮，弹出【切入切出和连接】对话框。选取【Z 高度】选项卡，设置【掠过距离】为 3，【下切距离】为 3。

在【切入】选项卡中，【第一选择】为“斜向”，设置【斜向选项】中的【最大左斜角】为 3°，【沿着】选“刀具路径”，勾选【仅闭合段】，【圆圈直径（TDU）】为 0.95 倍的刀具直径，【类型】选“相对”，【高度】为 0.5。单击【切出和切入相同】按钮。

在【连接】选项卡中，修改【短】为“掠过”，其余参数默认，如图 6-28 所示。单击【应用】按钮，再单击【接受】按钮。

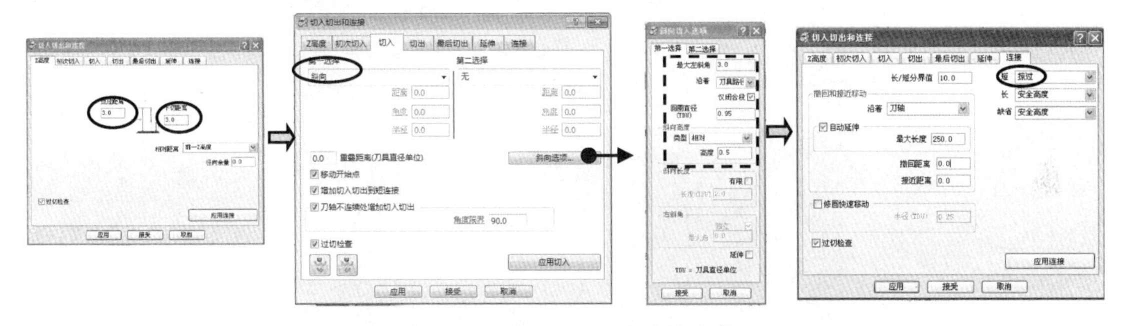

图 6-28　设切入切出和连接参数

（4）这样选择参数的目的是防止踩刀。在【偏置平坦面精加工】对话框中单击【计算】按钮，产生的刀具路径 5 如图 6-29 所示。

图 6-29　生成平位光刀刀路

3．对型腔的柱位外侧曲面进行光刀

方法：复制之前的刀具路径，据此做边界，修改参数。

（1）创建加工边界。

将刀具路径 4 复制一份改名为 6，并在目录树中拖到刀具路径 5 之后。重新设置参数，修改【刀具】为 ED4，【边界】选空白，单击【计算】生成刀路。将图形放置在俯视图下，关闭毛坯及其他刀具路径的显示。

在【资源管理器】中选择【边界】树枝并单击鼠标右键，在弹出的快捷菜单中选择【定义边界】|【用户定义】命令，在弹出的【用户定义边界】对话框中，单击【勾画】按钮。在图形上绘制如图 6-30 所示的边界 4。

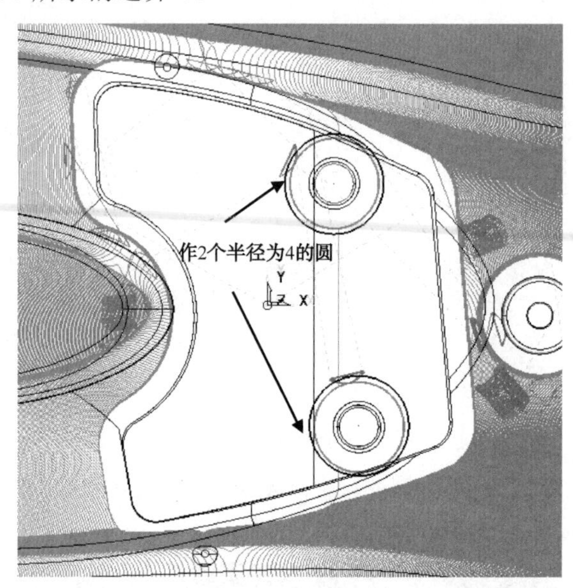

图 6-30　产生边界 4

（2）设切削参数。

重新设置刀具路径 6 的参数，【边界】选“4”，勾选【螺旋】复选框，单击【计算】生成刀路，如图 6-31 所示。

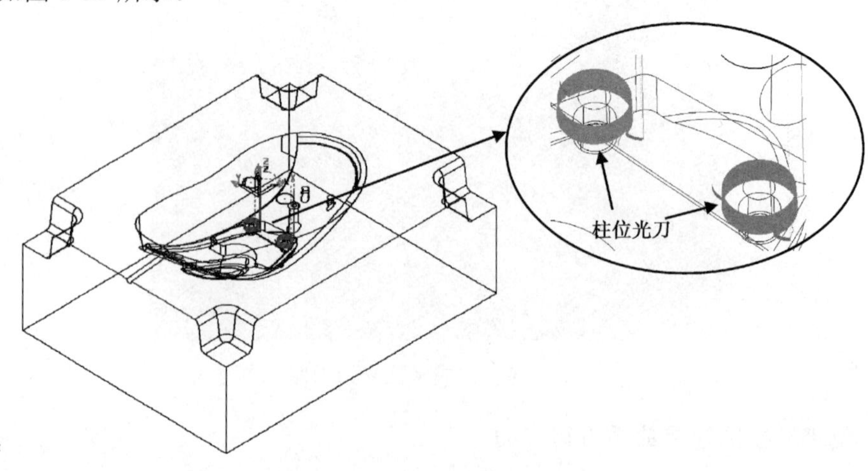

图 6-31　生成柱位光刀刀路

4．柱位顶面光刀

方法：先作参考线，然后据此做参考线精加工的刀具路径策略。

（1）创建参考线。

在目录树中，右击【参考线】，在弹出的快捷菜单中选【创建参考线】，在目录树中出现了“参考线 1”。右击它，选择【参考线编辑器】工具条，利用画图命令，绘出如图 6-32 所示的参考线。在目录树中右击 > 1，在弹出的快捷菜单中选【编辑】|【水平投影】，将其投影到水平面。

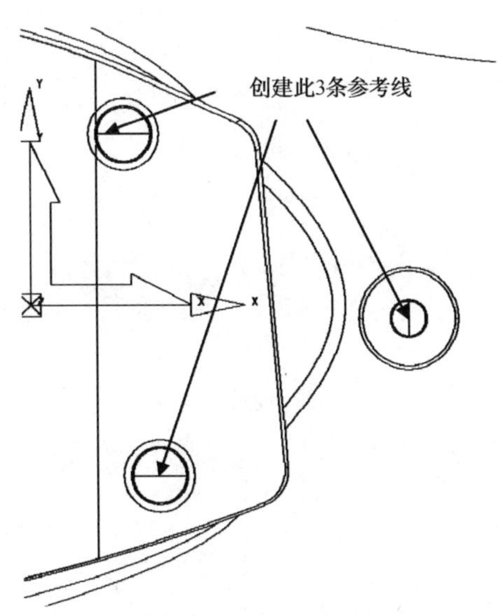

图 6-32　创建参考线

（2）设切削参数。

在综合工具栏中单击【刀具路径策略】按钮，弹出【策略选取器】对话框，选取【精加工】选项卡，然后选择【参考线精加工】选项，单击【接受】按钮。弹出【参考线精加工】对话框。【刀具】选择 ED4，【边界】为空白，【公差】为 0.01。单击【余量】按钮，设置侧面余量为 0，底部余量为 0，【参考线】选“1”，其余参数按图 6-33 所示设置。

（3）设非切削参数。

单击如图 6-33 所示的【切入切出和连接】按钮，弹出【切入切出和连接】对话框。选取【Z 高度】选项卡，设置【掠过距离】为 3，【下切距离】为 3。

在【切入】选项卡中，【第一选择】为“直”，【距离】为 3，【角度】为 0，单击【切出和切入相同】按钮。

在【连接】选项卡中，修改【短】为“掠过”，【长】为“掠过”，其余参数默认，如图 6-34 所示。单击【应用】按钮，再单击【接受】按钮。

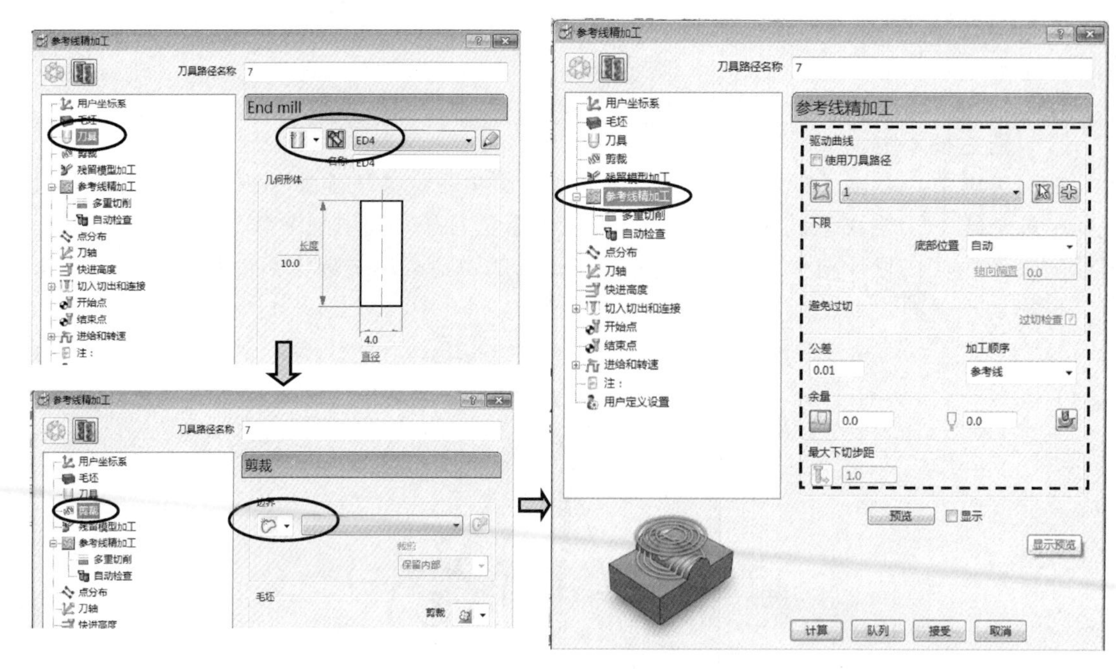

图 6-33　设切削参数

图 6-34　设切入切出和连接参数

（4）在如图 6-33 所示对话框中单击【计算】按钮，产生刀具路径 7 如图 6-35 所示。

5. 右侧柱位顶面光刀

方法：先作右柱位顶面参考线，然后复制刀具路径，改参考线做刀路。

（1）创建参考线。

在目录树中，右击【参考线】，在弹出的快捷菜单中选【创建参考线】，在目录树中出现“参考线 2”，右击它，选择【参考线编辑器】工具条，利用画图命令，绘出如图 6-36 所示的参考线。在目录树中右击 > 2，在弹出的快捷菜单中选【编辑】|【水平投影】，将其投影到水平面。

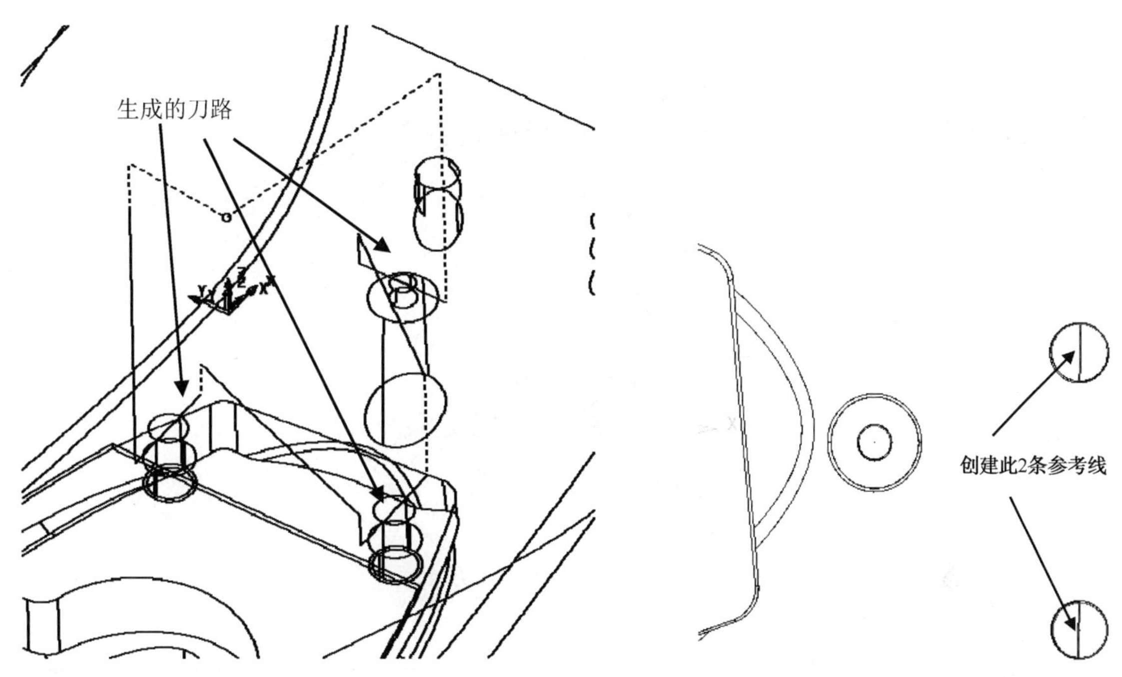

图 6-35　生成的顶光刀　　　　图 6-36　创建参考线

（2）设切削参数。

复制刀具路径 7 为 7_1，改名为 8。重新设置参数，弹出【参考线精加工】对话框，【驱动曲线】选“2”，其余参数不变，如图 6-37 所示设置。

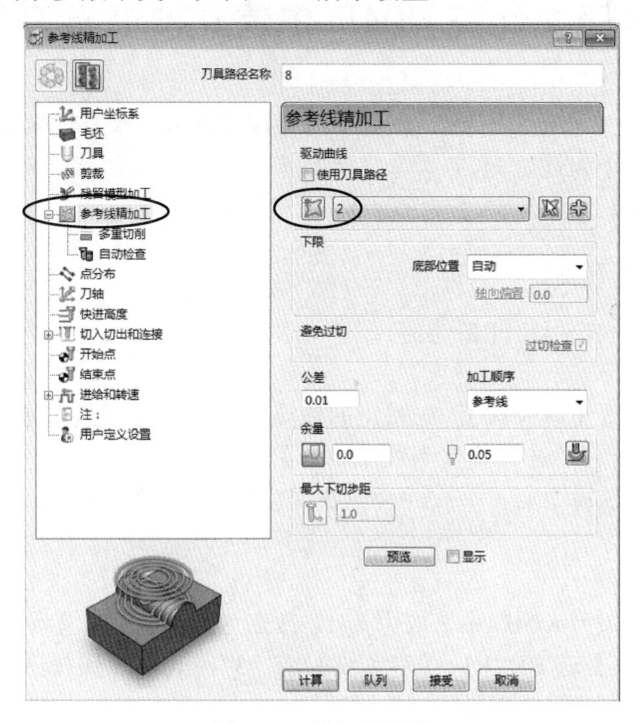

图 6-37　设切削参数

（3）在如图 6-37 所示对话框中单击【计算】按钮，产生刀路如图 6-38 所示。

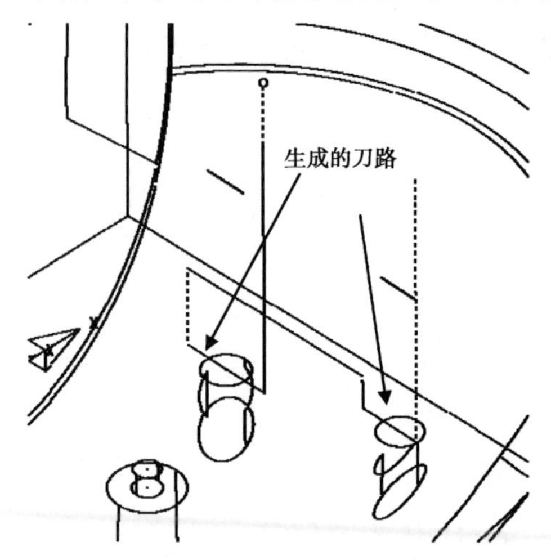

图 6-38　生成的顶光刀

以上程序组的操作视频文件为：\ch06\03-video\03-建立型面精加工刀路 K04C.exe

6.11　在程序文件夹 K04D 中建立枕位光刀刀路

主要任务：建立 3 个刀具路径，第 1 个为使用 BD2R1 球刀对半圆枕位面开粗；第 2 个对枕位中光；第 3 个为枕位光刀。

在【资源管理器】中激活文件夹 K04D，再进行以下操作。

1．对半圆枕位面开粗

方法：先作参考线，再据此做刀路。

（1）创建参考线。

在目录树中，右击【参考线】，在弹出的快捷菜单中选【创建参考线】，在目录树中出现“参考线 3”，右击它，选择【参考线编辑器】工具条，利用绘图命令，绘出如图 6-39 所示的参考线。在目录树中右击 > 3，在弹出的快捷菜单中选【编辑】|【水平投影】，将其投影到水平面。

（2）设切削参数。

将刀具路径 8 复制到 K04D 中，成为 8_1，改名为 9。重新设置参数，弹出【参考线精加工】对话框，【刀具】选 BD2R1，【参考线】选“3”，其余参数按图 6-40 所示设置。

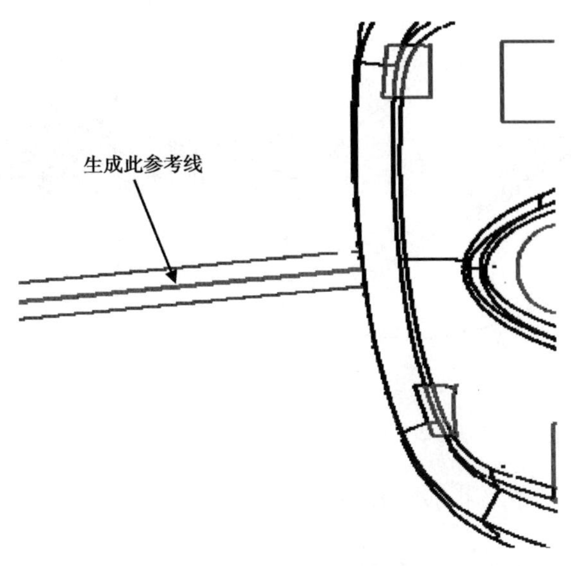

图 6-39　创建参考线

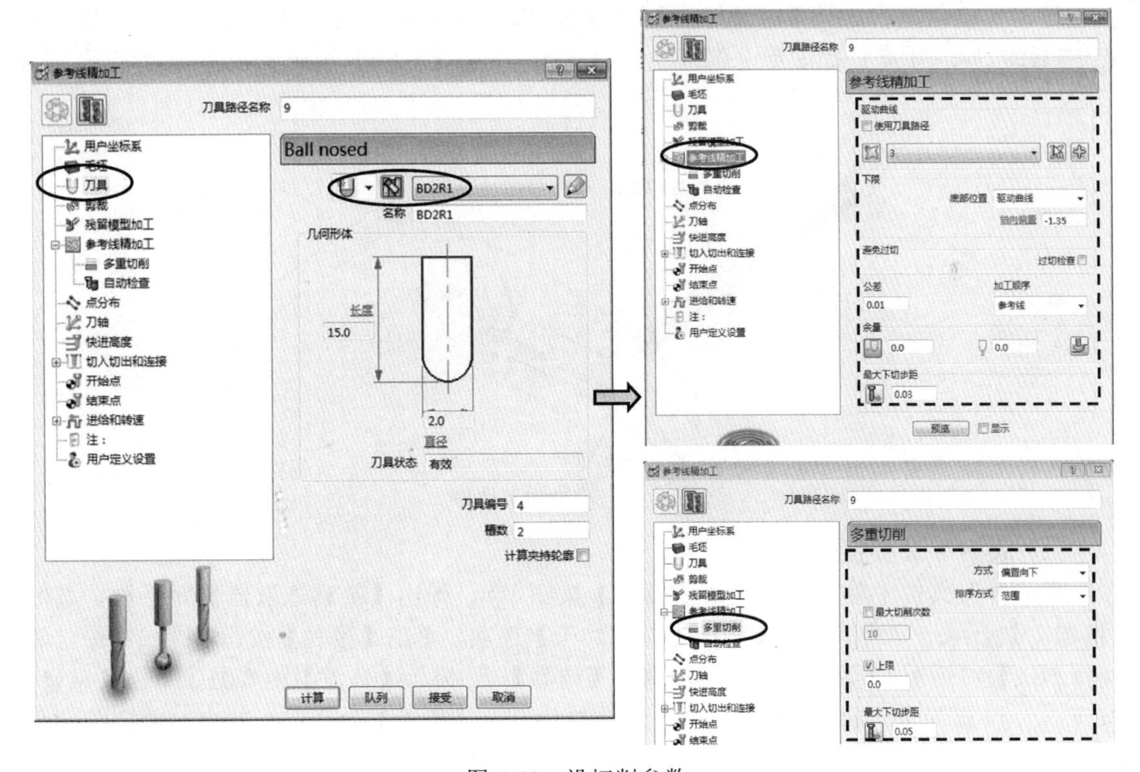

图 6-40　设切削参数

（3）单击【计算】按钮，产生刀路如图 6-41 所示。

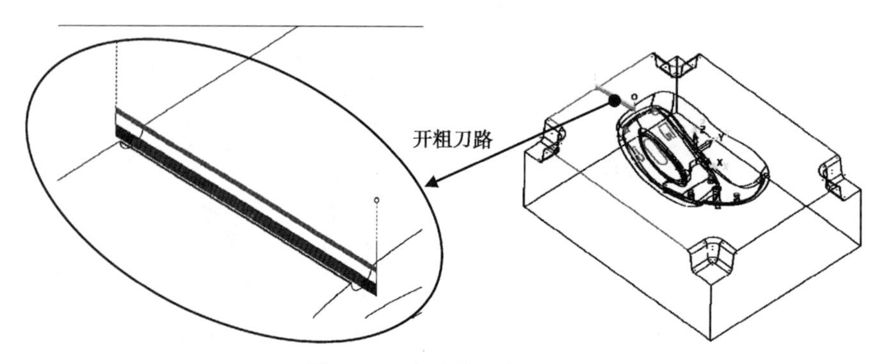

图 6-41　生成的开粗刀路

2．对枕位中光

方法：先做接触点边界，再做最佳等高精加工刀路。

（1）创建边界。

在图形中选取枕位半圆曲面。在【资源管理器】中选择【边界】树枝并单击鼠标右键，在弹出的快捷菜单中选择【定义边界】|【接触点】命令，弹出【接触点边界】对话框，单击模型按钮。于是，在图形上就产生了边界 5，单击【接受】按钮，如图 6-42 所示。

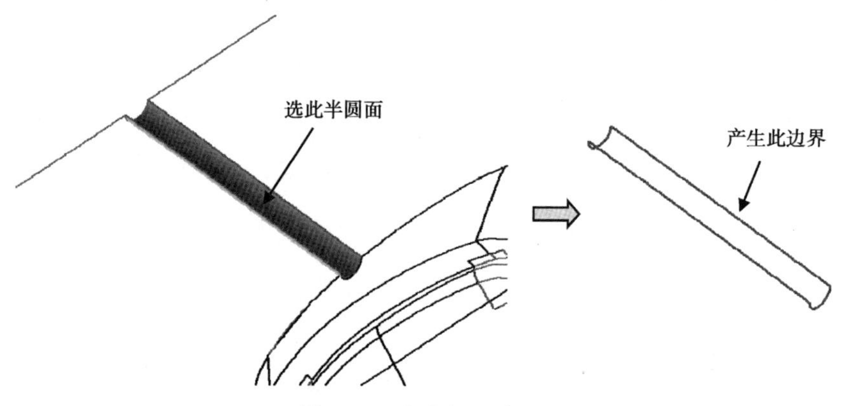

图 6-42　产生加工边界

（2）设定加工参数。

在综合工具栏中单击【刀具路径策略】按钮，弹出【策略选取器】对话框，选取【精加工】选项卡，然后选择【最佳等高精加工】选项，单击【接受】按钮，弹出【最佳等高精加工】对话框，【刀具】选择 BD2R1，【边界】为“5”，【公差】为 0.01，单击【余量】按钮，设置侧面余量为 0.2，底部余量为 0.2，【步距】为 0.03，其余参数按图 6-43 所示设置。

（3）设非切削参数，设置切入切出和连接参数。

在【最佳等高精加工】对话框中，或在综合工具栏中单击【切入切出和连接】按钮，弹出【切入切出和连接】对话框。在【切入】选项卡中，【第一选择】为“无”，单击【切出和切入相同】按钮。在【连接】选项卡中，修改【短】为“在曲面上”，其余参数默认，如图 6-44 所示。单击【应用】按钮，再单击【接受】按钮。

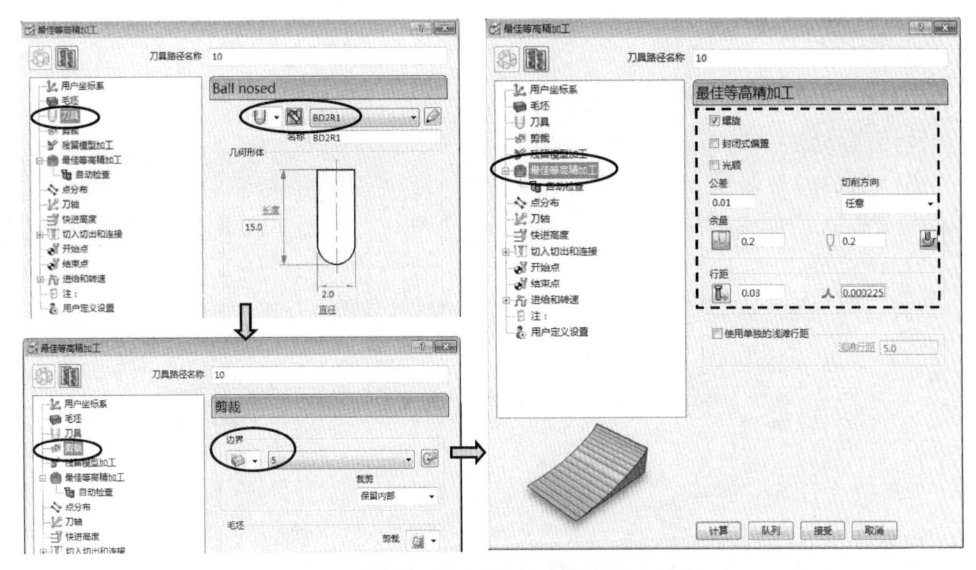

图 6-43 设定最佳等高精加工参数

图 6-44 设切入切出和连接参数

（4）在【最佳等高精加工】对话框中单击【计算】按钮，产生的刀具路径 10 如图 6-45 所示。

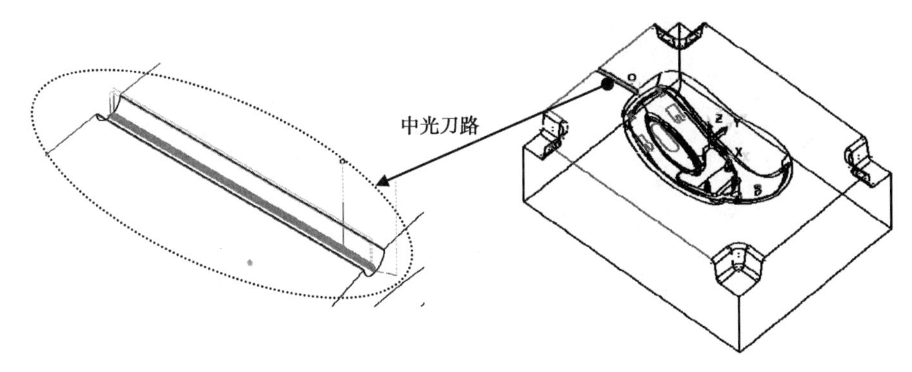

图 6-45 生成枕位中光刀

3．枕位面光刀

方法：复制刀具路径，修改参数。

（1）设切削参数。

复制刚产生的刀具路径 10 为 10_1，改名为 11。重新设置参数，弹出【最佳等高精加工】对话框，设置侧面余量为 0，底部余量为 0，其余参数不变，按图 6-46 所示设置。

图 6-46　设切削参数

（2）单击【计算】按钮，产生刀路如图 6-47 所示。

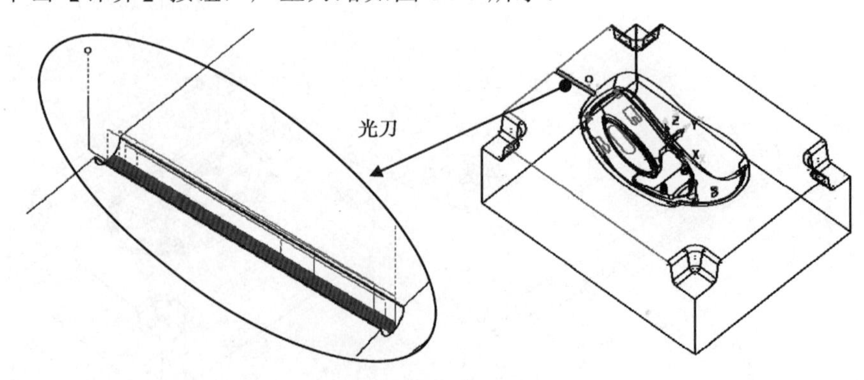

图 6-47　生成枕位光刀

以上程序组的操作视频文件为: \ch06\03-video\04-建立枕位光刀刀路 K04D.EXE

6.12 对加工路径策略设定转速和进给速度

主要任务：集中设定各个刀具路径的转速和进给速度。

（1）设定 K04A 文件夹的刀具路径的转速为 2500 转/分，进给速度为 2000 毫米/分。

在【资源管理器】目录树中，展开文件夹 K04A 中的刀具路径，激活刀具路径 1。单击综合工具栏中的【进给和转速】按钮，弹出【进给和转速】对话框，按图 6-48 所示设置参数，单击【应用】按钮，不要退出该对话框。

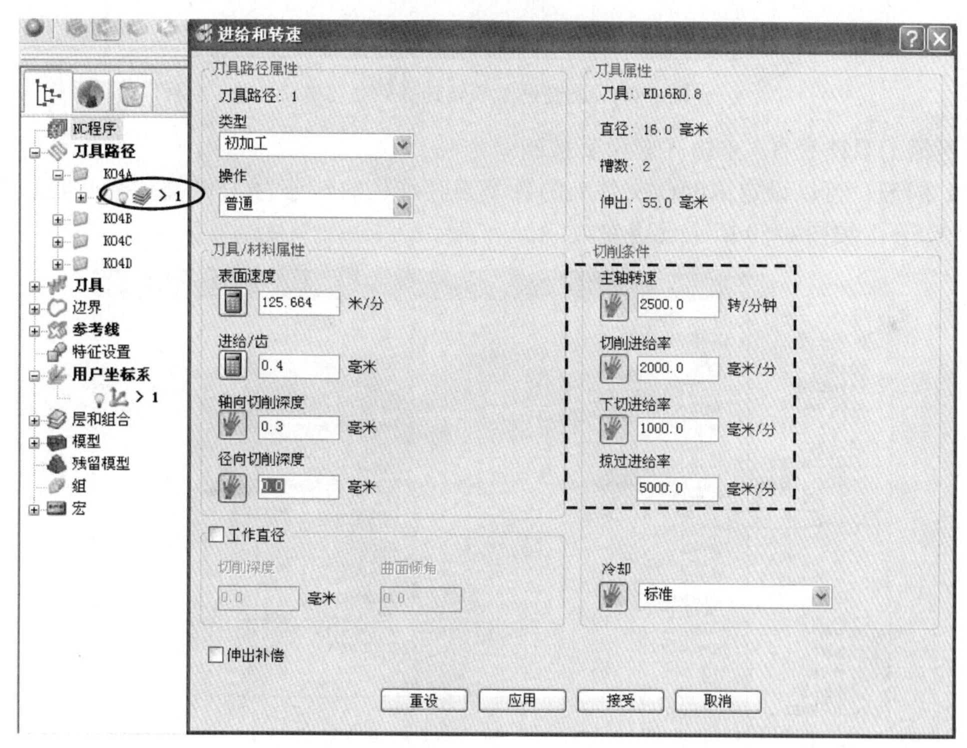

图 6-48 设置进给和转速参数（一）

（2）设定 K04B 文件夹的各个刀具路径的转速为 2500 转/分，进给速度为 1200 毫米/分。

在【资源管理器】目录树中，展开文件夹 K04B 中的刀路，先激活刀具路径 2。在【进给和转速】对话框，按图 6-49 所示设置参数，单击【应用】按钮。

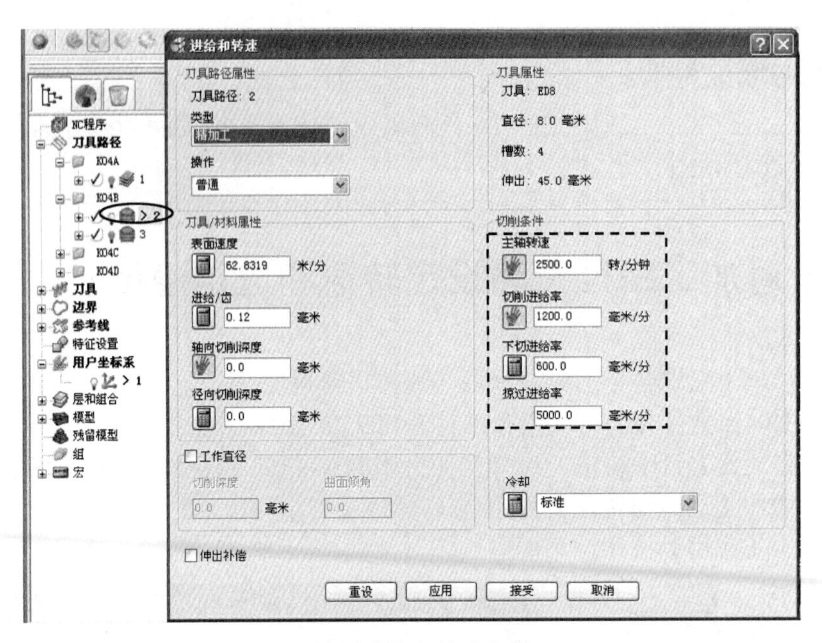

图 6-49　设置进给和转速参数（二）

再激活刀具路径 3，单击【应用】按钮。

（3）同理，可以设定 K04C 文件夹的各个刀具路径的转速为 3500 转/分，进给速度为 1200 毫米/分，按图 6-50 所示设置参数。

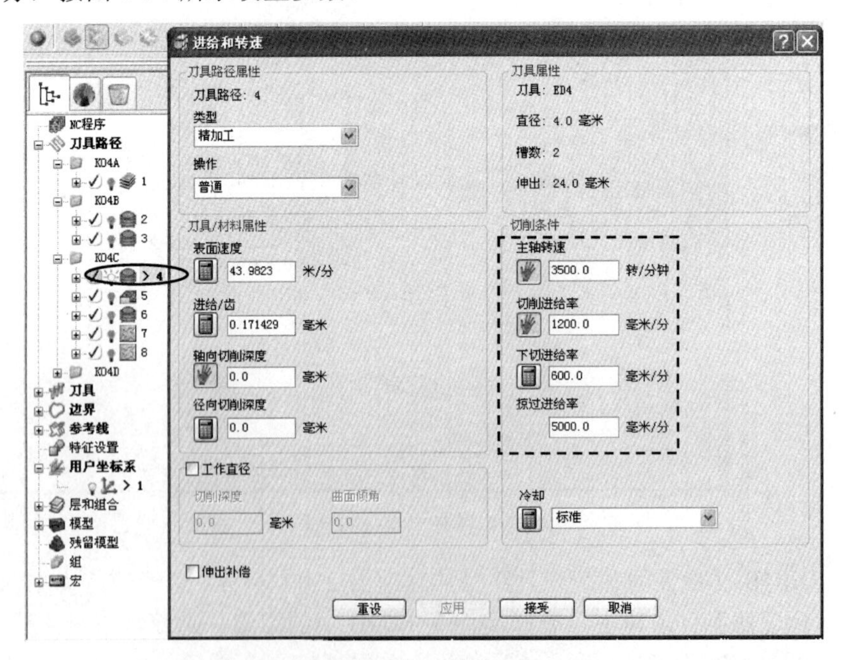

图 6-50　设置进给和转速参数（三）

（4）同理，可以设定 K04D 文件夹的各个刀具路径的转速为 4500 转/分，进给速度为 1000 毫米/分。按图 6-51 所示设置参数。

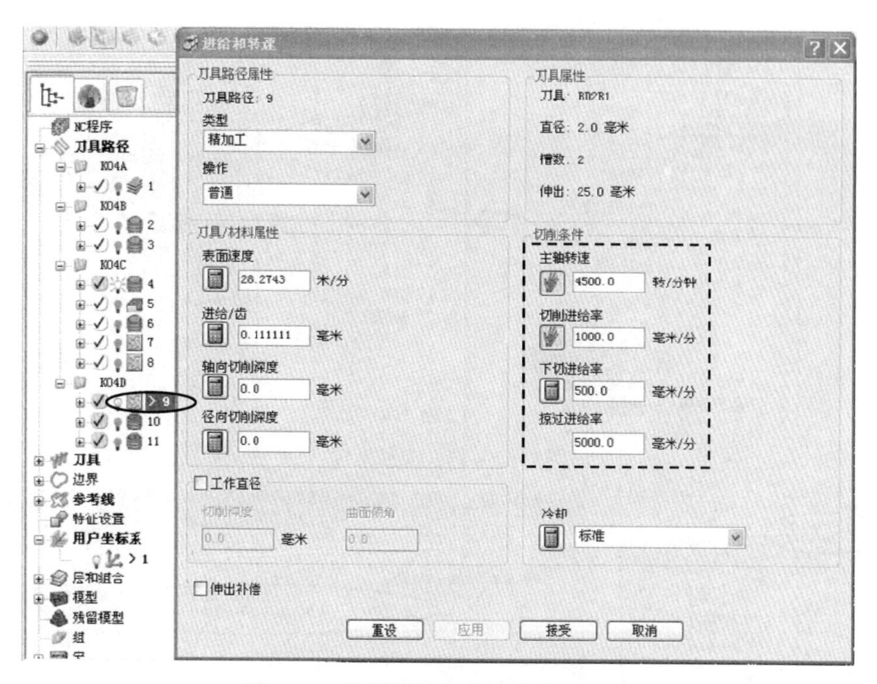

图 6-51 设置进给和转速参数（四）

6.13 后处理

1. 复制刀具路径

先将【刀具路径】中的文件夹，通过【复制为 NC 程序】命令复制到【NC 程序】树枝中。

在屏幕左侧的【资源管理器】中，选择【刀具路径】中的 K04A 文件夹，单击鼠标右键，在弹出的快捷菜单中选择【复制为 NC 程序】，这时会发现在【NC 程序】树枝中出现了 NC程序 K04A 文件夹。同理，可以将其他文件夹复制到【NC 程序】中，如图 6-52 所示。

2. 复制后处理器

把配套的后处理器文件\ch14\02-finish\ pmbook-14-1-ok.opt 复制到 C:\dcam\config 目录。

3. 编辑已选后处理参数

在屏幕左侧的【资源管理器】中，选择【NC 程序】树枝，单击鼠标右键，在弹出的快捷菜单中选择【编辑全部】命令，系统弹出【编辑全部 NC 程序】对话框，选择【输出】选项卡，其中的【输出文件】中要删去隐含的空格。【机床选项文件】可以单击浏览按钮选择之前提供的 pmbook-14-1-ok.opt 后处理器，【输出用户坐标系】为“1”，单击【应用】按钮，再单击【接受】按钮，如图 6-53 所示。

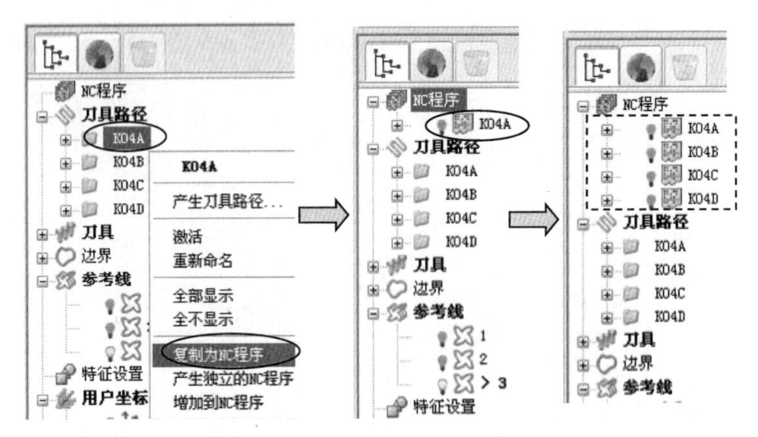

图 6-52　产生新文件夹

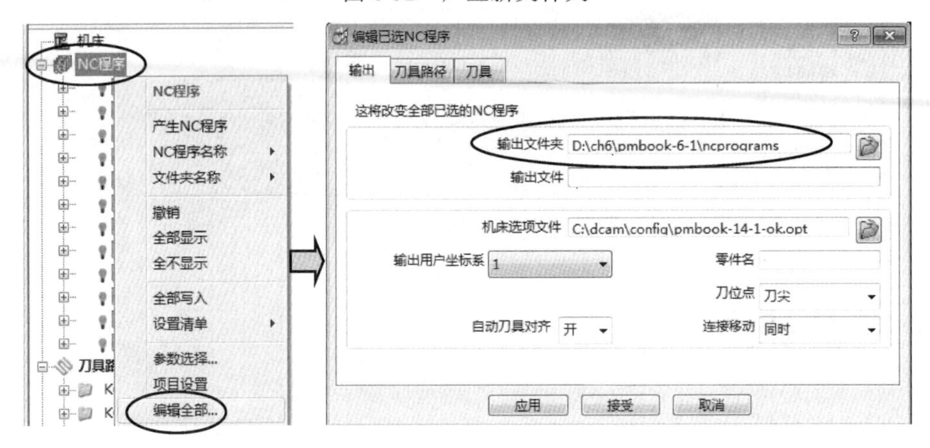

图 6-53　设定后处理参数

4. 输出写入 NC 文件

在屏幕左侧的【资源管理器】中，选择【NC 程序】树枝，单击鼠标右键，在弹出的快捷菜单中选择【全部写入】命令，系统会自动把各个文件夹，按照以其文件夹的名称作为 NC 文件名，输出到用户图形所在目录的子目录中，如图 6-54 所示。

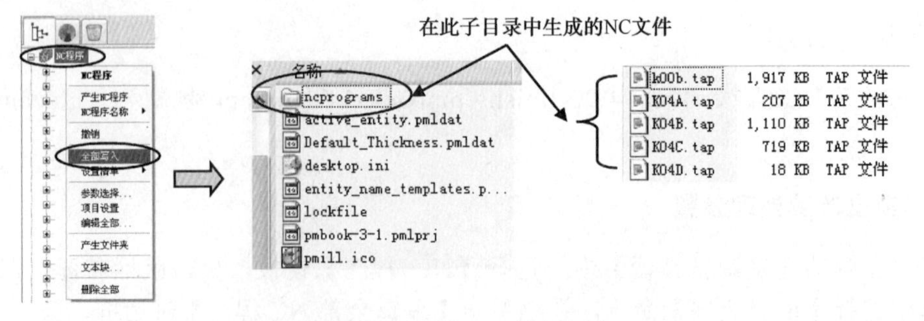

图 6-54　生成 NC 数控程序

6.14 程序检查

1. 干涉及碰撞检查

在屏幕左侧的【资源管理器】中，展开【刀具路径】树枝中各个文件夹中的刀具路径。先选择刀具路径 1，单击鼠标右键，在弹出的快捷菜单中选择【激活】命令，将其激活。再在综合工具栏选择【刀具路径检查】按钮，弹出【刀具路径检查】对话框。

在【检查】选项中先选择“碰撞”，其余参数默认，单击【应用】按钮。本例刀路正常，这时目录树中的刀具路径 1 前的符号显示为，如图 6-55 所示，单击信息框中的【确定】按钮。

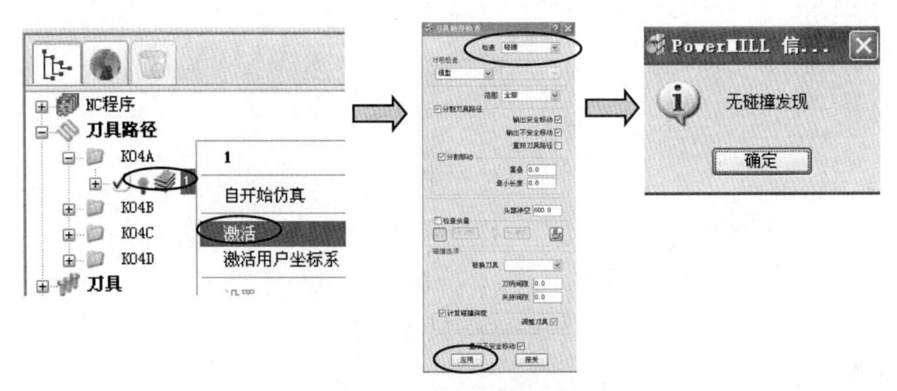

图 6-55 NC 数控程序的碰撞检查

在上述【刀具路径检查】对话框中的【检查】选项中选择“过切”，其余参数默认，单击【应用】按钮。本例刀路正常，则显示 没发现过切 信息框，这时目录树中的刀具路径 1 前的符号显示为，如图 6-56 所示，单击信息框中的【确定】按钮。

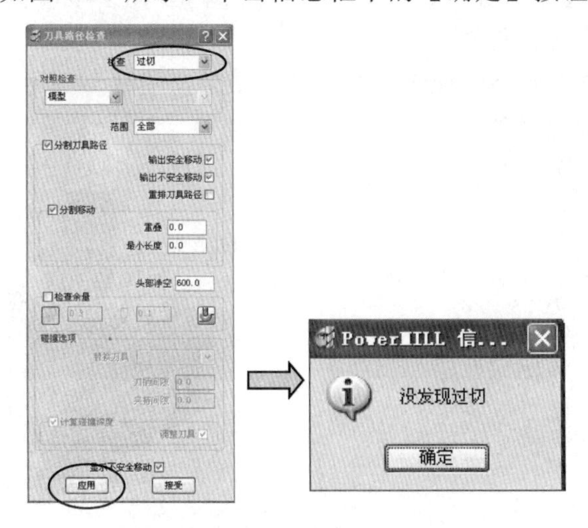

图 6-56 NC 数控程序的过切检查

同理，可以对其他的刀具路径分别进行碰撞检查及过切检查。

最后，单击【刀具路径检查】对话框中的【接受】按钮。

2．实体模拟检查

该功能可以直观地观察刀具加工的真实情况。

（1）首先，要在界面中把实体模拟检查功能显示在综合工具栏中，在下拉菜单中选择并执行命令【查看】|【工具栏】|【ViewMill】。同样的方法，可以把【仿真】工具栏也显示出来，如果已经显示，这一步则不用做。

（2）检查毛坯设置，该毛坯已经包括所有面。

（3）启动仿真功能。

在【资源管理器】中，展开【NC 程序】各文件夹，先选择文件夹 K04A，单击鼠标右键，在弹出的快捷菜单中选择【自开始仿真】命令，如图 6-57 所示。

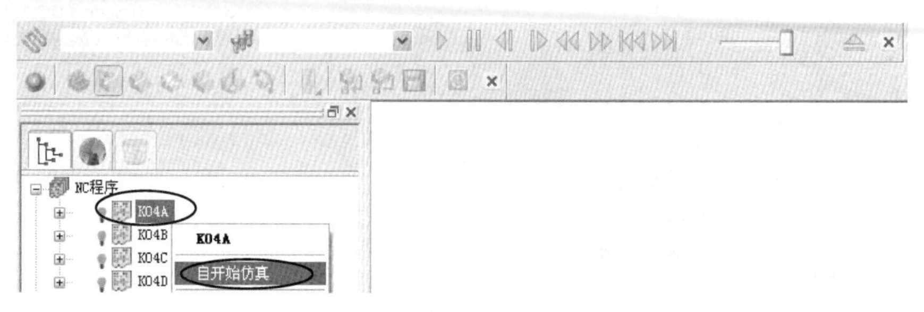

图 6-57　启动仿真

（4）开始仿真。

单击如图 6-57 所示中的【开/关 ViewMill】按钮，使其处于开的状态，这时工具条就变成可选状态。选择【光泽阴影图像】按钮，再单击【运行】按钮，K03A 程序完成仿真后的结果如图 6-58 所示。

（5）在【ViewMill】工具条中 K04B，单击下三角符号，选择 NC 程序 K04B，再单击【运行】按钮进行仿真。

（6）同理，可以对其他 NC 程序进行仿真，结果如图 6-59 所示。

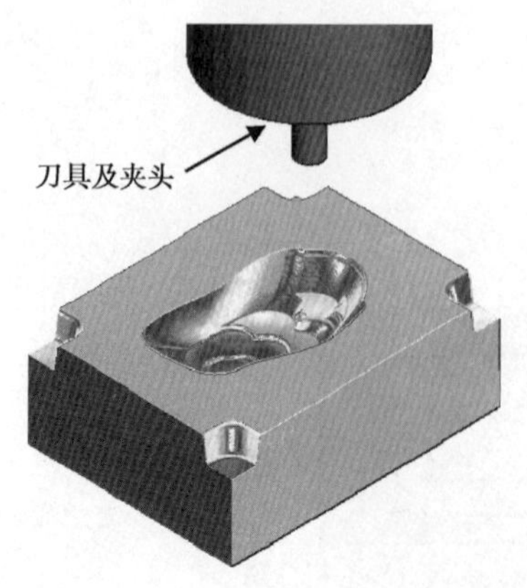

图 6-58　开粗刀路的仿真结果

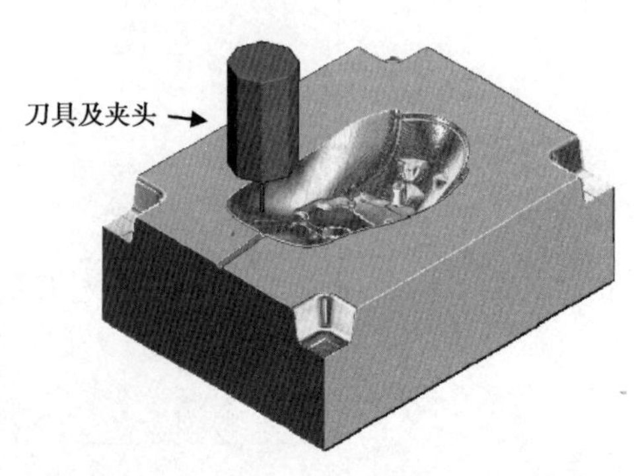

图 6-59　全部前模刀路的仿真结果

6.15 填写加工工作单

CNC 加工工作单如表 6-1 所示。

表 6-1 加工工作单

CNC 加工程序单							
型号		模具名称	鼠标面壳	工件名称	前模		
编程员		编程日期		操作员		加工日期	

	对刀方式：	四边分中
		对顶 z=0
	图形名	pmbook-6-1
	材料号	钢（S136H）
	大小	170×130×61

程序名	余量	刀具	装刀最短长	加工内容	加工时间
K04A .tap	0.3	ED16R0.8	25	开粗	
K04B .tap	0.2	ED8	25	清角中刀	
K04C .tap	0	ED4	24	柱光刀	
K04D .tap	0	BD2R1	5	枕位光刀	

6.16 本章总结和思考练习

6.16.1 本章总结

本章主要讲解了前模加工的要点，内容如下。

（1）前模的基本概念。

（2）前模各部位数控编程的特点和步骤。

（3）灵活利用边界线和参考线，使刀路优化。

（4）前模开粗后，要充分重视清角，然后才可以中光。如果没有清角直接进行中光，极易在角落处造成弹刀而过切。前模型腔一旦过切，必须降低返工加工，甚至会换料，损

失很大，所以要慎重对待。

在模具工厂中，前模制造在整个制模工作中非常重要。熟练掌握前模编程是从事本行业的重要工作。通过对本例的学习，希望能对类似图形的加工有相应的解决方法。

6.16.2 思考练习与答案

以下是针对本章实例在实际加工时可能会出现的问题，希望初学者能认真体会，想出合理的解决方案。

（1）本例前模大身铜公是本书的 pmbook-3-1，如果用该大身铜公加工前模型腔胶位时，发现有些部位因为腐蚀放电而没有加工到位，请分析可能是何原因？作为编程员该如何应对？

（2）数控程序 K04C 所用的刀具 ED4，如何确定最短的装刀长度？

（3）数控程序 K04B 所用的 ED8 平底刀，假如在加工中磨损严重，而操作员责任心不强，未及时更换，模具加工完，可能会出现什么样的后果？

练习答案：

（1）答：模具工厂中火花机 EDM 加工，一定程度来说是对 CNC 工作的检验。如果 CNC 加工中出现错误，很多情况下可以通过 EDM 加工暴露出来。本题出现的情况是模具工厂中经常会出现的现象。多数情况下，相关制模组长，会把相关的编程员叫到火花机旁，看现场，商量对策。

作为编程员到了现场后，要仔细观察前模及铜公。看前模中已经变色的部位，及未变色即 EDM 未加工到的部位，必要时仔细测量，判断前模有无过切，铜公有无过切，EDM 操作有无错误。利用发散思维，把各种可能情况都想出来，然后利用掌握的事实，采取排除法，把最不可能的情况排除掉，剩下可能的情况，再进一步分析。一般作为 CNC 编程员要重点检查自己以下的工作是否做对。

① 如果怀疑前模过切，先初步判断是哪个刀的程序可能出错。调出前模编程图形，查各程序刀路余量是否设定合适，其他参数是否合理。

② 如果怀疑前模铜公过切，也先初步判断是哪个刀的程序可能出错。调出前模铜公编程图形，查各程序刀路余量是否设定合适，其他参数是否合理。

③ 如果程序没有错，看 CNC 操作过程中是否错误，如果加工过快，刀具摆动过大，刀具磨损而不及时更换等原因都有可能导致错误。

④ 要将以上调查结果客观地向上级及相关人员通报。协助领导做出进一步处理的决定。

从以上叙述可见，及时保留编程资料，及时存盘，遵守工厂的 ISO 质量体系认证的规定，保留各种工艺文件，使所做的工作具有可追溯性，对编程员很重要，尤其是新入行的人员，到了一个新的工作岗位，一旦出错，很多人都会怀疑是新人的错，这时候，如果再拿不出证据来，有可能就会被冤枉，甚至会被开除，希望该例题对初学者有所启发。

（2）答：利用 PowerMILL 提供的过切、碰撞检查功能，可以准确计算刀具的最短装刀长度。做法：① 开始定义 ED4 刀具时，可以给较小的刀具伸长数，如图 6-60 所示。

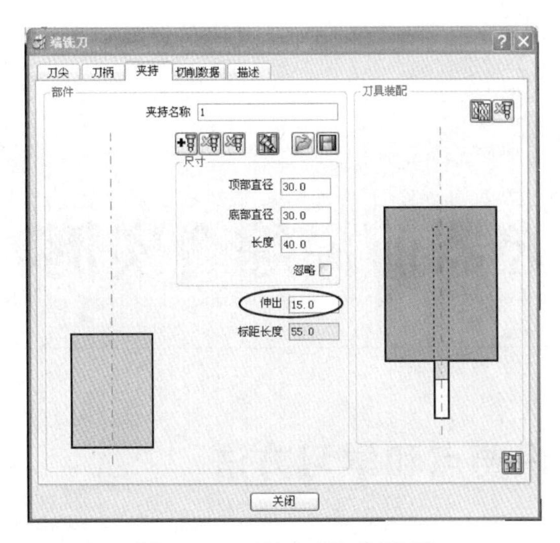

图 6-60　开始定义刀柄数据

② 将刀具路径 5 变为无效，再重新计算。

③ 最后，将刀具路径 5 激活，进行碰撞检查，单击【刀具检查】按钮，按图 6-61 所示设参数，单击【应用】按钮，出现错误信息，系统计算出最小装刀长。

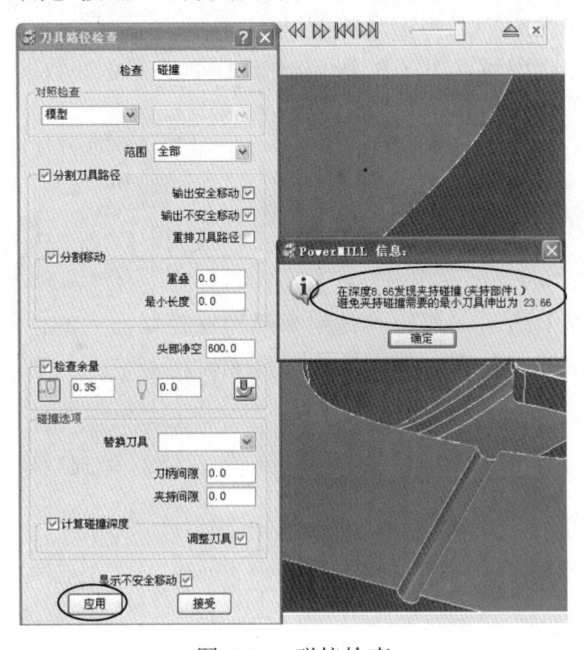

图 6-61　碰撞检查

（3）答：刀具在加工中，刀尖的磨损最快，刀尖磨损后变形，有可能使实际的切削半径变大。另外，如果进给速度不变，每刃切削量还是很大，会导致挤压工件，局部极有可能过切前模。将来可能在 EDM 时和前模铜公接不上，可能导致降 PL 返工。所以制模各工种都要有强烈的责任心，才能保证任务顺利完成。

第 7 章

遥控器前模综合实例特训

7.1　本章知识要点和学习方法

本章主要以遥控器面盖前模为例，进一步巩固学习前模编程的基本方法和注意事项。

在本章，希望读者掌握以下重点知识。

（1）边界在前模编程中的独特作用和各类边界的做法。

（2）前模编程中应注意的事项。

（3）前模各部位加工的特点和实现方案。

希望读者结合前几章内容，加深对 PowerMILL 加工策略参数的理解，反复训练，熟练掌握，灵活运用。

7.2　模件说明

模具说明：如图 7-1 所示，该模具是用来啤塑遥控器面壳的，前模主要用来成型产品的外观面，不允许下顶针，外观面表面要求为高光。

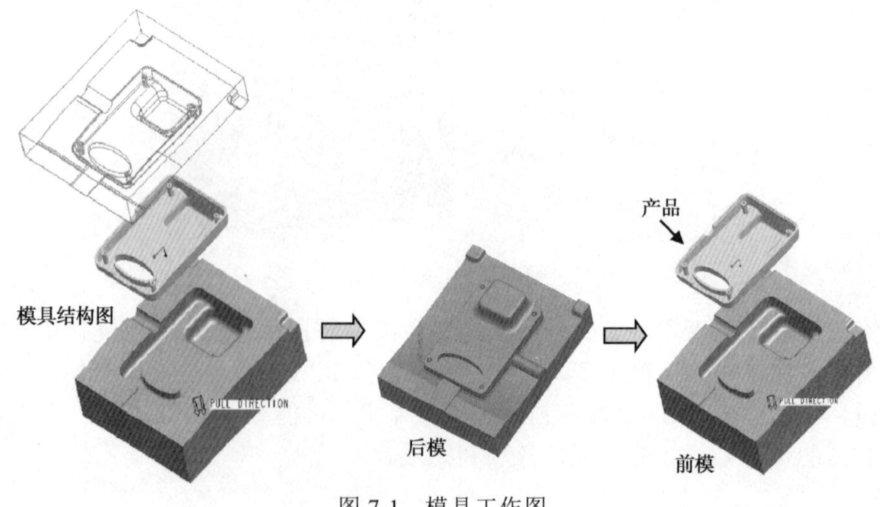

图 7-1　模具工作图

如图 7-2 所示，为该前模的工程图。

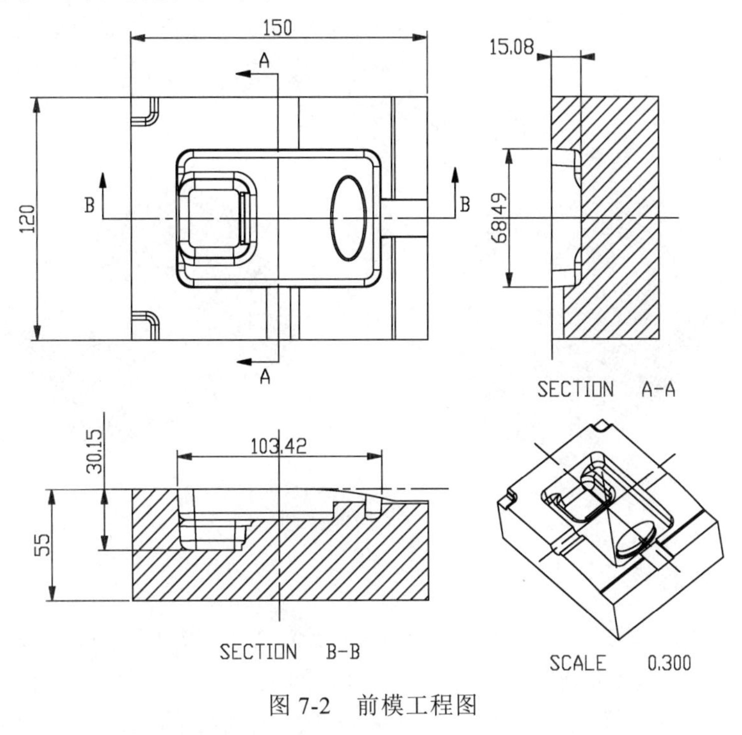

图 7-2　前模工程图

7.3　输入图形和整理图形并确定加工坐标系

文件路径：\ch07\01-example\pmbook-7-1.igs，建议把该文件复制到工作目录。

文件路径：\ch07\02-finish\pmbook-7-1\

1．输入图形

首先进入 PowerMILL 软件，输入配套素材文件 pmbook-7-1.igs。操作方法：在下拉菜单中选择【文件】|【输入模型】命令，在【文件类型】选择IGES (*.ig*)，再选择 pmbook-7-1.igs，即可以输入图形文件。

2．整理图形

使图形中的全部面的方向朝向一致。操作方法：框选全部面，单击鼠标右键，在弹出

的快捷菜单中选择【定向已选曲面】命令，使其全部面朝向一致。再次选取全部面，单击鼠标右键，在弹出的快捷菜单中选择【反向已选】命令，使其全部面朝向外部，如图 7-3 所示。

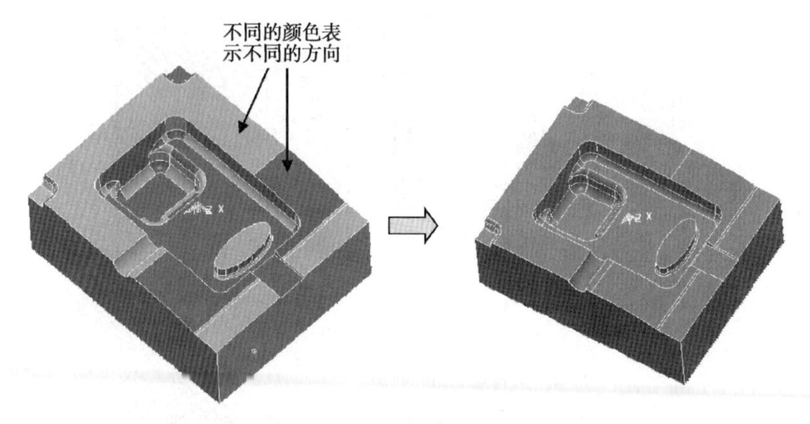

图 7-3　调整曲面方向一致

3．确定加工坐标系

对于前模，坐标系要求定在外形四边分中为 X0、Y0，PL 面为 Z0 且 Z 轴朝上的位置。经分析，该图形虽然为四边分中，而且零点在 PL 面上，但 Z 方向需要调整。调整方法是，在目录树中，右击【模型】树枝下的【pmbook-7-1】，在弹出的快捷菜单中选【编辑】|【变换位置】，在弹出的【变换模型】对话框，先输入【角度】为 180.0，再单击 X 轴按钮，如图 7-4 所示。

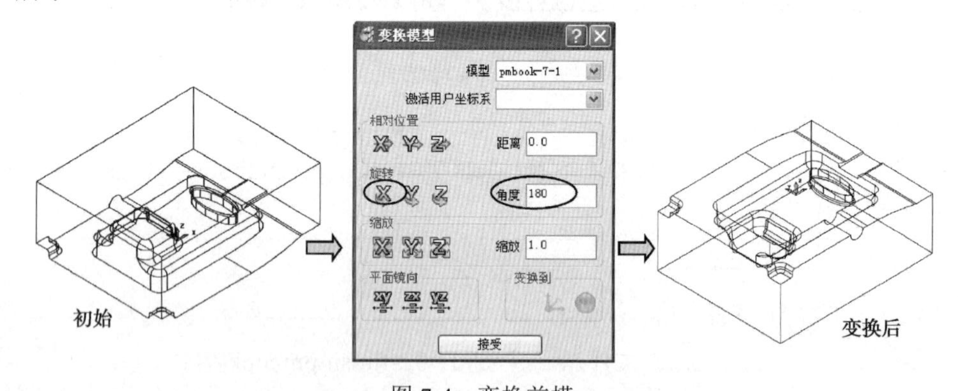

图 7-4　变换前模

用鼠标右键单击屏幕左侧【资源管理器】中的【用户坐标系】，在弹出的快捷菜单中选择【产生用户坐标系】命令，注意查看工具栏出现的坐标系栏，设【名称】为“1”，其余参数不变，最后单击【接受改变】按钮，如图 7-5 所示。

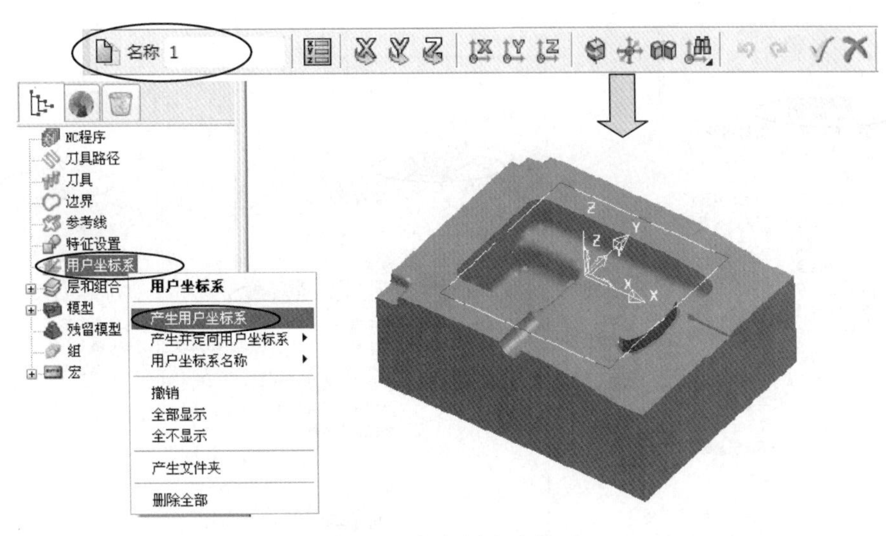

图 7-5 定义用户坐标系

7.4 数控加工工艺分析及刀路规划

（1）开料尺寸：150×120×55。

（2）材料：钢 S136H，预硬至 HB290-330。

（3）加工要求：胶位部分开粗留 0.15-0.35 的余量留给 EDM，PL 面光刀，枕位面光刀，碰穿位留 0.05。

（4）加工工步。

① 程序文件夹 K05A，型腔粗加工，也叫开粗。用 ED16R0.8 飞刀，余量为 0.3。

② 程序文件夹 K05B，对前模的 PL 平位面光刀。用 ED16R0.8 飞刀，侧余量为 0.3，底部为 0。

③ 程序文件夹 K05C，二次开粗。用 ED8 平底刀，余量为 0.4。

④ 程序文件夹 K05D，三次开粗。用 ED4 平底刀加工，侧余量为 0.4，底部余量为 0.2。

⑤ 程序文件夹 K05E，型腔中光。用 ED8 平底刀，余量侧面为 0.25，底部为 0.2。

⑥ 程序文件夹 K05F，PL 分型面光刀。用 BD8R4 平底刀，余量 0。

⑦ 程序文件夹 K05G，模锁面及枕位光刀。用 ED4 平底刀，余量 0。

7.5 建立刀具路径文件夹

主要任务：建立 7 个空的刀具路径文件夹（也叫刀路程序文件夹）。

用鼠标右键单击屏幕左侧【资源管理器】中的【刀具路径】，在弹出的快捷菜单中选择【产生文件夹】命令，并修改文件夹名称为“K05A”，如图 7-6 所示。

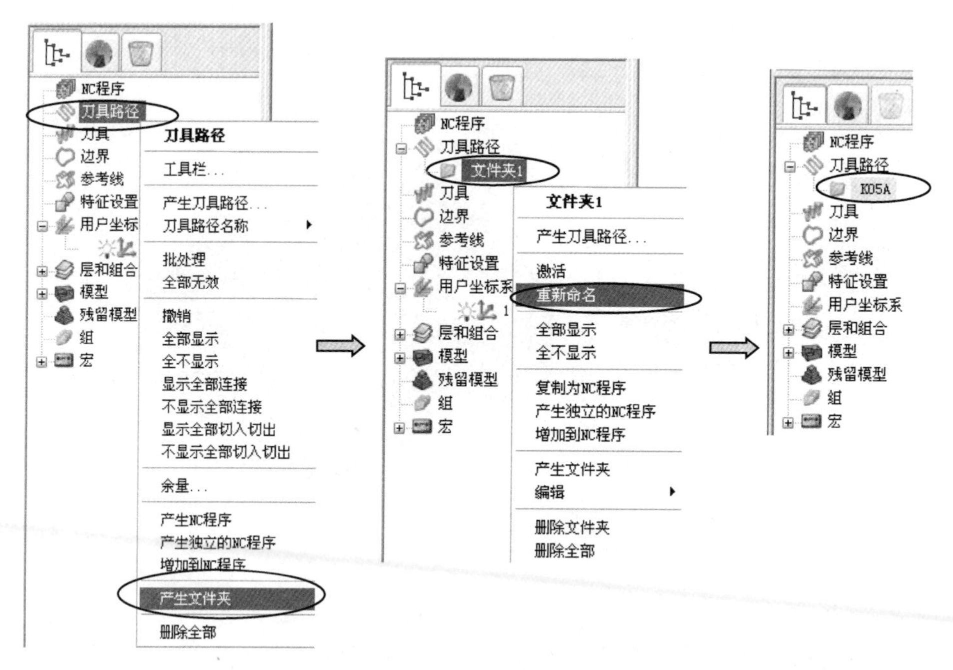

图 7-6　建立程序文件夹

用同样的方法，生成其他程序文件夹：K05B、K05C、K05D、K05E、K05F 和 K05G，如图 7-7 所示。

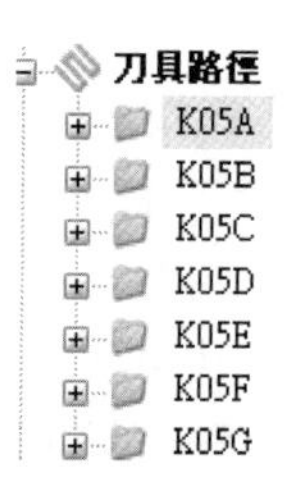

图 7-7　建立其他程序文件夹

7.6　建立刀具

主要任务：建立加工刀具 ED16R0.8、ED8、ED4 及 BD8R4。

本节以建立 ED8 刀具为例，进行说明。

用鼠标右键单击屏幕左侧【资源管理器】中的【刀具】，在弹出的快捷菜单中选择【产生刀具】命令，再在弹出的快捷菜单中选择【端铣刀】命令，系统弹出【端铣刀】对话框，在【刀尖】选项卡中设定参数，【名称】为“ED8”，【长度】为 32，【直径】为 8，【刀具编号】为“2”，【槽数】为 4，如图 7-8 所示。

单击【刀柄】选项卡，在其中单击【增加刀柄部件按钮】，设定参数。【顶部直径】为 8，【底部直径】为 8，【长度】为 68，如图 7-9 所示。

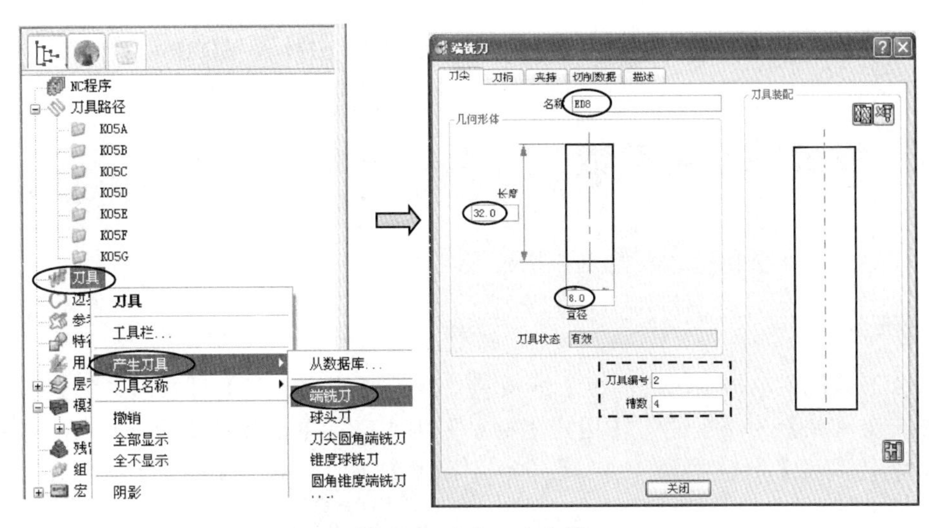

图 7-8　建立刀尖参数

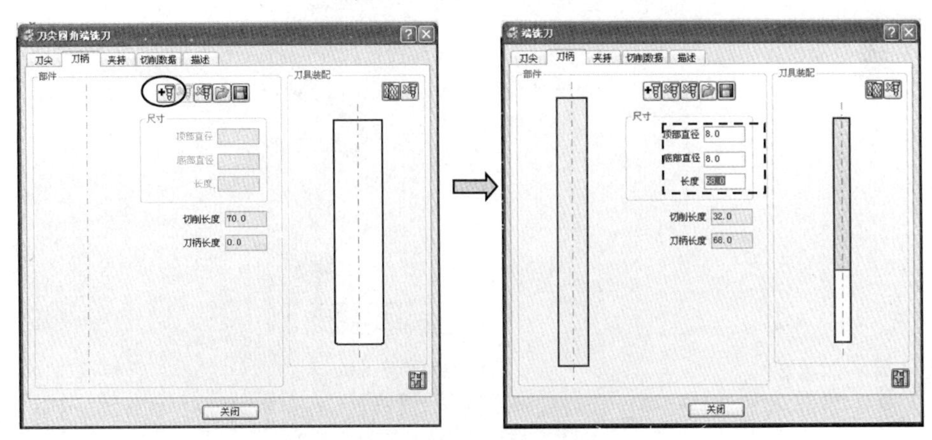

图 7-9　建立刀柄参数

单击【夹持】选项卡，在其中单击【增加夹持部件】按钮，设定【顶部直径】为70，【底部直径】为70，【长度】为80，【伸出】为32，如图 7-10 所示。

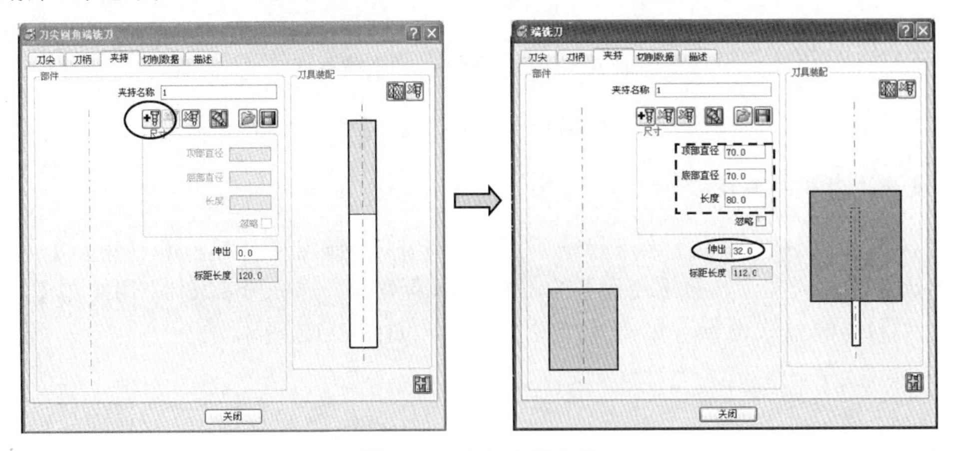

图 7-10　建立夹持参数

单击【关闭】按钮，用同样的方法建立 ED16R0.8、ED4 及 BD8R4。

7.7 设公共安全参数

主要任务：设安全高度、开始点和结束点。

1. 设安全高度

在综合工具栏中单击【快进高度】按钮，弹出【快进高度】对话框。在【绝对安全】中设置【安全区域】为“平面”，【用户坐标系】为“1”，单击【按安全高度重设】按钮，此时【安全 Z 高度】数值变为 10.0，【开始 Z 高度】为 5，单击【接受】按钮，如图 7-11 所示。

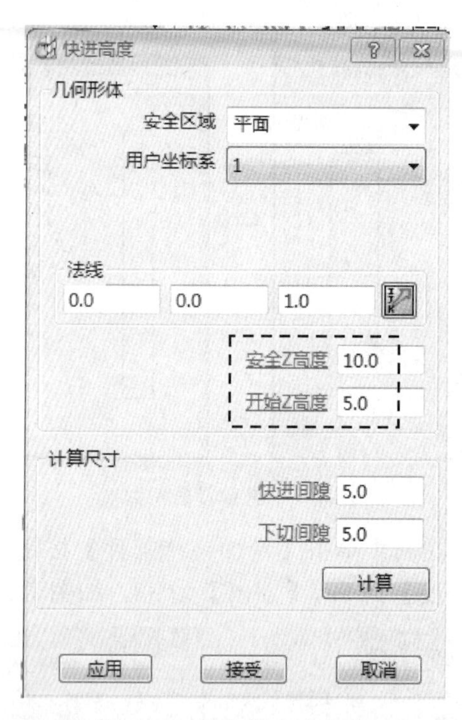

图 7-11　设快进高度参数

2. 设开始点和结束点

在综合工具栏中单击【开始点和结束点】按钮，弹出【开始点和结束点】对话框。在【开始点】选项卡中，设置【使用】的下拉菜单为“第一点安全高度”。切换到【结束点】选项卡，用同样的方法设置，单击【接受】按钮，如图 7-12 所示。

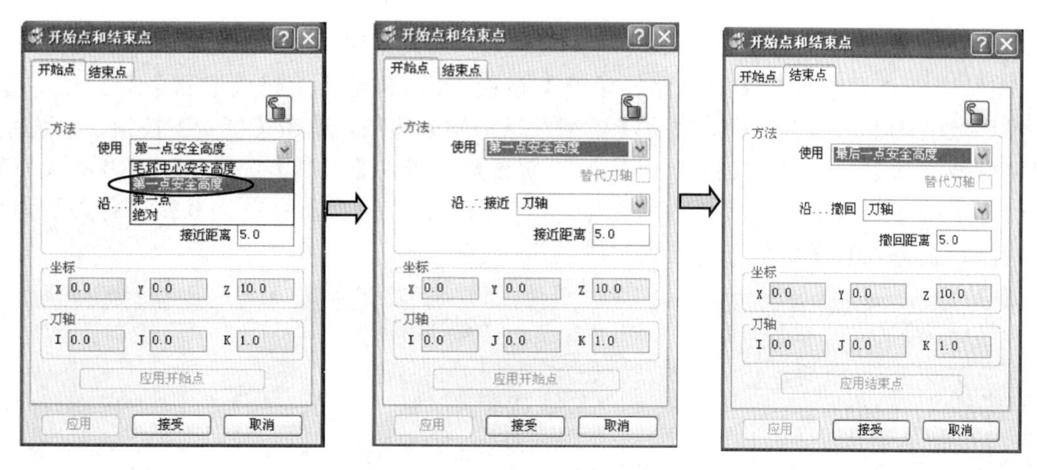

图 7-12　设开始点和结束点

7.8　在程序文件夹 K05A 中建立开粗刀路

主要任务：建立 1 个刀具路径，使用 ED16R0.8 飞刀对型腔开粗。

首先将 K05A 程序文件夹激活，再做以下操作。

（1）设定毛坯。

在综合工具栏中单击【毛坯】按钮，弹出【毛坯】对话框，在【由…定义】下拉列表框中选择“方框”选项，单击【计算】按钮，再单击【接受】按钮，如图 7-13 所示。单击屏幕右侧的【毛坯】按钮，关闭其显示。

图 7-13　设毛坯参数

（2）设刀路切削参数，创建“模型区域清除”刀路策略。

在综合工具栏中单击【刀具路径策略】按钮，弹出【策略选取器】对话框，选取【三维区域清除】选项卡，然后选择【模型区域清除】选项，单击【接受】按钮，系统弹出【模型区域清除】对话框，按图7-14所示设置参数，其中【刀具】选择ED16R0.8，【公差】为0.1，单击【余量】按钮，设置侧面余量为0.3，底部余量为0.2，【行距】为9，【下切步距】为0.3，【切削方向】为“顺铣”。

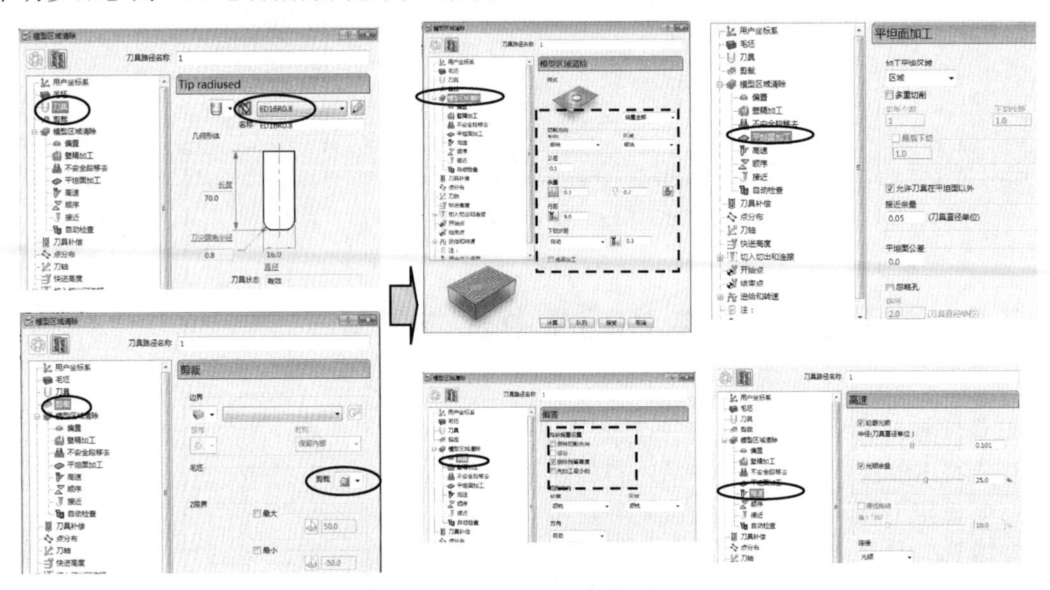

图7-14　设切削参数

（3）设非切削参数，先设置切入切出和连接参数。

该工件结构特点是中间凹面，要设斜线下刀，保证下刀时不踩刀。

在综合工具栏中单击【切入切出和连接】按钮，弹出【切入切出和连接】对话框。选取【Z高度】选项卡，设置【掠过距离】为3，【下切距离】为3。

在【切入】选项卡中，【第一选择】为“斜向”，设置【斜向选项】中的【最大左斜角】为3°，【沿着】选“螺旋”，【圆圈直径（TDU）】为0.95倍的刀具直径，【类型】选“相对”，【高度】为0.5。

在【连接】选项卡中，修改【短】为“掠过”。【长】为“安全高度”，其余参数默认，如图7-15所示。单击【应用】按钮，再单击【接受】按钮，在【模型区域清除】对话框中单击【取消】按钮，单击【应用】按钮。

（4）参数设置完后，在【模型区域清除】对话框中单击【计算】按钮，产生的刀具路径如图7-16所示。

以上程序组的操作视频文件为：\ch07\03-video\01-建立开粗刀路K05A.exe

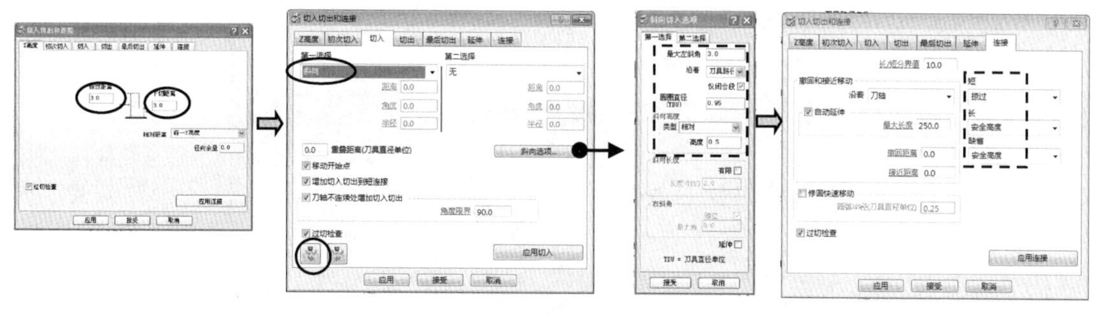
图 7-15　设切入切出和连接参数

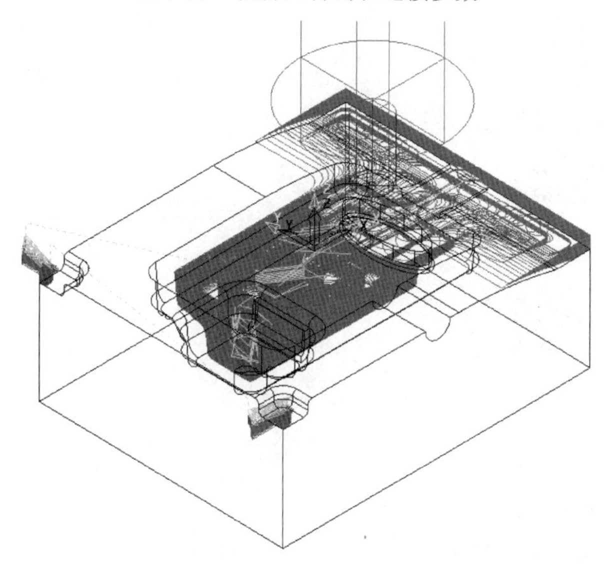
图 7-16　前模开粗刀路

7.9　在程序文件夹 K05B 中建立 PL 平位光刀

主要任务：建立 1 个刀具路径，使用 ED16R0.8 平底刀对前模 PL 平位进行光刀。

首先，将 K05B 程序文件夹激活，再进行以下操作。

方法：将前一刀路复制，修改参数加工。然后复制为 3 个刀具路径，分别修改参数，对不同部位的平位面进行加工。

（1）复制刀具路径。

在【资源管理器】中右击 K05A 中的刀具路径 1，在弹出的快捷菜单中选择【编辑】|【复制刀具路径】命令，将其复制到 K05B 中，并改名为 2。

（2）设定加工参数。

激活刀具路径 2，并设置参数。系统弹出【模型区域清除】对话框，修改【侧余量】为 0.4，【底余量】为 0，【平坦面加工】为“区域”，其余按图 7-17 所示设置参数，【切入】和【切出】设定为“无”。

图 7-17　设定等高精加工参数

（3）生成刀具路径。

单击【计算】按钮，产生的刀具路径 2 如图 7-18 所示。在目录树中，右击刀具路径 2，将其复制一份产生 2_1，再将 2_1 复制一份为 2_1_1。

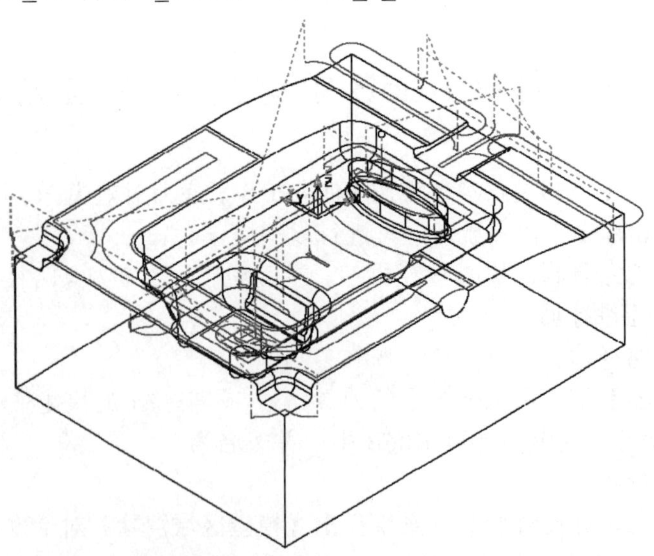

图 7-18　生成平位光刀

（4）编辑刀具路径 2。

关闭零件及毛坯，确保激活刀具路径 2，右击它，在弹出的快捷菜单中选【编辑】|【重排】命令。在刀具路径的图形上选择最高 PL 平位刀路、碰穿面、胶位平面等刀路，再在【刀具路径列表】中单击【删除已选】按钮，将其删除，关闭参数表，如图 7-19 所示。

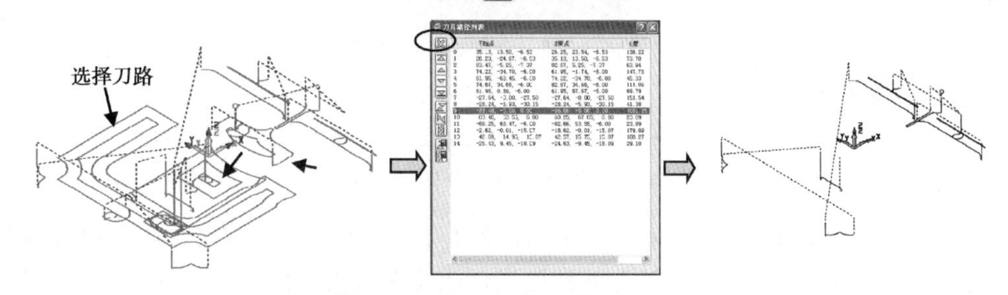

图 7-19 选择刀路并删除（一）

（5）编辑刀具路径 2_1。

激活刀具路径 2_1，右击它，在弹出的快捷菜单中选【编辑】|【重排】命令。在刀具路径的图形上选择除了碰穿面外的其余刀路，再在【刀具路径列表】中单击【删除已选】按钮，将其删除，如图 7-20 所示。

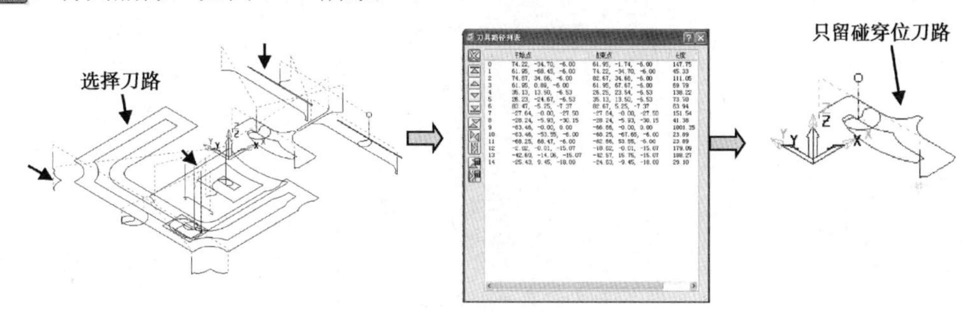

图 7-20 选择刀路并删除（二）

在【资源管理器】中，右击刚产生的刀路 2_1，在弹出的快捷菜单中选择【编辑】|【变换...】命令，系统在屏幕上方的主工具栏显示出【变换刀具路径】工具栏，单击【移动刀具路径】按钮，在屏幕底部的【打开位置表格】按钮，系统弹出【位置】对话框。注意选取【当前平面】为“ZX”，输入【Z】栏的坐标为“0.05”，单击【应用】按钮，再单击【接受】按钮，如图 7-21 所示。在屏幕上方的工具栏里单击【接受】按钮，目的是留出 Fit 飞模（装配）余量。删除原来的刀路 2_1，修改新生成的刀路名称为 2_1。

图 7-21 向上平移刀路（一）

（6）编辑刀具路径 2_1_1。

激活刀具路径 2_1_1，右击它，在弹出的快捷菜单中选【编辑】|【重排】命令。在刀具路径的图形上选择除了胶位面外的其余刀路，再在【刀具路径列表】中单击【删除已选】按

钮，将其删除，如图 7-22 所示。

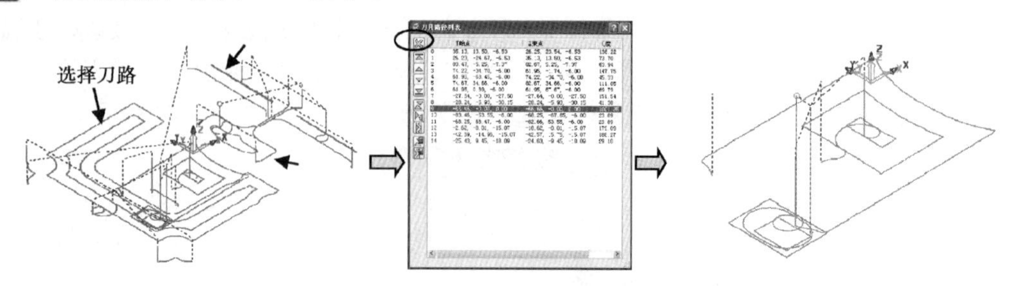

图 7-22　选择刀路并删除（三）

在【资源管理器】中，右击刚产生的刀路 2_1_1，在弹出的快捷菜单中选择【编辑】|【变换…】命令，系统在屏幕上方的主工具栏显示出【变换刀具路径】工具栏，单击【移动刀具路径】按钮，在屏幕底部的【打开位置表格】按钮，系统弹出【位置】对话框。注意选取【当前平面】为“ZX”，输入【Z】栏的坐标为“0.15”，单击【应用】按钮，再单击【接受】按钮，如图 7-23 所示。在屏幕上方的工具栏里单击【接受】按钮，目的是留出足够多的电火花加工余量。

图 7-23　向上平移刀路（二）

以上程序组的操作视频文件为：\ch07\03-video\02-建立 PL 平位光刀 K05B.exe

7.10　在程序文件夹 K05C 中建立二次开粗刀路

主要任务：建立 1 个刀具路径，二次开粗清角，用 ED8 平底刀。

首先，在【资源管理器】中激活文件夹 K05C，再进行以下操作。

方法：先做残留边界，再用等高精加工进行加工。

（1）创建加工边界。

在【资源管理器】中选择【边界】树枝并单击鼠标右键，在弹出的快捷菜单中选择【定义边界】|【残留】命令，在弹出的【残留边界】对话框中，如图 7-24 所示设置参数，生成边界。

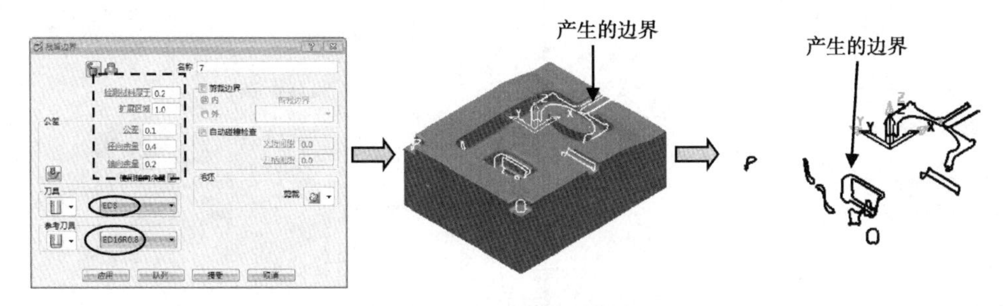

图 7-24　产生加工边界

（2）设切削参数，创建等高精加工刀路策略。

在综合工具栏中单击【刀具路径策略】按钮，弹出【策略选取器】对话框，选取【精加工】选项卡，然后选择【等高精加工】选项，单击【接受】按钮，系统弹出【等高精加工】对话框，按图 7-25 所示设置参数。【刀具】选择 ED8，【边界】选“1”，【公差】为 0.1，【余量】为 0.4，【最小步距】为 0.15，【方向】为“任意”。

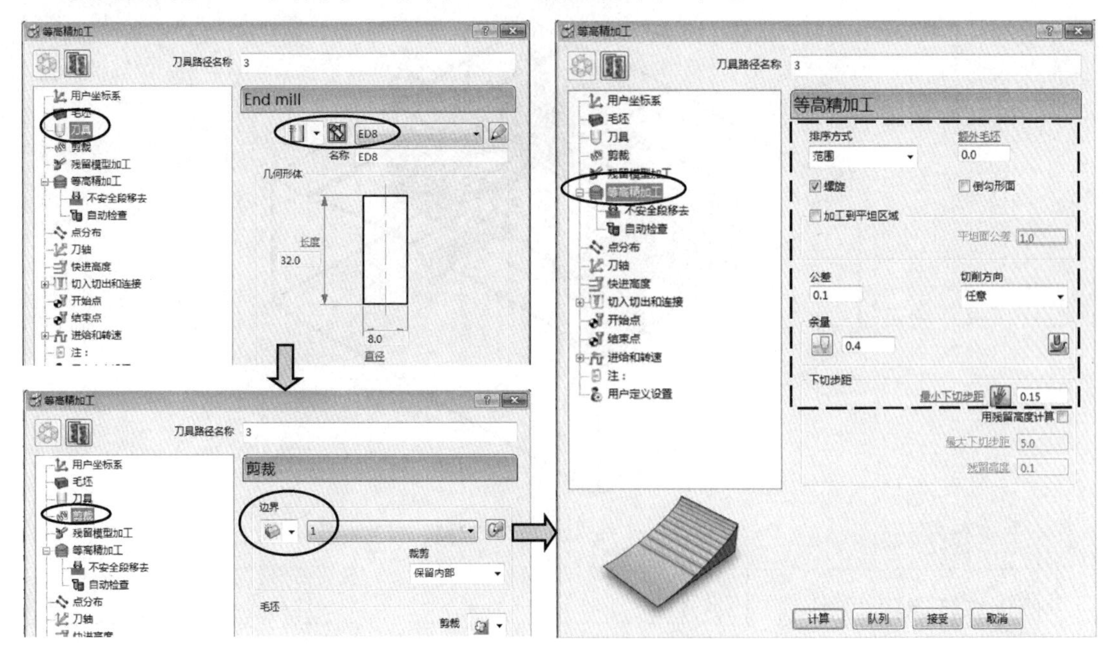

图 7-25　设定等高精加工参数

（3）设非切削参数。

要保证下刀时不踩刀。在综合工具栏中单击【切入切出和连接】按钮，弹出【切入

切出和连接】对话框。在【切入】选项卡中，【第一选择】为“水平圆弧”，设置【角度】为 45，【半径】为 2，单击【切出和切入相同】按钮。在【连接】选项卡中，修改【短】为“在曲面上”，其余参数如图 7-26 所示，单击【应用】按钮，再单击【接受】按钮。

图 7-26　设置切入切出和连接参数

（4）生成刀路。

在【等高精加工】对话框单击【计算】按钮，观察生成的刀路，无误后就单击【取消】按钮，产生的刀具路径如图 7-27 所示。

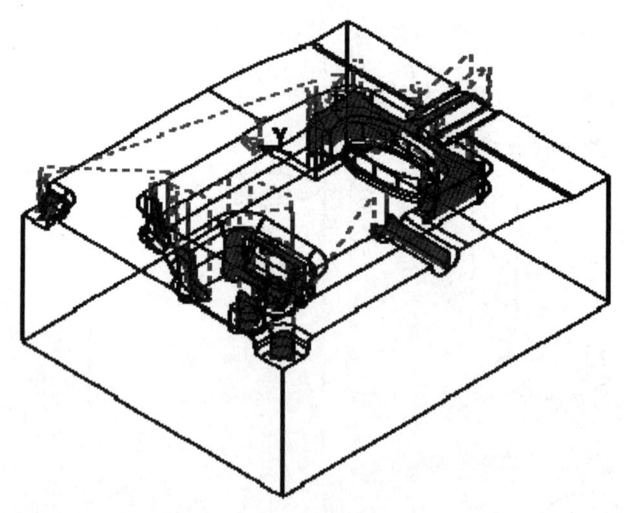

图 7-27　生成清角二次开粗

以上程序组的操作视频文件为：\ch07\03-video\03-建立二次开粗刀路 K05C.exe

7.11 在程序文件夹 K05D 中建立三次开粗刀路

主要任务：建立 1 个刀具路径，三次开粗清角。用 ED4 平底刀，目的是减少电火花加工时间，提高效率。

在【资源管理器】中激活文件夹 K05D，再进行以下操作。

方法：先做残留边界，再用等高精加工进行加工。

（1）创建加工边界。

在【资源管理器】中选择【边界】树枝并单击鼠标右键，在弹出的快捷菜单中选择【定义边界】|【残留】命令，在弹出的【残留边界】对话框中，如图 7-28 所示设置参数，单击【应用】按钮生成边界。

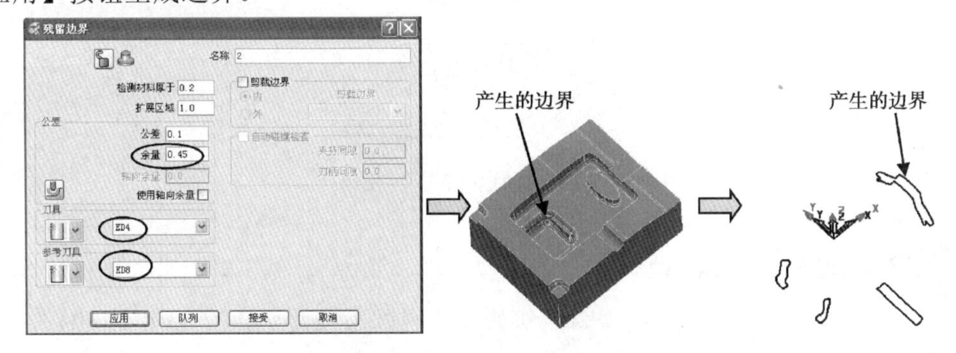

图 7-28 产生加工边界

（2）设切削参数，创建等高精加工刀路策略。

复制刀路 3 到文件夹 K05D 中为 3_1，改名为 4，激活它并设置参数，系统弹出【等高精加工】对话框，单击，编辑参数，按图 7-29 所示设置。【刀具】选择 ED4，【公差】为 0.1，单击【余量】为 0.45，【边界】选“2”，【最小步距】为 0.1，其余不变。

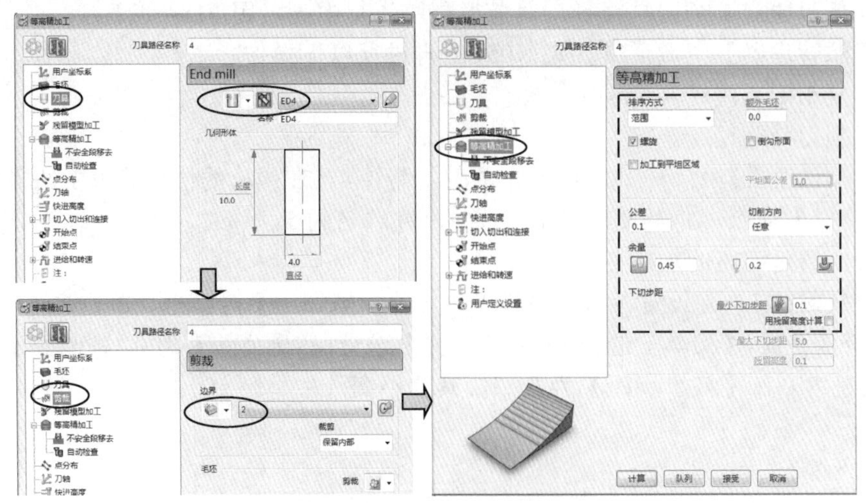

图 7-29 设定等高精加工参数

（3）生成刀路。

在【等高精加工】对话框中，单击【计算】按钮，观察生成的刀路，无误后单击【取消】按钮，产生的刀具路径如图 7-30 所示。

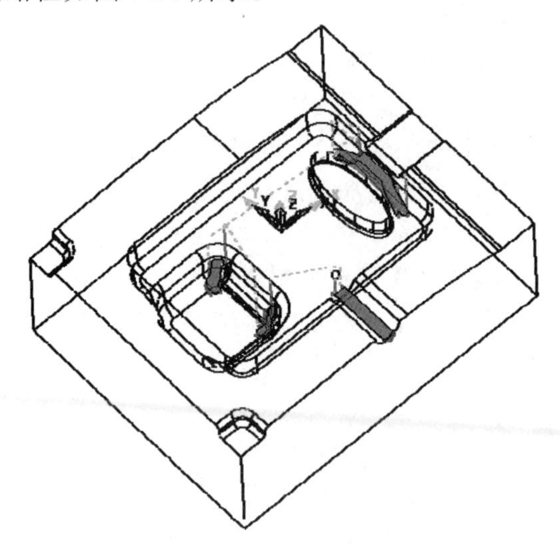

图 7-30　生成清角三次开粗

以上程序组的操作视频文件为：\ch07\03-video\04-建立三次开粗刀路 K05D.exe

7.12　在程序文件夹 K05E 中建立型腔中光刀路

主要任务：建立 1 个刀具路径，对前模型腔进行中光，用 ED8 平底刀。

在【资源管理器】中激活文件夹 K05E，再进行以下操作。

方法：复制刀具路径 4，再改参数。

（1）复制刀具路径。

在【资源管理器】中，右击 K05D 中的刀具路径 4，在弹出的快捷菜单中选择【编辑】|【复制刀具路径】命令，将其复制到 K05E 中，并改名为 5。

（2）设定清角刀路的加工参数。

激活刀具路径 5，并设置参数，系统弹出【等高精加工】对话框，单击，编辑参数，按图 7-31 所示设置。【刀具】选择 ED8，【边界】选空白，【公差】为 0.1，侧面【余量】为 0.25，底余量为 0.2，【最小步距】为 0.12，其余不变。

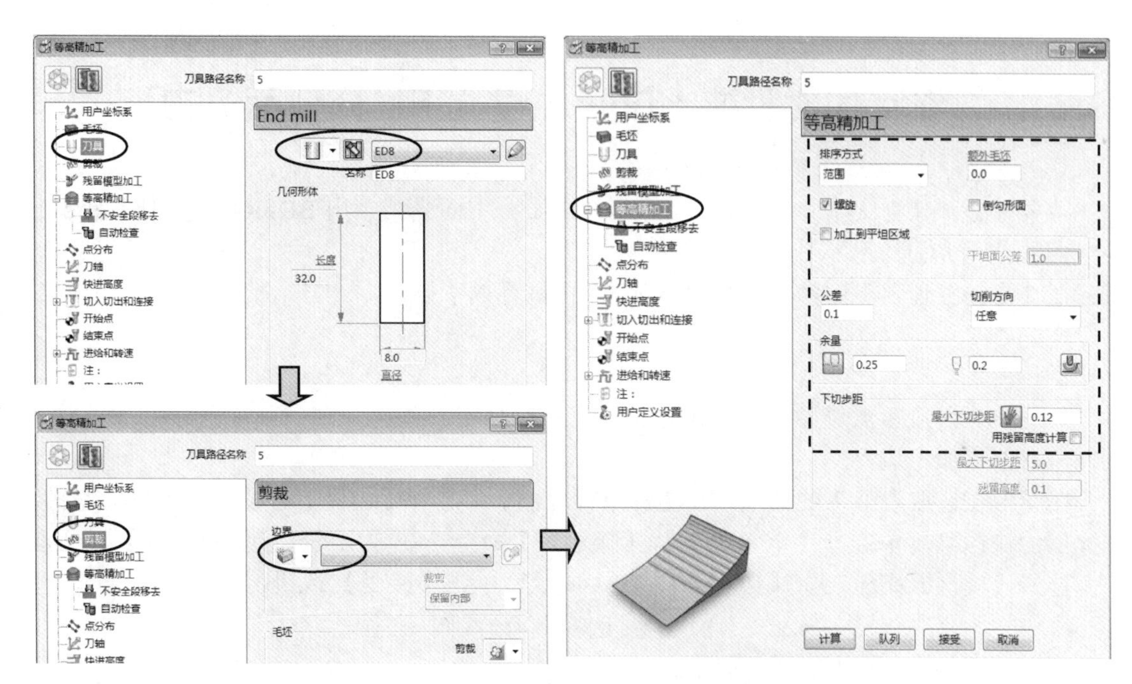

图 7-31　设置等高精加工参数

（3）生成刀路。

在【等高精加工】对话框单击【计算】按钮，观察生成的刀路，无误后单击【取消】按钮，产生的刀具路径如图 7-32 所示。

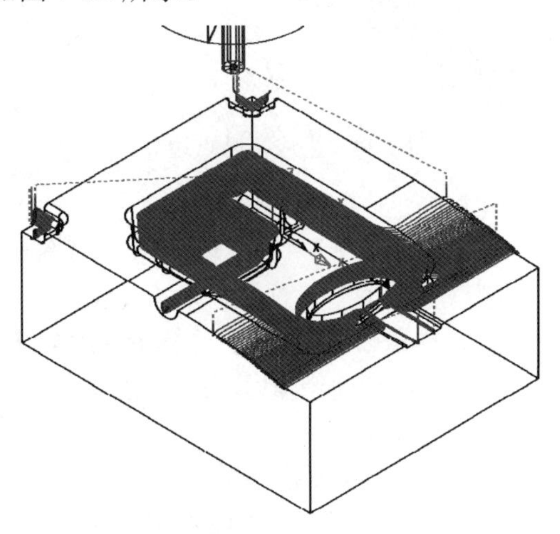

图 7-32　型腔中光

本节讲课视频

以上程序组的操作视频文件为: \ch07\03-video\05-建立型腔中光刀路 K05E.exe

7.13　在程序文件夹K05F中建立PL分型面光刀

主要任务：建立2个刀具路径，第1个为PL分型面光刀，用BD8R4球头刀；第2个为半圆枕位面光刀。

在【资源管理器】中激活文件夹K05F，再进行以下操作。

1. PL分型面光刀

方法：先做接触点边界，再用平行精加工进行加工。

（1）创建加工边界。

在图形上选取要加工的曲面，在【资源管理器】中选择【边界】树枝并单击鼠标右键，在弹出的快捷菜单中选择【定义边界】|【接触点】命令，在弹出的【接触点边界】对话框中，选择【模型】按钮，生成边界如图7-33所示，单击【接受】按钮。

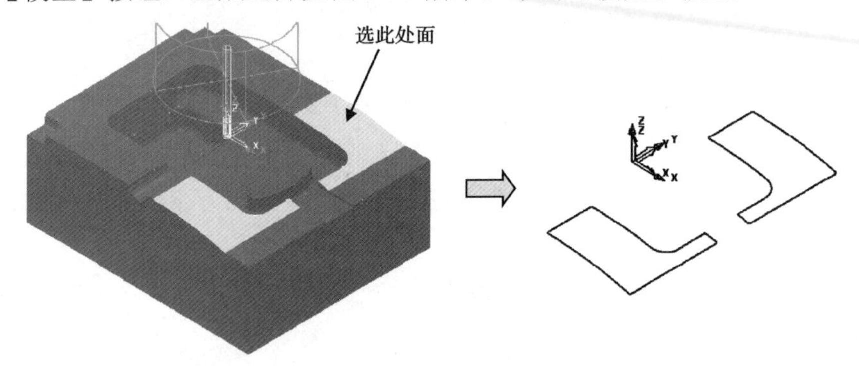

图7-33　生成接触点边界

（2）设切削参数，创建平行精加工刀路策略。

在综合工具栏中单击【刀具路径策略】按钮，弹出【策略选取器】对话框，选取【精加工】选项卡，然后选择【平行精加工】选项，单击【接受】按钮，系统弹出【平行精加工】对话框。按图7-34所示设置参数，【刀具】选择BD8R4，【边界】为“3”，【公差】为0.01。单击【余量】按钮，设置侧面余量为0，底部余量为0，【行距】为0.12，【角度】为45°，【连接】为“双向连接”。

（3）设非切削参数，设置切入切出和连接参数。

在综合工具栏中或如图7-31所示中，单击【切入切出和连接】按钮，弹出【切入切出和连接】对话框。选取【Z高度】选项卡，设置【掠过距离】为3，【下切距离】为3。

在【切入】选项卡中，【第一选择】为“无”，单击【切出和切入相同】按钮。

在【连接】选项卡中，修改【短】为“在曲面上”，【长】为“安全高度”，其余参数默认，如图7-35所示。单击【应用】按钮，再单击【接受】按钮。

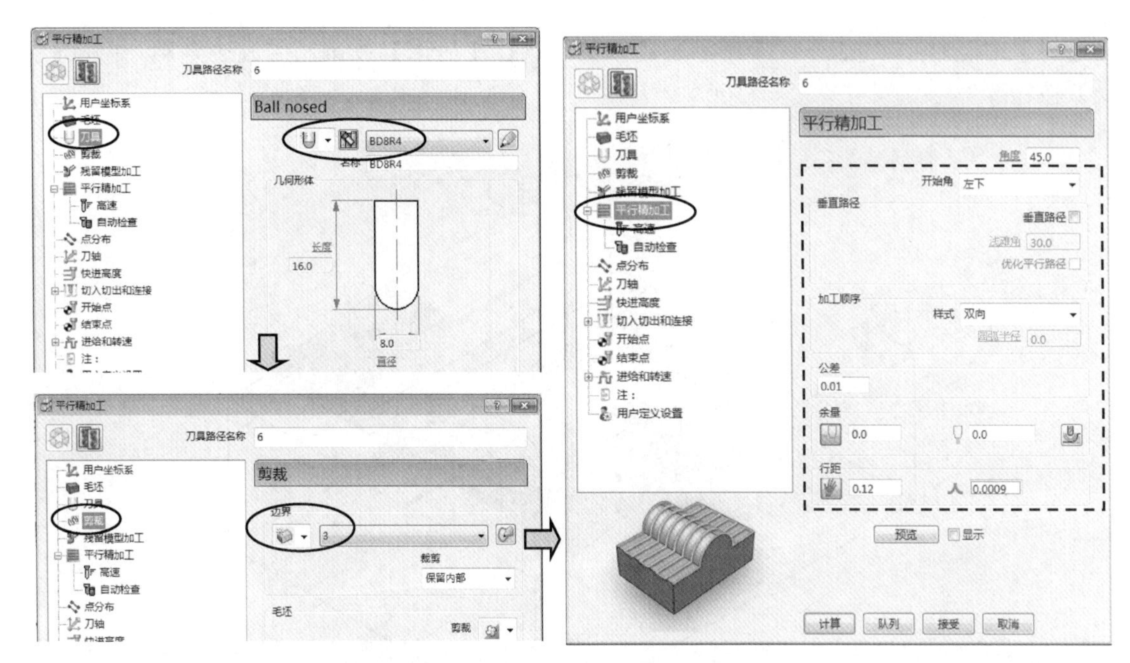

图 7-34　设平行精加工参数

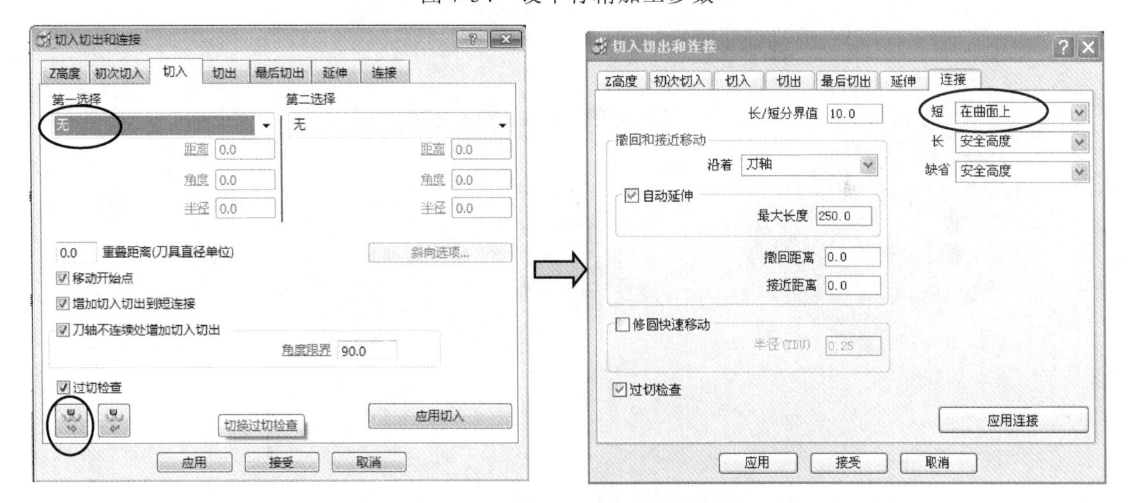

图 7-35　设切入切出和连接参数

（4）生成刀路。

在【平行精加工】对话框中单击【计算】按钮，观察生成的刀路，无误后单击【取消】按钮，产生的刀具路径如图 7-36 所示。

2. 半圆枕位面光刀

方法：先做曲面边界，再用三维偏置精加工进行加工。

（1）创建加工边界。

在图形上选取要加工的半圆枕位曲面，在【资源管理器】中选择【边界】树枝并单击鼠标右键，在弹出的快捷菜单中选择【定义边界】|【已选曲面】命令，在弹出的【已选曲

面边界】对话框中，按图 7-37 所示设置参数，选择【应用】按钮，生成边界 4，单击【接受】按钮。

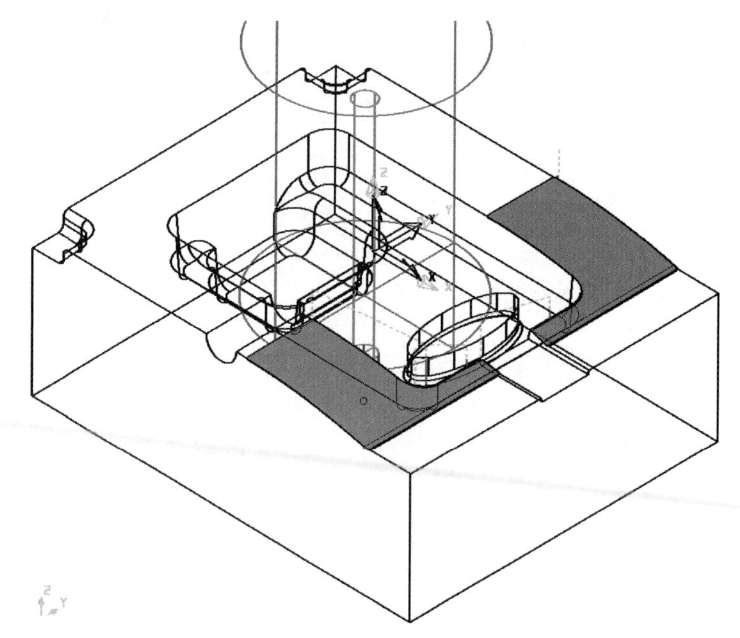

图 7-36　生成 PL 光刀

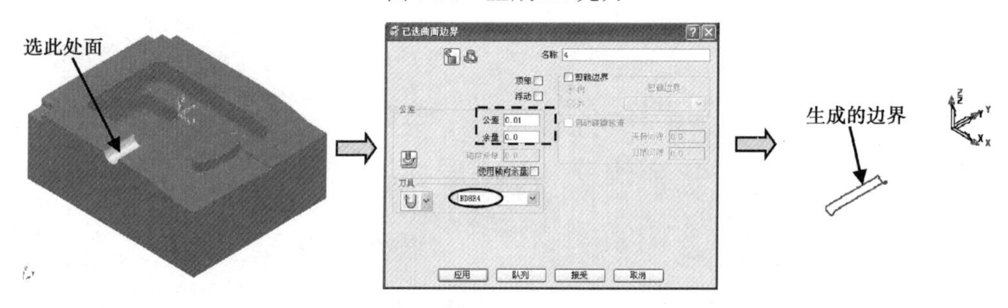

图 7-37　生成曲面边界

（2）延伸边界。

目的：使刀具路径在半圆枕位边缘切削干净。

在【资源管理器】中的【边界】树枝中，右击边界 4，在弹出的快捷菜单中选【编辑】|【变换】|【偏置】命令，在工具栏里选取【3D 光顺】，在弹出的参数框中输入 0.5，单击按钮，如图 7-38 所示，最后退出编辑界面。

观察边界已经发生变化。

（3）设切削参数，创建平行精加工刀路策略。

在综合工具栏中单击【刀具路径策略】按钮，弹出【策略选取器】对话框，选取【精加工】选项卡，然后选择【三维偏置精加工】选项，单击【接受】按钮，系统弹出【三维偏置精加工】对话框，按图 7-39 所示设置参数。【刀具】选择 BD8R4，【边界】为“4”，【公差】为 0.01，单击【余量】按钮，设置侧面余量为 0，底部余量为 0。

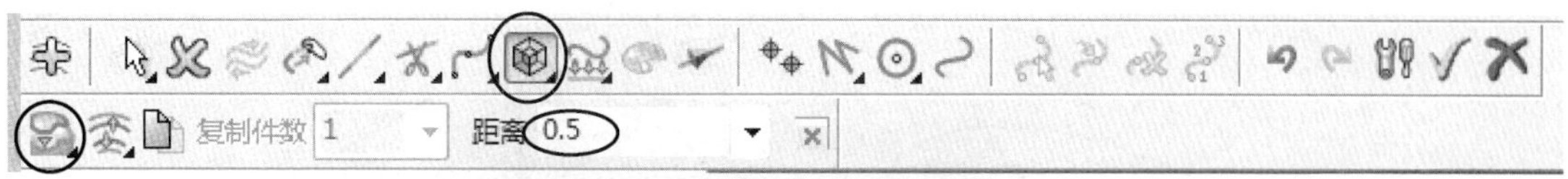

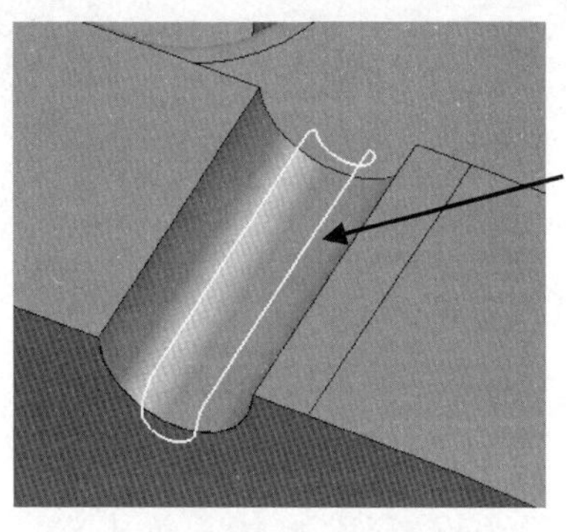

图 7-38　生成接触点边界

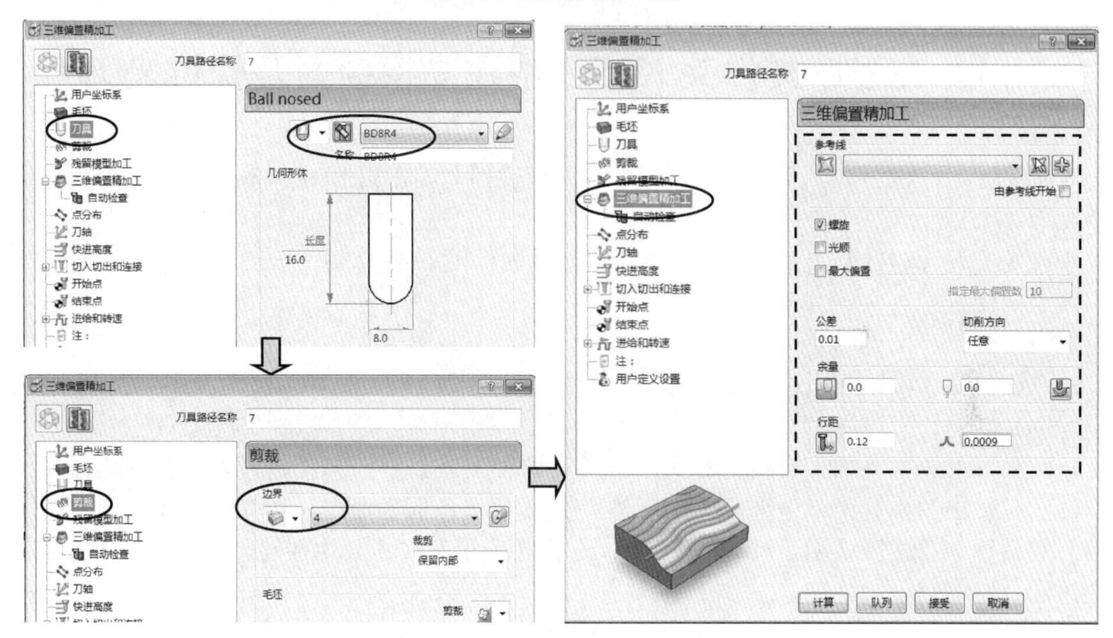

图 7-39　设三维偏置精加工参数

（4）本次非切削参数与上步的刀具路径 6 的非切削参数相同。

（5）生成刀路。

在【三维偏置精加工】对话框单击【计算】按钮，观察生成的刀路，无误后单击【取消】按钮，产生的刀具路径如图 7-40 所示。

以上程序组的操作视频文件为：\ch07\03-video\06-建立 PL 分型面光刀 K05F.exe

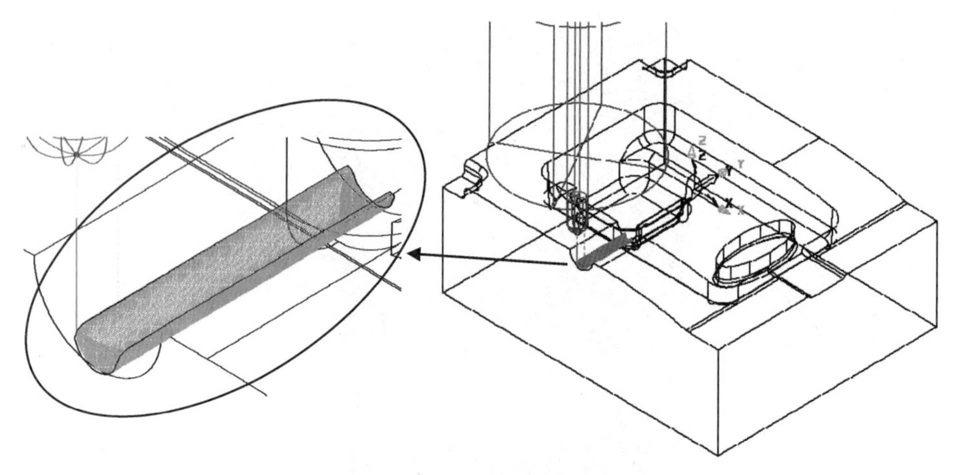

图 7-40　生成半圆枕位光刀

7.14　在程序文件夹 K05G 中建立模锁面及枕位光刀

主要任务：建立 2 个刀具路径，第 1 个为模锁面光刀，用 ED4 平底刀；第 2 个为枕位面光刀。

在【资源管理器】中激活文件夹 K05G，再进行以下操作。

1．模锁面光刀

方法：先做模锁曲面边界，再用等高精加工进行加工。

（1）创建加工边界。

在图形上选取要加工的模锁曲面，在【资源管理器】中选择【边界】树枝并单击鼠标右键，在弹出的快捷菜单中选择【定义边界】|【已选曲面】命令，在弹出的【已选曲面边界】对话框中，按图 7-41 所示设置参数，选择【应用】按钮，生成边界 5，单击【接受】按钮。

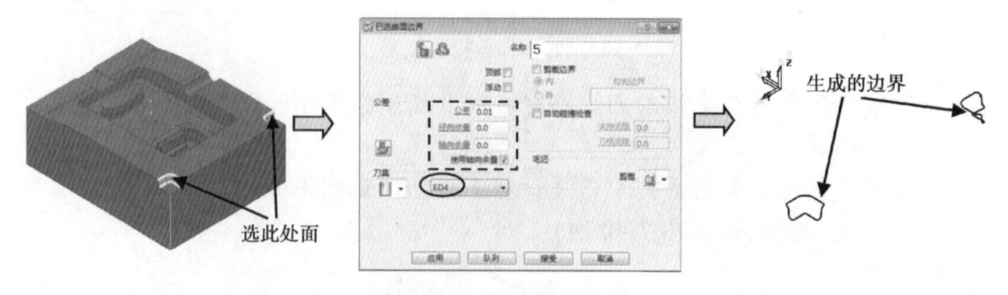

图 7-41　生成曲面边界

（2）延伸边界。

目的：使刀具路径在边缘切削干净。

在【资源管理器】中的【边界】树枝中，右击边界 5，在弹出的快捷菜单中选【编辑】|

【变换】命令，在工具栏里选取【3D 光顺】，在弹出的参数框中输入 0.5，单击按钮。

（3）设切削参数，创建等高精加工刀路策略。

在综合工具栏中单击【刀具路径策略】按钮，弹出【策略选取器】对话框，选取【精加工】选项卡，然后选择【等高精加工】选项，单击【接受】按钮，系统弹出【等高精加工】对话框，按图 7-42 所示设置参数，【刀具】选择 ED4，【边界】为“5”，【公差】为 0.01，单击【余量】按钮，设置侧面余量为 0，底部余量为 0，【最小下切步距】为 0.03，【最大下切步距】为 0.03。

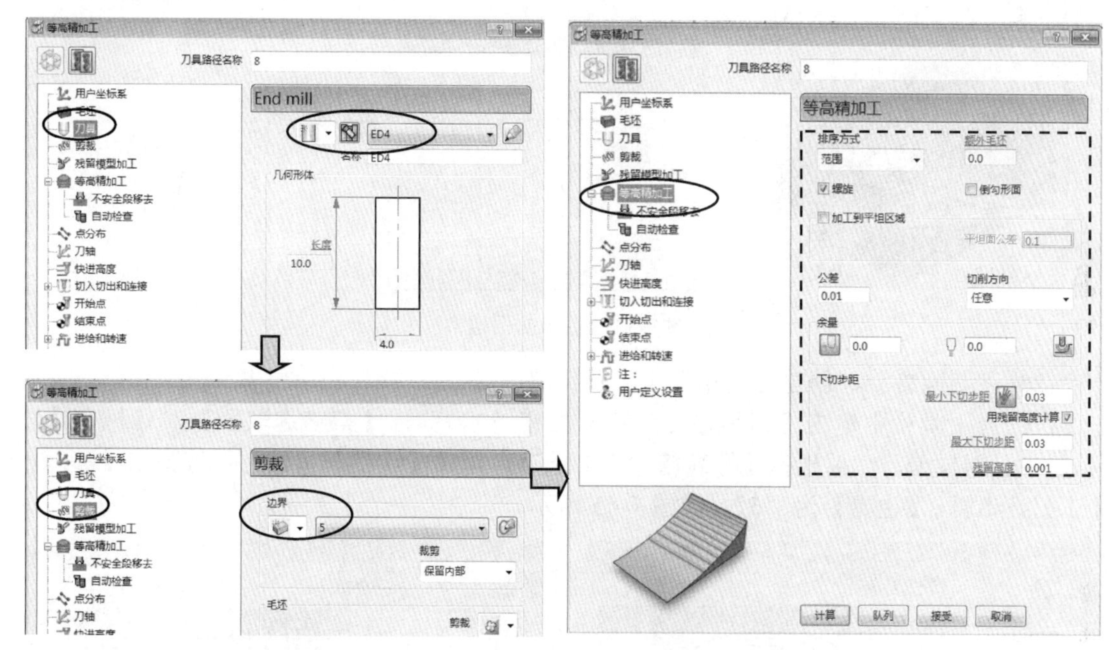

图 7-42　设等高精加工参数

（4）本次非切削运动参数与刀具路径 7 的非切削运动参数相同。

（5）生成刀路。

在【三维偏置精加工】对话框单击【应用】按钮，观察生成的刀路，无误后单击【取消】按钮，产生的刀具路径如图 7-43 所示。

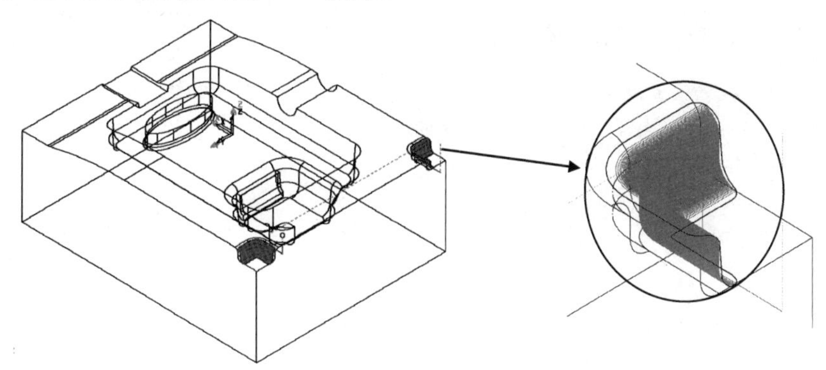

图 7-43　生成模锁光刀

2. 枕位面光刀

方法：先做枕位曲面边界，再用等高精加工进行加工。

（1）创建加工边界。

在图形上选取要加工的枕位曲面，在【资源管理器】中选择【边界】树枝并单击鼠标右键，在弹出的快捷菜单中选择【定义边界】|【已选曲面】命令，在弹出的【已选曲面边界】对话框中，按图 7-44 所示设置参数，选择【应用】按钮，生成边界 6，单击【接受】按钮。

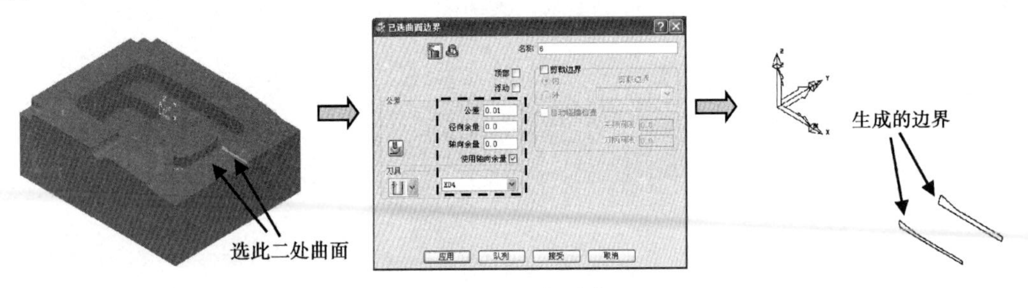

图 7-44　生成曲面边界

（2）设切削参数，创建等高精加工刀路策略。

在综合工具栏中单击【刀具路径策略】按钮，弹出【策略选取器】对话框，选取【精加工】选项卡，然后选择【等高精加工】选项，单击【接受】按钮，系统弹出【等高精加工】对话框，【边界】为“6”，如图 7-45 所示。

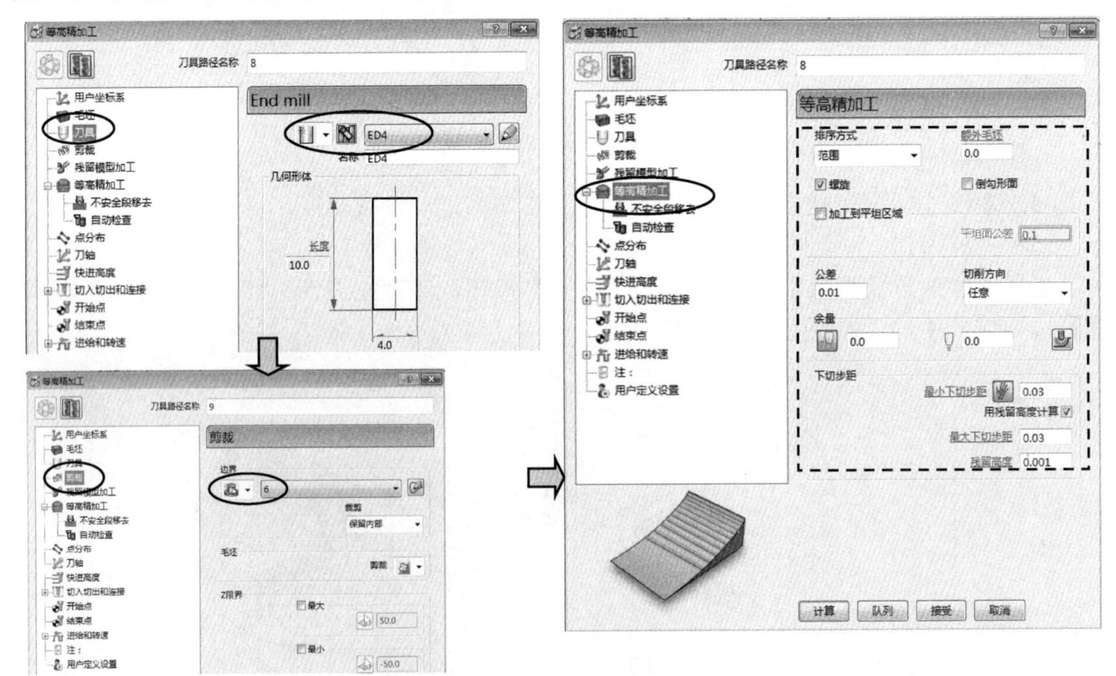

图 7-45　设等高精加工参数

（3）非切削参数。

在综合工具栏中或图 7-31 中，单击【切入切出和连接】按钮，弹出【切入切出和连接】对话框，如图 7-46 所示。

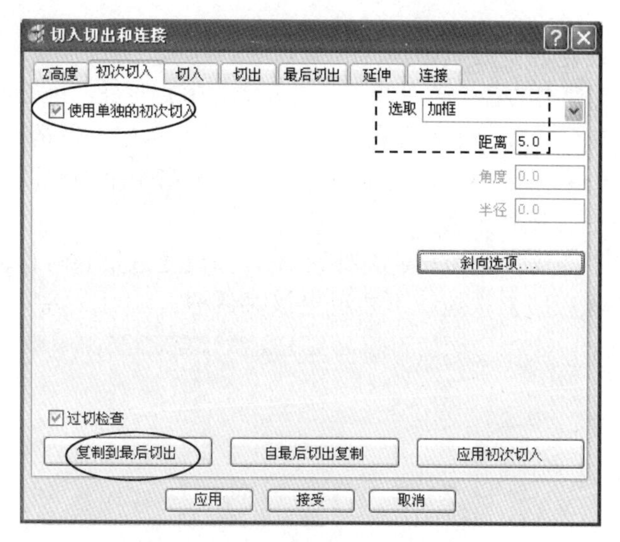

图 7-46　设初次切入参数

在【初次切入】选项卡中，勾选【使用独立的初次切入】，【选择】选“加框”，【距离】为 5，单击【复制到最后切出】按钮，使切出参数与切入参数相同。

单击【应用】按钮，再单击【接受】按钮。

（4）生成刀路。

在【三维偏置精加工】对话框单击【计算】按钮，观察生成的刀路，无误后单击【取消】按钮，产生的刀具路径如图 7-47 所示。

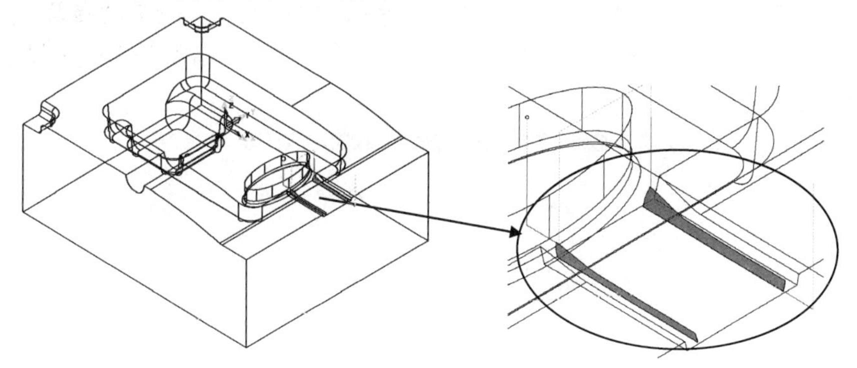

图 7-47　生成枕位光刀

以上程序组的操作视频文件为：\ch07\03-video\07-建立模锁面及枕位光刀 K05G.exe

7.15 对加工路径策略设定转速和进给速度

主要任务：集中设定各个刀具路径的转速和进给速度。

（1）设定 K05A 文件夹的各个刀具路径的转速为 2500 转/分，进给速度为 2000 毫米/分。

在屏幕左侧的【资源管理器】目录树中，单击文件夹 K05A 前的加号+，或双击该文件夹，展开各个刀路。如果已经展开，此步可不做。右击第 1 个刀具路径，在弹出的快捷菜单中选择【激活】命令，使其激活。

单击综合工具栏中的【进给和转速】按钮，弹出【进给和转速】对话框，按图 7-48 所示设置参数，单击【应用】按钮，不要退出该对话框。

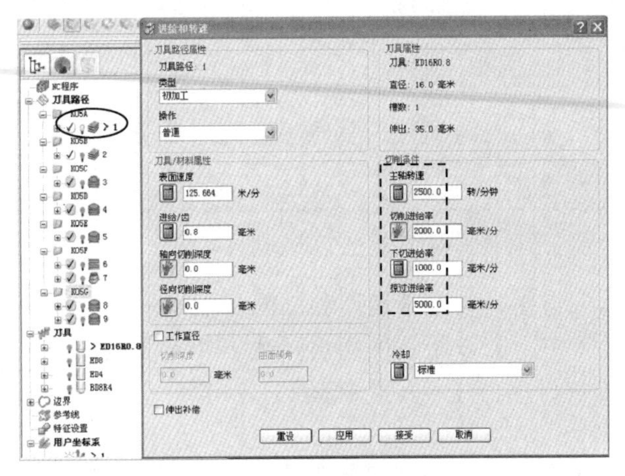

图 7-48 设置进给和转速参数（一）

（2）设定 K05B 文件夹的各个刀具路径的转速为 2500 转/分，进给速度为 150 毫米/分。

在文件夹中激活刀具路径 2，在【进给和转速】对话框，按图 7-49 所示设置参数，单击【应用】按钮。

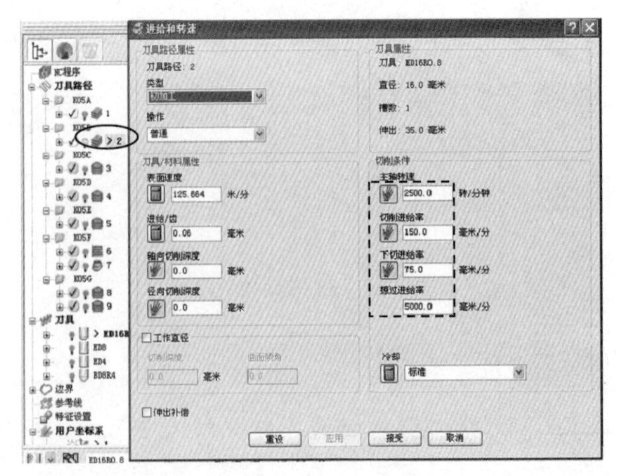

图 7-49 设置进给和转速参数（二）

（3）设定 K05C 文件夹的各个刀具路径的转速为 4000 转/分，进给速度为 1500 毫米/分。

在文件夹中激活刀具路径 3，在【进给和转速】对话框，按图 7-50 所示设置参数，单击【应用】按钮。

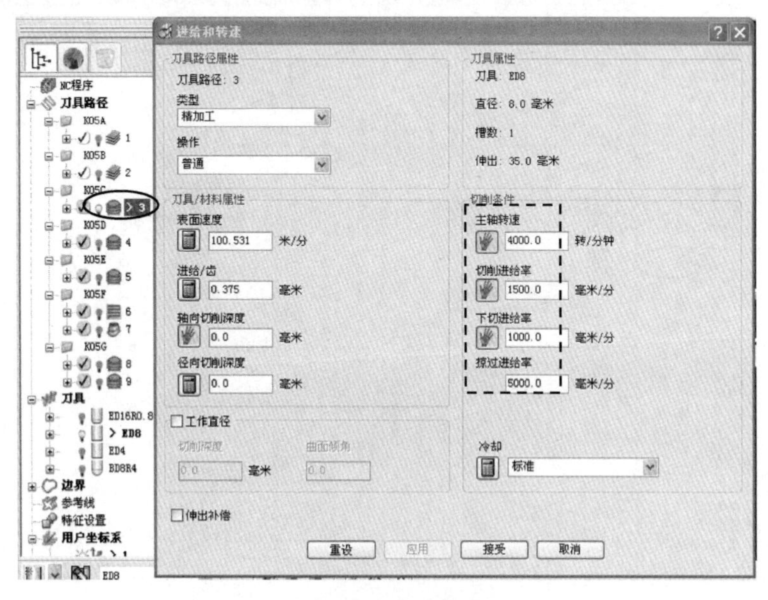

图 7-50　设置进给和转速参数（三）

（4）设定 K05D 文件夹的各个刀具路径的转速为 4000 转/分，进给速度为 1200 毫米/分。

展开文件夹，激活刀具路径 4，在【进给和转速】对话框，按图 7-51 所示设置参数，单击【应用】按钮。

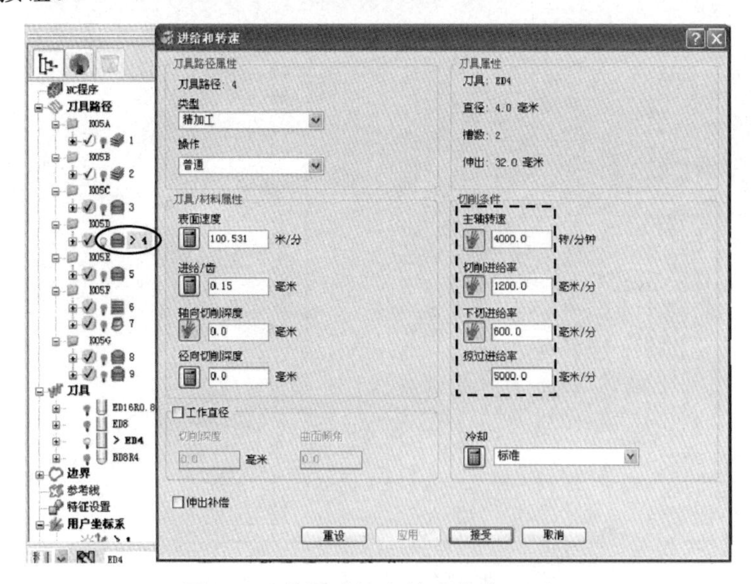

图 7-51　设置进给和转速参数（四）

（5）设定 K05E 文件夹的各个刀具路径的转速为 4000 转/分，进给速度为 1100 毫米/分。

展开文件夹，激活刀具路径 5，在【进给和转速】对话框，按图 7-52 所示设置参数。单击【应用】按钮。

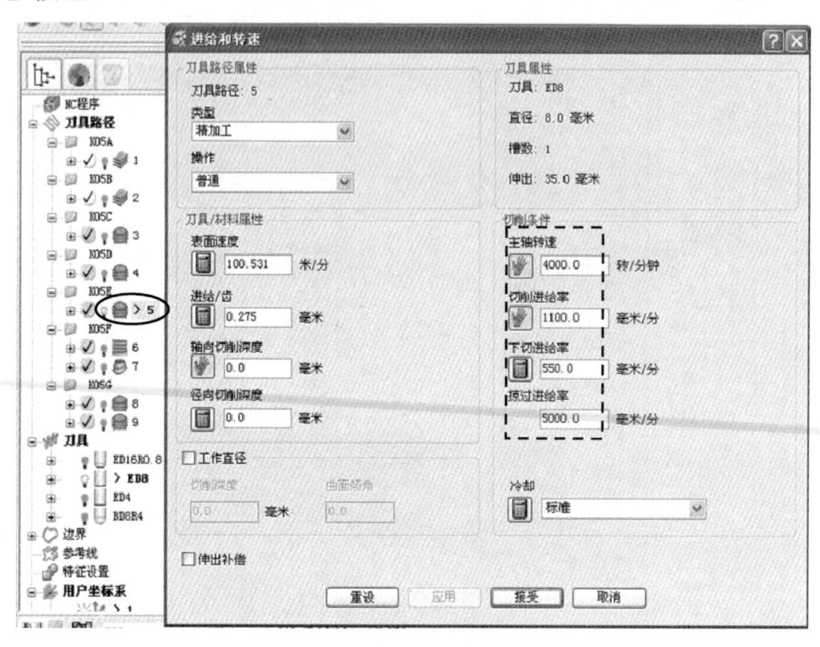

图 7-52　设置进给和转速参数（五）

（6）设定 K05F 文件夹的各个刀具路径的转速为 4500 转/分，进给速度为 1000 毫米/分。

展开文件夹，先激活刀具路径 6，在【进给和转速】对话框，按图 7-53 所示设置参数，单击【应用】按钮，在激活刀具路径 7，设同样的参数，单击【应用】按钮。

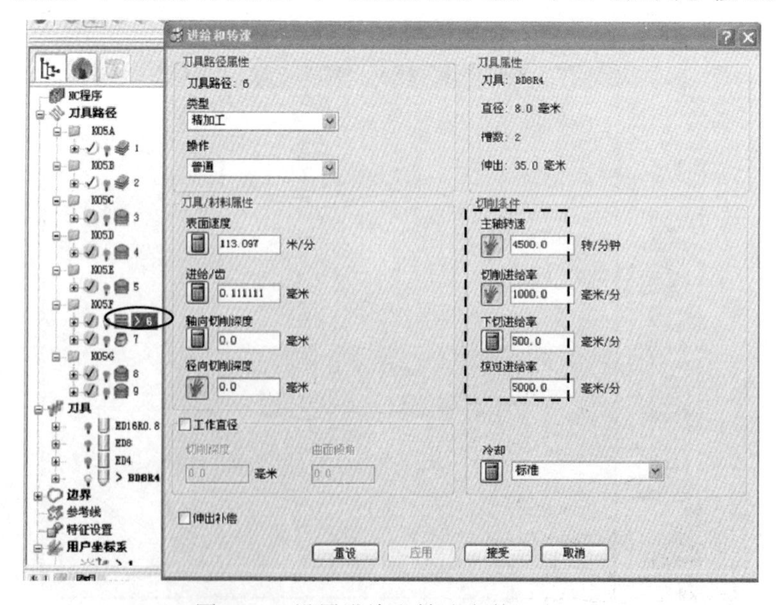

图 7-53　设置进给和转速参数（六）

（7）设定 K05G 文件夹的各个刀具路径的转速为 4000 转/分，进给速度为 800 毫米/分。展开文件夹，先激活刀具路径 8，在【进给和转速】对话框，按图 7-54 所示设置参数，单击【应用】按钮，在激活刀具路径 9，设同样的参数，单击【应用】按钮。

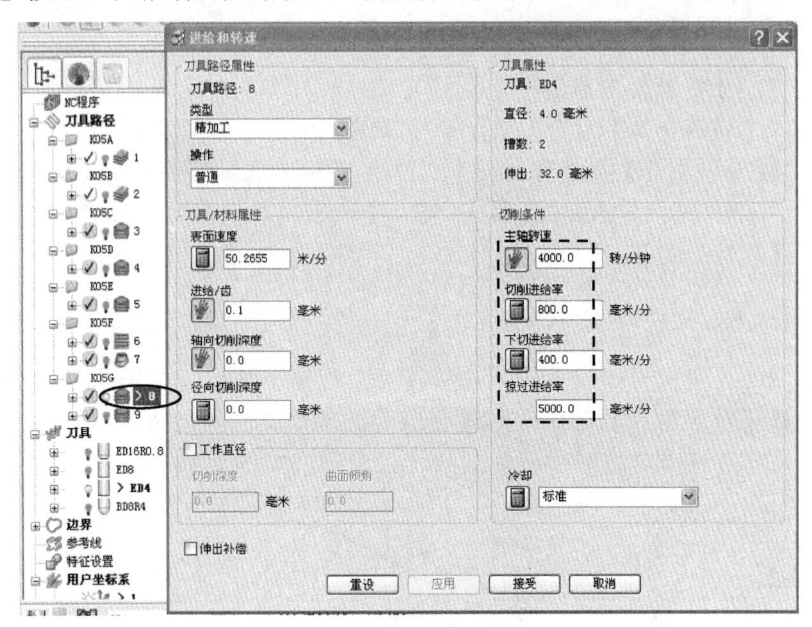

图 7-54　设置进给和转速参数（七）

7.16　后处理

1. 建立文件夹

先将【刀具路径】中的文件夹，通过【复制为 NC 程序】命令复制到【NC 程序】树枝中，如图 7-55 所示。

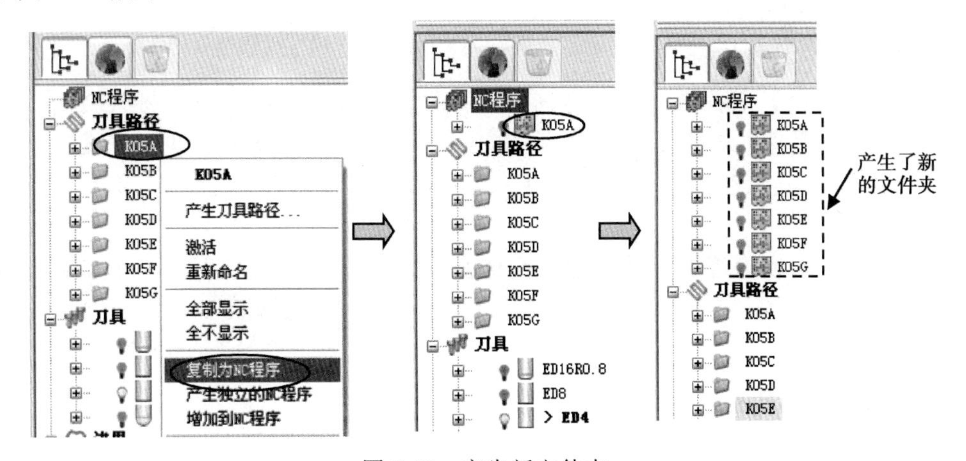

图 7-55　产生新文件夹

2. 复制后处理器

把配套的后处理器文件\ch14\02-finish\ pmbook-14-1-ok.opt 复制到 C:\dcam\config 目录。

3. 编辑已选后处理参数

在屏幕左侧的【资源管理器】中，选择【NC 程序】树枝，单击鼠标右键，在弹出的快捷菜单中选择【编辑全部】命令，系统弹出【编辑全部 NC 程序】对话框，选择【输出】选项卡，其中的【输出文件】中要删去隐含的空格，【机床选项文件】可以单击浏览按钮，选择之前提供的 pmbook-14-1-ok.opt 后处理器。【输出用户坐标系】为“1”。单击【应用】按钮，再单击【接受】按钮。

4. 输出写入 NC 文件

在屏幕左侧的【资源管理器】中，选择【NC 程序】树枝，单击鼠标右键，在弹出的快捷菜单中选择【全部写入】命令，系统会自动把各个文件夹，按照以其文件夹的名称作为 NC 文件名，输出到用户图形所在目录的子目录中，如图 7-56 所示。

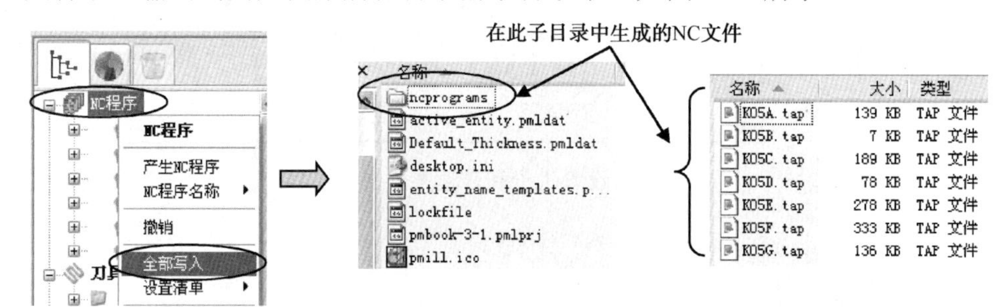

图 7-56　生成 NC 数控程序

7.17　程序检查

1. 干涉及碰撞检查

展开【刀具路径】中各个文件夹中的刀具路径，选择刀具路径 1，将其激活。再在综合工具栏选择【刀具路径检查】按钮，弹出【刀具路径检查】对话框，在【检查】选项中先选择“碰撞”，其余参数默认，单击【应用】按钮，如图 7-57 所示，单击信息框中的【确定】按钮。

在上述【刀具路径检查】对话框的【检查】选项中，选择“过切”，其余参数默认，单击【应用】按钮，如图 7-58 所示，单击信息框中的【确定】按钮。

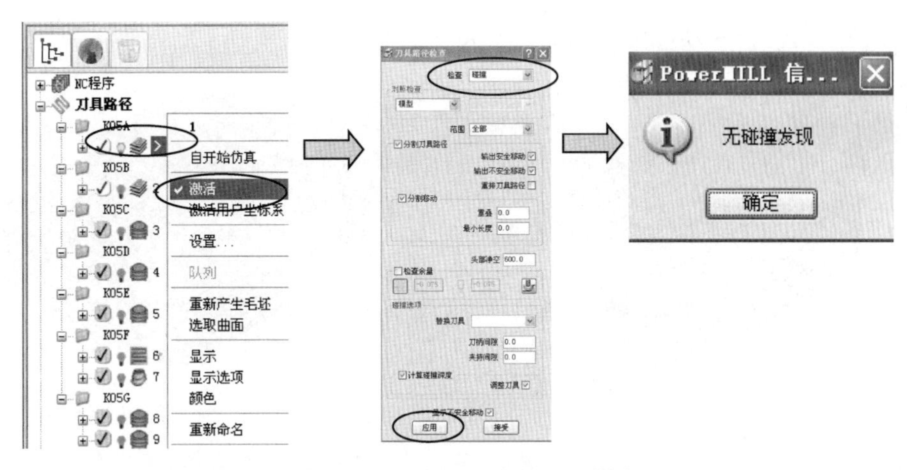

图 7-57　NC 数控程序的碰撞检查

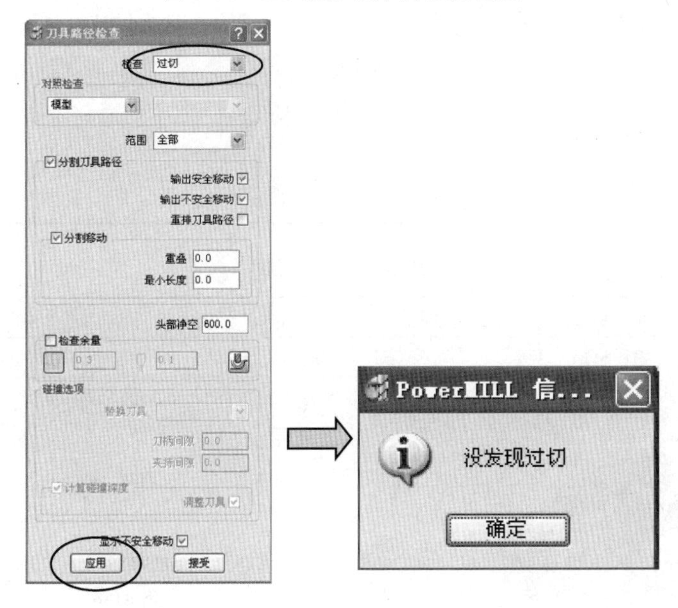

图 7-58　NC 数控程序的过切检查

同理，可以对其余的刀具路径分别进行碰撞检查和过切检查。最后，单击【刀具路径检查】对话框中的【接受】按钮。

2. 实体模拟检查

（1）在界面中把实体模拟检查功能显示在综合工具栏中。

（2）检查毛坯设置。检查现有毛坯是否符合要求，该毛坯一定要包括所有面。

（3）启动仿真功能。在屏幕左侧的【资源管理器】中，选择文件夹 K05A，单击鼠标右键，在弹出的快捷菜单中选择【自开始仿真】命令。

（4）开始仿真。单击【开/关 ViewMill】按钮，使其处于开的状态，选择【光泽阴影图像】按钮，再单击【运行】按钮，如图 7-59 所示。

（5）在【ViewMill】工具条中，选择 NC 程序 K05B，再单击【运行】按钮进行仿真。

（6）同理，可以对其他的 NC 程序进行仿真，结果如图 7-60 所示。

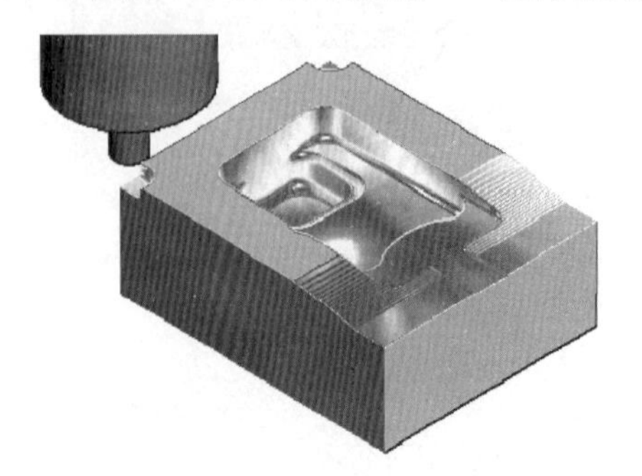

图 7-59　开粗刀路的仿真结果

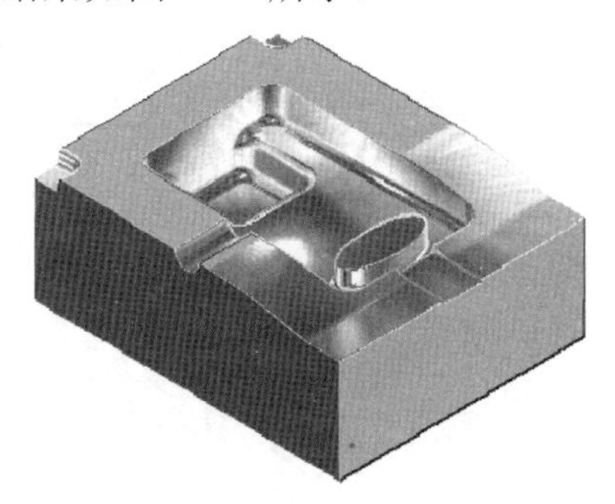

图 7-60　光刀的仿真结果

7.18　填写加工工作单

CNC 加工工作单如表 7-1 所示。

表 7-1　加工工作单

<table>
<tr><td colspan="7">CNC 加工程序单</td></tr>
<tr><td>型号</td><td></td><td>模具名称</td><td>遥控器面壳</td><td>工件名称</td><td colspan="2">前模</td></tr>
<tr><td>编程员</td><td></td><td>编程日期</td><td></td><td>操作员</td><td></td><td>加工日期</td></tr>
<tr><td colspan="4" rowspan="6"></td><td>对刀方式</td><td colspan="2">四边分中</td></tr>
<tr><td></td><td colspan="2">对顶 z=0</td></tr>
<tr><td>图形名</td><td colspan="2">pmbook-7-1</td></tr>
<tr><td>材料号</td><td colspan="2">钢 S136H</td></tr>
<tr><td>大小</td><td colspan="2">150×120×55</td></tr>
<tr><td></td><td colspan="2"></td></tr>
<tr><td>程序名</td><td>余量</td><td>刀具</td><td>装刀最短长</td><td colspan="2">加工内容</td><td>加工时间</td></tr>
<tr><td>K05A .tap</td><td>0.3</td><td>ED16R0.8</td><td>32</td><td colspan="2">开粗</td><td></td></tr>
<tr><td>K05B .tap</td><td>侧 0.4 底 0</td><td>ED16R0.8</td><td>32</td><td colspan="2">PL 平面光刀</td><td></td></tr>
<tr><td>K05C .tap</td><td>0.4</td><td>ED8</td><td>32</td><td colspan="2">二次开粗</td><td></td></tr>
<tr><td>K05D .tap</td><td>0.45</td><td>ED4</td><td>32</td><td colspan="2">三次开粗</td><td></td></tr>
<tr><td>K05E .tap</td><td>0.25</td><td>ED8</td><td>32</td><td colspan="2">型腔中光刀</td><td></td></tr>
<tr><td>K05F .tap</td><td>0</td><td>BD8R4</td><td>15</td><td colspan="2">PL 分型面光刀</td><td></td></tr>
<tr><td>K05G .tap</td><td>0</td><td>ED4</td><td>15</td><td colspan="2">枕位面光刀</td><td></td></tr>
<tr><td></td><td></td><td></td><td></td><td colspan="2"></td><td></td></tr>
</table>

7.19 本章总结和思考练习题

7.19.1 本章总结

本章主要是继续巩固前模的编程方法，提醒注意以下问题。

（1）前模 PL 面及枕位面要求光刀，胶位型腔面要留足够多的余量。

（2）PowerMIL 的边界功能很重要，要灵活掌握及应用，不能局限于用一种方法。

（3）关于清角刀路，因为用刀较小，要留比之前开粗更多的余量。

在模具工厂中，前模不允许烧焊，所以加工时要确保一次成功，否则会给制模流程带来很大的影响。熟练掌握前模编程是从事本行业工作的基本要求。能切合车间实际条件，做到一次成功的加工前模，才算是一名合格的编程员。

7.19.2 思考练习与答案

以下是针对本章实例在实际加工时可能会出现的问题，希望初学者能认真体会，想出合理的解决方案。

（1）假如加工本例前模，本来数控程序已经按照默认的顶面对刀方式编好，但材料回厂后，制模组突然提出要求底面对刀，作为编程员应该如何对待？

（2）加工本例的 K05B 数控程序时要注意什么问题？

（3）编程中的转速和进给速度如何合理确定？

练习答案：

（1）答：一般情况下，模具工厂的大多数前模工件都是四边分中，顶面对刀。加工完的模具总体实际厚度与理论图纸厚度的差值，由制模师傅按实际情况调整模坯的开框深度，保证装配顺利。

但如果回厂的材料过厚，就必须由模具工厂自行加工，模件过大的往往交给 CNC 加工。这时，作为编程员要知道现在模件的实际厚度，将该数和编程图比较，按照实际料大小定义开粗刀路的毛坯，以便上机加工时先杀低顶面多余的材料，然后进行型腔开粗加工。需要重新计算刀路，重新后处理，将最新的 NC 程序发给 CNC 车间。

根据新要求确定新的对刀方式。一般要和模具设计工程师共同确定前模的最低面到 PL 面的数值，据此修改 3D 图形或简单算出最底面点的 Z 值，此值就是 CNC 操作员的对刀数值。如本例新的对刀方式就是“四边分中，对底面为 Z=−55”，新的对刀方式要通过更新《CNC 加工工作单》向操作员正确通知。

可见模具工厂各部分同事通力合作是多么重要，希望新入行从事此工作的人员一开始就能认真做到这一点，以高效应对各种“突发意外”事件。

（2）答：本例的 K05B 是利用 ED16R0.8 飞刀来精加工平位面。必须更换为新的刀粒，试切一下，保证两个刀粒安装一样高，加工的平面一样平，进给速度不要太高。

（3）答：①编程中的转速一般是根据刀具的线速度或机床的最佳转速综合比较而得。用 PowerMILL 可以先设 表面速度 100.531 米/分，自动计算得到转速。其计算原理的公式是

$$N=1000V_c/(\pi D)$$

式中，V_c——为刀具旋转时圆周线速度，单位为 m/min，此数值可查供应商提供的刀具手册。例如，前后模多用合金刀加工，一般线速度可以达到 100m/min。

D——为刀具切削直径，单位为 mm；平底刀即为切削刃直径，球刀为切入材料部分的最大直径。

N——为转速，单位为 rpm（转/每分钟），也写作 min^{-1}。

计算得到的转速要和机床的最佳转速 S_2 相比较，选取其较小值即为加工时的主轴转速 S。

② 编程中的进给速度一般是根据刀具的每齿进给量、刀具齿数和转速来计算的。用 PowerMILL 可以先设 进给/齿 0.275 毫米，自动计算得到进给速度。其计算公式是

$$F=nSf_z$$

式中，F——为刀具进给率，单位为 mm/min；

N——为刀具的齿数；

S——为前述确定的转速，单位为 min^{-1}；

F_z——为每齿进给量，单位为 mm。

根据加工目的不同，是粗加工或精加工，选取合适的每齿进给量 f_z。一般来说如果用球刀加工曲面时，每齿进给量应该近似等于编程时的步距量。平底刀粗加工 f_z 为 0.5～1mm，半精加工 f_z 为 0.1mm～0.5mm，精加工 f_z 为 0.05～0.1mm。具体选择时要结合切削材料及加工要求来定。

操作员在切削时应尽量发挥刀具、机床的最大效能，尽量给较大的 F 及配套的 S。有经验的操作员可以通过切削声音、机床的振动及刀具磨损等情况，判断此时所给的参数是否合理。

第8章

游戏机前模综合实例特训

8.1 本章知识要点及学习方法

本章主要以游戏机面盖前模为例，进一步巩固前模编程的基本方法和应注意的事项。

在本章，希望读者掌握以下重点知识。

（1）图形变换功能的灵活运用，理解图形变换的重要作用。

（2）边界在前模编程中的独特作用和各类边界的做法。

（3）参考线加工的特殊作用。

（4）前模各部位加工的特点和实现方案。

希望读者结合前几章内容，加深对 PowerMILL 加工策略参数的理解，反复训练，熟练掌握，灵活运用。

8.2 模件说明

模具说明：如图 8-1 所示，该模具是用于啤塑游戏机面壳，前模主要用于成型产品的外观面，不允许下顶针，外观面表面要求为高光透明。

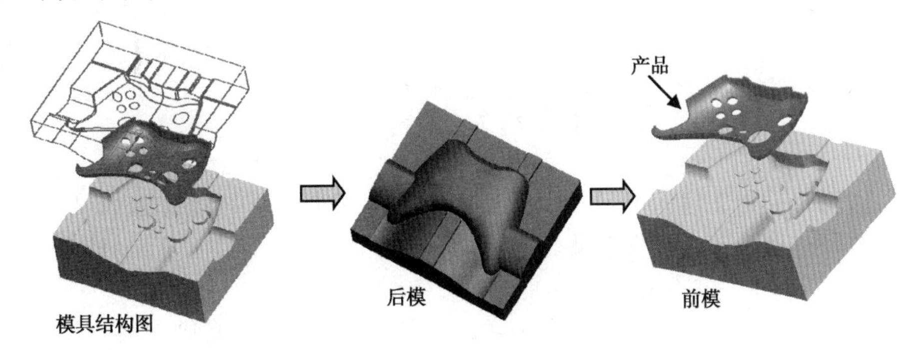

图 8-1　模具工作图

如图 8-2 所示，为该前模的工程图。

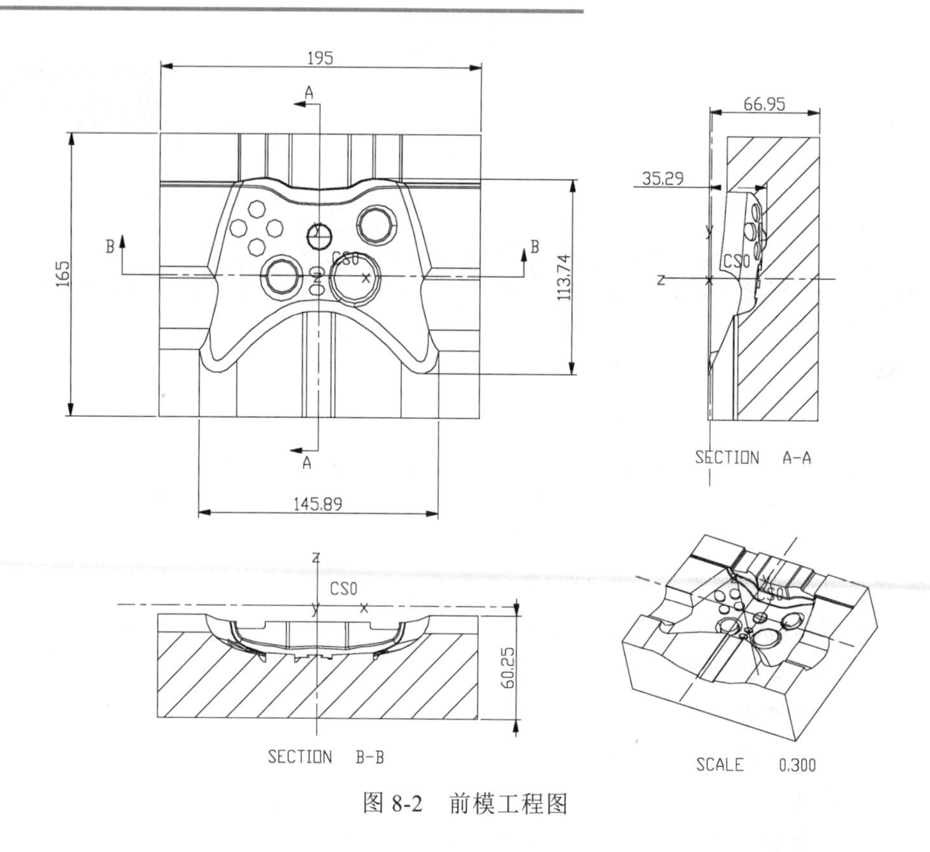

图 8-2　前模工程图

8.3　输入图形和整理图形并确定加工坐标系

文件路径：\ch08\01-example\pmbook-8-1.igs，建议把该文件复制到工作目录。

文件路径：\ch08\02-finish\pmbook-8-1\

（1）输入图形。首先进入 PowerMILL 软件，输入配套素材文件 pmbook-8-1.stp。操作方法：在下拉菜单中选择【文件】|【输入模型】命令，在【文件类型】选择 STEP (*.stp)，再选择 pmbook-8-1.stp，即可以输入图形文件。

（2）整理图形。经分析该图形中全部面的方向朝向一致，不需要重新整理。

（3）确定加工坐标系。对于前模，坐标系要求定在外形四边分中为 X0、Y0，PL 面为 Z0 且 Z 轴朝上的位置。经分析，Z 向不对，且图形偏中，不符合要求。

先调整 Z 方向，在目录树中，右击【模型】树枝下的【pmbook-8-1】，在弹出的快捷菜

单中选【编辑】|【变换位置】。在弹出的【变换模型】对话框，输入【角度】为180.0，再单击X轴按钮，如图8-3所示。

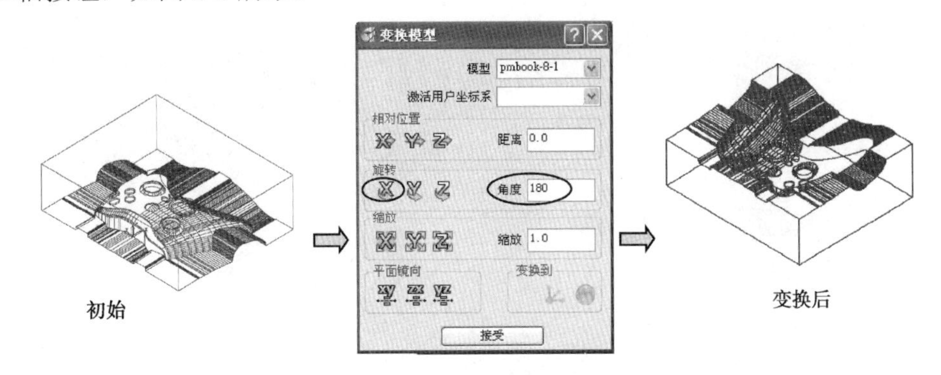

图8-3　变换前模Z向

调整XY平面方向，使长方向为X轴。在如图8-3所示对话框中输入【角度】为90.0，再单击Z轴按钮。

调整Y方向平移。先测量Y方向的最大值为“133.403339”和最小值为“−31.596661”，从而可以计算出，现在的零点Y向偏移数为(133.403339+(−31.596661))/2=50.903339。在如图8-3所示的对话框中，输入【距离】为−50.903339，再单击Y轴按钮，使图形移动到正确位置。

调整Z方向平移，使右下角的PL面平位Z坐标为0。测量右下角PL平位的Z方向的坐标值为“0.078177”。在如图8-3所示的对话框中，输入【距离】为−0.078177，再单击Z轴按钮，结果如图8-2所示。

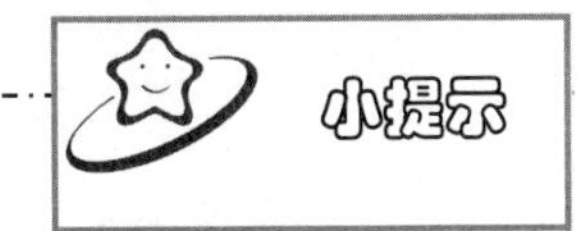

（1）这样平移图形的好处，是便于光刀时的对刀。大多数情况下，开始时，操作员要以顶面为基准对刀，加工完后最高面就不存在了，必须先加工出一个平位PL基准，再以此作为基准进行对刀加工后续的程序。但是，有些操作员也习惯于在工件外机床台面某一个位置找一个固定水平面作为对刀基准。但是最好的办法还是在模具本身的基准上，这样累积误差会小一些，有利于接刀流畅。

（2）输入以上数据，除了可以用正文中的数据输入，这样的“笨”办法外，也可以用复制数据（快捷键为Ctrl+C），再粘贴（快捷键为Ctrl+V），数据计算也可以用公式或软件的计算器工具▦。

用建模坐标系来创建加工坐标系。

用鼠标右击【用户坐标系】，在弹出的快捷菜单中选择【产生用户坐标系】命令，弹出【用户坐标系】对话框中。在【激活用户坐标系】下拉列表框选择“1”，其余参数不变，最后单击【接受】按钮，如图8-4所示。

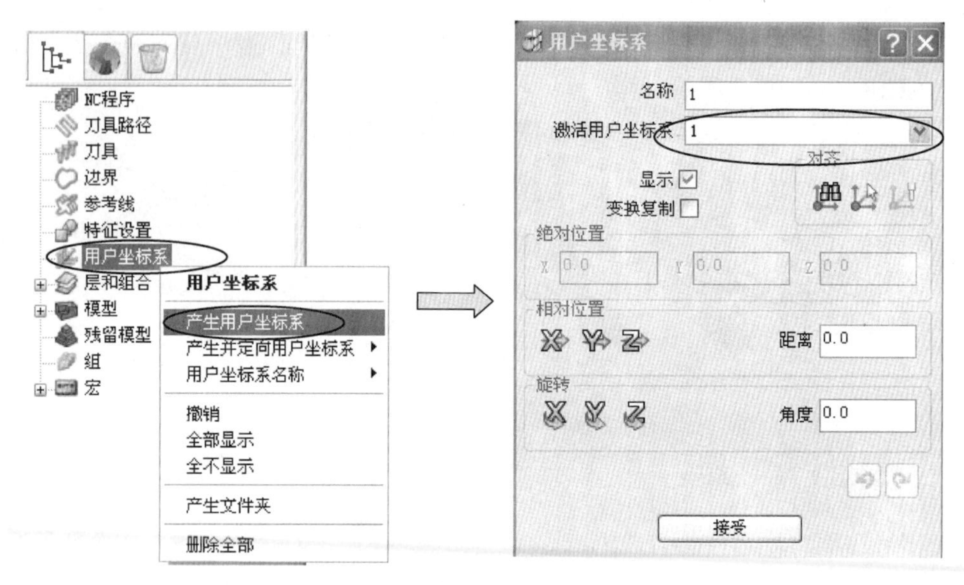

图 8-4　选取用户坐标系

8.4　数控加工工艺分析及刀路规划

（1）开料尺寸：精料尺寸为 195×165×67。

（2）材料：钢 S136H，预硬至 HB290-330。

（3）加工要求：胶位部分开粗留 0.15-0.35 的余量留给 EDM，PL 面光刀，碰穿位留 0.05。本工件也要遵守大刀开粗、小刀清角和中光，最后光刀的加工思路。

（4）加工工步。

① 程序文件夹 K06A，型腔粗加工，也叫开粗。用 ED16R0.8 飞刀，余量为 0.3。

② 程序文件夹 K06B，PL 平位面光刀。用 ED16R0.8 飞刀，侧余量为 0.35，底部为 0。

③ 程序文件夹 K06C，二次开粗。用 ED8 平底刀，余量为 0.35。

④ 程序文件夹 K06D，三次开粗。用 ED4 平底刀加工，侧余量为 0.3，底部余量为 0.2。

⑤ 程序文件夹 K06E，型腔中光。用 ED8 平底刀，余量为 0.15。

⑥ 程序文件夹 K06F，PL 分型面光刀。用 BD8R4 平底刀，余量 0。

⑦ 程序文件夹 K06G，枕位光刀。用 ED4 平底刀，余量 0。

⑧ 程序文件夹 K06H，碰穿位光刀。用 BD3R1.5 球头刀，余量 0.05。

⑨ 程序文件夹 K06I，枕位曲面光刀。用 BD2R1 球头刀，余量 0。

8.5　建立刀具路径程序文件夹

主要任务：建立 9 个空的刀具路径文件夹。

用鼠标右键单击屏幕左侧【资源管理器】中的【刀具路径】，在弹出的快捷菜单中选择【产生文件夹】命令，并修改文件夹名称为“K06A”。用同样的方法，生成其他程序文件夹K06B、K06C、K06D、K06E、K06F、K06G、K06H 和 K06I。

8.6 建立刀具

主要任务：建立加工刀具 ED16R0.8、ED8、ED4、BD8R4、BD3R1.5 和 BD2R1。

本节以建立 BD2R1 球刀为例进行说明，独特之处在于刀柄直径是 4。该刀具刀峰直径为 2，刀直深长为 10，刀柄直径为 4，全长为 50，所配的刀夹头直径为 30，长 45。

用鼠标右键单击屏幕左侧【资源管理器】中的【刀具】，在弹出的快捷菜单中选择【产生刀具】命令，在弹出的快捷菜单中选择【球头刀】命令，系统弹出【球头刀】对话框，在【刀尖】选项卡中设定参数，【名称】为“BD2R1”，【长度】为 10，【直径】为 2，【刀具编号】为“6”，【槽数】为“2”，如图 8-5 所示。

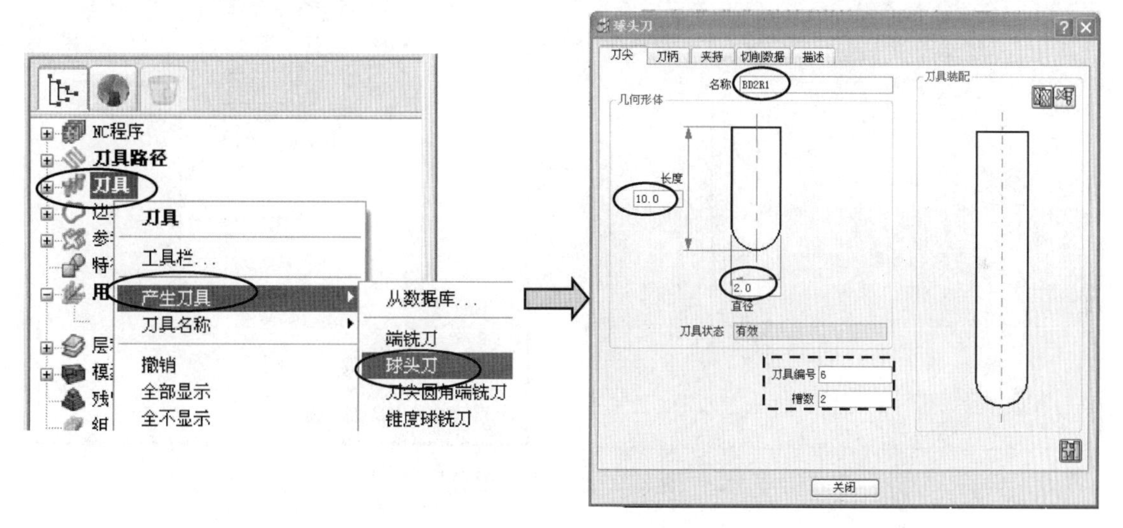

图 8-5 建立刀尖参数

单击【刀柄】选项卡，在其中单击【增加刀柄部件按钮】，设定参数。【顶部直径】为 4，【底部直径】为 2，【长度】为 5。再单击【增加刀柄部件按钮】，设【顶部直径】为 4，【底部直径】为 4，【长度】为 35，如图 8-6 所示。

单击【夹持】选项卡，在其中单击【增加夹持部件】按钮，设定【顶部直径】为 30，【底部直径】为 30，【长度】为 45，【伸出】为 15，如图 8-7 所示。

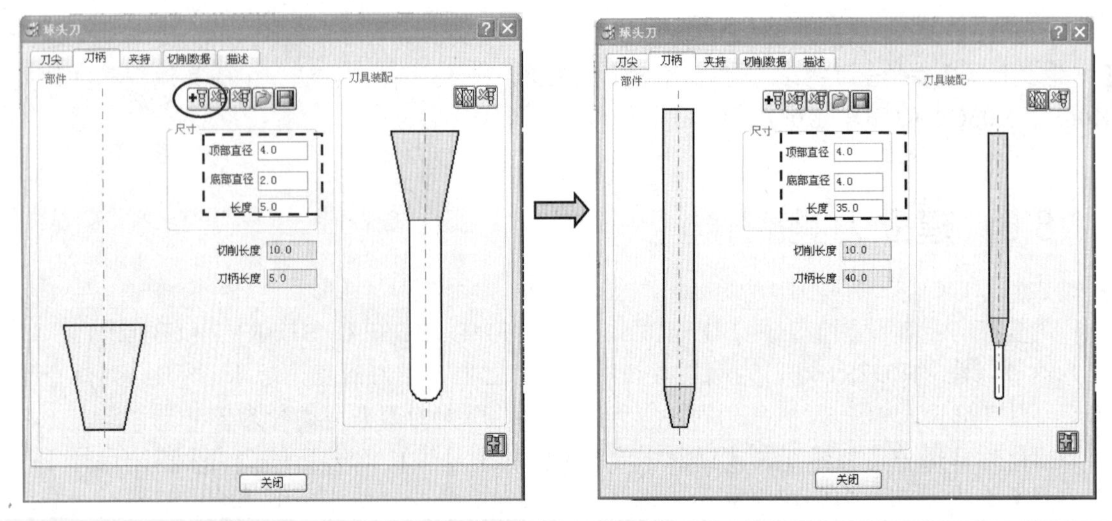

图 8-6　建立刀柄参数

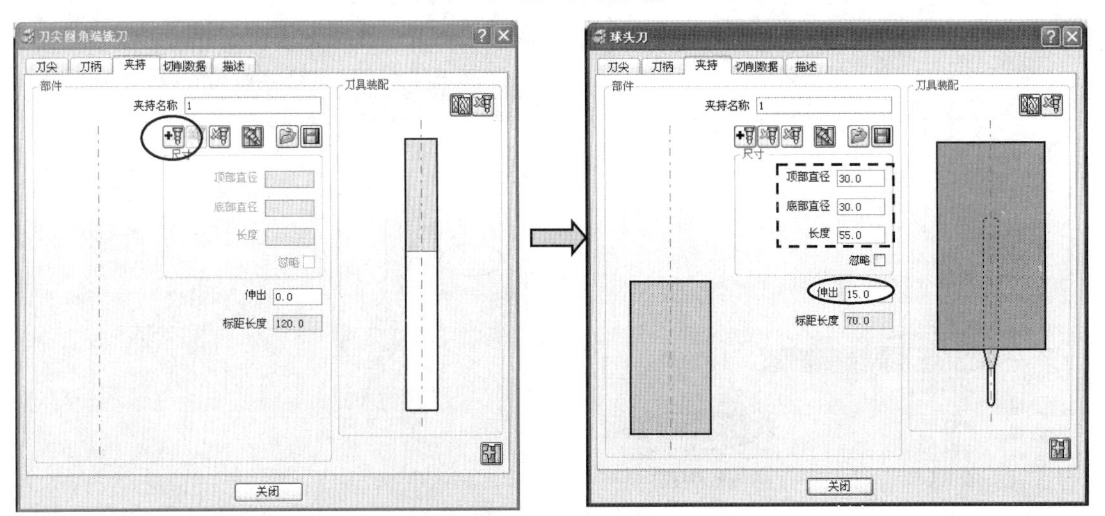

图 8-7　建立夹持参数

8.7　设公共安全参数

主要任务：设安全高度、开始点和结束点。

（1）设安全高度。

在综合工具栏中单击【快进高度】按钮，弹出【快进高度】对话框。在【绝对安全】中设置【安全区域】为“平面”，【用户坐标系】为“1”，单击【按安全高度重设】按钮，此时【安全 Z 高度】数值变为 20.9457，修改为 25；【开始 Z 高度】自动为 15.945676，单击【接受】按钮。

（2）设开始点和结束点。

在综合工具栏中单击【开始点和结束点】按钮，弹出【开始点和结束点】对话框。在【开始点】选项卡中，设置【使用】的下拉菜单为“第一点安全高度”。切换到【结束点】选项卡，用同样的方法设置，单击【接受】按钮。

8.8 在程序文件夹 K06A 中建立开粗刀路

主要任务：建立 1 个刀具路径，使用 ED16R0.8 飞刀对型腔开粗。

首先将 K06A 程序文件夹激活，再进行以下操作。

（1）设定毛坯。

在综合工具栏中单击【毛坯】按钮，弹出【毛坯】对话框。在【由...定义】下拉列表框中选择“方框”选项，单击【计算】按钮，再单击【接受】按钮，使毛坯包含所有面。

（2）设刀路切削参数，创建“模型区域清除”刀路策略。

在综合工具栏中单击【刀具路径策略】按钮，弹出【策略选取器】对话框，选取【三维区域清除】选项卡，然后选择【模型区域清除】选项，单击【接受】按钮，系统弹出【模型区域清除】对话框，按图 8-8 所示设置参数，【刀具】选择 ED16R0.8，【公差】为 0.1。单击【余量】按钮，设置侧面余量为 0.3，底部余量为 0.2，【行距】为 9，【下切步距】为 0.3，【切削方向】为“顺铣”。

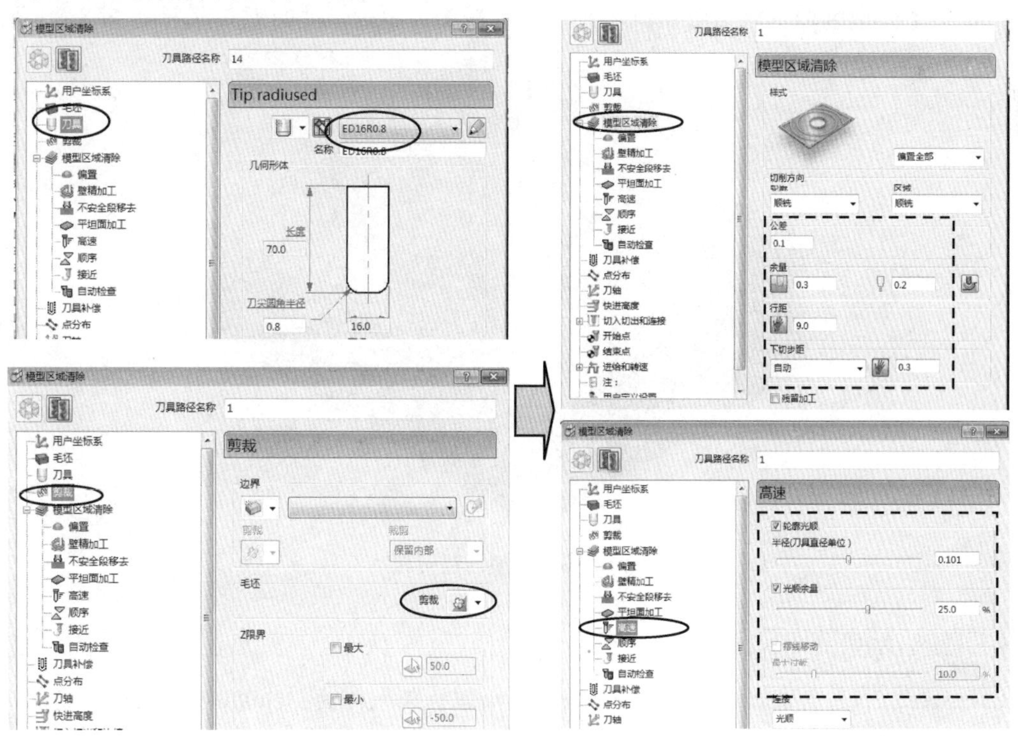

图 8-8 设切削参数

（3）设非切削参数，先设置切入切出和连接参数。

该工件结构特点是中间凹面，要设斜线下刀，要保证下刀时不踩刀。

在综合工具栏中单击【切入切出和连接】按钮，弹出【切入切出和连接】对话框。选取【Z 高度】选项卡，设置【掠过距离】为 3，【下切距离】为 3。

在【切入】选项卡中，【第一选择】为“斜向”，设置【斜向选项】中的【最大左斜角】为 3°，【沿着】选“刀具路径”，勾选【仅闭合段】复选项，【圆圈直径（TDU）】为 0.95 倍的刀具直径，【类型】选“相对”，【高度】为 0.5。

在【连接】选项卡中，修改【短】为“掠过”，【长】为“安全距离”，其余参数默认，如图 8-9 所示。单击【应用】按钮，再单击【接受】按钮，在【模型区域清除】对话框中单击【取消】按钮，单击【应用】按钮。

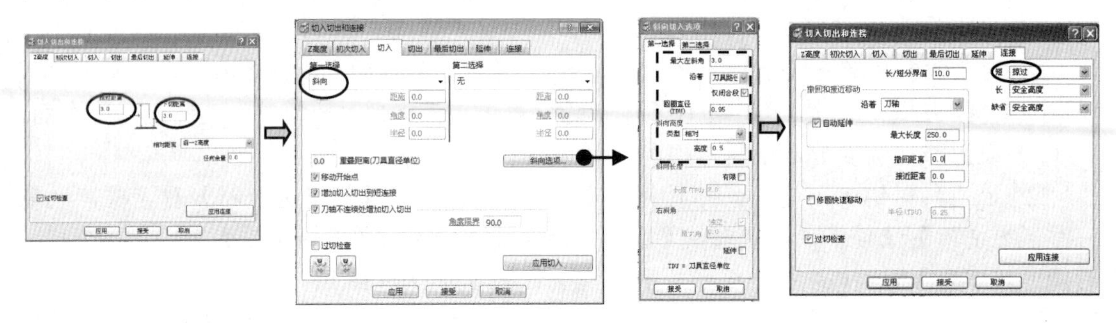

图 8-9　设切入切出和连接参数

（4）在【模型区域清除】对话框中单击【计算】按钮，产生的刀具路径如图 8-10 所示。

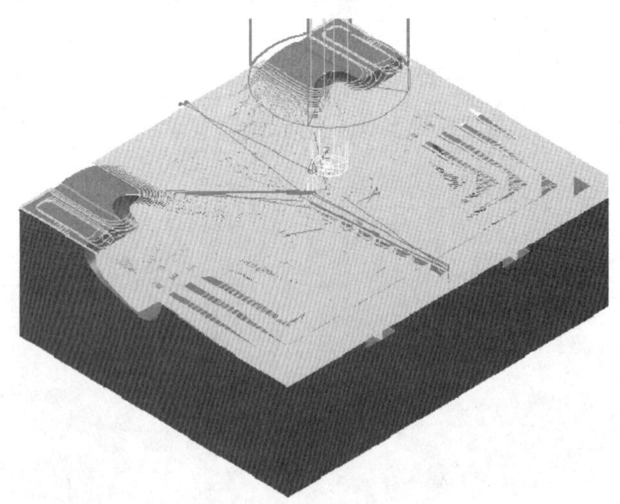

图 8-10　前模开粗刀路

以上程序组的操作视频文件为：\ch08\03-video\01-建立开粗刀路 K06A.exe

8.9 在程序文件夹 K06B 中建立 PL 平面光刀

主要任务：建立 1 个刀具路径，使用 ED16R0.8 平底刀对前模 PL 及平位进行光刀。首先将 K06B 程序文件夹激活，再进行以下操作。

方法：用平行平坦面精加工进行加工，分两层加工。

（1）设定平行平坦面精加工的切削参数。

在综合工具栏中单击【刀具路径策略】按钮，弹出【策略选取器】对话框，选取【精加工】选项卡，然后选择【平行平坦面精加工】选项，单击【接受】按钮。系统弹出【平行平坦面精加工】对话框，按图 8-11 所示设置参数，【刀具】选择 ED16R0.8，【公差】为 0.1，设置侧面余量为 0.35，底部余量为 0，【行距】为 8，【切削方向】为“任意”。

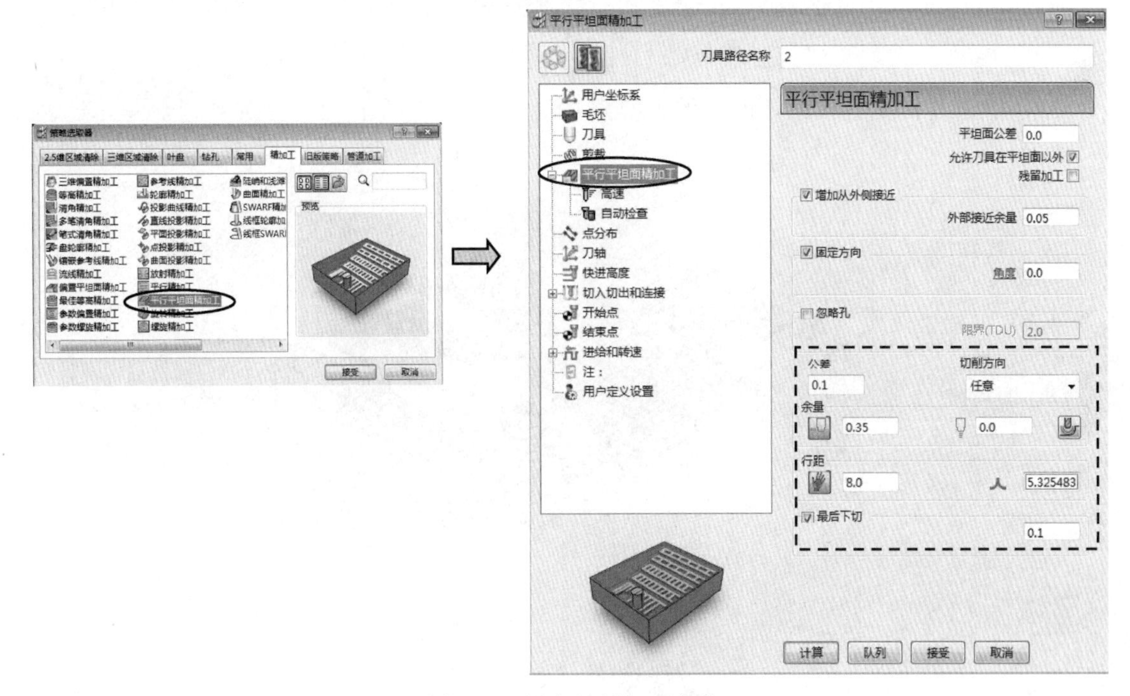

图 8-11 设定切削加工参数

（2）设非切削参数。

在综合工具栏中单击【切入切出和连接】按钮，弹出【切入切出和连接】对话框。在【切入】选项卡中，【第一选择】为“直”，【距离】为 10，【角度】为 0，单击【切出和切入相同】按钮，其余不变，如图 8-12 所示。

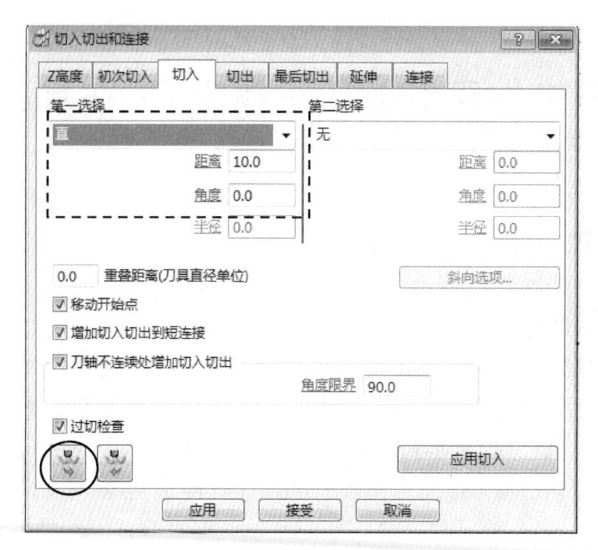

图 8-12　设切入切出和连接参数

（3）单击【计算】按钮，产生的刀具路径 2 如图 8-13 所示。

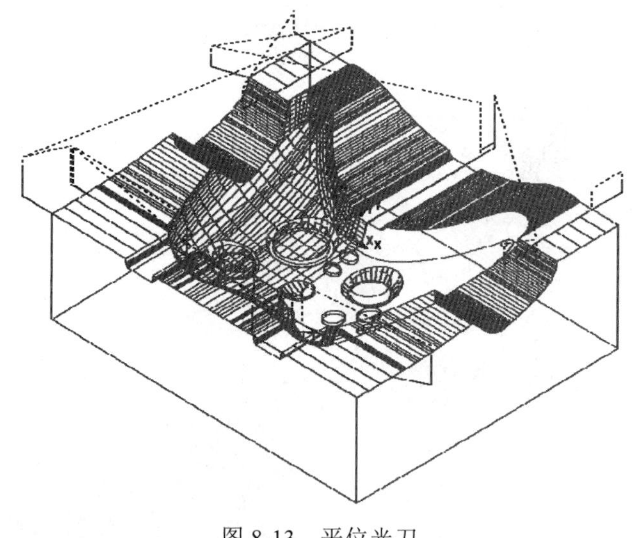

图 8-13　平位光刀

以上程序组的操作视频文件为：\ch08\03-video\02-建立 PL 平面光刀 K06B.exe

8.10　在程序文件夹 K06C 中建立二次开粗刀路

主要任务：建立 1 个刀具路径，二次开粗清角，用 ED8 平底刀。

在【资源管理器】中激活文件夹 K06C，再进行以下操作。

方法：将刀路 1 复制后改参数。

（1）复制刀具路径。

在【资源管理器】中选择文件夹 K06A 下的刀具路径 1，将其复制到文件夹 K06C 树枝下，并改名为 3。

（2）设切削参数。

激活刀具路径 3，并设置参数，编辑参数，按图 8-14 所示修改参数。【刀具】为 ED8，【侧余量】为 0.35，【步距】为 4，【下切步距】为“0.1”，勾选【残留加工】复选框，并设置【残留加工】参数。

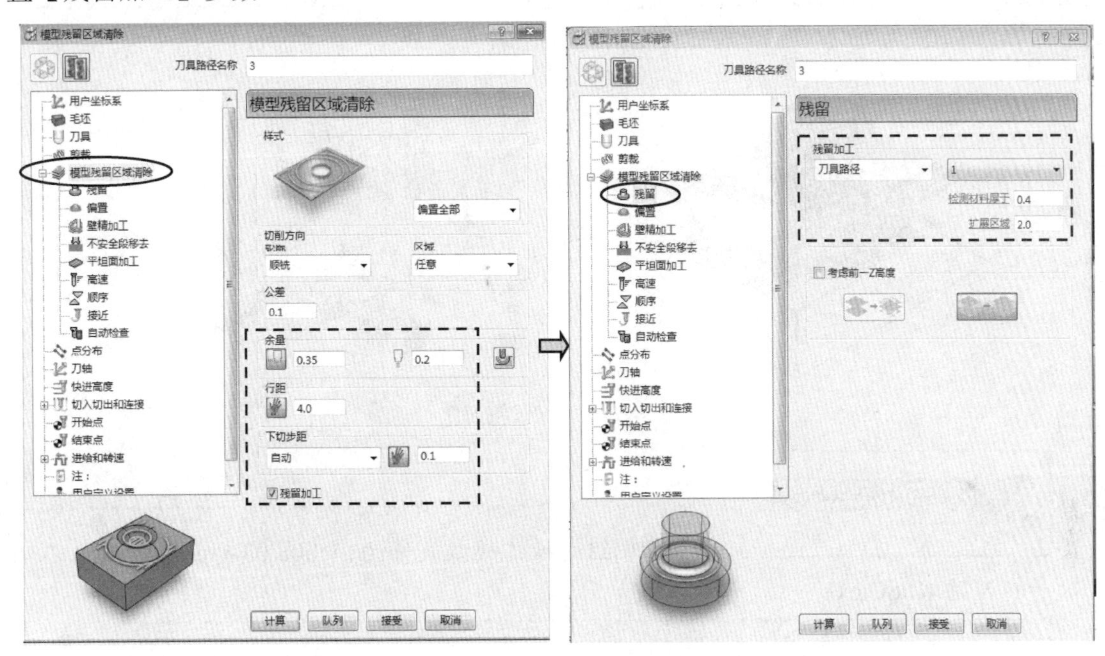

图 8-14　设二次开粗参数

不要关闭对话框，保持激活状态。

（3）设非切削参数。

在综合工具栏中单击【切入切出和连接】按钮，弹出【切入切出和连接】对话框。

在【切入】选项卡中，【第一选择】为“斜向”，设置【斜向选项】中的【最大左斜角】为 3°，【沿着】选“刀具路径”，勾选【仅闭合段】，【圆圈直径（TDU）】为 0.95 倍的刀具直径，【类型】选“相对”，【高度】为 0.5。目的是防止在封闭区域踩刀。

在【连接】选项卡中，修改【短】为“在曲面上”，【长】为“掠过”，其余参数默认，如图 8-15 所示，单击【应用】按钮，再单击【接受】按钮。

（4）单击【计算】按钮，观察生成的刀路，无误后单击【取消】按钮，产生的刀具路径如图 8-16 所示。

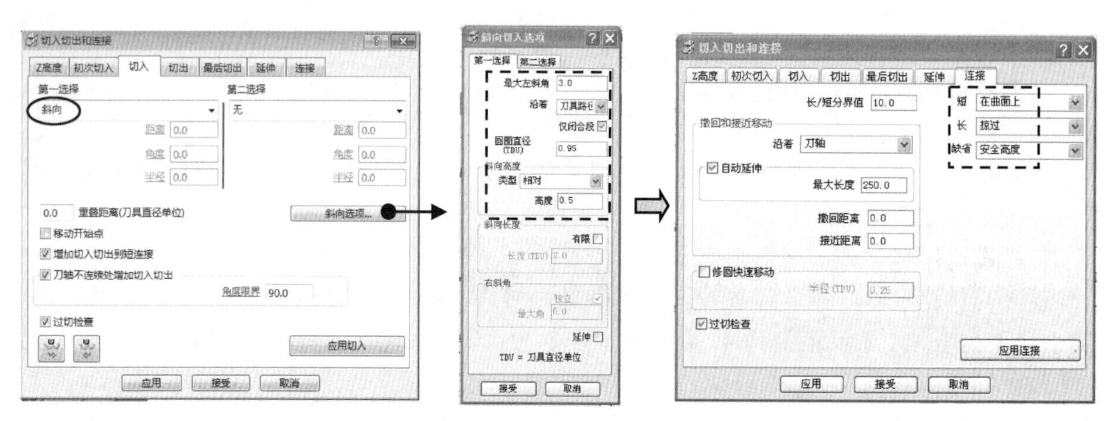

图 8-15　设非切削参数

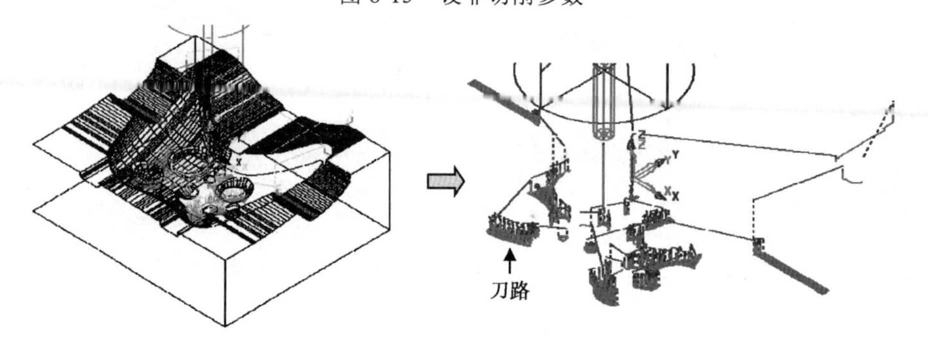

图 8-16　二次开粗刀路

以上程序组的操作视频文件为：\ch08\03-video\03-建立二次开粗刀路 K06C.exe

8.11　在程序文件夹 K06D 中建立三次开粗刀路

主要任务：建立 2 个刀具路径。第 1 个用 ED4 平底刀对上一刀 ED8 未加工的区域重点进行三次开粗；第 2 个为对未加工区域进一步进行清角。目的是减少电火花加工的加工量，缩短 EDM 加工时间。

在【资源管理器】中激活文件夹 K06D，再进行以下操作。

1. 对未加工的区域重点进行三次开粗

方法：复制刀路 3，改参数得到新刀路。

（1）复制刀具路径。

在【资源管理器】中选择文件夹 K06C 下的刀具路径 3，将其复制到文件夹 K06D 树枝下，并改名为 4。

（2）设切削参数。

激活刀具路径 4，并设置参数，编辑参数，按图 8-17 所示修改参数，【刀具】为 ED4，【侧余量】为 0.4，【步距】为 2，勾选【残留加工】复选框，并设置残留参数。

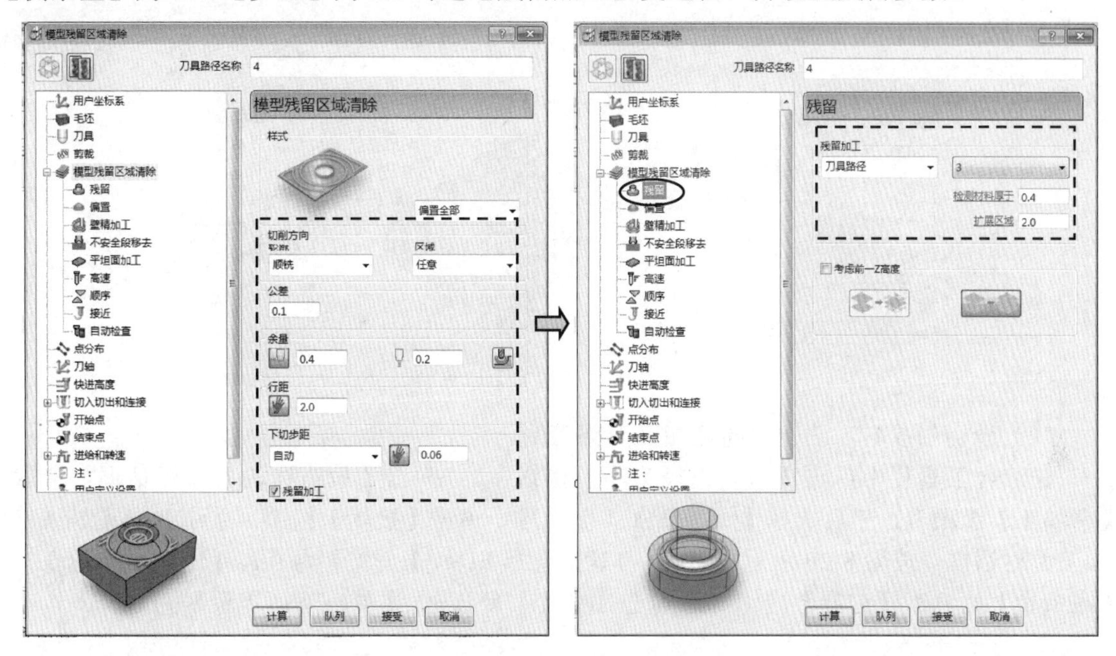

图 8-17　设三次开粗参数

不要关闭对话框，保持激活状态。

（3）设非切削参数。

设置方法与 8.10 节相同。

（4）单击【计算】按钮，观察生成的刀路，无误后单击【取消】按钮，产生的刀具路径如图 8-18 所示。

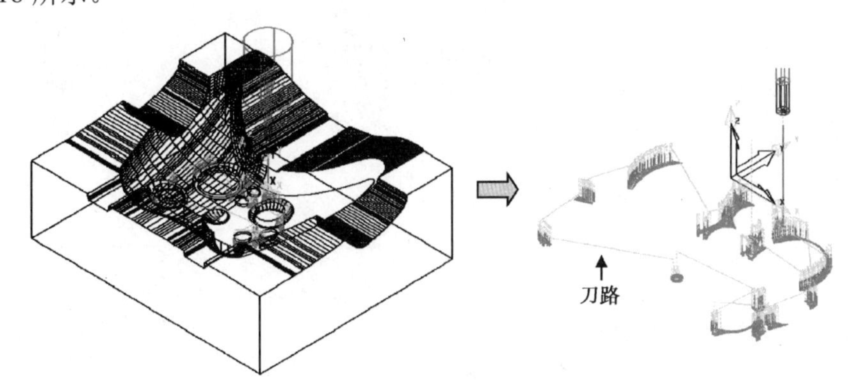

图 8-18　三次开粗刀路

2．对未加工区域进一步进行清角

方法：先创建残留边界，再用 ED4 进行进一步清角。

（1）创建加工边界。

在【资源管理器】中选择【边界】树枝并单击鼠标右键，在弹出的快捷菜单中选择【定义边界】|【残留】命令，在弹出的【残留边界】对话框中，按图 8-19 所示设置参数，单击【应用】按钮生成边界 1。

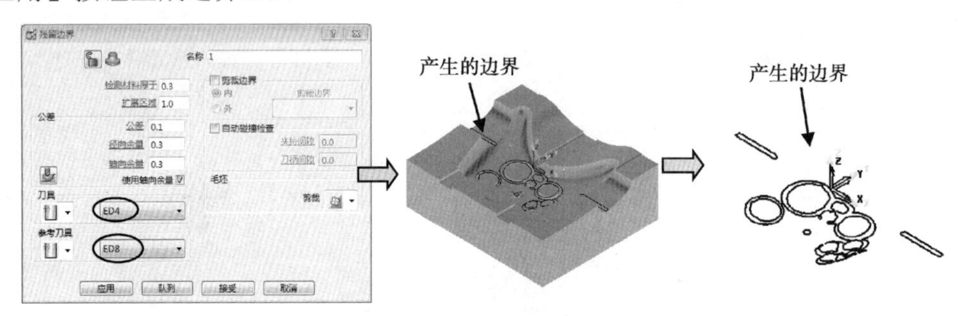

图 8-19　产生加工边界

（2）设切削参数，创建等高精加工刀路策略。

在综合工具栏中单击【刀具路径策略】按钮，弹出【策略选取器】对话框，选取【精加工】选项卡，然后选择【等高精加工】选项，单击【接受】按钮，系统弹出【等高精加工】对话框，按图 8-20 所示设置，【刀具】选择 ED4，【公差】为 0.1，【侧余量】为 0.3，【底余量】为 0.3，【边界】选“1”，勾选【螺旋】复选框，【最小下切步距】为 0.06。

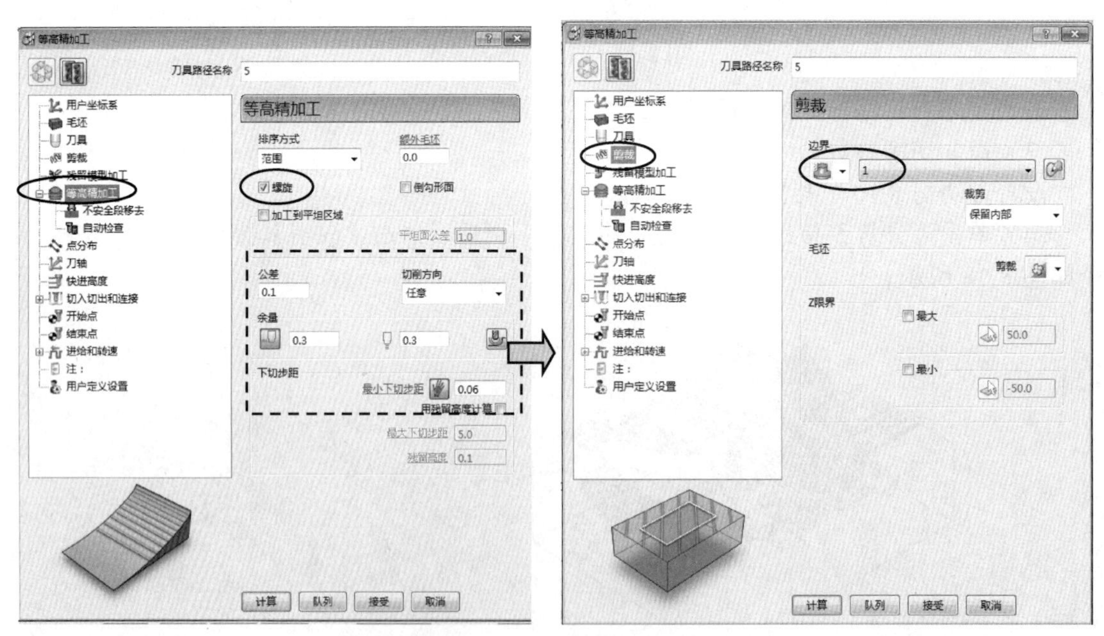

图 8-20　设等高精加工参数

（3）设非切削参数。

单击【切入切出和连接】按钮，弹出【切入切出和连接】对话框。

在【切入】选项卡中，【第一选择】为“垂直圆弧”，设置【角度】为 45°，【半径】

为 2，单击【切出和切入相同】按钮，目的是防止踩刀。

在【连接】选项卡中，修改【短】为“在曲面上”，【长】为“掠过”，其余参数默认，如图 8-21 所示。单击【应用】按钮，再单击【接受】按钮。

图 8-21　设非切削参数

（4）在【等高精加工】对话框单击【计算】按钮，观察生成的刀路，无误后单击【取消】按钮，产生的刀具路径如图 8-22 所示。

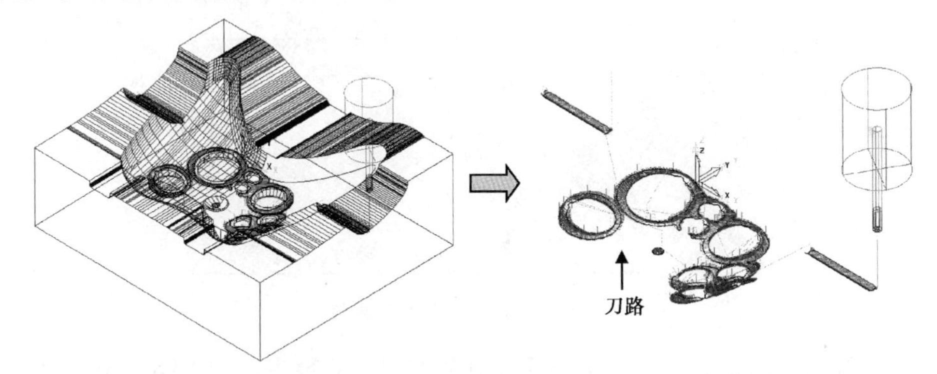

图 8-22　生成清角三次开粗

以上程序组的操作视频文件为：\ch08\03-video\04-建立三次开粗刀路 K06D.exe

8.12　在程序文件夹 K06E 中建立型腔中光刀路

主要任务：建立 1 个刀具路径，对前模型腔进行中光，用 ED8 平底刀，在【资源管理器】中激活文件夹 K06E，再进行以下操作。

方法：复制刀具路径 5，再修改参数。

（1）复制刀具路径。

在【资源管理器】中，右击 K06D 中的刀具路径 5，在弹出的快捷菜单中选择【编辑】|【复制刀具路径】命令，将其复制到 K05E 中，并改名为 6。

（2）设中光刀路的加工参数。

激活刀具路径 6，并设置参数，系统弹出【等高精加工】对话框，单击，编辑参数，按图 8-23 所示设置，【刀具】选择 ED8，【公差】为 0.1，侧面【余量】为 0.25，底余量为 0.2，【边界】选空白，【最小步距】为 0.12，其余不变。

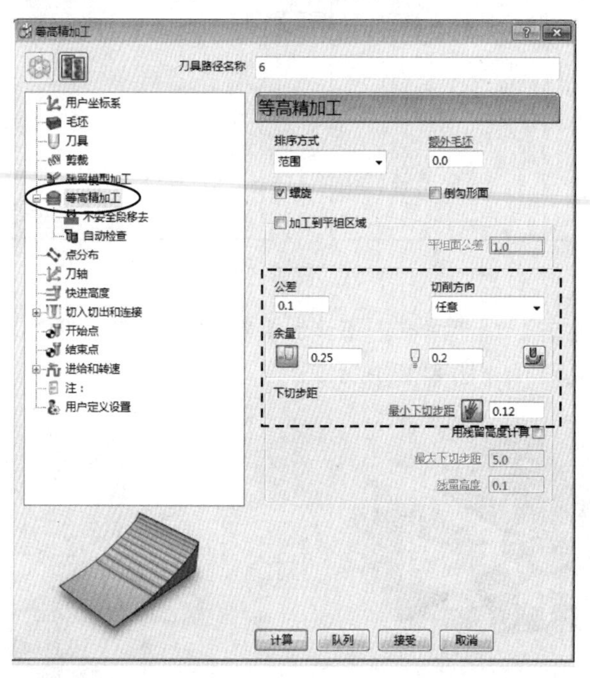

图 8-23　设等高精加工参数

（3）在【等高精加工】对话框单击【计算】按钮，观察生成的刀路，无误后单击【取消】按钮，产生的刀具路径如图 8-24 所示。

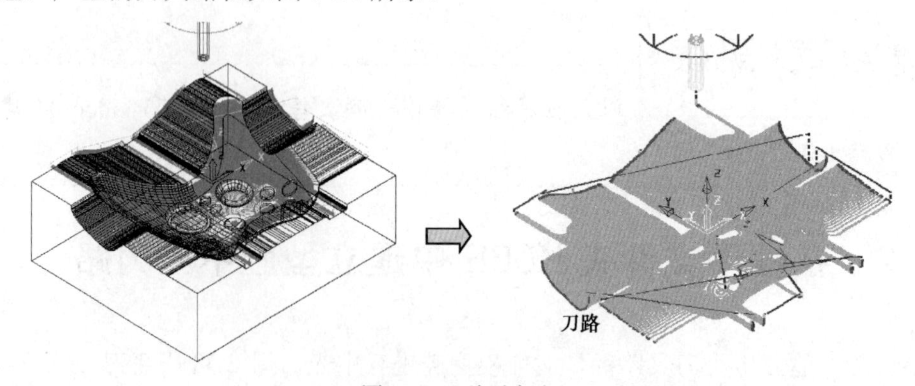

图 8-24　型面中光

以上程序组的操作视频文件为: \ch08\03-video\05-建立型腔中光刀路 K06E.exe

8.13 在程序文件夹 K06F 中建立 PL 分型面光刀

主要任务：建立 2 个刀具路径，第 1 个为枕位面光刀，用 BD8R4 球头刀；第 2 个为另一部分 PL 分型面光刀。

在【资源管理器】中激活文件夹 K05F，再进行以下操作。

1. PL 分型面光刀

方法：先做接触点边界，再用平行精加工方式进行加工。

（1）创建加工边界。

在图形上选取要加工的曲面，在【资源管理器】中选择【边界】树枝并单击鼠标右键，在弹出的快捷菜单中选择【定义边界】|【接触点】命令，在弹出的【接触点边界】对话框中，选择【模型】按钮，生成边界如图 8-25 所示，单击【接受】按钮。

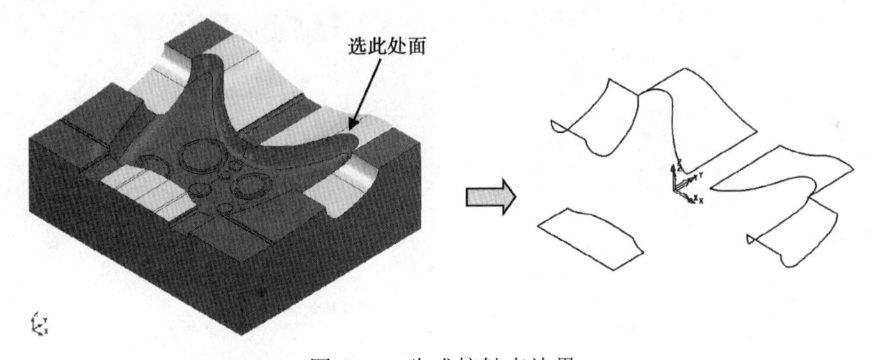

图 8-25　生成接触点边界

（2）创建平行精加工刀路策略。

在综合工具栏中单击【刀具路径策略】按钮，弹出【策略选取器】对话框，选取【精加工】选项卡，然后选择【平行精加工】选项，单击【接受】按钮，系统弹出【平行精加工】对话框，按图 8-26 所示设置参数，【刀具】选择 BD8R4，【公差】为 0.01。单击【余量】按钮，设置侧面余量为 0，底部余量为 0，【行距】为 0.12，【边界】为“2”，【角度】为 45°，加工顺序【样式】为“双向”。

（3）设非切削参数，设置切入切出和连接参数。

单击【切入切出和连接】按钮，弹出【切入切出和连接】对话框。

在【切入】选项卡中，【第一选择】为“无”，单击【切出和切入相同】按钮。

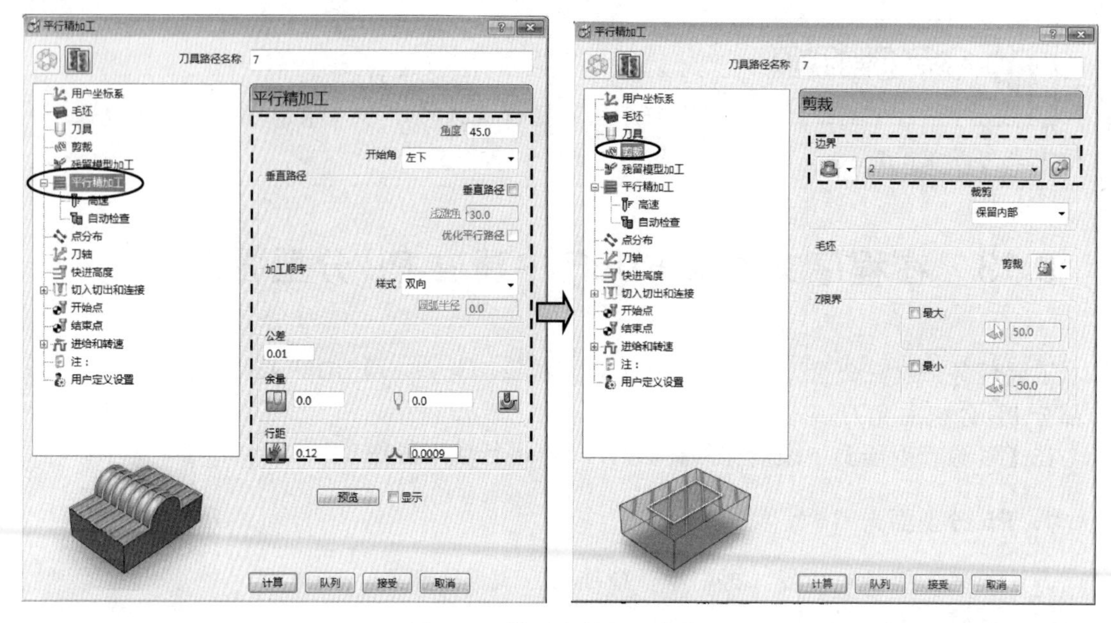

图 8-26　设平行精加工参数

在【连接】选项卡中，修改【短】为“在曲面上”，【长】为“安全高度”，其余参数默认，如图 8-27 所示。单击【应用】按钮，再单击【接受】按钮。

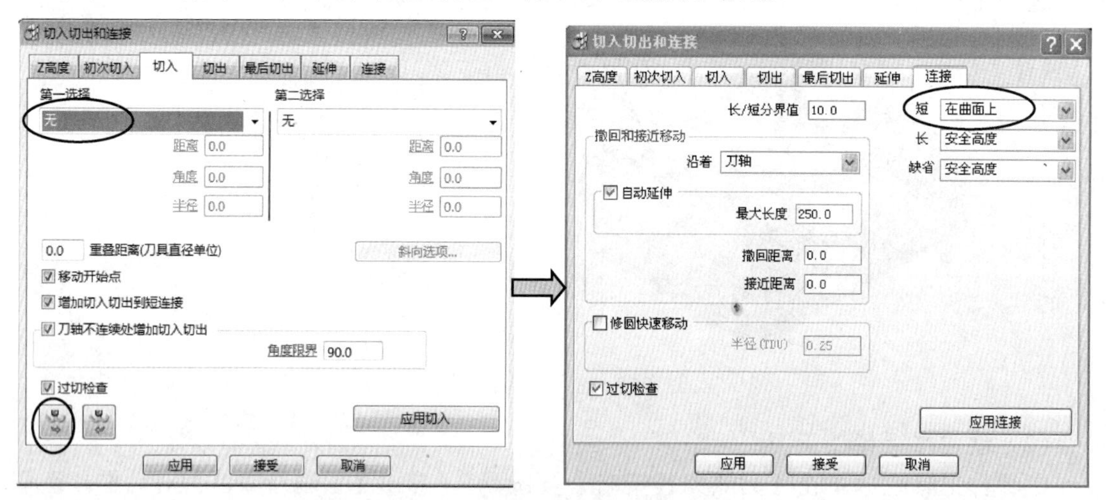

图 8-27　设切入切出和连接参数

（4）生成刀路。

在【平行精加工】对话框单击【计算】按钮，观察生成的刀路，无误后单击【取消】按钮，产生的刀具路径如图 8-28 所示。

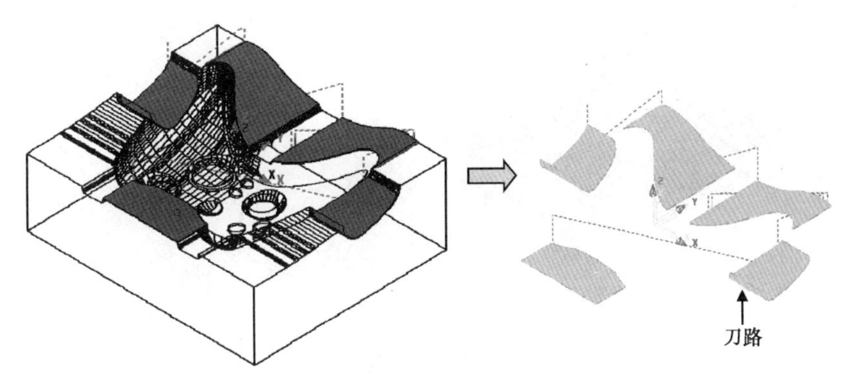

图 8-28　生成枕位光刀

2. 另一部分 PL 面光刀

方法：先做曲面边界，再用复制刀具路径的方法生成新刀路。单独做该刀具路径的目的，是防止在半圆枕位尖角处刀路弯曲，而产生钝角。

（1）创建加工边界。

在图形上选取要加工的 PL 曲面，在【资源管理器】中选择【边界】树枝并单击鼠标右键，在弹出的快捷菜单中选择【定义边界】|【已选曲面】命令，在弹出的【已选曲面边界】对话框中，按图 8-29 所示设置参数，选择【应用】按钮，生成边界 3，单击【接受】按钮。

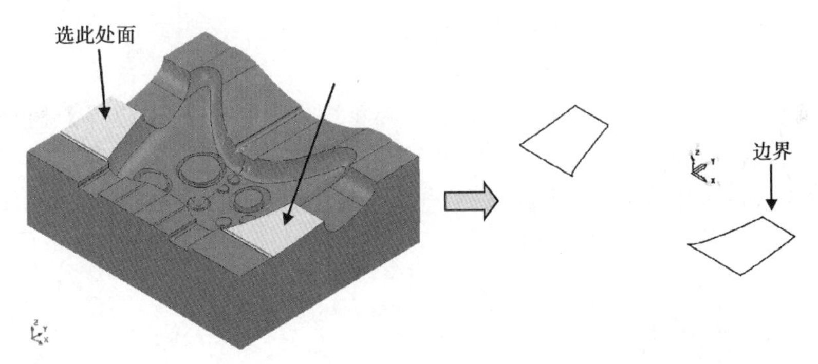

图 8-29　生成接触点边界

（2）设切削参数，创建平行精加工刀路策略。

复制刀具路径 7，改名为 8，激活它，并设置参数，改【边界】为“3”，其余参数不变。

（3）生成刀路。

单击【计算】按钮，观察生成的刀路，无误后单击【取消】按钮，产生的刀具路径如图 8-30 所示。

以上程序组的操作视频文件为：\ch08\03-video\06-建立 PL 分型面光刀 K06F.exe

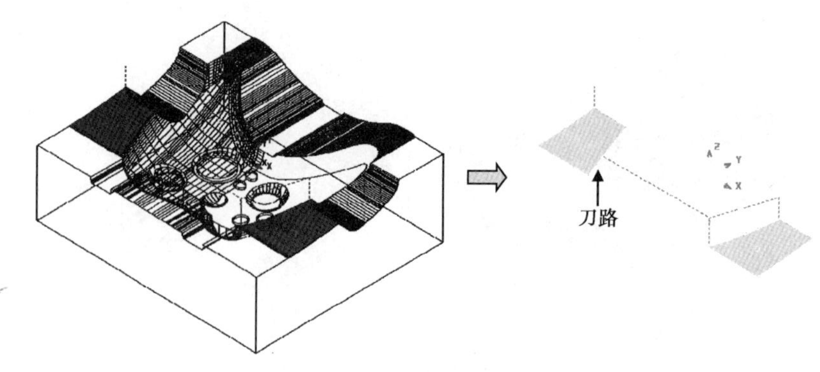

图 8-30　生成半圆枕位光刀

8.14　在程序文件夹 K06G 中建立枕位光刀

主要任务：建立 3 个刀具路径，第 1 个为枕位曲面光刀，用 ED4 平底刀；第 2 个为枕位底面光刀；第 3 个为 PL 清根光刀。

在【资源管理器】中激活文件夹 K06G，再进行以下操作。

1. 枕位曲面光刀

方法：先做枕位曲面边界，再用等高精加工进行加工。

（1）创建加工边界。

在图形上选取要加工的模锁曲面，在【资源管理器】中选择【边界】树枝并单击鼠标右键，在弹出的快捷菜单中选择【定义边界】|【已选曲面】命令，在弹出的【已选曲面边界】对话框中，按图 8-31 所示设置参数，选择【应用】按钮，生成边界 4，单击【接受】按钮。

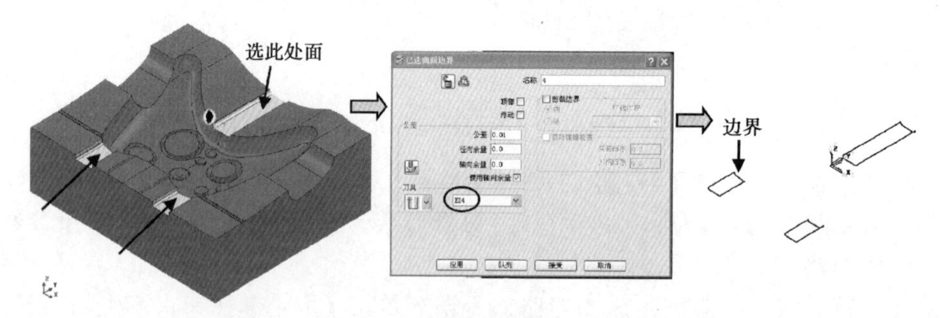

图 8-31　生成曲面边界

（2）延伸边界。

目的是使刀具路径在枕位边缘切削干净。

在【资源管理器】中的【边界】树枝中，右击边界 4，在弹出的快捷菜单中选【编辑】|【变换】命令，在工具栏里选取【3D 光顺】，在弹出的参数框中输入 0.5，单击按钮，观察边界已经发生变化。

（3）设切削参数，创建等高精加工刀路策略。

在综合工具栏中单击【刀具路径策略】按钮，弹出【策略选取器】对话框，选取【精加工】选项卡，然后选择【等高精加工】选项，单击【接受】按钮，系统弹出【等高精加工】对话框。按图 8-32 所示设置参数，【刀具】选择 ED4，【公差】为 0.01。单击【余量】按钮，设置侧面余量为 0，底部余量为 0，【最小下切步距】为 0.03，【最大下切步距】为 0.03，【边界】为“4”。

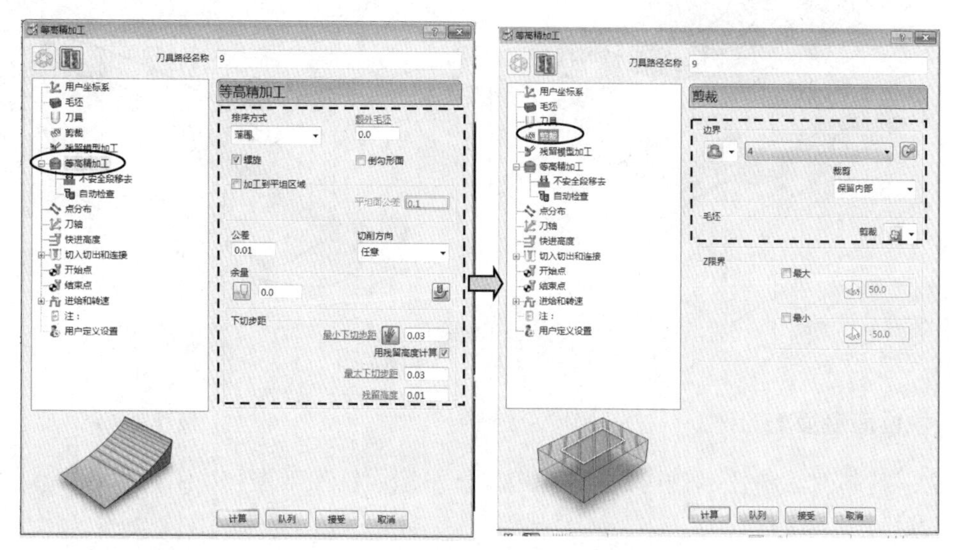

图 8-32　设等高精加工参数

（4）非切削参数。

单击【切入切出和连接】按钮，弹出【切入切出和连接】对话框。

在【切入】选项卡中，【第一选择】为“水平圆弧，【角度】为 45°，【半径】为 2，单击【切出和切入相同】按钮，使切出参数与切入参数相同。

在【连接】选项卡中，修改【短】为“在曲面上”，【长】为“安全高度”，其余参数默认，如图 8-33 所示。单击【应用】按钮，再单击【接受】按钮。

图 8-33　设切入切出和连接参数

（5）生成刀路。

在【等高精加工】对话框单击【计算】按钮，观察生成的刀路，无误后单击【取消】按钮，产生的刀具路径如图 8-34 所示。

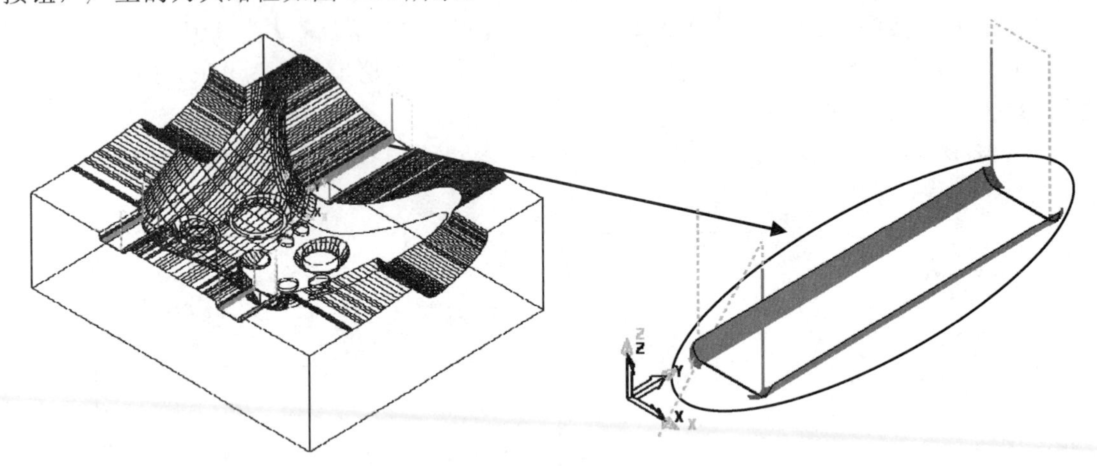

图 8-34　生成枕位曲面光刀

2. 枕位面底面光刀

方法：复制刀具路径 2，再改参数，用平行平坦面精加工进行加工。

（1）复制刀具路径。

在【资源管理器】中选择文件夹 K06B 下的刀具路径 2，将其复制到文件夹 K06G 树枝下，并改名为 10。

（2）设切削参数。

激活刀具路径 10，并设置参数，编辑参数，按图 8-35 所示修改参数，【刀具】为 ED4，【侧余量】为 0，【底余量】为 0，【步距】为 2，【边界】为“4”，【角度】为 90°。

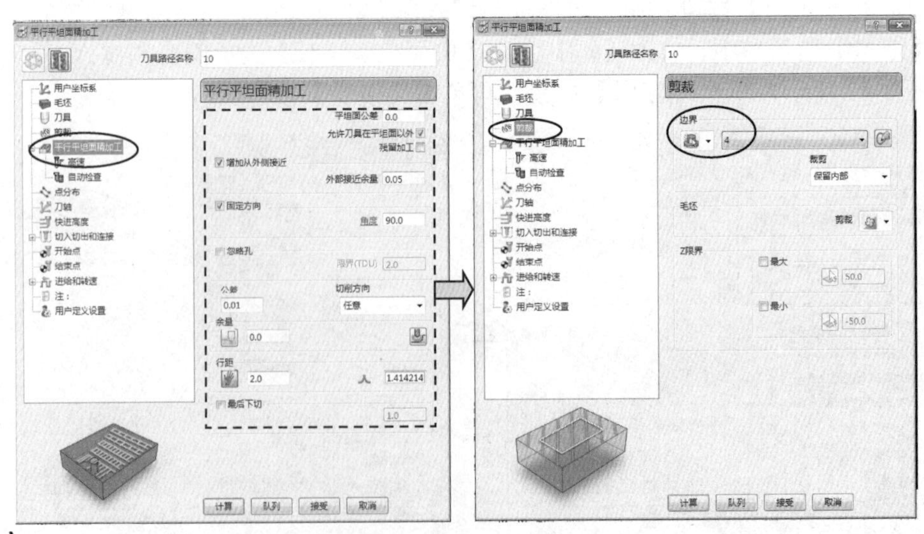

图 8-35　设定切削参数

（3）生成刀路。

在【平行平坦面精加工】对话框中，单击【计算】按钮，观察生成的刀路，无误后单击【取消】按钮，产生的刀具路径如图 8-36 所示。

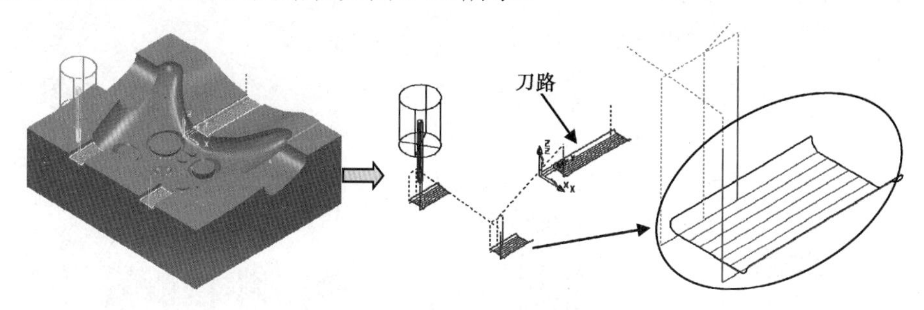

图 8-36　生成枕位底光刀

3. PL 清根光刀

方法：先创建参考线，然后据此做参考线精加工刀具路径。值得注意的是，要将加工线偏置一个刀具半径作为刀具路径中心线。

（1）产生参考线。

在图形上先选择四个 PL 平位面。

在目录树中右击【参考线】，在弹出的快捷菜单中选择【产生参考线】，于是出现了 > 1，激活并右击它，在弹出的快捷菜单中选择【插入】|【模型】。于是，在图形上产生了参考线，如图 8-37 所示。

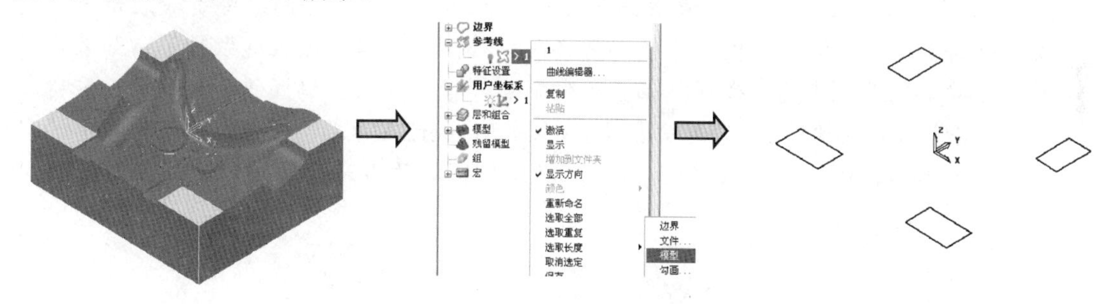

图 8-37　产生曲面边缘线

在图形上框选所有的参考线，右击鼠标，在弹出的快捷菜单中选择【曲线编辑器】，单击取【分割已选】按钮，将这些线条先打段。然后再按图 8-38 所示，选择要删除的线段，按删除键 Del，将其删除。

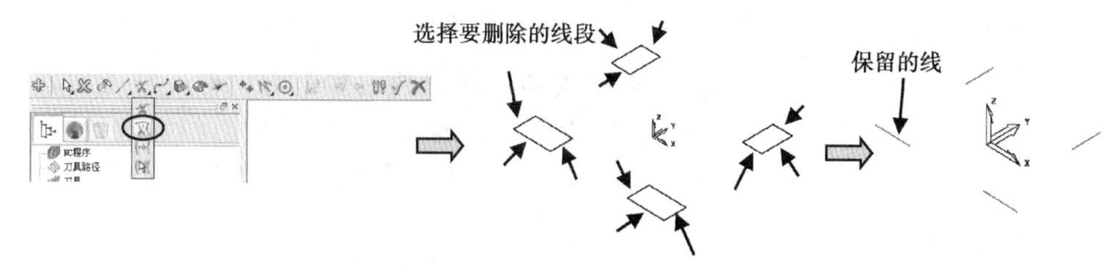

图 8-38　删除不需要的线段

在【曲线编辑器】工具栏中单击【方向指示】按钮，以显示参考线的方向，再单击【接受改变】按钮。在目录树中右击 1，在弹出的快捷菜单中选择【编辑】|【变换】|【偏置】，在参数表中输入“-2”，再单击【接受改变】按钮。于是，在图形上就产生了偏置的参考线，如图 8-39 所示。

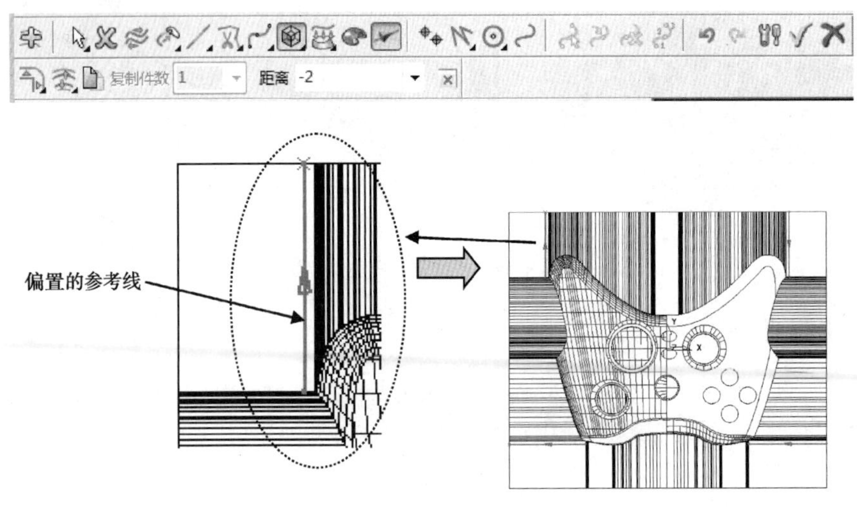

图 8-39　产生偏置参考线

小提示

先显示参考线的方向，再确定偏置的方向。给负数表示向左补偿，否则为向右补偿。本例四条线都需要向左补偿，所以一次性就做对了。如果今后遇到类似多个线，但发现个别线偏置方向不对，可以分别将偏置错的线删除，重新单独做。笔者认为该软件 2d 加工功能没有 UG、MasterCAM 那样灵活。但还是希望读者灵活掌握 PowerMILL 的 2d 加工功能，以便使所编的刀路能适应千变万化的现实情况。

（2）设定参考线精加工切削参数。

在综合工具栏中单击【刀具路径策略】按钮，弹出【策略选取器】对话框，选取【精加工】选项卡，然后选择【参考线精加工】选项，单击【接受】按钮，系统弹出【参考线精加工】对话框，按图 8-40 所示设置参数，【刀具】选择 ED4，【公差】为 0.01，设【余量】为 0，【边界】选空白，【参考线】为 1。

（3）设非切削参数。

单击【切入切出和连接】按钮，弹出【切入切出和连接】对话框。在【切入】选项卡中，【第一选择】为“直”，【距离】为 5，【角度】为 0，单击【切出和切入相同】按钮。

【连接】选项卡中，【短】为“安全高度”，【长】为“安全高度”，其余不变，如图 8-41 所示，单击【应用】按钮，再单击【接受】按钮。

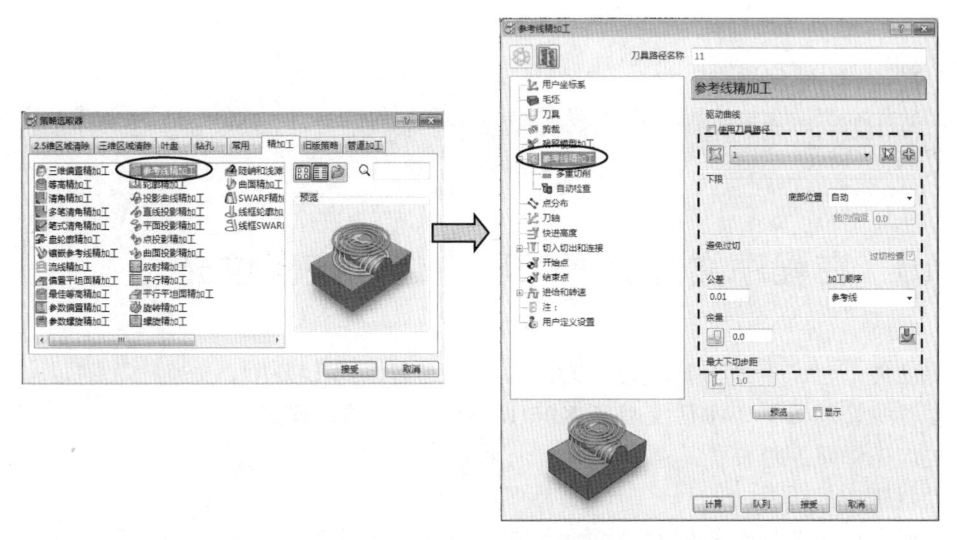

图 8-40　设定参考线精加工参数

图 8-41　设切入切出和连接参数

（4）在【参考线精加工】对话框中，单击【计算】按钮，产生的刀具路径 11 如图 8-42 所示。

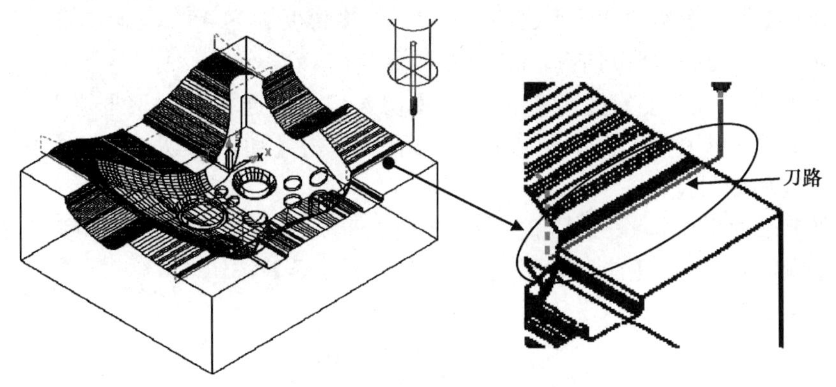

图 8-42　产生 PL 清根刀路

以上程序组的操作视频文件为：\ch08\03-video\07-建立枕位光刀 K06G.exe

8.15 在程序文件夹 K06H 中建立碰穿位光刀

主要任务：建立 1 个刀具路径，为碰穿曲面光刀，用 BD3R1.5 球刀。

在【资源管理器】中激活文件夹 K06H，再做以下的操作。

方法：先做碰穿位曲面边界，再用平行精加工方式进行加工。

（1）创建加工边界。

在图形上选取要加工的碰穿位曲面，在【资源管理器】中选择【边界】树枝并单击鼠标右键，在弹出的快捷菜单中选择【定义边界】|【接触点】命令，生成边界 5，如图 8-43 所示。

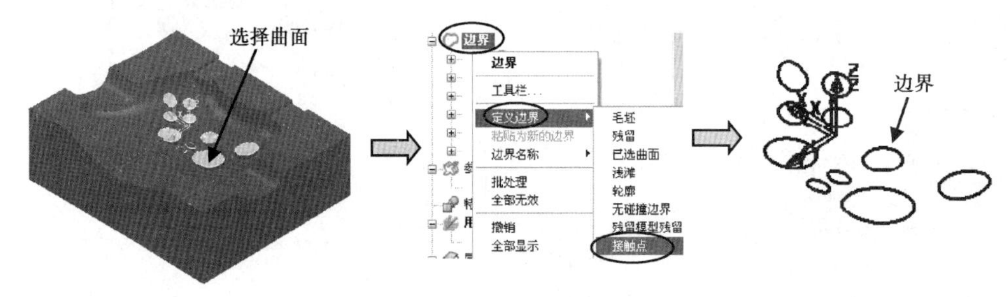

图 8-43 产生边界线

（2）设切削参数，创建平行精加工刀路策略。

在综合工具栏中单击【刀具路径策略】按钮，弹出【策略选取器】对话框，选取【精加工】选项卡，然后选择【平行精加工】选项，单击【接受】按钮，系统弹出【平行精加工】对话框，按图 8-44 所示设置参数，【刀具】选择 BD3R1.5，【公差】为 0.01，设【余量】为 0.05，【行距】为 0.08，【边界】为“5”，【角度】为 45º，【样式】为“双向”。

（3）设非切削参数，设置切入切出和连接参数。

单击【切入切出和连接】按钮，弹出【切入切出和连接】对话框。

在【切入】选项卡中，【第一选择】为“无”，单击【切出和切入相同】按钮，使切出参数与切入参数相同。

在【连接】选项卡中，修改【短】为“在曲面上”。【长】为“安全高度”，其余参数默认，如图 8-45 所示。单击【应用】按钮，再单击【接受】按钮。

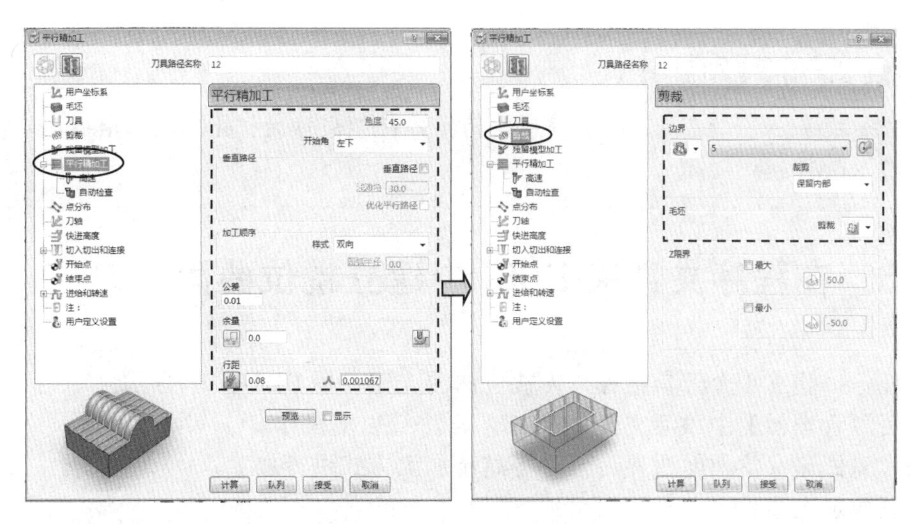

图 8-44　设平行精加工参数

图 8-45　设切入切出和连接参数

（4）生成刀路。

在【平行精加工】对话框单击【计算】按钮，观察生成的刀路，无误后单击【取消】按钮，产生的刀具路径如图 8-46 所示。

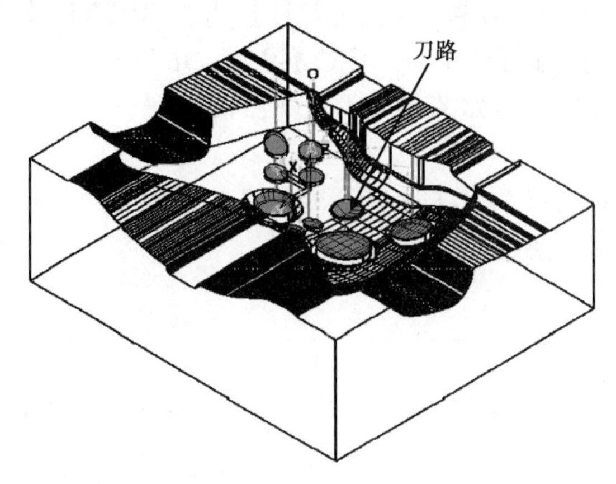

图 8-46　生成碰穿位光刀

以上程序组的操作视频文件为: \ch08\03-video\08-建立碰穿位光刀 K06H.exe

8.16 在程序文件夹 K06I 中建立枕位曲面光刀

主要任务：建立 1 个刀具路径，为枕位曲面光刀，用 BD2R1 球刀。

在【资源管理器】中激活文件夹 K06I，再进行以下操作。

方法：先做碰穿位曲面边界，再用等高精加工方式进行加工。

（1）创建加工边界。

在图形上选取要加工的曲面，在【资源管理器】中选择【边界】树枝并单击鼠标右键，在弹出的快捷菜单中选择【定义边界】|【接触点】命令，生成边界 6，如图 8-47 所示。

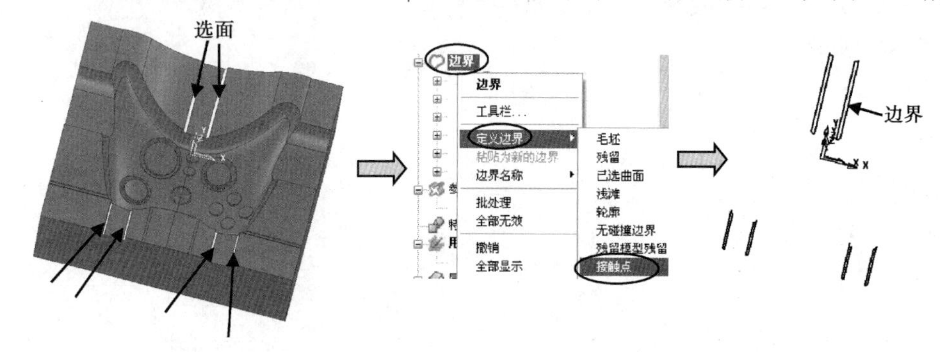

图 8-47 产生边界线

（2）设切削参数，创建等高精加工刀路策略。

在综合工具栏中单击【刀具路径策略】按钮，弹出【策略选取器】对话框，选取【精加工】选项卡，然后选择【等高精加工】选项，单击【接受】按钮，系统弹出【等高精加工】对话框，按图 8-48 所示设置参数，【刀具】选择 BD2R1，【公差】为 0.01，设【余量】为 0.0，【最小下切步距】为 0.03，【边界】为“6”。

（3）检查设非切削参数，与如图 8-45 所示相同。

（4）生成刀路。

在【等高精加工】对话框单击【计算】按钮，观察生成的刀路，无误后单击【取消】按钮，产生的刀具路径如图 8-49 所示。

以上程序组的操作视频文件为: \ch08\03-video\09-创建枕位曲面光刀 K06I.exe

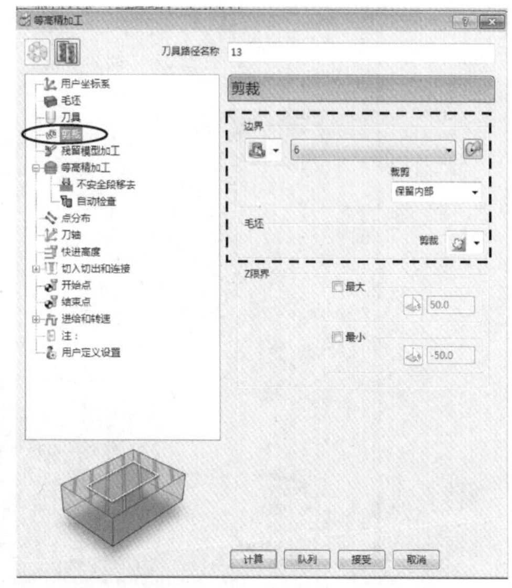

图 8-48　设置等高精加工参数

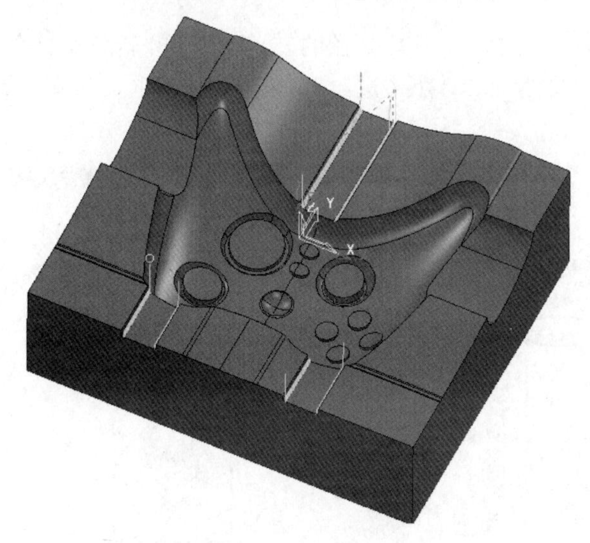

图 8-49　生成枕位光刀

8.17　设定转速和进给速度

主要任务：集中设定各个刀具路径的转速和进给速度。

（1）设定 K06A 文件夹的各个刀具路径的转速为 2500 转/分，进给速度为 2000 毫米/分。

在【资源管理器】目录树中，展开各个刀路，右击第 1 个刀具路径，使其激活。

单击综合工具栏中的【进给和转速】按钮，弹出【进给和转速】对话框，按图 8-50 所示设置参数，单击【应用】按钮，不要退出该对话框。

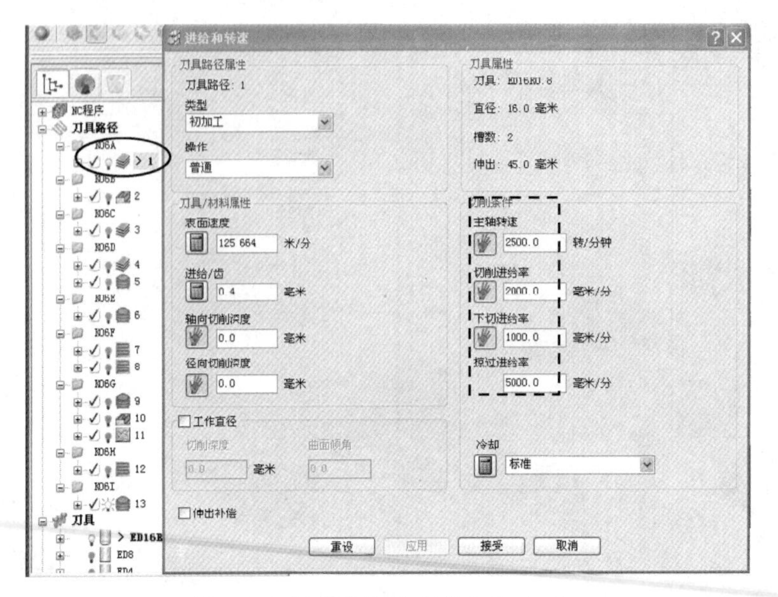

图 8-50　设置进给和转速参数（一）

（2）设定 K06B 文件夹的各个刀具路径的转速为 2500 转/分，进给速度为 150 毫米/分。

在文件夹中激活刀具路径 2，在【进给和转速】对话框，按图 8-51 所示设置参数，单击【应用】按钮。

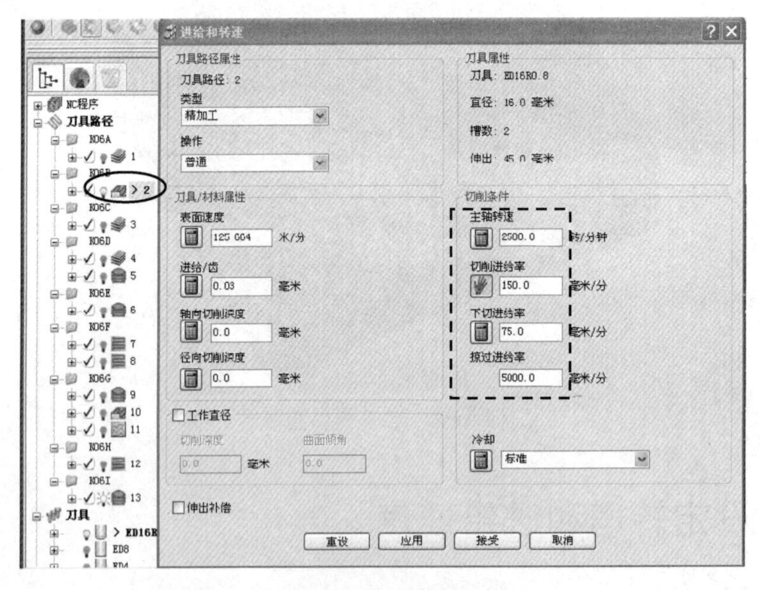

图 8-51　设置进给和转速参数（二）

（3）设定 K06C 文件夹的各个刀具路径的转速为 3500 转/分，进给速度为 1500 毫米/分。

在文件夹中激活刀具路径 3，在【进给和转速】对话框，按图 8-52 所示设置参数，单击【应用】按钮。

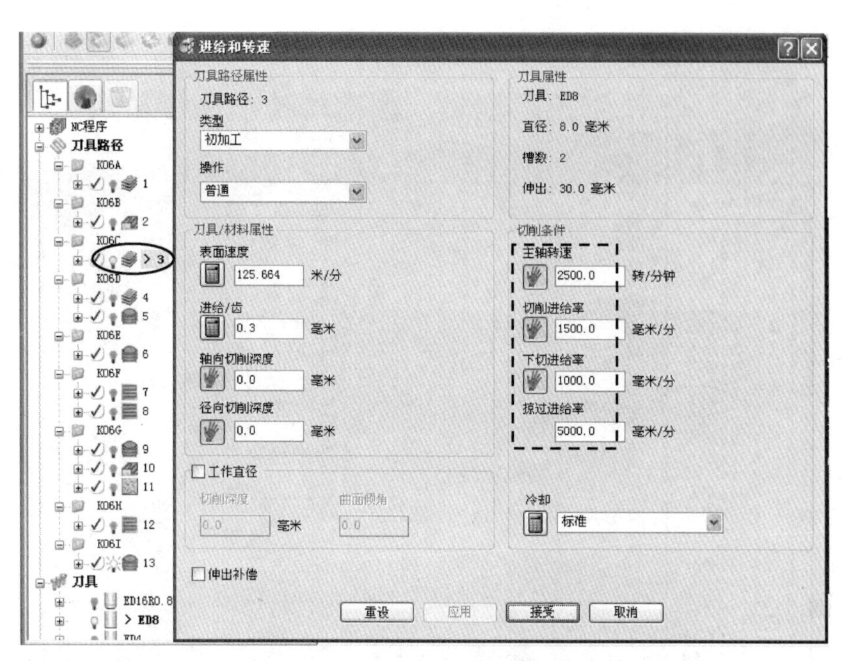

图 8-52　设置进给和转速参数（三）

（4）设定 K06D 文件夹的各个刀具路径的转速为 4000 转/分，进给速度为 1200 毫米/分。

展开文件夹，激活刀具路径 4，在【进给和转速】对话框，按图 7-53 所示设置参数，单击【应用】按钮，同理设定刀具路径 5。

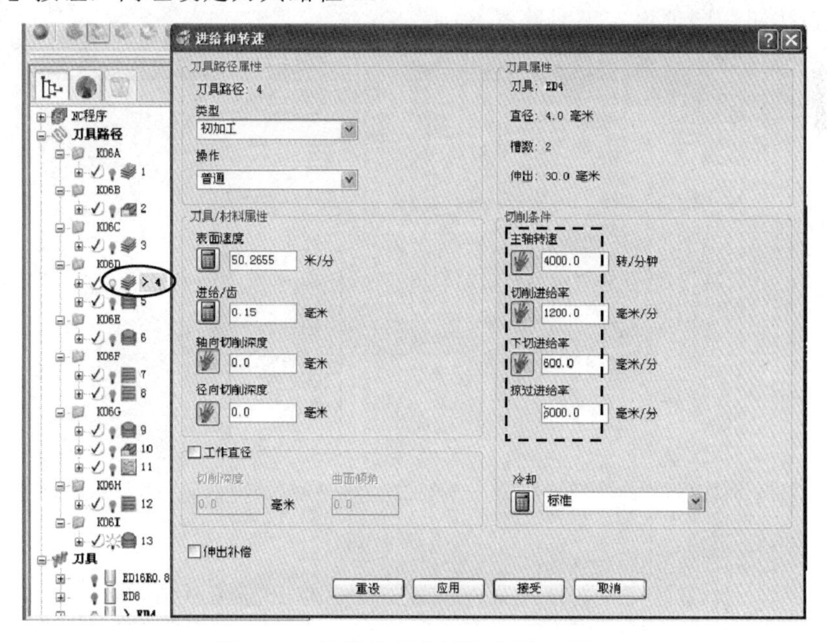

图 8-53　设置进给和转速参数（四）

（5）设定 K06E 文件夹的各个刀具路径的转速为 4000 转/分，进给速度为 1100 毫米/分。

展开文件夹，激活刀具路径 6，在【进给和转速】对话框，按图 8-54 所示设置参数，

单击【应用】按钮。

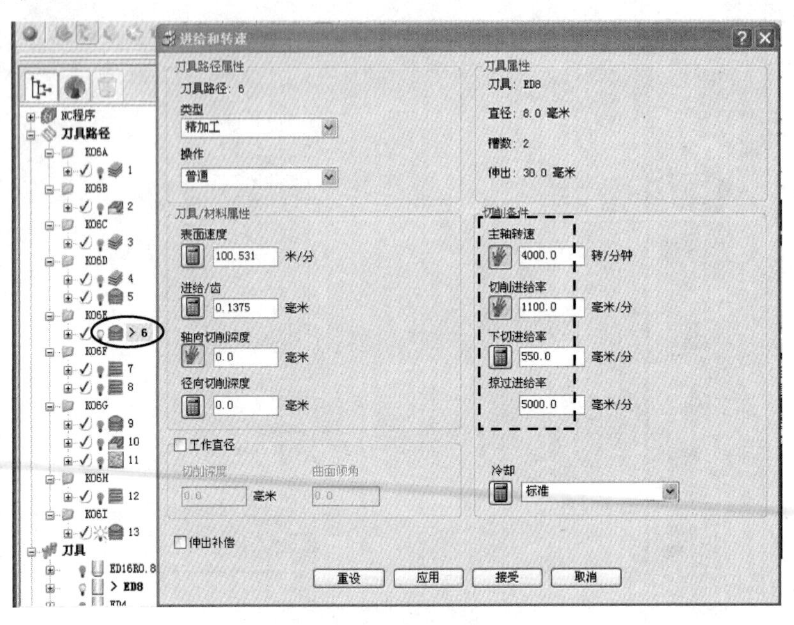

图 8-54　设置进给和转速参数（五）

（6）设定 K06F 文件夹的各个刀具路径的转速为 4500 转/分，进给速度为 1500 毫米/分。

展开文件夹，先激活刀具路径 7，在【进给和转速】对话框，按图 8-55 所示设置参数，单击【应用】按钮，同理设定刀具路径 8。

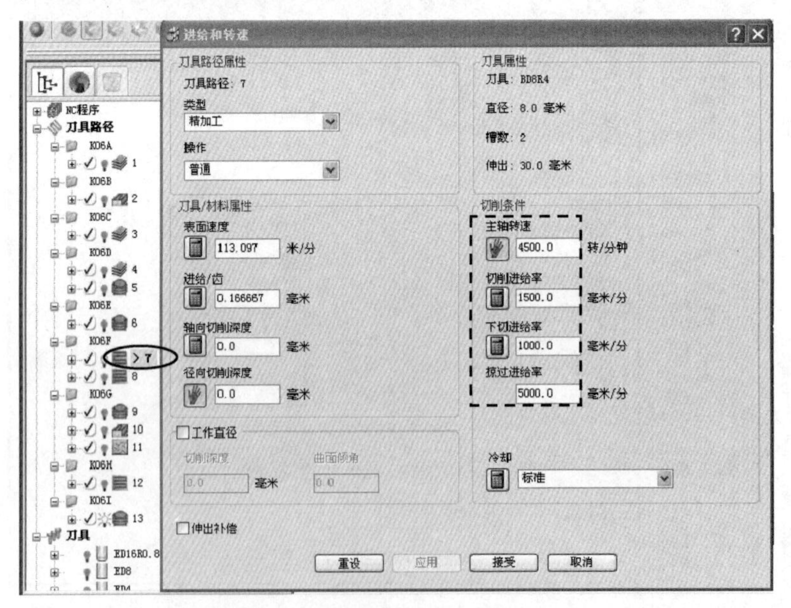

图 8-55　设置进给和转速参数（六）

（7）设定 K06G 文件夹的各个刀具路径的转速为 4000 转/分，进给速度为 800 毫米/分。

展开文件夹，先激活刀具路径 9，在【进给和转速】对话框，按图 8-56 所示设置参数，

单击【应用】按钮，同理设定刀具路径 10 及 11。

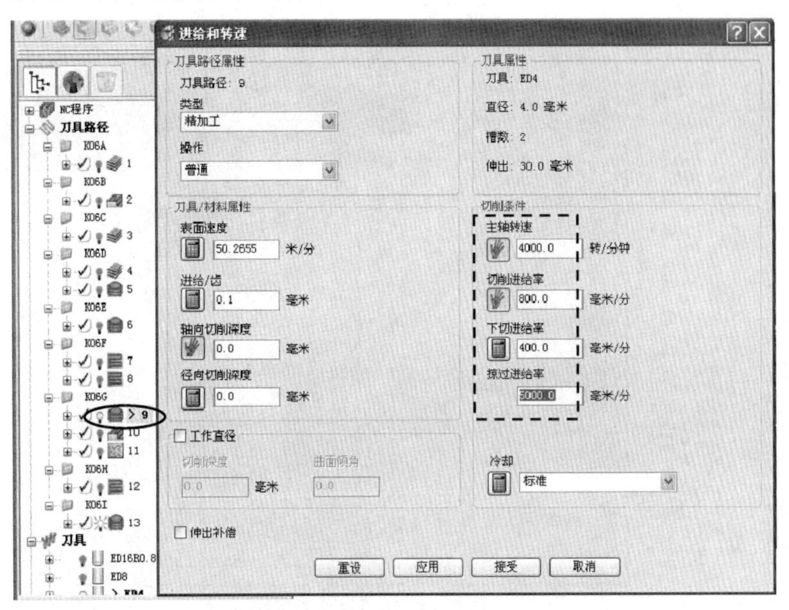

图 8-56　设置进给和转速参数（七）

（8）设定 K06H 文件夹的各个刀具路径的转速为 5500 转/分，进给速度为 1100 毫米/分。

展开文件夹，先激活刀具路径 12，在【进给和转速】对话框，按图 8-57 所示设置参数，单击【应用】按钮。

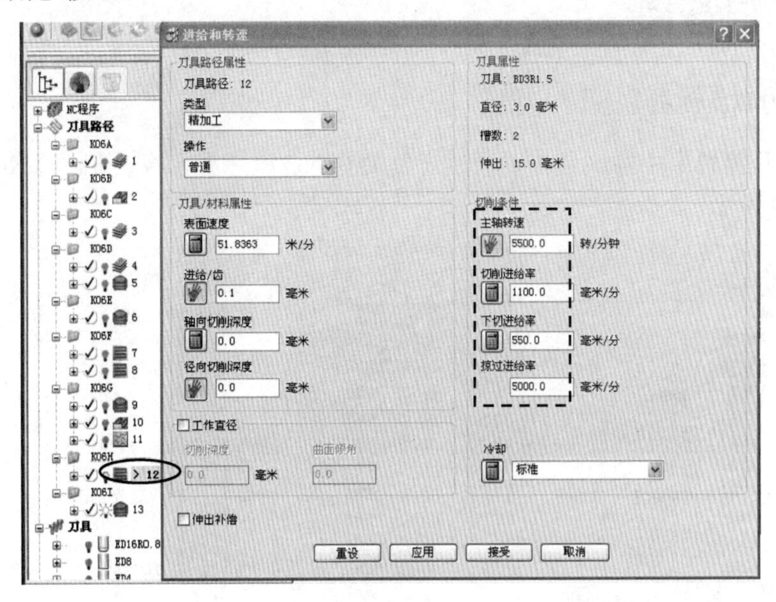

图 8-57　设置进给和转速参数（八）

（9）设定 K06I 文件夹的各个刀具路径的转速为 5500 转/分，进给速度为 550 毫米/分。

展开文件夹，先激活刀具路径 13，在【进给和转速】对话框，按图 8-58 所示设置参数，单击【应用】按钮。

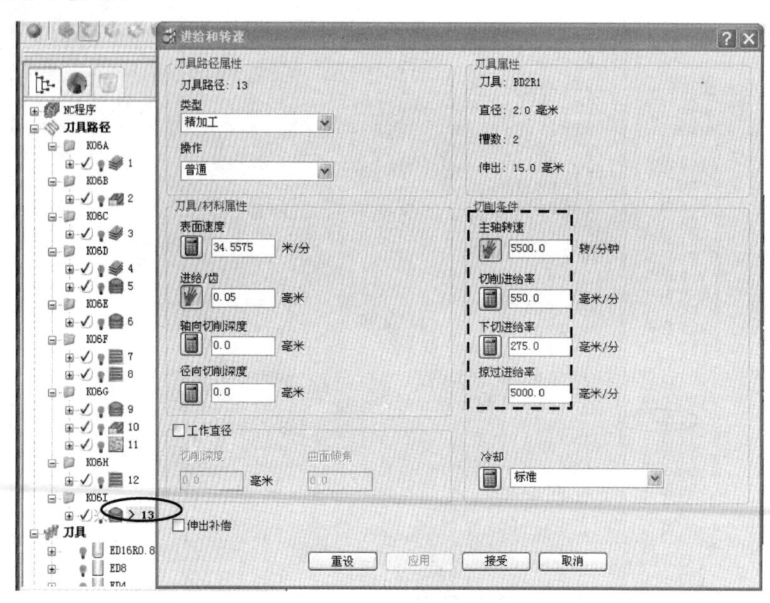

图 8-58　设置进给和转速参数（九）

单击【接受】按钮。

8.18　后处理

1. 建立刀具文件夹

先将【刀具路径】中的文件夹，通过【复制为 NC 程序】命令复制到【NC 程序】树枝中，如图 8-59 所示。

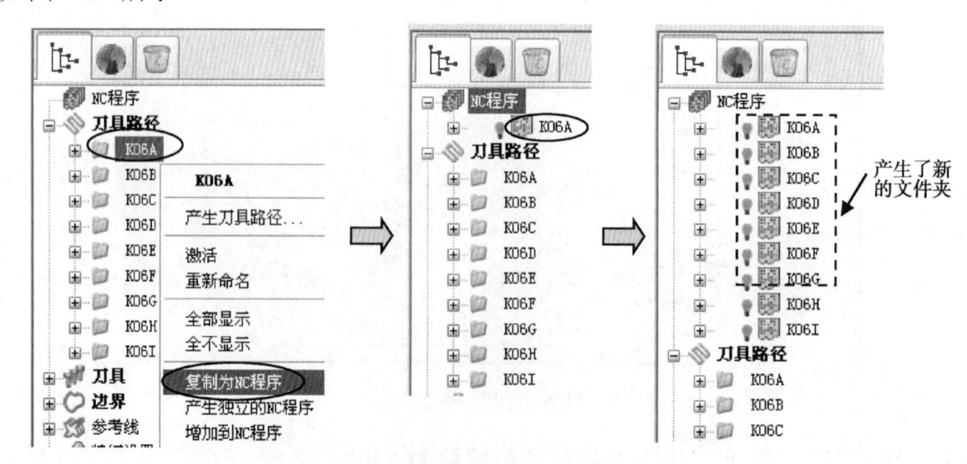

图 8-59　产生新文件夹

2．复制后处理器

把配套的后处理器文件\ch14\02-finish\ pmbook-14-1-ok.opt 复制到 C:\dcam\ config 目录。

3．编辑已选后处理参数

在屏幕左侧的【资源管理器】中，选择【NC 程序】树枝，单击鼠标右键，在弹出的快捷菜单中选择【编辑全部】命令，系统弹出【编辑全部 NC 程序】对话框，选择【输出】选项卡，其中的【输出文件】中要删去隐含的空格。【机床选项文件】可以单击浏览按钮 选择之前提供的 pmbook-14-1-ok.opt 后处理器，【输出用户坐标系】为“1”，单击【应用】按钮，再单击【接受】按钮。

4．输出写入 NC 文件

在屏幕左侧的【资源管理器】中，选择【NC 程序】树枝，单击鼠标右键，在弹出的快捷菜单中选择【全部写入】命令，系统会自动把各个文件夹，按照以其文件夹的名称作为 NC 文件名，输出到用户图形所在目录的子目录中，如图 8-60 所示。

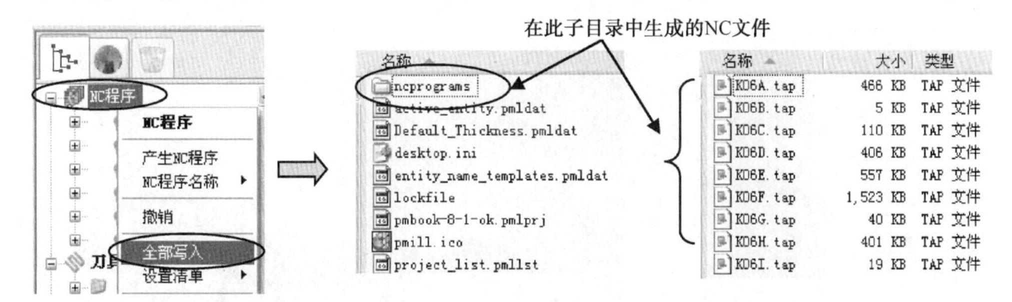

图 8-60　生成 NC 数控程序

8.19　程序检查

1．干涉及碰撞检查

展开【刀具路径】中各个文件夹中的刀具路径，选择刀具路径 1，将其激活。再在综合工具栏选择【刀具路径检查】按钮 ，弹出【刀具路径检查】对话框。在【检查】选项中选择“碰撞”，其余参数默认，单击【应用】按钮，如图 8-61 所示，单击信息框中的【确定】按钮。

在上述【刀具路径检查】对话框中的【检查】选项中先选择“过切”，其余参数默认，单击【应用】按钮，如图 8-62 所示，单击信息框中的【确定】按钮。

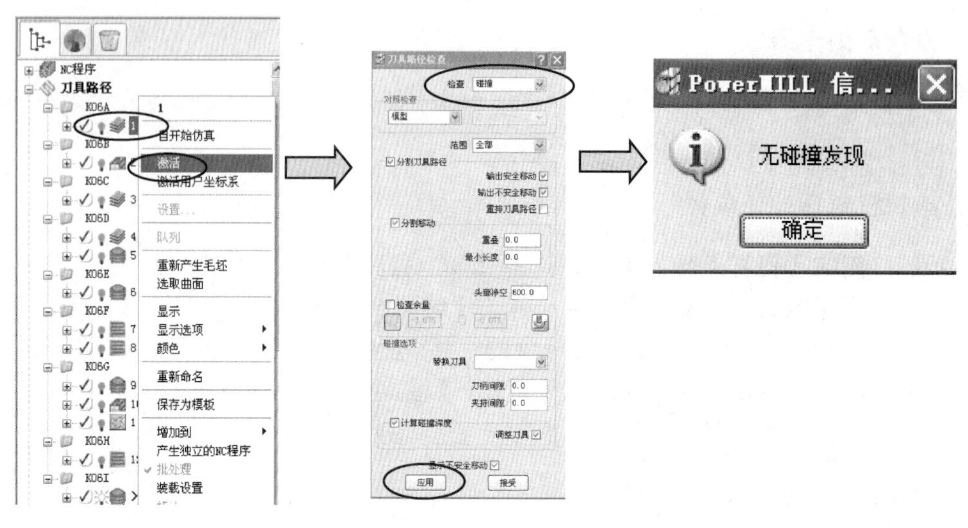

图 8-61　NC 数控程序的碰撞检查

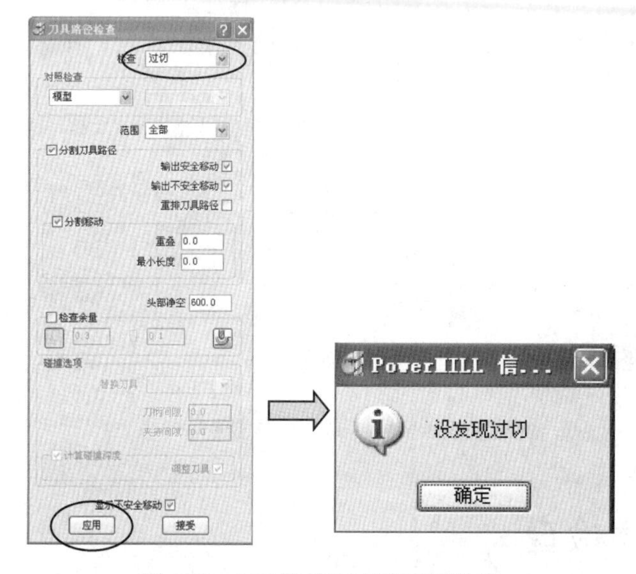

图 8-62　NC 数控程序的过切检查

同理，可以对其余的刀具路径分别进行碰撞检查和过切检查。最后，单击【刀具路径检查】对话框中的【接受】按钮。

2. 实体模拟检查

（1）在界面中把实体模拟检查功能显示在综合工具栏中。

（2）检查毛坯设置。检查现有毛坯是否符合要求，该毛坯一定要包括所有面。

（3）启动仿真功能。在屏幕左侧的【资源管理器】中，选择文件夹 K06A，单击鼠标右键，在弹出的快捷菜单中选择【自开始仿真】命令。

（4）开始仿真。单击【开/关 ViewMill】按钮，使其处于开的状态，选择【光泽阴影图像】按钮，再单击【运行】按钮，如图 8-63 所示。

（5）在【ViewMill】工具条中，选择 NC 程序 K06B，再单击【运行】按钮▷进行仿真。

（6）同理，可以对其他的 NC 程序进行仿真，结果如图 8-64 所示。

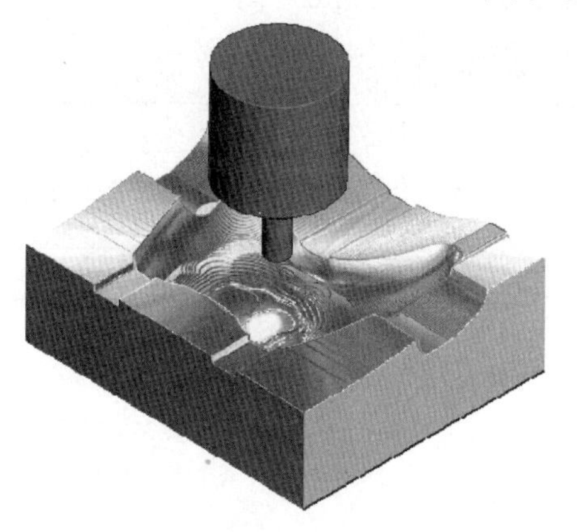

图 8-63　开粗刀路的仿真结果

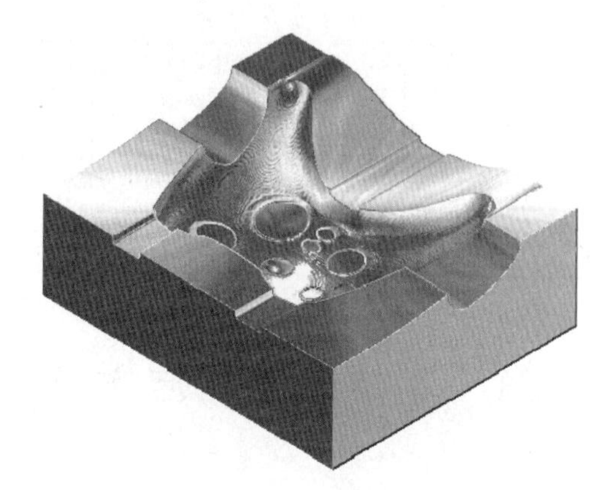

图 8-64　光刀的仿真结果

8.20　填写加工工作单

CNC 加工工作单如表 8-1 所示。

表 8-1　加工工作单

<table>
<tr><td colspan="8">CNC 加工程序单</td></tr>
<tr><td>型号</td><td></td><td>模具名称</td><td>游戏机面</td><td>工件名称</td><td colspan="3">前模</td></tr>
<tr><td>编程员</td><td></td><td>编程日期</td><td></td><td>操作员</td><td></td><td>加工日期</td><td></td></tr>
<tr><td colspan="4" rowspan="5"></td><td>对刀方式</td><td colspan="3">四边分中
对顶 z=11.2</td></tr>
<tr><td>图形名</td><td colspan="3">pmbook-8-1</td></tr>
<tr><td>材料号</td><td colspan="3">钢 S136H</td></tr>
<tr><td>大小</td><td colspan="3">195×165×70</td></tr>
<tr><td></td><td colspan="3"></td></tr>
</table>

程序名	余量	刀具	装刀最短长	加工内容	加工时间
K06A .tap	0.3	ED16R0.8	32	开粗	
K06B .tap	侧 0.4 底 0	ED16R0.8	32	PL 平面光刀	
K06C .tap	0.35	ED8	32	二次开粗	
K06D .tap	0.4	ED4	32	三次开粗	

续表

程序名	余量	刀具	装刀最短长	加工内容	加工时间
K06E .tap	0.25	ED8	32	型腔中光刀	
K06F .tap	0	BD8R4	15	PL 分型面光刀	
K06G .tap	0	ED4	15	枕位面光刀	
K06H .tap	0	BD3R1.5	15	碰穿面光刀	
K06I .tap	0	BD2R1	15	枕位曲面光刀	

8.21　本章总结和思考练习题

8.21.1　本章总结

本章主要继续巩固前模的编程方法，完成本例操作，要注意以下问题。

（1）编程前要仔细分析图形，检查零点是否符合要求。必要时要通过移动变换图形使零点符合要求。如果没有经过认真分析，图形本来不是四边分中，会造成加工的零件偏心，造成严重的加工事故，应引起初学者的重视。

（2）分清前模各部位的加工要求。

（3）使用曲面产生边界线【已选曲面】命令，有可能使边缘加工不够干净，应该将其沿着 3D 方向延伸。

（4）在起伏较大的 PL 曲面加工时不能连接在一起，应该分开做刀路，以防止刀路弯曲而使棱角变钝。

（5）参考线精加工刀路，要先做出刀路中心线轨迹，然后据此做精加工刀路。

本例相对前两个前模的型腔较复杂一些，希望读者能反复训练，以掌握类似图形的数控编程技巧，尤其是边界线和参考线要通过练习本例，给予熟练掌握。

8.21.2　思考练习与答案

以下是针对本章实例在实际加工时可能会出现的问题，希望初学者能认真体会，做出合理的解决方案。

（1）试说明，本例 K06G 中为什么要做 PL 面的清根刀路？如果没有这个刀路，加工效果如何？

（2）试分析，本例的清角刀路中通过哪些参数的设置保证了不踩刀？

（3）为了减少非切削的时间，本例多个刀路都用到了【短】为“掠过”，【长】为“掠过”，安全高度如此低，NC 程序是如何保证切削安全的？

练习答案：

（1）答：在本例 K06G 之前，安排了用 ED16R0.8 的飞刀对 PL 平位进行光刀，但是该飞刀的角部有 R0.8 的圆角，必然会在角落留下圆角未能清除。而此处的余量又很少，所以必须用 ED4 平底刀对此进行清根加工。

如果没有这个刀路，角落必然留有残料，给制模师傅的 Fit 模装配带来不便。影响模具的合模及注塑，最后可能会导致啤塑出的胶件有披峰，影响产品质量。

（2）答：本例由于型腔复杂，大刀 ED16R0.8 开粗完后必然留下大量的残留余量，而且分布复杂，故特意安排了两个清角刀路。在 K06C 刀路中 ED8 平底刀清角时和 K06D 的第一个刀路中，在【切入】选项卡中，【第一选择】为“斜向”，保证斜线下刀。K06D 的第二个刀路中，等高切削加工切削参数中使用了【螺旋】，在【切入】选项卡中，【第一选择】为“垂直圆弧”，这些都保证了下刀时安全平稳而不踩刀。

（3）答：经过对后处理的 NC 文件分析得知，只有在快速垂直提刀和下刀时，其运动指令为 G00，而水平方向的转移刀具是按照 G01F5000 来生成 NC 程序的，严格保证实际加工时的刀具路径轨迹线也是水平直线。

只要在“切入切出和连接”等非切削参数中设定了“过切”保护功能，就会保证快速提刀、下刀及快速转刀都会像电脑计算的刀路那样，不会碰伤工件。这也是 PowerMILL 开发团队经验丰富的体现，也是该软件的特色体现。

第9章

鼠标面后模综合实例特训

9.1 本章知识要点及学习方法

本章主要以某一品牌的鼠标面盖后模为例，着重学习原身件整体后模编程的基本方法及应注意的事项。

在本章，希望读者掌握以下重点知识。

（1）后模图形的补面图的调用合并。

（2）鼠标后部各部位的功能及加工要求。

（3）根据编程加工的需要，对边界线的灵活编辑方法。

（4）标准刀库文件的用法。

希望读者结合前几章内容，加深对 PowerMILL 加工策略参数的理解，反复训练，熟练掌握，灵活运用。

9.2 后模的结构特点和部位术语

后模，教科书中称动模，也叫公模，英文名称 Core，音译为“科”，所以，外资厂的工模师傅习惯把后模也叫“科”或写成“口哥”。把用 CNC 加工后模也叫锣科。相对于前模，后模可以下顶针孔，并且允许有夹线的模具部分。

一般的后模有以下结构部分，加工中有不同的要求，如图 9-1 所示。

（1）胶位型芯部分，是产品背面的主要塑胶成形部分，其形状是产品的反形状。CNC 能加工到位的要加工到位，加工不到的才考虑用铜公清角。根据产品结构的不同，后模部分可能有骨位、柱位、顶针位及司筒位等部位，另外，根据加工或注塑的方便程度，可能做成镶件形式。第 10 章讲后模镶件框（也叫藏 Core 科）的编程，第 11 章讲解后模镶件（也叫科 Core）的编程。相对于前模型腔而言，后模胶位型芯表面不需要太光滑，有时甚至要做得粗糙一些，以保证有足够的摩擦力，在开模时胶件能够留在后模上。否则，开模时如果胶件留在前模上，由于前模没有顶出机构，必须手工拿下胶件，必然大大降低注塑效率。

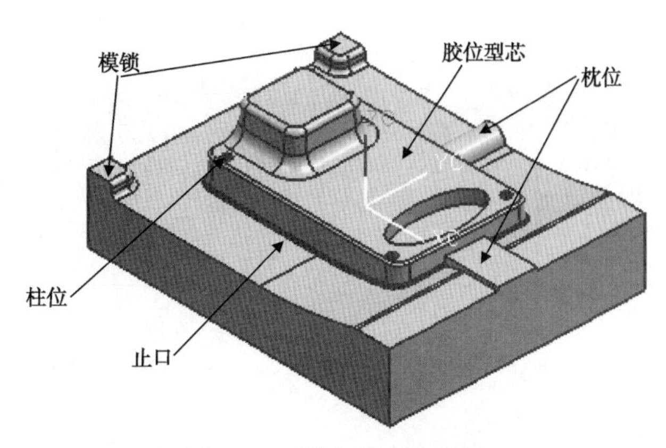

图 9-1　后模部位名称图解

（2）分型面部分，也叫 PL 面或分模面。是模具的封胶位部分，整个分型面能够和前模、行位、斜顶或顶针一起，使模具型腔部分形成一个封闭的空间，与前模的 PL 面加工要求相同。

（3）水口位，也叫流道，后模部分一般是潜水口。有细水口、大水口，如果主流道是异型的，一般需要 CNC 加工出来，如果简单形状，一般由制模师傅自已完成。

（4）冷却水道，是模具能够保持足够热平衡而开设的冷却水的通道，这些管道一般由制模师傅自已完成。

本章以典型鼠标整体后模（也叫原身 Core 科）为例，讲解用 PowerMILL 对后模进行数控编程的步骤和参数设定方法。通过本章学习，读者能够学会类似图形的编程方法。

9.3　模件说明

模具说明：如图 9-2 所示，该模具是用来啤塑鼠标面壳的，后模有顶针位和顶针、骨位、止口位、PL 和模锁位等结构。

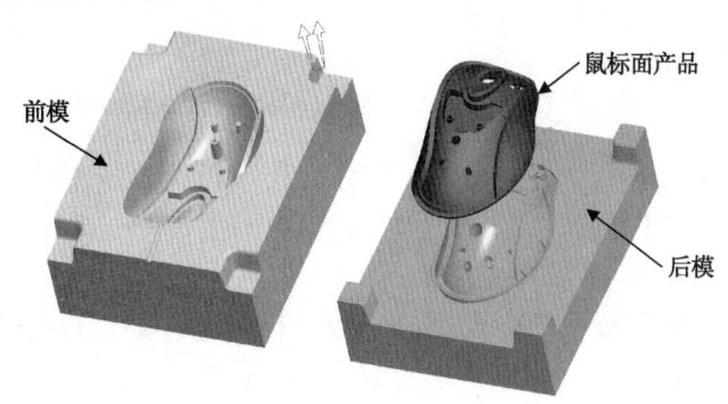

图 9-2　鼠标模具图

如图 9-3 所示，为该后模的工程图。

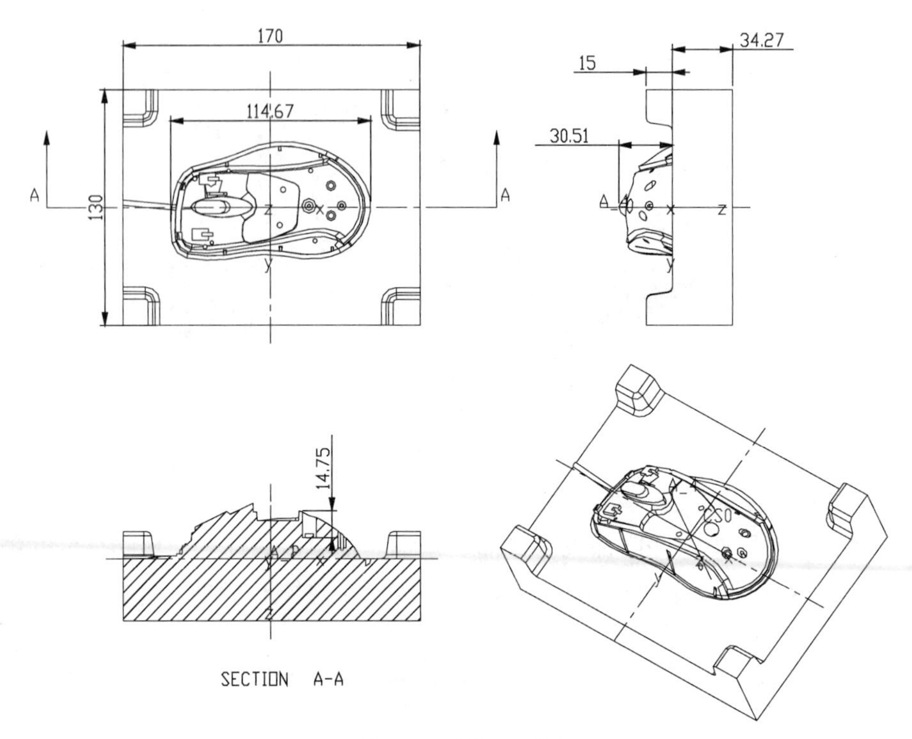

图 9-3 后模工程图

9.4 输入及整理图形

文件路径：\ch09\01-example\pmbook-9-1.igs；\ch09\01-example\pmbook-9-2.igs 为补面文件。建议把这些文件复制到工作目录之中。

完成图形

文件路径：\ch09\02-finish\pmbook-9-1\

（1）输入图形。首先进入 PowerMILL 软件。在下拉菜单条中选择【文件】|【输入模型】命令，在【文件类型】选择“*.ig*”，选择光盘中的文件 pmbook-9-1.igs，输入图形文件。

（2）整理图形。调整全部面的方向朝向一致。框选全部面，单击右键，在弹出的快捷菜单中选择【定向已选曲面】命令。再次选取全部面，单击右键，在弹出的快捷菜单中选择【反向已选】命令，使其全部面朝向外部，如图 9-4 所示。

（3）确定加工坐标系。对于后模，坐标系要求定在外形四边分中为 X0、Y0，PL 面为 Z0，且 Z 轴朝上的位置。经分析，Z 向不符合要求。

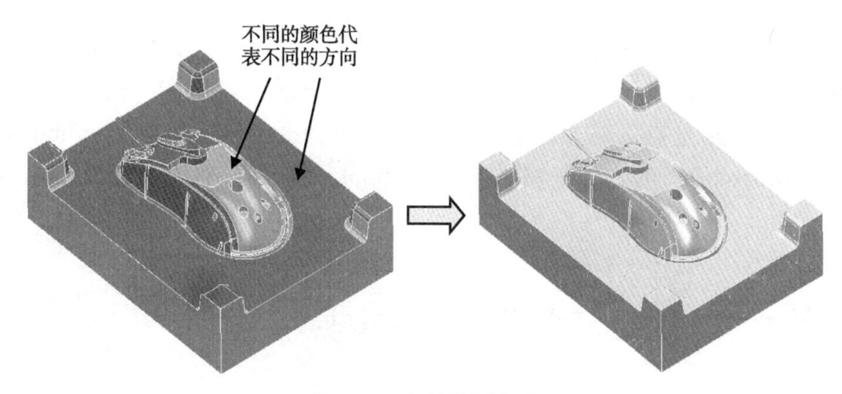

图 9-4　改变曲面方向

调整 Z 方向，在目录树中，右击【模型】树枝下的【pmbook-9-1】，在弹出的快捷菜单中选【编辑】|【变换位置】。在弹出的【变换模型】对话框，先输入【角度】为 180.0，再单击 X 轴按钮，如图 9-5 所示。

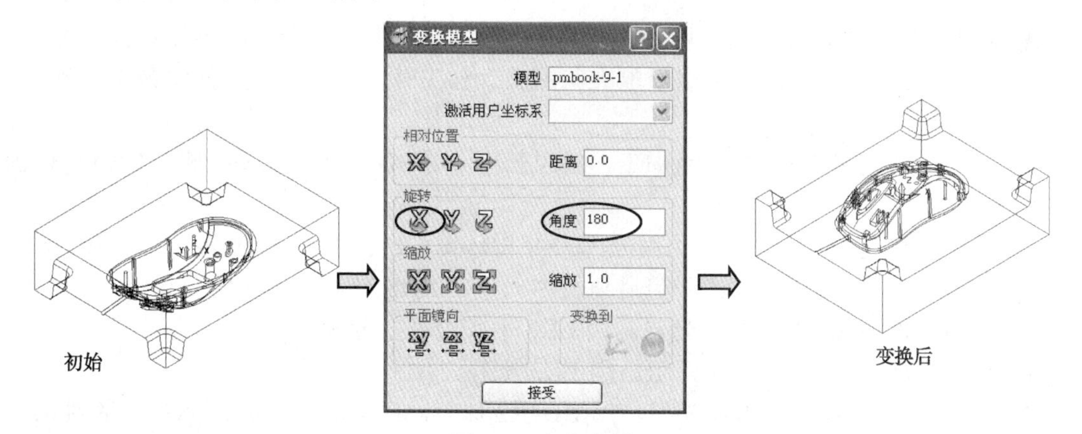

图 9-5　变换前模

以建模坐标系来创建加工坐标系。用鼠标右击【用户坐标系】，在弹出的快捷菜单中选择【产生用户坐标系】命令，弹出【用户坐标系】对话框中。在【激活用户坐标系】下拉列表框选择“1”，其余参数不变，最后单击【接受】按钮，如图 9-6 所示。

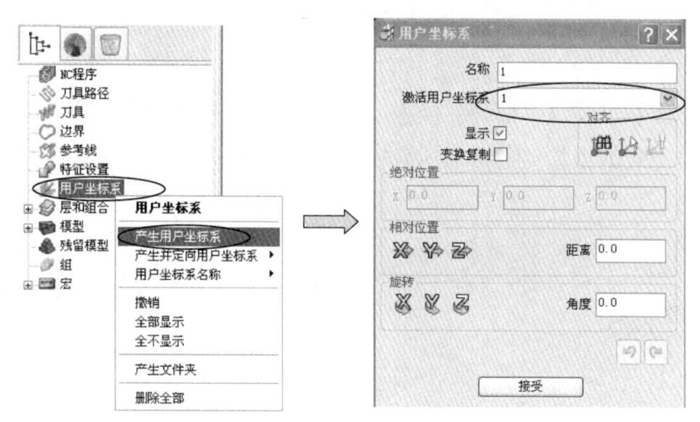

图 9-6　选取用户坐标系

观察图形得知，该图形型芯表面有很多骨位、柱位等破面，如果不补面，刀路会在此处凹陷，使切削不平稳，甚至会频繁跳刀，必须设法补面，可以在 Pro/E 或 PowerSHAP 中进行。本书为了突出重点，略去了补面的方法，将补面的图形另存为 pmbook-9-2.igs。

仿照整理 pmbook-9-1 的方法，输入文件 pmbook-9-2.igs，然后调整方向，沿 X 轴旋转 180°。

9.5 数控加工工艺分析和刀路规划

（1）开料尺寸：精料尺寸为 170×110×65。

（2）材料：钢（瑞典一胜百 IMPAX718S），预硬至 HB290-330 ，相当于 P20 改良型。

化学成分：C 0.38%，Si 0.3%，Cr 2.0%，Ni 1.4%，Mo 0.2%

（3）加工要求：分型 PL 面及胶位面光刀，碰穿面留 0.05 的余量，其余 CNC 加工不到的部分要留余量 0.35 以上，以便用电火花清角加工。该模具表面复杂，不能直接光刀的部位很多，应该留有足够多的余量用于电火花加工。加工时要防止弹刀而使铜公接不顺。

（4）加工工步。

① 程序文件夹 K07A，型芯粗加工，也叫开粗。用 ED16R0.8 飞刀，侧余量为 0.3，底余量为 0.2。

② 程序文件夹 K07B，PL 平位面光刀。用 ED16R0.8 飞刀，侧余量为 0.35，底部为 0。

③ 程序文件夹 K07C，二次开粗清角及中光。用 ED8 平底刀，余量为 0.15。

④ 程序文件夹 K07D，型面光刀。用 ED8 平底刀，余量为 0。

⑤ 程序文件夹 K07E，三次开粗。用 ED3 平底刀加工，余量为 0.35。

⑥ 程序文件夹 K07F，型面光刀。用 BD4R2 球刀，碰穿面留 0.05，其余余量为 0。

⑦ 程序文件夹 K07G，PL 平面清根光刀。用 ED8 平底刀， 侧余量为 0，底部为 0。

9.6 建立刀具路径程序文件夹

主要任务：建立 7 个空的刀具路径文件夹。

右击【资源管理器】中的【刀具路径】，在弹出的快捷菜单中选择【产生文件夹】命令，并修改文件夹名称为“K07A”。用同样的方法生成其他程序文件夹 K07B、K07C、K07D、K07E、K07F、K07G。

9.7 建立刀具

主要任务：建立加工刀具 ED16R0.8、ED8、ED3、BD4R2。

本节通过调用标准文件刀库的方法产生所需要的刀具。第 2 章的“思考练习”第 4 题已经制作好了一个刀库文件 pmbook-cnctool.ptf。该文件可以在本书配套光盘目录 ch9\01-example 中调出，也可以根据读者自已车间实际情况制作。

在下拉菜单中执行【插入】|【模板对象】，输入文件为 pmbook-cnctool.ptf。这时会看到【刀具】树枝中有了刀具。将多余的刀具删除，仅保留刀具 ED16R0.8、ED8、ED3、BD4R2，如图 9-7 所示。

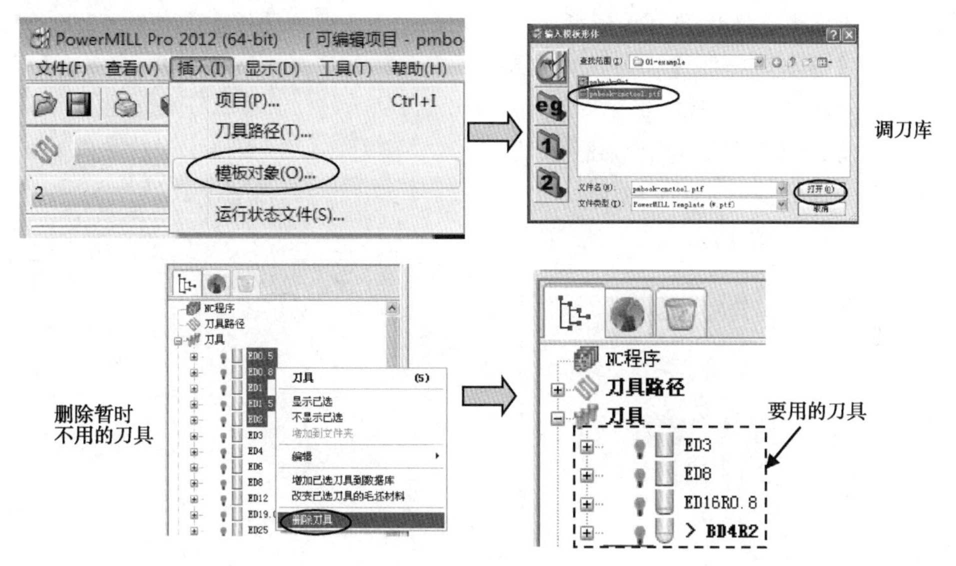

图 9-7　调用刀库

9.8　设公共安全参数

主要任务：设安全高度、开始点和结束点。

（1）设安全高度。在综合工具栏中单击【快进高度】按钮，弹出【快进高度】对话框，在【绝对安全】中设置【安全区域】为“平面”,【用户坐标系】为“1”，单击【按安全高度重设】按钮，此时【安全 Z 高度】数值变为 40.51491，修改为 45;【开始 Z 高度】自动为 35.51491，单击【接受】按钮。

（2）设开始点和结束点。在综合工具栏中单击【开始点和结束点】按钮，弹出【开始点和结束点】对话框。在【开始点】选项卡中，设置【使用】的下拉菜单为“第一点安全高度”。切换到【结束点】选项卡，用同样的方法设置，单击【接受】按钮。

9.9　在程序文件夹 K07A 中建立开粗刀路

主要任务：建立 1 个刀具路径，使用 ED16R0.8 飞刀对型芯开粗。

首先，将 K07A 程序文件夹激活，再进行以下操作。

（1）设定毛坯。

在综合工具栏中单击【毛坯】按钮，弹出【毛坯】对话框。在【由…定义】下拉列表框中选择“方框”选项，单击【计算】按钮，再单击【接受】按钮，使毛坯包含所有面。

（2）设刀路切削参数，创建“模型区域清除”刀路策略。

在综合工具栏中单击【刀具路径策略】按钮，弹出【策略选取器】对话框，选取【三维区域清除】选项卡，然后选择【模型区域清除】选项，单击【接受】按钮，系统弹出【模型区域清除】对话框，按图 9-8 所示设置参数。【刀具】选择 ED16R0.8，【公差】为 0.1，单击【余量】按钮，设置侧面余量为 0.3，底部余量为 0.2，【行距】为 9，【下切步距】为 0.3，【切削方向】为“顺铣”。

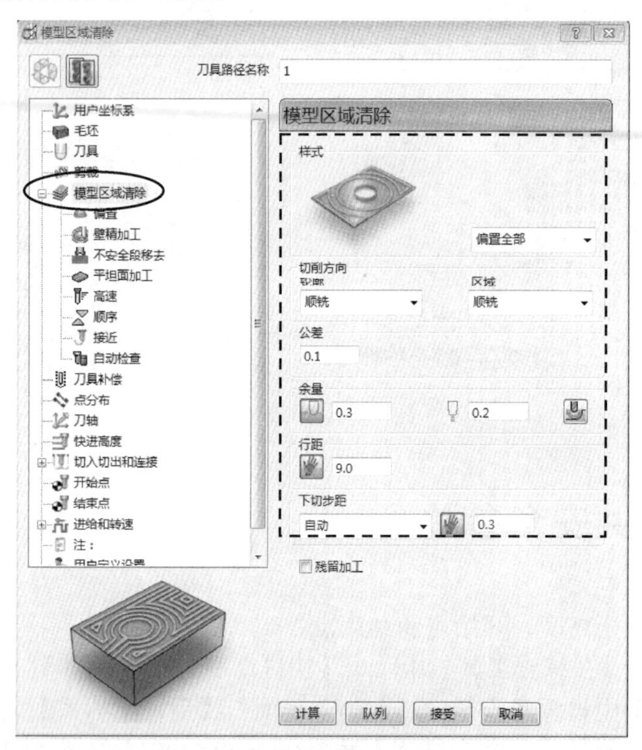

图 9-8　设切削参数

（3）设非切削参数，先设置切入切出和连接参数。

该工件结构特点是中间凸面，但中间有一凹区域，要设料外及斜线下刀，要保证下刀时不踩刀。

在综合工具栏中单击【切入切出和连接】按钮，弹出【切入切出和连接】对话框。选取【Z 高度】选项卡，设置【掠过距离】为 3，【下切距离】为 3。

在【切入】选项卡中，【第一选择】为“斜向”，设置【斜向选项】中的【最大左斜角】为 3°，【沿着】选“刀具路径”，勾选【仅闭合段】复选项，【圆圈直径(TDU)】为 0.95 倍的刀具直径，【类型】选“相对”，【高度】为 0.5。

在【连接】选项卡中，修改【短】为“掠过”，【长】为“安全高度”，其余参数默认，如图 9-9 所示，单击【应用】按钮，再单击【接受】按钮。

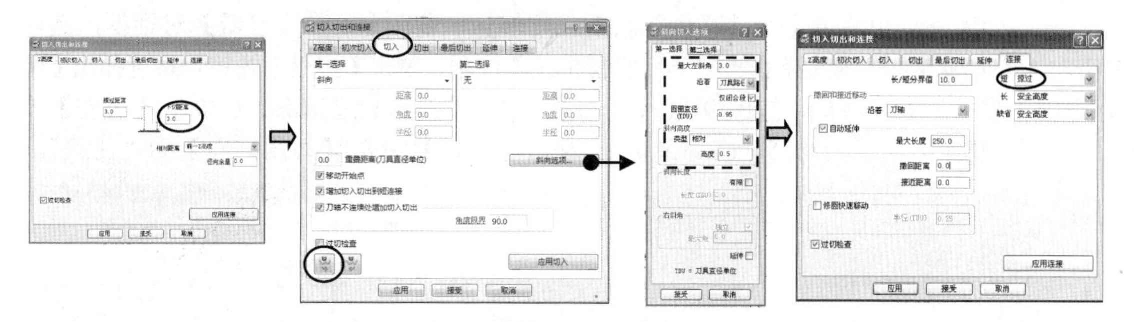

图 9-9　设切入切出和连接参数

（4）在【模型区域清除】对话框单击【计算】按钮，产生的刀具路径如图 9-10 所示。

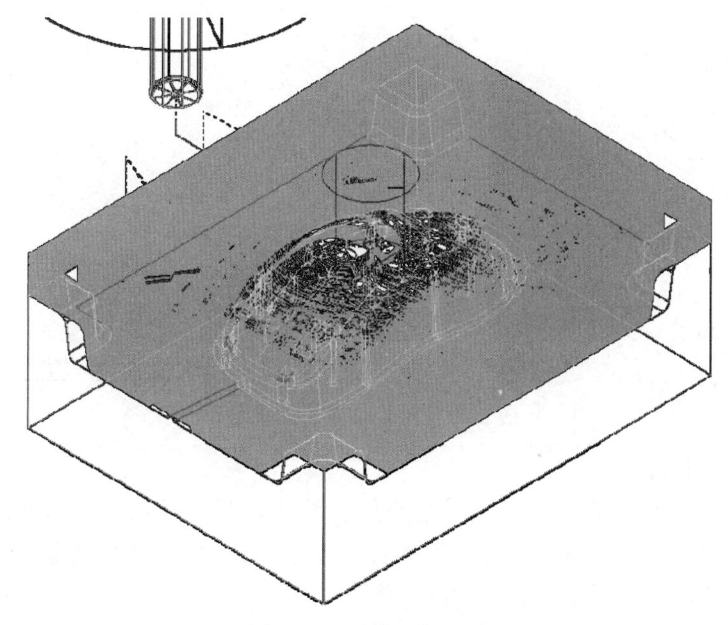

图 9-10　后模开粗刀路

以上程序组的操作视频文件为: \ch09\03-video\01-创建开粗刀路 K07A.exe

9.10　在程序文件夹 K07B 中建立 PL 平面光刀

主要任务：建立 1 个刀具路径，使用 ED16R0.8 平底刀对后模 PL 及平位进行光刀。首先，将 K07B 程序文件夹激活，再进行以下操作。

方法：用平行平坦面精加工进行加工，分两层加工。

（1）设定平行平坦面精加工的切削参数。

在综合工具栏中单击【刀具路径策略】按钮，弹出【策略选取器】对话框，选取【精加工】选项卡，然后选择【平行平坦面精加工】选项，单击【接受】按钮，系统弹出【平行平坦面精加工】对话框，按图 9-11 所示设置参数，【刀具】选择 ED16R0.8，【公差】为 0.1，设置侧面余量为 0.35，底部余量为 0，【行距】为 8，【切削方向】为“任意”。

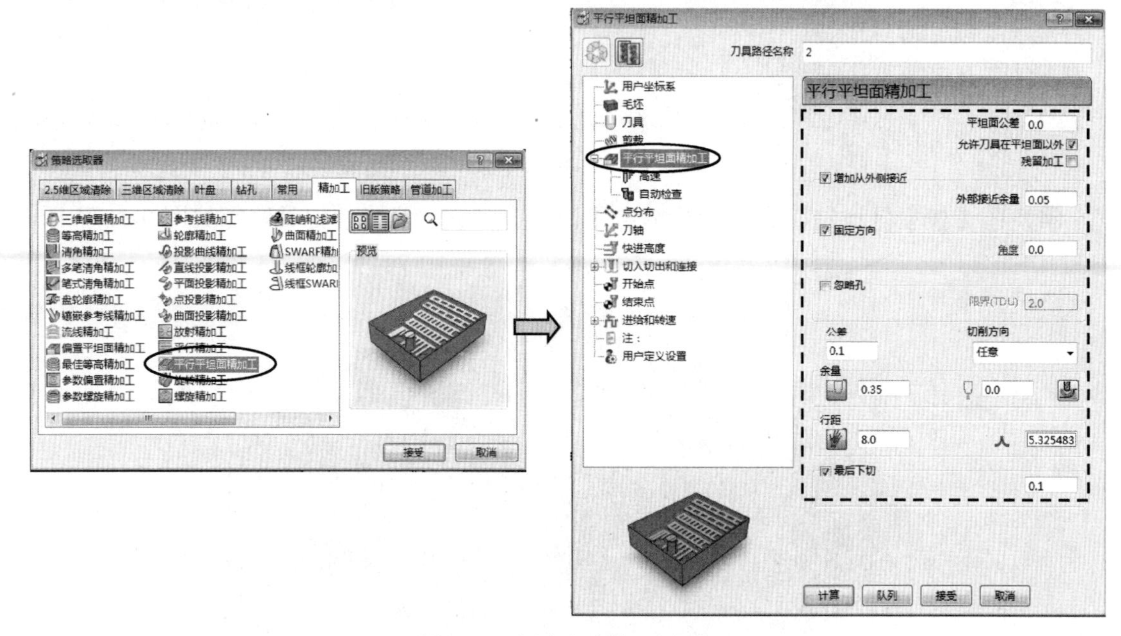

图 9-11　设定切削加工参数

（2）设非切削参数。

在综合工具栏中单击【切入切出和连接】按钮，弹出【切入切出和连接】对话框。在【切入】选项卡中，设【第一选择】为“直”，【距离】为 10，【角度】为 0，单击【切出和切入相同】按钮，其余不变，如图 9-12 所示。

图 9-12　设切入切出和连接参数

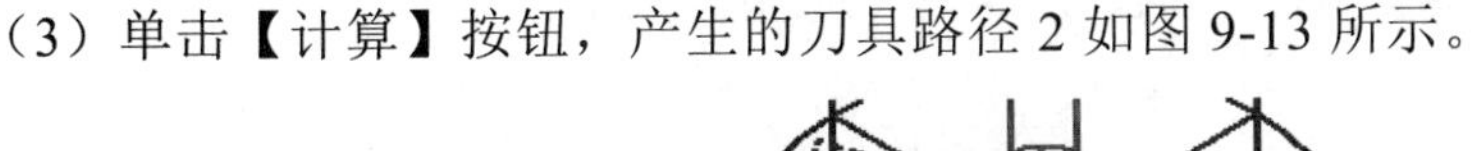

（3）单击【计算】按钮，产生的刀具路径 2 如图 9-13 所示。

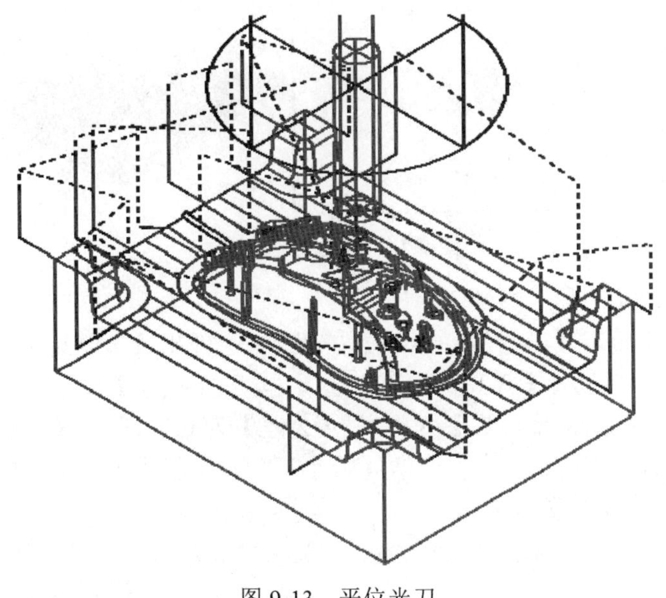

图 9-13　平位光刀

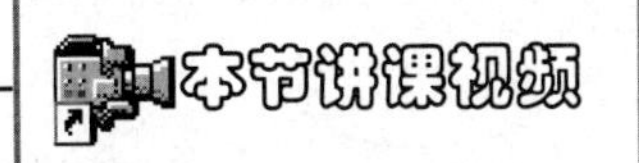

以上程序组的操作视频文件为：\ch09\03-video\02-建立 PL 平面光刀 K07B.exe

9.11　在程序文件夹 K07C 中建立二次开粗刀路

主要任务：建立 2 个刀具路径，第 1 个为二次开粗清角，用 ED8 平底刀；第 2 个型芯面中光。

首先，在【资源管理器】中激活文件夹 K07C，再进行以下操作。

1. 二次开粗清角

方法：先创建残留边界，再利用此边界，用等高精加工进行加工。

（1）首先创建清角边界。

在【资源管理器】中右击【边界】，在弹出的快捷菜单中选择【定义边界】|【残留】命令，系统弹出【残留边界】对话框，本次加工用的【刀具】为“ED8”，上次已用的【参考刀具】为“ED16R0.8”，单击【应用】按钮，生成清角边界 1，如图 9-14 所示，单击【接受】按钮。

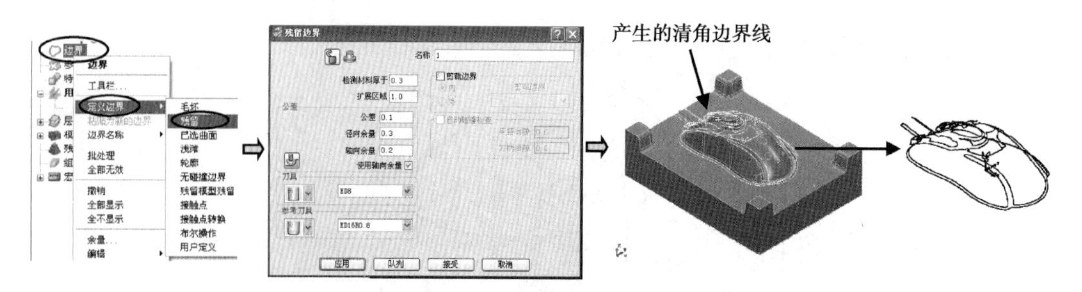

图 9-14　生成残留边界

（2）设定清角刀路的加工参数。

在综合工具栏中单击【刀具路径策略】按钮，弹出【策略选取器】对话框，选取【精加工】选项卡，然后选择【等高精加工】选项，单击【接受】按钮。弹出【等高精加工】对话框。【刀具】选择 ED8，【边界】为“1”，【公差】为 0.1，单击【余量】按钮，设置侧面余量为 0.35，底部余量为 0.2，【最小下切步距】为 0.15，【方向】为“任意”，其余参数按图 9-15 所示设置。

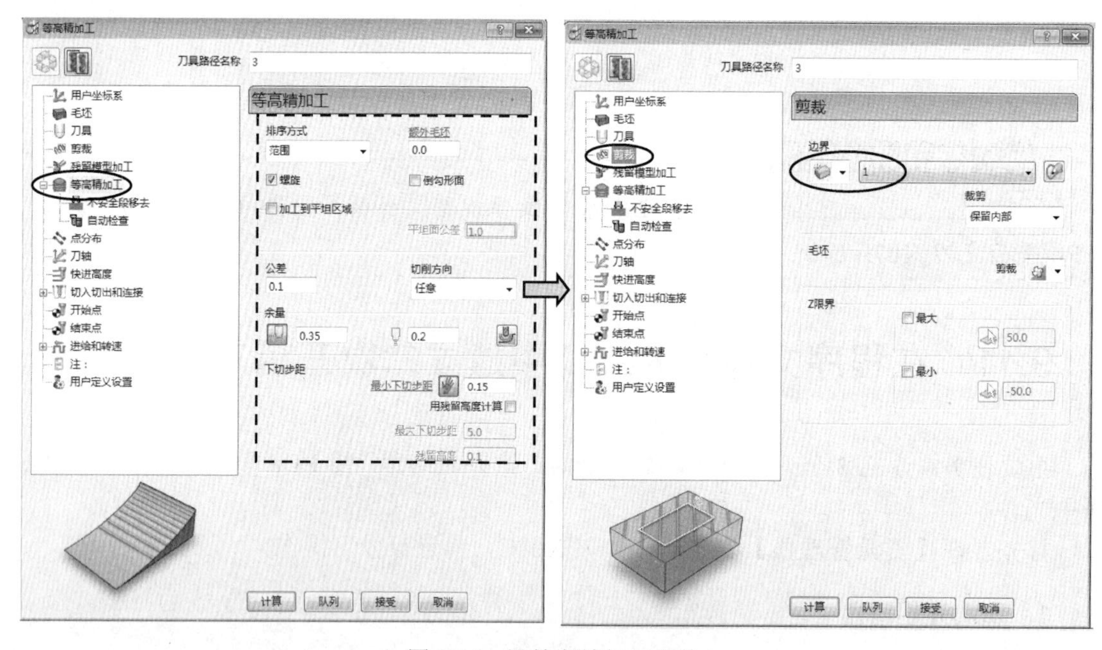

图 9-15　设等高精加工参数

（3）设非切削参数，设置切入切出和连接参数。

根据该后模结构特点选用圆弧进刀和退刀。

单击【切入切出和连接】按钮，弹出【切入切出和连接】对话框，选取【切入】选项卡，设置【第一选择】为“水平圆弧”，【距离】为 0，【角度】为 45，【半径】为 2，【重叠距离】为 0，单击【复制到切出】。

在【连接】选项卡中，修改【短】为“在曲面上”，其余参数默认，如图 9-16 所示。单击【应用】按钮，再单击【接受】按钮。

图 9-16　设切入切出和连接参数

（4）生成刀路。

在【等高精加工】对话框中单击【计算】按钮，产生的刀具路径 3 如图 9-17 所示。

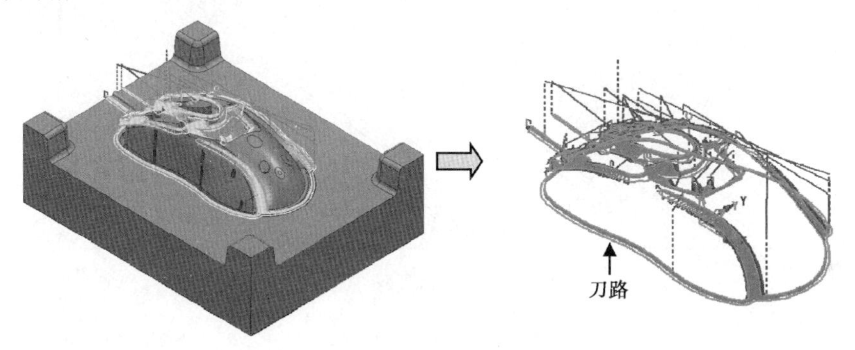

图 9-17　二次开粗刀路

2. 对前模进行中光刀

方法：将刀路 3 复制后修改参数得到。

（1）将刀路 3 复制一份，并改名字为 4，激活并修改刀路 4 的加工参数，在【等高精加工参数】对话框中，【公差】为 0.03，设定侧面余量为 0.15，底部余量为 0.15，【最小下切步距】为 0.15，【边界】为空白，如图 9-18 所示。

（2）单击【计算】按钮，生成刀路如图 9-19 所示。

以上程序组的操作视频文件为：\ch09\03-video\03-建立二次开粗刀路 K07C.exe

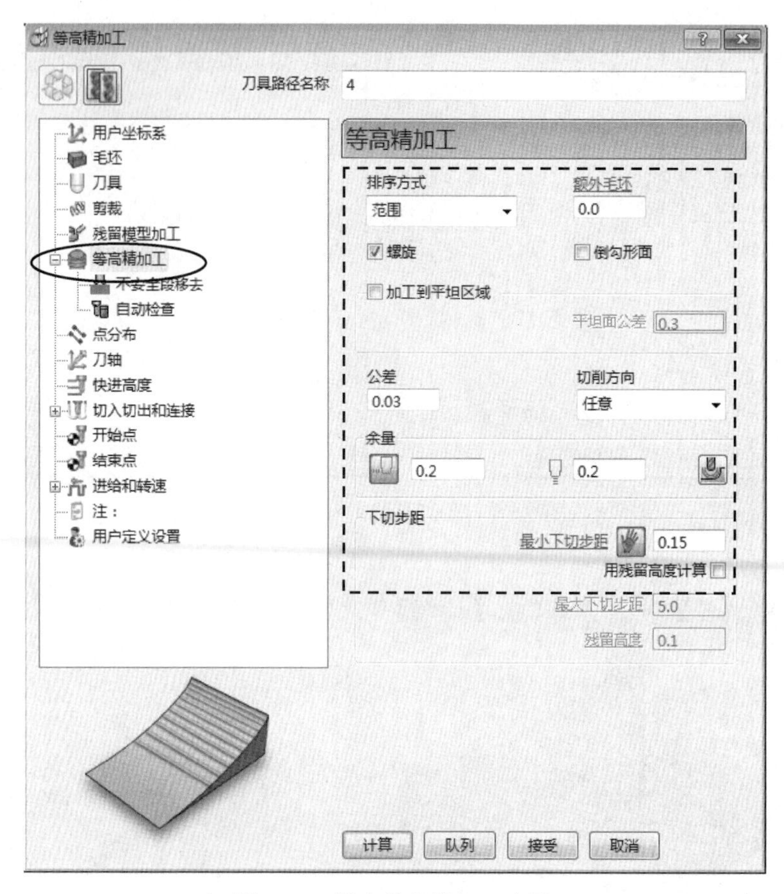

图 9-18　设定等高精加工参数

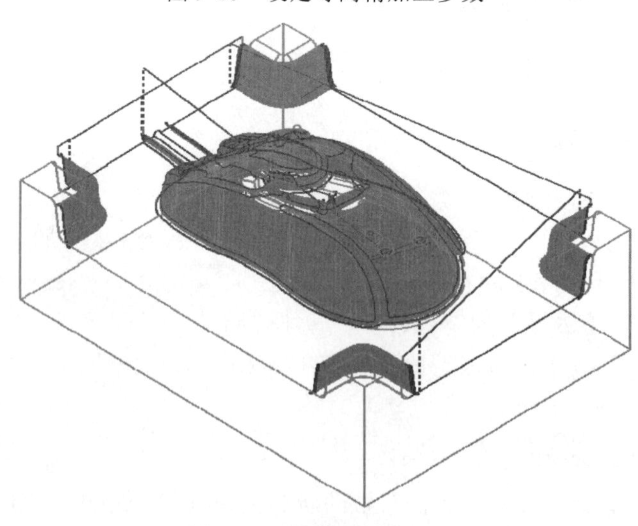

图 9-19　后模型面中光刀

9.12　在程序文件夹 K07D 中建立型芯面光刀

主要任务：建立 2 个刀具路径。第 1 个用 ED8 平底刀对型芯曲面进行光刀；第 2 个为对枕位曲面进行光刀。

首先，在【资源管理器】中激活文件夹 K07D，再进行以下操作。

1. 对型芯胶位曲面精加工

方法：复制刀路 4，修改参数得到新刀路。

（1）复制刀具路径。

在【资源管理器】中选择文件夹 K07C 下的刀具路径 4，将其复制到文件夹 K07D 树枝下，并改名为 5。

（2）设切削参数。

激活刀具路径 5，并设置参数，编辑参数，按图 9-20 所示修改参数，【刀具】为 ED8，【公差】为 0.01，【侧余量】为 0，【底余量】为 0，勾选【螺旋】复选框，【最小下切步距】为 0.05。

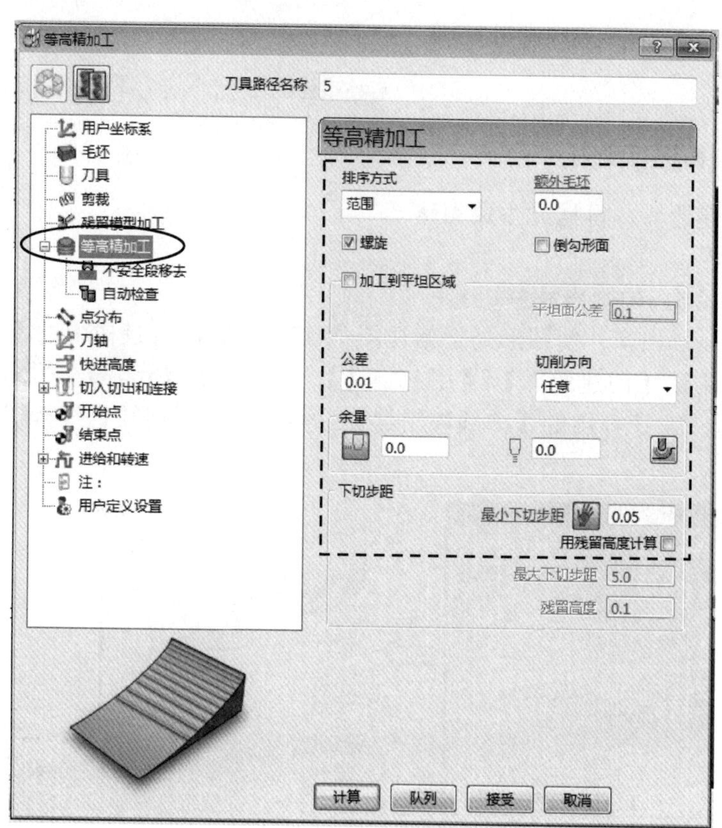

图 9-20　设等高精加工参数

（3）设非切削参数。

设置方法与如图 9-16 所示相同。

（4）单击【计算】按钮，观察生成的刀路，无误后单击【取消】按钮，产生的刀具路径如图 9-21 所示。

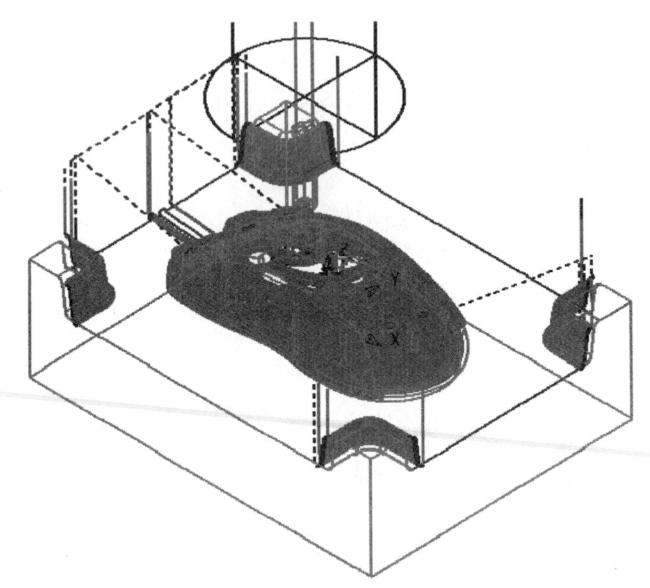

图 9-21　后模型面光刀

2．对枕位曲面进行光刀

方法：先创建边界，再据此生成刀路。

（1）创建边界。

根据刀具路径 5，勾画出枕位边界。

先将刀路 5 显示出来，使图形处于俯视图状态。右击目录树中的【边界】按钮，在弹出的快捷菜单中选【创建边界】|【用户定义】，在弹出的【用户定义边界】对话框中单击【勾画】按钮，在弹出的【曲线编辑器】工具栏中选择连续直线按钮，按图 9-22 所示绘制边界线。

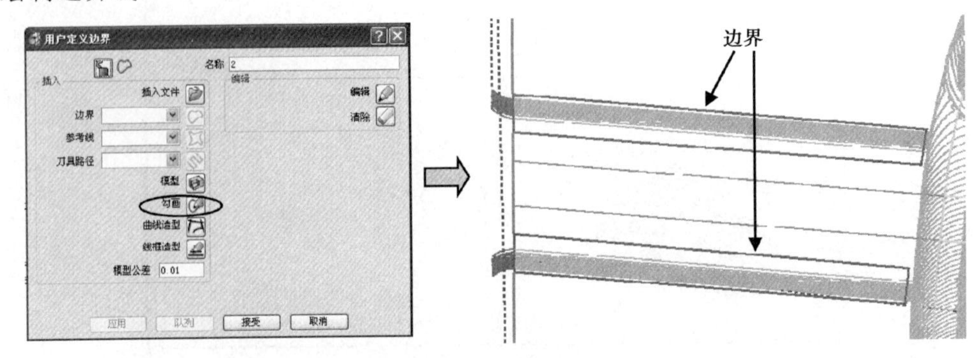

图 9-22　勾画边界

（2）设切削参数，创建最佳等高精加工刀路策略。

在综合工具栏中单击【刀具路径策略】按钮，弹出【策略选取器】对话框，选取【精加工】选项卡，然后，选择【最佳等高精加工】选项，单击【接受】按钮，系统弹出【最佳等高精加工】对话框，按图 9-23 所示设置参数，【刀具】选择 ED8，【公差】为 0.01，单击【余量】按钮，设置侧面余量为 0.01，底部余量为 0.01，【行距】为 0.05，【方向】为“任意”。

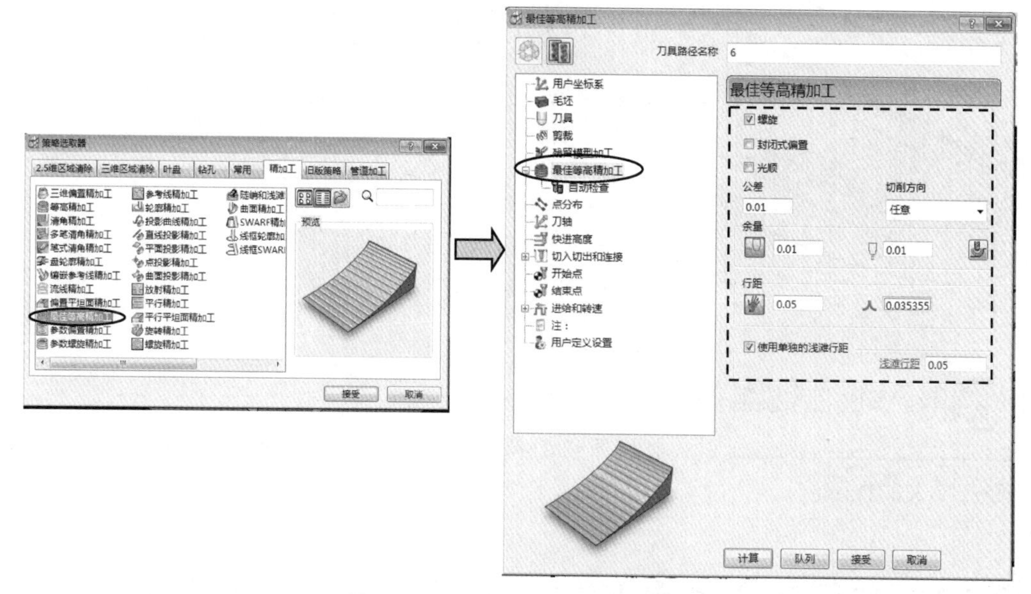

图 9-23　设最佳等高精加工参数

（3）设非切削参数。

单击【切入切出和连接】按钮，弹出【切入切出和连接】对话框。

在【切入】选项卡中，【第一选择】为“无”，单击【切出和切入相同】按钮，使切出参数与切入参数相同。

在【连接】选项卡中，修改【短】为“在曲面上”，【长】为“安全高度”，其余参数默认，如图 9-24 所示，单击【应用】按钮，再单击【接受】按钮。

图 9-24　设切入切出和连接参数

（4）单击【计算】按钮，产生的刀具路径 6 如图 9-25 所示。

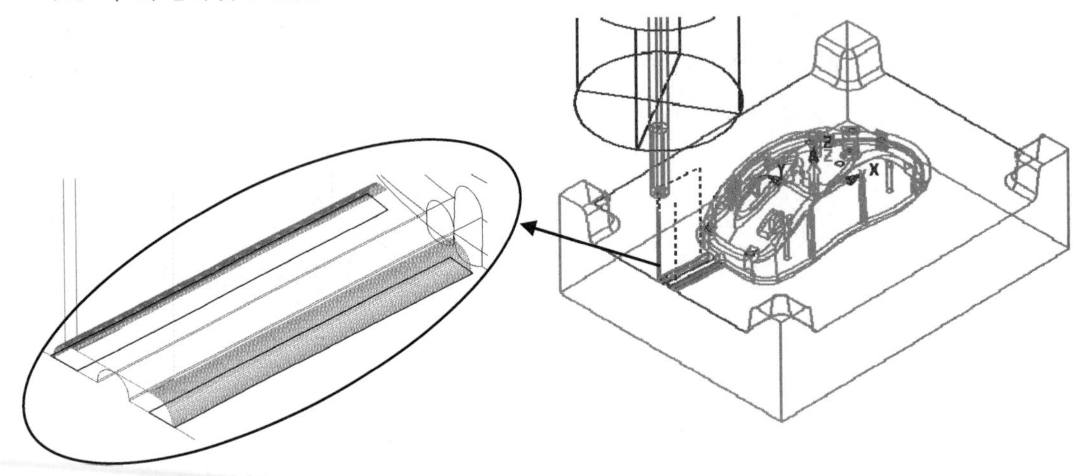

图 9-25　枕位光刀

以上程序组的操作视频文件为：\ch09\03-video\04-建立型芯面光刀 K07D.exe

9.13　在程序文件夹 K07E 中建立三次开粗刀路

主要任务：建立 1 个刀具路径，对后模型芯进行三次开粗，用 ED3 平底刀。目的是减少 EDM 加工量，减少加工时间，提高制模效率。

首先，在【资源管理器】中激活文件夹 K07E，再进行以下操作。

方法：先创建残留边界，再利用此边界，用等高精加工进行加工。

（1）创建清角边界。

在【资源管理器】中右击【边界】，在弹出的快捷菜单中选择【定义边界】|【残留】命令，系统弹出【残留边界】对话框，本次加工用的【刀具】为“ED3”，【参考刀具】为“ED8”，单击【应用】按钮，生成清角边界 3，如图 9-26 所示，单击【接受】按钮。

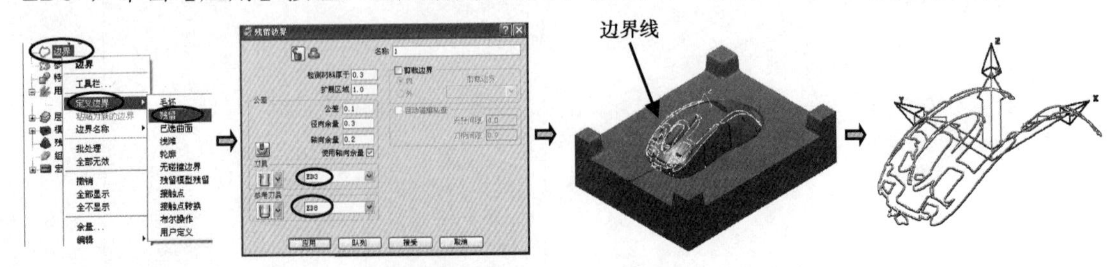

图 9-26　生成残留边界

（2）设定清角刀路的加工参数。

在综合工具栏中单击【刀具路径策略】按钮，弹出【策略选取器】对话框，选取【精加工】选项卡，然后选择【等高精加工】选项，单击【接受】按钮，弹出【等高精加工】对话框，【刀具】选择 ED3，【边界】为“3”，【公差】为 0.1，余量为 0.35，【最小下切步距】为 0.1，【切削方向】为“任意”，其余参数按图 9-27 所示设置。

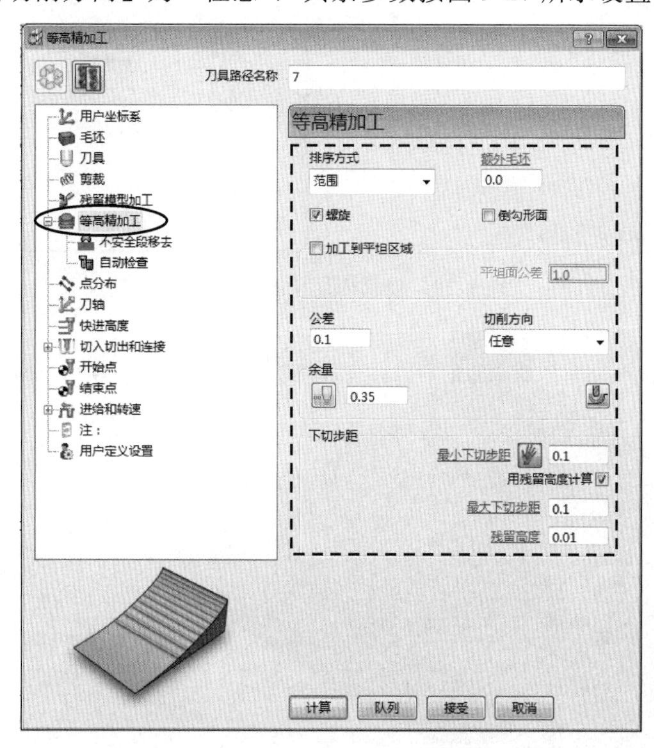

图 9-27　设切削参数

（3）设非切削参数，设置切入切出和连接参数。

根据该后模结构特点选用圆弧进刀及退刀。

单击【切入切出和连接】按钮，弹出【切入切出和连接】对话框。选取【切入】选项卡，设置【第一选择】为“水平圆弧”，【距离】为 0，【角度】为 45，【半径】为 1，【重叠距离】为 0，单击【切出和切入相同】按钮。

在【连接】选项卡中，修改【短】为“在曲面上”，其余参数默认，如图 9-28 所示，单击【应用】按钮，再单击【接受】按钮。

（4）生成刀路。

在【等高精加工】对话框中单击【计算】按钮，产生的刀具路径 7 如图 9-29 所示。

以上程序组的操作视频文件为：\ch09\03-video\05-建立三次开粗刀路 K07E.exe

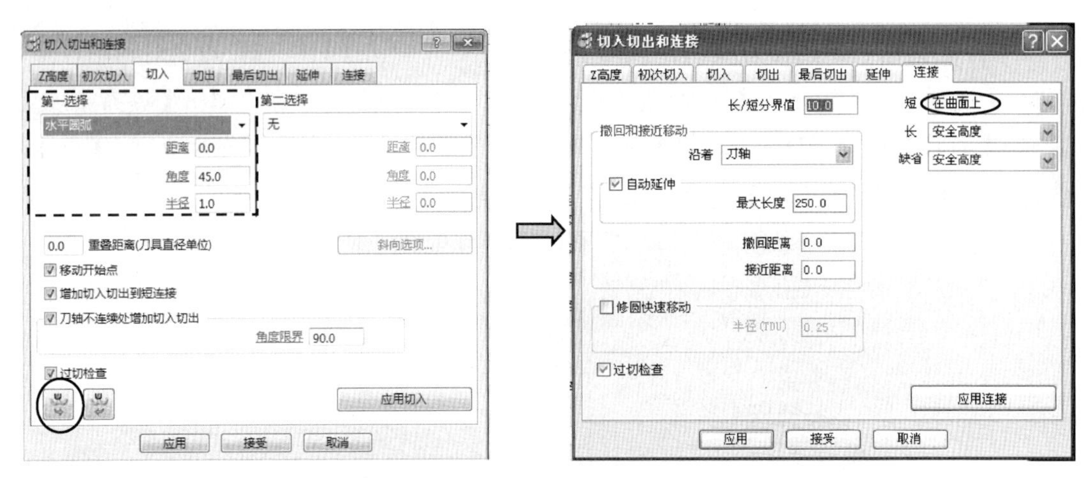

图 9-28　设切入切出和连接参数

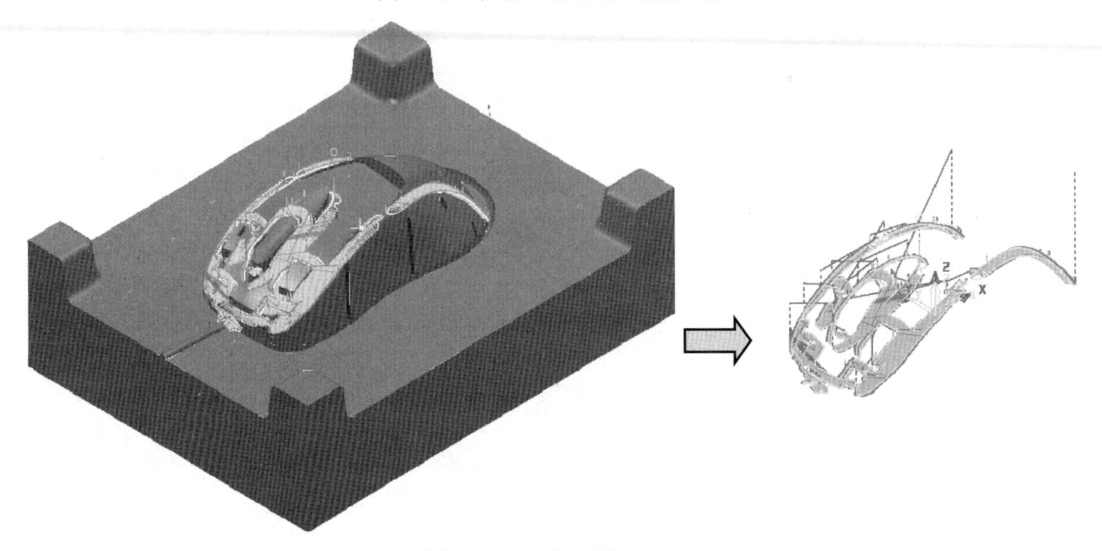

图 9-29　三次开粗刀路

9.14　在程序文件夹 K07F 中建立型面光刀

主要任务：建立 4 个刀具路径，第 1 个为碰穿面光刀，用 BD4R2 球头刀；第 2 个为模锁面光刀；第 3 个为顶部胶位面光刀；第 4 个为右侧顶部胶位面光刀。

首先，在【资源管理器】中激活文件夹 K07F，再进行以下操作。

1．碰穿面光刀

方法：先做接触点边界，再用平行精加工进行加工。

（1）创建加工边界。

在图形上选取要加工的曲面，在【资源管理器】中选择【边界】树枝并单击鼠标右键，

在弹出的快捷菜单中选择【定义边界】|【接触点】命令，在弹出的【接触点边界】对话框中，选择【模型】按钮，生成边界，如图 9-30 所示，单击【接受】按钮。

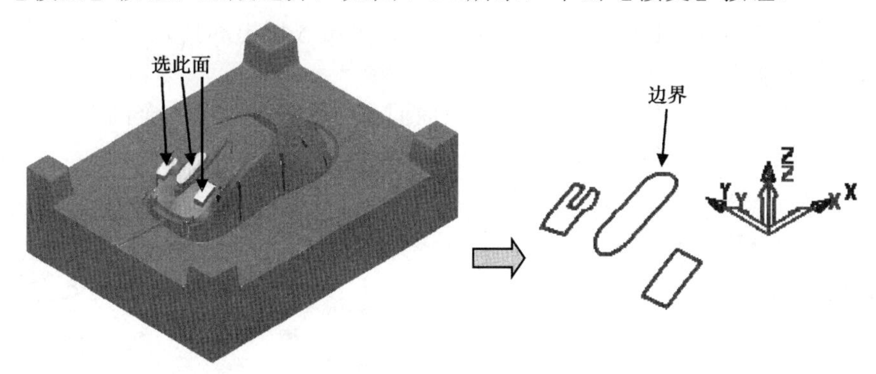

图 9-30　生成接触点边界

（2）设切削参数，创建平行精加工刀路策略。

在综合工具栏中单击【刀具路径策略】按钮，弹出【策略选取器】对话框，选取【精加工】选项卡，然后选择【平行精加工】选项，单击【接受】按钮，系统弹出【平行精加工】对话框，按图 9-31 所示设置参数，【刀具】选择 BD4R2，【公差】为 0.01，单击【余量】按钮，设置侧面余量为 0.02，底部余量为 0.02，【行距】为 0.08，【边界】为“4”，【角度】为 45°，【样式】为“双向”。

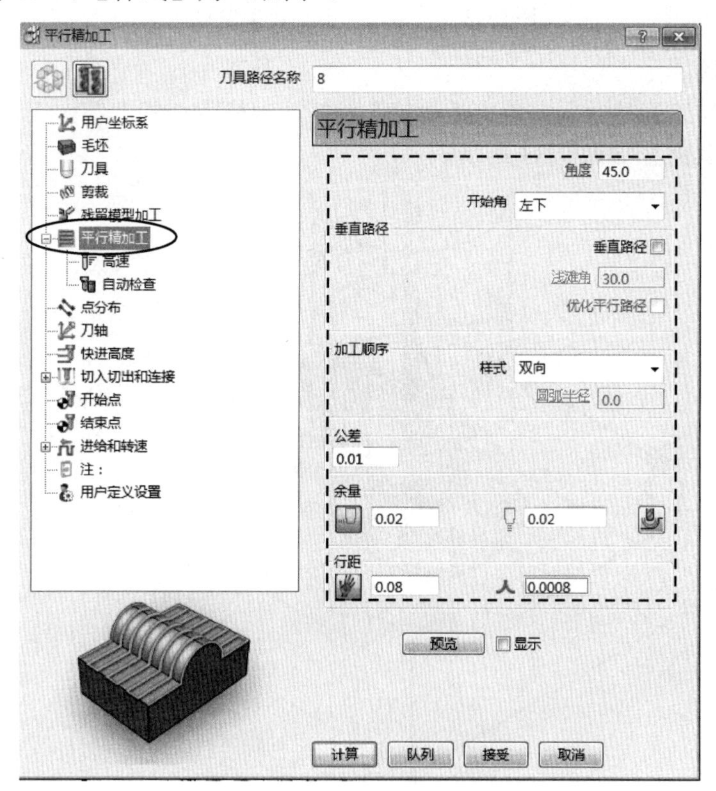

图 9-31　设平行精加工参数

（3）设非切削参数，设置切入切出和连接参数。

单击【切入切出和连接】按钮，弹出【切入切出和连接】对话框。

在【切入】选项卡中，【第一选择】为“无”，单击【切出和切入相同】按钮，使切出参数与切入参数相同。

在【连接】选项卡中，修改【短】为“在曲面上”，【长】为“安全高度”，其余参数默认，如图 9-32 所示，单击【应用】按钮，再单击【接受】按钮。

图 9-32 设切入切出和连接参数

（4）生成刀路。

在【平行精加工】对话框中单击【计算】按钮，观察生成的刀路，无误后单击【取消】按钮，产生的刀具路径如图 9-33 所示。

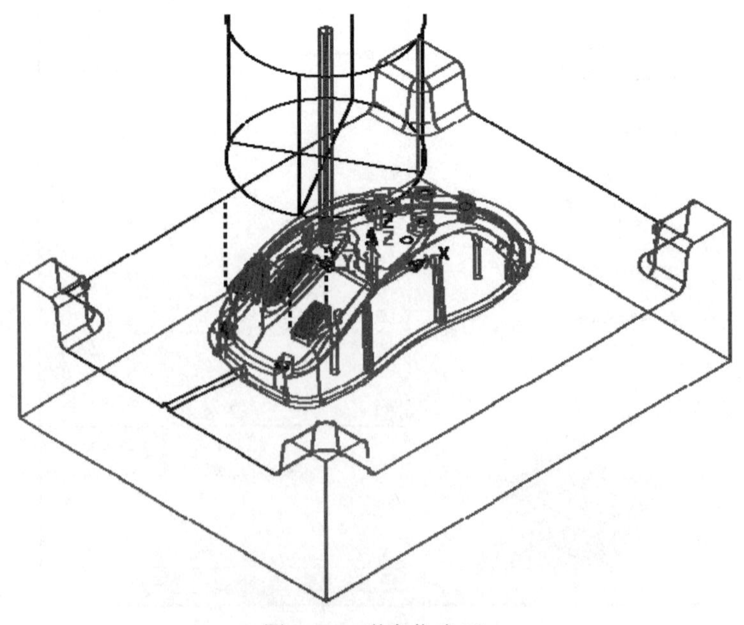

图 9-33 碰穿位光刀

2. 模锁面光刀

方法：先做接触点边界，再用陡峭和浅滩精加工方法进行加工。

（1）创建加工边界。

在图形上选取要加工的曲面，在【资源管理器】中选择【边界】树枝并单击鼠标右键，在弹出的快捷菜单中选择【定义边界】|【接触点】命令，在弹出的【接触点边界】对话框中，选择【模型】按钮，生成边界，如图 9-34 所示，单击【接受】按钮。

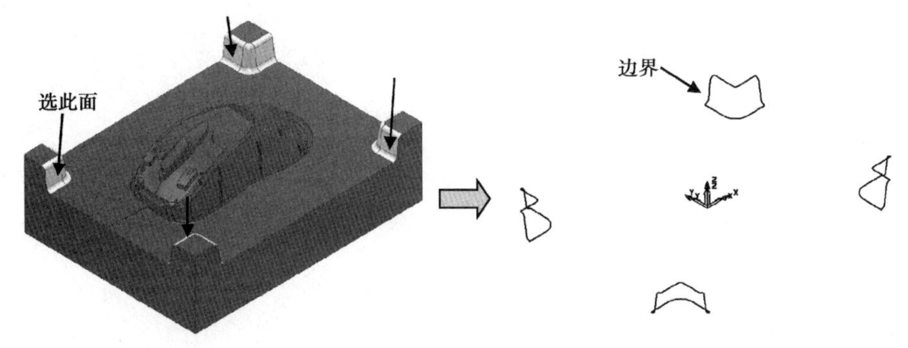

图 9-34 生成接触点边界

（2）设切削参数，创建平行精加工刀路策略。

在综合工具栏中单击【刀具路径策略】按钮，弹出【策略选取器】对话框，选取【精加工】选项卡，然后选择【陡峭和浅滩精加工】选项，单击【接受】按钮。系统弹出【最陡峭和浅滩精加工】对话框，按图 9-35 所示设置参数，其中【刀具】选择 BD4R2，【边界】为“5”，【公差】为 0.01，设置侧面余量为 0，【行距】为 0.08。

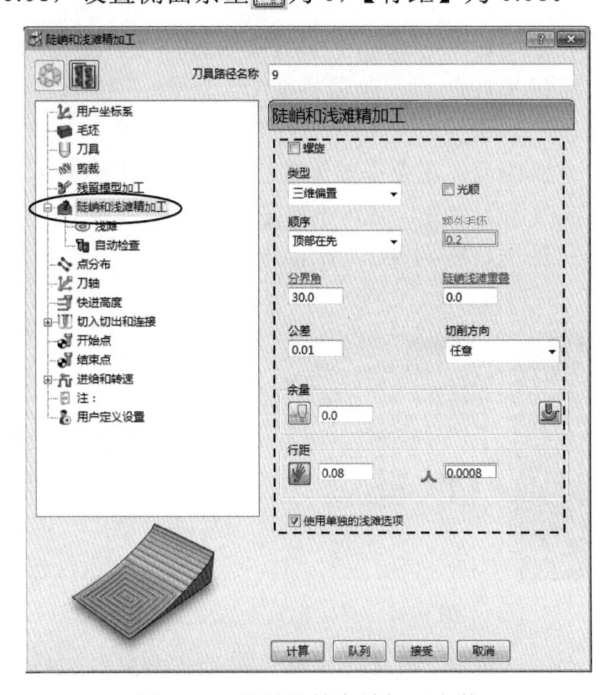

图 9-35 设最佳等高精加工参数

（3）设非切削参数。

设置切入切出和连接参数，参数与刀路8相同。

（4）生成刀路。

在【平行精加工】对话框中单击【计算】按钮，观察生成的刀路，无误后单击【取消】按钮，产生的刀具路径如图9-36所示。

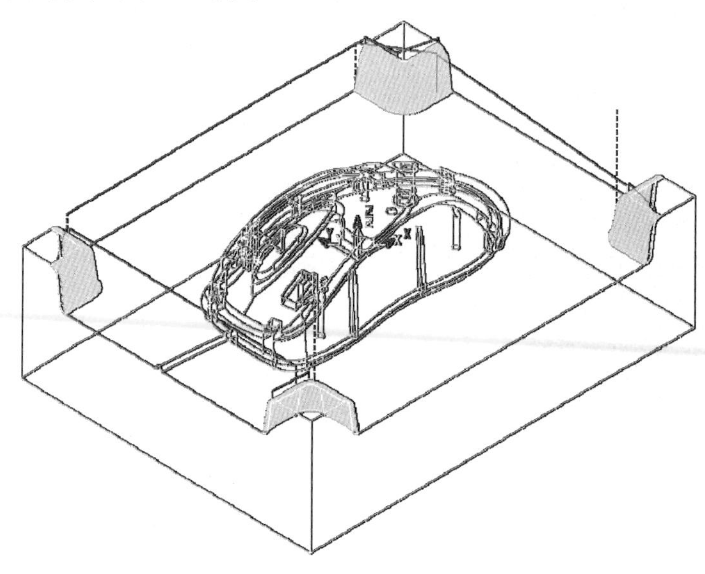

图9-36　模锁面光刀

3．顶部部分胶位面光刀

方法：先做曲面边界，再用平行精加工的方式进行加工，然后，对刀具路径进行编辑边界。为了选面顺利，可以把曲面的方向调整统一。

（1）创建加工边界。

在图形上选取要检查的曲面，在【资源管理器】中右击【边界】，在弹出的快捷菜单中选择【定义边界】|【已选曲面】命令，在弹出的【已选曲面边界】对话框中，单击按钮，系统弹出【部件余量】对话框，按图9-37所示设置参数。

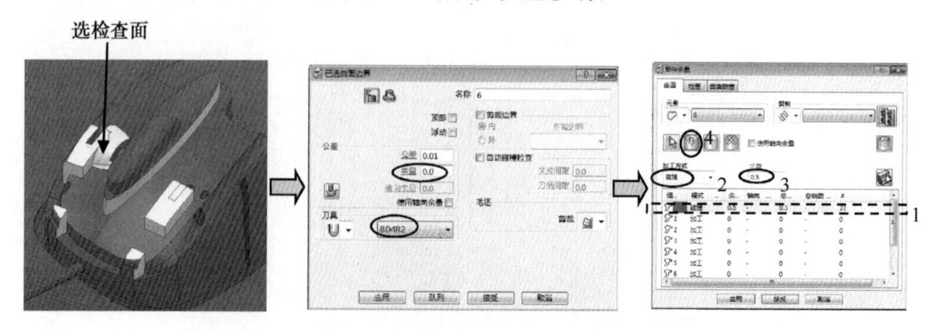

图9-37　设定检查余量参数

在图形区空白处单击一下鼠标，以使不选择任何曲面，再在图形上选取要加工的曲面，在【部件余量】对话框中，按图 9-38 所示设置参数。

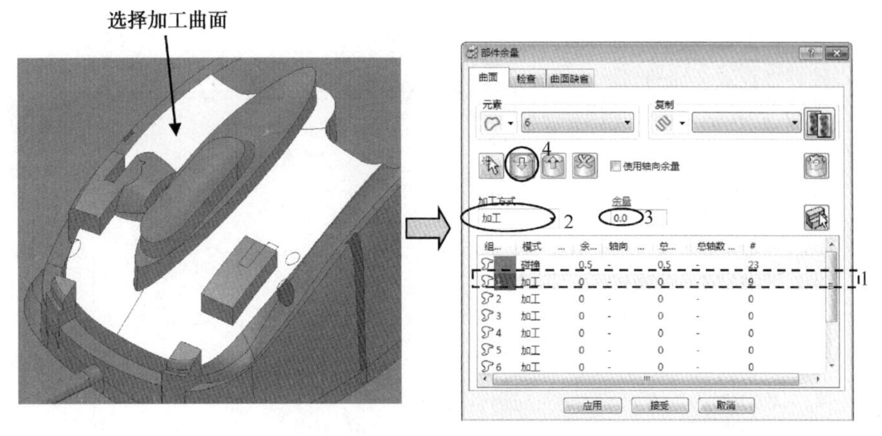

图 9-38　设置加工余量参数

单击【应用】按钮，再单击【接受】按钮，系统返回到【已选曲面边界】对话框中，设置【公差】为 0.01，【余量】为 0，【刀具】选“BD4R2”，单击【应用】按钮，产生如图 9-39 所示的边界 6。

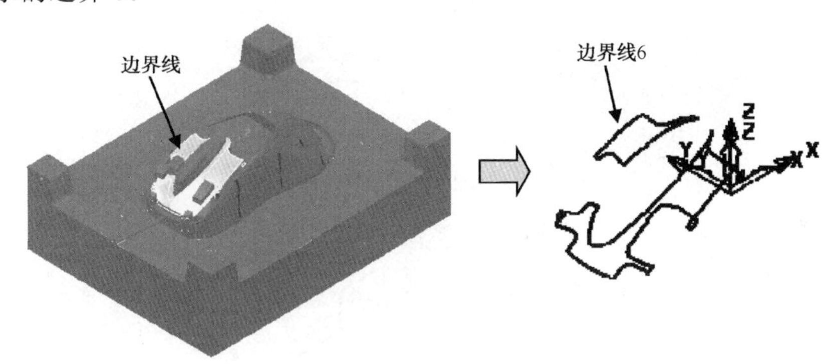

图 9-39　生成边界

（2）设切削参数，创建平行精加工刀路策略。

在综合工具栏中单击【刀具路径策略】按钮，弹出【策略选取器】对话框，选取【精加工】选项卡，然后选择【平行精加工】选项，单击【接受】按钮，系统弹出【平行精加工】对话框，按图 9-40 所示设置参数，【刀具】选择 BD4R2，【公差】为 0.01，设置侧面余量为 0，底部余量为 0，【行距】为 0.08，【边界】为“6”，【角度】为 45°，【样式】为“双向”。

（3）设非切削参数，设置切入切出和连接参数。

设置切入切出和连接参数，方法与上步刀路 8 相同。

（4）生成刀具路径。

在【平行精加工】对话框中单击【计算】按钮，观察生成的刀路，无误后单击【取消】按钮，产生的刀具路径 10 如图 9-33 所示。

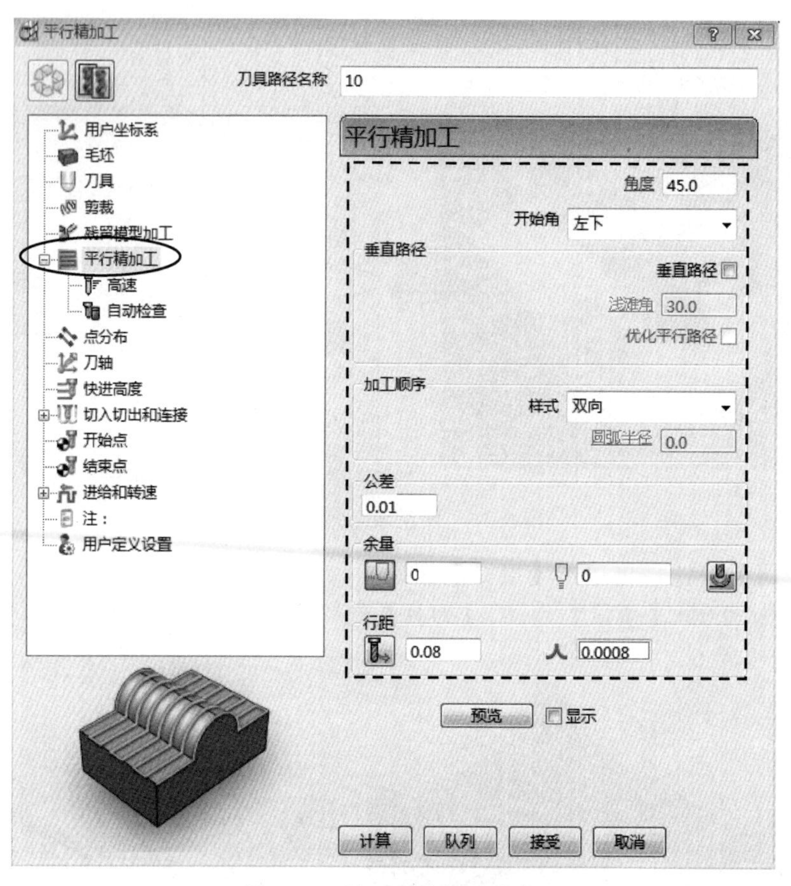

图 9-40　设平行精加工参数

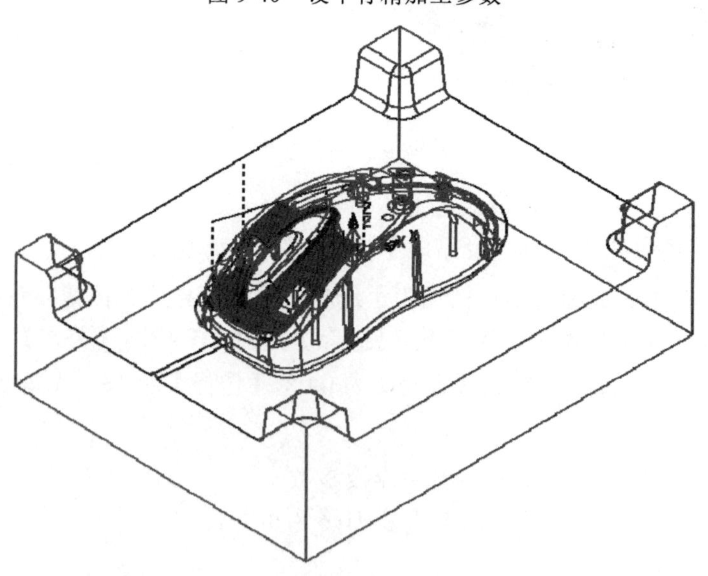

图 9-41　生成平行精加工刀路

（5）刀具路径的编辑。

将图形处于俯视图状态，关闭零件显示。在目录树中右击刀具路径 10，在弹出的快捷菜单中选【编辑】|【重排】，在图形中用方框选择需要删除的 A 处刀具路径，再按 Shift 键，框选另一 B 处刀具路径区域，在弹出的【刀具路径列表】中单击删除按钮，结果如图 9-42 所示。

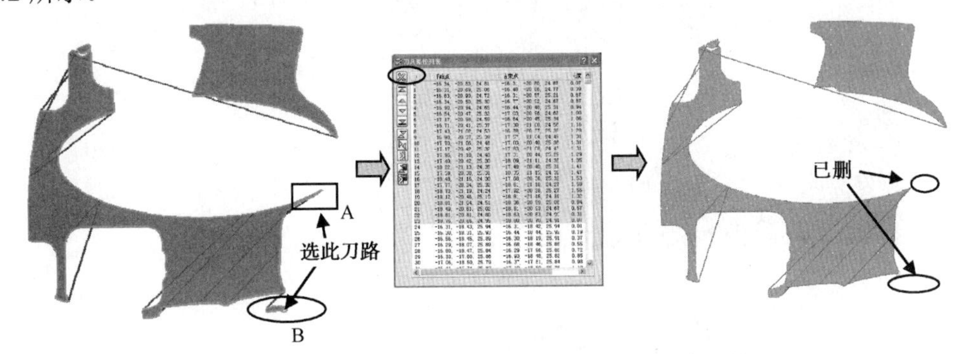

图 9-42　刀具路径编辑

单击【关闭】按钮。

4．顶部右侧部分胶位面光刀

方法：与上步类似，先做曲面边界，编辑边界后，再用平行精加工的方式进行加工。

（1）创建加工边界 7。

在图形上选取要检查的曲面，在【资源管理器】中右击【边界】，在弹出的快捷菜单中选择【定义边界】|【已选曲面】命令，在弹出的【已选曲面边界】对话框中，单击按钮，系统弹出【部件余量】对话框，按图 9-43 所示设置参数。

图 9-43　设定检查余量参数

在图形上空白处单击一下鼠标，以使不选择任何曲面。再在图形上选取要加工的曲面，在【部件余量】对话框中，按图 9-44 所示的顺序设置参数。

单击【应用】按钮，再单击【接受】按钮，系统返回到【已选曲面边界】对话框中，设置【公差】为 0.01，【余量】为 0，【刀具】选“BD4R2”，单击单击【应用】按钮，产生如图 9-45 所示的边界 7。

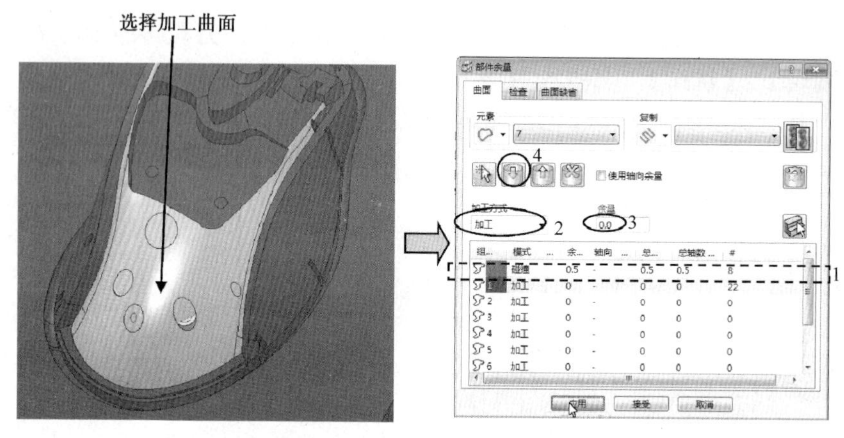

图 9-44　设置加工余量参数

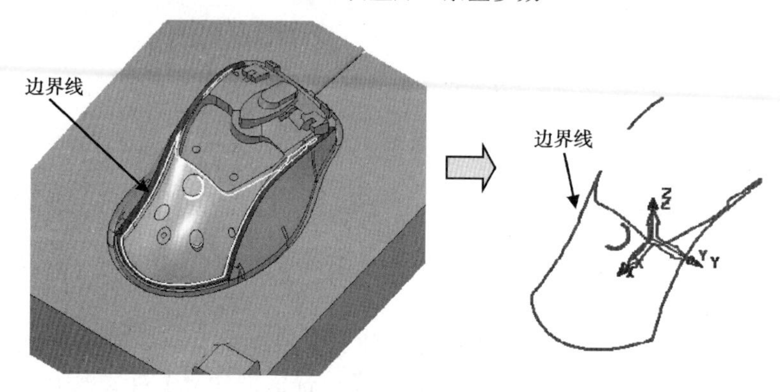

图 9-45　生成边界

小提示

由于选面时可能会把背面的面选上，或图形的误差影响，读者练习时可能实际生成的边界与图 9-45 略有差别，如可能无半月形边界，或生成的边界有许多小段。但都可以通过下面介绍的方法进行编辑，最终达到目的。

（2）编辑边界 7。

将图形处于俯视图状态，关闭零件显示。在目录树中右击边界 7，在弹出的快捷菜单中，确保此时已经选择了【激活】命令，按 Shift 键，在图形上选取要删除的两处边界，再按 Del 删除键。这样可以删除独立的边界，如图 9-46 所示。

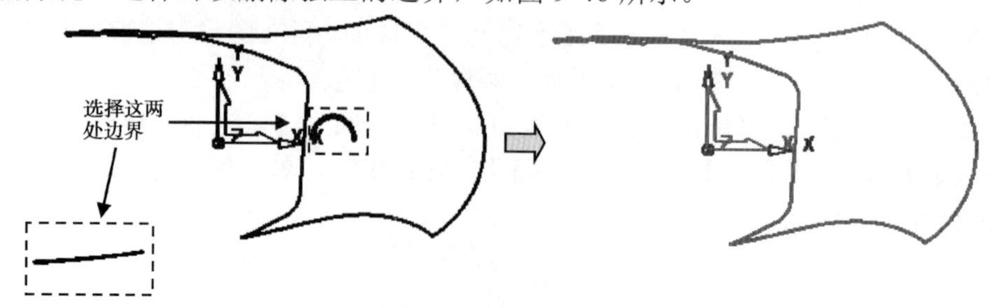

图 9-46　删除独立边界

在目录树中再次右击边界 7，在弹出的快捷菜单中，选择【曲线编辑器】命令。在系统弹出的曲线编辑器工具栏里先使用【切削几何元素】按钮，将曲线狭窄部分打断，再使用【笔直连接】按钮，把缺口连接，如图 9-47 所示，再单击【接受改变】按钮。

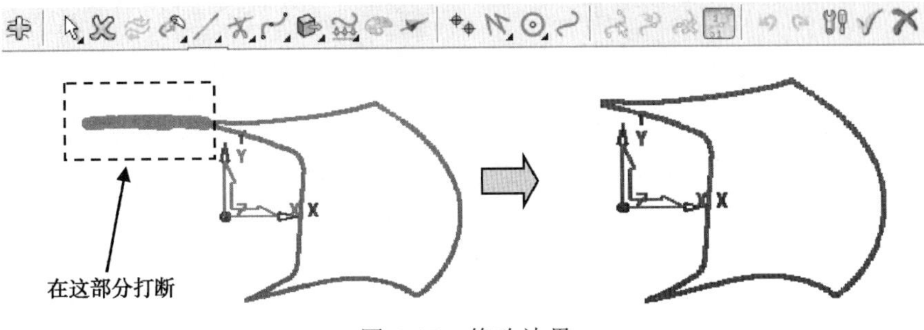

图 9-47　修改边界

（3）设切削参数，创建平行精加工刀路策略。

在综合工具栏中，直接单击常用的刀具路径策略按钮中的平行精加工，系统弹出【平行精加工】对话框，按图 9-48 所示设置参数，【刀具】选择 BD4R2，【公差】为 0.01，单击【余量】按钮，设置侧面余量为 0，底部余量为 0，【行距】为 0.08，【边界】为“7”，【角度】为 45º，【连接】为“双向连接”。

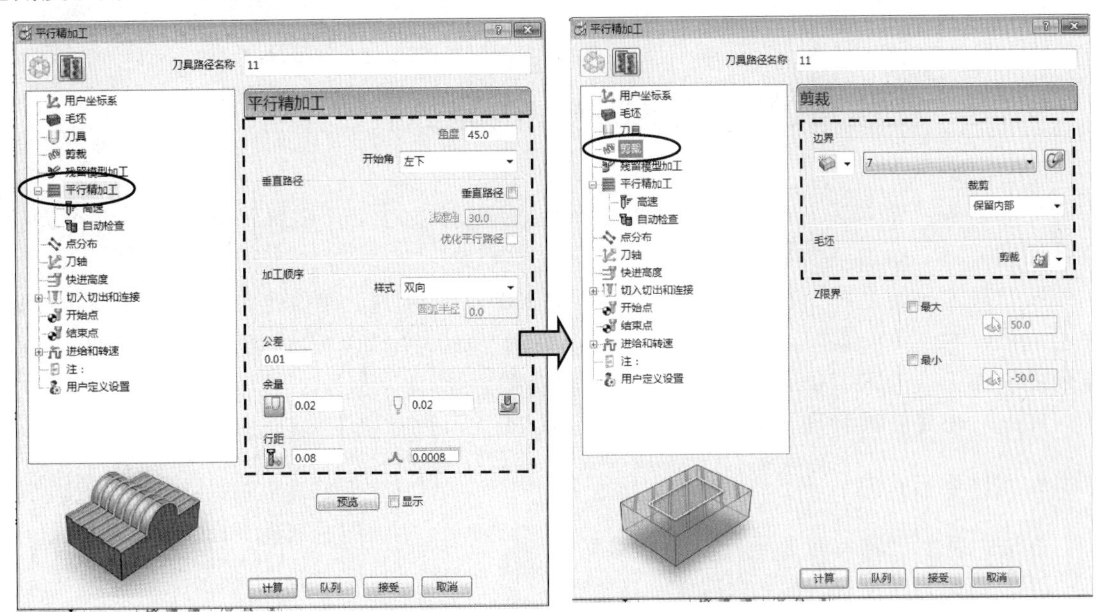

图 9-48　设平行精加工参数

（4）设非切削参数，设置切入切出和连接参数。

设置切入切出和连接参数，方法与刀路 8 相同。

（5）生成刀具路径。

在【平行精加工】对话框单击【计算】按钮，观察生成的刀路，无误后单击【取消】按钮，产生的刀具路径 11 如图 9-49 所示。

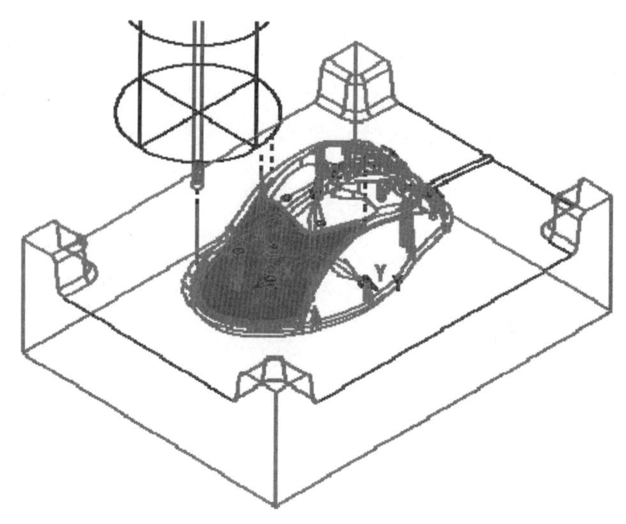

图 9-49　生成平行精加工刀路

以上程序组的操作视频文件为：\ch09\03-video\06-创建型面光刀 K07F.exe

9.15　在程序文件夹 K07G 中建立平位清根光刀

主要任务：建立 2 个刀具路径，第 1 个为 PL 平面光刀，用 ED8 平底刀；第 2 个为胶位平位光刀。

该刀路的目的是用于将平位面接顺，消除 K07D 实际加工时操作员的对刀误差。实际使用本程序时，要求操作员按照 PL 对刀提高 0.01～0.03 为 Z0，先试切，再逐步降低 Z 值，直到使所加工面与 K07B 的 ED16R0.8 加工面接顺为止。

首先，在【资源管理器】中激活文件夹 K07G，再进行以下操作。

1. PL 平面光刀

方法：复制刀路，重做毛坯，修改参数。

（1）复制刀具路径。

在目录树中选择 K07D 中的刀路 5，将其复制到 K07G 中为 5_1，将其改名为 12，并将其激活。

（2）修改加工参数。

在目录树中选择 K07G 中刚复制过来的刀路 12，单击右键，在弹出的快捷菜单中选择【设置】命令，在弹出的【等高精加工】对话框中，单击按钮以编辑加工参数。按如图 9-50 所示修改参数。【切削方向】为“任意”，【最小下切步距】为 35，取消选择【用残留高度计算】的选项，目的是生成一层刀具路径。

（3）创建毛坯。

保持刀路 12 为激活状态。在综合工具栏中单击【毛坯】按钮，弹出【毛坯】对话框，在【由...定义】下拉列表框中选择“方框”选项，单击【计算】按钮。修改最小 Z 值为 0，再单击【接受】按钮，使毛坯只在上半部分，如图 9-51 所示。

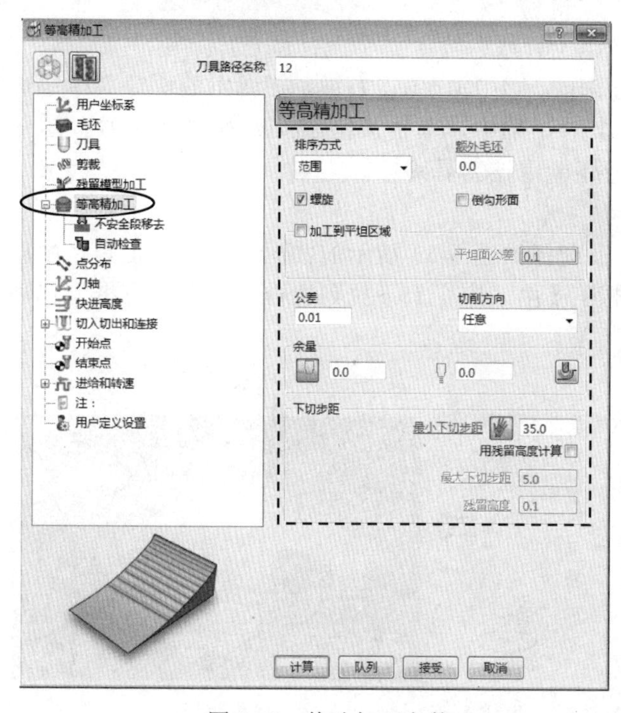

图 9-50　修改加工参数

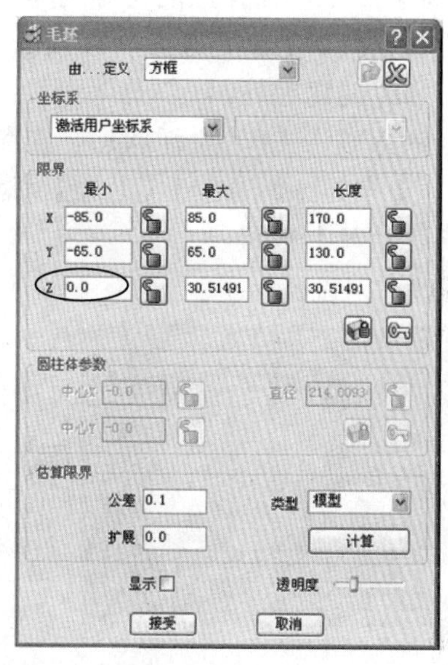

图 9-51　设置毛坯

（4）生成刀具路径。

检查参数无误后，在【等高精加工】对话框中，单击【应用】按钮，生成如图 9-52 所示的刀具路径。

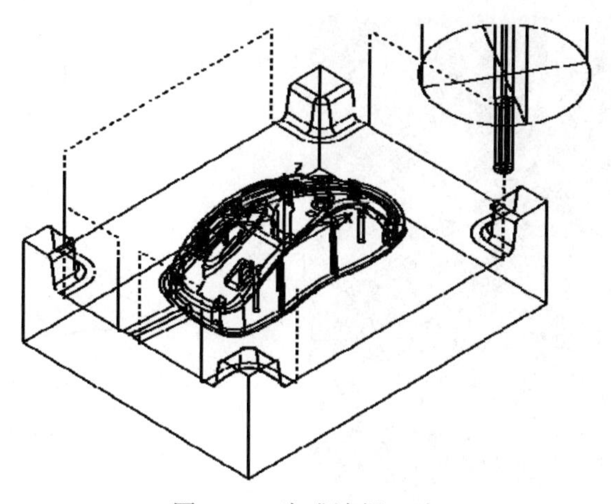

图 9-52　生成清根刀路

2. 胶位平面光刀

方法：复制刀路，重做毛坯，修改参数。

（1）复制刀具路径。

在目录树中选择 K07G 中刚产生的刀路 12，将其复制为 12_1，将其改名为 13，并将其激活。

（2）编辑加工参数。

在目录树中选择 K07G 中刚复制过来的刀路 13，单击右键，在弹出的快捷菜单中选择【设置】命令，在弹出的【等高精加工】对话框中，单击按钮以编辑加工参数，这些参数不作修改。目的是使下一步所做的毛坯能用该刀具路径。

（3）创建毛坯。

保持刀路 13 为激活状态。在图形上选择如图 9-53 所示的曲面，在综合工具栏中单击【毛坯】按钮，弹出【毛坯】对话框在【由...定义】下拉列表框中选择“方框”选项，单击【计算】按钮。

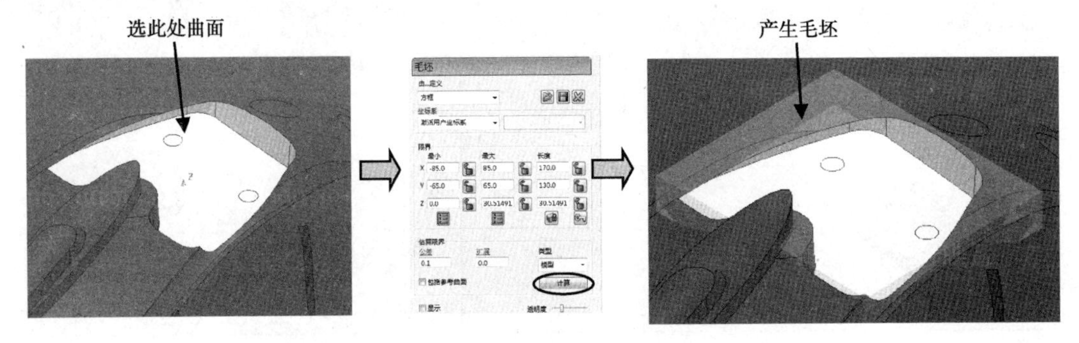

图 9-53　生成毛坯

（4）生成刀具路径 13。

检查参数无误后，在【等高精加工】对话框中，单击【计算】按钮，生成如图 9-54 所示的刀具路径 13，单击【取消】按钮。

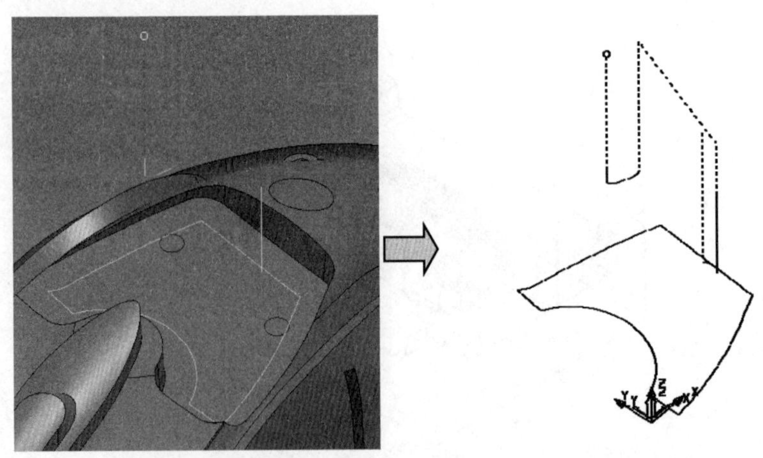

图 9-54　生成平位清根刀路

（5）编辑刀具路径 13。

观察刀具路径 13，可以看出有一段空刀，必须设法删除。

将图形处于俯视图状态，关闭零件显示。在目录树中右击刀具路径 13，在弹出的快捷菜单中选【编辑】|【重排刀具路径】，在图形中用方框选择需要删除的 C 处刀具路径，在弹出的【刀具路径列表】中单击删除按钮，结果如图 9-55 所示，单击【关闭】按钮。

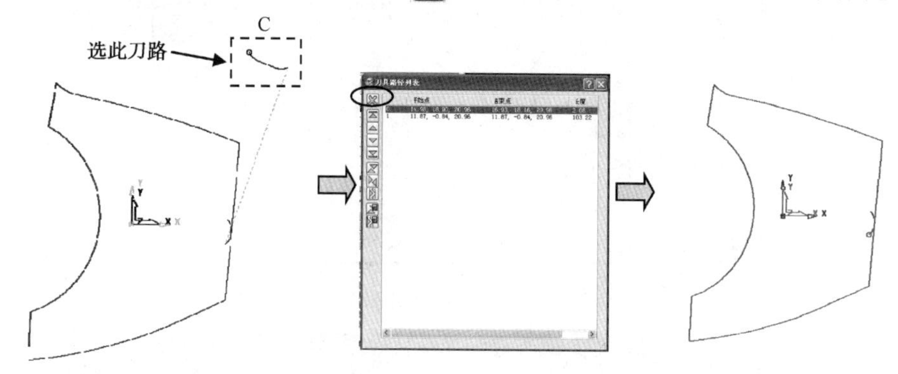

图 9-55　刀具路径的编辑

以上程序组的操作视频文件为: \ch09\03-video\07-建立平位清根光刀 K07G.exe

9.16　设转速及进给速度

主要任务：集中设定各个刀具路径的转速及进给速度。

（1）设定 K07A 文件夹的各个刀具路径的转速为 2500 转/分，进给速度为 2000 毫米/分。

在【资源管理器】目录树中，展开各个刀路，右击第 1 个刀具路径，使其激活。

单击综合工具栏中的【进给和转速】按钮，弹出【进给和转速】对话框，按如图 9-56 所示设置参数，单击【应用】按钮，不要退出该对话框。

（2）设定 K07B 文件夹的各个刀具路径的转速为 2500 转/分，进给速度为 150 毫米/分。

在文件夹中激活刀具路径 2，在【进给和转速】对话框，按图 9-57 所示设置参数，单击【应用】按钮。

（3）设定 K07C 文件夹的各个刀具路径的转速为 3500 转/分，进给速度为 1500 毫米/分。

在文件夹中激活刀具路径 3，在【进给和转速】对话框，按图 9-58 所示设置参数，单击【应用】按钮，同理设定刀具路径 4。

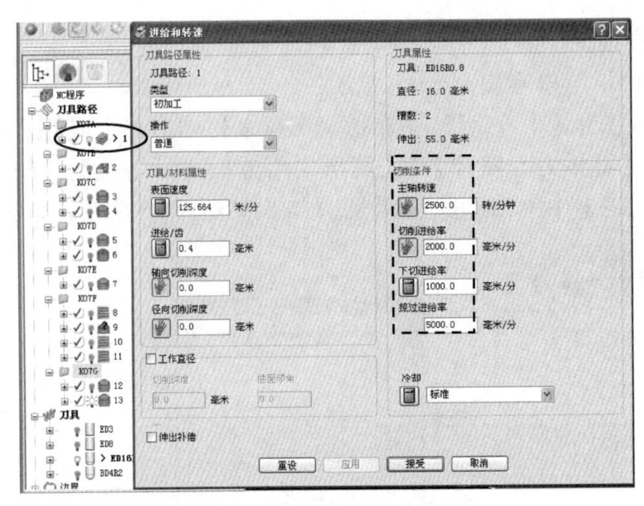

图 9-56　设置进给和转速参数（一）

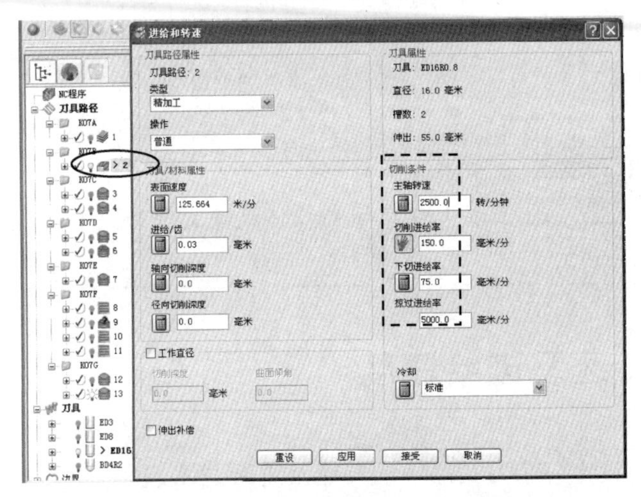

图 9-57　设置进给和转速参数（二）

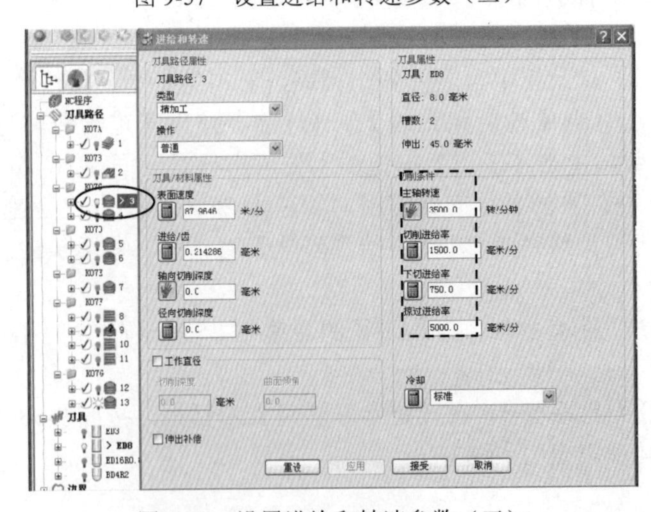

图 9-58　设置进给和转速参数（三）

（4）设定 K07D 文件夹的各个刀具路径的转速为 4000 转/分，进给速度为 1000 毫米/分。

展开文件夹，激活刀具路径 5，在【进给和转速】对话框中，按图 9-59 所示设置参数，单击【应用】按钮，同理设定刀具路径 6。

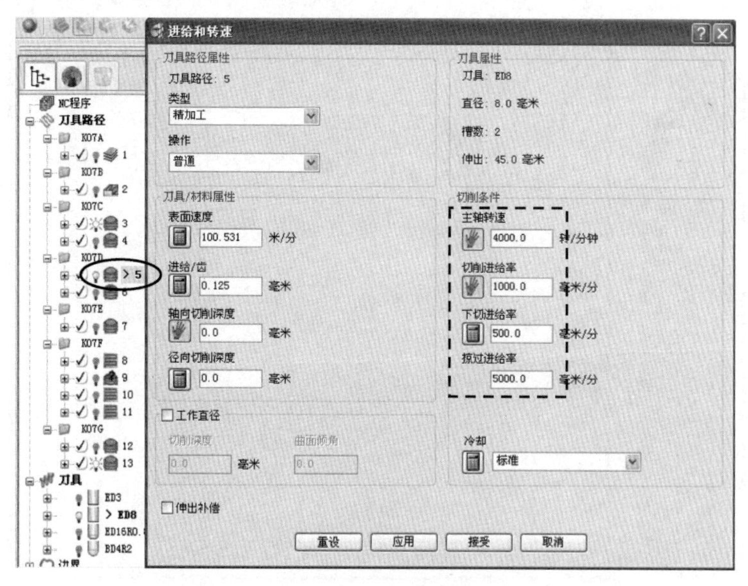

图 9-59　设置进给和转速参数（四）

（5）设定 K07E 文件夹的各个刀具路径的转速为 4000 转/分，进给速度为 1500 毫米/分。

展开文件夹，激活刀具路径 7，在【进给和转速】对话框中，按图 9-60 所示设置参数，单击【应用】按钮。

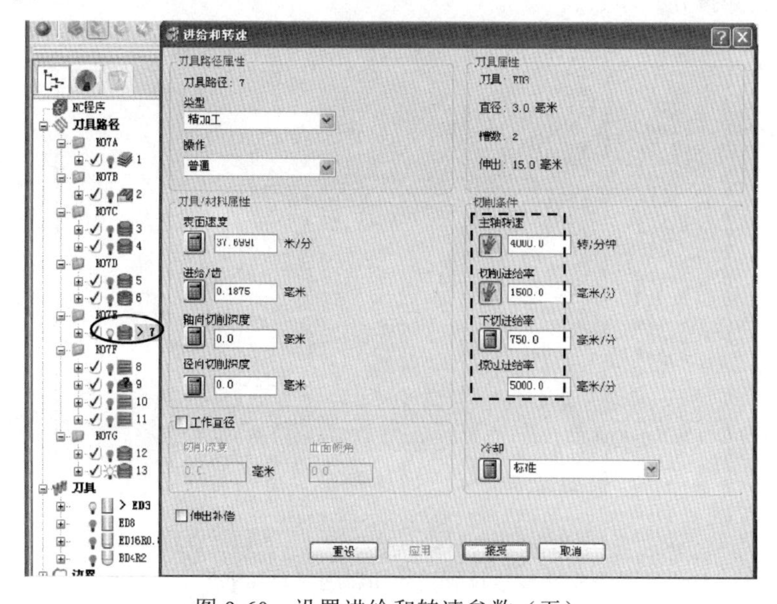

图 9-60　设置进给和转速参数（五）

（6）设定 K07F 文件夹的各个刀具路径的转速为 4500 转/分，进给速度为 1300 毫米/分。

展开文件夹，激活刀具路径 8，在【进给和转速】对话框中，按图 9-61 所示设置参数，单击【应用】按钮，同理设定刀具路径 9、10 及 11。

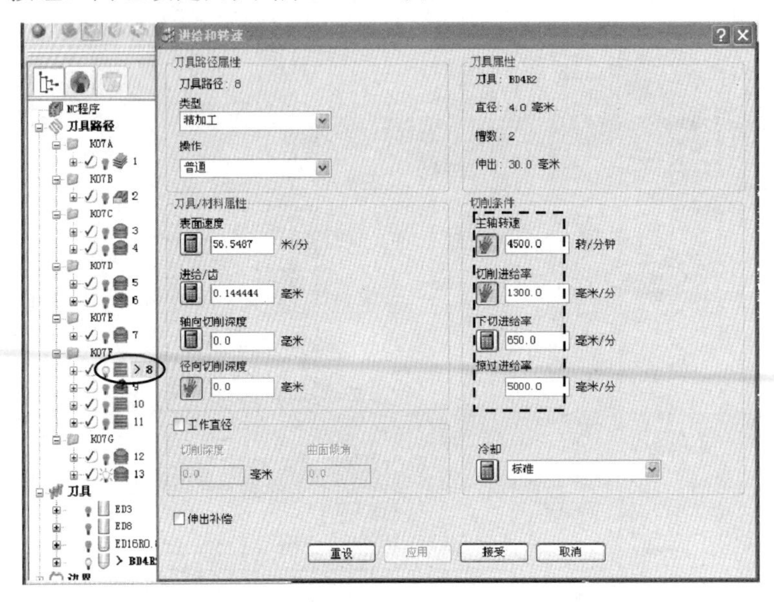

图 9-61　设置进给和转速参数（六）

（7）设定 K07G 文件夹的各个刀具路径的转速为 4000 转/分，进给速度为 800 毫米/分。

展开文件夹，激活刀具路径 12，在【进给和转速】对话框中，按图 9-62 所示设置参数，单击【应用】按钮，同理设定刀具路径 13。

单击【接受】按钮。

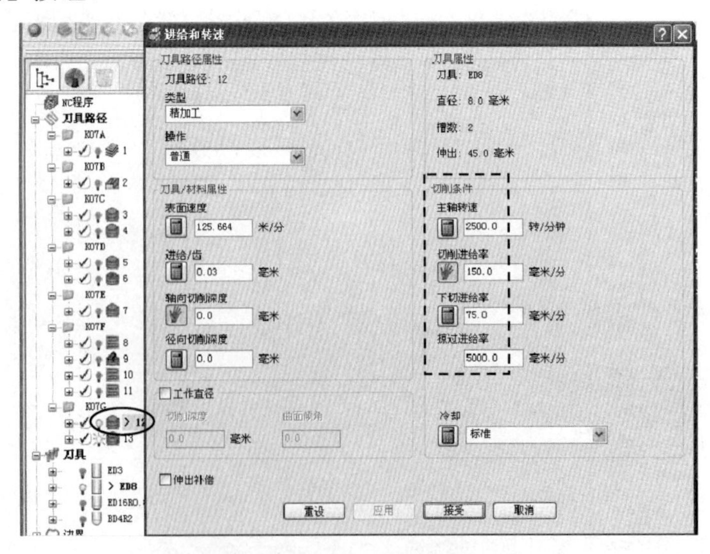

图 9-62　设置进给和转速参数（七）

9.17 后处理

1. 建立文件夹

将【刀具路径】中的文件夹，通过【复制为NC程序】命令复制到【NC程序】树枝中，如图9-63所示。

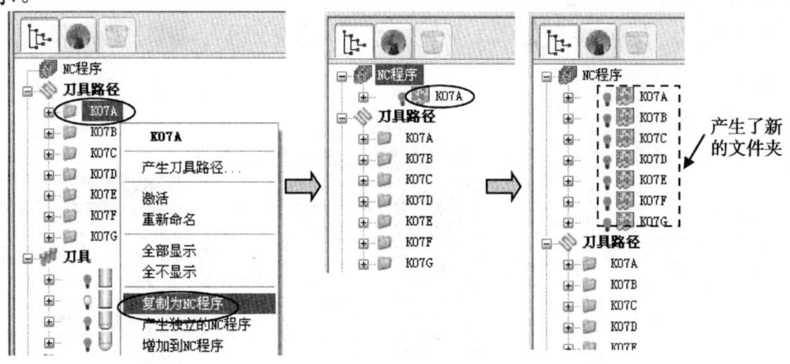

图9-63 产生新文件夹

2. 复制后处理器

把本书配套的后处理器文件\ch14\02-finish\ pmbook-14-1-ok.opt复制到C:\dcam\config目录。

3. 编辑已选后处理参数

在屏幕左侧的【资源管理器】中，选择【NC 程序】树枝，单击鼠标右键，在弹出的快捷菜单中选择【编辑全部】命令，系统弹出【编辑全部NC程序】对话框，选择【输出】选项卡，其中的【输出文件】中要删去隐含的空格。【机床选项文件】可以单击浏览按钮，选择之前提供的pmbook-14-1-ok.opt后处理器，【输出用户坐标系】为“1”。单击【应用】按钮，再单击【接受】按钮。

4. 输出写入NC文件

在屏幕左侧的【资源管理器】中，选择【NC 程序】树枝，单击鼠标右键，在弹出的快捷菜单中选择【全部写入】命令，系统会自动把各个文件夹，按照以其文件夹的名称作为NC文件名，输出到用户图形所在目录的子目录中，如图9-64所示。

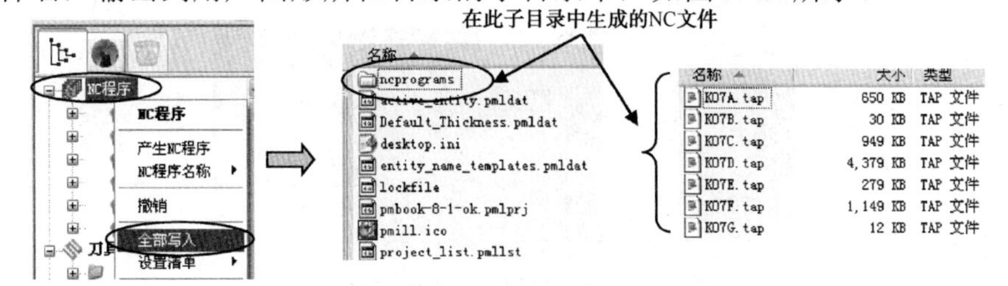

图9-64 生成NC数控程序

9.18 程序检查

1. 干涉及碰撞检查

展开【刀具路径】中各个文件夹中的刀具路径，先选择刀具路径 1，将其激活，再在综合工具栏选择【刀具路径检查】按钮，弹出【刀具路径检查】对话框，在【检查】选项中先选择“碰撞”，其余参数默认，单击【应用】按钮，如图 9-65 所示，单击信息框中的【确定】按钮。

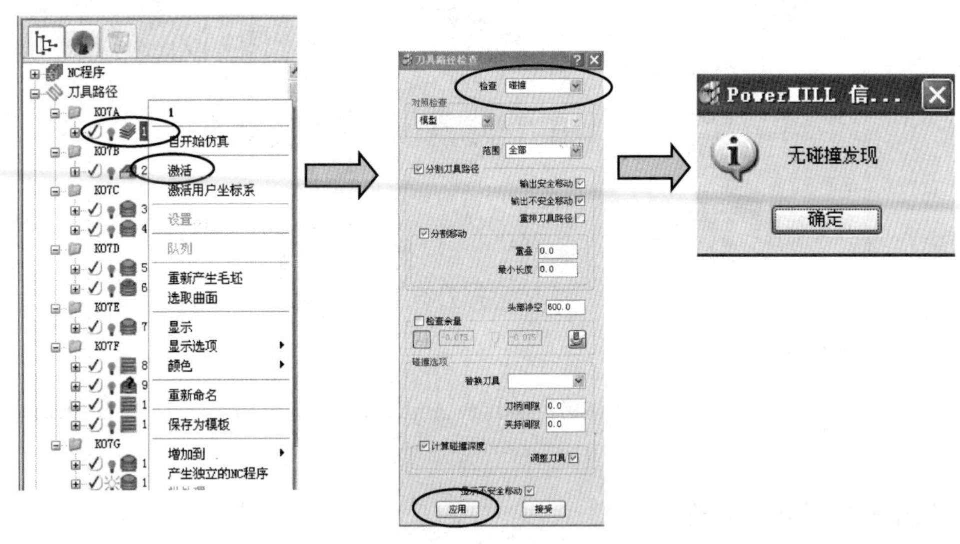

图 9-65 NC 数控程序的碰撞检查

在上述【刀具路径检查】对话框的【检查】选项中先选择“过切”，其余参数默认，单击【应用】按钮，如图 9-66 所示，单击信息框中的【确定】按钮。

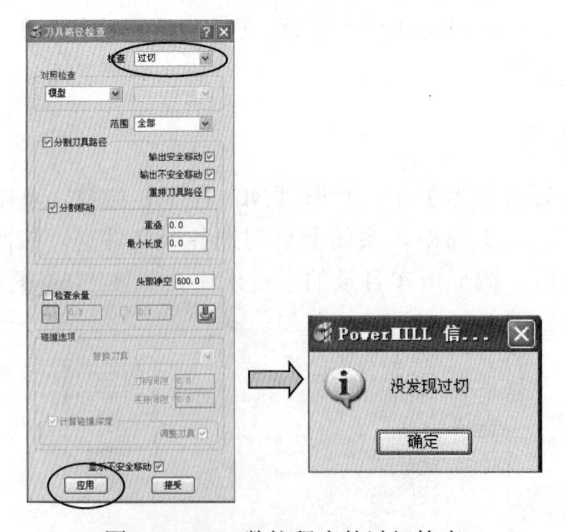

图 9-66 NC 数控程序的过切检查

同理，可以对其余的刀具路径分别进行碰撞检查和过切检查。最后，单击【刀具路径检查】对话框中的【接受】按钮。

2. 实体模拟检查

（1）在界面中把实体模拟检查功能显示在综合工具栏中。

（2）检查毛坯设置。检查现有毛坯是否符合要求，该毛坯一定要包括所有面。

（3）启动仿真功能。

在屏幕左侧的【资源管理器】中，选择文件夹 K07A，单击鼠标右键，在弹出的快捷菜单中选择【自开始仿真】命令。

（4）开始仿真。

单击【开/关 ViewMill】按钮，使其处于开的状态，选择【光泽阴影图像】按钮，再单击【运行】按钮，如图 9-67 所示。

图 9-67　开粗刀路的仿真结果

（5）在【ViewMill】工具条中，选择 NC 程序 K07B，再单击【运行】按钮进行仿真。

（6）同理，可以对其他的 NC 程序进行仿真，结果如图 9-68 所示。

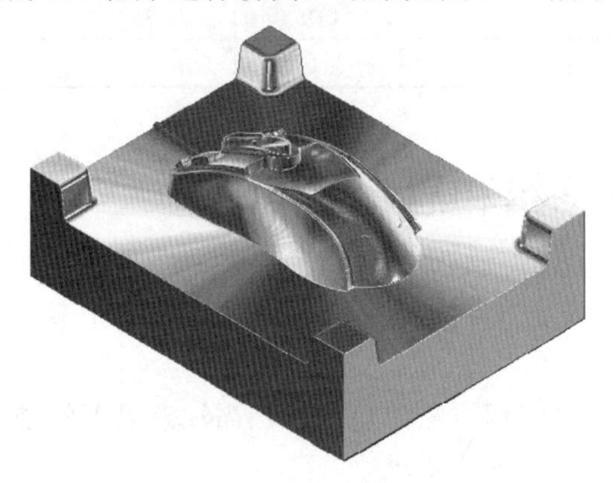

图 9-68　光刀的仿真结果

9.19 填写加工工作单

CNC 加工工作单如表 9-1 所示。

表 9-1 加工工作单

<table>
<tr><th colspan="8">CNC 加工程序单</th></tr>
<tr><td>型号</td><td></td><td>模具名称</td><td>鼠标面</td><td>工件名称</td><td colspan="3">前模</td></tr>
<tr><td>编程员</td><td></td><td>编程日期</td><td></td><td>操作员</td><td></td><td>加工日期</td><td></td></tr>
<tr><td colspan="4"></td><td colspan="4">对刀方式：　四边分中
对顶 z=30.9
图形名　pmbook-9-1
材料号　钢 718
大小　170×110×65</td></tr>
<tr><td colspan="2">程序名</td><td>余量</td><td>刀具</td><td>装刀最短长</td><td colspan="2">加工内容</td><td>加工时间</td></tr>
<tr><td colspan="2">K07A.tap</td><td>0.3</td><td>ED16R0.8</td><td>35</td><td colspan="2">开粗</td><td></td></tr>
<tr><td colspan="2">K07B.tap</td><td>侧 0.35 底 0</td><td>ED16R0.8</td><td>35</td><td colspan="2">PL 平面光刀</td><td></td></tr>
<tr><td colspan="2">K07C.tap</td><td>0.15</td><td>ED8</td><td>35</td><td colspan="2">二次开粗</td><td></td></tr>
<tr><td colspan="2">K07D.tap</td><td>0</td><td>ED8</td><td>35</td><td colspan="2">型芯面光刀</td><td></td></tr>
<tr><td colspan="2">K07E.tap</td><td>0.35</td><td>ED8</td><td>35</td><td colspan="2">型面三次开粗</td><td></td></tr>
<tr><td colspan="2">K07F.tap</td><td>0</td><td>BD4R2</td><td>15</td><td colspan="2">胶位面光刀</td><td></td></tr>
<tr><td colspan="2">K07G.tap</td><td>0</td><td>ED8</td><td>35</td><td colspan="2">平面清根</td><td></td></tr>
<tr><td colspan="2"></td><td></td><td></td><td></td><td colspan="2"></td><td></td></tr>
</table>

9.20 本章总结和思考练习题

9.20.1 本章总结

本章主要讲解后模的编程方法，完成本例需注意以下问题。

（1）分清后模各部位的加工要求。

（2）如果后模有破面要设法补面，可以将所补的面单独存盘，单独调入，这样才可以提高刀具路径加工的效率。

（3）光刀前应充分清角。

（4）刀具路径完成后应认真评估刀路，不要迷信软件，充分利用软件的刀具路径编辑功能，将不合理刀具路径删除。

（5）原身后模的材料在 CNC 加工前，一般都经过制模师傅转好了顶针孔，甚至线切割斜顶孔位，所以，在加工单中一定要给操作员清晰注明装夹方向和对刀方式。否则，加工方向错了，将很难进行下一步的处理。

希望读者能反复训练，以掌握类似图形的数控编程技巧。

9.20.2 思考练习与答案

以下是针对本章实例在实际加工时可能会出现的问题，希望初学者能认真体会，想出合理的解决方案。

（1）试说明，本例 K07F 中的刀具路径 10 和 11，为什么要先设定检查面余量，再设定加工余量？

（2）本例的 K07F 刀路 10 采用了编辑刀具路径的方法，结合对 PowerMILL 的理解，请想一下，还有哪些做法？

（3）PowerMILL 在选择曲面时，结合自己的使用经验，如何才能提高操作效率？

练习答案：

（1）答：本例 K07F 的刀具路径 10 和 11 用到了检查面余量功能。编程思路是先做曲面加工边界，再做刀具路径。如果先设定加工余量，就需要先选择加工面，接着选择检查面，设定检查余量。当回到【已选曲面边界】对话框，必须再次选择加工面才可以生成加工边界，这样就会使加工面的操作多进行一次。

（2）答：局部曲面的加工是应用 PowerMILL 的难点和重点，读者应花大力气熟练掌握。熟练掌握类似刀具路径 10 的做法，这样才可以将 PowerMILL 灵活应用于实际编程工作，使编程符合实际需要。

本例由于篇幅所限，正文部分刀路 10 只讲了一种编辑刀具路径的方法，而刀具路径 11，讲述了编辑边界的方法，事实上这两种方法对这两个刀具路径都同样适用。

（3）答：使用 PowerMILL 选择曲面时，往往会出现将不该要的面却选上了，而需要的面却漏选了。

解决方法：

结合自己所用的电脑配置，参考第 2 章的 2.5.1 节的“知识拓展”，设置好系统配置文件。

首先，检查屏幕右侧工具条的曲面选择模式为“用框选方式”。

将图形放在俯视图或右视图等标准视图，把图形放大，在曲面与曲面的交界处，用方框选的方法选曲面。按 Shift 键，将要用的面全部选上。

然后，旋转图形，检查有哪些多选的面，按 Ctrl 键，同时选取要删除的面。

以上步骤可能会反复多次，最后要仔细检查，不能多选，也不要漏选。

第10章

游戏机面后模 1 综合实例特训

10.1 本章知识要点及学习方法

本章以一游戏机面盖后模 1 为例，着重学习后模镶件框编程的基本方法以及注意事项。

在本章，希望读者掌握以下重点知识。

（1）根据工件的实际情况，灵活创建毛坯。

（2）后模镶件框开粗刀路如何减少空刀，提高效率。

（3）与制模组密切合作，分清哪些属于 CNC 要加工的部分，避免重复加工及编程。

（4）继续学习标准刀库文件的用法。

（5）PowerMILL 加工曲面时，如何设定检查面及检查余量。

希望读者结合前几章内容，加深对 PowerMILL 加工策略参数的理解，反复训练，熟练掌握，灵活运用。

10.2 模件说明

模具说明：如图 10-1 所示，该模具用于啤塑游戏机面壳，考虑模具加工方便程度及注塑要求，本后模由镶件框和镶件组成，镶件框开通框。

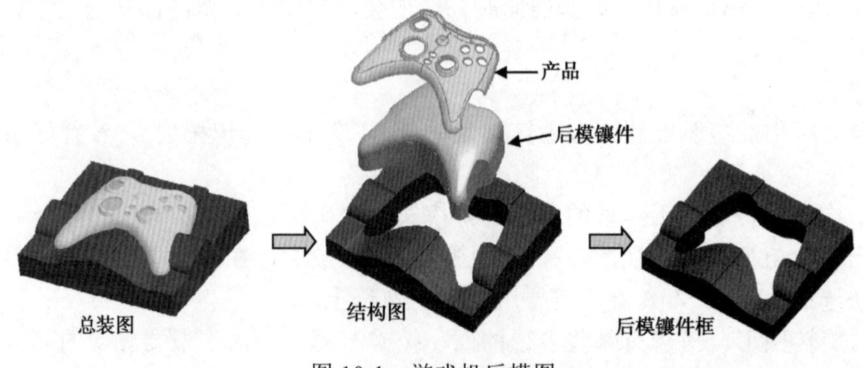

图 10-1　游戏机后模图

如图 10-2 所示，为该后模的工程图。

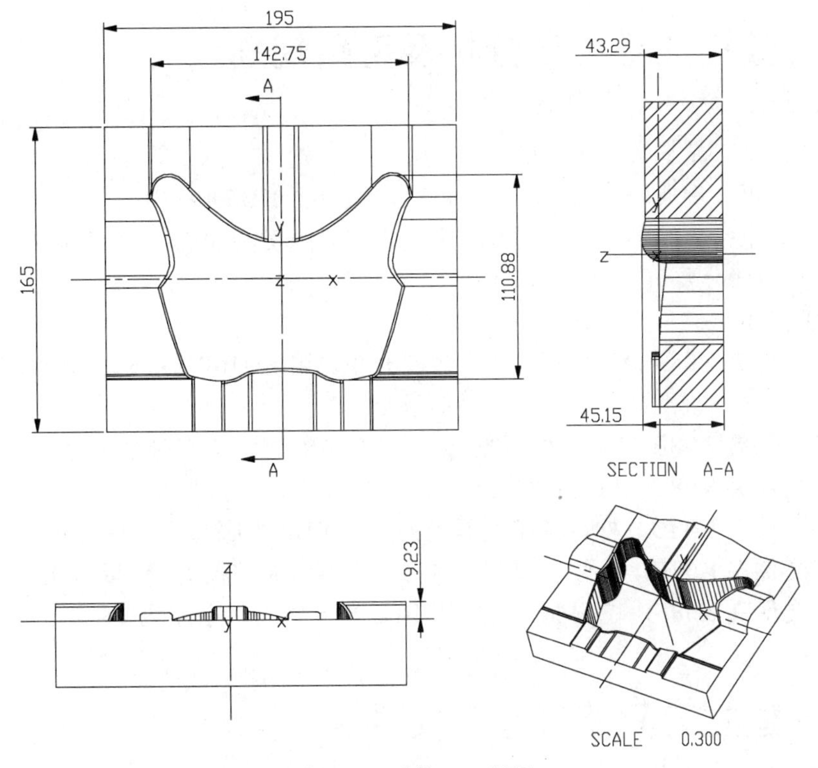

图 10-2 后模 1 工程图

10.3 输入及整理图形

文件路径：\ch10\01-example\pmbook-10-1.stp，把文件复制到工作目录中。

文件路径：\ch10\02-finish\pmbook-10-1\

（1）输入图形。输入配套素材文件 pmbook-10-1.stp。操作方法：在下拉菜单中选择【文件】|【输入模型】命令，在【文件类型】选择STEP (*.stp)，再选择 pmbook-10-1.stp。

（2）整理图形。经分析，该图形全部面的方向朝向一致，符合要求。

（3）确定加工坐标系。经分析，该图形坐标系符合要求，以建模的坐标系创建加工坐标系。

10.4 数控加工工艺分析及刀路规划

（1）开料尺寸：精料尺寸为 195×165×50。

（2）材料：钢（瑞典一胜百 IMPAX718S），预硬至 HB290-330 。

（3）加工要求：中间异性镶件通孔位采用 EDW 线切割加工，CNC 加工 PL 分型面，CNC 加工不到的部分要可用 EDM 清角。

（4）加工工步。

① 程序文件夹 K08A，型面粗加工，也叫开粗。用 ED16R0.8 飞刀，侧余量为 0.3，底余量为 0.2。

② 程序文件夹 K08B，PL 平位面光刀。用 ED16R0.8 飞刀，侧余量为 0.35，底部为 0。

③ 程序文件夹 K08C，PL 面中光。用 ED8 平底刀，余量为 0.15。

④ 程序文件夹 K08D，枕位陡峭型面光刀。用 ED8 平底刀，余量为 0。

⑤ 程序文件夹 K08E，枕位平缓型面光刀。用 BD6R3 球刀，余量为 0。

⑥ 程序文件夹 K08F，枕位面光刀。用 BD3R1.5 球刀，余量为 0。

10.5 建立刀具路径程序文件夹

主要任务：建立 6 个空的刀具路径文件夹。

右击【资源管理器】中的【刀具路径】，在弹出的快捷菜单中选择【产生文件夹】命令，修改文件夹名称为“K08A”。用同样的方法生成其他程序文件夹 K08B、K08C、K08D、K08E 和 K08F。

10.6 建立刀具

主要任务：建立加工刀具 ED16R0.8、ED8、BD6R3、BD3R1.5。

本节通过调用标准文件刀库的方法产生所需要的刀具。

在下拉菜单中执行【插入】|【模板对象】，输入文件为 pmbook-cnctool.ptf。这时能看到【刀具】树枝中有了所需要的刀具。

10.7 设公共安全参数

主要任务：设安全高度、开始点和结束点。

（1）设安全高度。在综合工具栏中单击【快进高度】按钮，弹出【快进高度】对话框，在【绝对安全】中设置【安全区域】为“平面”，【用户坐标系】为“1”，单击【按安全高度重设】按钮，此时【安全 Z 高度】数值变为 19.229872，修改为 20；【开始 Z 高度】自动为 14.229872，不改变该值，单击【接受】按钮。

（2）设开始点和结束点。在综合工具栏中单击【开始点和结束点】按钮，弹出【开始点和结束点】对话框，在【开始点】选项卡中，设置【使用】的下拉菜单为“第一点安全高度”。切换到【结束点】选项卡，用同样的方法设置，单击【接受】按钮。

10.8 在程序文件夹 K08A 中建立开粗刀路

主要任务：建立 1 个刀具路径，使用 ED16R0.8 飞刀对 PL 分型面进行开粗。

首先，将 K08A 程序文件夹激活，再进行以下操作。

方法：为了减少空刀，可以先创建边界，再据此创建毛坯，进而创建偏置粗加工策略。

（1）创建边界。

在图形上，选取底平面，在目录树中右击【边界】，在弹出的快捷菜单中选【定义边界】|【用户定义】，在弹出的【用户定义边界】对话框中，单击【模型】按钮，如图 10-3 所示。

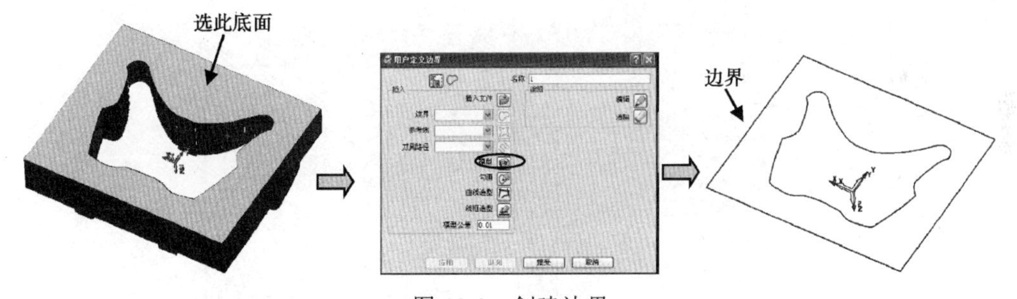

图 10-3　创建边界

（2）设定毛坯。

在图形区空白处单击鼠标左键，使系统没选取任何曲面。

在综合工具栏中单击【毛坯】按钮，弹出【毛坯】对话框，在【由...定义】下拉列表框中选择“边界”选项，单击【计算】按钮。修改最大 Z 值为 9.4，再单击【接受】按钮，使毛坯包含所有面，但中间是空的。这正好是将中间通孔材料被线切割加工以后，毛坯材料的真实情况，可以减少空刀，如图 10-4 所示。

这里将自动生成的 Z 值由原来的 9.2 修改为 9.4，目的是使后续中光曲面的刀路计算完整。

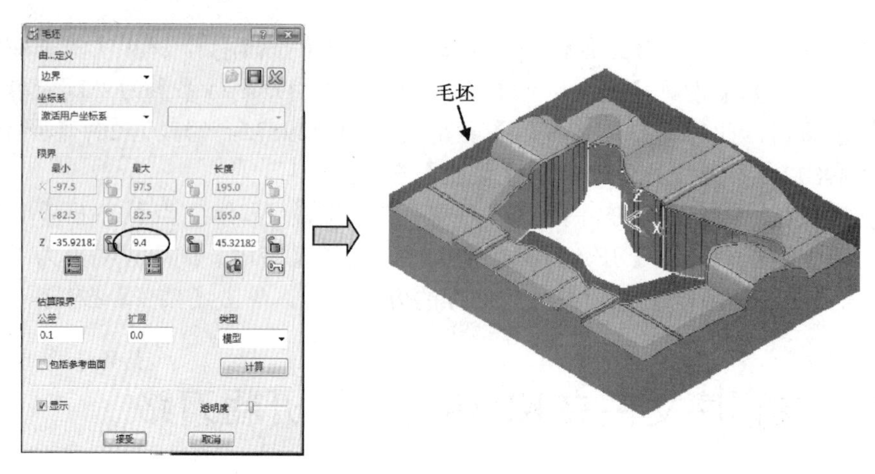

图 10-4　创建毛坯

（3）设刀路切削参数，创建“模型区域清除”刀路策略。

在综合工具栏中单击【刀具路径策略】按钮，弹出【策略选取器】对话框，选取【三维区域清除】选项卡，然后选择【模型区域清除】选项，单击【接受】按钮，系统弹出【模型区域清除】对话框。按图 10-5 所示设置参数，【刀具】选择 ED16R0.8，【公差】为 0.1，设置侧面余量为 0.3，底部余量为 0.2，【行距】为 9，【下切步距】为 0.3，【切削方向】为“顺铣”。

图 10-5　设切削参数

（4）设非切削参数，先设置切入切出和连接参数。

该工件结构特点是中间已经被线切割切掉，可以设置料外及斜线下刀，保证下刀时不踩刀。

在综合工具栏中单击【切入切出和连接】按钮，弹出【切入切出和连接】对话框。选取【Z 高度】选项卡，设置【掠过距离】为 3，【下切距离】为 3。

在【切入】选项卡中，【第一选择】为“斜向”，设置【斜向选项】中的【最大左斜角】为 3°，【沿着】选“刀具路径”，勾选【仅闭合段】复选项，【圆圈直径(TDU)】为 0.95 倍的刀具直径，【类型】选“相对”，【高度】为 0.5。

在【连接】选项卡中，修改【短】为“掠过”，【长】为“掠过”，其余参数默认，如图 10-6 所示。单击【应用】按钮，再单击【接受】按钮。

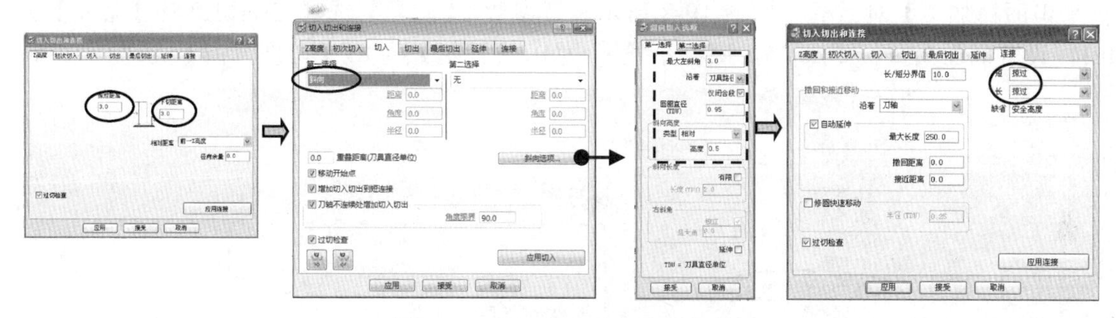

图 10-6　设切入切出和连接参数

（5）在【模型区域清除】对话框中单击【计算】按钮，产生的刀具路径如图 10-7 所示，单击【取消】按钮。

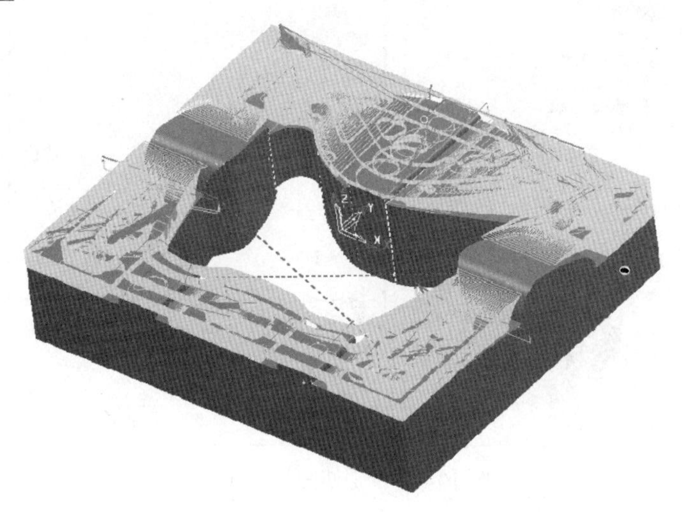

图 10-7　产生开粗刀路

以上程序组的操作视频文件为：\ch10\03-video\01-建立开粗刀路 K08A.exe

10.9　在程序文件夹 K08B 中建立 PL 平面光刀

主要任务：建立 1 个刀具路径，使用 ED16R0.8 平底刀对后模 PL 及平位进行光刀。

首先，将 K08B 程序文件夹激活，再进行以下操作。

方法：用平行平坦面精加工进行加工，分两层加工。

（1）设定平行平坦面精加工的切削参数。

在综合工具栏中单击【刀具路径策略】按钮，弹出【策略选取器】对话框，选取【精加工】选项卡，然后选择【平行平坦面精加工】选项，单击【接受】按钮，系统弹出【平行平坦面精加工】对话框，按图 10-8 所示设置参数，【刀具】选择 ED16R0.8，【公差】为 0.1，设置侧面余量为 0.35，底部余量为 0，【行距】为 8，【切削方向】为“任意”。

图 10-8　设定切削加工参数

（2）设非切削参数。

在综合工具栏中单击【切入切出和连接】按钮，弹出【切入切出和连接】对话框。在【切入】选项卡中，【第一选择】为“直”，【距离】为 10，【角度】为 0，单击【切出和切入相同】按钮，其余不变，如图 10-9 所示。

图 10-9　设切入切出和连接参数

（3）单击【计算】按钮，产生的刀具路径 2 如图 10-10 所示。

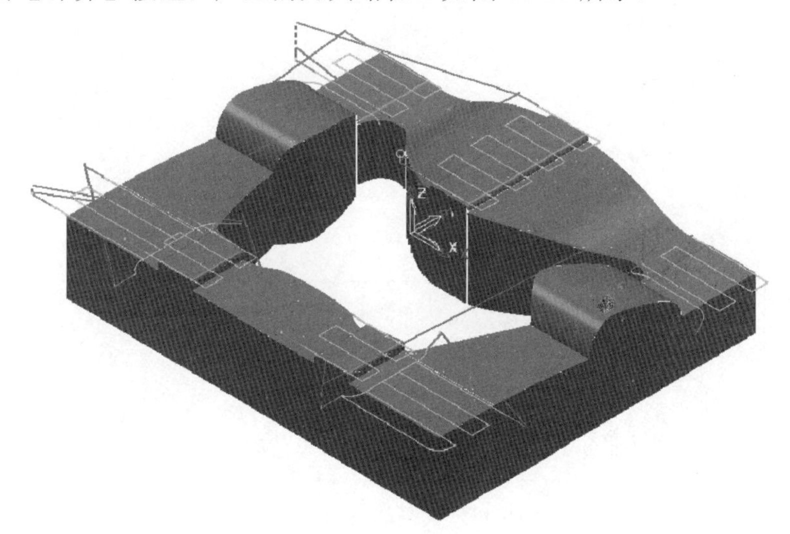

图 10-10　平位光刀

以上程序组的操作视频文件为：\ch10\03-video\02-建立PL平面光刀 K08B.exe

10.10　在程序文件夹 K08C 中建立二次开粗刀路

主要任务：建立 1 个刀具路径，型面中光，刀具为 ED8。

首先，在【资源管理器】中激活文件夹 K08C，再进行以下操作。

（1）设定清角刀路的加工参数。

在综合工具栏中单击【刀具路径策略】按钮，弹出【策略选取器】对话框，选取【精加工】选项卡，然后选择【等高精加工】选项，单击【接受】按钮，弹出【等高精加工】对话框，【刀具】选择 ED8，【公差】为 0.03，【余量】为 0.15，【最小下切步距】为 0.15，【方向】为“任意”，其余参数按图 10-11 所示设置。

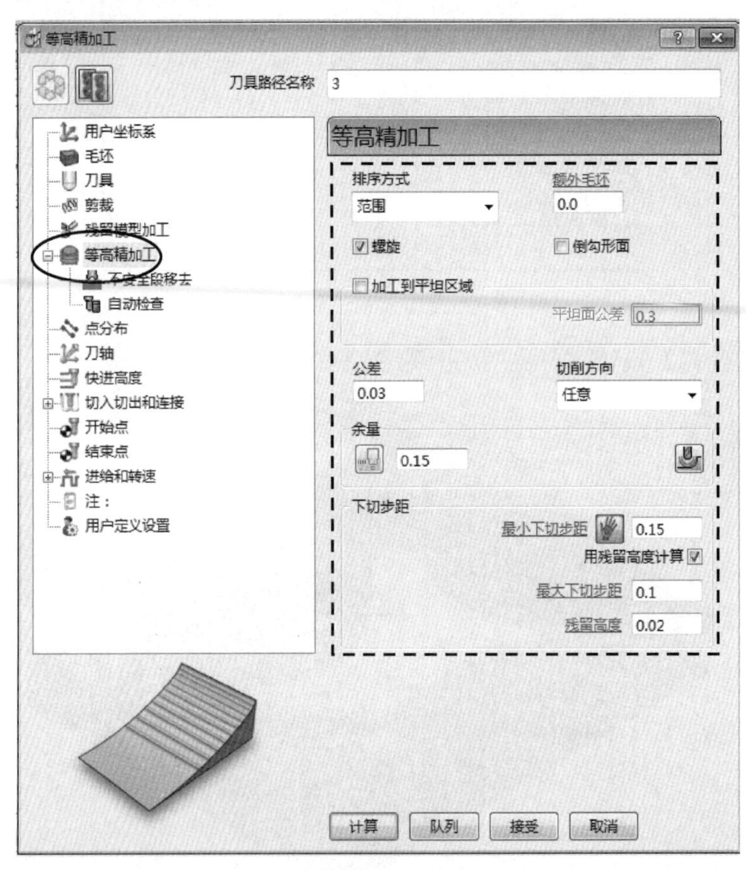

图 10-11　设等高精加工参数

（2）设非切削参数，设置切入切出和连接参数。

根据该后模结构特点选用圆弧进刀及退刀。

单击【切入切出和连接】按钮，弹出【切入切出和连接】对话框，选取【切入】选项卡，设置【第一选择】为“直线”，【距离】为 2，【角度】为 0，单击【复制到切出】。

在【连接】选项卡中，修改【短】为“在曲面上”，其余参数默认，如图 10-12 所示，单击【应用】按钮，再单击【接受】按钮。

（3）生成刀路。

在【等高精加工】对话框中单击【计算】按钮，产生的刀具路径 3 如图 10-13 所示。

图 10-12　设切入切出和连接参数

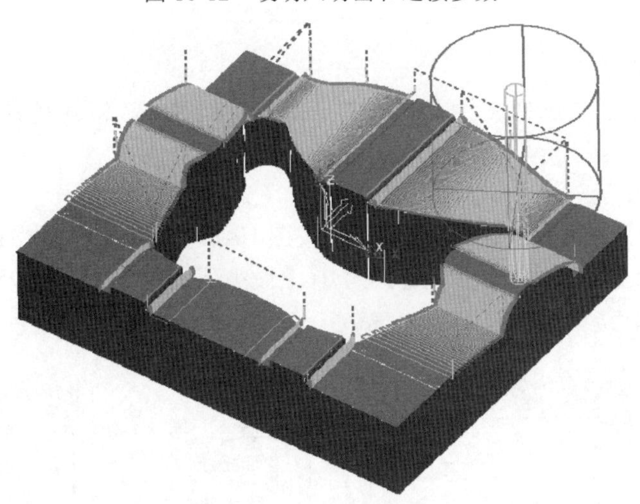

图 10-13　型面中光

以上程序组的操作视频文件为：\ch10\03-video\03-建立二次开粗刀路 K08C.exe

10.11　在程序文件夹 K08D 中建立型面光刀

主要任务：建立 3 个刀具路径。第 1 个为用 ED8 平底刀对枕位陡峭型面 1 光刀；第 2 个为对枕位曲面 2 进行光刀；第 3 个为对枕位曲面 3 进行光刀。

首先，在【资源管理器】中激活文件夹 K08D，再进行以下操作。

1．对枕位陡峭型面1光刀

方法：先生成边界2，再复制刀路3改名为4，修改参数。

（1）创建边界2。

选择图形上的枕位面，在目录树中右击【边界】，在弹出的快捷菜单中选【定义边界】|【已选曲面】，按图10-14所示设定参数，单击【应用】按钮，生成边界2。

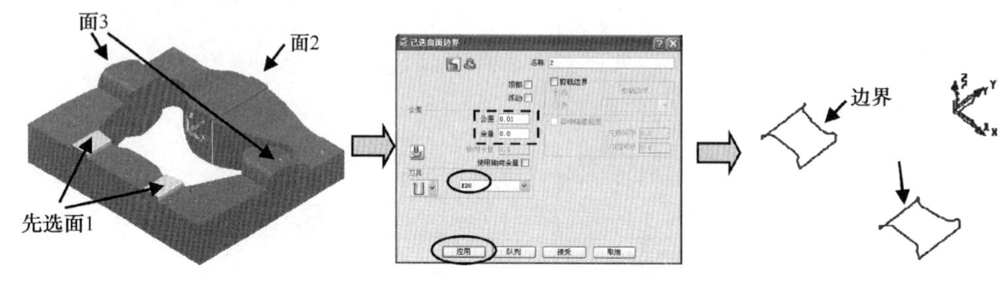

图10-14　生成边界

（2）复制刀具路径。

在【资源管理器】中选择文件夹K08C下的刀具路径3，将其复制到文件夹K08D树枝下，并改名为4。

（3）设切削参数。

激活刀具路径4，并设置参数，编辑参数，按图10-15所示修改参数，【边界】为“2”，【刀具】为ED8，【侧余量】为0，【底余量】为0，【最小下切步距】为0.05。

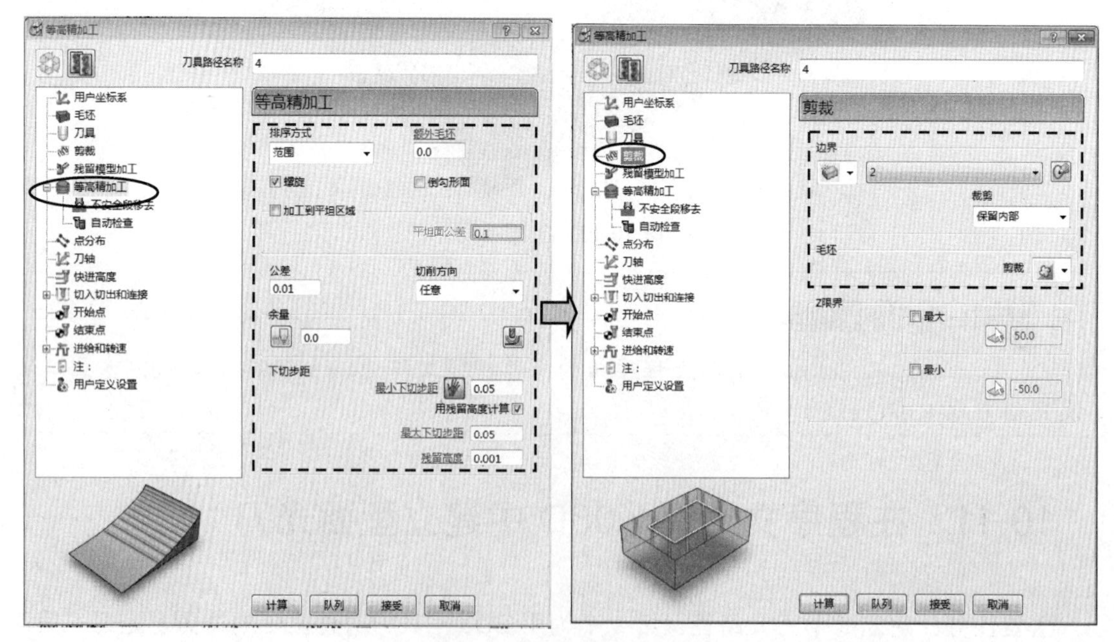

图10-15　设定切削参数

（4）设定毛坯。

将鼠标左键单击图形外的空白处，确保没有选择任何曲面。在综合工具栏中单击【毛坯】按钮，弹出【毛坯】对话框，在【由…定义】下拉列表框中选择“方框”选项，【扩展】为5，单击【计算】按钮，目的是使刀具路径生成完整，如图10-16所示。

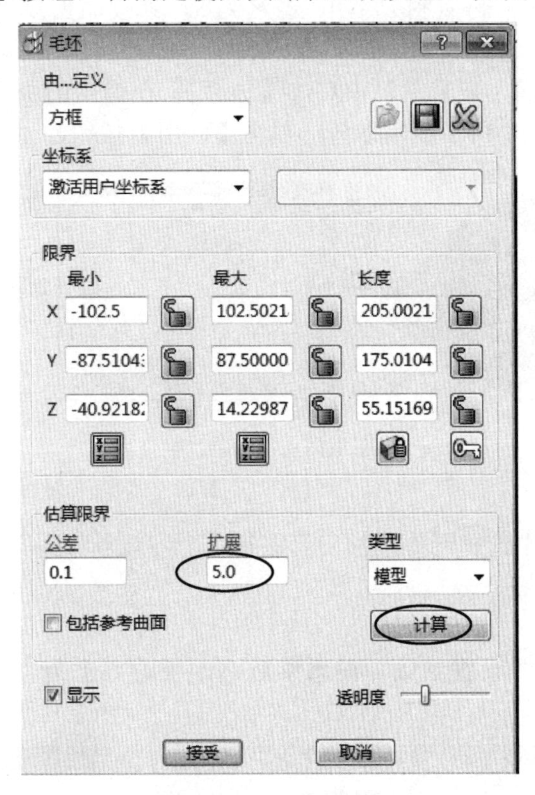

图10-16 设定毛坯

（5）设非切削参数。

设置方法与10.10节相同。

（6）单击【计算】按钮，观察生成的刀路，无误后单击【取消】按钮，产生的刀具路径如图10-17所示。

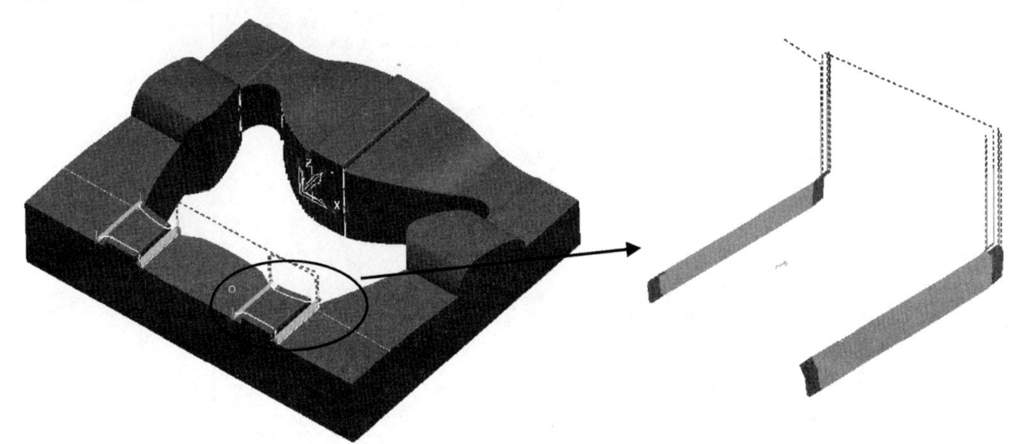

图10-17 枕位光刀

2．对枕位曲面 2 进行光刀

方法：先生成边界 3，再复制刀路 4，改名为 5，修改加工参数。

（1）创建边界 3。

选择图形上的枕位面，在目录树中右击【边界】，在弹出的快捷菜单中选【定义边界】|【已选曲面】，按图 10-18 所示设定参数，单击【应用】按钮，生成边界 3。

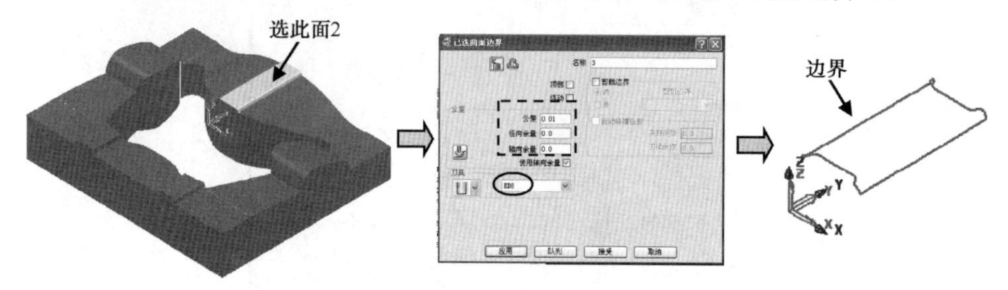

图 10-18　生成边界

（2）复制刀具路径。

在【资源管理器】中选择刚生成的刀具路径 4，将其复制到文件夹 K08D 树枝下，并改名为 5。

（3）设切削参数。

激活刀具路径 5，并设置参数，编辑参数，改【边界】为“3”，其余参数不变，如图 10-19 所示。

图 10-19　设定切削参数

（4）设非切削参数。

设置方法与10.10节相同。

（5）单击【计算】按钮，观察生成的刀路，无误后单击【取消】按钮，产生的刀具路径如图10-20所示。

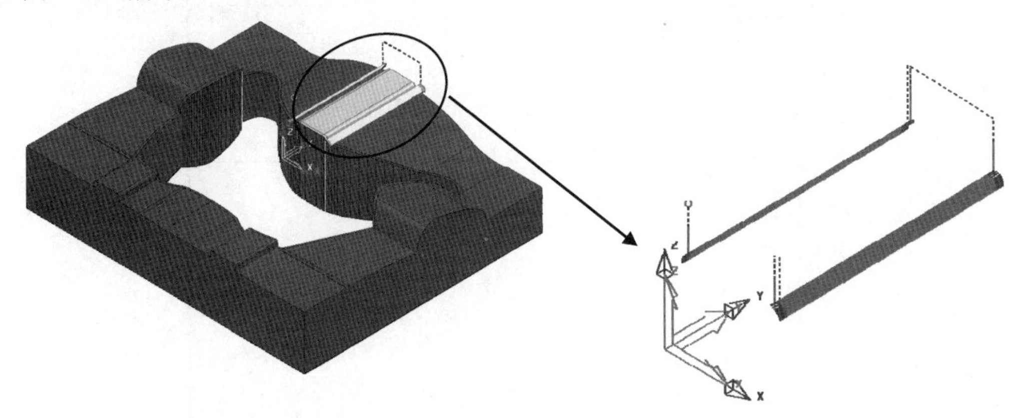

图10-20　枕位光刀

3．为对枕位曲面3进行光刀

方法：先生成边界4，再复制刀路5，改名为6，修改参数。

（1）创建边界4。

选择图形上的枕位面，在目录树中右击【边界】，在弹出的快捷菜单中选【定义边界】|【已选曲面】，按图10-21所示设定参数，单击【应用】按钮，生成边界4。

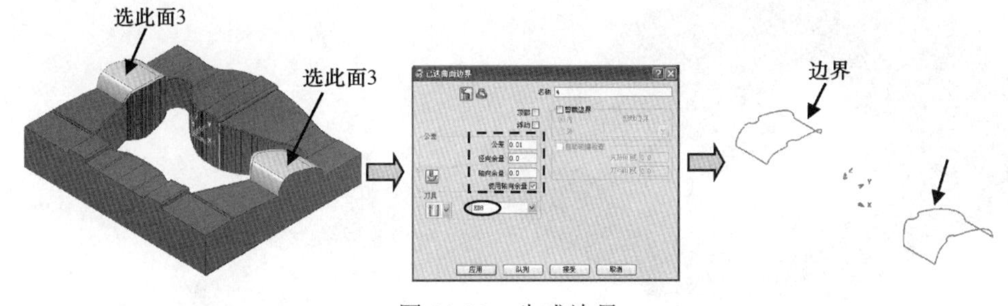

图10-21　生成边界

（2）复制刀具路径。

在【资源管理器】中选择刚生成的刀具路径5，将其复制到文件夹K08D树枝下，并改名为6。

（3）设切削参数。

激活刀具路径6，并设置参数，编辑参数，改【边界】为“4”，如图10-22所示。

（4）设非切削参数。

设置方法与10.10节相同。

（5）单击【计算】按钮，观察生成的刀路，无误后单击【取消】按钮，产生的刀具路径如图10-23所示。

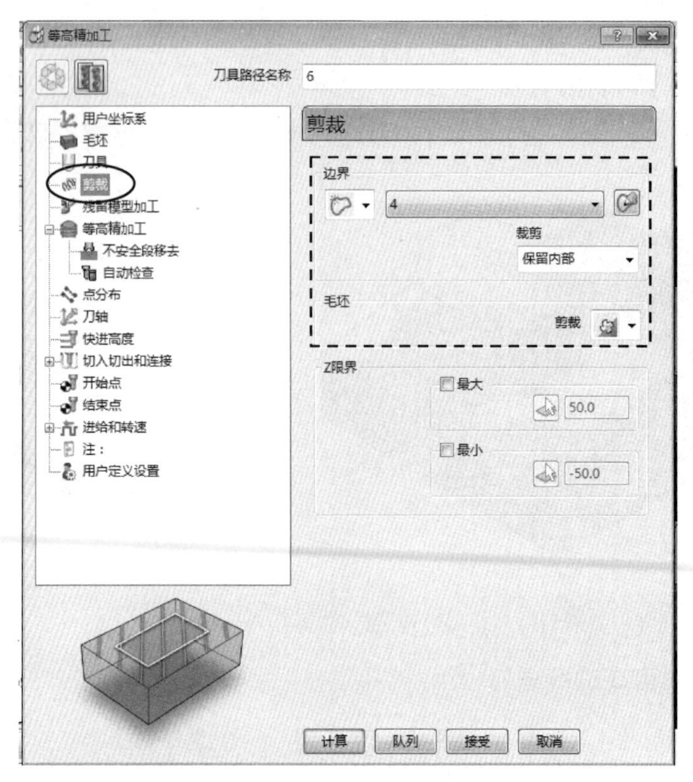

图 10-22　设定切削参数

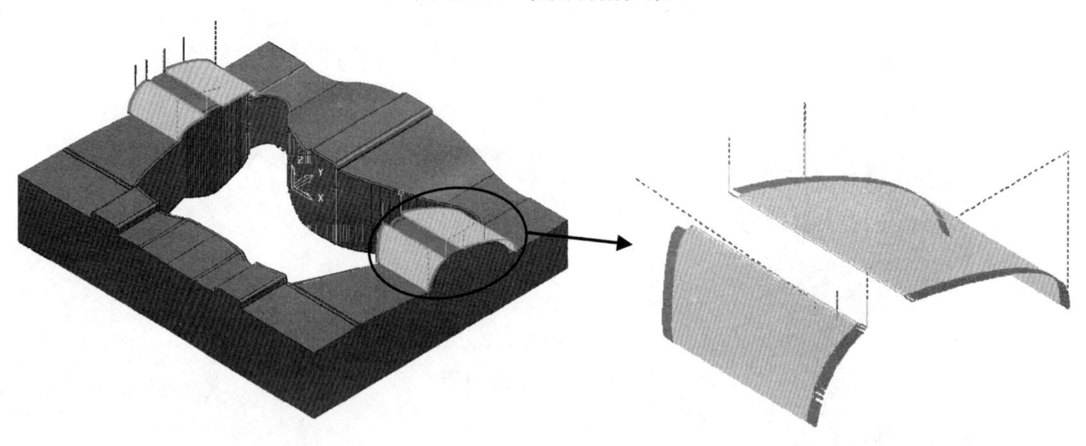

图 10-23　枕位光刀

以上程序组的操作视频文件为: \ch10\03-video\04-建立型面光刀 K08D.exe

10.12 在程序文件夹 K08E 中建立 PL 光刀

主要任务：建立 2 个刀具路径。第 1 个为 PL 平缓型面光刀，用 BD6R3 球刀；第 2 个为枕位平缓面光刀。

首先，在【资源管理器】中激活文件夹 K08E，再进行以下操作。

1. PL 平缓型面光刀

方法：先生成边界 5，再用平行精加工进行加工。

所加工的面周围都有不希望碰伤的枕位面。这是典型的检查面功能的应用。加入检查余量的方式方法，除了第 9 章介绍的在生成边界时设定余量外，本章还介绍在切削加工参数中设定检查余量。

（1）创建边界 5。

选择图形上的 PL 曲面，在目录树中右击【边界】，在弹出的快捷菜单中选【定义边界】|【已选曲面】，按图 10-24 所示设定参数，单击【应用】按钮，生成边界 5。

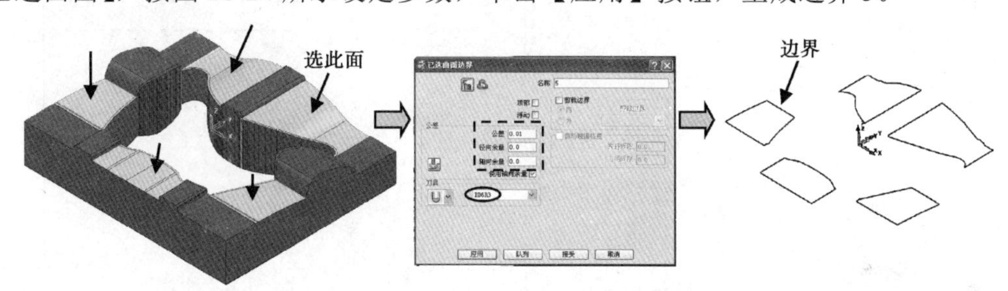

图 10-24 生成边界

（2）编辑边界 5

仔细观察边界 5 得知，由于图形误差的影响，边界的边缘并不整齐，需要修整。

将图形处在俯视图状态下，关闭零件和毛坯，仅显示边界 5。在目录树中右击边界 5，在弹出的快捷菜单中选【曲线编辑器】，在系统弹出的曲线编辑器工具栏，先使用【切削几何元素】按钮，将曲线打断，再使用【笔直连接】按钮，把缺口连接，如图 10-25 所示，再单击【接受改变】按钮。

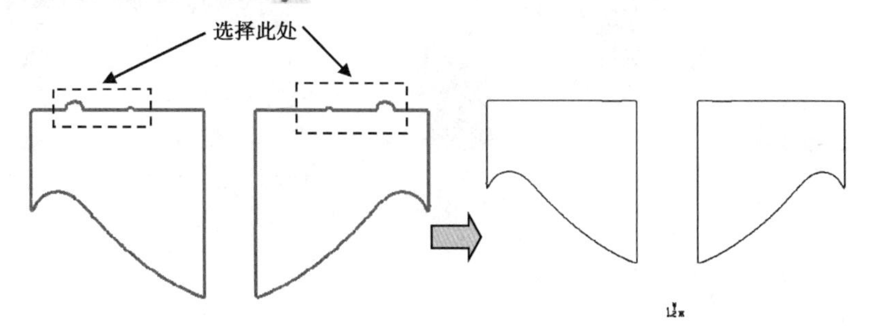

图 10-25 修改边界

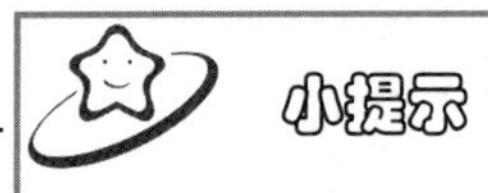

因为图形有一定的误差，读者的选面操作或许与本书有些差别，不要紧，只需要利用边界的曲线编辑器功能就可以达到目的。

（3）设切削参数。

在综合工具栏中单击【刀具路径策略】按钮，弹出【策略选取器】对话框，选取【精加工】选项卡，然后选择【平行精加工】选项，单击【接受】按钮，弹出【平行精加工】对话框，【刀具】选择 BD6R3，【边界】选取“5”，【角度】为 45°，【公差】为 0.01。设置余量为 0，【步距】为 0.11，【方向】为“任意”，如图 10-26 所示设置。

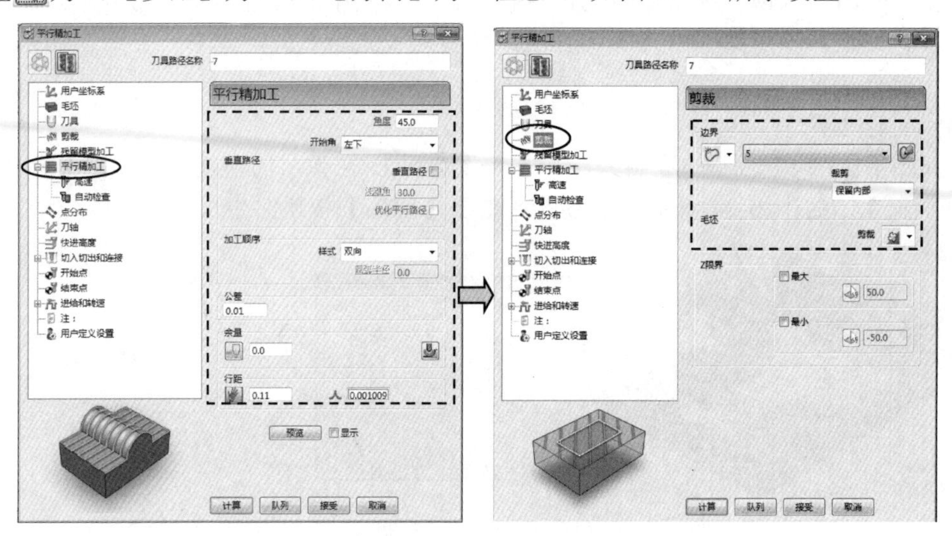

图 10-26　设切削参数

（4）设置检查余量。

先在图形上选择 5 处枕位面作为检查面，然后在【平行精加工】对话框中单击按钮，系统弹出【部件余量】对话框，设置检查余量为 0.5，如图 10-27 所示。

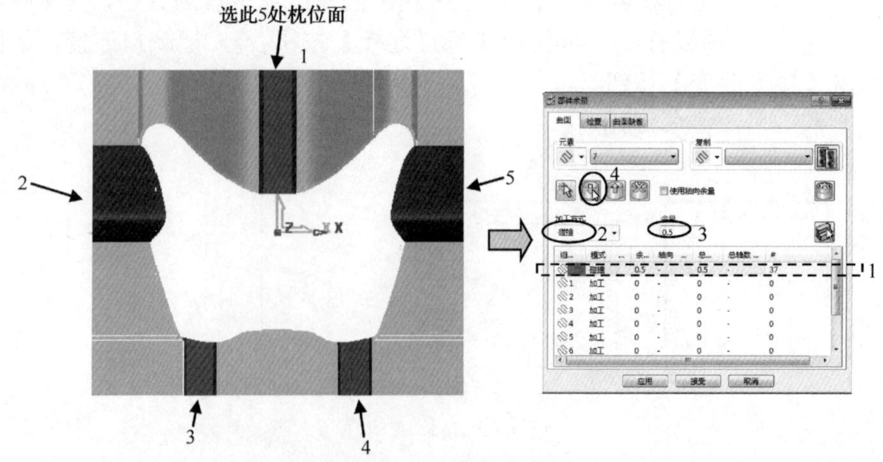

图 10-27　设置检查余量

（5）设非切削参数。

单击【切入切出和连接】按钮，弹出【切入切出和连接】对话框。

在【切入】选项卡中，【第一选择】为“无”，单击【切出和切入相同】按钮，使切出参数与切入参数相同。

在【连接】选项卡中，修改【短】为“在曲面上”，【长】为“安全高度”，其余参数默认，如图 10-28 所示，单击【应用】按钮，再单击【接受】按钮。

图 10-28　设切入切出和连接参数

（6）单击【计算】按钮，观察生成的刀路，无误后单击【取消】按钮，产生的刀具路径如图 10-29 所示。

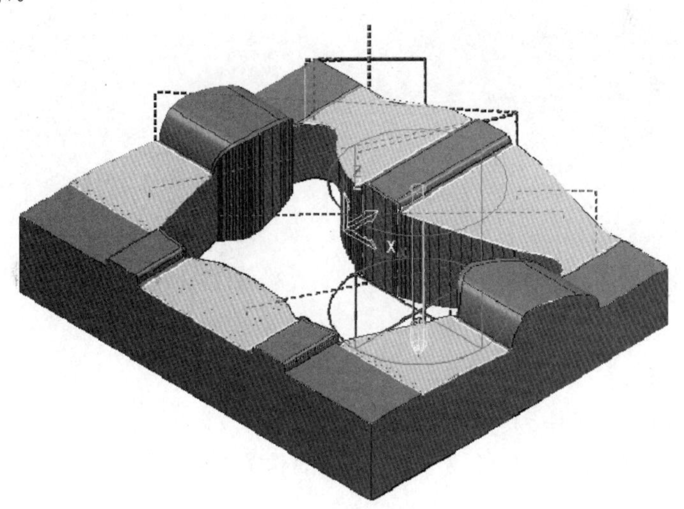

图 10-29　平缓 PL 面光刀

2. 枕位平缓面光刀

方法：先生成边界 6，再用平行精加工方法进行加工。

（1）创建边界 6。

选择图形上的枕位曲面，在目录树中右击【边界】，在弹出的快捷菜单中选【定义边界】|【已选曲面】，按图 10-30 所示设定参数，单击【应用】按钮，生成边界 6。

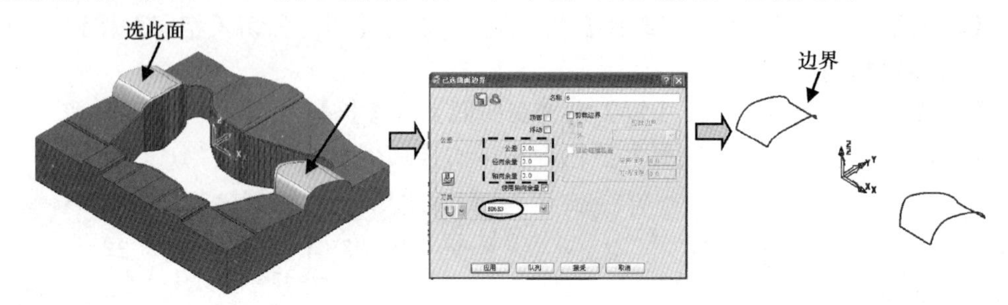

图 10-30　生成边界

（2）设切削参数。

复制刀具路径 7 为 7_1，改名为 8，激活刀具路径 8，重新设置参数，系统弹出【平行精加工】对话框，单击按钮编辑参数，修改【边界】为 6，如图 10-31 所示。

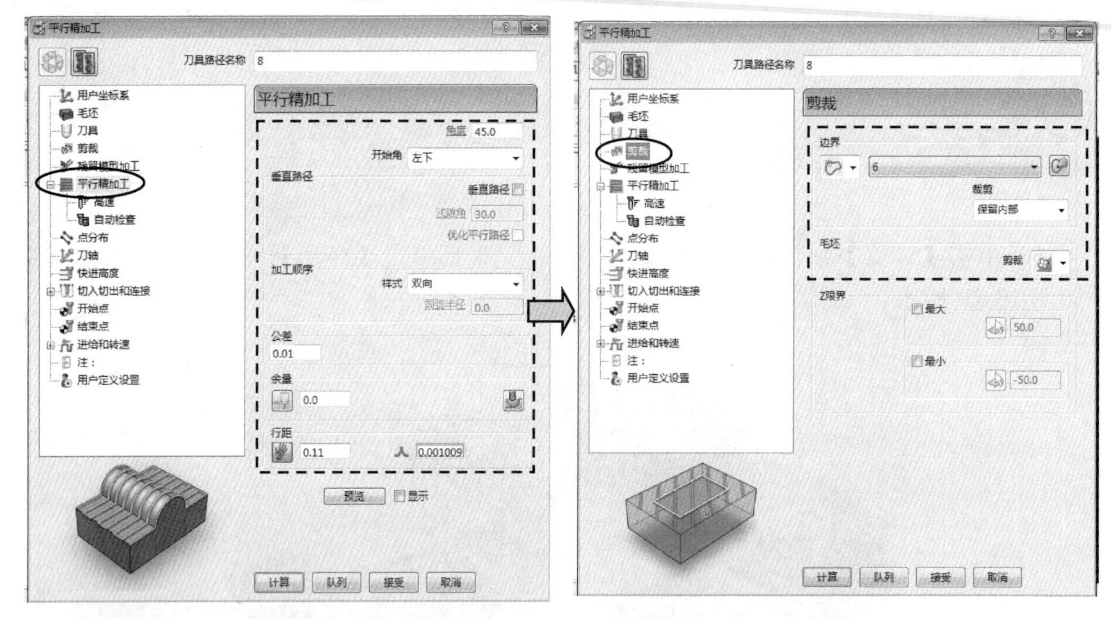

图 10-31　设切削参数

（3）设置检查余量。

先在图形上选择 PL 面作为检查面，然后在【平行精加工】对话框中单击按钮，系统弹出【部件余量】对话框，单击【移去全部部件】按钮，设置检查余量为 0.5，如图 10-32 所示。

（4）单击【计算】按钮，观察生成的刀路，无误后单击【取消】按钮，产生的刀具路径如图 10-33 所示。

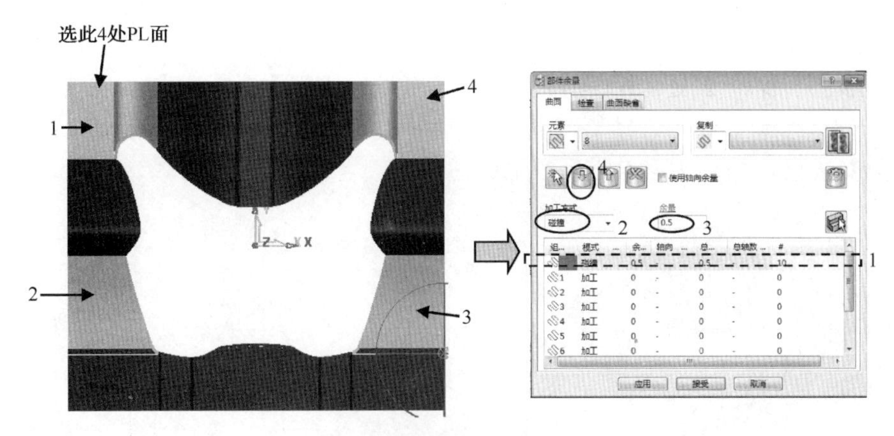

图 10-32　设置检查余量

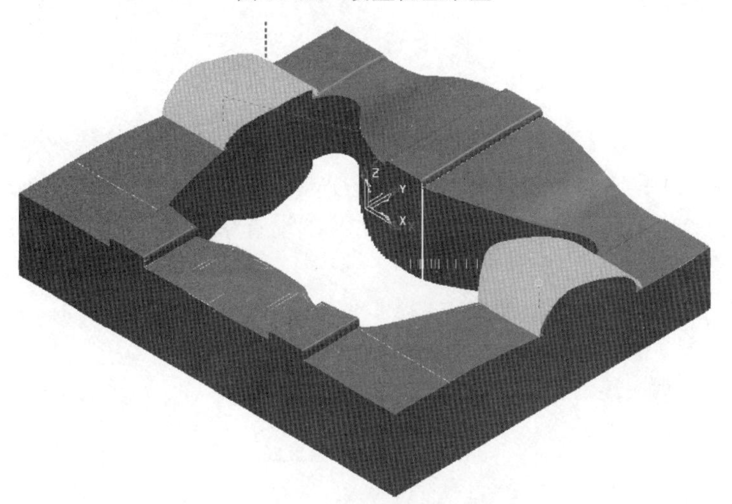

图 10-33　平缓枕位面光刀

以上程序组的操作视频文件为：\ch10\03-video\05-建立PL 光刀 K08E.exe

10.13　在程序文件夹 K08F 中建立枕位光刀

主要任务：建立 2 个刀具路径。第 1 个为枕位 2 处圆角面光刀，用 BD3R1.5 球刀；第 2 个为枕位 1 的圆角面光刀。

首先，在【资源管理器】中激活文件夹 K08F，再进行以下操作。

1．枕位 2 处圆角面光刀

方法：先生成边界 7，再用平行精加工方法进行加工。

（1）创建边界7。

选择图形上的枕位2处的圆角R面，在【资源管理器】的目录树中右击【边界】，在弹出的快捷菜单中选【定义边界】|【接触点】命令，在弹出的【接触点边界】对话框中，单击【模型】按钮，如图10-34所示，生成边界7。

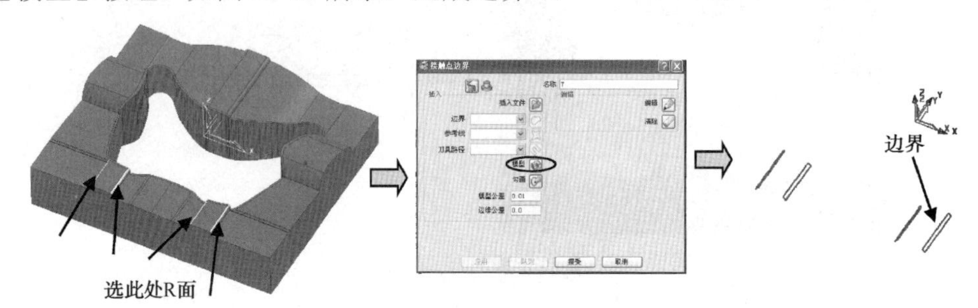

图10-34 生成边界

（2）设切削参数。

在综合工具栏中单击【刀具路径策略】按钮，弹出【策略选取器】对话框，选取【精加工】选项卡，然后选择【平行精加工】选项，单击【接受】按钮，弹出【平行精加工】对话框，【刀具】选择BD3R1.5，【公差】为0.01，设置余量为0，【步距】为0.06，【角度】为0，其余参数按图10-35所示设置。

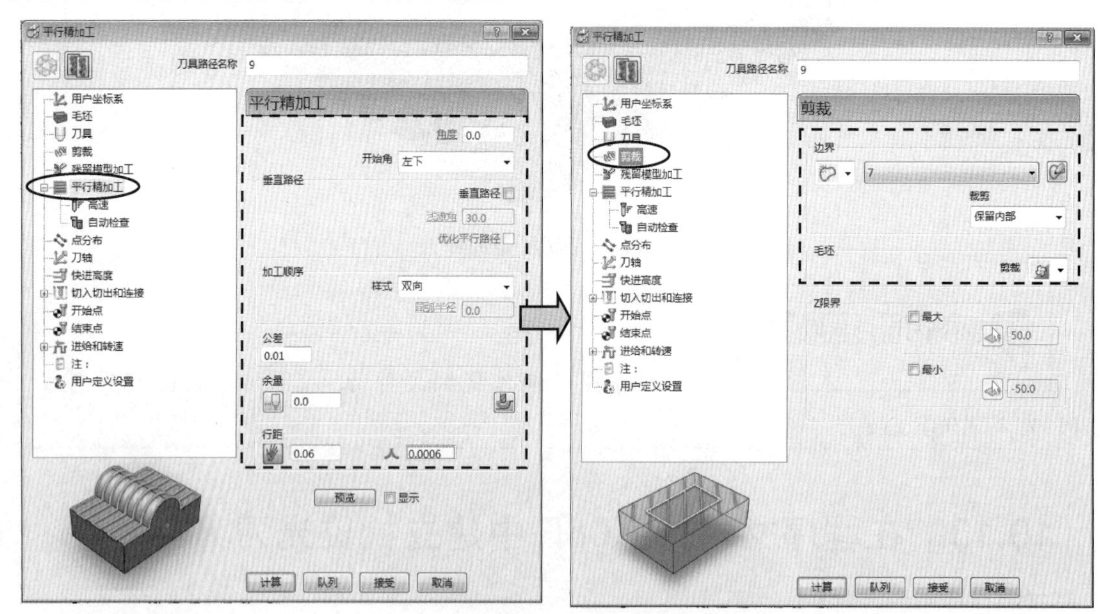

图10-35 设切削参数

（3）设非切削参数。

设置方法与10.12节相同。

（4）单击【计算】按钮，观察生成的刀路，无误后单击【取消】按钮，产生的刀具路径如图10-36所示。

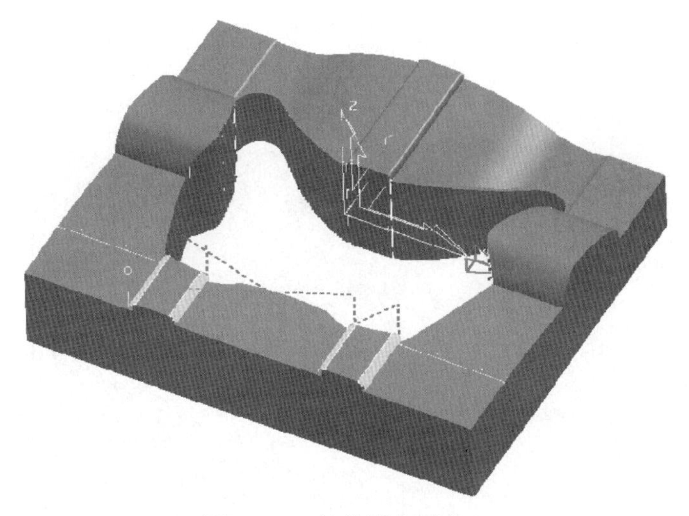

图 10-36　枕位圆角面光刀

2．枕位1处圆角面光刀

方法：先生成边界8，再用平行精加工方法进行加工。

（1）创建边界8。

选择图形上的枕位1处的圆角R面，在【资源管理器】的目录树中右击【边界】，在弹出的快捷菜单中选【定义边界】|【已选曲面】命令，在弹出的【已选曲面边界】对话框中，设定【刀具】为BD3R1.5，单击【应用】按钮，如图10-37所示，生成边界8。

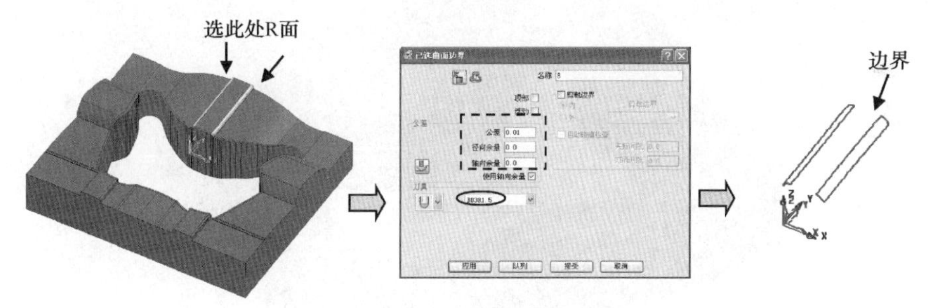

图 10-37　生成边界

（2）设切削参数。

复制刀具路径9为9_1，改名为10，激活刀具路径10，重新设置参数，系统弹出【平行精加工】对话框，单击按钮编辑参数，修改【边界】为8，其余不变，如图10-38所示。

（3）设非切削参数。

设置方法与10.10节相同。

（4）单击【计算】按钮，观察生成的刀路，无误后单击【取消】按钮，产生的刀具路径如图10-39所示。

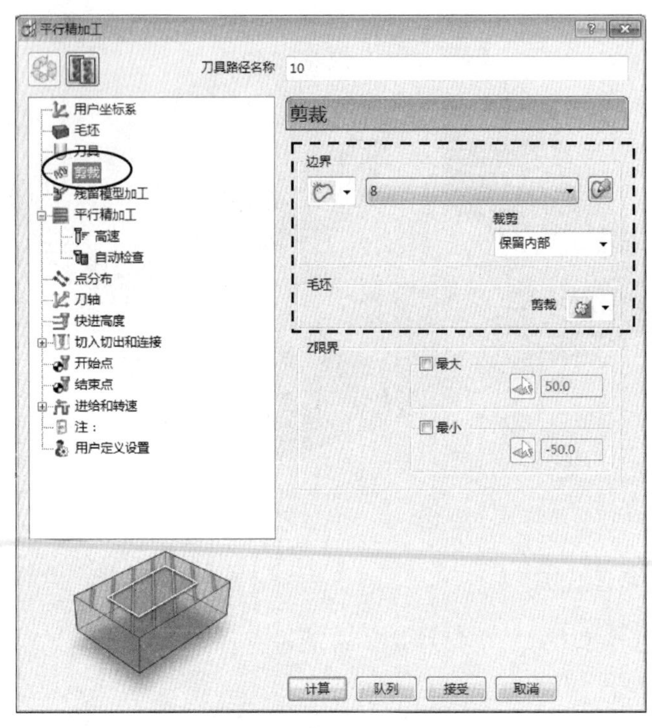

图 10-38　设切削参数

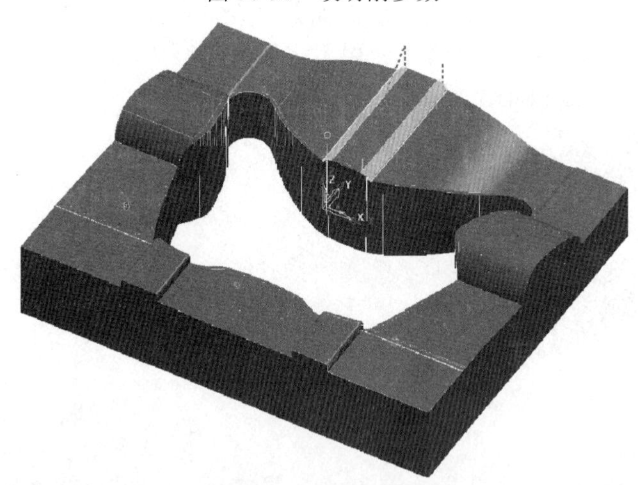

图 10-39　枕位圆角面光刀

以上程序组的操作视频文件为: \ch10\03-video\06-建立枕位光刀 K08F.exe

10.14 设转速及进给速度

主要任务：集中设定各个刀具路径的转速及进给速度。

（1）设定 K08A 文件夹的刀具路径的转速为 2500 转/分，进给速度为 2000 毫米/分。

在【资源管理器】目录树中，右击刀具路径 1，使其激活。

单击综合工具栏中的【进给和转速】按钮 ，弹出【进给和转速】对话框，按如图 10-40 所示设置参数，单击【应用】按钮，不要退出该对话框。

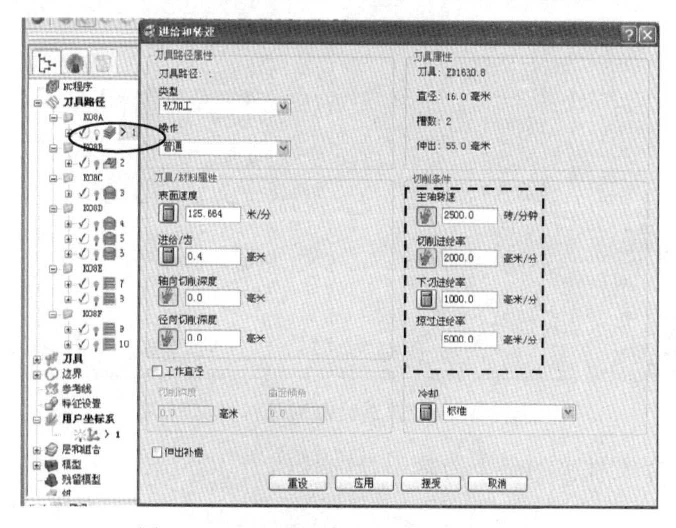

图 10-40 设置进给和转速参数（一）

（2）设定 K08B 文件夹的刀具路径的转速为 2500 转/分，进给速度为 150 毫米/分。

激活刀具路径 2，在【进给和转速】对话框，按图 10-41 所示设置参数，单击【应用】按钮。

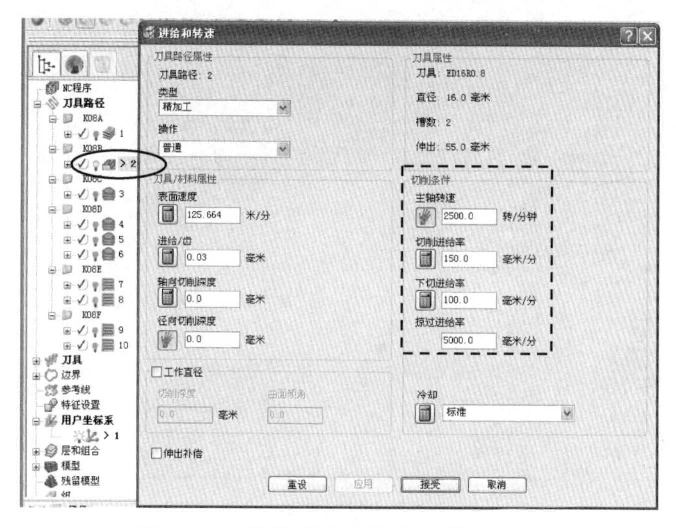

图 10-41 设置进给和转速参数（二）

（3）设定 K08C 文件夹的刀具路径的转速为 3500 转/分，进给速度为 1500 毫米/分。

激活刀具路径 3，在【进给和转速】对话框，按图 10-42 所示设置参数，单击【应用】按钮。

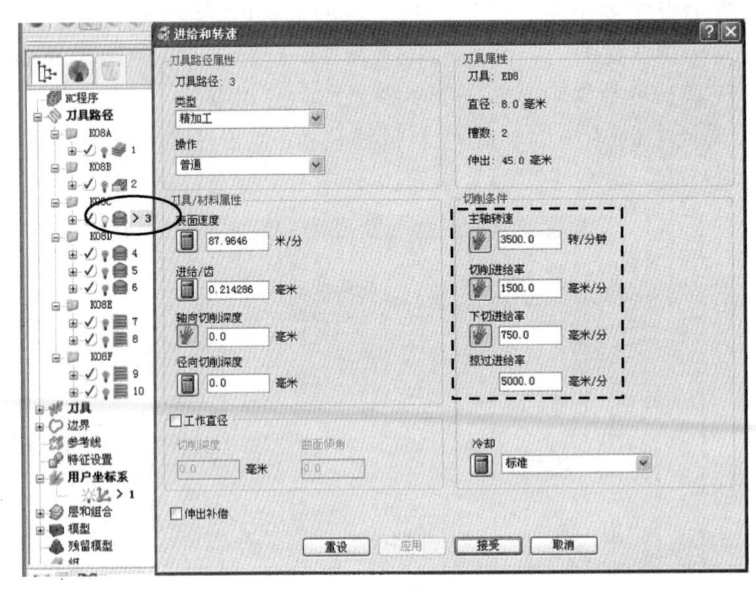

图 10-42　设置进给和转速参数（三）

（4）设定 K08D 文件夹的各个刀具路径的转速为 4000 转/分，进给速度为 1000 毫米/分。

展开文件夹，激活刀具路径 4，在【进给和转速】对话框，按图 10-43 所示设置参数，单击【应用】按钮，同理设定刀具路径 5 和 6。

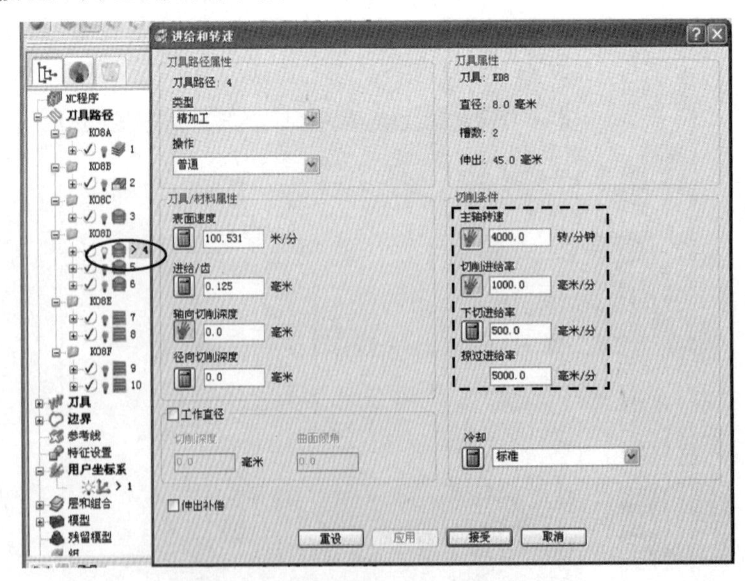

图 10-43　设置进给和转速参数（四）

（5）设定 K08E 文件夹的各个刀具路径的转速为 5000 转/分，进给速度为 1250 毫米/分。

展开文件夹，激活刀具路径 7，在【进给和转速】对话框，按图 10-44 所示设置参数，单击【应用】按钮，同理设定刀具路径 8。

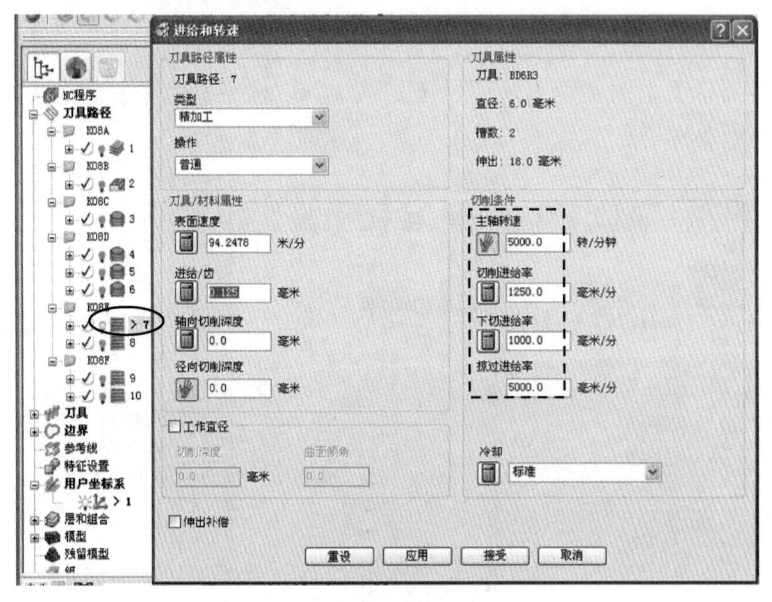

图 10-44　设置进给和转速参数（五）

（6）设定 K08F 文件夹的各个刀具路径的转速为 5000 转/分，进给速度为 1000 毫米/分。

展开文件夹，先激活刀具路径 9，在【进给和转速】对话框，按图 10-45 所示设置参数，单击【应用】按钮，同理设定刀具路径 10。

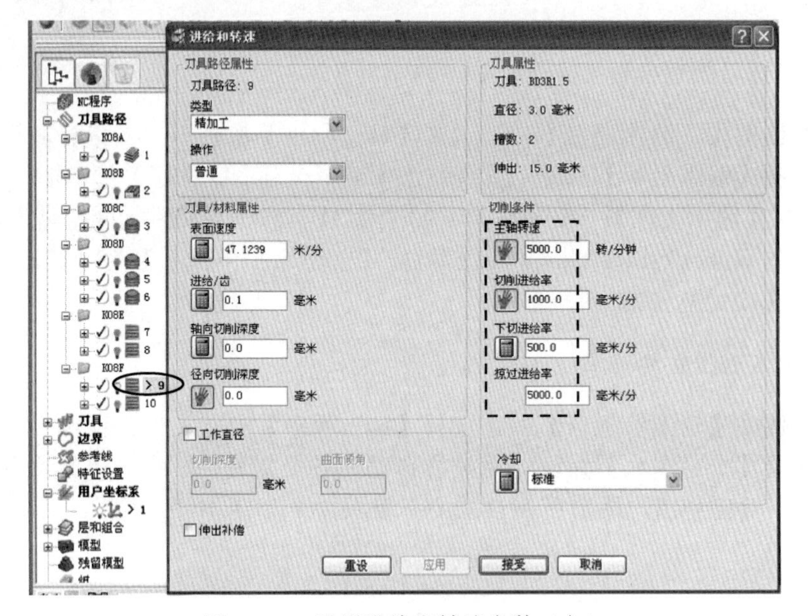

图 10-45　设置进给和转速参数（六）

10.15　后处理

1．建立文件夹

先将【刀具路径】中的文件夹，通过【复制为 NC 程序】命令复制到【NC 程序】树枝中，如图 10-46 所示。

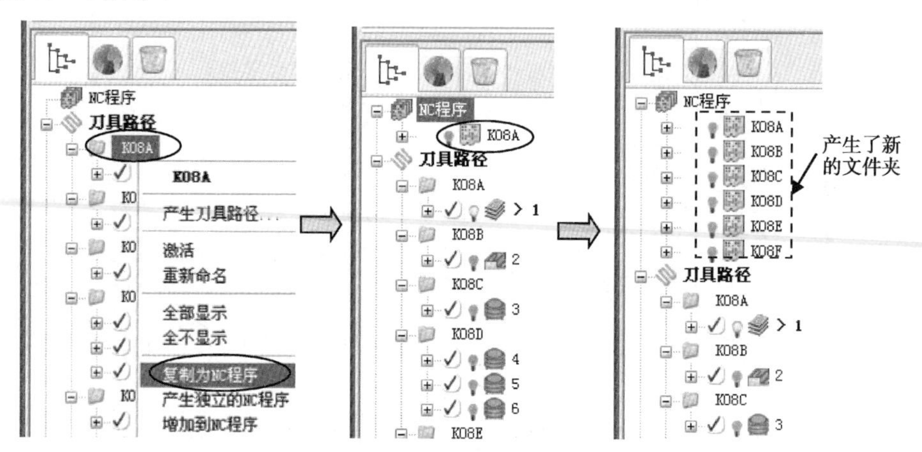

图 10-46　产生新文件夹

2．复制后处理器

把配套后处理器文件\ch14\02-finish\ pmbook-14-1-ok.opt 复制到 C:\dcam\ config 目录。

3．编辑已选后处理参数

在屏幕左侧的【资源管理器】中，选择【NC 程序】树枝，单击鼠标右键，在弹出的快捷菜单中选择【编辑全部】命令，系统弹出【编辑全部 NC 程序】对话框，选择【输出】选项卡，其中的【输出文件】中要删去隐含的空格。【机床选项文件】可以单击浏览按钮选择之前提供的 pmbook-14-1-ok.opt 后处理器，【输出用户坐标系】为“1”。单击【应用】按钮，再单击【接受】按钮。

4．输出写入 NC 文件

在屏幕左侧的【资源管理器】中，选择【NC 程序】树枝，单击鼠标右键，在弹出的快捷菜单中选择【全部写入】命令，系统会自动把各个文件夹，按照以其文件夹的名称作为 NC 文件名，输出到用户图形所在目录的子目录中，如图 10-47 所示。

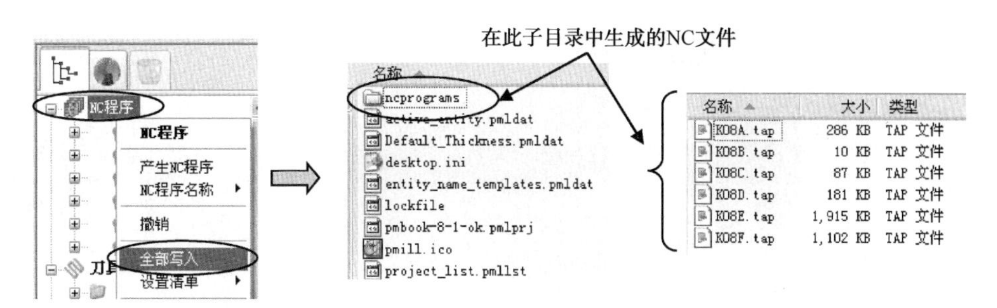

图 10-47　生成 NC 数控程序

10.16　程序检查

1. 干涉及碰撞检查

展开【刀具路径】中各个文件夹中的刀具路径，先选择刀具路径 1，将其激活，再在综合工具栏选择【刀具路径检查】按钮，弹出【刀具路径检查】对话框，在【检查】选项中选择“碰撞”，其余参数默认，单击【应用】按钮，如图 10-48 所示，单击信息框中的【确定】按钮。

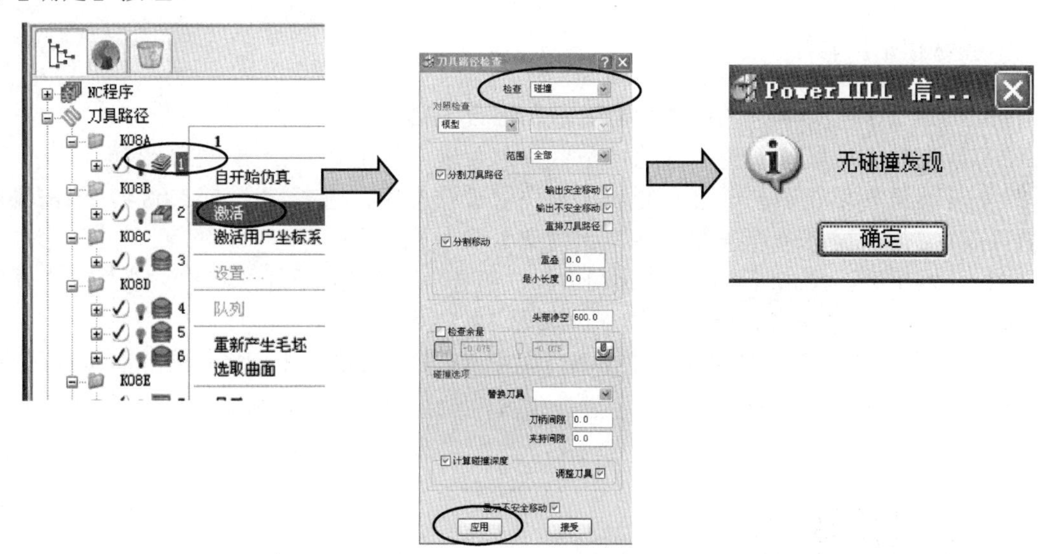

图 10-48　NC 数控程序的碰撞检查

在上述【刀具路径检查】对话框中的【检查】选项中选择“过切”，其余参数默认，单击【应用】按钮，如图 10-49 所示，单击信息框中的【确定】按钮。

同理，可以对其余的刀具路径分别进行碰撞检查和过切检查。最后，单击【刀具路径检查】对话框中的【接受】按钮。

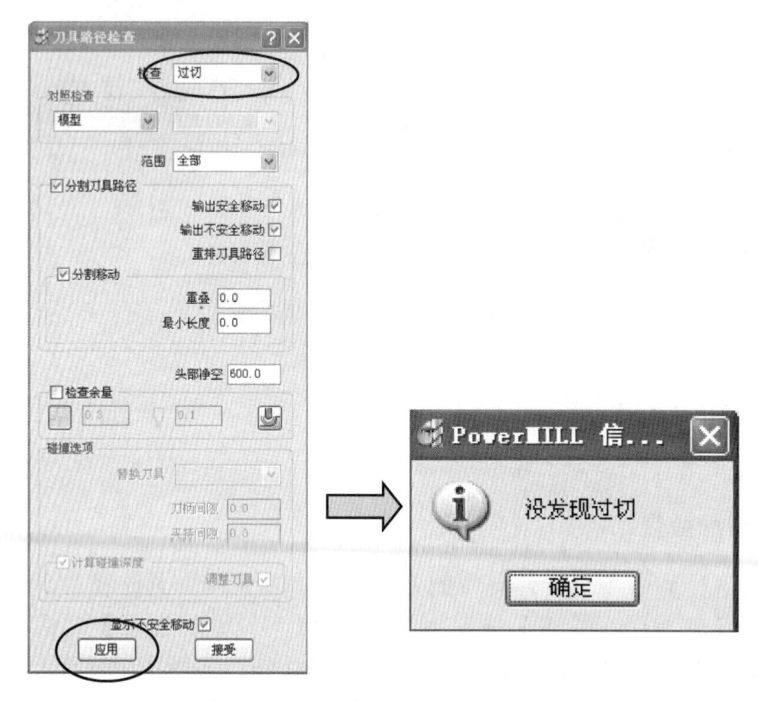

图 10-49　NC 数控程序的过切检查

2. 实体模拟检查

（1）在界面中把实体模拟检查功能显示在综合工具栏中。

（2）检查毛坯设置。检查现有毛坯是否符合要求，该毛坯一定要包括所有面。

（3）启动仿真功能。在屏幕左侧的【资源管理器】中，选择文件夹 K08A，单击鼠标右键，在弹出的快捷菜单中选择【自开始仿真】命令。

（4）开始仿真。单击【开/关 ViewMill】按钮，使其处于开的状态，选择【光泽阴影图像】按钮，单击【运行】按钮，如图 10-50 所示。

（5）在【ViewMill】工具条中，选择 NC 程序 K07B，再单击【运行】按钮进行仿真。

（6）同理，可以对其他的 NC 程序进行仿真，结果如图 10-51 所示。

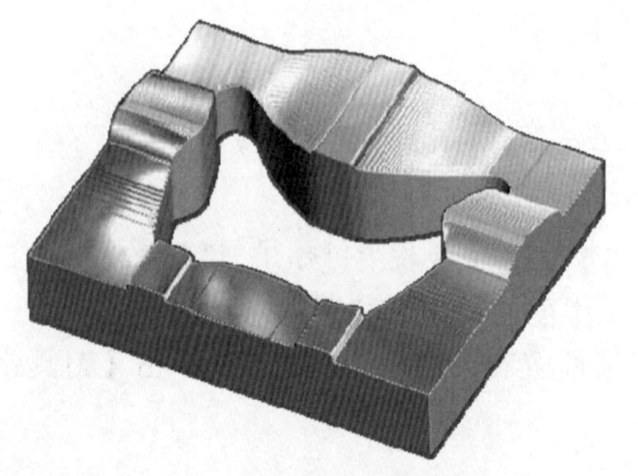

图 10-50　开粗刀路的仿真结果

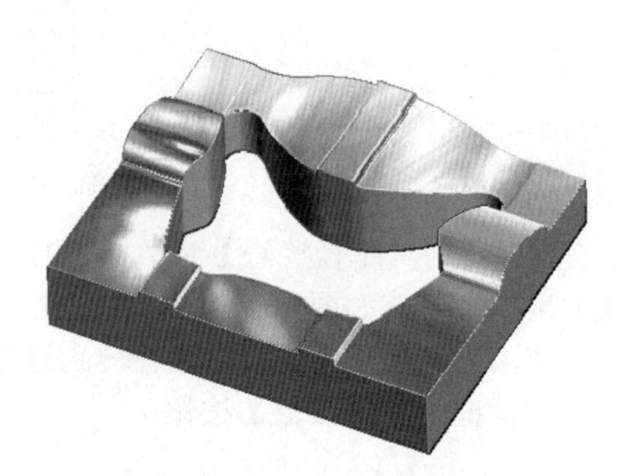

图 10-51　光刀的仿真结果

10.17 填写加工工作单

CNC 加工工作单如表 10-1 所示。

表 10-1 加工工作单

CNC 加工程序单							
型号		模具名称	游戏机面	工件名称	后模镶件框		
编程员		编程日期		操作员		加工日期	
				对刀方式	四边分中		
					对顶 z=9.2		
				图形名	pmbook-10-1.dgk		
				材料号	钢 718		
				大小	195×165×45.5		
程序名		余量	刀具	装刀最短长	加工内容		加工时间
K08A.tap		0.3	ED16R0.8	15	开粗		
K08B.tap		侧 0.35 底 0	ED16R0.8	15	PL 平面光刀		
K08C.tap		0.15	ED8	15	二次开粗		
K08D.tap		0	ED8	15	枕位面光刀		
K08E.tap		0.15	BD6R3	15	PL 面中光		
K08F.tap		0	BD3R1.5	15	枕位面光刀		

10.18 本章总结和思考练习题

10.18.1 本章总结

本章主要讲解后模镶件框的编程方法，完成本例要注意以下问题。

（1）分清后模镶件框各部位的加工要求。

（2）本例是通框方式，中间通孔为线切割加工，CNC 加工 PL 面刀具路径不要碰伤线

切割面，否则会引起烧焊。

（3）枕位面加工时，进给速度不能给的过快，否则会引起弹刀而过切模具，影响模具装配。

（4）刀具路径完成后应认真评估刀路，不要迷信软件，充分利用软件的刀具路径编辑功能或边界线编辑功能，将不合理刀具路径删除，使程序更加符合安全高效的要求。

希望读者能反复训练，以掌握类似图形的数控编程技巧。

10.18.2　思考练习与答案

以下是针对本章实例在实际加工时可能会出现的问题，希望初学者能认真体会，想出合理的解决方案。

（1）当完成本例编程后，突然接到设计部门通知，要求修改后模镶件框结构为盲孔的方式，应该如何修改编程？

（2）试总结一下，PowerMILL 在加工周围有壁的曲面时，如何设定检查面和检查余量？

（3）如果某套模具有斜顶结构，加工后模应该注意什么问题？

练习答案：

（1）答：在编程过程中修改结构，这是有些模具厂会发生的。比如本例就可能会出现，将模具结构由原来的通框结构改为盲孔结构。遇到这种情况，如果模具还没有线切割加工，而且镶件也没有加工，很好解决，只要重新修改分模，重新修改编程即可。而如果后模镶件框已经进行了线切割加工，就不能这样改。一定要积极与有关人员沟通，说明实际情况，讨论决定下一步的加工方案。

如果讨论决定修改模具结构，作为 CNC 工程师要积极配合。首先，通知 CNC 组长或操作员暂停加工，并及时收回已经发出去的《CNC 加工工作单》，收到分模工程师改好的图以后，应分析检查，弄清哪些部位有改动，再将新图输入到编程项目文件中，比较新旧图的差别，将旧图删除，或将旧图全部面设置为“忽略”。

修改开粗程序时，首先要将刀具路径 1 设为“无效”，重新用“方框”方式定义毛坯，检查其他参数无误后，再单击【队列】或【应用】按钮，计算出刀具路径。

另外要考虑，用 ED12 平底刀中光加工镶件孔，最后，再用一层刀具路径计算出光刀刀具路径。

新的刀具路径全部计算完后，及时分析检查，没有错误，就进行后处理。注意，一定要覆盖原来的 NC 程序，将新的程序存放在公共网络盘，通知 CNC 操作员加工时注意核对文件的生成时间，调用新程序。

（2）答：PowerMILL 编程设置检查余量很重要。如果本例不这样设置，会导致加工 PL 时碰伤枕位面，与 MasterCAM、UG 等编程软件的设置方法有所不同，PowerMILL 编程有其独特的做法，大致有以下几种。

① 修改边界线。先不考虑检查面问题，只选择要加工的曲面，生成“接触点边界”，或“已选曲面”边界，然后在【曲线编辑器】中，先打断边界，再平移检查面周边的局部

边界线，最后合并边界。

② 定义边界线时，设置检查面的检查余量。

③ 设置加工参数的余量时，设置检查面的检查余量。

希望读者朋友对于这些方法能熟练运用于千变万化的实际加工模型，灵活掌握这些方法，才能对 PowerMILL 编程有一个更深的认识。

（3）答：如果某套模具有斜顶结构，加工后模一般要分两次加工。

首先，加工不带斜顶结构的后模，这时斜顶的破面处要借助斜顶图进行补面，按通常方法编程和加工后模。

然后，等待模具师傅飞模装配模具。要求他将斜顶毛坯料装在后模及模胚 B 板上，一起送来 CNC 车间进行加工。编程时首先要对送来的材料进行现场测量，弄清楚毛坯料的高度和大小，针对斜顶的局部进行编程加工。

编程时，将斜顶图形输入到项目文件中，按照实际材料大小定义边界和毛坯，再进行编程。最终光刀余量可多出 0.02～0.05mm，以防止二次对刀产生的误差对模具加工造成不良的影响。而多出的这些 0.02～0.05mm 余量一般可通过打磨修顺，对模具不会产生影响。

第11章

游戏机面后模 2 综合实例特训

11.1 本章知识要点及学习方法

本章接上一章，着重学习后模镶件编程的基本方法和注意事项。

在本章，希望读者掌握以下重点知识。

（1）根据工件灵活创建毛坯，减少空刀，提高效率。

（2）后模镶件的结构特点。

（3）后模镶件加工时的装夹方法。

（4）与制模组密切合作，明确 CNC 加工在整个制模流程中的作用。

希望结合前几章内容，加深对 PowerMILL 加工策略参数的理解，熟练掌握类似模具的加工，灵活运用。

11.2 模件说明

模具说明：本例后模镶件是第 10 章游戏机模具中后模的组成部分，整个模具用于啤塑游戏机面壳。本例后模由镶件框和镶件组成，这种模具结构有利于加工，并能防止注塑出现困气等缺陷。

如图 11-1 所示，为本例后模的工程图。

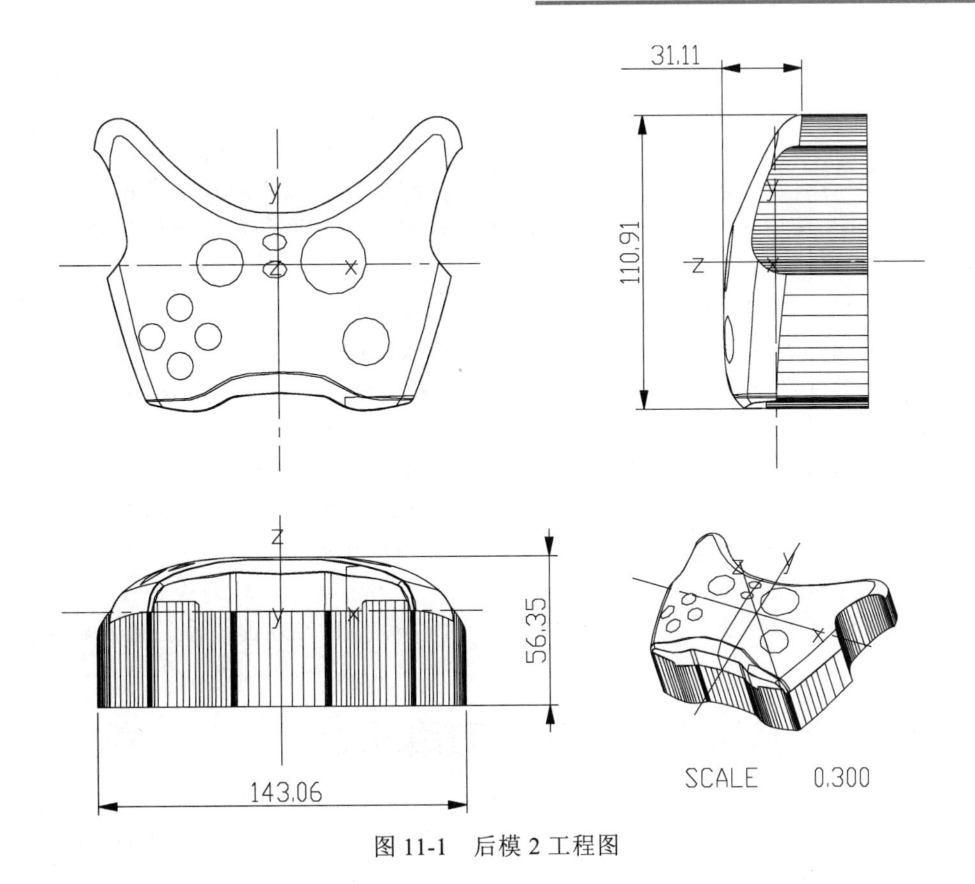

图 11-1　后模 2 工程图

11.3　输入及整理图形

文件路径：\ch11\01-example\pmbook-11-1.stp，建议把这些文件复制到工作目录中。

文件路径：\ch11\02-finish\pmbook-11-1\

（1）输入图形。输入配套素材文件 pmbook-11-1.dgk。操作方法：在下拉菜单中选择【文件】|【输入模型】命令，再选择 pmbook-11-1.dgk。

（2）整理图形。经分析，该图全部面的方向朝向一致，符合要求。

（3）确定加工坐标系。经分析，该图坐标系符合要求，以其建模坐标系创建加工坐标系 1。

知识拓展

分模完成后转化为 stp 文件时，一般都是将前模、后模、镶件、斜顶等图形，采用一个中心坐标系输出，编程时可以不用过多考虑变换图形。

但是，分模工程师如果不这样做，编程工程师就需要变换图形，使图形的零点符合加工装夹要求。

对本例来说，可以先输入镶件文件 pmbook-11-1.stp，再输入镶件框文件 pmbook-10-1.stp，检查图形是否吻合。再将 pmbook-10-1 模型向下平移 25mm，测量 pmbook-10-1 的最高点坐标，将这个坐标记录下来作为 11.14 节中《CNC 加工工作单》中对刀数。经测量 Z=−15.8，此数可以作为加工的对刀数。

另外，这两个图形合并，也可以进一步检验镶件的垫高数 25mm 是否合适。主要是考虑球刀光刀时最低点要高于镶件框的最高面，可以预先计算出曲面加工的边界，以判断垫高数是否足够，如本章思考练习中的图 11-32 所示。

然后，可以把 pmbook-10-1 删除，也可以保留，必要时可以起到检查作用，有时可以用它作为检查面以防止刀具路径对 PL 面产生过切。本例为了简洁，将其删除。

11.4　数控加工工艺分析和刀路规划

（1）开料尺寸：155×120×57，要求制模组要将厚度 56.35mm 向两面精加工到位，外形线切割好以后，要装在镶件框垫高 15mm，然后送 CNC 车间加工。

（2）材料：钢（瑞典一胜百 IMPAX718S），预硬至 HB290-330。

（3）后模镶件 CNC 加工要求：①将割好外形的后模镶件，装镶在未经过 CNC 加工 PL 面的后模镶件框上，垫高 25mm，如图 11-2 所示；②型芯部分，顶部型面由 CNC 加工到位。型面光刀，余量为 0，最大外型的直身线切割面不可以再次进行 CNC 加工。

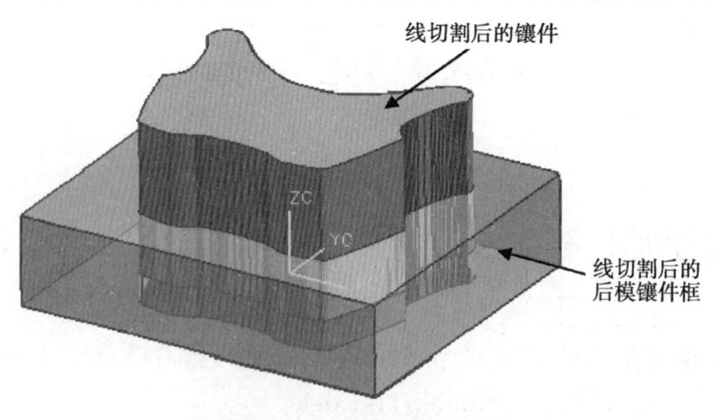

图 11-2　后模待加工图

（4）加工工步。

① 程序文件夹 K09A，型面粗加工，也叫开粗。用 ED16R0.8 飞刀，侧余量为 0.3，底余量为 0.2。

② 程序文件夹 K09B，型面的顶面部分中光刀。用 BD12*R6 球刀，余量 0.1。
③ 程序文件夹 K09C，型面中光刀。用 ED12 平底刀，余量留 0.1。
④ 程序文件夹 K09D，型面光刀。用 BD12*R6 球刀，余量 0。

11.5 建立刀具路径程序文件夹

主要任务：建立 4 个空的刀具路径文件夹。

右击【资源管理器】中的【刀具路径】，在弹出的快捷菜单中选择【产生文件夹】命令，并修改文件夹名称为“K09A”。用同样的方法生成其他程序文件夹 K09B、K09C、K09D。

11.6 建立刀具

主要任务：建立加工刀具 ED16R0.8 和 BD12R6。

本节通过调用标准文件刀库的方法产生所需要的刀具。

在下拉菜单中执行【插入】|【模板对象】，输入文件为 pmbook-cnctool.ptf。这时可看到【刀具】树枝中有所需要的刀具，把多余的刀具删除。

11.7 设公共安全参数

主要任务：设安全高度、开始点及结束点。

（1）设安全高度。

在综合工具栏中单击【快进高度】按钮，弹出【快进高度】对话框。在【绝对安全】中设置【安全区域】为“平面”，【用户坐标系】为“1”，单击【计算】按钮，此时【安全 Z 高度】数值变为 30.40004 ，修改为 35；【开始 Z 高度】自动为 25.400041，不变，单击【接受】按钮。

（2）设开始点和结束点。

在综合工具栏中单击【开始点和结束点】按钮，弹出【开始点和结束点】对话框，在【开始点】选项卡中，设置【使用】的下拉菜单为“第一点安全高度”，切换到【结束点】选项卡，用同样的方法设置，单击【接受】按钮。

11.8 在程序文件夹 K09A 中建立开粗刀路

主要任务：建立 1 个刀具路径，使用 ED16R0.8 飞刀对顶型面开粗。

首先，将 K09A 程序文件夹激活，再进行以下操作。

方法：为了减少空刀，可以先创建边界，再据此创建毛坯，创建模型区域清除粗加工策略。

（1）创建边界 1。

在图形上，选取底平面。在目录树中右击【边界】，在弹出的快捷菜单中选【定义边界】|【用户定义】，单击【模型】按钮，如图 11-3 所示，在图形区空白处单击鼠标左键。

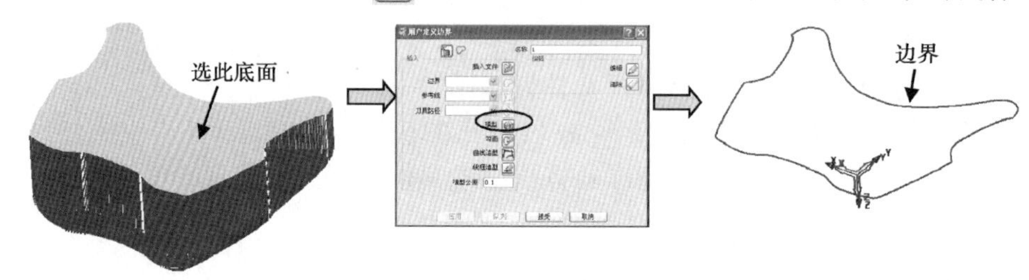

图 11-3　创建边界

（2）设定毛坯。

在综合工具栏中单击【毛坯】按钮，弹出【毛坯】对话框，在【由...定义】下拉列表框中选择“边界”选项，单击【计算】按钮，修改最大 Z 值为 20.6，单击【接受】按钮，使毛坯包含所有面，这个毛坯材料正好是被线切割后留下的材料，如图 11-4 所示。这是 CNC 加工的最初形状，用它作为开粗刀具路径的计算基础，可以有效减少空刀。

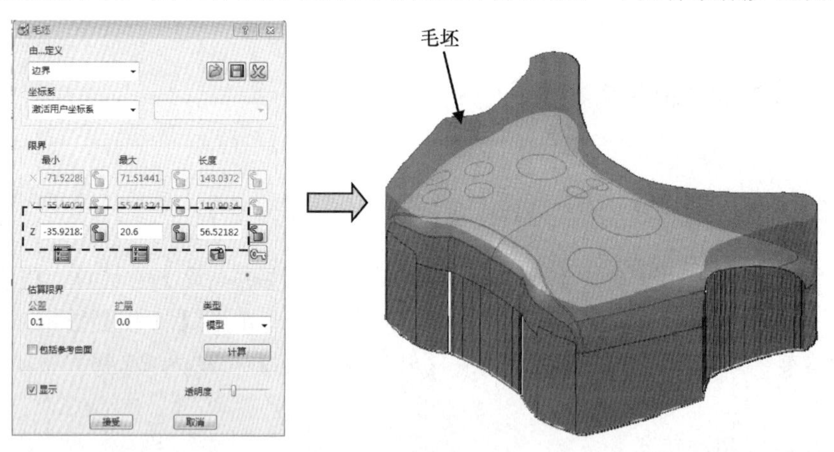

图 11-4　创建毛坯

（3）设刀路切削参数，创建“模型区域清除”刀路策略。

在综合工具栏中单击【刀具路径策略】按钮，弹出【策略选取器】对话框，选取【三维区域清除】选项卡，然后选择【模型区域清除】选项，单击【接受】按钮，系统弹出【模型区域清除】对话框，按图 11-5 所示设置参数，【刀具】选择 ED16R0.8，【公差】为 0.1，设置侧面余量为 0.3，底部余量为 0.2，【行距】为 9，【下切步距】为 0.3，【切削方向】为“顺铣”。

图 11-5　设切削参数

（4）设非切削参数，先设置切入切出和连接参数。

该工件结构特点是中间已经被线切割割掉了，可以设料外及斜线下刀，要保证下刀时不踩刀。

在综合工具栏中单击【切入切出和连接】按钮，弹出【切入切出和连接】对话框。选取【Z 高度】选项卡，设置【掠过距离】为 3，【下切距离】为 3。

在【切入】选项卡中，【第一选择】为“斜向”，设置【斜向选项】中的【最大左斜角】为 3°，【沿着】选“刀具路径”，勾选【仅闭合段】复选项，【圆圈直径(TDU)】为 0.95 倍的刀具直径，【类型】选“相对”，【高度】为 0.5，【切出】的【第一选择】为“无”。

在【连接】选项卡中，修改【短】为“掠过”，【长】为“安全高度”，其余参数默认，如图 11-6 所示，单击【应用】按钮，再单击【接受】按钮。

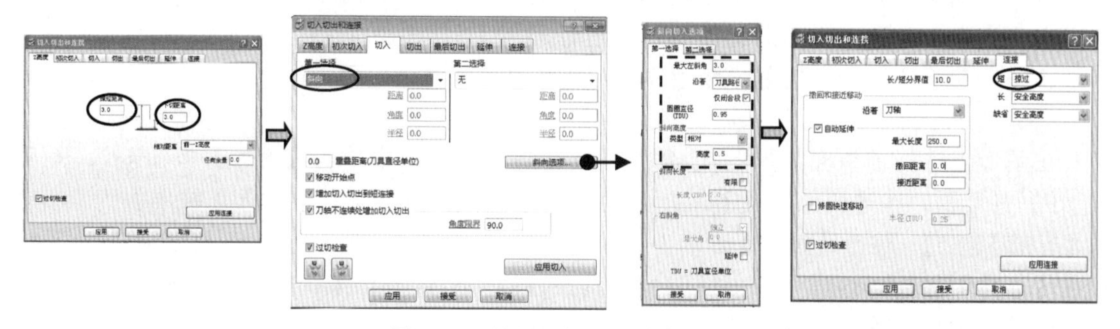

图 11-6　设切入切出和连接参数

（5）在【模型区域清除】对话框中单击【计算】按钮，产生的刀具路径如图 11-7 所示。

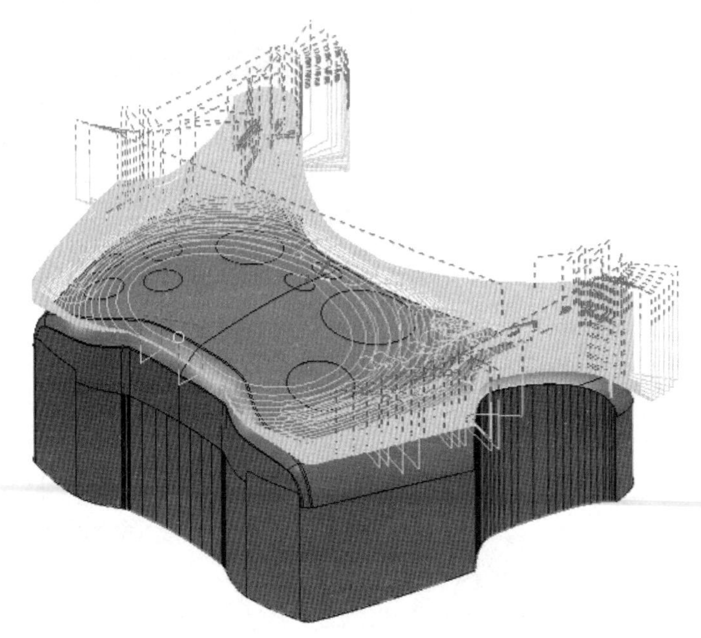

图 11-7　产生开粗刀路

以上程序组的操作视频文件为：\ch11\03-video\01-建立开粗刀路 K09A.exe

11.9　在程序文件夹 K09B 中建立二次开粗

主要任务：建立 1 个刀具路径，型面二次开粗，刀具为 ED16R0.8。

目的：仔细分析上以刀具路径 1 得知，由于毛坯大小限制了刀具中心的范围，而其在下半部分未能完全加工到位，留有一些残料。本次刀具路径可以针这些残料进行二次开粗。之所以与刀路 1 分开，原因是余量不同，加工时所要求的进给和转速不同。

方法：先做毛坯，用等高精加工方法进行加工。

首先，在【资源管理器】中激活文件夹 K09B，再进行以下操作。

（1）设定毛坯。

在图形上选择顶型面，如图 11-8 所示。在综合工具栏中单击【毛坯】按钮，弹出【毛坯】对话框，在【由...定义】下拉列表框中选择“方框”选项，输入【扩展】为 0，单击【计算】按钮。修改【最大】Z 值为 20.6，锁定 Z 值的最大值和最小值，【扩展】为 8.5，单击【计算】按钮。这样可以保证中光刀具路径能完整计算出来，而且能限制刀具路径的加工深度，避免对线切割加工的直身面进行重复加工。

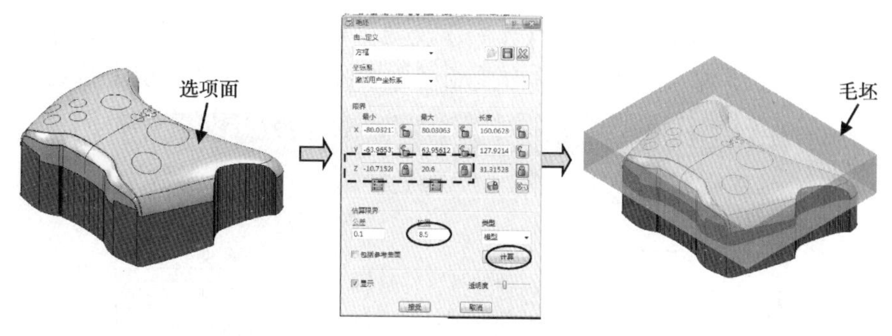

图 11-8　设定毛坯

（2）设加工参数。

在综合工具栏中单击【刀具路径策略】按钮，弹出【策略选取器】对话框，选取【精加工】选项卡，然后选择【等高精加工】选项，单击【接受】按钮，弹出【等高精加工】对话框，【刀具】选择 ED16R0.8，【公差】为 0.03，设置余量为 0.1，【最小下切步距】为 0.15，【方向】为“顺铣”，其余参数按图 11-9 所示设置。

图 11-9　设定加工参数

（3）设非切削参数，设置切入切出和连接参数。

单击【切入切出和连接】按钮，弹出【切入切出和连接】对话框。

选取【初次切入】选项卡，勾选【使用单独的初次切入】复选框，【选择】选“水平圆

弧”,【距离】为 0,【角度】为 90°,【半径】为 2，单击【复制到最后切出】,【切入】和【切出】为“无”，如图 11-10 所示，单击【应用】按钮，再单击【接受】按钮。

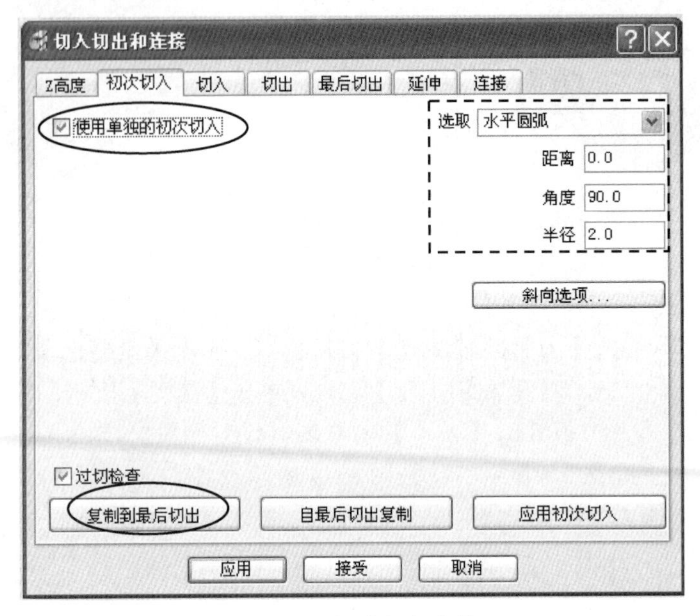

图 11-10　设非切削参数

（4）生成刀路。

在【等高精加工】对话框中单击【计算】按钮，产生的刀具路径 3 如图 11-11 所示。

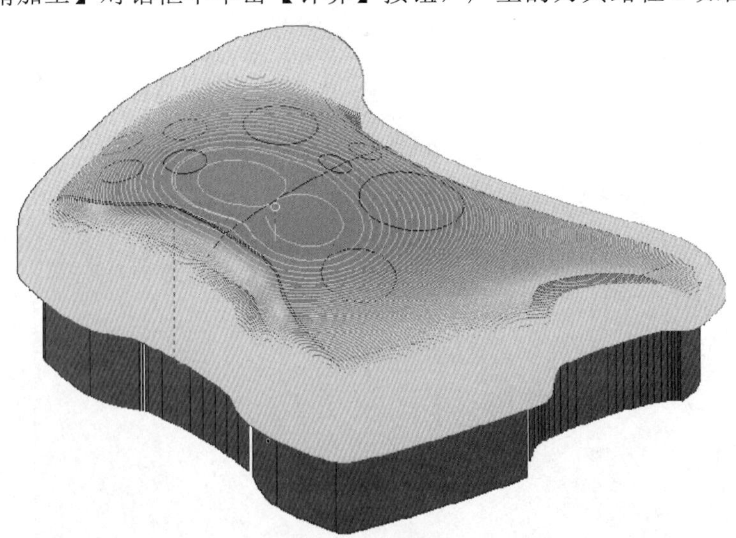

图 11-11　型面中光

以上程序组的操作视频文件为: \ch11\03-video\02-建立二次开粗 K09B.exe

11.10 在程序文件夹 K09C 中建立顶部中光

主要任务：建立 1 个刀具路径，顶部中光。用 BD12R6 球刀。

首先，将 K09C 程序文件夹激活，再进行以下操作。

方法：先生成边界 2，再用平行精加工进行加工。

（1）创建边界 2。

选择图形上的顶部曲面，在目录树中右击【边界】，在弹出的快捷菜单中选【定义边界】|【已选曲面】，按图 11-12 所示设定参数，单击【应用】按钮，生成边界 2。

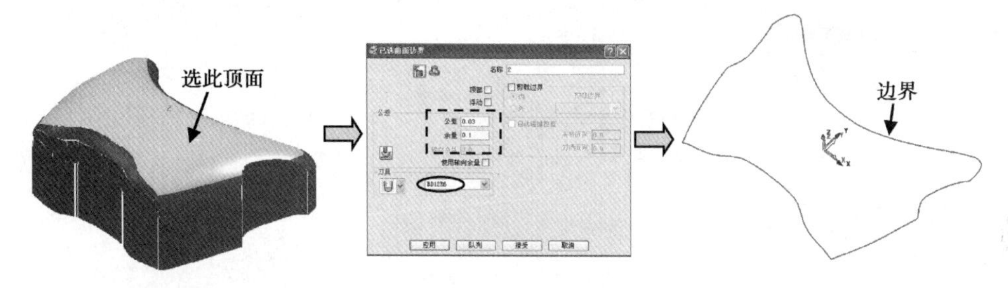

图 11-12 创建边界

（2）设切削参数。

在综合工具栏中单击【刀具路径策略】按钮，弹出【策略选取器】对话框，选取【精加工】选项卡，然后选择【平行精加工】选项，单击【接受】按钮，弹出【平行精加工】对话框，【刀具】选择 BD12R6，【公差】为 0.03，设置余量为 0.1，【步距】为 0.25，【角度】为 45°，其余参数按图 11-13 所示设置。

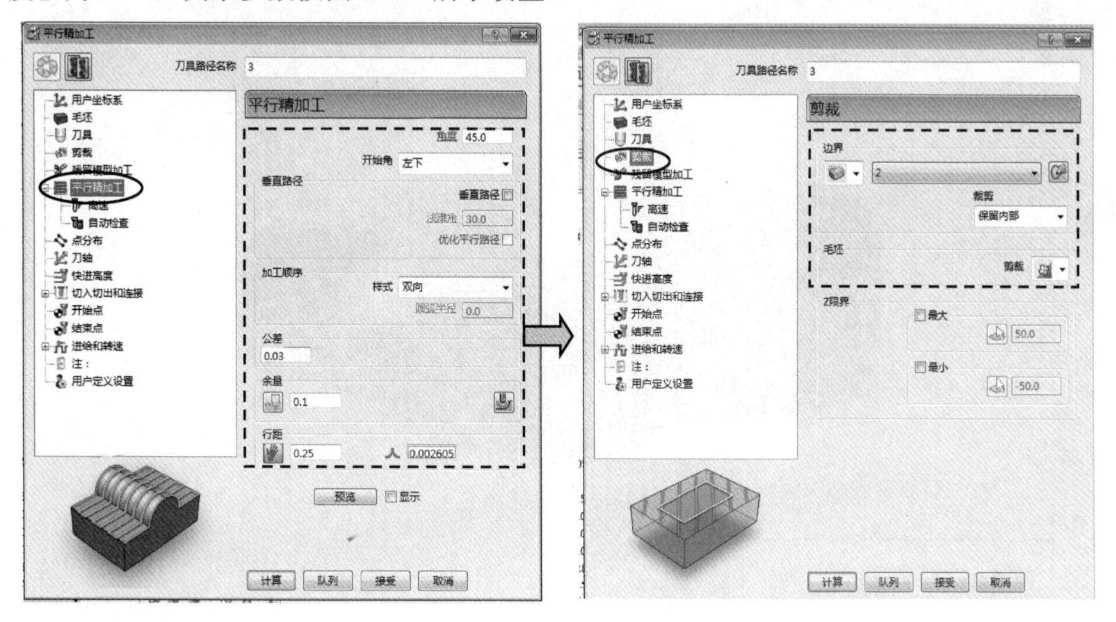

图 11-13 设定切削参数

（3）设非切削参数。

设置切入切出和连接参数，单击【切入切出和连接】按钮，弹出【切入切出和连接】对话框。

在【切入】选项卡中，【第一选择】为“无”，单击【切出和切入相同】按钮，使切出参数与切入参数相同。

在【连接】选项卡中，修改【短】为“在曲面上”，【长】为“安全高度”，其余参数默认，如图 11-14 所示，单击【应用】按钮，再单击【接受】按钮。

图 11-14　设切入切出和连接参数

（4）单击【计算】按钮，观察生成的刀路，无误后单击【取消】按钮，产生的刀具路径如图 11-15 所示。

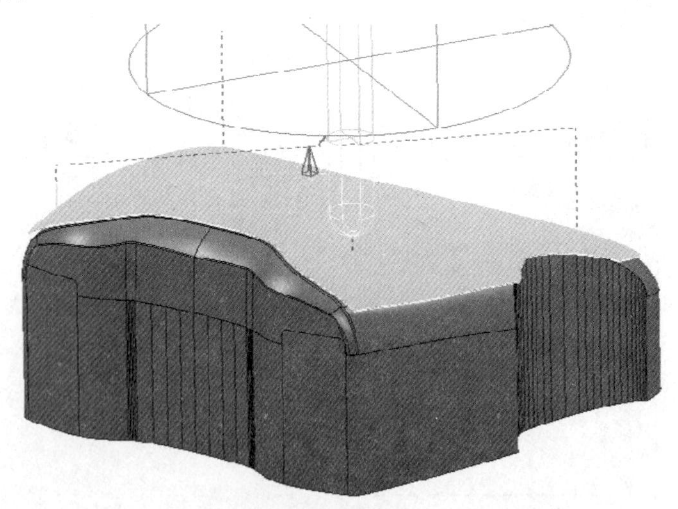
图 11-15　顶面中光

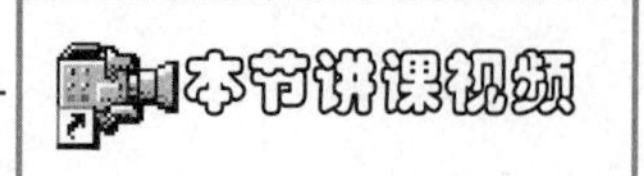

以上程序组的操作视频文件为：\ch11\03-video\03-建立顶部中光 K09C.exe

11.11 在程序文件夹 K09D 中建立型面光刀

主要任务：建立 1 个刀具路径，用 BD12R6 球刀对型面光刀。

首先，在【资源管理器】中激活文件夹 K09D，再进行以下操作。

方法：先生成边界 3，创建三维偏置精加工策略。

（1）创建边界 3。

选择图形上的所有型面，在目录树中右击【边界】，在弹出的快捷菜单中选【定义边界】|【接触点】，按图 11-16 所示设定参数，单击【模型】按钮，生成边界 3，单击【应用】按钮。

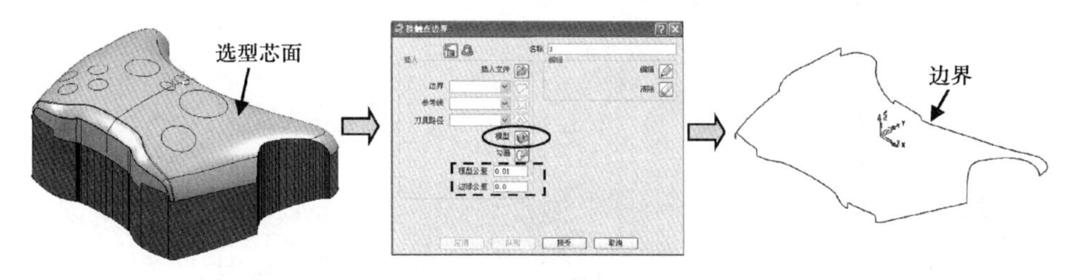

图 11-16 创建边界

（2）设切削参数。

在综合工具栏中单击【刀具路径策略】按钮，弹出【策略选取器】对话框，选取【精加工】选项卡，然后选择【三维偏置精加工】选项，单击【接受】按钮，弹出【三维偏置精加工】对话框，【刀具】选择 BD12R6，【公差】为 0.01，设置余量为 0，【步距】为 0.15，【边界】为 3，其余参数按图 11-17 所示设置。

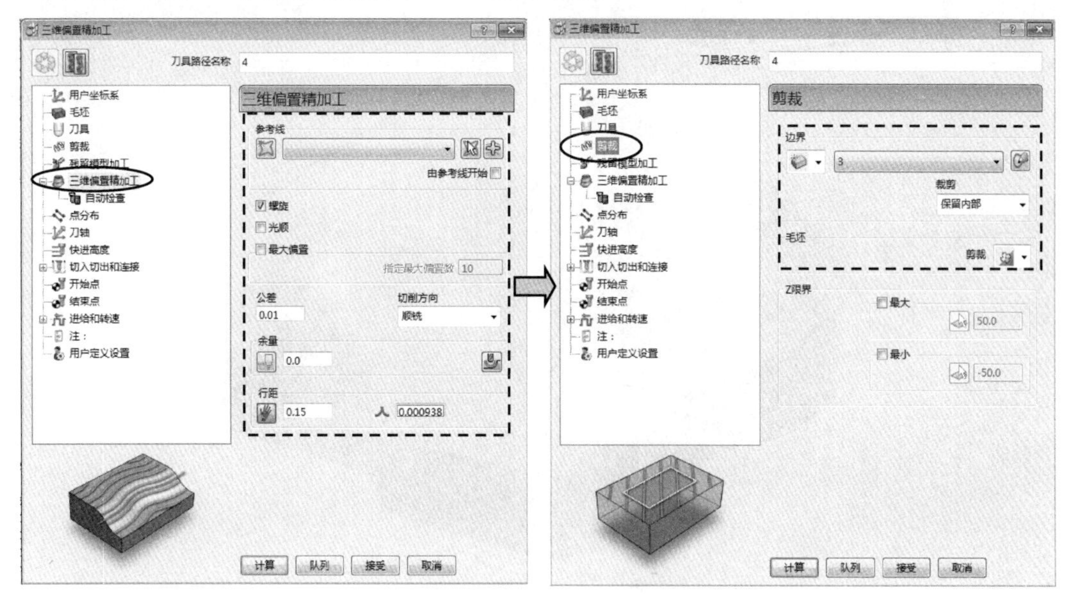

图 11-17 设定切削参数

（3）设非切削参数。

单击【切入切出和连接】按钮，弹出【切入切出和连接】对话框。

选取【连接】选项卡，修改【长】为“相对”其余参数默认，如图 11-18 所示，单击【应用】按钮，再单击【接受】按钮。

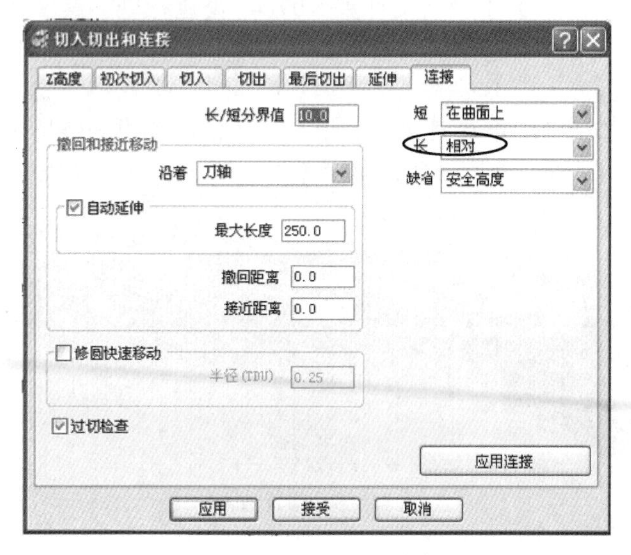

图 11-18　设非切削参数

（4）单击【计算】按钮，观察生成的刀路，无误后单击【取消】按钮，产生的刀具路径如图 11-19 所示。

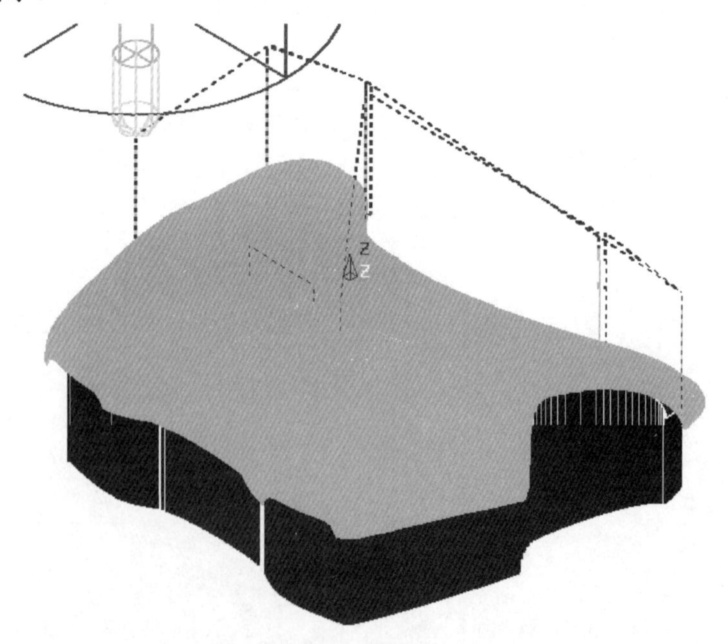

图 11-19　型面光刀

以上程序组的操作视频文件为：\ch11\03-video\04-建立型面光刀 K09D.exe

11.12 设转速和进给速度

主要任务：集中设定各个刀具路径的转速和进给速度。

（1）设定 K09A 文件夹的刀具路径的转速为 2500 转/分，进给速度为 2000 毫米/分。

在【资源管理器】目录树中，展开并右击第 1 个刀具路径，使其激活。

单击综合工具栏中的【进给和转速】按钮，弹出【进给和转速】对话框，按如图 11-20 所示设置参数，单击【应用】按钮，不要退出该对话框。

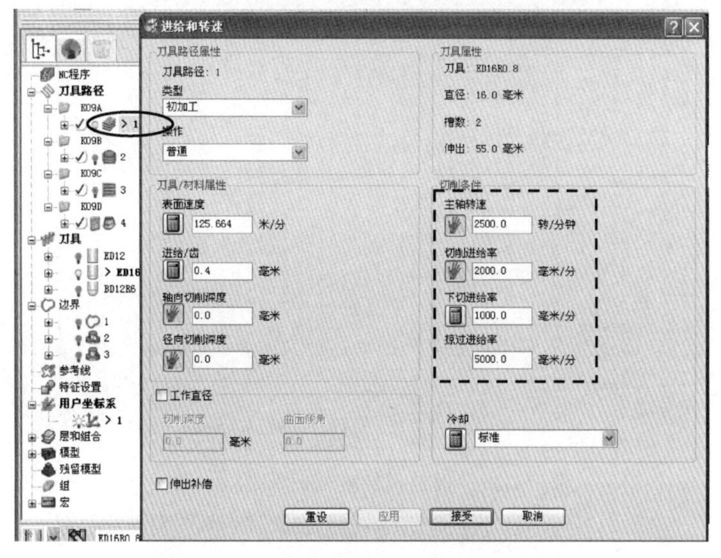

图 11-20 设置进给和转速参数（一）

（2）设定 K09B 文件夹的刀具路径的转速为 2500 转/分，进给速度为 1500 毫米/分。

在文件夹中激活刀具路径 2，在【进给和转速】对话框，按图 11-21 所示设置参数，单击【应用】按钮。

（3）设定 K09C 文件夹的各个刀具路径的转速为 3000 转/分，进给速度为 1000 毫米/分。

在文件夹中激活刀具路径 3，在【进给和转速】对话框，按图 11-22 所示设置参数，单击【应用】按钮。

（4）设定 K09D 文件夹的各个刀具路径的转速为 3500 转/分，进给速度为 800 毫米/分。

展开文件夹，激活刀具路径 4，在【进给和转速】对话框，按图 11-23 所示设置参数，单击【应用】按钮。

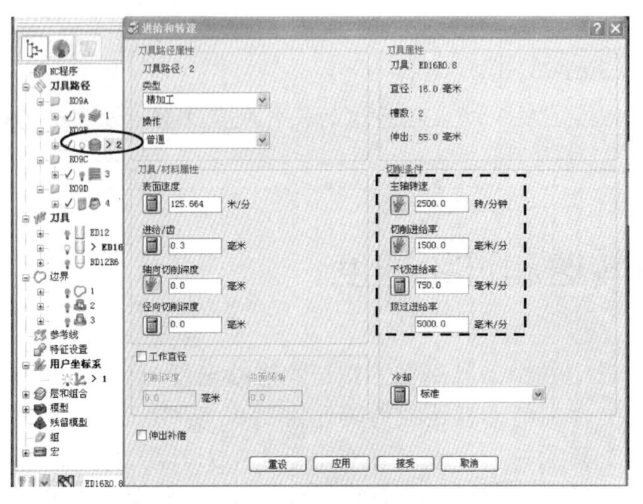

图 11-21　设置进给和转速参数（二）

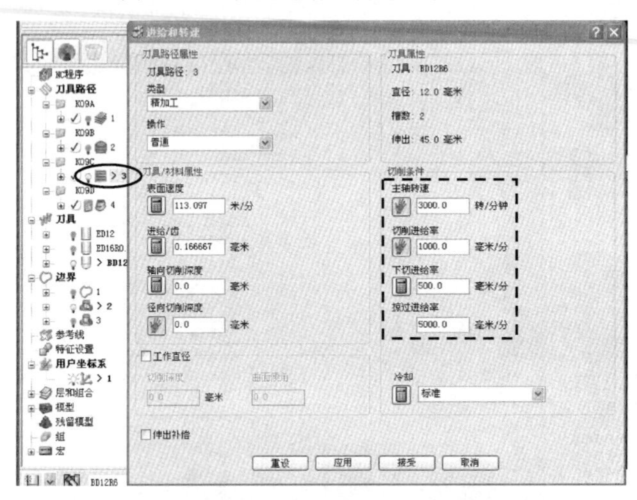

图 11-22　设置进给和转速参数（三）

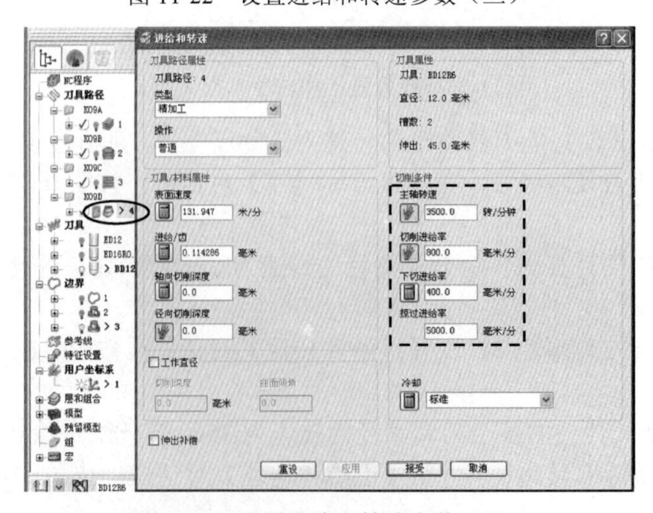

图 11-23　设置进给和转速参数（四）

单击【接受】按钮。

11.13 后处理

1. 建立文件夹

先将【刀具路径】中的文件夹，通过【复制为NC程序】命令复制到【NC程序】树枝中，如图11-24所示。

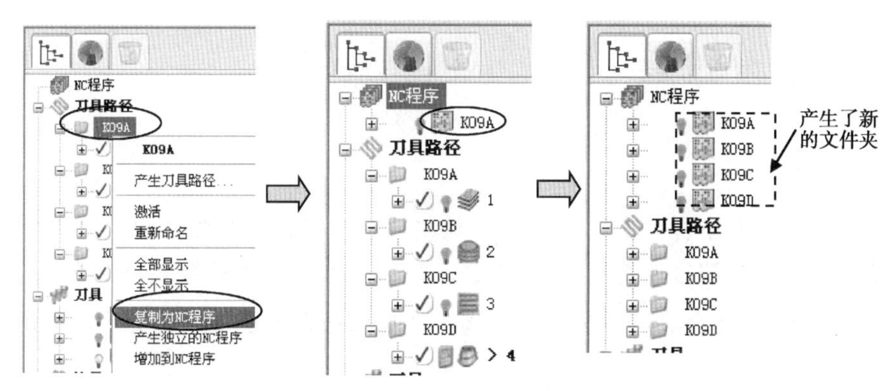

图11-24 产生新文件夹

2. 复制后处理器

把配套后处理器文件\ch14\02-finish\ pmbook-14-1-ok.opt复制到C:\dcam\config目录。

3. 编辑已选后处理参数

在屏幕左侧的【资源管理器】中，选择【NC 程序】树枝，单击鼠标右键，在弹出的快捷菜单中选择【编辑全部】命令，系统弹出【编辑全部NC程序】对话框，选择【输出】选项卡，其中的【输出文件】中要删去隐含的空格。【机床选项文件】可以单击浏览按钮，选择之前提供的pmbook-14-1-ok.opt后处理器，【输出用户坐标系】为“1”，单击【应用】按钮，再单击【接受】按钮。

4. 输出写入NC文件

在屏幕左侧的【资源管理器】中，选择【NC 程序】树枝，单击鼠标右键，在弹出的快捷菜单中选择【全部写入】命令，系统会自动把各个文件夹，按照以其文件夹的名称作为NC文件名，输出到用户图形所在目录的子目录中，如图11-25所示。

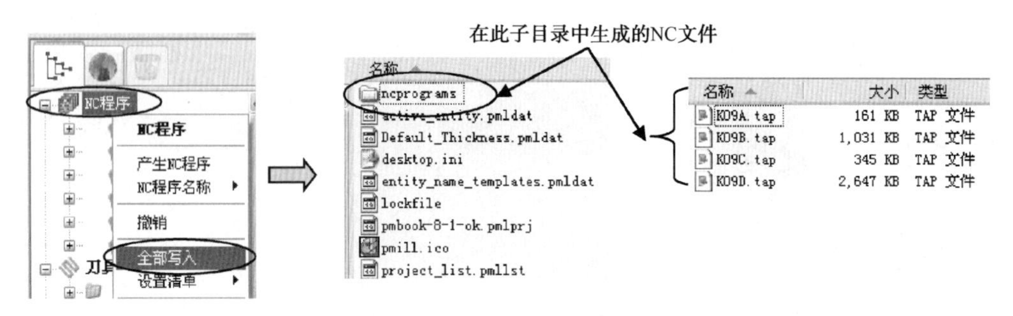

图 11-25　生成 NC 数控程序

11.14　程序检查

1. 干涉及碰撞检查

展开【刀具路径】中各个文件夹中的刀具路径，先选择刀具路径 1，将其激活，再在综合工具栏选择【刀具路径检查】按钮，弹出【刀具路径检查】对话框，在【检查】选项中选择“碰撞”，其余参数默认，单击【应用】按钮，如图 11-26 所示，单击信息框中的【确定】按钮。

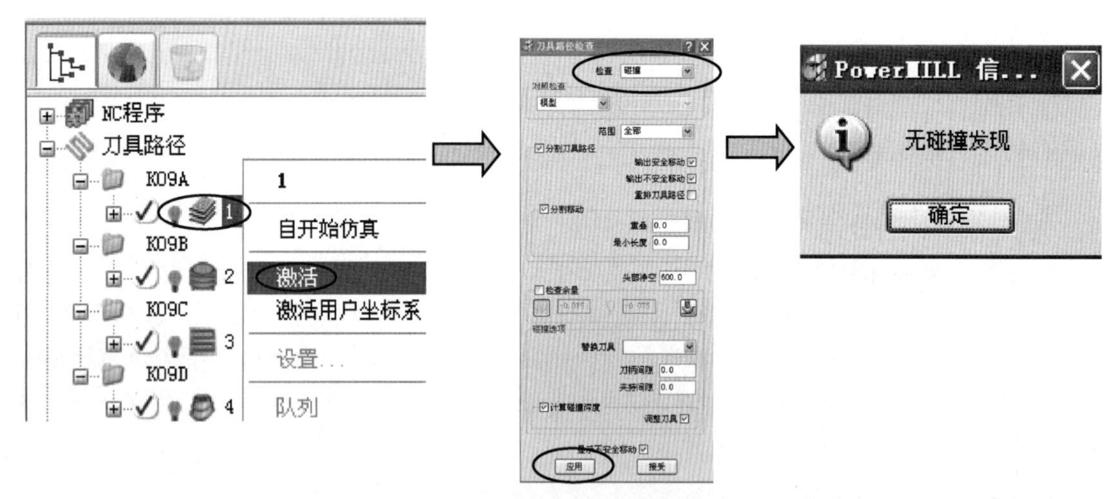

图 11-26　NC 数控程序的碰撞检查

在上述【刀具路径检查】对话框的【检查】选项中选择“过切”，其余参数默认，单击【应用】按钮，如图 11-27 所示，单击信息框中的【确定】按钮。

同理，可以对其余的刀具路径分别进行碰撞检查和过切检查。最后，单击【刀具路径检查】对话框中的【接受】按钮。

图 11-27　NC 数控程序的过切检查

2．实体模拟检查

（1）在界面中把实体模拟检查功能显示在综合工具栏中。

（2）检查毛坯设置。检查现有毛坯是否符合要求，该毛坯一定要包括所有面。

（3）启动仿真功能。在屏幕左侧的【资源管理器】中，选择文件夹 K07A，单击鼠标右键，在弹出的快捷菜单中选择【自开始仿真】命令。

（4）开始仿真。单击【开/关 ViewMill】按钮，使其处于开的状态，选择【光泽阴影图像】按钮，单击【运行】按钮，如图 11-28 所示。

（5）在【ViewMill】工具条中，选择 NC 程序 K07B，再单击【运行】按钮进行仿真。

（6）同理，可以对其他的 NC 程序进行仿真，结果如图 11-29 所示。

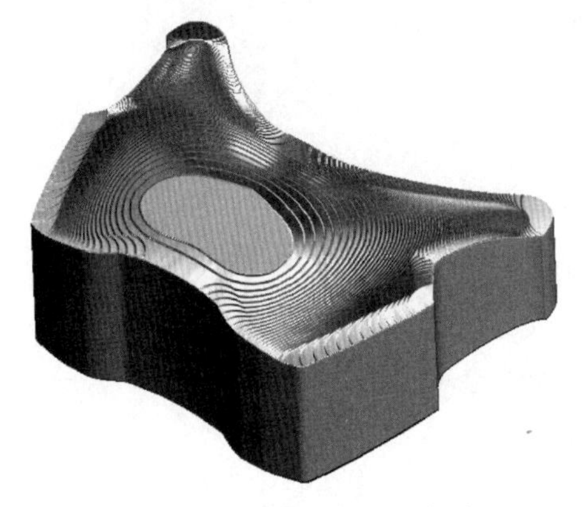

图 11-28　开粗刀路的仿真结果

图 11-29　光刀的仿真结果

11.15　填写加工工作单

CNC 加工工作单如表 11-1 所示。

表 11-1　加工工作单

<table>
<tr><td colspan="8">CNC 加工程序单</td></tr>
<tr><td>型号</td><td></td><td>模具名称</td><td>游戏机面</td><td>工件名称</td><td colspan="3">后模镶件</td></tr>
<tr><td>编程员</td><td></td><td>编程日期</td><td></td><td>操作员</td><td></td><td>加工日期</td><td></td></tr>
<tr><td colspan="4">PL Z=−15.8</td><td colspan="4">对刀方式　四边分中
高度方向以镶件框表面 PL 为基准
要求镶件垫高 25mm
对未加工时的镶件框最高 PL　Z=−15.8
图形名　pmbook-11-1.dgk
材料号　钢 718
大小　155×120×57</td></tr>
<tr><td>程序名</td><td>余量</td><td>刀具</td><td>装刀最短长</td><td colspan="3">加工内容</td><td>加工时间</td></tr>
<tr><td>K09A.tap</td><td>0.3</td><td>ED16R0.8</td><td>35</td><td colspan="3">开粗</td><td></td></tr>
<tr><td>K09B.tap</td><td>0.1</td><td>ED16R0.8</td><td>35</td><td colspan="3">中光</td><td></td></tr>
<tr><td>K09C.tap</td><td>0.1</td><td>BD12R6</td><td>35</td><td colspan="3">中光</td><td></td></tr>
<tr><td>K09D.tap</td><td>0</td><td>BD12R6</td><td>35</td><td colspan="3">光刀</td><td></td></tr>
<tr><td></td><td></td><td></td><td></td><td colspan="3"></td><td></td></tr>
<tr><td></td><td></td><td></td><td></td><td colspan="3"></td><td></td></tr>
</table>

11.16　本章总结和思考练习题

11.16.1　本章总结

本章主要讲解后模镶件的编程方法，完成本例要注意以下问题。

（1）实际加工时，要与制模师傅密切沟通，明确 CNC 应该加工的部分和制模组应该加工的部分，对各部分提出明确的加工要求，防止因为误会而影响制模进度。

（2）深刻理解后模镶件的装夹方案和对刀方式。

（3）开粗刀路完成后，要仔细分析哪些部位未加工到位，做到心中有数，以便决定后续刀具路径方案。

希望读者能反复训练，以掌握类似图形的数控编程技巧。

11.16.2 思考练习与答案

以下是针对本章实例在实际加工时可能会出现的问题，希望初学者能认真体会，想出合理的解决方案。

（1）试说明，本例 K09A 中的刀具路径 1，为什么要用边界线方式做毛坯？如果用方框方式定义毛坯会出现什么问题？

（2）如果本例的镶件框 PL 面先加工了，再加工本例镶件，如何装夹和对刀？

（3）本例实际加工时，如果操作员未能按照《CNC 加工工作单》的顺序执行程序，而是按照如下顺序：K09A，K09C，K09B…，试分析加工中会出现什么问题？如何避免此类错误？

练习答案：

（1）答：在本例 K09A 的刀具路径 1 用到了边界线做毛坯，符合实际材料的形状，好处是减少空刀。

如果用方框方式定义毛坯，是长方体，本例中比实际材料大，计算出的刀具路径，就会有大量的空刀。这种方式适用于不采取线切割加工外形，而直接采用 CNC 加工全部形状的情况。在实际工作中要根据车间的具体情况灵活掌握，目的是提高加工效率。

（2）答：本例后模正规的要求：先用线切割加工镶件框的孔位，暂不加工 PL 面，再把用线切割切好的后模镶件装配一起，并且镶件垫高 15mm，这些准备工作完成后才送到 CNC 车间加工。

如果本例的镶件框 PL 面先加工了，这在很多工厂中，为了抢时间时，可能会出现的情况。如果出现了这种情况，要求制模师傅配镶件时要格外仔细，谨防镶件碰伤 PL 的止口，仍然要求镶件垫高 10mm 送来 CNC 车间加工。CNC 对刀时要以后模镶件框最大四周围外形为基准，进行四边分中为 X0、Y0，高度方向以 PL 平位面为基准，考虑垫高数进行对刀。

CNC 编程时可以把 pmbook-10-1 也输入到编程项目文件中来，并根据实际垫高数 10.00mm 向下平移镶件图形。必要时可以把 PL 作为检查面，以防止刀具路径对它产生过切，如图 11-30 所示。

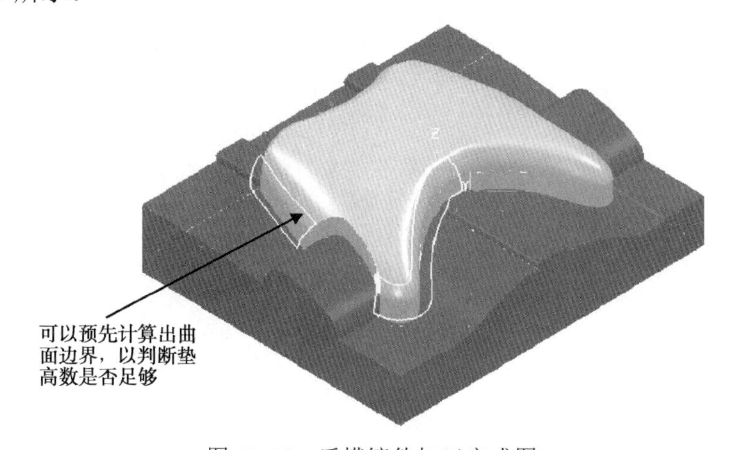

图 11-30　后模镶件加工完成图

（3）答：在一些管理不完善的工厂，这种情况可能会发生，多半是相关人员没有强烈的质量意识。

由于 PowerMILL 的开粗刀路——模型区域清除的计算方式是以毛坯为刀具中心进行限制的，而后模下半部分的刀具路径已经超出了所定义毛坯的范围，导致下半部分未能产生刀具路径。实际加工时，会在下半部分留下残料，通过实体模拟可以清楚发现此种情况。

如果后续工步是执行 K09C，采用 BD12R6 球刀来加工，会使刀具在下半部分切削量过大而出现踩刀。

为了使工步安排更加合理，应该重视各个刀具路径加工时的工艺分析，可以借助软件的实体模拟功能来实现。一旦完善的工艺单确定好以后，就可以发送到 CNC 车间，并且要求 CNC 操作员严格按照工艺单执行操作，不能擅自更改。与有关管理人员讨论，共同订立严格的工艺管理制度，使大家有章可循，共同提高 CNC 加工效率和加工质量。作为工程技术人员要能够正确妥善地处理生产过程的意外情况。

第12章

鼠标底模胚综合实例特训

12.1 本章知识要点及学习方法

在之前讲述铜公、前后模编程的基础之上，本章进一步学习模胚的编程。先介绍模胚的基本知识，然后以鼠标底壳模具用的模胚数控编程为例，对其步骤进行详细讲解。

在本章，希望读者掌握以下重点知识。

（1）模胚的结构知识。

（2）用 PowerMILL 进行模胚编程的方法和注意事项。

（3）进一步体会灵活设定毛坯在优化数控程序中的重要作用。

（4）模胚各部位加工的特点。

希望读者结合前几章内容，加深对加工参数的理解，反复训练，熟练掌握，灵活运用。

12.2 模胚概述

塑胶模所用的模架一般选用专门厂家生产的标准件，常用的有大水口模胚、细水口模胚和简化细水口模胚。A 板是用来装镶前模的模板，也叫前模板；B 板是用来装镶后模的模板，也叫后模板，这两块板一般需要用户自行加工模件的装镶位，如模具有行位，还需要在模胚上加工行位槽及铲鸡槽。模厂为了赶工期，除了顶针孔位及其他细小部位需要模工师傅自已装配加工外，其他复杂一些的结构就交由 CNC 车间来加工。所以，掌握模胚的数控编程技巧，是干好本行业工作的第一步，尤其是新入行的朋友，更应该熟练掌握。下面先以 A 板为例说明其编程过程。

充分利用 PowerMILL 的数控加工功能，采取开粗、清角、中光刀和光刀的加工方案。

结构部位的以下术语是珠江三角洲地区模厂的制模师傅对模具结构部位的普遍叫法，是模厂中技术人员之间沟通的重要标准称谓，对于初学者很有必要了解，如图 12-1 所示。

前模模仁：教科书中也叫定模模件，有些模厂的技术人员也叫母模。

行位：教科书中也叫滑块，在模板中控制其滑动的槽叫行位槽。

铲鸡：也叫“铲基”，是推动行位滑块移动的斜块，它和 A 板装镶的部分槽称为铲鸡槽。

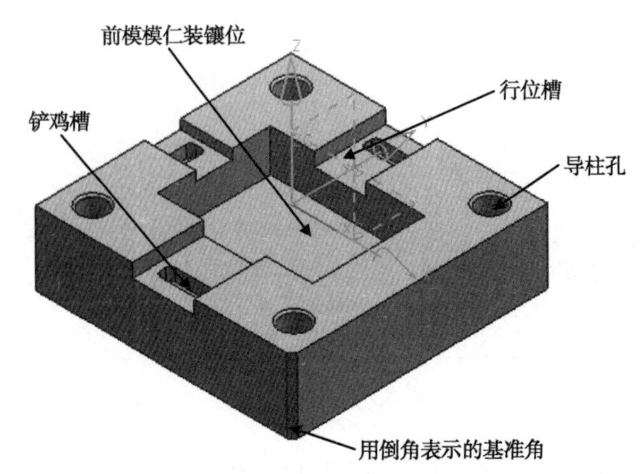

图 12-1　待加工的 A 板图

正规厂家生产的模胚会在偏置孔处的侧面打印该公司的标识，如龙记公司会打印“LKM”，明利模胚会打印“ML-TS”等。本例图中的基准角在后右下角（图中用倒角作为标识，实际上并不存在这样的倒角），在《CNC 加工程序单》应明确标示，以利 CNC 操作员正确装夹，下面以 A 板为例说明其编程步骤。

12.3　模件说明

模具说明：本例为鼠标底壳 A 板，该图中导柱孔已经加工完成，不需要用户加工，其他如前模装镶位、行位槽、铲基槽等需要 CNC 加工到位。

如图 12-2 所示，为 A 板的工程图。

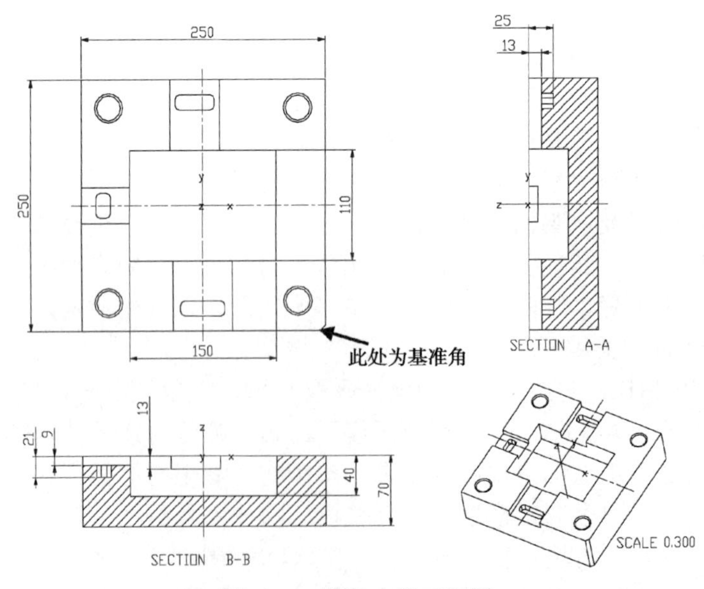

图 12-2　模胚 A 板工程图

12.4 输入及整理图形

文件路径：\ch12\01-example\pmbook-12-1.stp，建议把该文件复制到工作目录中。

文件路径：\ch12\02-finish\pmbook-12-1\

（1）输入图形。输入配套素材文件 pmbook-12-1.stp。操作方法：在下拉菜单中选择【文件】|【输入模型】命令，选择 pmbook-12-1.dgk，单击【打开】按钮。

（2）整理图形。经分析，该图全部面的方向朝向一致，符合要求。

（3）确定加工坐标系。经分析，该图坐标系符合要求，以其建模坐标系创建加工坐标系 1。

12.5 数控加工工艺分析和刀路规划

（1）开料尺寸：250×250×70

（2）材料：黄牌钢。预硬至 HB170-220。典型主要化学成分为：C 0.5%， Si 0.35%，Mn 0.8%。具有良好的机械加工切削特性。

（3）加工要求：导柱孔已由模胚制造公司事先加工完成，这里不用再 CNC 加工了，但需要 CNC 加工出前模的装镶位和行位槽、铲鸡槽等部位。采取的加工方案是大飞刀开粗，小飞刀清角，再用平底白钢刀中光和光刀。

（4）加工工步。

① 程序文件夹 K10A，开粗。用 ED30R5 带可换刀粒 R5 的飞刀加工，侧余量为 0.3mm，底余量为 0.2。

② 程序文件夹 K10B，用 ED30R5 刀粒飞刀水平面光刀，余量为侧面留 0.35，底面为 0。

③ 程序文件夹 K10C，用 ED20*R0.8 刀粒飞刀先清角再中光，余量为侧面留 0.1，底面为 0。

④ 程序文件夹 K10D，用 ED19.05（即 3/4 英寸）的白钢刀中光，余量为 0.05。

⑤ 程序文件夹 K10E，用 ED19.05（即 3/4 英寸）的白钢刀光刀，余量为 0。

⑥ 程序文件夹 K10F，铲鸡槽开粗刀。用 ED8 平底刀，留 0.1 的余量。

⑦ 程序文件夹 K10G，铲鸡槽光刀。用 ED8 平底刀，留 0 的余量。

12.6 建立刀具路径程序文件夹

主要任务：建立 7 个空的刀具路径文件夹。

右击【资源管理器】中的【刀具路径】，在弹出的快捷菜单中选择【产生文件夹】命令，并修改文件夹名称为“K10A”。用同样的方法生成其他程序文件夹 K10B、K10C、K10D、K10E、K10F、K10G。

12.7 建立刀具

主要任务：建立加工刀具 ED30R5、ED20R0.8、ED19.05、ED8。

本节通过调用标准文件刀库的方法，产生所需要的刀具。

在下拉菜单中执行【插入】|【模板对象】，输入文件为 pmbook-cnctool.ptf。这时能看到【刀具】树枝中有了所需要的刀具，把多余的刀具删除。

要注意

修改 ED30R5 刀具的刀尖长度为 55，刀柄长为 50，以免在静态检查时软件出现虚假出错报警。

12.8 设公共安全参数

主要任务：设安全高度、开始点和结束点。

（1）设安全高度。

在综合工具栏中单击【快进高度】按钮，弹出【快进高度】对话框，在【绝对安全】中设置【安全区域】为“平面”，【用户坐标系】为“1”，单击【按安全高度重设】按钮，此时【安全 Z 高度】数值变为 10；【开始 Z 高度】自动为 5，单击【接受】按钮。

（2）设开始点和结束点。

在综合工具栏中单击【开始点和结束点】按钮，弹出【开始点和结束点】对话框。在【开始点】选项卡中，设置【使用】的下拉菜单为“第一点安全高度”，切换到【结束点】选项卡，用同样的方法设置，单击【接受】按钮。

12.9 在程序文件夹 K10A 中建立开粗刀路

主要任务：建立 1 个刀具路径，使用 ED30R5 飞刀对型腔面开粗。

首先，将 K10A 程序文件夹激活，再进行以下操作。

方法：先创建毛坯，再创建偏置粗加工策略。

（1）设定毛坯。

在综合工具栏中单击【毛坯】按钮，弹出【毛坯】对话框，在【由...定义】下拉列表框中选择“方框”选项，单击【计算】按钮，再单击【接受】按钮，如图 12-3 所示。

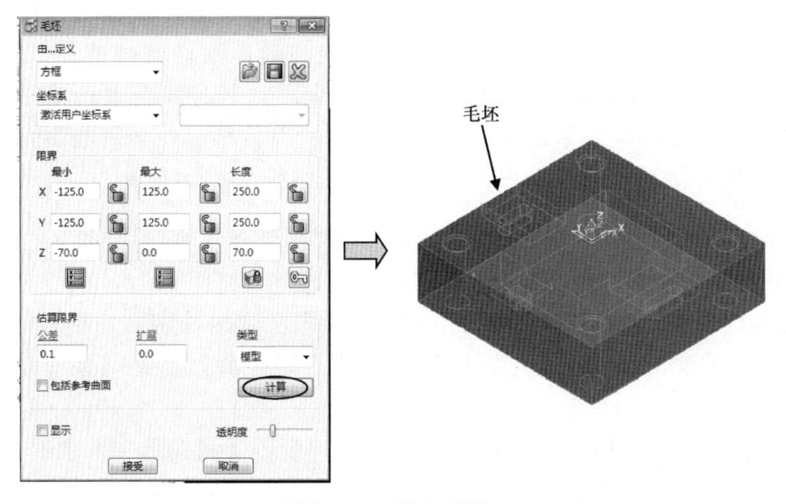

图 12-3　创建毛坯

（2）设刀路切削参数，创建“模型区域清除”刀路策略。

在综合工具栏中单击【刀具路径策略】按钮，弹出【策略选取器】对话框，选取【三维区域清除】选项卡，然后选择【模型区域清除】选项，单击【接受】按钮，系统弹出【模型区域清除】对话框，【刀具】选择 ED30R5，【公差】为 0.1，设置侧面余量为 0.3，底部余量为 0.2，【行距】为 20，【下切步距】为 0.5，【切削方向】为“顺铣”，其余按图 12-4 所示设置参数。

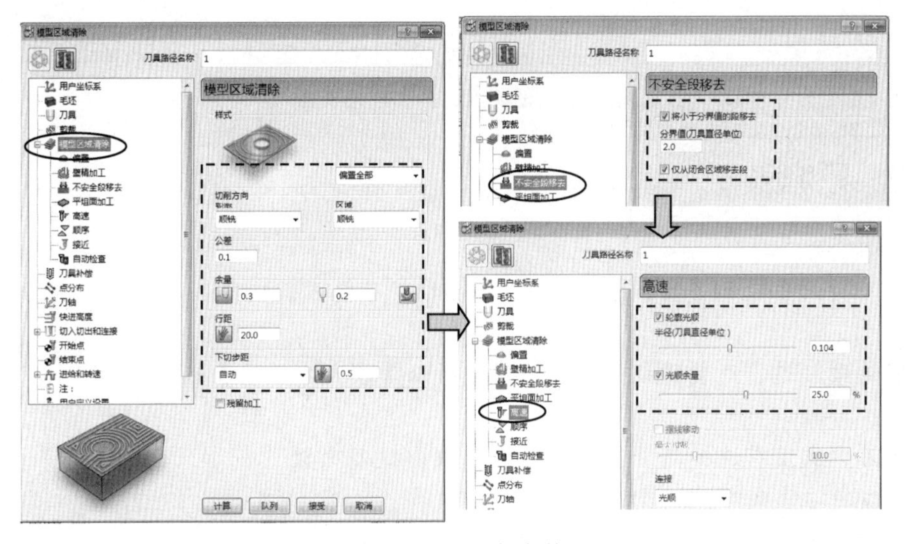

图 12-4　设切削参数

① 此处设置【不安全段移去】参数的目的是防止加工导柱孔。

② 因为模胚通常用黄牌钢，硬度较低，所以切削量较前后模都大。目的是在保证切削平稳的前提下，提高加工效率，实践证明这样的参数是最佳的。

③ 勾选【高速加工】各选项，目的是防止出现因切削行距较大而使得角落的切削量增大现象。选这个参数，系统可以把角落加工的刀具路径处理成拐圆角形式，保证切削量均匀，从而切削平稳，如图 12-6 所示。

（3）设非切削参数，设置切入切出和连接参数。

该工件结构特点是中间凹陷，斜线下刀，要保证下刀时不踩刀。

在综合工具栏中单击【切入切出和连接】按钮，弹出【切入切出和连接】对话框。选取【Z 高度】选项卡，设置【掠过距离】为 3，【下切距离】为 3，【相对距离】为“刀具路径点”。

在【切入】选项卡中，【第一选择】为“斜向”，设置【斜向选项】中的【最大左斜角】为 5°，【沿着】选“刀具路径”，勾选【仅闭合段】复选项，【高度】为 1。

在【连接】选项卡中，修改【短】为“掠过”，【长】为“相对”，如图 12-5 所示，单击【应用】按钮，再单击【接受】按钮。

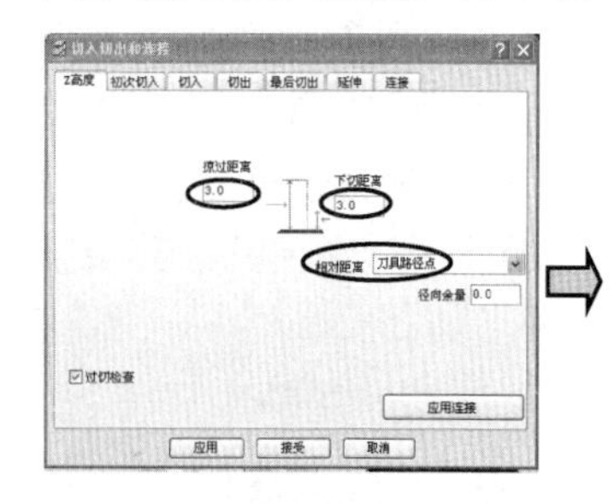
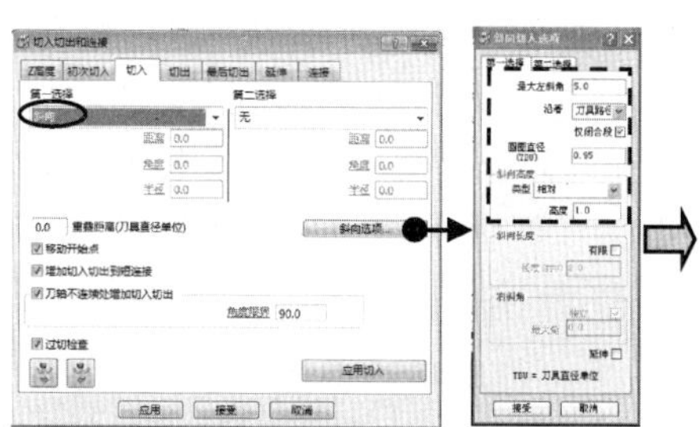
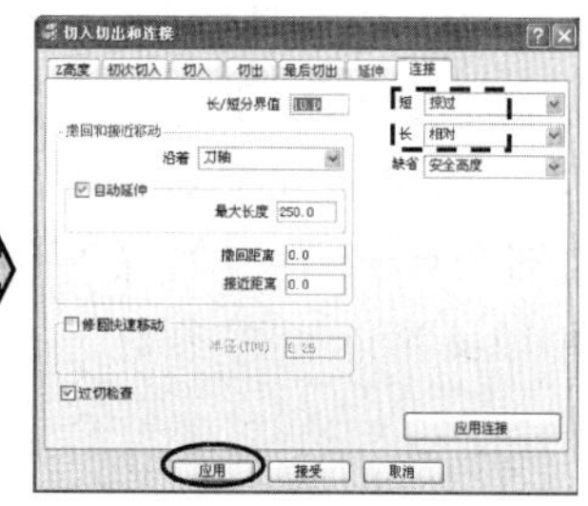

图 12-5 设切入切出和连接参数

① 此处所设参数的【长】为“相对”等参数，可以减低缓降高度，减少空切削的时间。

② 因为模胚通常用黄牌钢，硬度较低，所以【最大左斜角】较大，为 5°，可以提高效率。

③ 下刀方式没有选择料外下刀的目的是减少提刀次数。

（4）产生的刀具路径如图 12-6 所示。

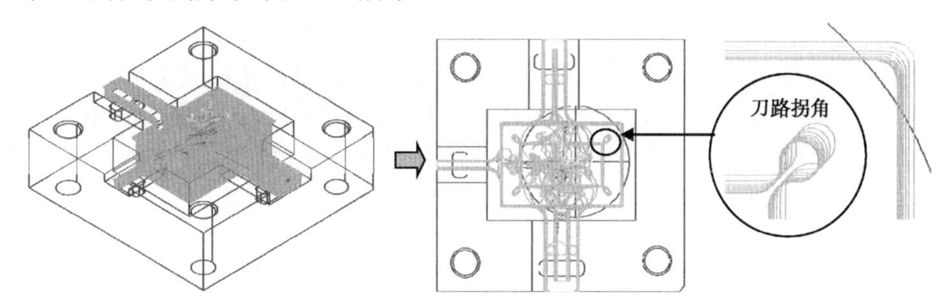

图 12-6　产生开粗刀路

以上程序组的操作视频文件为：\ch12\03-video\01-建立开粗刀路 K10A.exe

12.10　在程序文件夹 K10B 中建立底面光刀

主要任务：建立 1 个刀具路径，用飞刀 ED30R5，对底平面光刀。

方法：用偏置平坦面精加工方法进行加工。

首先，在【资源管理器】中激活文件夹 K10B，再进行以下操作。

（1）设定毛坯。

在综合工具栏中单击【毛坯】按钮，弹出【毛坯】对话框，修改【最大】Z 值为-0.5，单击【接受】按钮，如图 12-7 所示，目的是避免最高层产生不必要的刀路。

图 12-7　创建毛坯

（2）设加工参数。

在综合工具栏中单击【刀具路径策略】按钮，弹出【策略选取器】对话框，选取【精加工】选项卡，然后选择【偏置平坦面精加工】选项，单击【接受】按钮，弹出【偏置平坦面精加工】对话框，【刀具】选择 ED30R5，【公差】为 0.01，设置侧余量为 0.35，底余量为 0，【行距】为 16，【方向】为“顺铣”，其余参数按图 12-8 所示设置。

图 12-8　设置加工参数

（3）设非切削参数，设置切入切出和连接参数。

单击【切入切出和连接】按钮，弹出【切入切出和连接】对话框。

选取【切入】选项卡，选【第二选择】选“加框”，【距离】为 10，单击【复制到最后切出】，其余参数默认，如图 12-9 所示，单击【应用】按钮，再单击【接受】按钮。

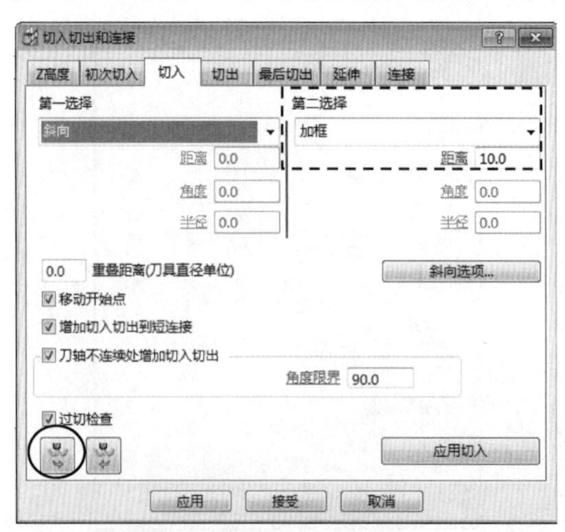

图 12-9　修改切入参数

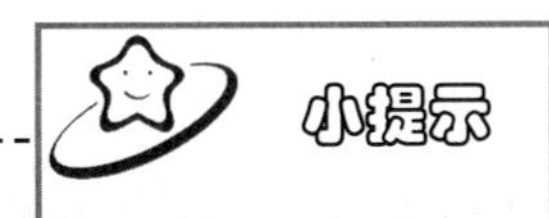

这样修改参数的目的，是使刀具从料外下刀，在封闭区域为斜线下刀。

（4）生成刀路。

在【偏置平坦面精加工】对话框中，单击【应用】按钮，产生的刀具路径 2 如图 12-10 所示。

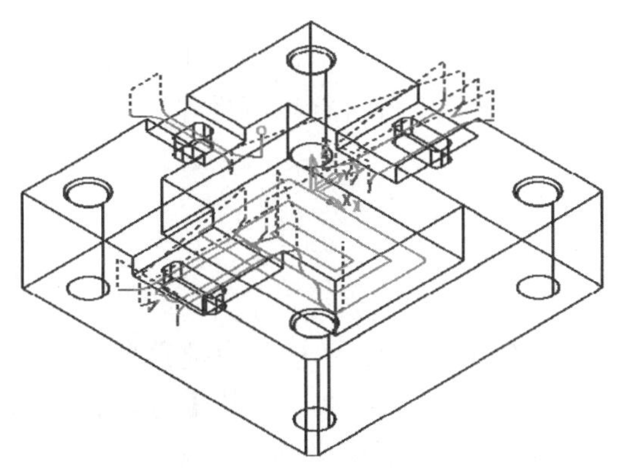

图 12-10　底面光刀

这个底面光刀刀路还可以用复制刀路 1，并且修改参数【下切步距】为 45，如图 12-11 所示，生成一层刀路的方法来完成。生成的刀路会与上述刀路类似，【切入切出和连接】参数与刀路 1 相同，请读者自行完成。

图 12-11　修改参数

以上程序组的操作视频文件为：\ch12\03-video\02-建立底面光刀 K10B.exe

12.11 在程序文件夹 K10C 中建立清角刀路

主要任务：建立 2 个刀具路径，第 1 个为清角，用 ED20R0.8 飞刀；第 2 个为中光刀。首先，将 K10C 程序文件夹激活，再进行以下操作。

1. 创建清角刀具路径

方法：先生成边界 1，再用等高精加工策略进行加工。

（1）创建边界 1。

在【资源管理器】中右击【边界】，在弹出的快捷菜单中选择【定义边界】|【残留】命令，系统弹出【残留边界】对话框，本次加工用的【刀具】为“ED20R0.8”，【参考刀具】为“ED30R5”，单击【应用】按钮，生成清角边界 1，如图 12-12 所示，单击【接受】按钮。

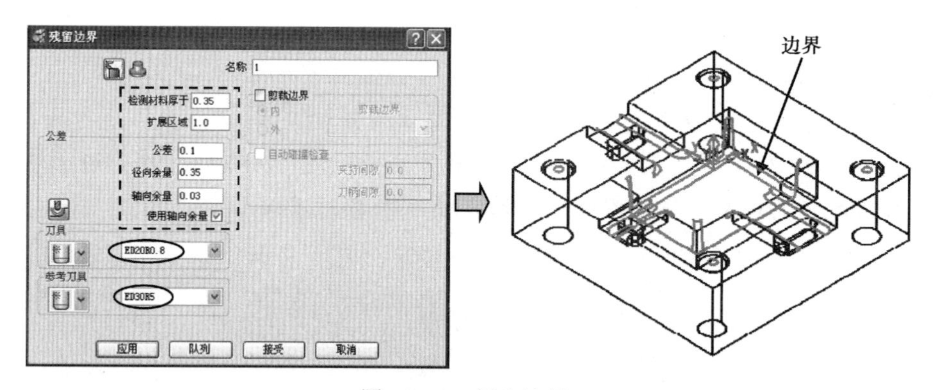

图 12-12　创建边界

（2）编辑边界 1。

首先将图形处于俯视图状态，然后选择导柱处的 4 个边界，再按 Delete 键，将其删除，如图 12-13 所示。

观察边界的边缘有一些圆角，如图 12-14 所示的 1、2、3 处，这部分刀具路径基本是空刀，对于本工件不合适，要将其删除。

在目录树中右击边界 1，在弹出的快捷菜单中，选择【曲线编辑器】，在系统弹出的曲线编辑器工具栏中，先使用【切削几何元素】按钮，将曲线打断，把多余系统删除，再使用【笔直连接】按钮，把缺口连接，再单击【接受改变】按钮，得到如图 12-14 所示的结果。

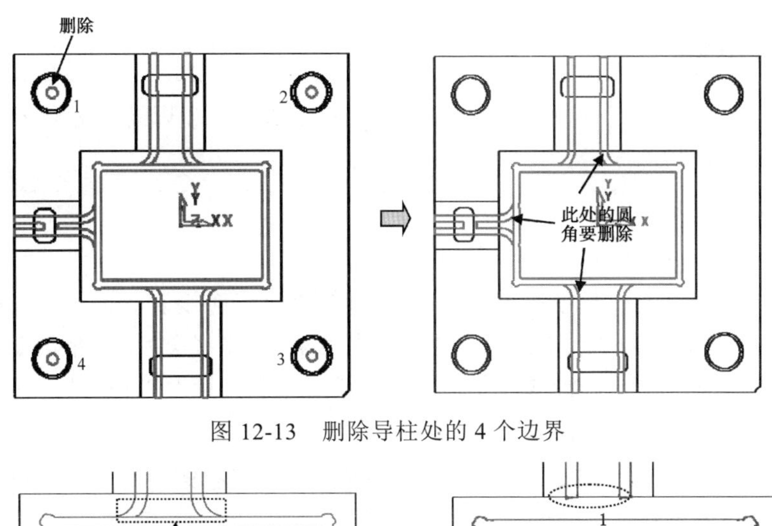

图 12-13　删除导柱处的 4 个边界

图 12-14　修改边界

（3）设切削参数。

在综合工具栏中单击【刀具路径策略】按钮，弹出【策略选取器】对话框，选取【精加工】选项卡，然后选择【等高精加工】选项，单击【接受】按钮，弹出【等高精加工】对话框，【刀具】选择 ED20R0.8，【公差】为 0.1，单击【余量】按钮，设置侧面余量为 0.35，底部余量为 0.03，【最小下切步距】为 0.3，【方向】为“任意”，其余参数按图 12-15 所示设置。

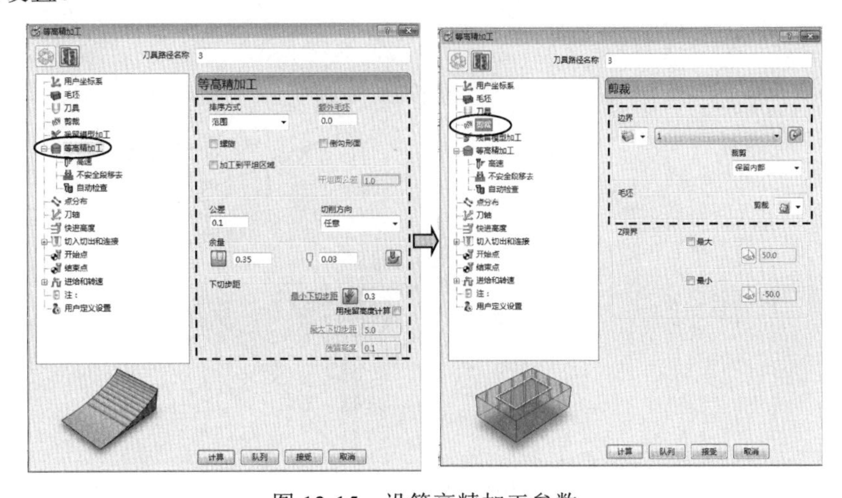

图 12-15　设等高精加工参数

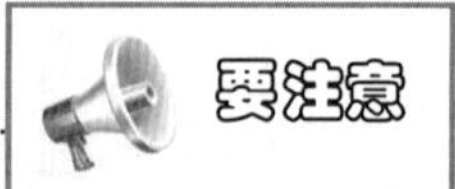

此处并没有勾选【螺旋】复选框，原因是尽量使刀具在同一平面内切削，可以使切削平稳。

（4）设非切削参数。

根据工件结构特点选用圆弧进刀和退刀。

单击【切入切出和连接】按钮，弹出【切入切出和连接】对话框。选取【切入】选项卡，设置【第一选择】为“水平圆弧”，【角度】为45，【半径】为5，单击【复制到切出】。

在【连接】选项卡中，修改【短】为“在曲面上”【长】为“相对”，其余参数默认，如图12-16所示，单击【应用】按钮，再单击【接受】按钮。

图12-16 设切入切出和连接参数

（5）单击【计算】按钮，观察生成的刀路，无误后单击【取消】按钮，产生的刀具路径如图12-17所示。

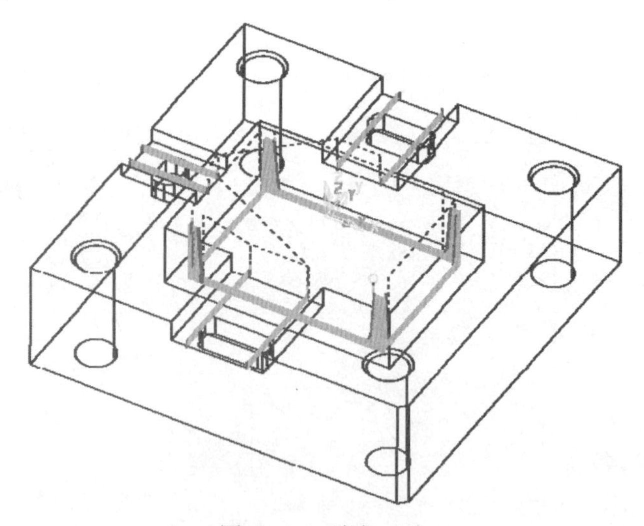

图12-17 清角刀路

（6）编辑刀具路径的起始点。

将图形在俯视图下，仔细观察刀具路径，会发现底层封闭刀具路径的下刀点在角落处，这样切削很容易产生踩刀现象，必须将这个进刀点移到宽敞区域。

在目录树中右击刚产生的刀具路径 3，在弹出的快捷菜单中，选择【编辑】|【移动开始点】，在弹出的【移动开始点】对话框中，选择【通过绘制一直线移动开始点】按钮。然后，在图形上绘制一直线，单击左键，得到如图 12-18 所示的结果，单击【接受改变】按钮。

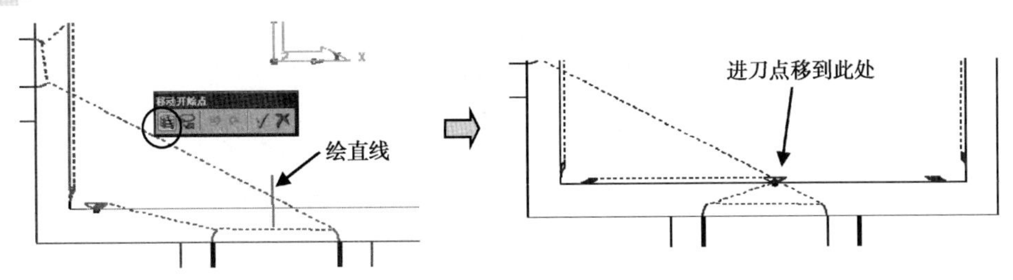

图 12-18　移进刀点

2. 创建中光刀路

方法：复制刚产生的刀路 3，修改参数。

（1）复制刀路。

复制刚产生的刀路 3 为 3_1，改名为 4，并将刀路 4 激活。

（2）修改加工参数。

选择刀具路径 4，单击右键，在弹出的快捷菜单中选择【设置】，弹出【等高精加工】对话框，单击按钮编辑参数，修改【公差】为 0.03，设置侧面余量为 0.1，【边界】为空白，其余参数按图 12-19 所示。

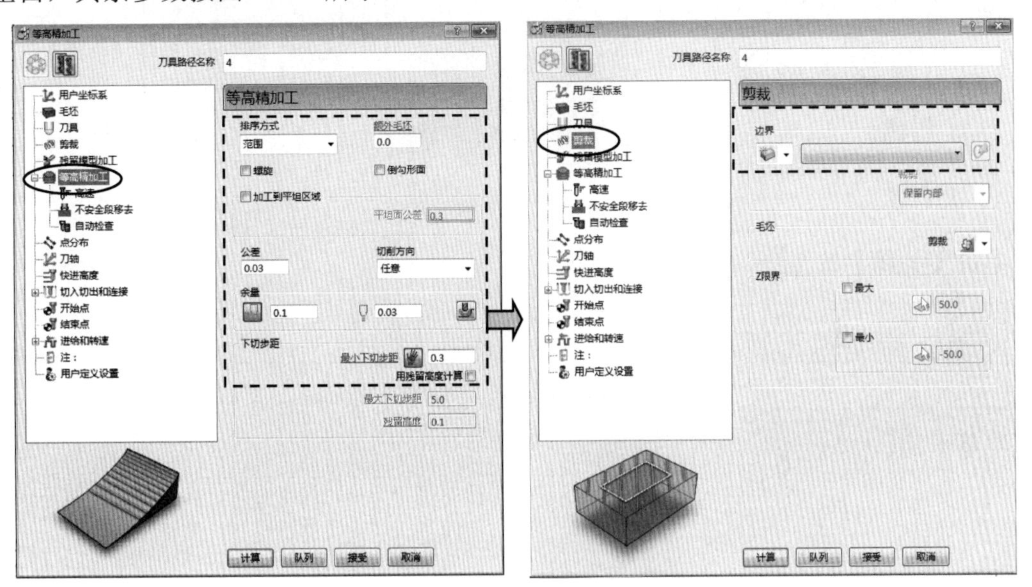

图 12-19　修改等高精加工参数

（3）单击【计算】按钮，观察生成的刀具路径如图 12-20 所示，单击【取消】按钮。

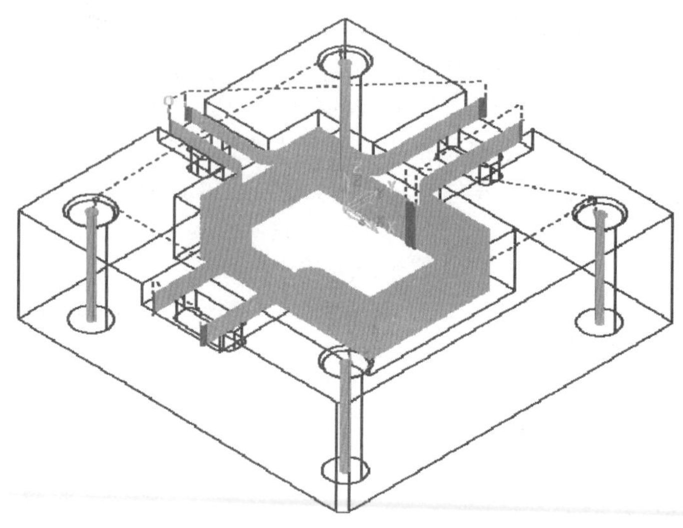

图 12-20　初步产生中光刀路

（4）编辑刀路。

仔细观察刀具路径，会发现导柱孔也产生了刀路，必须将其删除。

将图形处在俯视图下，在目录树中右击刚产生的刀具路径 4，在弹出的快捷菜单中，选择【编辑】|【重排】命令，按 Shift 键的同时，用框选四处导柱孔的刀具路径，然后在弹出的【刀具路径列表】对话框中单击【删除已选】按钮，刀路变化如图 12-21 所示。

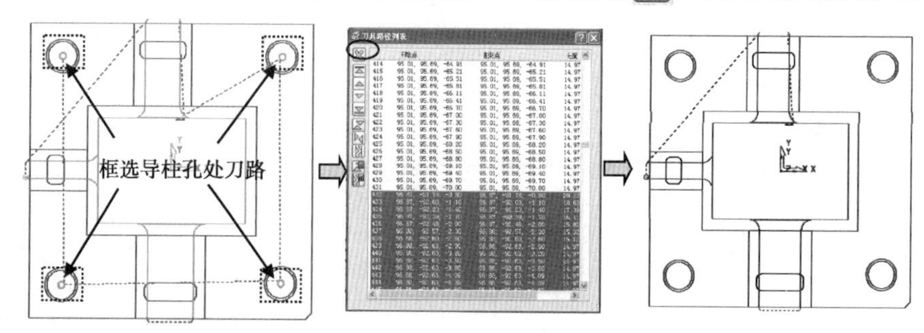

图 12-21　修改中光刀路

单击【关闭】按钮。

以上程序组的操作视频文件为: \ch12\03-video\03-建立清角刀路 K10C.exe

12.12　在程序文件夹 K10D 中建立中光刀

主要任务：建立 4 个刀具路径，第 1 个为用 ED19.05 平底刀对左行位槽侧面中光刀；第 2 个为对上部行位槽侧面中光刀；第 3 个为对下行位槽侧面中光刀；第 4 个为对前模装镶位侧面中光刀。

首先，在【资源管理器】中激活文件夹 K10D，再进行以下操作。

方法：先复制刀具路径，再生成局部毛坯，修改参数。

1．对左行位槽中光刀

（1）复制刀具路径。

在【资源管理器】中，选择文件夹 K10C 下的刀具路径 4，将其复制到文件夹 K10D 树枝下，并改名为 5。

（2）设切削参数。

激活刀具路径 5，按图 12-22 所示修改参数，【刀具】为 ED19.05，【公差】为 0.01，侧余量为 0.05，底余量为 0，【边界】为无，【最小切削深度】为 9.0。

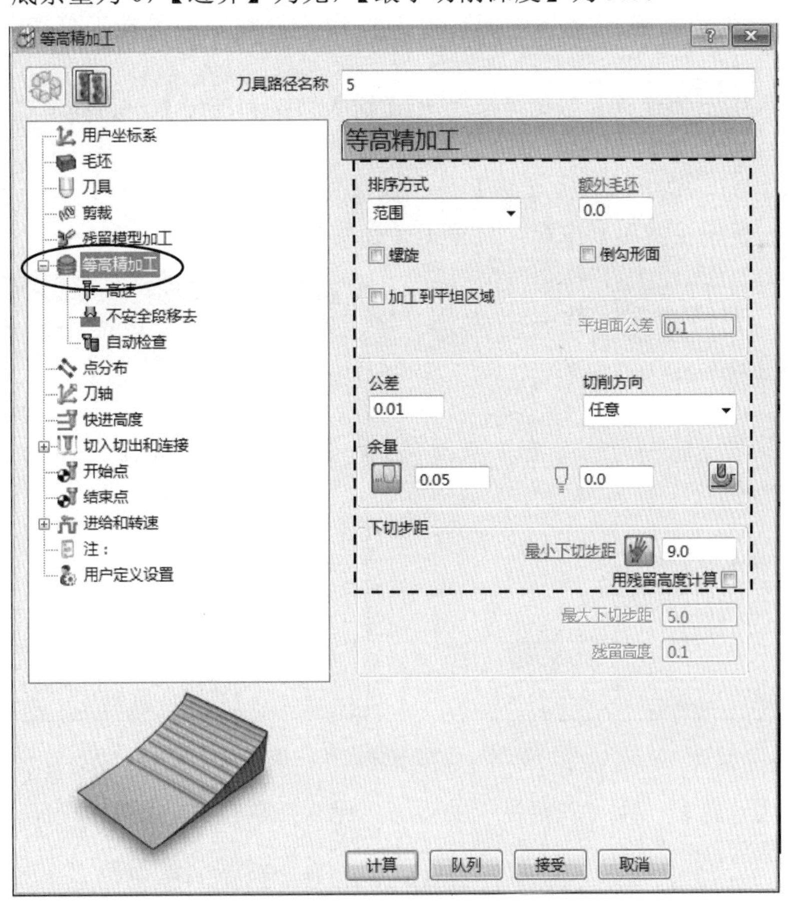

图 12-22　修改等高精加工参数

（3）创建局部毛坯。

在图形上选择左侧行位槽曲面，在综合工具栏中单击【毛坯】按钮，系统弹出的【毛坯】对话框，在【由...定义】下拉列表框中选择“方框”选项，单击【计算】按钮，如图12-23所示。

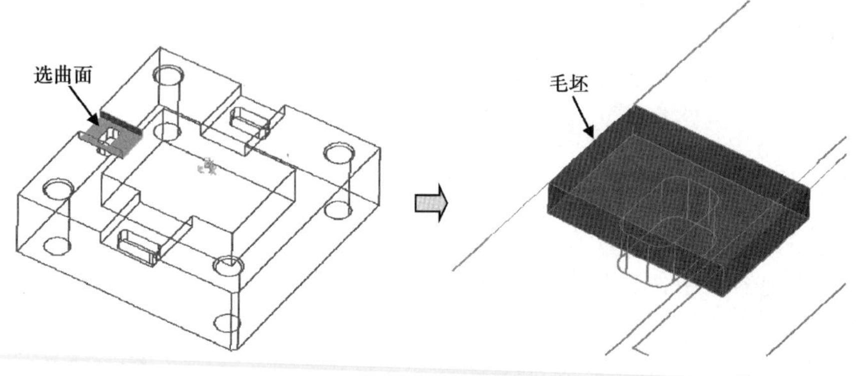

图12-23　创建毛坯

（4）设非切削参数。

根据工件结构特点选用圆弧进刀和退刀，为了消除进刀的接刀痕迹，设置重叠距离。

单击【切入切出和连接】按钮，弹出【切入切出和连接】对话框，选取【切入】选项卡，设置【重叠距离】为0.1，单击【复制到切出】。

在【连接】选项卡中，修改【短】为“掠过”，【长】为“掠过”，其余参数默认，如图12-24所示，单击【应用】按钮，再单击【接受】按钮。

图12-24　设切入切出和连接参数

（5）单击【计算】按钮，观察生成的刀路，无误后单击【取消】按钮，产生的刀具路径如图12-25所示。

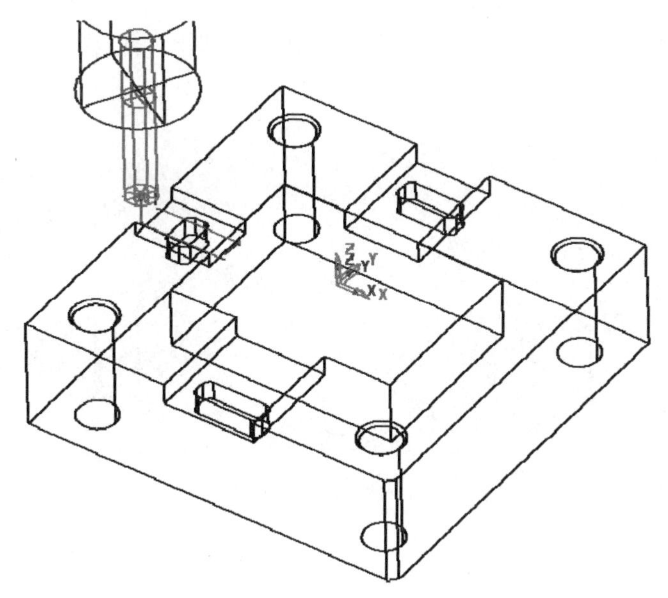

图 12-25 生成左行位槽中光

2．对上行位槽中光刀

（1）复制刀具路径。

在【资源管理器】中，选择文件夹 K10D 下的刀具路径 5，将其复制到文件夹 K10D 树枝下，并改名为 6。

（2）修改加工参数。

激活刀具路径 6，重设参数，修改【最小下切步距】为 13。

（3）创建局部毛坯。

在图形上选择上侧行位槽曲面，在综合工具栏中单击【毛坯】按钮，弹出【毛坯】对话框，在【由...定义】下拉列表框中选择“方框”选项，单击【计算】按钮，如图 12-26 所示。

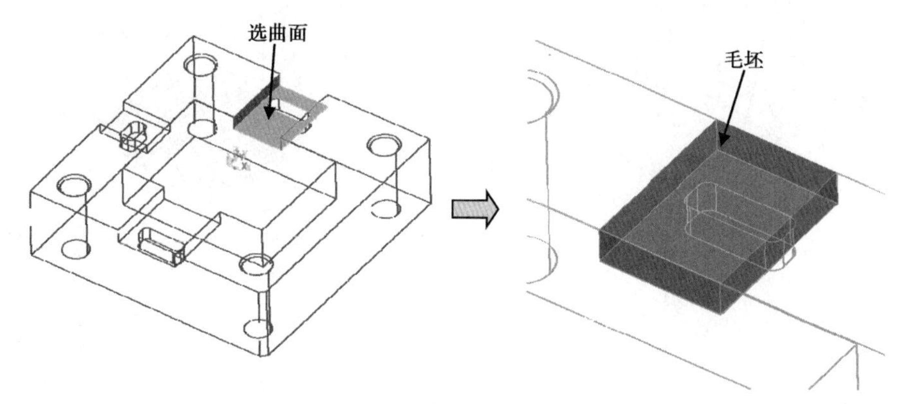

图 12-26 创建毛坯（一）

（4）单击【计算】按钮，观察生成的刀路，无误后单击【取消】按钮，产生的刀具路径如图 12-27 所示。

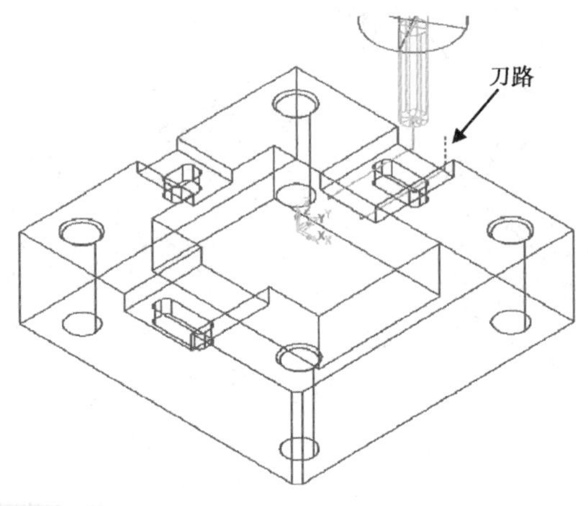

图 12-27　创建中光刀路

3．对下行位槽中光刀

（1）复制刀具路径。

在【资源管理器】中，选择文件夹 K10D 下的刀具路径 6，将其复制到文件夹 K10D 树枝下，并改名为 7。

（2）激活加工参数。

激活刀具路径 7，再右击它，重设参数，编辑参数，暂不要关闭对话框。

（3）创建局部毛坯。

在图形上选择上侧行位槽曲面，在综合工具栏中单击【毛坯】按钮，弹出【毛坯】对话框，在【由...定义】下拉列表框中选择“方框”选项，单击【计算】按钮，如图 12-28 所示。

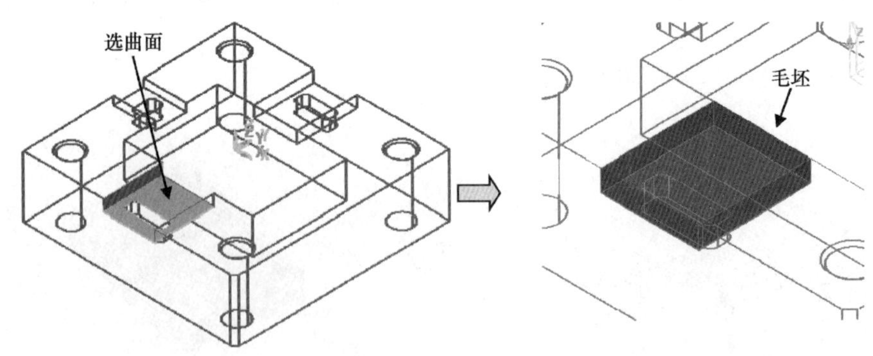

图 12-28　创建毛坯（二）

（4）单击【计算】按钮，观察生成的刀路，无误后单击【取消】按钮，产生的刀具路径如图 12-29 所示。

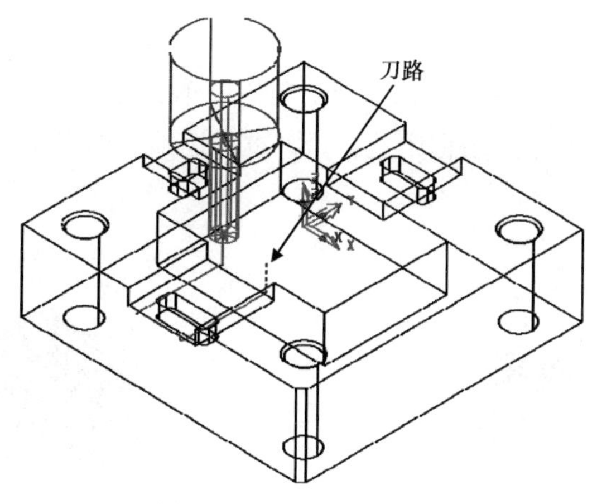

图 12-29　创建中光刀路

4. 对前模装镶位中光刀

（1）复制刀具路径。

在【资源管理器】中，选择文件夹 K10D 下的刀具路径 7，将其复制到文件夹 K10D 树枝下，并改名为 8。

（2）激活加工参数。

激活刀具路径 8，再右击它，重设参数，编辑参数，修改【最小下切步距】为 40，如图 12-30 所示，暂不要关闭对话框。

图 12-30　修改切削参数

（3）创建局部毛坯。

在图形上选择上侧行位槽曲面，在综合工具栏中单击【毛坯】按钮，弹出【毛坯】对话框，在【由...定义】下拉列表框中选择“方框”选项，单击【计算】按钮，如图 12-31 所示。

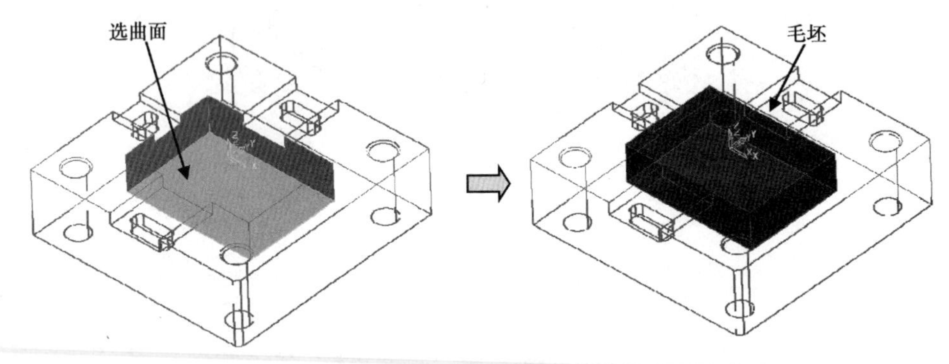

图 12-31　创建毛坯（三）

（4）单击【计算】按钮，观察生成的刀路，无误后单击【取消】按钮，按图 12-18 所示的方法移动进刀点，产生的刀具路径如图 12-32 所示。

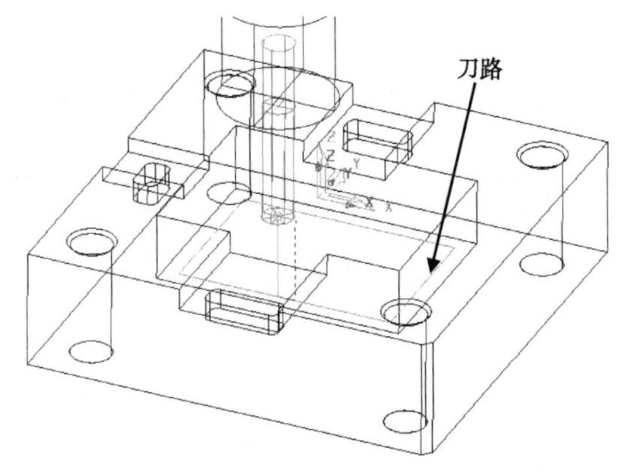

图 12-32　创建中光刀路

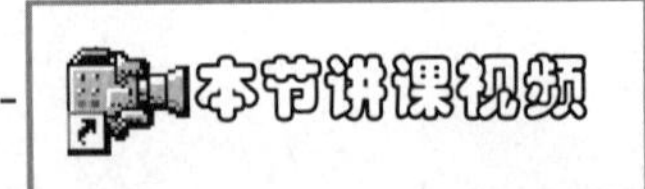

以上程序组的操作视频文件为：\ch12\03-video\04-建立中光刀 K10D.exe

12.13　在程序文件夹 K10E 中建立光刀

主要任务：建立 4 个刀具路径，第 1 个为用 ED19.05 平底刀对左行位槽侧面光刀；第 2 个为对上部行位槽侧面光刀；第 3 个为对下行位槽侧面光刀；第 4 个为对前模装镶位侧面光刀。

首先，在【资源管理器】中激活文件夹 K10E，再进行以下操作。

方法：先复制刀具路径，修改余量参数。

1．对左行位槽侧面光刀

（1）复制刀具路径。

在【资源管理器】中，选择文件夹 K10C 下的刀具路径 5，将其复制到文件夹 K10E 下，并改名为 9。

（2）设切削参数。

激活刀具路径 9，并设置参数，编辑参数，修改参数【公差】为 0.01，侧余量为 0，如图 12-33 所示。

（3）单击【计算】按钮，观察生成的刀路，无误后单击【取消】按钮，产生的刀具路径如图 12-34 所示。

图 12-33　修改切削参数

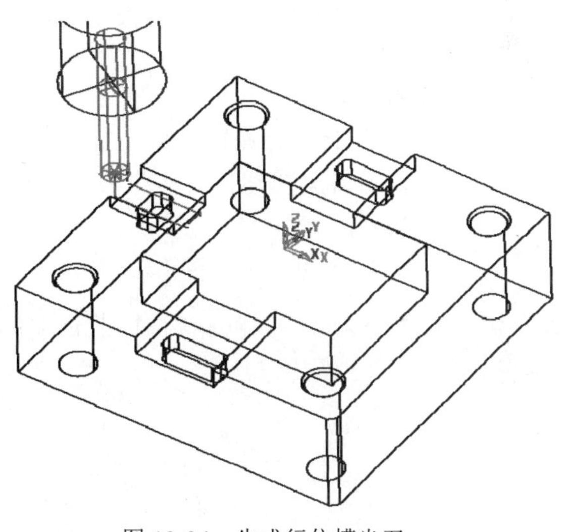

图 12-34　生成行位槽光刀

2．对上部行位槽侧面光刀

（1）复制刀具路径。

在【资源管理器】中，选择文件夹 K10C 下的刀具路径 6，将其复制到文件夹 K10E 下，并改名为 10。

（2）设切削参数。

激活刀具路径 10，并设置参数，编辑参数，修改参数【公差】为 0.01，侧余量为 0。

（3）单击【计算】按钮，观察生成的刀路，无误后单击【取消】按钮，产生的刀具路径如图 12-35 所示。

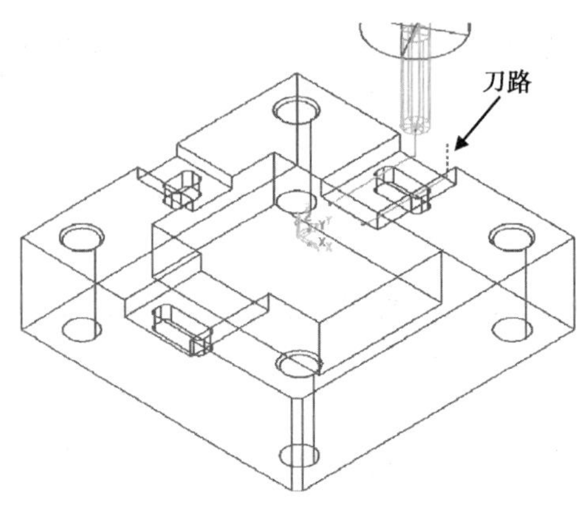

图 12-35　创建光刀

3. 对下部行位槽侧面光刀

（1）复制刀具路径。

在【资源管理器】中，选择文件夹 K10C 下的刀具路径 7，将其复制到文件夹 K10E 下，并改名为 11。

（2）设切削参数。

激活刀具路径 11，并设置参数，编辑参数，修改参数【公差】为 0.01，侧余量为 0。

（3）单击【计算】按钮，观察生成的刀路，无误后单击【取消】按钮，产生的刀具路径如图 12-36 所示。

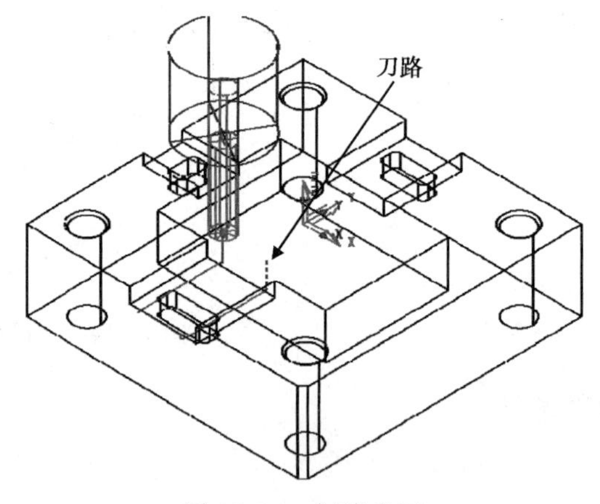

图 12-36　创建光刀

4. 对前模装镶位侧面光刀

（1）复制刀具路径。

在【资源管理器】中，选择文件夹 K10C 下的刀具路径 8，将其复制到文件夹 K10E 下，并改名为 12。

（2）设切削参数。

激活刀具路径 12，并设置参数，编辑参数，修改参数【公差】为 0.01，侧余量为 0。

（3）单击【计算】按钮，观察生成的刀路，无误后单击【取消】按钮，按图 12-18 所示的方法移动进刀点，产生的刀具路径如图 12-37 所示。

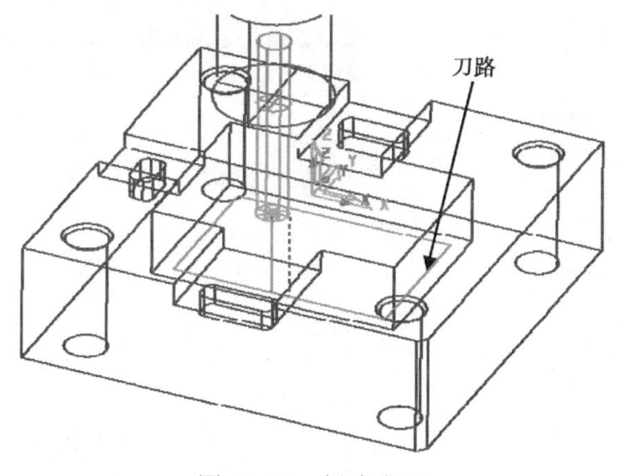

图 12-37　创建光刀

以上程序组的操作视频文件为：\ch12\03-video\05-建立光刀 K10E.exe

12.14　在程序文件夹 K10F 中建立铲鸡槽开粗

主要任务：建立 3 个刀具路径，第 1 个为用 ED8 平底刀对左行位铲鸡槽开粗；第 2 个为对上部行位铲鸡槽开粗；第 3 个为对下部行位铲鸡槽开粗。

首先，在【资源管理器】中激活文件夹 K10F，再进行以下操作。

方法：先复制刀具路径，再生成局部毛坯，修改参数。

1．对左行位铲鸡槽开粗

（1）复制刀具路径。

在【资源管理器】中，选择文件夹 K10D 下的刀具路径 12，将其复制到文件夹 K10F 树枝下，并改名为 13。

（2）设切削参数。

激活刀具路径 13，并设置参数，编辑参数，按图 12-38 所示修改参数，【刀具】为 ED8，【公差】为 0.03，侧余量为 0.1，【最小切削步距】为 0.15，勾选【螺旋】复选框。

（3）创建局部毛坯。

在图形上选择左侧行位铲鸡槽曲面，在综合工具栏中单击【毛坯】按钮，弹出【毛坯】对话框，在【由...定义】下拉列表框中选择“方框”选项，单击【计算】按钮，如图 12-39 所示。

图 12-38　设等高精加工参数

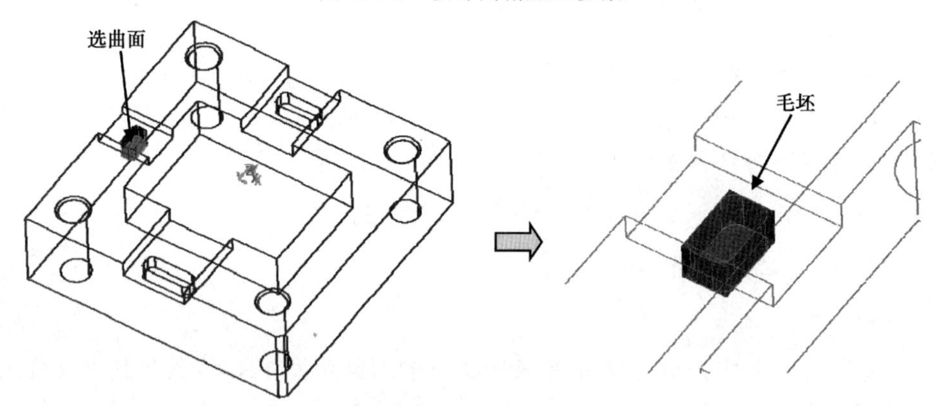

图 12-39　创建毛坯（一）

（4）设非切削参数。

根据铲鸡槽结构特点，选用初次斜向进刀。

单击【切入切出和连接】按钮，弹出【切入切出和连接】对话框。

选取【初次切入】选项卡，勾选【使用单独的初次切入】复选框，【选择】为“斜向”，单击【斜向选项】，系统弹出【初次切入斜向选项】对话框，按图 12-40 所示设置参数。

选取【切入】选项卡，设置【第一选择】为“无”，单击【复制到切出】。

在【连接】选项卡中，修改【短】为“安全高度”，【长】为“安全高度”，其余参数默认，如图 12-40 所示，单击【应用】按钮，再单击【接受】按钮。

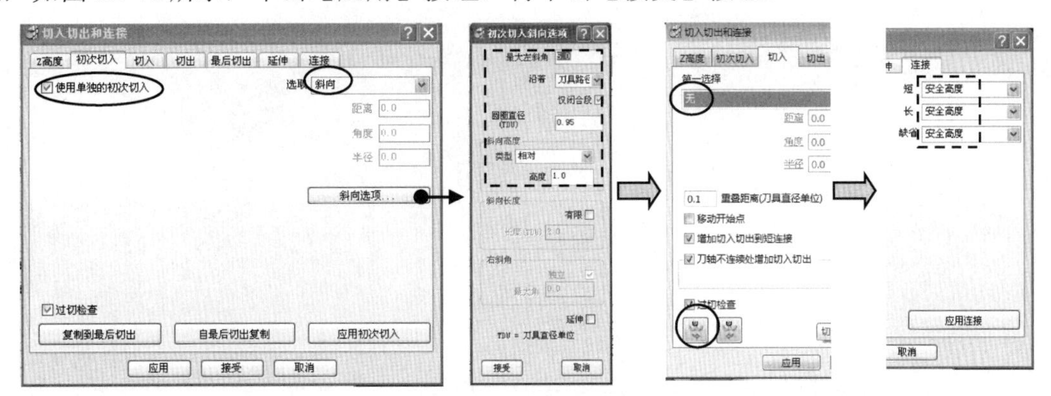

图 12-40　设非切削参数

（5）单击【计算】按钮，观察生成的刀路，无误后单击【取消】按钮，产生的刀具路径如图 12-41 所示。

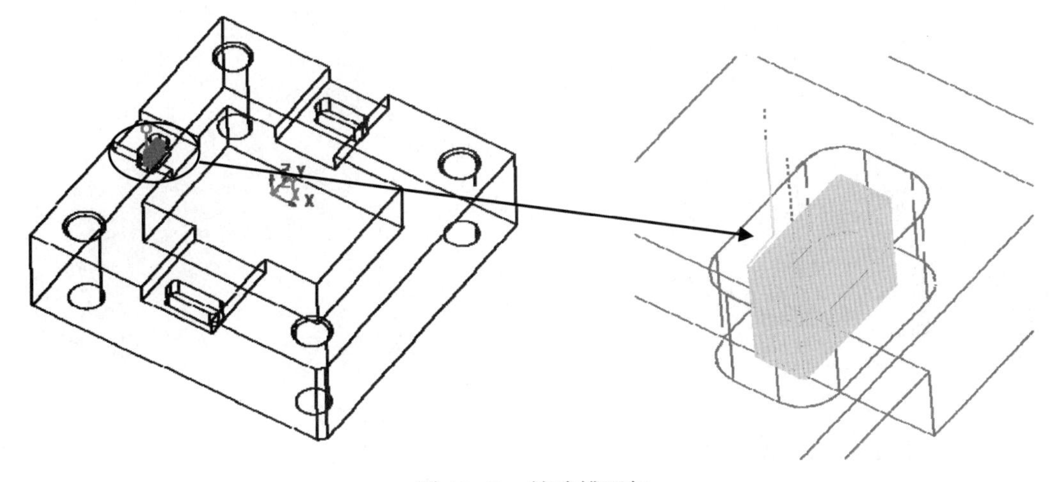

图 12-41　铲鸡槽开粗

2．对上部行位铲鸡槽开粗

（1）复制刀具路径。

在【资源管理器】中，选择文件夹 K10F 下的刀具路径 13，将其复制到文件夹 K10F 树枝下，并改名为 14。

（2）设切削参数。

激活刀具路径 14，不修改参数。

（3）创建局部毛坯。

在图形上选择上部行位铲鸡槽曲面，在综合工具栏中单击【毛坯】按钮，弹出【毛坯】对话框，在【由...定义】下拉列表框中选择“方框”选项，单击【计算】按钮，如图 12-42 所示。

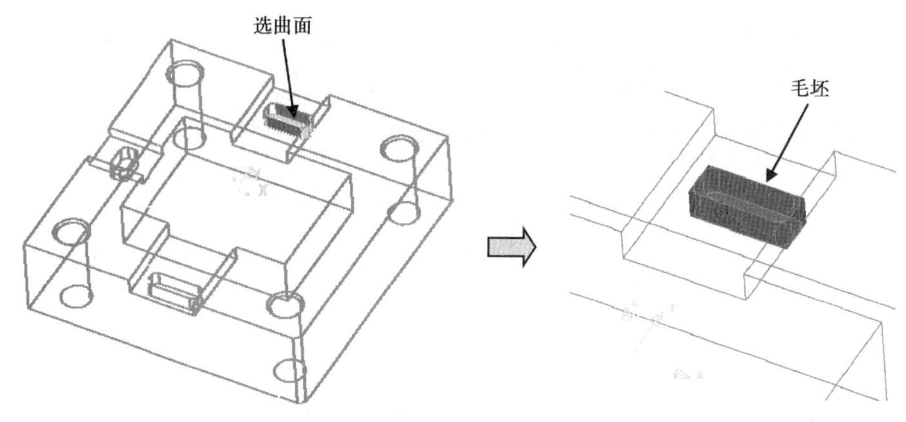

图 12-42　创建毛坯（二）

（4）单击【计算】按钮，观察生成的刀路，无误后单击【取消】按钮，产生的刀具路径如图 12-43 所示。

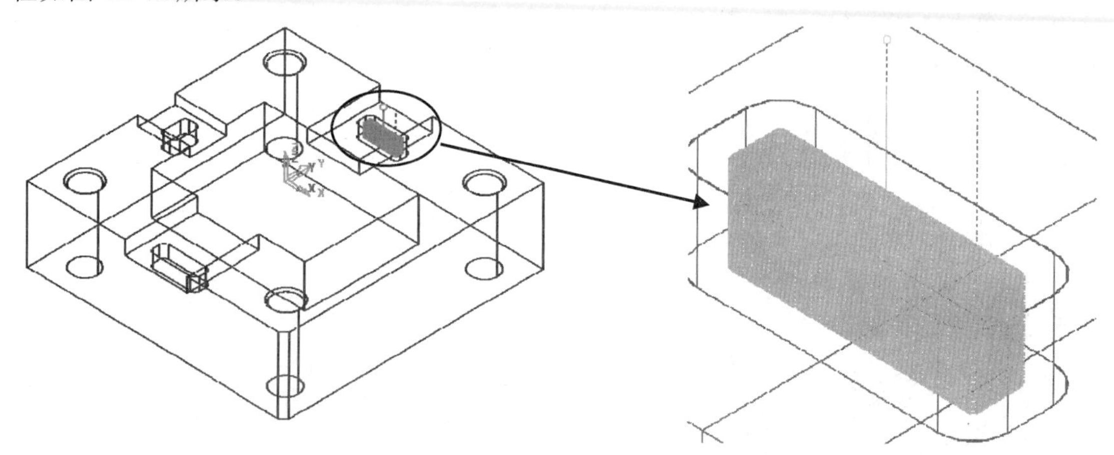

图 12-43　铲鸡槽开粗

3．对下部行位铲鸡槽开粗

（1）复制刀具路径。

在【资源管理器】中，选择文件夹 K10F 下的刀具路径 14，将其复制到文件夹 K10F 树枝下，并改名为 15。

（2）设切削参数。

激活刀具路径 14，不改参数。

（3）创建局部毛坯。

在图形上选择上部行位铲鸡槽曲面，在综合工具栏中单击【毛坯】按钮，弹出【毛坯】对话框，在【由...定义】下拉列表框中选择“方框”选项，单击【计算】按钮，如图 12-44 所示。

（4）单击【计算】按钮，观察生成的刀路，无误后单击【取消】按钮，产生的刀具路径如图 12-45 所示。

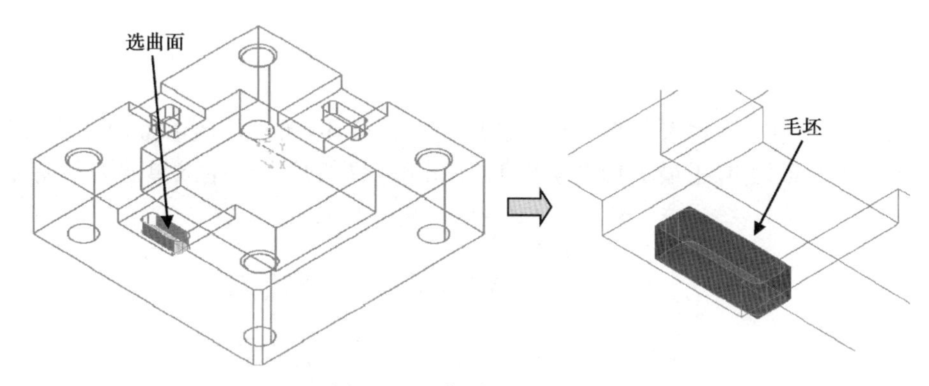

图 12-44　创建毛坯（三）

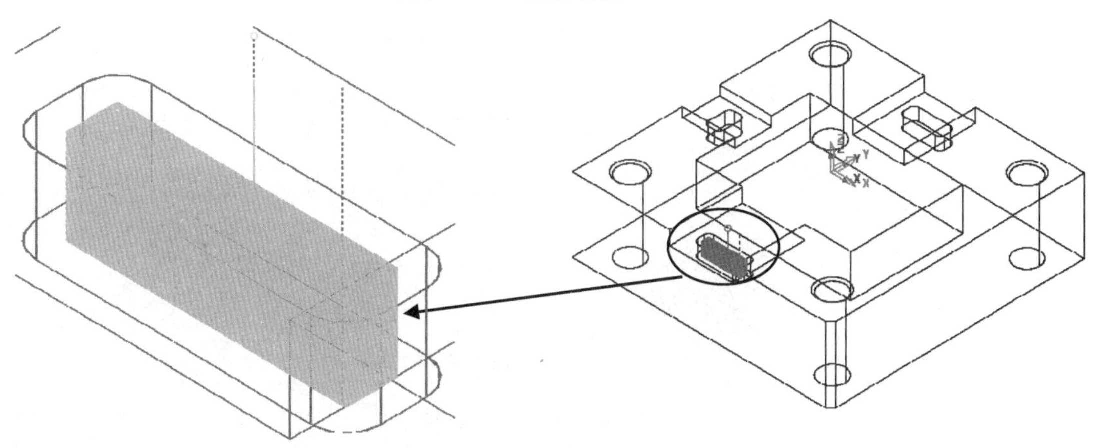

图 12-45　铲鸡槽开粗

以上程序组的操作视频文件为: \ch12\03-video\06-建立铲鸡槽开粗 K10F.exe

12.15　在程序文件夹 K10G 中建立铲鸡槽光刀

主要任务：建立 3 个刀具路径，第 1 个为用 ED8 平底刀对左行位铲鸡槽光刀；第 2 个为对上部行位铲鸡槽光刀；第 3 个为对下部行位铲鸡槽光刀。

首先，在【资源管理器】中激活文件夹 K10G，再进行以下操作。

方法：先复制刀具路径，再修改参数。

1．对左行位铲鸡槽光刀

（1）复制刀具路径。

在【资源管理器】中，选择文件夹 K10F 下的刀具路径 13，将其复制到文件夹 K10G

树枝下，并改名为 16。

（2）设切削参数。

激活刀具路径 16，并设置参数，编辑参数，按图 12-46 所示修改参数，【公差】为 0.01，侧余量为 0，底余量为 0，【最小切削步距】为 12.0，目的是为了生成单层刀具路径。

图 12-46　修改加工参数

（3）设非切削参数。

根据铲鸡槽结构特点，选用圆弧进刀退刀。

单击【切入切出和连接】按钮，弹出【切入切出和连接】对话框。

选取【初次切入】选项卡，不勾选【使用单独的初次切入】复选框。

选取【切入】选项卡，设置【第一选择】为“水平圆弧”，【距离】为 0，【角度】为 45，【半径】为 2，单击【切出和切入相同】按钮。

在【连接】选项卡中，修改【短】为“掠过”，【长】为“掠过”，其余参数默认，如图 12-47 所示，单击【应用】按钮，再单击【接受】按钮。

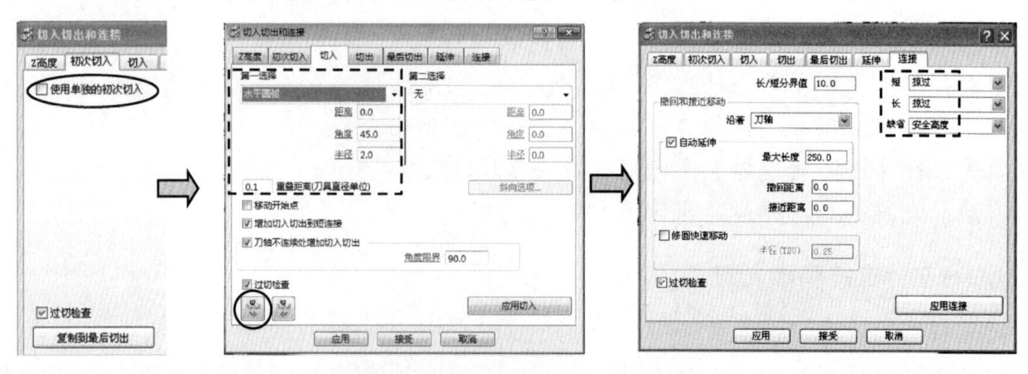

图 12-47　设定切入切出和连接参数

（4）单击【计算】按钮，观察生成的刀路，无误后单击【取消】按钮，产生的刀具路径如图 12-48 所示。

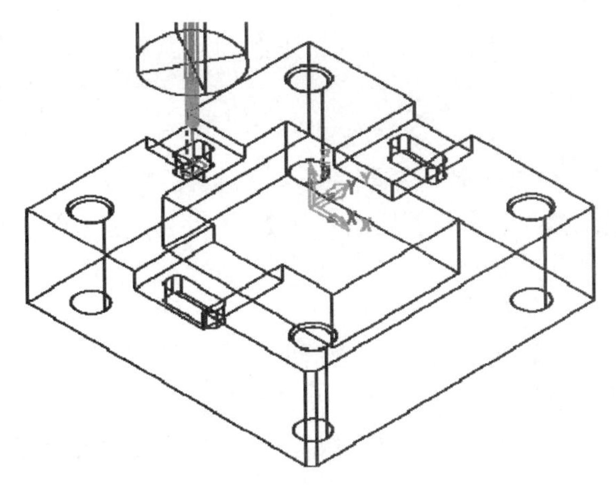

图 12-48　铲鸡槽光刀（一）

2．对上部行位铲鸡槽光刀

（1）复制刀具路径。

在【资源管理器】中，选择文件夹 K10F 下的刀具路径 14，将其复制到文件夹 K10G 树枝下，并改名为 17。

（2）设切削参数。

激活刀具路径 17，并设置参数，编辑参数，按图 12-46 所示修改参数，【公差】为 0.01，侧余量为 0，底余量为 0，【最小切削步距】为 12.0。

（3）设非切削参数。

单击【切入切出和连接】按钮，弹出【切入切出和连接】对话框，按图 12-47 所示设置，单击【应用】按钮，再单击【接受】按钮。

（4）单击【计算】按钮，观察生成的刀路，无误后单击【取消】按钮，产生的刀具路径如图 12-49 所示。

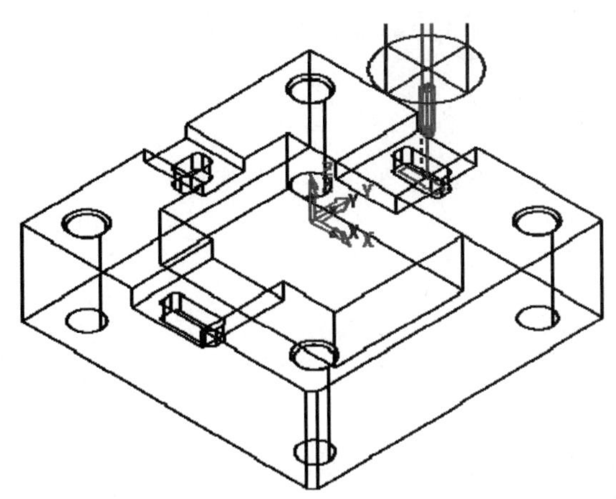

图 12-49　铲鸡槽光刀（二）

3．对下部行位铲鸡槽光刀

（1）复制刀具路径。

在【资源管理器】中，选择文件夹 K10F 下的刀具路径 15，将其复制到文件夹 K10G 树枝下，并改名为 18。

（2）设切削参数。

激活刀具路径 18，并设置参数，编辑参数，可按图 12-46 所示修改参数，【公差】为 0.01，侧余量为 0，底余量为 0，【最小切削步距】为 12.0，对于单层加工，【螺旋】参数不起作用，可以不选。

（3）设非切削参数。

单击【切入切出和连接】按钮，弹出【切入切出和连接】对话框，可以按图 12-47 所示设置参数，单击【应用】按钮，再单击【接受】按钮。

（4）单击【计算】按钮，观察生成的刀路，无误后单击【取消】按钮，产生的刀具路径如图 12-50 所示。

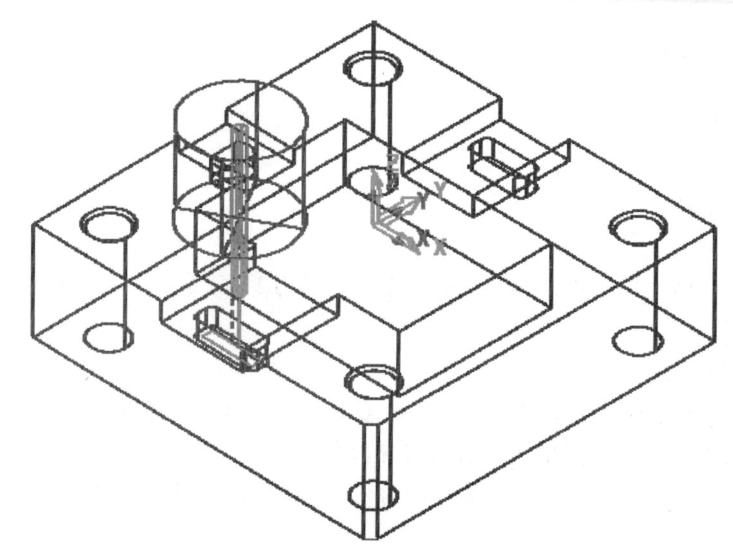

图 12-50　铲鸡槽光刀（三）

以上程序组的操作视频文件为：\ch12\03-video\07-建立铲鸡槽光刀 K10G.exe

12.16　设转速及进给速度

主要任务：集中设定各个刀具路径的转速和进给速度。

（1）设定 K10A 文件夹的刀具路径的转速为 2200 转/分，进给速度为 2200 毫米/分。

在【资源管理器】目录树中，展开各个刀路。右击第 1 个刀具路径，使其激活。

单击综合工具栏中的【进给和转速】按钮，弹出【进给和转速】对话框，按图 10-51 所示设置参数，单击【应用】按钮，暂不要退出该对话框。

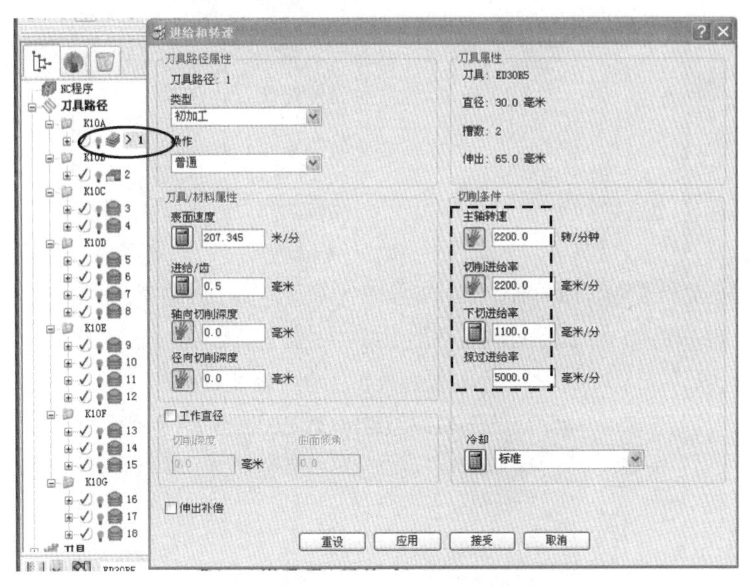

图 12-51　设置进给和转速参数（一）

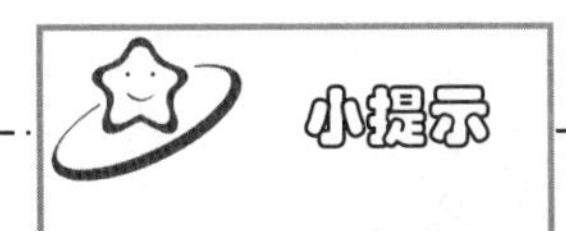

本例根据刀具供应商提供的 ED30R5 飞刀刀粒的资料得知，此类刀粒在切削 HB170-220 材料时可以选取的切削速度为 120～210 米/分，本例根据【表面速度】205 米/分来计算【主轴转速】为 2175.0 转/分。最后再圆整参数，【主轴转速】为 2200 转/分。开粗时每齿进给量取【进给/齿】为 0.5 毫米，计算得知【切削进给率】为 2220.0 毫米/分。

读者也可以用同样的方法计算自己车间的最佳转速和进给速度。

（2）设定 K10B 文件夹的各个刀具路径的转速为 2200 转/分，进给速度为 150 毫米/分。

在文件夹中激活刀具路径 2，在【进给和转速】对话框，按图 12-52 所示设置参数，单击【应用】按钮。

（3）设定 K10C 文件夹的各个刀具路径的转速为 2500 转/分，进给速度为 1500 毫米/分。

在文件夹中激活刀具路径 3，在【进给和转速】对话框，按图 12-53 所示设置参数，单击【应用】按钮，同理设定刀具路径 4。

（4）设定 K10D 文件夹的各个刀具路径的转速为 200 转/分，进给速度为 200 毫米/分。

展开文件夹，激活刀具路径 5，在【进给和转速】对话框，按图 12-54 所示设置参数，单击【应用】按钮，同理设定刀具路径 6、7、8。

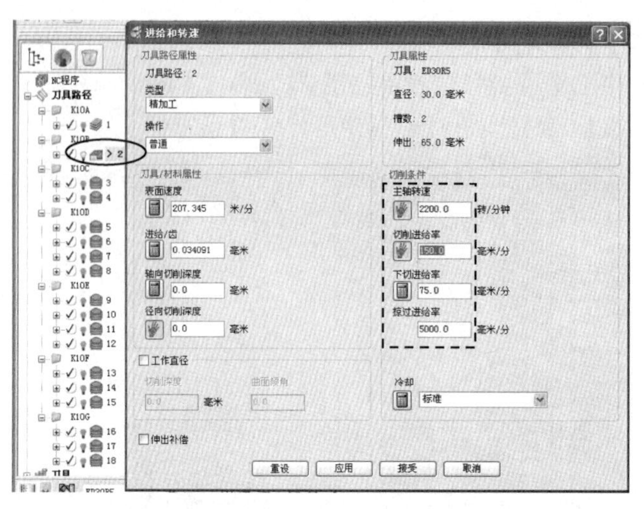

图 12-52　设置进给和转速参数（二）

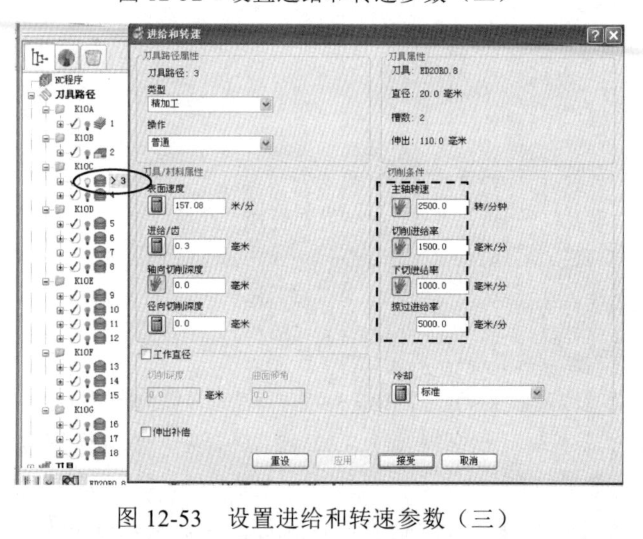

图 12-53　设置进给和转速参数（三）

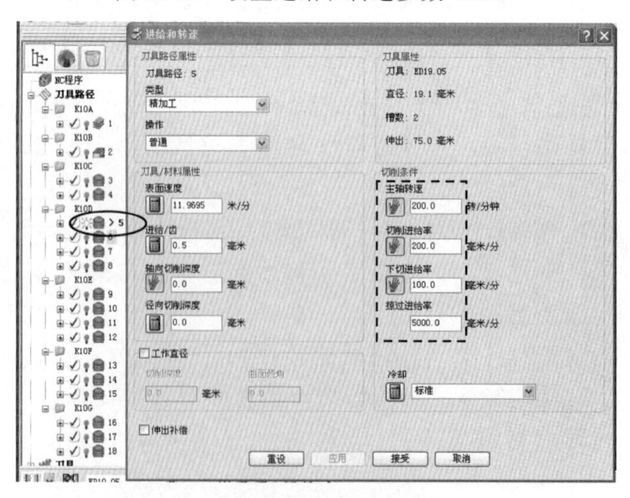

图 12-54　设置进给和转速参数（四）

（5）设定 K10E 文件夹的各个刀具路径的转速为 200 转/分，进给速度为 80 毫米/分。

展开文件夹，激活刀具路径 9，在【进给和转速】对话框，按图 12-55 所示设置参数，单击【应用】按钮，同理设定刀具路径 10、11、12。

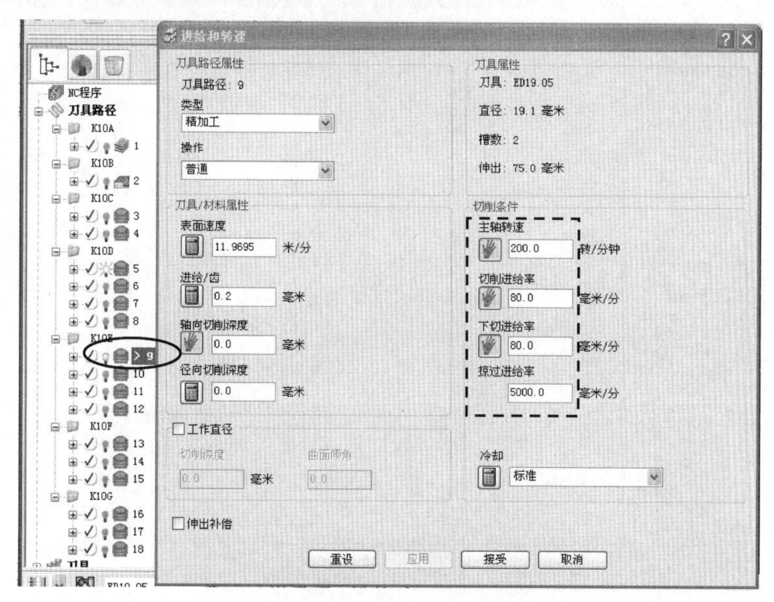

图 12-55　设置进给和转速参数（五）

（6）设定 K10F 文件夹的各个刀具路径的转速为 2500 转/分，进给速度为 1200 毫米/分。

展开文件夹，激活刀具路径 13，在【进给和转速】对话框，按图 12-56 所示设置参数，单击【应用】按钮，同理设定刀具路径 13、14、15。

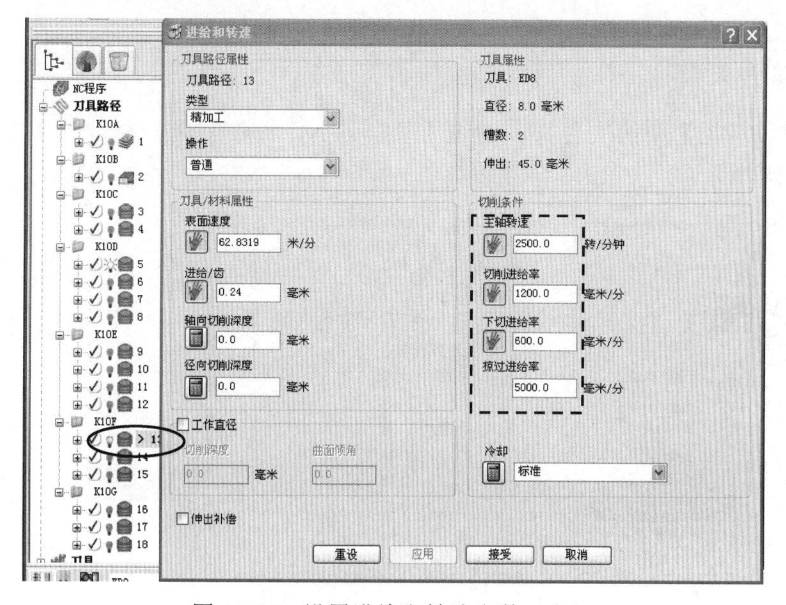

图 12-56　设置进给和转速参数（六）

（7）设定 K10G 文件夹的各个刀具路径的转速为 2500 转/分，进给速度为 200 毫米/分。

展开文件夹，激活刀具路径16，在【进给和转速】对话框，按图12-57所示设置参数，单击【应用】按钮，同理设定刀具路径17、18。

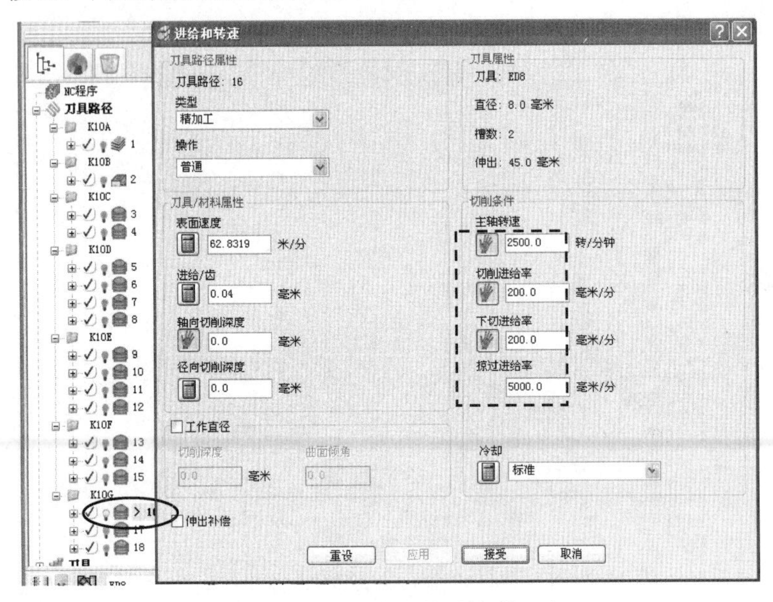

图12-57　设置进给和转速参数（七）

单击【接受】按钮。

12.17　后处理

1. 建立文件夹

先将【刀具路径】中的文件夹，通过【复制为NC程序】命令复制到【NC程序】树枝中，如图12-58所示。

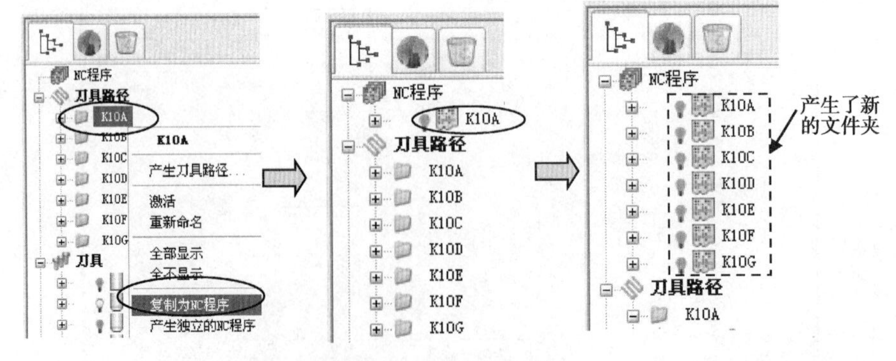

图12-58　产生新文件夹

2. 复制后处理器

把配套的后处理器文件\ch14\02-finish\ pmbook-14-1-ok.opt 复制到 C:\dcam\ config 目录。

3. 编辑已选后处理参数

在屏幕左侧的【资源管理器】中，选择【NC 程序】树枝，单击鼠标右键，在弹出的快捷菜单中选择【编辑全部】命令，系统弹出【编辑全部 NC 程序】对话框，选择【输出】选项卡，其中的【输出文件】中要删去隐含的空格。【机床选项文件】可以单击浏览按钮，选择之前提供的 pmbook-14-1-ok.opt 后处理器，【输出用户坐标系】为“1”，单击【应用】按钮，再单击【接受】按钮。

4. 输出写入 NC 文件

在屏幕左侧的【资源管理器】中，选择【NC 程序】树枝，单击鼠标右键，在弹出的快捷菜单中选择【全部写入】命令，系统会自动把各个文件夹，按照以其文件夹的名称作为 NC 文件名，输出到用户图形所在目录的子目录中，如图 12-59 所示。

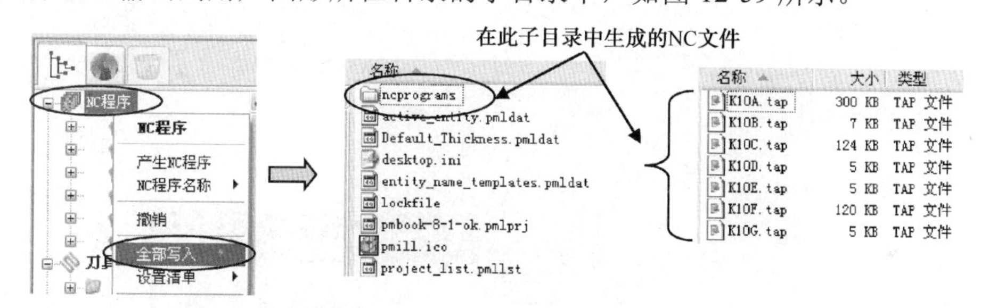

图 12-59　生成 NC 数控程序

12.18　程序检查

1. 干涉及碰撞检查

展开【刀具路径】中各个文件夹中的刀具路径，先选择刀具路径 1，将其激活，再在综合工具栏选择【刀具路径检查】按钮，弹出【刀具路径检查】对话框，在【检查】选项中先选择“碰撞”，其余参数默认，单击【应用】按钮，如图 12-60 所示，单击信息框中的【确定】按钮。

在上述【刀具路径检查】对话框中的【检查】选项中选择“过切”，其余参数默认，单击【应用】按钮，如图 12-61 所示，单击信息框中的【确定】按钮。

同理，可以对其余的刀具路径分别进行碰撞检查和过切检查。最后，单击【刀具路径检查】对话框中的【接受】按钮。

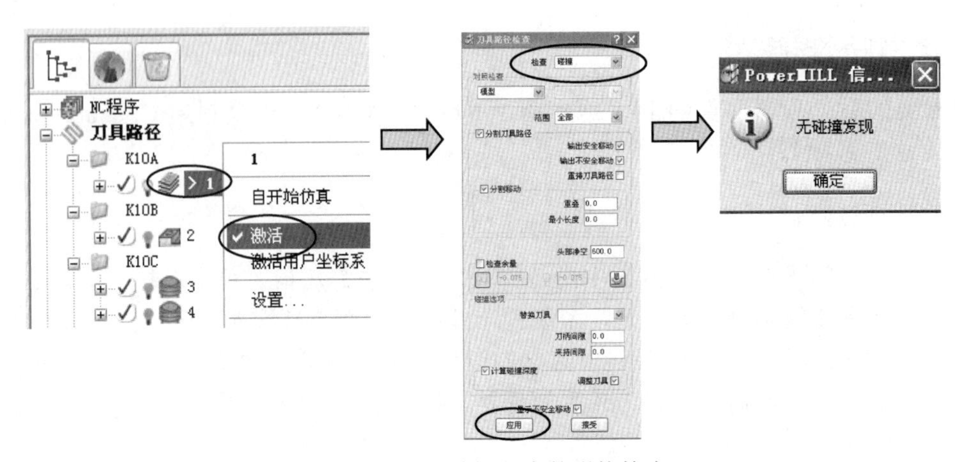

图 12-60　NC 数控程序的碰撞检查

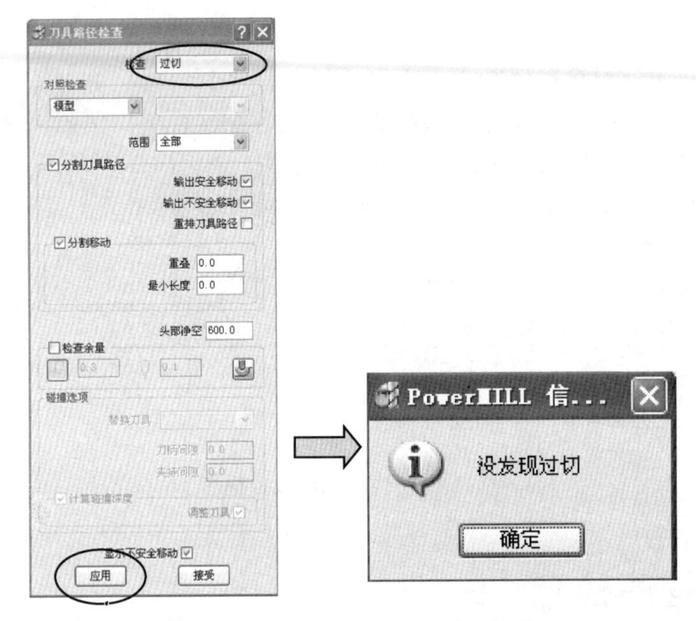

图 12-61　NC 数控程序的过切检查

2．实体模拟检查

（1）在界面中把实体模拟检查功能显示在综合工具栏中。

（2）检查毛坯设置。检查现有毛坯是否符合要求，该毛坯一定要包括所有面。

（3）启动仿真功能。在屏幕左侧的【资源管理器】的【NC 程序】树枝中，选择文件夹 K10A，单击鼠标右键，在弹出的快捷菜单中选择【自开始仿真】命令。

（4）开始仿真。单击【开/关 ViewMill】按钮，使其处于开的状态，选择【光泽阴影图像】按钮，再单击【运行】按钮，如图 12-62 所示。

（5）在【ViewMill】工具条中，选择 NC 程序 K10B，再单击【运行】按钮进行仿真。

（6）同理，可以对其他的 NC 程序进行仿真，结果如图 12-63 所示。

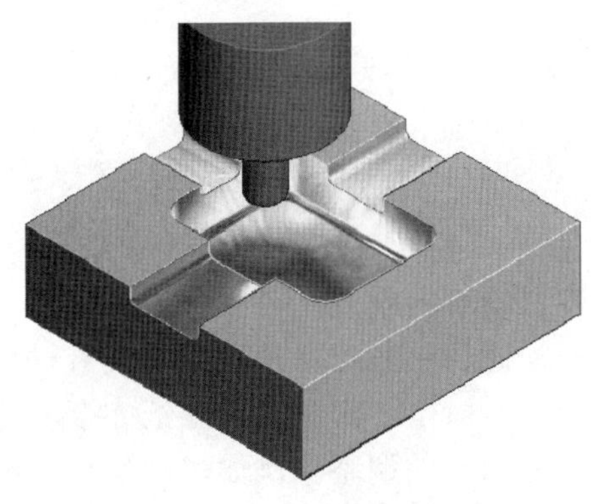

图 12-62 开粗刀路的仿真结果

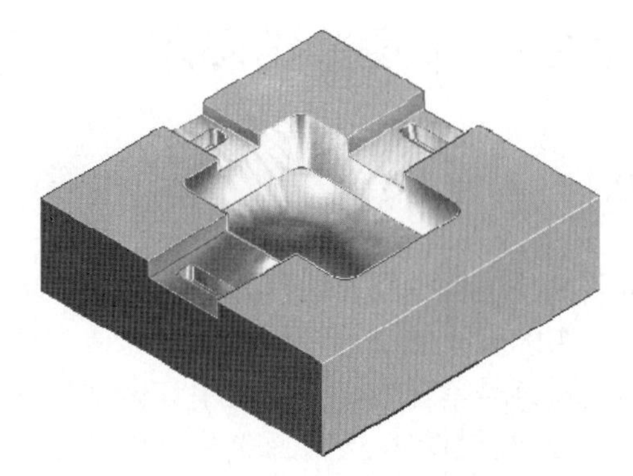

图 12-63 光刀的仿真结果

12.19 填写加工工作单

CNC 加工工作单如表 12-1 所示。

表 12-1 加工工作单

<table>
<tr><td colspan="8">CNC 加工程序单</td></tr>
<tr><td>型号</td><td></td><td>模具名称</td><td>鼠标底</td><td>工件名称</td><td colspan="3">前模模胚 A 板</td></tr>
<tr><td>编程员</td><td></td><td>编程日期</td><td></td><td>操作员</td><td></td><td>加工日期</td><td></td></tr>
<tr><td colspan="4">基准角</td><td colspan="4">对刀方式 四边分中
对顶 z=0
装夹时，压板压四角。基准角在右下方。
图形名 pmbook-12-1.dgk
材料号 黄牌钢
大小 250×250×70</td></tr>
<tr><td colspan="2">程序名</td><td>余量</td><td>刀具</td><td>装刀最短长</td><td colspan="2">加工内容</td><td>加工时间</td></tr>
<tr><td colspan="2">K10A.tap</td><td>0.3</td><td>ED30R5</td><td>43</td><td colspan="2">开粗</td><td></td></tr>
<tr><td colspan="2">K10B.tap</td><td>侧 0.35 底 0</td><td>ED30R5</td><td>43</td><td colspan="2">底面光刀</td><td></td></tr>
<tr><td colspan="2">K10C.tap</td><td>0.1</td><td>ED20R0.8</td><td>43</td><td colspan="2">清角及中光</td><td></td></tr>
<tr><td colspan="2">K10D.tap</td><td>0.05</td><td>ED19.05</td><td>43</td><td colspan="2">中光刀</td><td></td></tr>
<tr><td colspan="2">K10E.tap</td><td>0</td><td>ED19.05</td><td>43</td><td colspan="2">侧面光刀</td><td></td></tr>
<tr><td colspan="2">K10F.tap</td><td>0.1</td><td>ED8</td><td>26</td><td colspan="2">铲鸡槽中光刀</td><td></td></tr>
<tr><td colspan="2">K10G.tap</td><td>0</td><td>ED8</td><td>26</td><td colspan="2">铲鸡槽光刀</td><td></td></tr>
<tr><td colspan="2"></td><td></td><td></td><td></td><td colspan="2"></td><td></td></tr>
</table>

12.20 本章总结和思考练习题

12.20.1 本章总结

本章主要讲解模胚的编程方法，完成本例要注意以下问题。

（1）实际编程加工前，要与制模师傅密切沟通，确认模胚数据是否符合现有材料的情况。因为模具是单件生产，现实中订做回厂的材料，有时不一定和设计图纸完全相符，这时为了适合现有材料，会对原来模具设计方案做一些微小的调整。例如，前模模仁材料过厚，就可能修改增加 A 板开框的深度来处理，而不杀低模仁材料。又如，模仁材料不够厚，可能会减小开框深度。这些情况是否真的发生？需要编程员与制模组密切沟通。力争使自己所编的程序符合实际需要。

（2）2D 刀路大多利用等高精加工策略来做，这时要灵活设置毛坯及边界。

（3）加工工作单要准确标明装夹方案，要和操作员密切沟通，确定合理的装夹方法。例如，压板（也叫码仔）或虎钳（也叫坯士）夹持的位置在编程中要给予考虑，坚决杜绝“各自为战”的工作作风，否则导致刀具加工时碰伤夹具，要力争使自己所编的程序安全可靠。

希望读者能反复训练，以掌握类似图形的数控编程技巧。

12.20.2 思考练习与答案

以下是针对本章实例在实际加工时可能会出现的问题，希望初学者能认真体会，想出合理的解决方案。

（1）试分析，本例 K10A 中的刀具路径 1 加工完后，哪些部位留有大量余量，下一步编程加工应如何处理？

（2）加工 K10D.tap 和 K10E.tap 数控程序时，应注意什么问题？应该如何防止出错？

（3）在本例实际加工时，为什么有些工厂要求制模师傅要在四角钻孔再送来 CNC 车间加工？

练习答案：

（1）答：在本例 K10A 的刀具是采用 ED30R5 飞刀，它装有 2 个 R5 的刀粒。刀具路径 1 在加工完成后，会在行位底部及前模装镶位底部边缘留有大量的 R5 以上的余量，而且在前模装镶位的四角也会留下 R15 以上的余量。

这时如果直接用 ED19.05 白钢刀光刀极易断刀，必须设法清角及中光。PowerMILL 提供了非常简洁的方法，就是先计算残料边界，然后据此用等高精加工策略进行加工，先加工四角落，再加工底部 R5 残留余量。

（2）答： K10D.tap 和 K10E.tap 数控程序用的刀具是 ED19.05（3/4 英寸）的白钢刀。要注意以下问题：

① 使用这样的刀具加工时，其切削的线速度不能太大，否则容易断刀或磨损加大。一般在光刀时转速为100～200转/分，进给速度为80～100毫米/分，一般以生成的铁屑为条状为最佳参数。

② 粗加工和精加工最好分开用刀，尤其是精加工，最好专门用较新的刀具，否则加工完成后，容易形成锥度，不利于制模师傅装镶模仁工件，或者先用半新的刀具执行完K10E.tap数控程序后，再用新刀具执行一次精加工程序。

（3）答：模胚装镶位的四角在图形上是直角，实际上是加工不出来的。实际上只需要加工成R9-R10就可以了，只要能装配上前模模仁就可以。

但为了防止光刀时ED19.05刀具在四角出现咬刀现象，可以预先在四角转约Φ12-Φ20的孔，这样可以保证加工平稳。

第13章

鼠标底行位综合实例特训

13.1 本章知识要点及学习方法

在之前讲述铜公、前后模、模胚编程的基础上，本章进一步学习模具的另一个常用结构，滑块行位的编程，先介绍行位的基本知识，然后以鼠标底壳模具用的行位数控编程为例，对其编程步骤进行详细讲解。

在本章，希望读者掌握以下重点知识。

（1）常见行位在模具结构中的作用。

（2）用图形变换的方法建立坐标系。

（3）行位编程应注意的事项。

（4）灵活设定边界线、毛坯在优化行位数控程序中的重要作用。

（5）灵活使用刀具路径的编辑功能使刀路合理高效。

（6）行位各部位加工的特点及技术要求。

希望结合前几章内容，加深对加工参数的理解。要反复训练，熟练掌握，灵活运用。

13.2 行位概述

行位，也叫滑块，是能够获得侧向抽芯或侧向分型以及复位动作来拖出产品倒扣、凹陷等位置的机构。行位机构，解决了产品结构中不能正常出模的倒扣问题。按照它的作用位置及在出模时依附的模件，可分为前模行位、后模行位和斜行位，行程长的可能用到油缸出模，短的可用弹簧或斜导柱出模。

如图 13-1 所示，为某一鼠标模具的后模行位，本章以图中的行位 1 为例说明其编程要点。

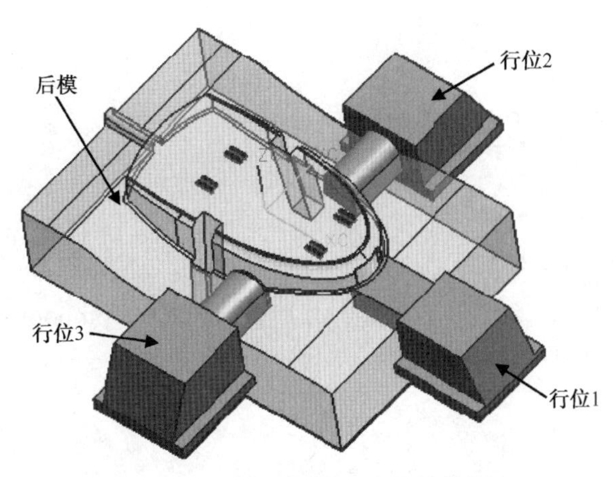

图 13-1　行位在模具中的结构图

13.3　模件说明

模具说明：本例为一鼠标底壳的后模行位 1，其作用是解除扣位的倒扣，是扣位的成型胶位部分，T 型台阶作用是和 B 板模胚行位槽的 T 形槽相配合，保持行位的运动，斜面部分为铲鸡斜面，是行位和 A 板上装的铲鸡的结合面，该行位的工程图如图 13-2 所示。

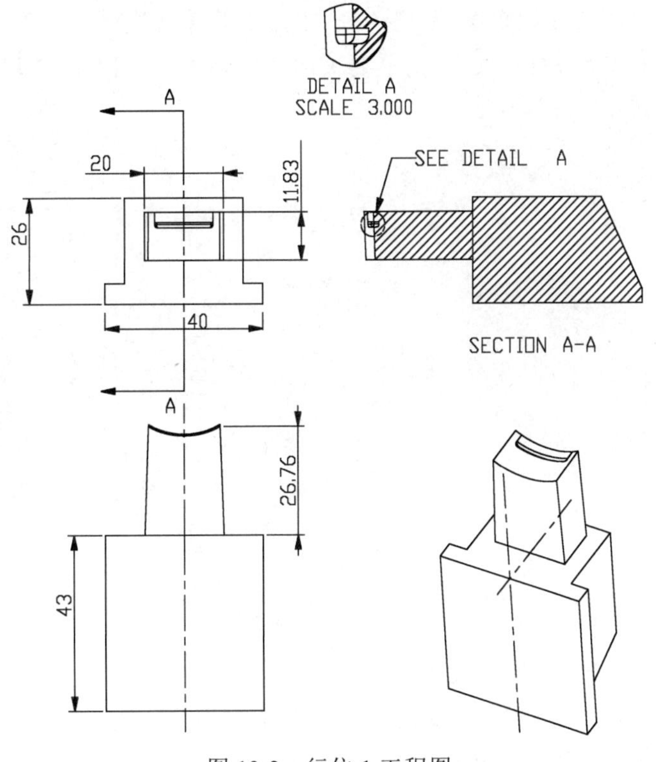

图 13-2　行位 1 工程图

13.4 输入及整理图形

文件路径：\ch13\01-example\pmbook-13-1.stp，建议把这些文件复制到工作目录中。

文件路径：\ch13\02-finish\pmbook-13-1\

（1）输入图形。输入配套素材文件 pmbook-13-1.stp。操作方法：在下拉菜单中选择【文件】|【输入模型】命令，在【文件类型】选择 STEP (*.stp)，再选择 pmbook-13-1.stp。

（2）整理图形。经分析，该图形全部面的方向朝向一致，符合要求。

（3）确定加工坐标系。经分析，该图形坐标系，是该行位在与后模装配时，后模的零点坐标系，不符合行位加工的装夹要求，需要对其进行变换。

在【资源管理器】中，单击【模型】前的加号，将其展开，再右击 pmbook-13-1，在弹出的快捷菜单中，选【编辑】|【变换】，在弹出的【变换模型】对话框，先输入【角度】为 90.0，再单击 Y 轴按钮，先不要关闭该对话框，如图 13-3 所示。

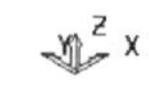

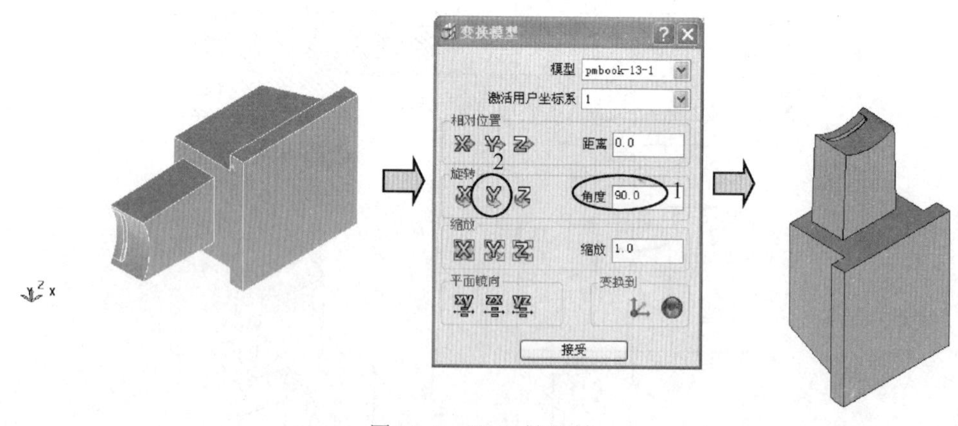

图 13-3　沿 Y 轴旋转

在【变换模型】对话框，先输入【距离】为 22.50，再单击 Y 轴按钮。再次输入【距离】为 80.0，再单击 Z 轴按钮，变换结果如图 13-4 所示，单击【接受】按钮。

最后，以这个建模坐标系创建加工坐标系 1。

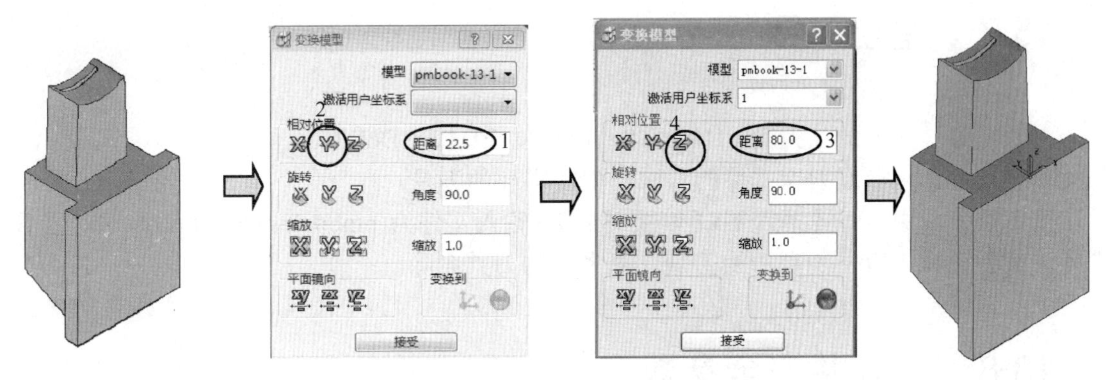

图 13-4　沿 Y 轴及 Z 轴平移

13.5　数控加工工艺分析及刀路规划

（1）开料尺寸：40×26×70.5

（2）材料：S136H

（3）加工要求：T 型台阶及铲鸡斜面部分由制模师傅加工及装配。基准面以上的部分需要 CNC 加工，扣位的胶位部分因太狭窄，很难 CNC 加工到位，要留足够多的余量，忽略此处加工，交由电火花 EDM 加工。

（4）加工工步。

① 程序文件夹 K11A，开粗，用 ED16R0.8 飞刀加工，侧余量为 0.3，底余量为 0.2。

② 程序文件夹 K11B，底面光刀，用 ED12 平底刀，余量为侧面余量为 0，底面余量为 0。

③ 程序文件夹 K11C，顶型面开粗，用 ED4 平底刀， 侧余量为 0.3，底余量为 0.2。

④ 程序文件夹 K11D，曲面光刀，用 BD6R3 球头刀加工顶曲面和侧面，余量为 0。

13.6　建立刀具路径程序文件夹

主要任务：建立 4 个空的刀具路径文件夹。

右击【资源管理器】中的【刀具路径】，在弹出的快捷菜单中选择【产生文件夹】命令，并修改文件夹名称为“K11A”，用同样的方法生成其他程序文件夹 K11B、K11C、K11D。

13.7 建立刀具

主要任务：建立加工刀具 ED16R0.8、ED12、ED4、BD6R3。

本节通过调用标准刀库文件的方法产生所需要的刀具。

在下拉菜单中执行【插入】|【模板对象】，输入文件为 pmbook-cnctool.ptf。这时能看到【刀具】树枝中有了所需要的刀具，把多余的刀具删除。

13.8 设公共安全参数

主要任务：设安全高度、开始点及结束点。

（1）设安全高度。

在综合工具栏中单击【快进高度】按钮，弹出【快进高度】对话框，在【绝对安全】中设置【安全区域】为“平面”，【用户坐标系】为“1”，单击【按安全高度重设】按钮，此时【安全 Z 高度】数值变为 37.22088 ，修改为 37.5；【开始 Z 高度】自动为 32.220883，单击【接受】按钮。

（2）设开始点和结束点。

在综合工具栏中单击【开始点和结束点】按钮，弹出【开始点和结束点】对话框，在【开始点】选项卡中，设置【使用】的下拉菜单为“第一点安全高度”。切换到【结束点】选项卡，用同样的方法设置，单击【接受】按钮。

13.9 在程序文件夹 K11A 中建立开粗刀路

主要任务：建立 1 个刀具路径，使用 ED16R0.8 飞刀对基准面以上的型面进行开粗。

方法：先创建毛坯，再创建等高精加工策略。

首先，将 K11A 程序文件夹激活，再进行以下操作。

（1）设定毛坯。

选择图形上的型面，在综合工具栏中单击【毛坯】按钮，弹出【毛坯】对话框，在【由...定义】下拉列表框中选择“方框”选项，【扩展】为 0，单击【计算】按钮，这时最大 Z 值变为 27.220883，将其改为 27.5，将最大 Z 及最小 Z 值锁定，再给【扩展】为 10，单击【计算】按钮，如图 13-5 所示。

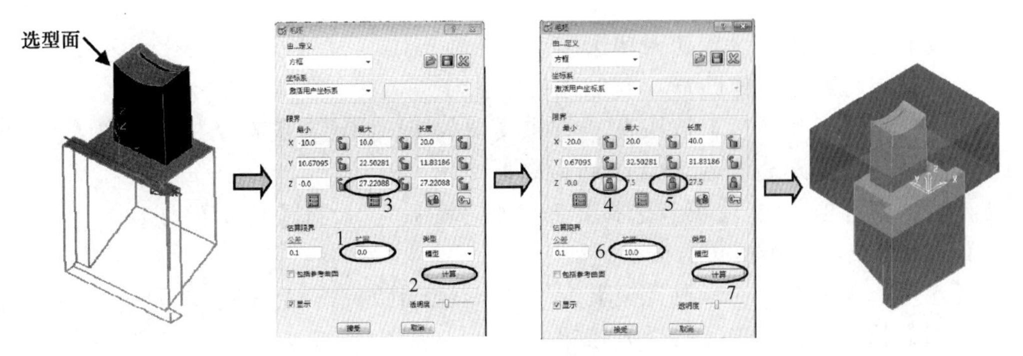

图 13-5　创建毛坯

小疑问 此处为什么要将最大Z值由27.220883改为27.5？答案将在思考练习中解答。

（2）设刀路切削参数，创建“等高精加工”刀路策略。

在综合工具栏中单击【刀具路径策略】按钮，弹出【策略选取器】对话框，选取【精加工】选项卡，然后选择【等高精加工】选项，单击【接受】按钮，系统弹出【等高精加工】对话框，【刀具】选择ED16R0.8，【公差】为0.1，单击【余量】按钮，设置侧面余量为0.3，底部余量为0.2，【下切步距】为0.3，【切削方向】为“顺铣”，其余按图13-6所示设置参数。

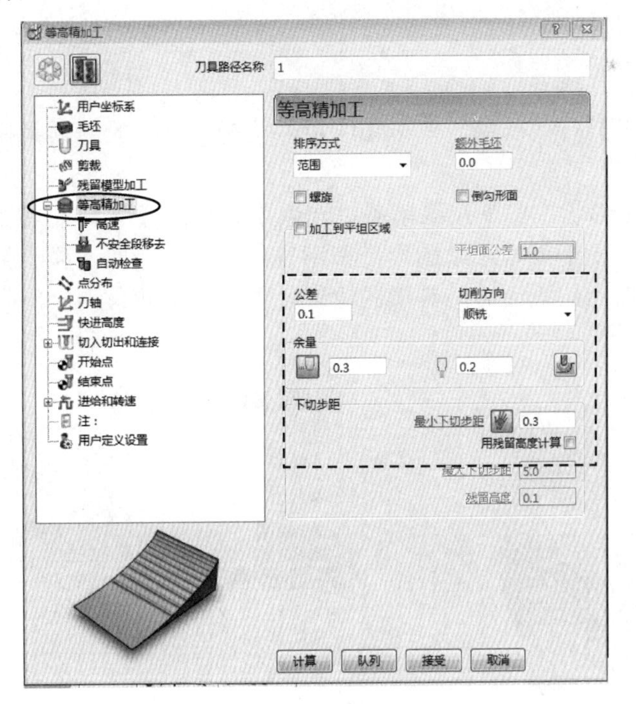

图 13-6　设切削参数

（3）设非切削参数，设置切入切出和连接参数。

该工件结构特点是中间凸形，要保证料外下刀。

单击【切入切出和连接】按钮，弹出【切入切出和连接】对话框，选取【Z 高度】选项卡，设置【掠过距离】为 3，【下切距离】为 3。

在【切入】选项卡中，【第一选择】为“水平圆弧”，设置【角度】为 180°，【半径】为 6，单击【切出和切入相同】按钮。

在【连接】选项卡中，修改【短】为“直”，【长】为“安全高度”，如图 13-7 所示，单击【应用】按钮，再单击【接受】按钮。

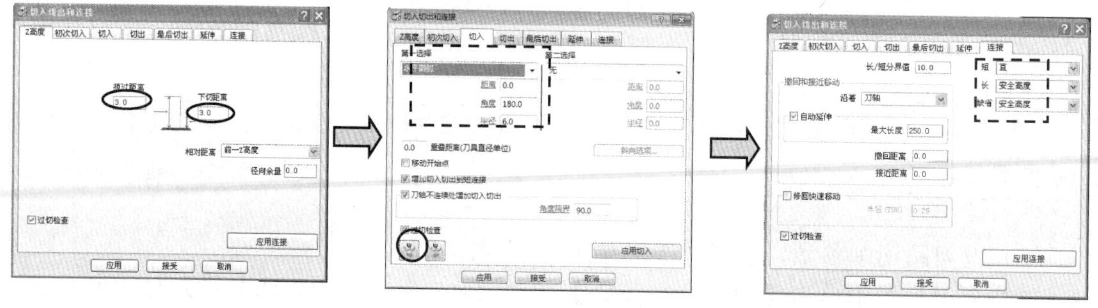

图 13-7　设切入切出和连接参数

此处所设参数中，设置【角度】为 180°，【半径】为 6，目的是为了在料外下刀。

（4）初步产生刀具路径。

在【等高精加工】对话框中，单击【应用】按钮，产生的刀具路径如图 13-8 所示。

（5）分析刀路。

首先，设置光标形状。在下拉菜单条中选取【显示】|【光标】|【十字】命令，这样光标会以十字线出现，便于粗略测量图形，在下拉菜单条中选取【显示】|【光标】|【刀具】命令，这样光标会以当前激活的刀具形式出现，便于粗略测量刀具路径中刀具的位置，如图 13-9 所示。

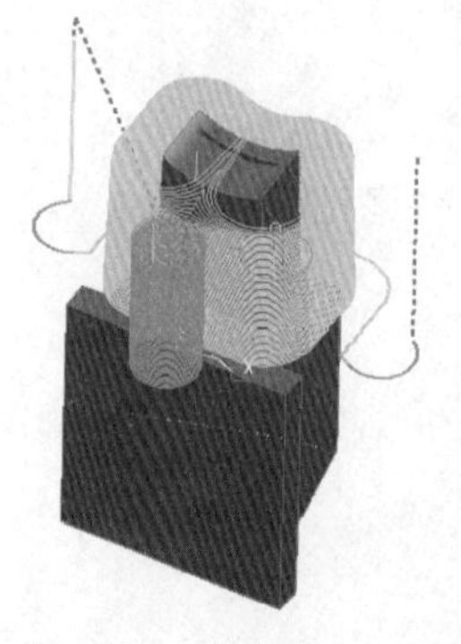

图 13-8　产生开粗刀路

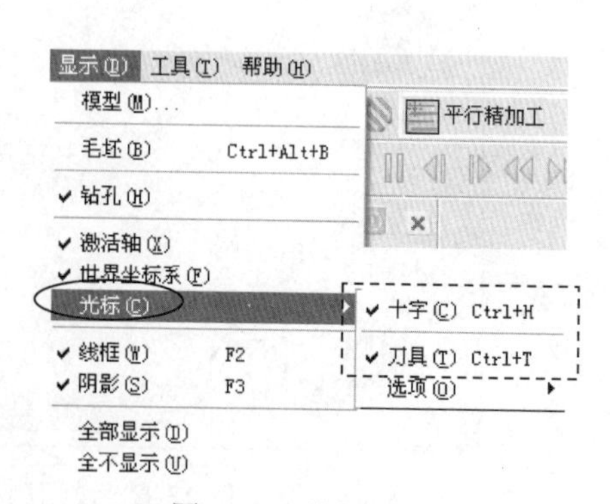

图 13-9　设置光标

然后，将图形放置在俯视图在状态下，分析刀具路径的第一层进刀点位置，发现第一刀是踩在材料直接下刀的，另外最后一层为空刀，如图 13-10 所示。

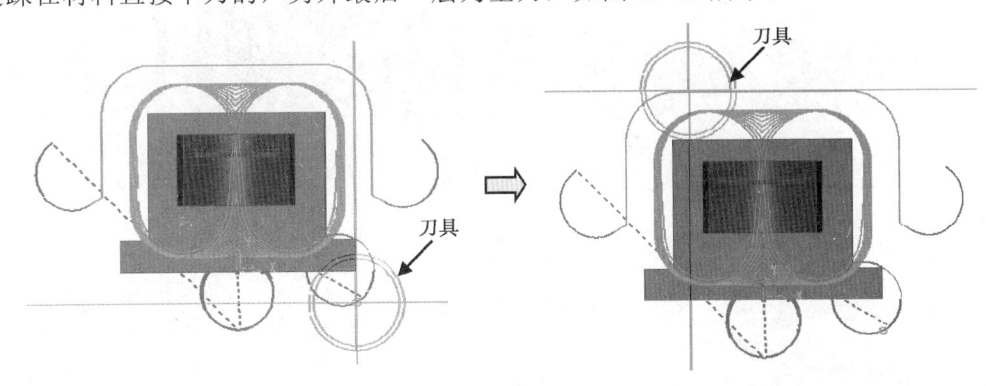

图 13-10　分析刀具路径

（6）编辑刀具路径。

在目录树中右击刚产生的刀具路径 1，在弹出的快捷菜单中，选择【编辑】|【重排】命令。按 Shift 键的同时，框选最后一层的刀具路径，然后在弹出的【刀具路径列表】对话框中单击【删除已选】按钮，刀路变化如图 13-11 所示，单击【关闭】按钮。

将图形在俯视图下，仔细观察刀具路径会发现，第一刀在料内下刀踩料，必须将这个进刀点移动到宽敞区域。

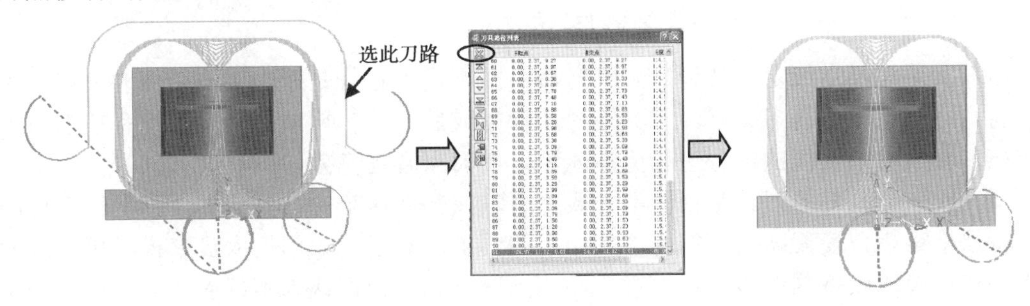

图 13-11　删除底层刀路

在目录树中，右击刀具路径 1，在弹出的快捷菜单中，选择【编辑】|【移动开始点】，在弹出的【移动开始点】对话框中，选择【通过点击刀具路径段移动开始点】按钮。然后，在图形上抓住进刀点移到右侧宽敞区域，单击鼠标左键，得到如图 13-12 所示的结果，单击【接受改变】按钮。

仔细观察刀具路径会发现，第 2、3、4 等层也有踩刀现象，必须将这些进刀点移动到宽敞区域。

在目录树中，右击刀具路径 1，在弹出的快捷菜单中，选择【编辑】|【移动开始点】，在弹出的【移动开始点】对话框中，选择【通过绘制一直线移动开始点】按钮。然后，在图形上左侧绘制一直线，单击鼠标左键，得到如图 13-13 所示的结果，单击【接受改变】按钮。

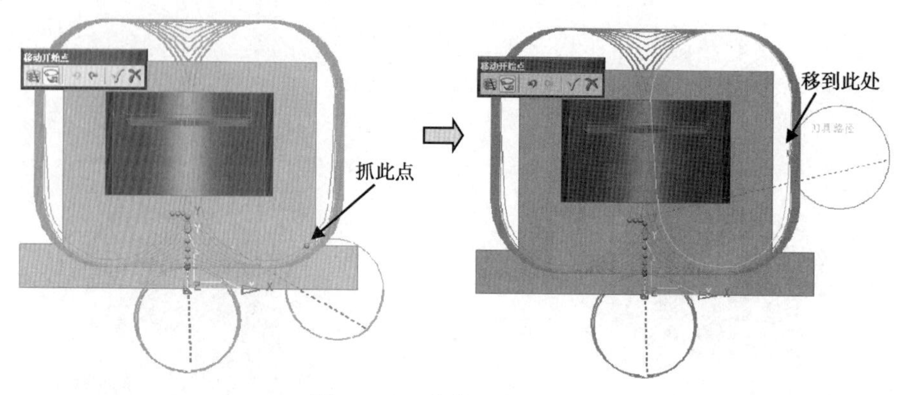

图 13-12　移进刀点（一）

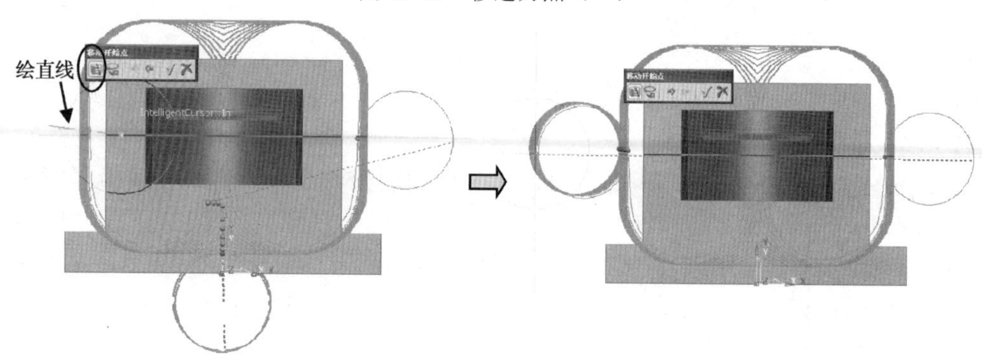

图 13-13　移进刀点（二）

由以上可见，当选定了某种加工策略后，并不代表它就是适合某一工件的最佳刀路。不能盲目迷信某软件有多么好，刀具路径初步完成后，一定要结合切削常识和切削原理仔细审核，力争将不合理的部分进行灵活编辑，使刀路合理高效。

要完成一个高效的刀具路径，不光要熟练掌握软件这个工具，更重要的是结合切削理论进行严格审核，使刀路真正符合高效切削的要求。对于刚入门的人员来说，更重要的是重视操作员及比较挑剔的“上司”对自己的批评意见，他们认为不好的刀路，自己一定要反思到底是什么地方不好，如何改进。只有不断改进自己的刀路，就是多花点时间，如果能减少切削时间，减少加工工件的工时，都是非常值得的，希望这些对各位有所启发。

学习本例的目的，就是希望读者能通过刀路的编辑对刀路进行优化，学会类似图形的编程技术。

以上程序组的操作视频文件为: \ch13\03-video\01-建立开粗刀路 K11A.exe

13.10 在程序文件夹 K11B 中建立底面光刀

主要任务：建立 6 个刀具路径，第 1 个为用平底刀 ED12，对外形进行中光，留 0.3 余量；第 2 个为再次对外形进行中光，留 0.1 余量；第 3 个为再对外形进行光刀，余量为 0；第 4 个为对右侧底部斜面进行光刀；第 5 个为对左侧底部斜面进行光刀；第 6 个为对基准平面面的残料进行光刀。

首先，在【资源管理器】中激活文件夹 K11B，再进行以下操作。

1．对外形进行中光留 0.3 余量

方法：先复制刀具路径，再设定毛坯，修改参数用等高精加工方法进行单层加工。

要注意

考虑到 ED12 高速刀的刀锋为 48，比此行位的有效高度大，所以决定用单层加工。如果有些工件的加工深度大于刀锋长，必须考虑分层加工，但每一层的加工深度都应该小于刀锋长。

（1）复制刀路。

在【资源管理器】中，选择刚产生的刀具路径 1，复制到 K11B 中，改名为 2。

（2）设切削加工参数。

激活刚产生的刀具路径 2，设置参数，进入【等高精加工】对话框，按图 13-14 所示修改参数，【刀具】为 ED12，【公差】为 0.01，侧余量为 0.3，底余量为 0，【最小切削深度】为 20.0。

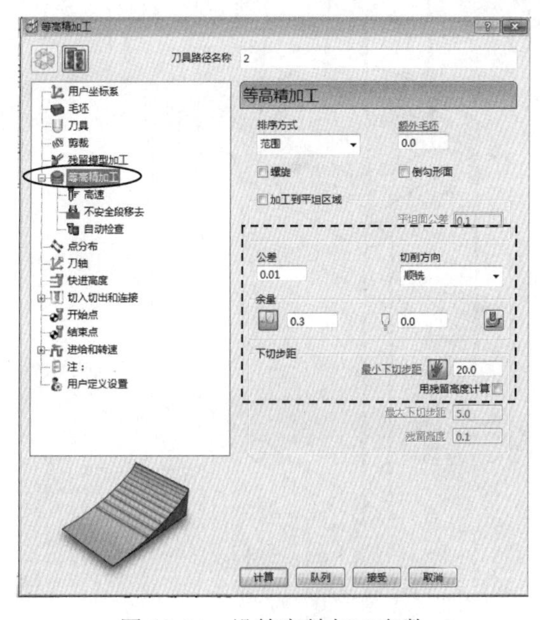

图 13-14 设等高精加工参数

（3）设定毛坯。

单击【毛坯】按钮 毛坯，修改最小 Z 值为 0，最大 Z 值为 10，如图 13-15 所示。

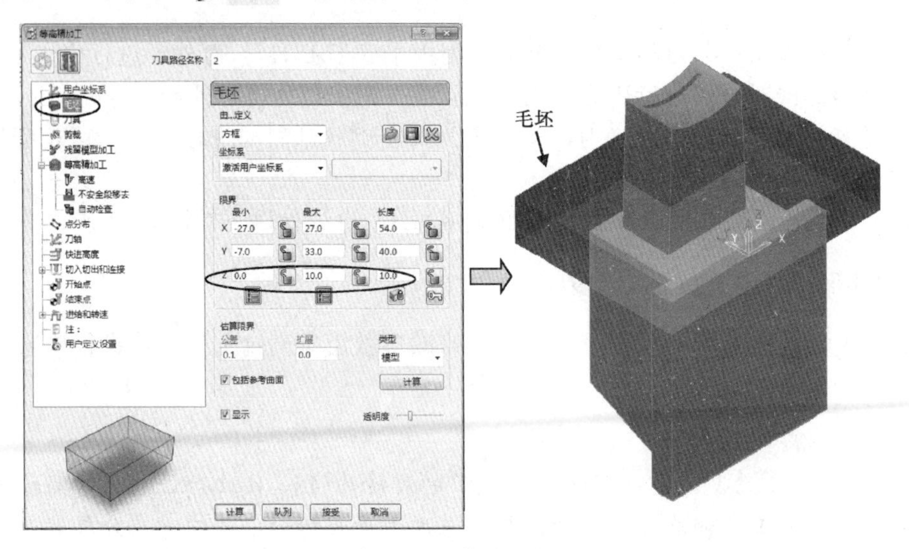

图 13-15　修改毛坯

（4）初步生成刀具路径。

单击【等高精加工】对话框中的【计算】按钮，初步生成如图 13-16 所示的刀具路径。

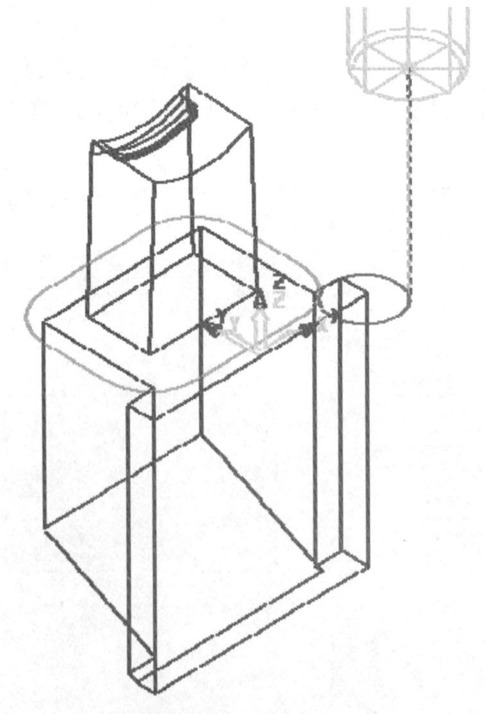

图 13-16　外形中光

（5）刀具路径编辑。

将图形在俯视图下，仔细观察刀具路径，会发现第一刀下刀时会直接踩到工件，很容易产生踩刀现象，必须将这个进刀点移动到宽敞区域。

在目录树中右击刚产生的刀具路径 2，在弹出的快捷菜单中，选择【编辑】|【移动开始点】，在弹出的【移动开始点】对话框中，选择【通过绘制一直线移动开始】按钮。然后，在图形上绘制一直线，单击左键，得到如图 13-17 所示的结果，单击【接受改变】按钮。

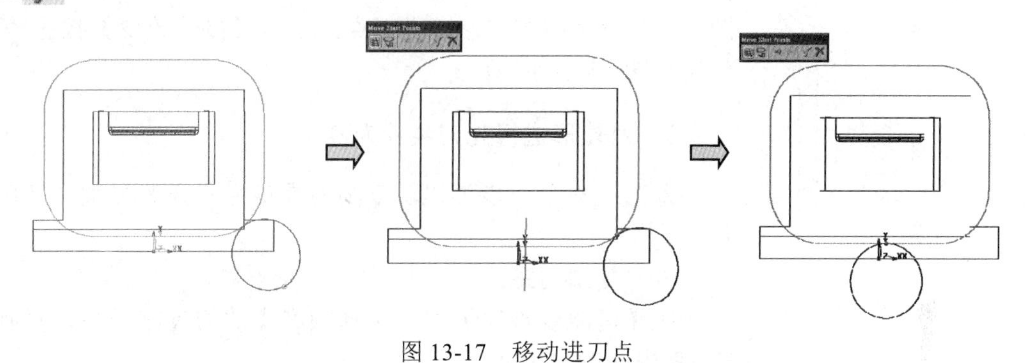

图 13-17　移动进刀点

2．对外形进行中光留 0.1 余量

方法：复制刀具路径，修改参数进行单层加工。

（1）复制刀路。

在【资源管理器】中，选择刚产生的刀具路径 2，复制到 K11B 中，改名为 3。

（2）设切削加工参数。

激活刚产生的刀具路径 3，设置参数，进入【等高精加工】对话框，编辑参数，按图 13-18 所示修改参数，设定侧余量为 0.1，底余量为 0。

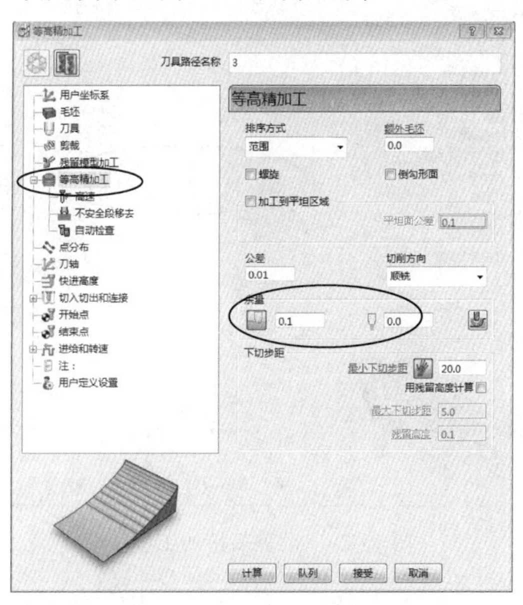

图 13-18　设等高精加工参数

（3）初步生成刀具路径。

单击【等高精加工】对话框中的【计算】按钮，初步生成类似于如图 13-16 所示的刀具路径。

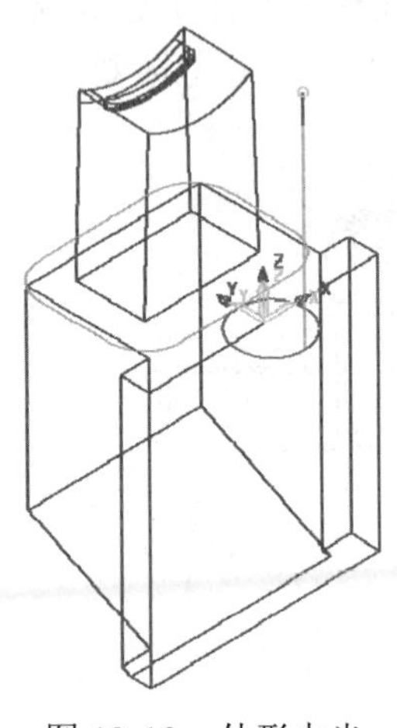

图 13-19　外形中光

（4）刀具路径编辑。

在俯视图下仔细观察刀具路径会发现第一刀下刀时也会直接踩到工件，必须将这个进刀点移动到宽敞区域。按照如图 13-17 所示的方法修改进刀点，单击【接受改变】按钮✓，结果如图 13-19 所示。

3．对外形进行光刀余量为 0

方法：与上一步类似，复制刀具路径，修改参数进行单层加工。

（1）复制刀路。

在【资源管理器】中，选择刚产生的刀具路径 3，复制到 K11B 中，改名为 4。

（2）设切削加工参数。

激活刚产生的刀具路径 4，设置参数，进入【等高精加工】对话框，编辑参数，按图 13-20 所示修改参数，设定侧余量为 0。

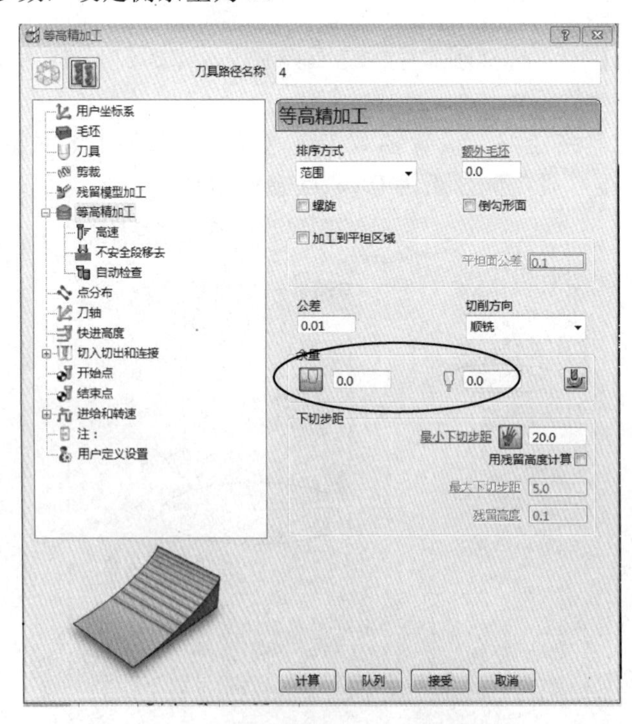

图 13-20　设等高精加工参数

（3）修改非切削参数。

单击【切入切出和连接】按钮，弹出【切入切出和连接】对话框，选取【切入】选项卡，设置【重叠距离】为0.1，单击【应用】按钮，如图13-21所示。

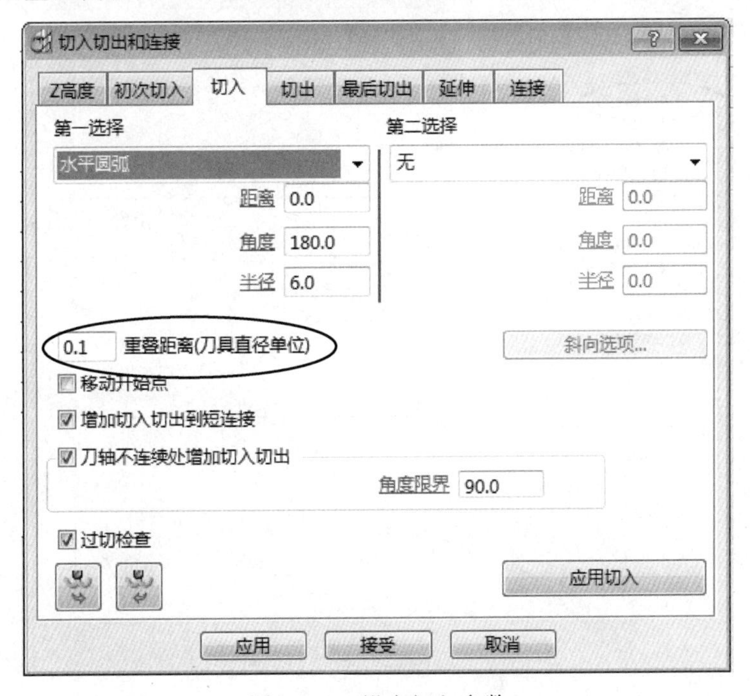

图13-21　设定切入参数

（4）初步生成刀具路径。

单击【等高精加工】对话框中的【计算】按钮，初步生成类似于如图13-16所示的刀具路径。

（5）刀具路径编辑。

在俯视图下仔细观察刀具路径，会发现第一刀下刀时也会直接踩到工件，必须将这个进刀点移动到宽敞区域。按照如图13-17所示的方法修改进刀点，单击【接受改变】按钮，结果类似于如图13-19所示。

4．对右侧底部斜面进行光刀

方法：复制刀具路径，修改毛坯参数定义新毛坯，修改加工参数进行分层加工。

（1）复制刀路。

在【资源管理器】中，选择刚产生的刀具路径4，复制到K11B中，改名为5。

（2）设切削加工参数。

激活刚产生的刀具路径5，设置参数，进入【等高精加工】对话框，编辑参数，按图13-22所示修改参数，设定【最小下切步距】为0.03。

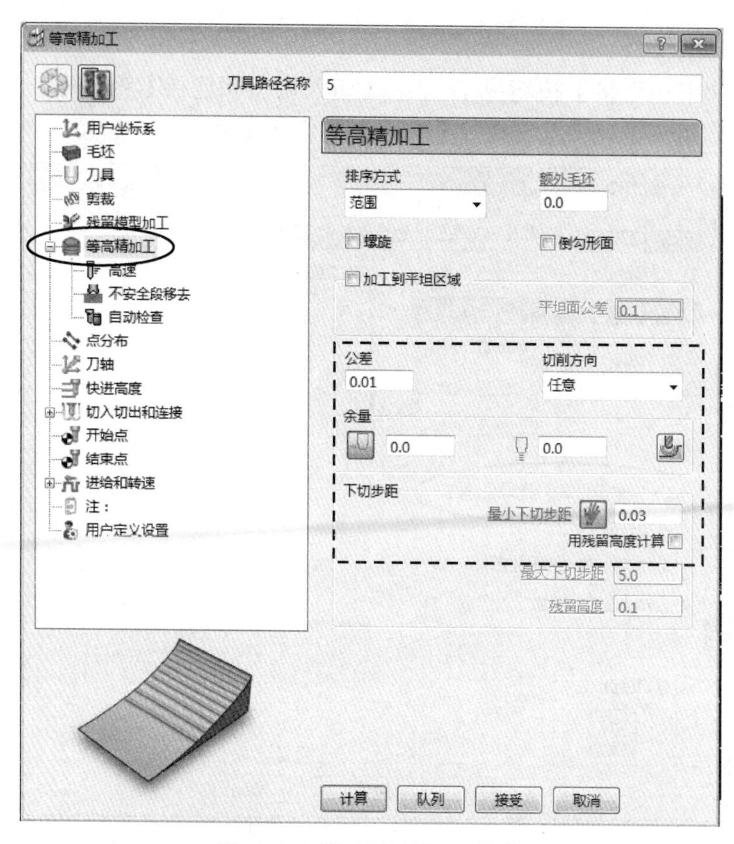

图 13-22　设等高精加工参数

（3）设定毛坯。

单击【毛坯】按钮 毛坯 ，修改最小及最大 XYZ 值，生成新的毛坯，如图 13-23 所示，单击【确定】按钮。

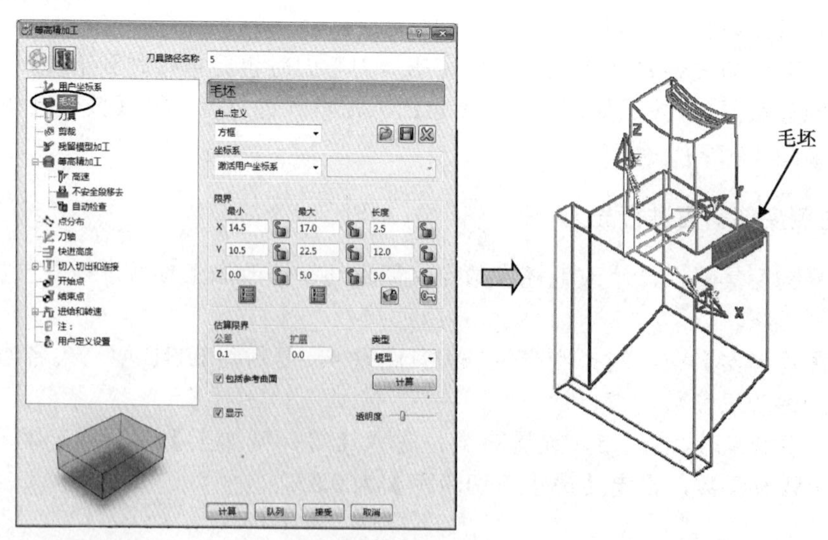

图 13-23　修改毛坯参数

（4）设非切削参数，设置切入切出和连接参数。

单击【切入切出和连接】按钮，弹出【切入切出和连接】对话框，在【切入】选项卡中，设置【角度】为 45°，【半径】为 2，【重叠距离】为 0，单击【切出和切入相同】按钮，如图 13-24 所示，单击【应用】按钮。

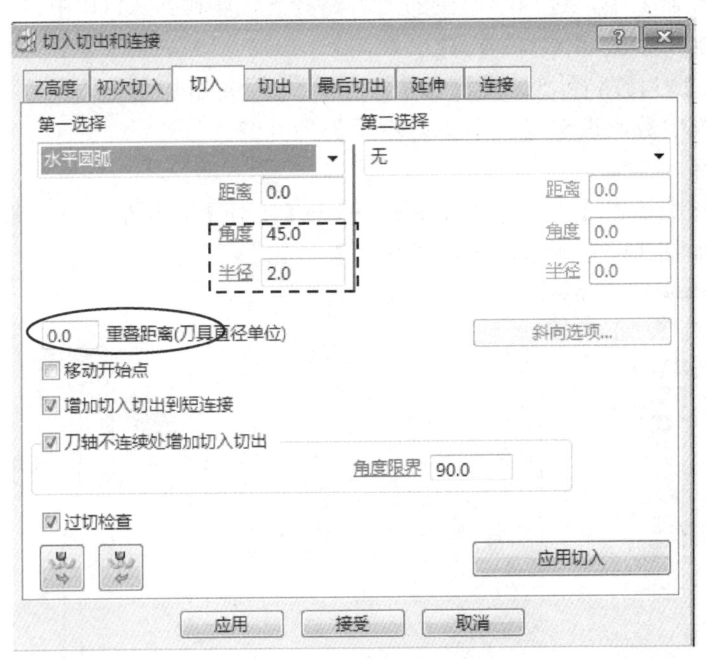

图 13-24　设定切入参数

（5）生成刀具路径。

单击【等高精加工】对话框中的【计算】按钮，生成如图 13-25 所示的刀具路径。

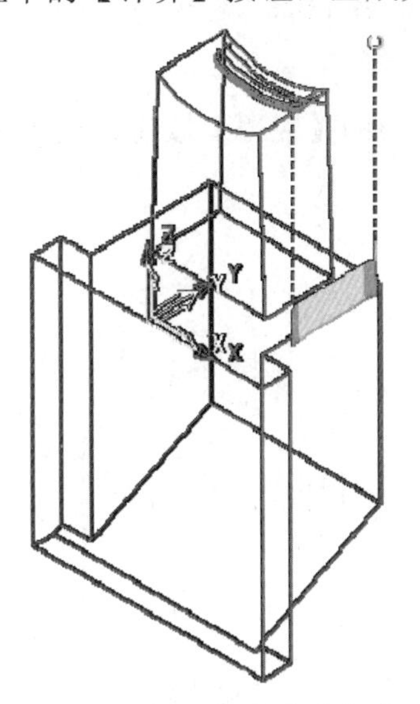

图 13-25　生成右侧行位底部光刀

5. 对左侧底部斜面进行光刀

方法：复制刀具路径，修改毛坯参数定义新毛坯，修改加工参数进行分层加工。

（1）复制刀路。

在【资源管理器】中，选择刚产生的刀具路径 5，复制到 K11B 中，改名为 6。

（2）设切削加工参数。

激活刚产生的刀具路径 5，设置参数，进入【等高精加工】对话框，编辑参数，按图 13-22 所示修改参数，设定【最小下切步距】为 0.03。

（3）设定毛坯。

在综合工具栏中单击【毛坯】按钮，弹出【毛坯】对话框，修改最小及最大 X 值，生成新的毛坯，如图 13-26 所示，单击【确定】按钮。

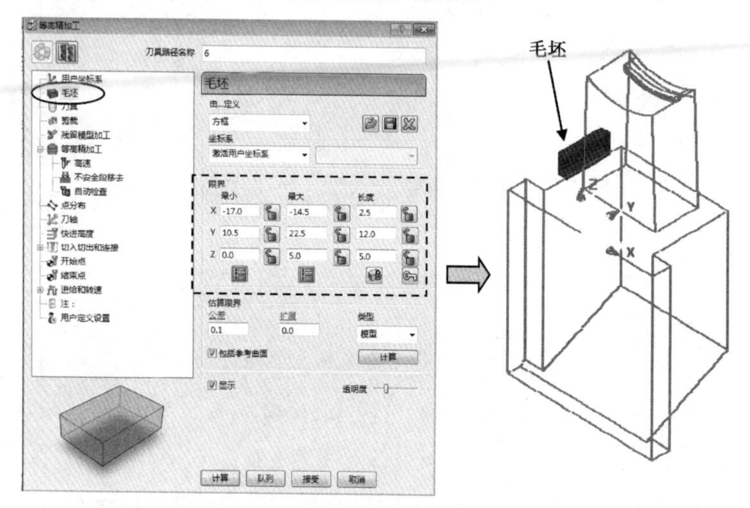

图 13-26　修改毛坯参数

（4）生成刀具路径。

单击【等高精加工】对话框中的【应用】按钮，生成如图 13-27 所示的刀具路径。

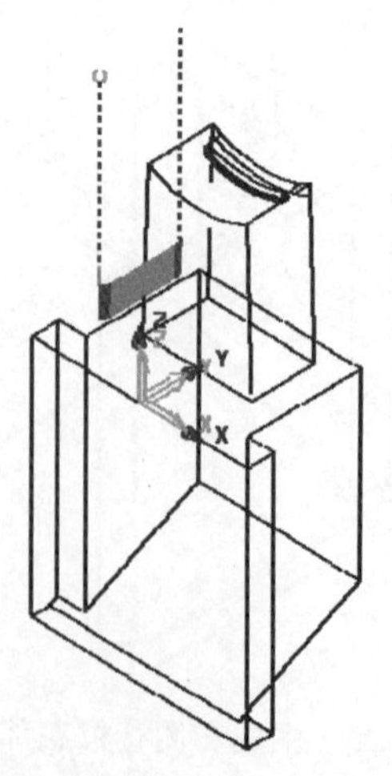

图 13-27　生成左侧行位底部光刀

6．对基准平面的残料进行光刀

方法：先做参考线，然后生成参考线精加工刀具路径。

（1）创建参考线。

在【资源管理器】中右击【参考线】，在弹出的快捷菜单中选择【产生参考线】，于是在【参考线】树枝中产生了“参考线 1”。右击参考线 1 ，在弹出的快捷菜单中选【曲线编辑器】，如图 13-28 所示。

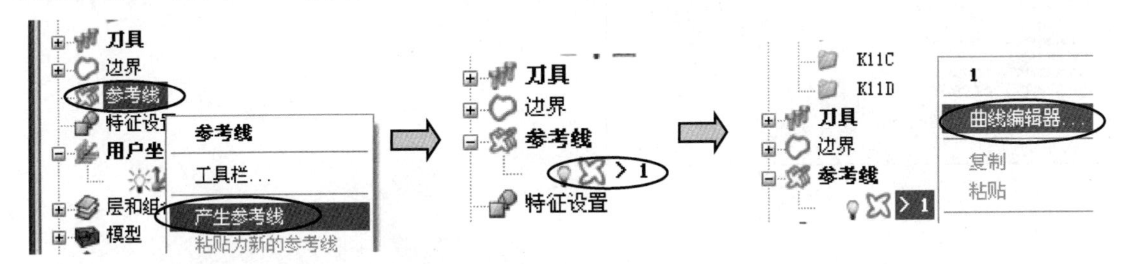

图 13-28　显示参考线编辑器工具

将图形放置在俯视图状态下，在显示出的【曲线编辑器】工具条中选取直线命令，在图形上绘制如图 13-29 所示的直线，单击【接受改变】按钮 。

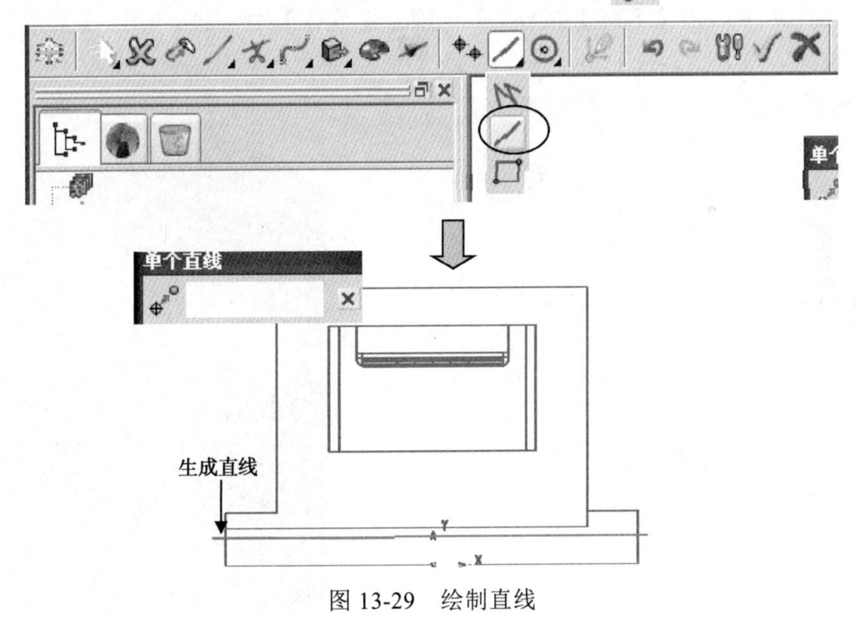

图 13-29　绘制直线

（2）设刀路切削参数，创建“参考线精加工”刀路策略。

在综合工具栏中单击【刀具路径策略】按钮 ，弹出【策略选取器】对话框，选取【精加工】选项卡，然后选择【参考线精加工】选项，单击【接受】按钮，系统弹出【参考线精加工】对话框，【刀具】选择 ED12，【公差】为 0.01，单击【余量】按钮 ，设置侧面余量 为 0，底部余量 为 0，【参考线】为“1”，其余按图 13-30 所示设置参数。

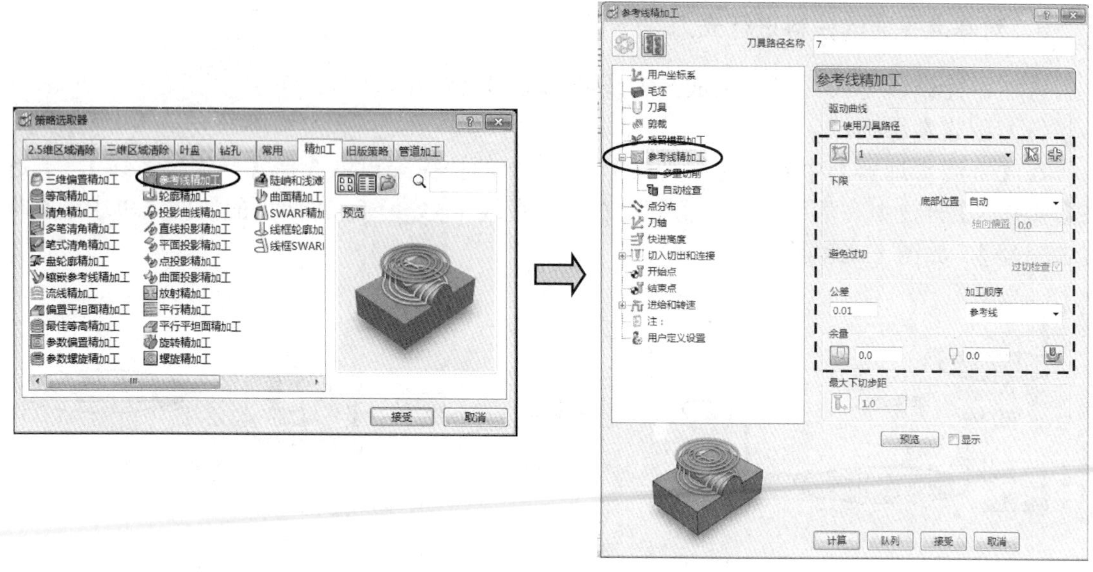

图 13-30　设置切削参数

（3）设定毛坯。

在综合工具栏中单击【毛坯】按钮，弹出【毛坯】对话框，修改【扩展】值 0，单击【计算】按钮，如图 13-31 所示。

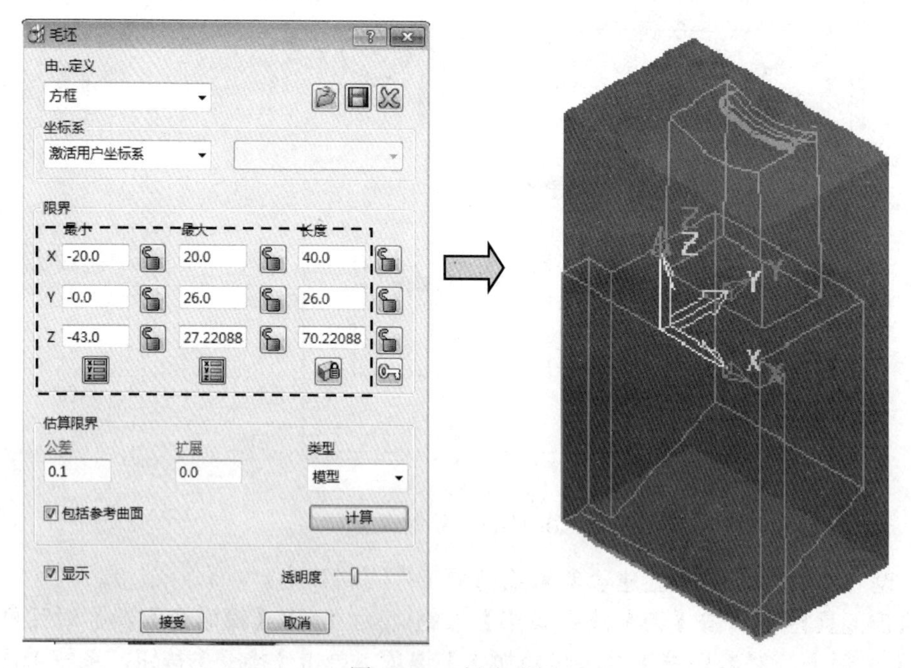

图 13-31　创建毛坯

（4）设非切削参数，设置切入切出和连接参数。

该工件结构特点是中间凸形，要保证料外下刀。

单击【切入切出和连接】按钮，弹出【切入切出和连接】对话框。

在【切入】选项卡中,【第一选择】为“直”, 设置【距离】为7,【角度】为0°, 单击【切出和切入相同】按钮。

在【连接】选项卡中, 修改【短】为“安全高度”, 【长】为“安全高度”, 如图13-32所示, 单击【应用】按钮, 再单击【接受】按钮。

图13-32 设置非切削参数

(5)产生刀具路径。

在【参考线精加工】对话框中, 单击【应用】按钮, 产生的刀具路径如图13-33所示。

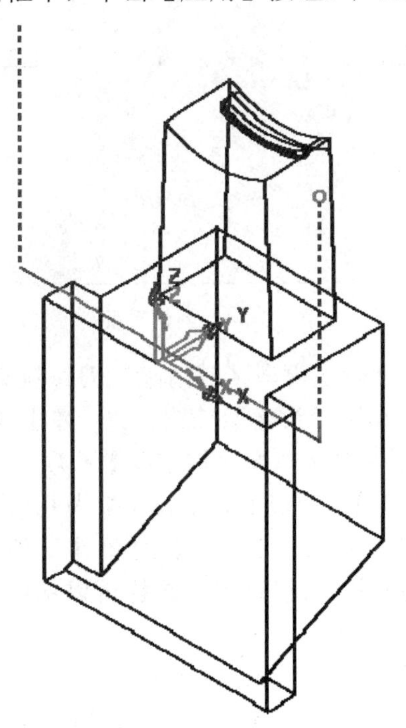

图13-33 生成底部残料光刀

以上程序组的操作视频文件为：\ch13\03-video\02-建立底面光刀 K11B.exe

13.11　在程序文件夹 K11C 中建立顶部开粗

主要任务：建立 1 个刀具路径，顶型面开粗，用 ED4 平底刀。

首先，将 K11C 程序文件夹激活，再进行以下操作，创建开粗刀具路径。

方法：先生成新毛坯，再用模型区域清除加工策略进行加工。

（1）设定毛坯。

在图形上选上半部分曲面，然后在综合工具栏中单击【毛坯】按钮，弹出【毛坯】对话框，【扩展】值为 0，单击【计算】按钮，如图 13-34 所示。

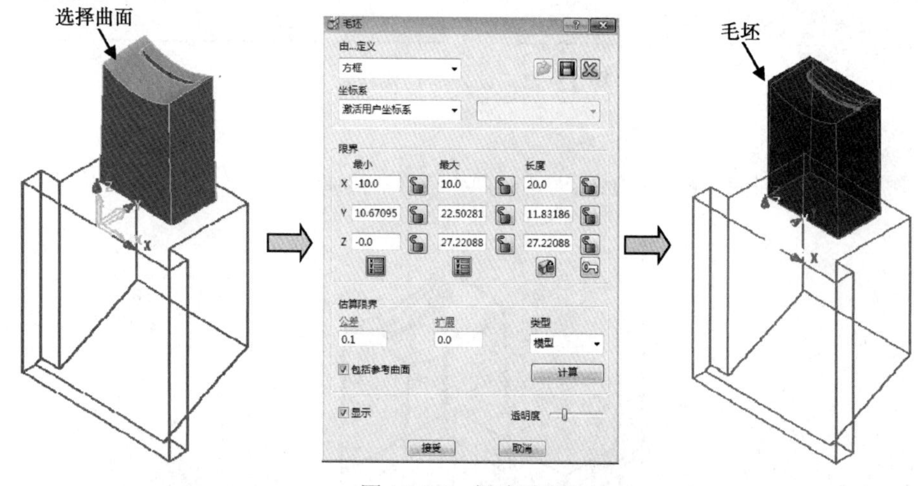

图 13-34　创建毛坯

（2）设置刀路切削参数，创建“模型区域清除”刀路策略。

在综合工具栏中单击【刀具路径策略】按钮，弹出【策略选取器】对话框，选取【三维区域清除】选项卡，然后选择【模型区域清除】选项，单击【接受】按钮，系统弹出【模型区域清除】对话框，【刀具】选择 ED4，【公差】为 0.1，单击【余量】按钮，设置侧面余量为 0.3，底部余量为 0.2，【行距】为 2，【下切步距】为 0.1。

设置【连接】参数为“增加从外侧接近”，这样可以保证刀具从料外下刀，如图 13-35 所示。

（3）设非切削参数，设置切入切出和连接参数。

单击【切入切出和连接】按钮，弹出【切入切出和连接】对话框。

在【切入】选项卡中，【第一选择】为“无”，单击【切出和切入相同】按钮。

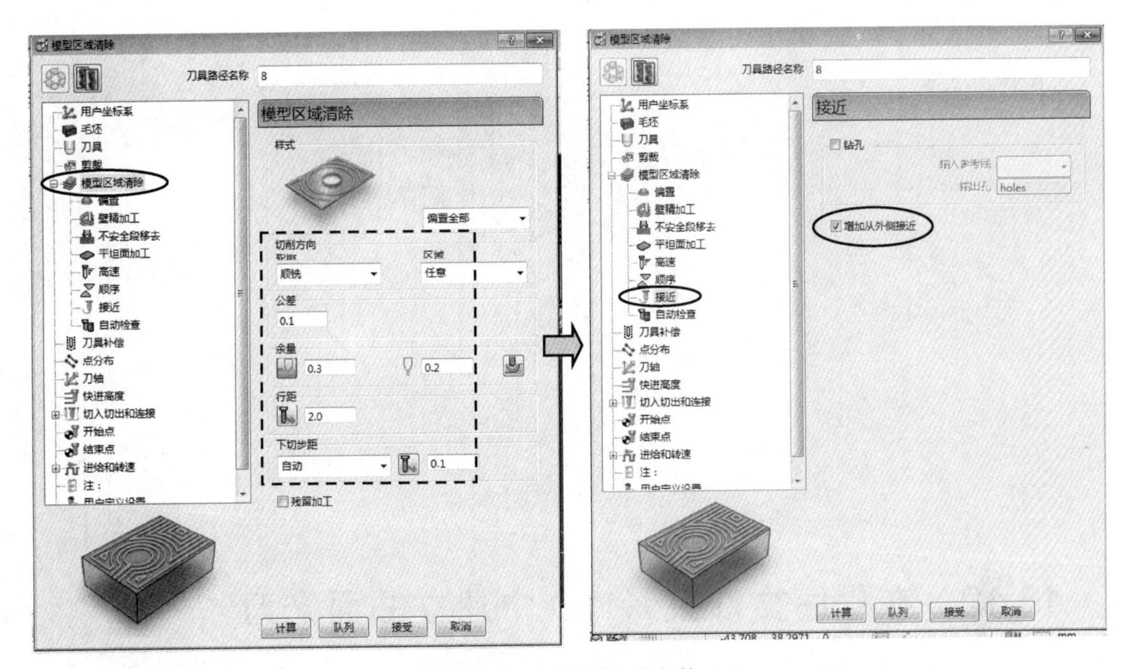

图 13-35　设置切削参数

在【连接】选项卡中，修改【短】为“安全高度”，【长】为“安全高度”，如图 13-36 所示，单击【应用】按钮，再单击【接受】按钮。

图 13-36　设置非切削参数

（4）产生刀具路径

在【模型区域清除】对话框中，单击【计算】按钮，产生的刀具路径如图 13-37 所示。

以上程序组的操作视频文件为：\ch13\03-video\03-建立顶部开粗 K11C.exe

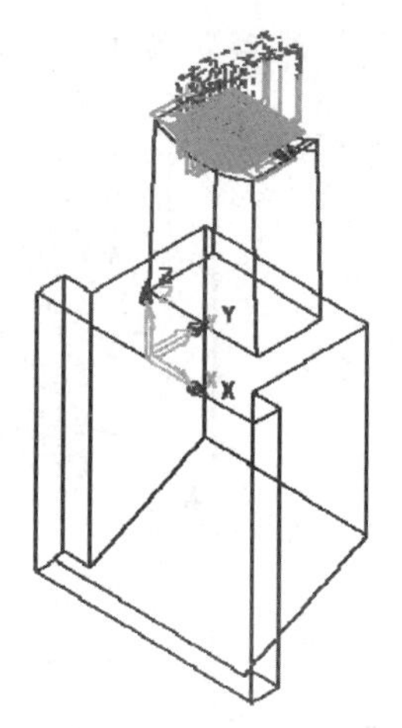

图 13-37　生成顶部开粗

13.12　在程序文件夹 K11D 中建立曲面光刀

主要任务：建立 3 个刀具路径，第 1 个为对顶部曲面进行中光刀，留 0.1mm 余量，用 BD6R3 球刀；第 2 个为对顶部曲面进行光刀；第 3 个为对两侧斜面光刀。

首先，在【资源管理器】中激活文件夹 K11D，再进行以下操作。

1．对顶部曲面进行中光刀

方法：先做边界，再用平行精加工方式加工。

（1）创建边界。

选择图形的顶部曲面，在【资源管理器】中右击【边界】，弹出的快捷菜单中选【定义边界】|【接触点】，在弹出的【接触点边界】对话框中，单击【模型】按钮模型，生成如图 13-38 所示的边界。

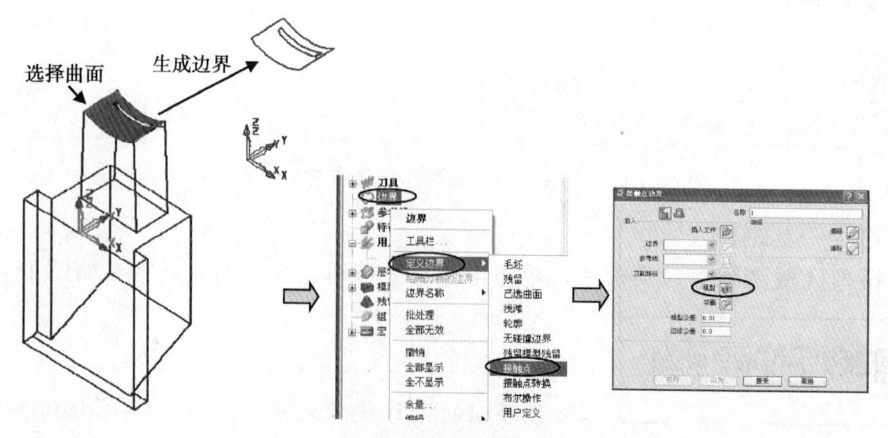

图 13-38　生成边界

（2）设刀路切削参数，创建“平行精加工”刀路策略。

在综合工具栏中单击【刀具路径策略】按钮，弹出【策略选取器】对话框，选取【精加工】选项卡，然后选择【平行精加工】选项，单击【接受】按钮，系统弹出【平行精加工】对话框，【刀具】选择 BD6R3，【公差】为 0.03，【余量】为 0.1，【行距】为 0.2，【边界】为“1”，【角度】为 45°，其余按图 13-39 所示设置参数。

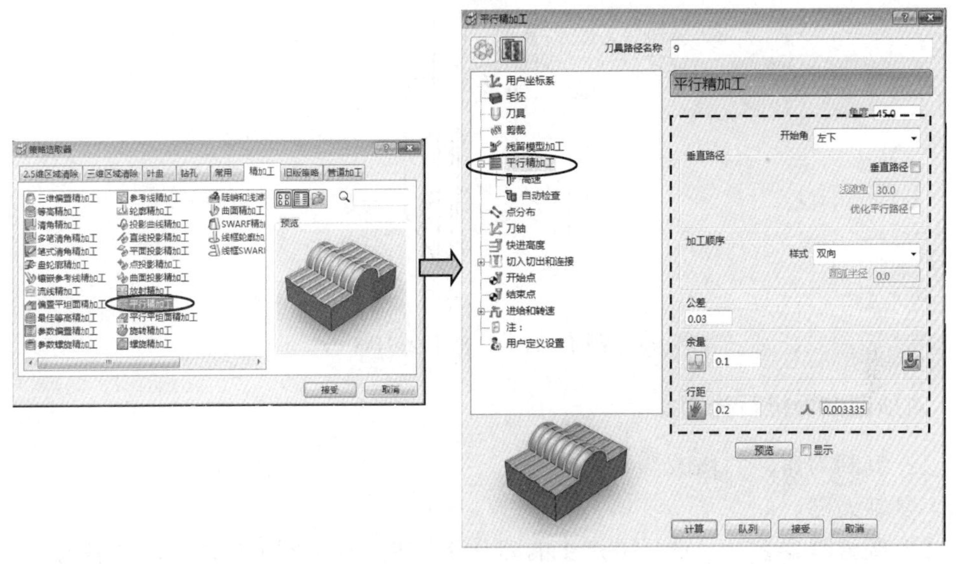

图 13-39 设置切削参数

（3）设非切削参数，设置切入切出和连接参数。

单击【切入切出和连接】按钮，弹出【切入切出和连接】对话框。

在【初次切入】选项卡中，勾选【使用单独的初次切入】复选框，【选取】“曲面法向圆弧”，【距离】为 0，设置【角度】为 45°，【半径】为 2，单击【复制到最后切出】按钮。

在【连接】选项卡中，修改【短】为“下切步距”，【长】为“相对”，【缺省】为“相对”，如图 13-40 所示，单击【应用】按钮，再单击【接受】按钮。

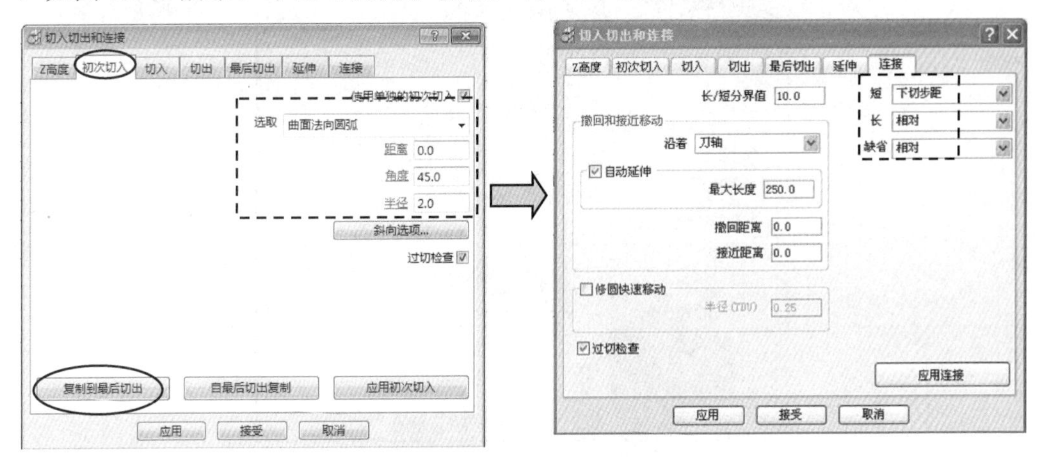

图 13-40 设置非切削参数

（4）产生刀具路径。

在【平行精加工】对话框中，单击【应用】按钮，产生的刀具路径如图 13-41 所示。

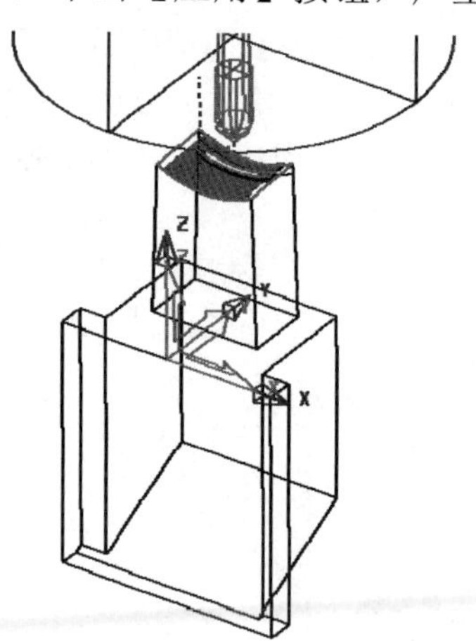

图 13-41　顶部中光刀路

2．对顶部曲面进行光刀

方法：复制刀路，并修改参数。

（1）复制刀路。

在【资源管理器】中，选择刚产生的刀具路径 9，复制到 K11B 中，改名为 10。

（2）设切削加工参数。

激活刚产生的刀具路径 10，设置参数，进入【平行精加工】对话框，编辑参数，按图 13-42 所示修改参数，设定【公差】为 0.01，余量为 0，【行距】为 0.08。

图 13-42　设切削加工参数

（3）产生刀具路径。

在【平行精加工】对话框中，单击【计算】按钮，产生的刀具路径如图 13-43 所示。

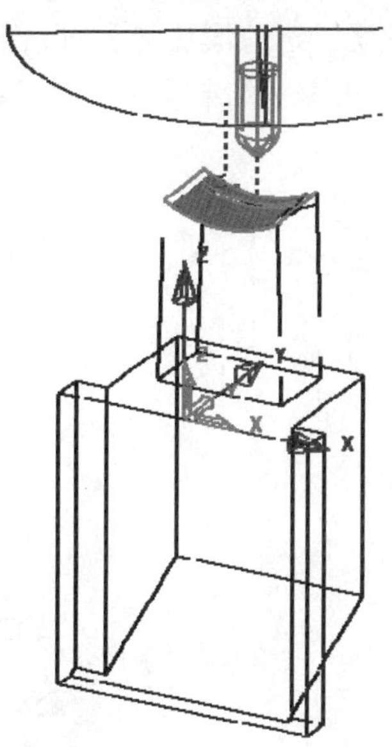

图 13-43　顶部光刀路

3．对两侧斜面进行光刀

方法：先做毛坯及边界，再用等高精加工方式加工。

（1）设定毛坯。

在综合工具栏中单击【毛坯】按钮，弹出【毛坯】对话框，在【由...定义】下拉列表框中选择“方框”选项，【扩展】为 0，单击【计算】按钮，修改 Z 最小值为 1，最大 Z 为 27.5，如图 13-44 所示。

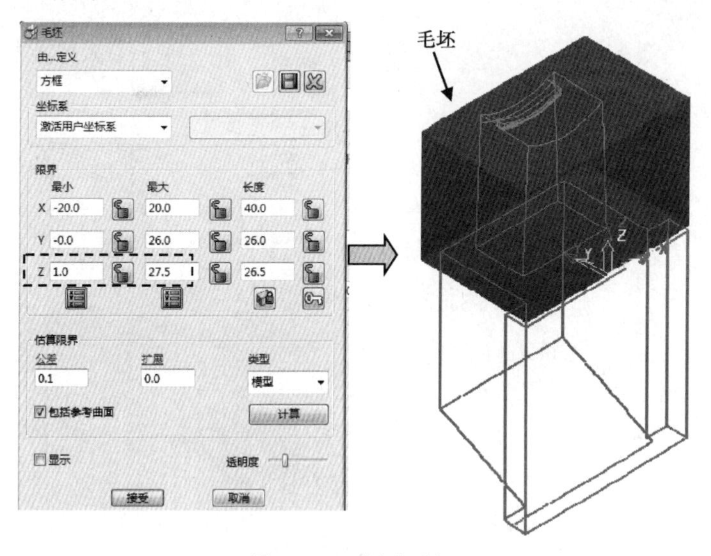

图 13-44　创建毛坯

（2）创建边界。

选择图形的侧斜曲面，在【资源管理器】中右击【边界】，在弹出的快捷菜单中选【定义边界】|【已选曲面】，在弹出的【已选曲面边界】对话框中，【刀具】为 BD6R3，其余按图 13-45 所示设置参数，单击【应用】按钮，生成边界 2。

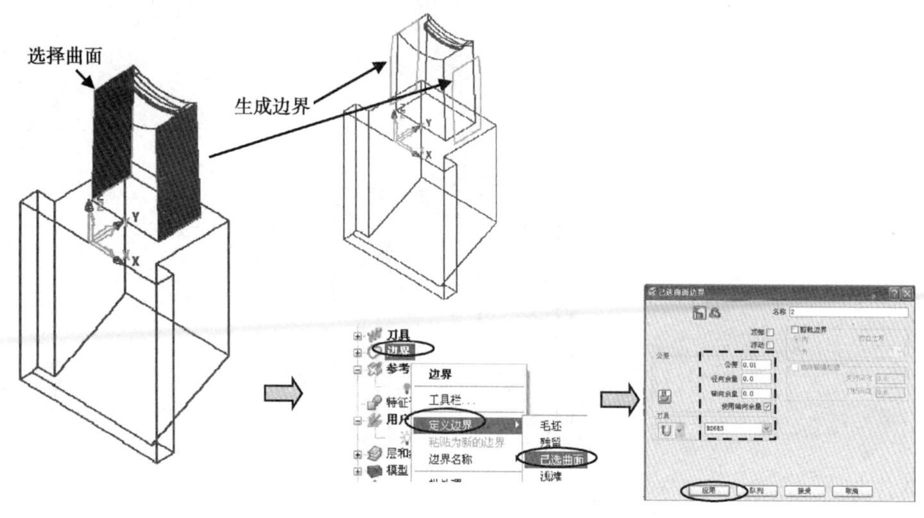

图 13-45　生成边界

（3）设刀路切削参数，创建“等高精加工”刀路策略。

在综合工具栏中单击【刀具路径策略】按钮，弹出【策略选取器】对话框，选取【精加工】选项卡，然后选择【等高精加工】选项，单击【接受】按钮，系统弹出【等高精加工】对话框，【边界】为“2”，【刀具】选择 BD6R3，【公差】为 0.01，侧余量为 0，底余量为 0，【最小下切步距】为 0.08，其余按图 13-46 所示设置。

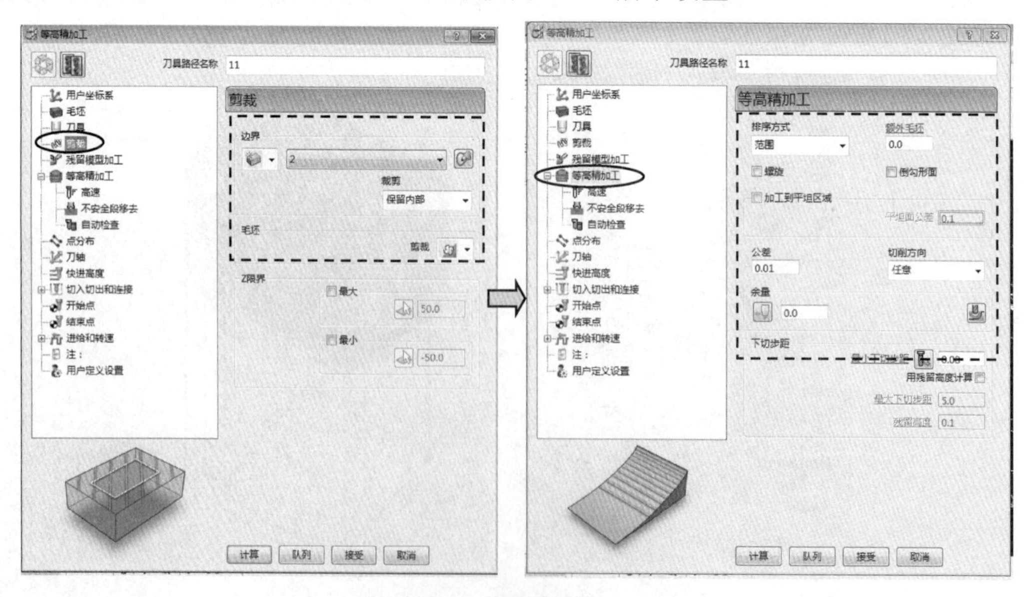

图 13-46　设置切削加工参数

（4）设非切削参数，设置切入切出和连接参数。

单击【切入切出和连接】按钮，弹出【切入切出和连接】对话框。

在【初次切入】选项卡中，不勾选【使用单独的初次切入】复选框，单击【复制到最后切出】按钮。

在【切入】选项卡中，【第一选择】为“水平圆弧”，【角度】为 45°，【半径】为 1，单击【切出和切入相同】按钮。

在【连接】选项卡中，修改【短】为“在曲面上”，【长】为“相对”，【缺省】为“相对”，如图 13-47 所示，单击【应用】按钮，再单击【接受】按钮。

图 13-47　设置非切削参数

（5）产生刀具路径。

在【等高精加工】对话框中，单击【计算】按钮，产生的刀具路径如图 13-48 所示。

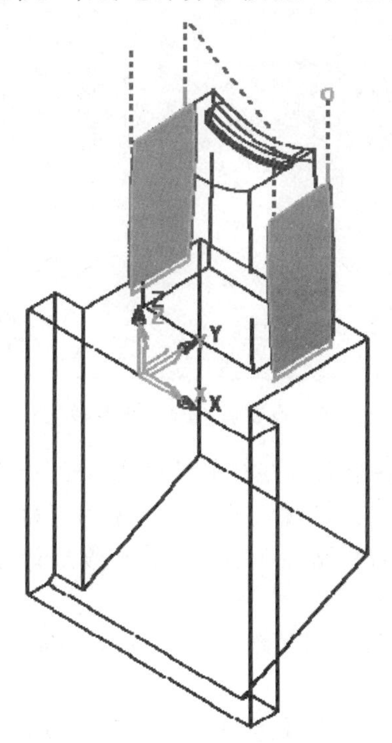

图 13-48　侧面光刀刀路

以上程序组的操作视频文件为：\ch13\03-video\04-建立曲面光刀 K11D.exe

13.13　设转速和进给速度

主要任务：集中设定各个刀具路径的转速和进给速度。

（1）设定 K11A 文件夹的刀具路径的转速为 2500 转/分，进给速度为 1500 毫米/分。

在【资源管理器】目录树中，展开各个刀路。右击第 1 个刀具路径，使其激活。

单击综合工具栏中的【进给和转速】按钮 ，弹出【进给和转速】对话框，按如图 13-49 所示设置参数，单击【应用】按钮，不要退出该对话框。

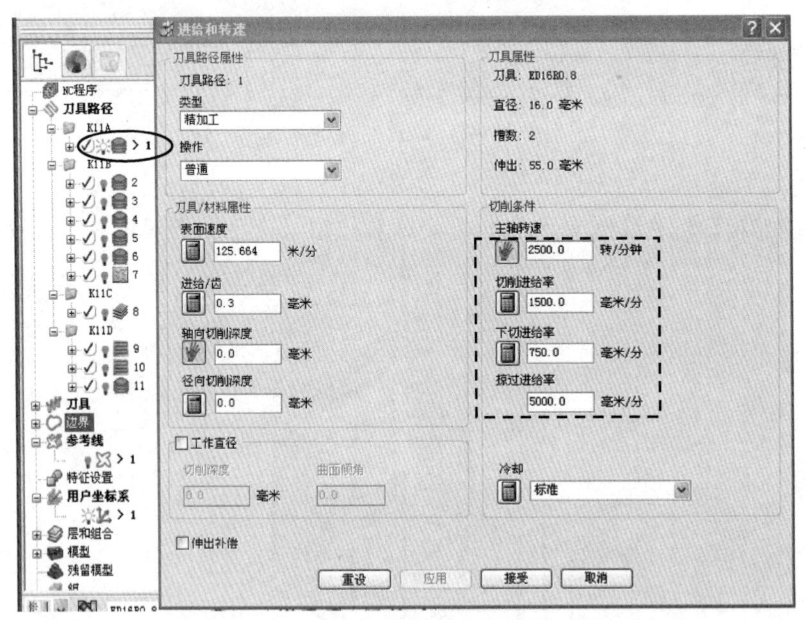

图 13-49　设置进给和转速参数（一）

（2）设定 K11B 文件夹的各个刀具路径的转速为 3500 转/分，进给速度为 150 毫米/分。

在文件夹中激活刀具路径 2，在【进给和转速】对话框，按图 13-50 所示设置参数，单击【应用】按钮，同理设置刀具路径 3、4、7 的参数，而刀具路径 5、6 的进给速度给定为 1000 毫米/分。

（3）设定 K11C 文件夹的各个刀具路径的转速为 3500 转/分，进给速度为 1500 毫米/分。

在文件夹中激活刀具路径 8，在【进给和转速】对话框，按图 13-51 所示设置参数。单击【应用】按钮。

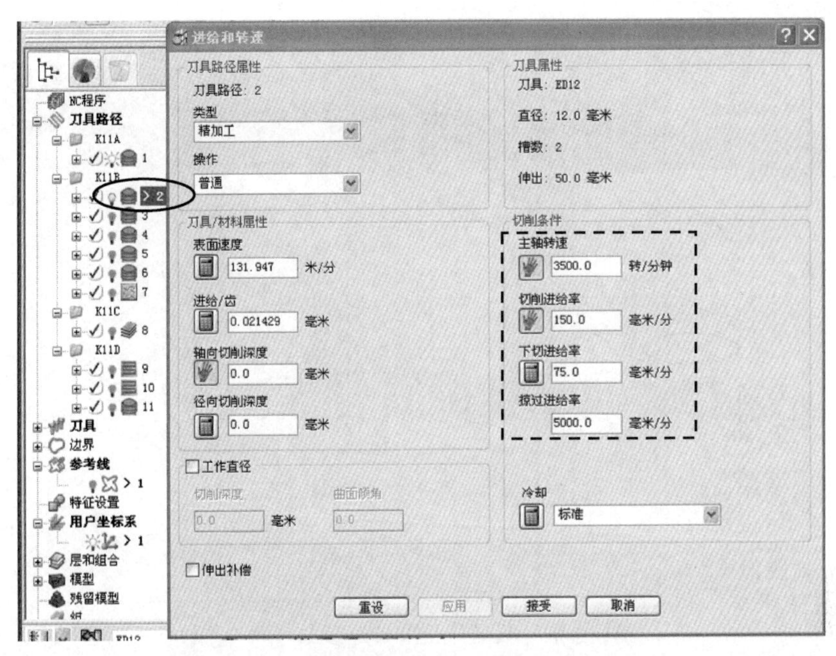

图 13-50　设置进给和转速参数（二）

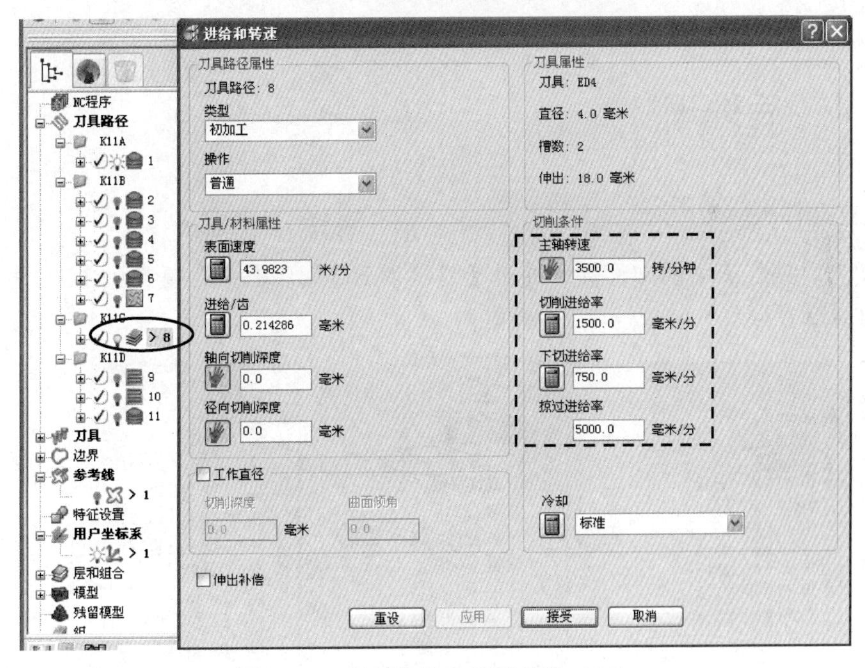

图 13-51　设置进给和转速参数（三）

（4）设定 K11D 文件夹的各个刀具路径的转速为 4500 转/分，进给速度为 1500 毫米/分。

展开文件夹，激活刀具路径 9，在【进给和转速】对话框，按图 13-52 所示设置参数，单击【应用】按钮，同理设定刀具路径 10、11。

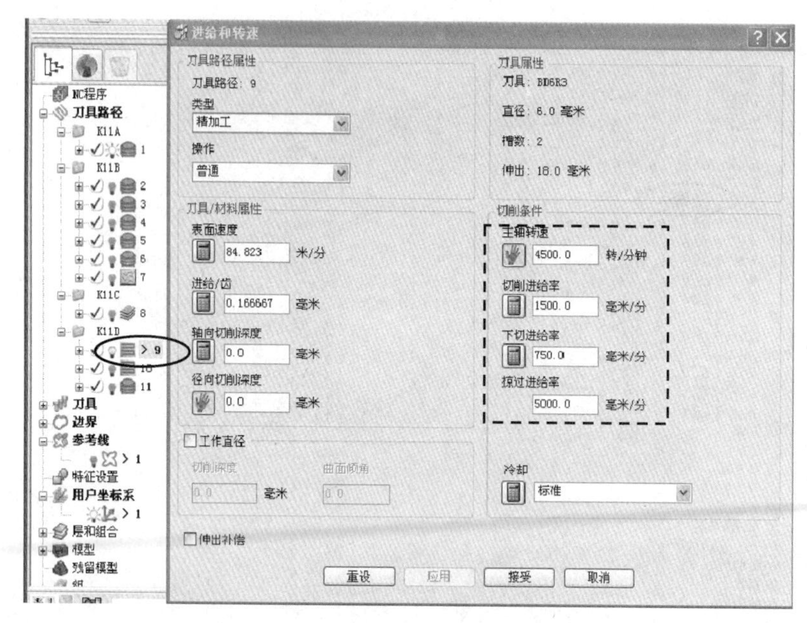

图 13-52　设置进给和转速参数（四）

单击【接受】按钮。

13.14　后处理

1. 建立文件夹

先将【刀具路径】中的文件夹，通过【复制为 NC 程序】命令复制到【NC 程序】树枝中，如图 13-53 所示。

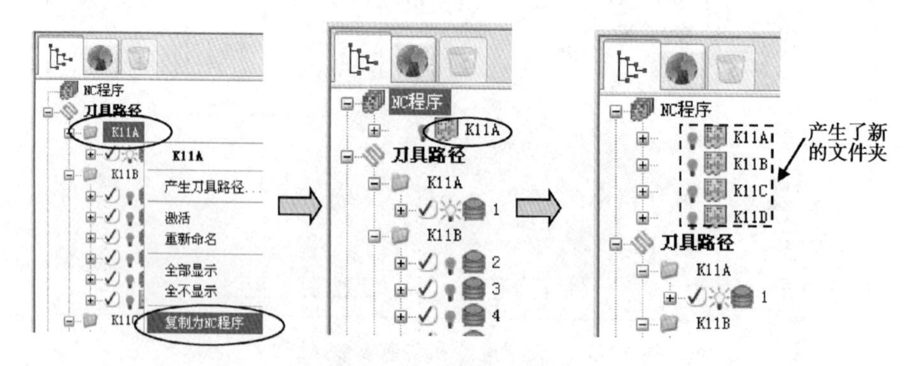

图 13-53　产生新文件夹

2. 复制后处理器

把配套的后处理器文件\ch14\02-finish\ pmbook-14-1-ok.opt 复制到 C:\dcam\ config 目录。

3．编辑已选后处理参数

在屏幕左侧的【资源管理器】中，选择【NC 程序】树枝，单击鼠标右键，在弹出的快捷菜单中选择【编辑全部】命令，系统弹出【编辑全部 NC 程序】对话框，选择【输出】选项卡，其中的【输出文件】中要删去隐含的空格。【机床选项文件】可以单击浏览按钮，选择之前提供的 pmbook-14-1-ok.opt 后处理器，【输出用户坐标系】为“1”，单击【应用】按钮，再单击【接受】按钮。

4．输出写入 NC 文件

在屏幕左侧的【资源管理器】中，选择【NC 程序】树枝，单击鼠标右键，在弹出的快捷菜单中选择【全部写入】命令，系统会自动把各个文件夹，按照以其文件夹的名称作为 NC 文件名，输出到用户图形所在目录的子目录中，如图 13-54 所示。

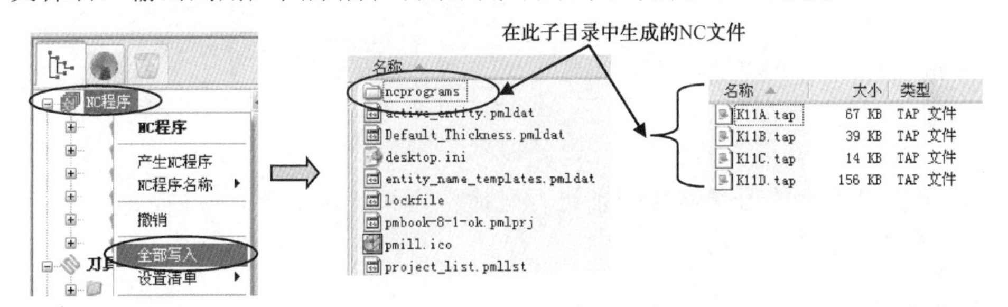

图 13-54　生成 NC 数控程序

13.15　程序检查

1．干涉及碰撞检查

展开【刀具路径】中各个文件夹中的刀具路径，先选择刀具路径 1，将其激活。再在综合工具栏选择【刀具路径检查】按钮，弹出【刀具路径检查】对话框。在【检查】选项中先选择“碰撞”，其余参数默认，单击【应用】按钮，如图 13-55 所示，单击信息框中的【确定】按钮。

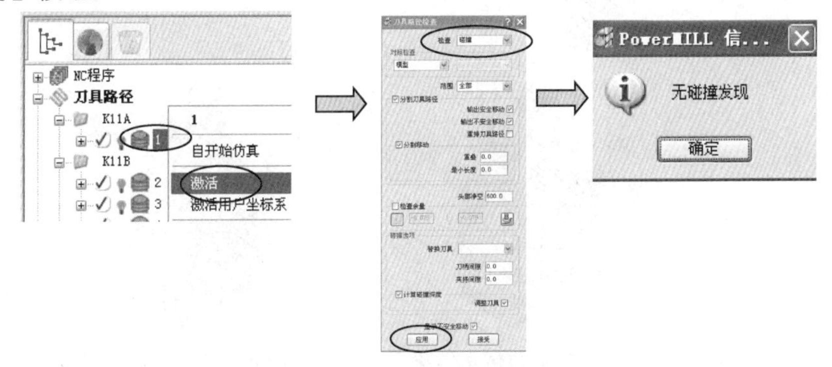

图 13-55　NC 数控程序的碰撞检查

在上述【刀具路径检查】对话框中的【检查】选项中选择“过切”，其余参数默认，单击【应用】按钮，如图 13-56 所示，单击信息框中的【确定】按钮。

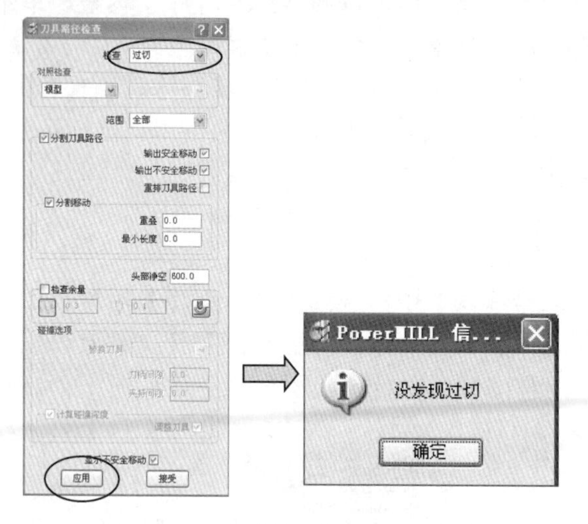

图 13-56　NC 数控程序的过切检查

同理，可以对其余的刀具路径分别进行碰撞检查和过切检查。最后，单击【刀具路径检查】对话框中的【接受】按钮。

2. 实体模拟检查

（1）在界面中把实体模拟检查功能显示在综合工具栏中。

（2）检查毛坯设置。检查现有毛坯是否符合要求，该毛坯一定要包括所有面。

（3）启动仿真功能。在屏幕左侧的【资源管理器】中的【NC 程序】树枝中，选择文件夹 K11A，单击鼠标右键，在弹出的快捷菜单中选择【自开始仿真】命令。

（4）开始仿真。单击【开/关 ViewMill】按钮，使其处于开的状态，选择【光泽阴影图像】按钮，再单击【运行】按钮，如图 13-57 所示。

（5）在【ViewMill】工具条中，选择 NC 程序 K11B，再单击【运行】按钮进行仿真。

（6）同理，可以对其他的 NC 程序进行仿真，结果如图 13-58 所示。

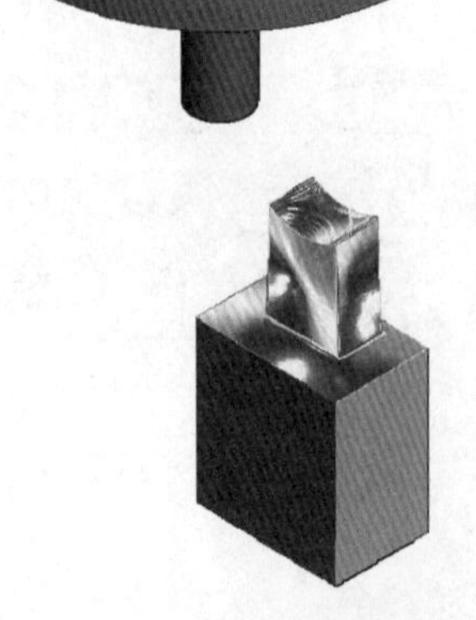

图 13-57　开粗刀路的仿真结果

图 13-58　光刀的仿真结果

13.16 填写加工工作单

CNC 加工工作单如表 13-1 所示。

表 13-1 加工工作单

CNC 加工程序单						
型号		模具名称	鼠标底	工件名称	后模行位 1	
编程员		编程日期		操作员	加工日期	
				对刀方式	左右分中为 X=0，单边碰为 Y=0 对顶 z=27.5 装夹时，用虎钳夹持，留高为 30 以上。	
				图形名	pmbook-13-1	
				材料号	S136H	
				大小	40×26×70.5	
程序名	余量	刀具	装刀最短长	加工内容		加工时间
K11A.tap	0.3	ED16R0.8	28	开粗		
K11B.tap	侧 0.35 底 0	ED12	28	底面光刀		
K11C.tap	0.3	ED4	15	顶面开粗		
K11D.tap	0.05	ED19.05	28	曲面光刀		

13.17 本章总结和思考练习题

13.17.1 本章总结

本章主要讲解行位的编程方法，完成本例要注意以下问题。

（1）实际编程加工前，要与制模师傅密切沟通，确认行位哪些部位需要 CNC 加工。不可否认，有些管理正规的工厂里，一般都有成熟的工艺单和图纸，大家只要遵守工艺纪律，分工明确，自然不会出现错误。但是像模具这样的单件生成，很多工厂都没有工艺单，即使有，也是为了应付检查，实际上这些工艺文件对生产的指导作用有限。大部分工厂实现的还是模具师傅负责制。即一整套模具的各部分加工交由一位制模技工统筹负责。

作为刚入门的编程员，要努力学习模具结构知识。而很多工厂里的制模师傅，能够独立主持做模，工作多年，经验丰富，编程员应该以谦虚的态度多向制模师傅学习。重要的是，将整套模具加工的分工情况商量清楚。尤其是需要 CNC 加工的部分，要加工准确。不该 CNC 加工的部位，CNC 绝不能碰伤。

（2）编程完毕后，要用第三者的角度审查自己的程序。不能对自己及软件过于迷信，因为在编程过程中，注意力不集中，或疏忽，都有可能造成不正确的刀路。所以编程完成后，首先要用切削理论和常识进行检查，发现问题后，要灵活运用 PowerMILL 软件提供的刀路编辑功能和参考线功能进行优化。宁可自己多花点功夫检查，也不能让程序在机床上低效率的运转，多检查多优化可以创造价值。

（3）本例的工件采用左右分中为 X=0，单边碰为 Y=0 的对刀方式。分中部位应该是行位的两侧大面。这两面，制模师傅往往都已经和模胚的行位槽配好了，属于基准，而 T 型位的小面不一定准确。

（4）本行位大多采用虎钳夹持，开粗刀路在加工时，加工速度不可过快，以防工件松动。

希望读者能反复训练，以掌握类似图形的数控编程技巧。

13.17.2 思考练习与答案

以下是针对本章实例在实际加工时可能会出现的问题，希望初学者能认真体会，想出合理的解决方案。

（1）试分析，本例在做 K11A 中的刀具路径 1 时，为什么定义毛坯比图形高出 0.2？

（2）为什么本例两侧斜面不用 ED12 刀一次加工出来，而分作两刀加工，即用 ED12 刀加工下半部分，球刀加工上半部分？

（3）在本例刀具路径 5、6 平底刀加工斜面的层深参数，即下切步距参数，是根据什么原理来确定的？过大或过小有何缺陷？

练习答案：

（1）答：在本例 K11A 刀具路径，在定义毛坯时将最大 Z 值由 27.220883 改为 27.5，主要是考虑给顶部也留有足够多的余量。常出现的错误是：定义毛坯时 Z 值未改动，仍为 27.22，但是在写加工程序工作单时却写成 Z 为 27.5，这样会导致所计算出的刀具路径在加工时第一层的切削量大于 0.3，过大，很可能损坏刀具。

（2）答：加工同样的斜面，用等高精加工，下切步距相同的情况下，用平底刀加工会比用球刀粗糙。这时因为球刀加工后斜面留下来的残留高度会小一些，所以要得到同样的粗糙度，如果用平底刀，其加工的下切步距要小，加工时间会长一些。

本例这样做，也是为了提高加工效率，减少加工时间。

（3）答：所有的机械加工都是近似加工，要得到斜平面，加工出来的微观效果并不是一个平面。但实际工作中只要这些微观的不平度在一个可控的范围内，不影响使用的情况下，就认为是一个平面。

用平底刀加工斜面也是一样，只要控制好加工的残留高度在一个可控的误差范围内，用这个方法再计算下切步距，就能得到一个经济合理的参数，图 13-59 为计算原理图解。

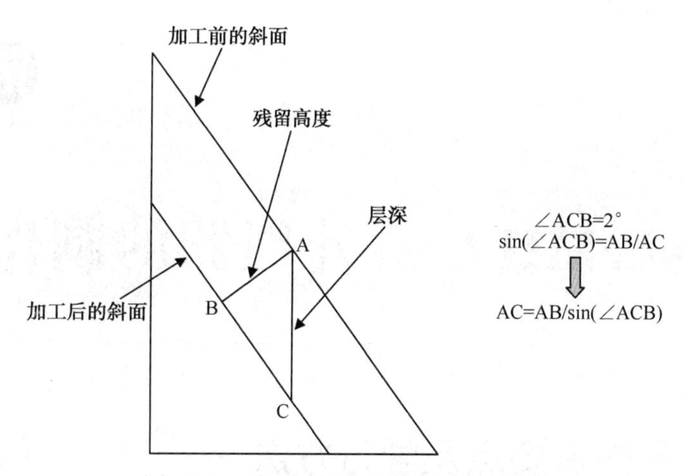

图 13-59 加工斜面时层深计算原理图

如果下切步距过大，那么加工出来的面就很粗糙。如果下切步距过小，加工时间会过长，加工效率底下。

本例，斜度角为∠ACB=2°，残留高度 AB=0.001，则层深参数，即下切步距参数 AC=AB/sin(∠ACB)=0.001/sin(2°)= 0.028654≈0.03

为了得到同样的表面粗糙度，球刀只需要下切步距设为 0.08。

但是，如果某一加工面，起伏有变化，下切步距通常取小值。

第14章

PowerMILL 后处理器的制作

14.1 本章知识要点及学习方法

本章以在车间里，使用 PowerMILL 进行数控编程及加工的工作角度，来讲解 PowerMILL 后处理的概念和修改方法。

在本章，希望读者掌握以下重点知识。

（1）PowerMILL 后处理的基本概念。

（2）学会修改 NC 程序开头和结尾的方法。

（3）会制作一种类型的机床后处理器。

希望先熟练掌握本书介绍的重点内容，灵活运用。日后如有精力，可以参考软件帮助文件和机床说明书，制作实际工作中机床的后处理器。

14.2 PowerMILL 后处理的基本概念

1．机床后处理

在前面章节中，生成的刀位轨迹图形，是由一系列的点、线、圆弧组成，它们在图形文件的数据库中是按照一定的格式存储的。如果把这些数据直接交给机床，机床是不能识别的。必须将这些刀位轨迹图形转化为机床能识别的 ASCII 文本文件，才能被机床识别。

这样把刀位轨迹图形，按照某一种类型机床能识别的格式转化为 NC 文件的过程，就是后处理。

2．PowerMILL 后处理的方式

（1）UDCTpost 系统。

（2）PM-post 系统。

在前面章节中，实例编程时生成 NC 程序主要用的是 UDCTpost 系统。

14.3 修改 NC 程序的要点

实际工作中，要选用与工厂机床类型相接近的后处理器，即机床 opt 选项文件，经过后处理生成 tap 文件，传送给 CNC 车间后，操作员要对此进行改动，以适应特定机床所需。

这一工作可以由操作员做，也可以由编程员来完成。修改依据是可以查阅机床说明书和机床的培训资料中有关编程的要求，也可以参考之前已经能正常运行的 NC 程序的开头和结尾。一定要切合实际操作习惯，减少不必要的指令，手工改完后，仔细核对，无误后方可正式加工。

下面针对三菱机床 MITSUBISHI 的一种型号 M-V5C，说明在实际切削加工前，数控程序的修改方法。

以第 13 章生成的 K11A.tap 文件为例，生成该文件时，采用的后处理器是 fanuc10m.opt 机床选项文件。之所以用它，是因为所产生的 NC 文件的直线和圆弧指令与三菱机床相同。

将所有的数控文件通过企业内联网（如 FTP 网，或其他类型的网络）传送给机床所配的电脑主机的 D:\根目录中。用记事本或英文的 WordStart 等文本编辑器软件打开文件 K11A.tap。

1．检查并删除注释内容

阅读括号内的注释，它说明编程中的一些相关参数，有助于操作员检查程序。如果发现错误，操作员应及时反馈给编程员处理解决。如果符合《CNC 加工作单》的要求，就可以将其删除。因为汉字注释，很多机床不能识别，如图 14-1 所示。

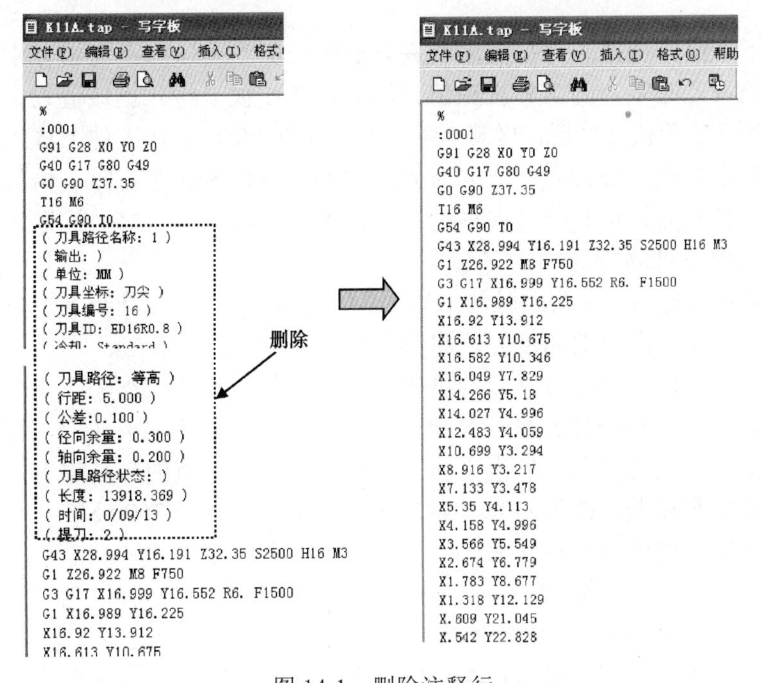

图 14-1 删除注释行

2. 查看并修改开头部分

开头部分的指令应符合机床的特点和车间操作员的工作习惯。

（1）因为该机床是用 DNC 方式传送的，所以删除程序号指令为“：0001”。

（2）本机床不用刀库进行换刀，所以要删除与此有关系的机床回零指令 G91G28X0Y0Z0 和换刀指令 T16M6 等。

（3）为了安全起见，所有程序前应该加入绝对坐标值编程指令 G90，取消所有补偿的指令 G40G49G80，再加入 XY 平面补偿指令 G17，即改为：G40 G17 G80 G49，如图 14-2 所示。

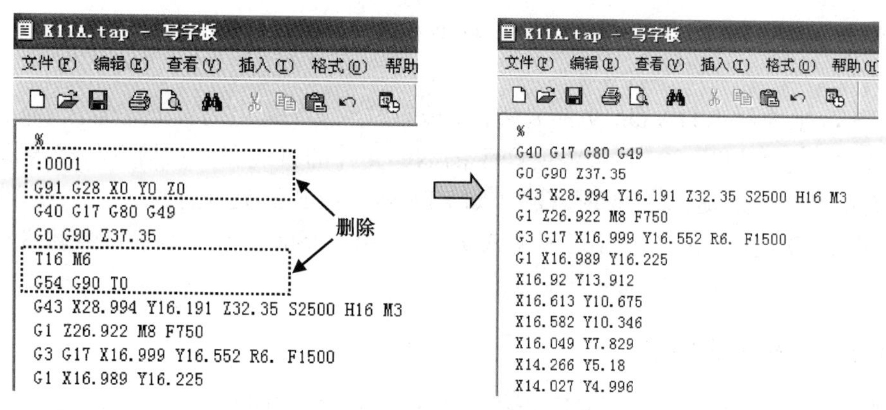

图 14-2　删除不合适行

（4）为了更好理解改动程序的原理，有必要了解一下数控操作员在加工第 13 章中行位时的操作步骤。

一般情况下，操作员把工件按要求装夹在机床的虎钳上以后，先用分中棒在工件上进行分中找正，记录此时零点的 XY 机械值。然后，在面板上将此机械值设定存储在机床的 G54 寄存器中的 XY 数值。之后，再装上第一把刀 ED16R0.8，在工件上放置一把Φ10 的刀柄，以此作为标准量块，进行高度方向对刀，误差在 0.01mm 左右时，恰好刀柄能通过，把刀具移出到工件外面，向下沿 Z 向移动刀具数为 Z=27.5+10=37.5，就将此时的机械 Z 值记录下来，输入到 G54 寄存器中的 Z 值。

G54 坐标值设置好后，注意此时的 H1 补偿值应为 0。其他刀具装上后只需要测量其刀尖与第一把刀在高度方向上的高度差，将其分别输入到 H2、H3 等。

对刀完成后，操作员会将刀具回到机械零点，准备执行数控程序。这时的刀具处于最高位置状态，如果执行 G0 G90 Z37.35 指令，会导致刀具直接往下扎刀，很危险。所以，必须修改这条指令，改为先在 XY 水平面上运动到切削第一点的最高位置，然后再向下运动，同时将转速指令加上，改为 G0 G54 G0 X28.994 Y16.191 S2500 M3。

G43 H1Z50.35，调用长度补偿 H1 指令，下移刀具到工件上方，准备进行切削。

G1 Z26.922 M8 F750 以缓慢的速度接近工件，准备切削。执行这条程序时，操作员可以将倍率开关打到很慢，以极缓慢的速度接近工件，以观察对刀是否有误，切削是否得当。如没有异常，执行下一条程序就可以按 100%进行。如果用高压气进行冷却的话，可以删除 M8 的油冷指令，改为 M21 指令，如图 14-3 所示。

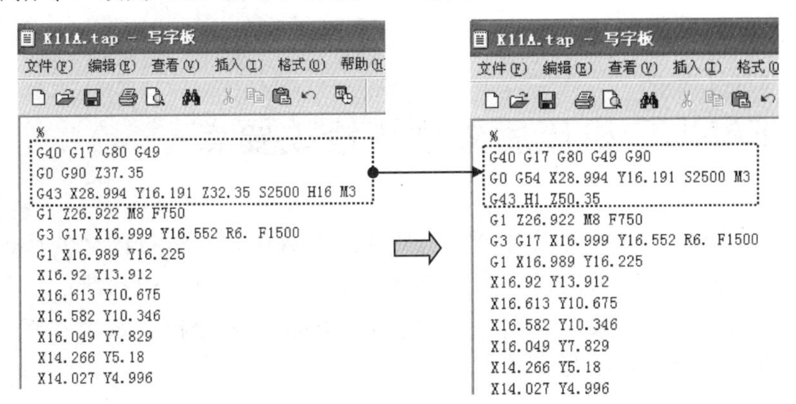

图 14-3　修改程序头

3. 修改结尾部分

将原来后处理得到的 NC 结尾部分，修改为如图 14-4 所示。

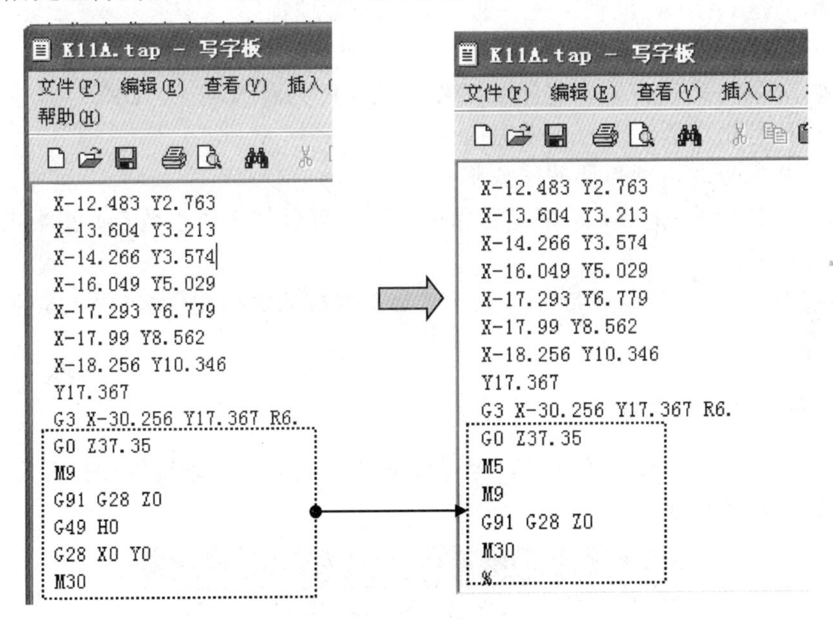

图 14-4　修改程序尾

增加主轴停转指令 M5，保留 M9 指令。这两行不能合并成一行，因为如果合并为一行，系统只认最后一个指令。

删除 G49 H0 指令。因为按照本例的思路，加工下一程序时，在程序的开头部分就可以取消长度补偿，结尾部分不需要再取消。

删除 G28 X0 Y0，因为不需要在 XY 方向上回归零点，只需要保留 G91 G28 Z0，使刀具在 Z 方向上回归零点即可。

保留 M30 指令，这是 FANUC 系统特有的要求，可以倒带或返回到第一句，结束程序。

加入%，这也是 FANUC 系统特有的要求。

修改完成后及时存盘。

14.4 FANUC 机床后处理器修改要点

使用上一节介绍的方法，可以对每一个要加工的数控程序进行同样的修改。这样会增加操作员很多工作量，也容易出错。为了提高效率，可以通过修改机床的后处理器 opt 文件来实现。修改后处理一般要经过以下步骤：机床编程资料分析、选用并修改后处理器、试运行后处理器和后处理验证等步骤。

1．机床编程资料分析

根据三菱 MITSUBISHI 一种型号 M-V5C 机床的编程说明书得知，该机床所用的数控程序特点如下。

（1）选用的是 FANUC 控制系统，通用 G 代码数控程序。

（2）G1 表示直线，G2 为顺时针圆弧，G3 为逆时针圆弧。

（3）圆弧指令接受 R 方式，也接受 IJK 方式。R 为圆弧半径，IJK 为圆心坐标相对于起始点的坐标，是相对值，均为非模态指令。

（4）使用 R 指令时，圆弧要按照象限点打断。

（5）X、Y、Z 和 R、I、J、K 都是正常的实数，可以带 3 位小数点。正数前边不必带+号，尾部 0 可以省略。

（6）数控程序的开头和结尾特征与上一节修改完成的数控文件 K11A.tap 的首尾特征相同。

2．选用并修改后处理器

可以选择 fanuc10m.opt 选项文件，但是将其用普通的文本编辑软件打开后，发现只有 2 行内容，如图 14-5 所示。

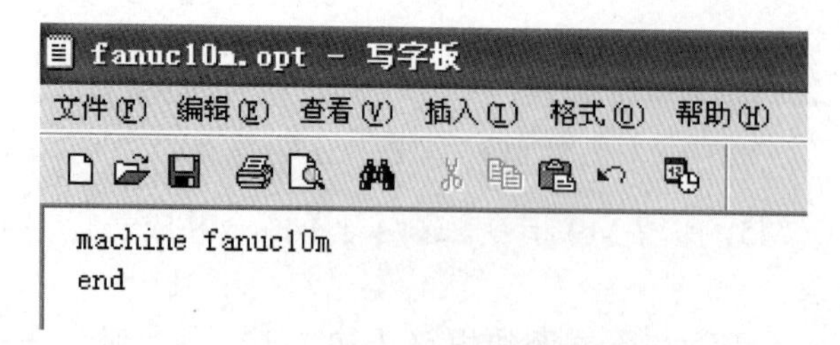

图 14-5　原始机床选项文件

这是因为系统已经将其余部分内容隐藏了，可以通过以下方法将其显示出来。

为了方便操作，将 PowerMILL 系统目录\Program Files\Delcam\DuctPost1516\sys\exec 中的 ductpost.exe 复制到 D:\根目录中。

在 Windows 桌面的左下角，单击【开始】|【运行】，在命令行里输入命令 cmd，使系统进入 Dos 状态窗口，再输入命令 D:，系统进入到 D:\根目录，再输入以下命令：

```
Ductpost –w fanuc10m.opt > pmbook-14-1.opt
```

于是在 D：\根目录下生成了一个 pmbook14-1.opt 机床选项文件，用编辑软件记事本打开并修改，结果为 pmbook-14-1-ok.opt 文件。

Uuctpost 的机床选项 opt 文件，即后处理器，运用简单的英语语句来排列，有 word（字）、format（格式）、key（关键字）、code（代码指令）、variable（变量）、block（块）等部分，详细内容可以参考帮助文件，下列着重说明 pmbook-14-1-ok.opt 修改要点。

（1）关闭汉字注释显示。

```
message output = false
```

（2）定义 NC 程序中 G、M 等代码的输出顺序。

```
word order = ( OP G3 G2 G4 G5 G6 G1 G7 )
word order = (+ X Y Z B C I J K D H )
word order = (+ S M1 M2 MS msg EM )
word order = (+ Q Q1 Z2 R2 ID F)
```

这一段也可以不定义，如不定义，系统默认选用 fanuc10m 中设定的固定参数。

（3）定义在程序开头，刀具信息输出语句将会用到的字（word），如图 14-6 所示，其他字是标准的，不需要定义。

```
define word TN
  address letter = "(ToolPathName="
  address width = 15
end define

define word TD
     address letter = "(TOOL D="
     address width  = 9
     scale factor   = 2
  end define

  define word TR
     address letter = " R="
     address width  = 3
  end define
```

图 14-6　字的定义

（4）格式和顺序的定义，如图 14-7 所示。

（5）定义数控程序开头、第一次换刀和结束段的输出格式，如图 14-8 所示。

```
define format ( TN TD TR )
   not modal
   field width    = 2
   metric formats
   decimal point  = true
   decimal places = 1
   trailing zeros = false
 end define

define format (F)
     decimal point = true
 end define

word order = ( + TN TD TR )
    define format (I J K)
    scale factor = -1
 end define

 block order = true
```

图 14-7　格式和顺序的定义

```
  define block tape start
   "%"
   "(===PMBOOK POST KWH2011=== )"
    G2 40 ; G3 17 ; G4 80 ; G5  90 ; G6  49
   end define

define block tool change first
   " ( WARNING ! TOOL CHANGE ?) "
   TD ToolRadius[ToolNum] ; TR TipRadius[ToolNum] ; ")"
   G3 54 ; G1 0 ; X FromX ; Y FromY ; S ToolSpeed ; M1 3
   G6 43 ; H Toolnum ; Z FromZ
  OP ; coolant on
  end define

define block tape end
   "M5"
   "G91 G28 Z0"
   "M30"
   "%"
  end define
  define block tool change
  "(TOOL CHANGE ?)"
  M1    1
  end define

end
```

图 14-8　格式和顺序的定义

完成后处理器后，将其复制到系统目录 C:\config\ducpost 中。

3．试运行后处理器

打开项目文件 pmbook-14-1，如图 14-9 所示。该图用来测试后处理器，大小为 50×40×10，材料为软胶木。

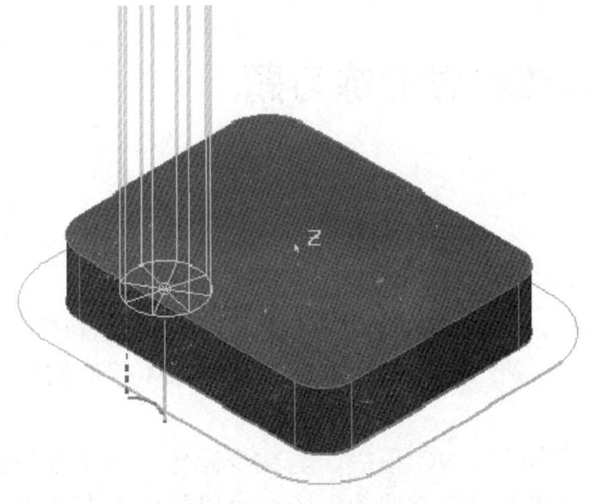

图 14-9　后处理测试图

进行后处理生成数控文件。将 K12A 文件夹复制到【资源管理器】中的【NC 程序】，用 pmbook-14-1-ok.opt 机床选项文件进行后处理，得到 K12A.tap 文件，开头和结尾部分如图 14-10 所示。

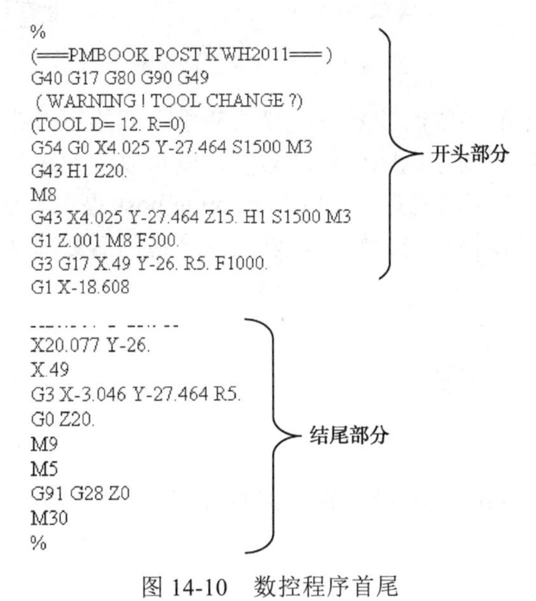

```
%
(===PMBOOK POST KWH2011===)
G40 G17 G80 G90 G49
 ( WARNING ! TOOL CHANGE ?)
(TOOL D= 12. R=0)
G54 G0 X4.025 Y-27.464 S1500 M3
G43 H1 Z20.
M8
G43 X4.025 Y-27.464 Z15. H1 S1500 M3
G1 Z.001 M8 F500.
G3 G17 X.49 Y-26. R5. F1000.
G1 X-18.608
```

开头部分

```
X20.077 Y-26.
X.49
G3 X-3.046 Y-27.464 R5.
G0 Z20.
M9
M5
G91 G28 Z0
M30
%
```

结尾部分

图 14-10　数控程序首尾

4．后处理验证

用记事本打开 K12.tap 检查程序的开头和结尾，与上一节生成的 K11A.tap 相比较，结果基本符合要求。

如果有条件，可以上机床加工试件，测量尺寸无误后，就可以确定将 pmboo-14-1-ok.opt 正式用于生产之中。

其他类型的机床后处理也可以仿照此方法来创建，一般来说，由标准的机床选项文件修改，数据格式大部分都符合要求，用户只需要修改程序的首尾部分即可。

14.5 本章总结和思考练习题

14.5.1 本章总结

本章主要讲解 NC 程序的处理方法，应注意以下问题。

（1）初学者重点掌握 14.2 节的内容，学会直接修改 NC 程序的方法。因为这是目前工厂里广泛使用的方法，必须熟练掌握常用的 G 代码和 M 代码的含义，必要时可以查阅机床说明书。

（2）修改后处理器后生成的 NC 程序，能减少操作员的修改步骤。学会一种机床的后处理器的制作，如果今后遇到其他类型的机床，可以按照本书的思路进行修改。必要时可以参考帮助文件，关于后处理 DuctPost 的帮助文件，启动方法如图 14-11 所示。

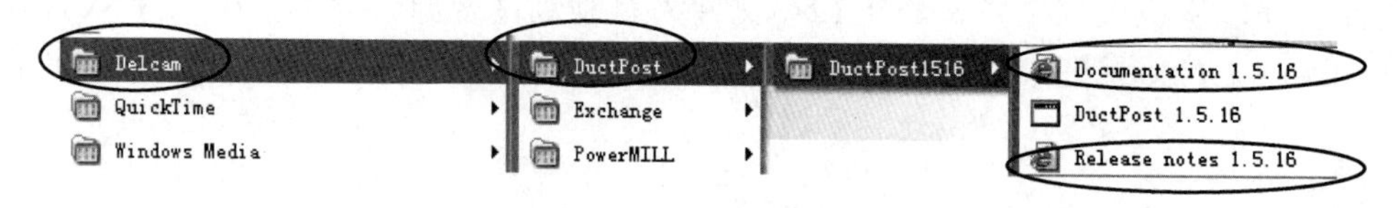

图 14-11　启动后处理资料

（3）后处理器文件中的参数比较复杂，建议初学者开始不必花太多精力去研究它。随着学习和应用的深入，需要制作机床后处理器时，就可以就此进行深入研究。可以参考机床说明书和其他书籍，本书配套光盘\ch14\01-example\post\提供了部分机床的后处理器，可供读者结合工厂机床和工作特点进行修改，以建立合适的后处理文件。

14.5.2 思考练习与答案

（1）什么是后处理？

（2）阅读后处理 DuctPost 的帮助文件，理解其原理。

练习答案：

（1）答：把刀位轨迹图形，按照某种类型机床能识别的格式转化为 NC 文件的过程，就是后处理。

参 考 文 献

1．寇文化．工厂数控编程技术实例特训（NG NX6 版）．北京：清华大学出版社，2011

2．闫巧枝，等．数控机床编程与工艺．西安：西北工业大学出版社，2009

3．上海宇龙工程有限公司．数控加工仿真系统软件帮助文件．2005

4．劳动和社会保障部教材办公室．数控加工基础．北京：劳动社会保障出版社，2007

5．朱克忆．PowerMILL 多轴数控加工编程实用教程．北京：机械工业出版社，2010

6．Delcam Plc 公司．PowerMILL 帮助文件

7．骏毅科技，杜智敏，等．PowerMILL7.0 数控加工入门一点通．北京：清华大学出版社，2007